学堂在线“弹塑性力学”慕课配套教材

弹塑性力学

解德　刘敬喜　李家盛　编著

国防工業出版社

·北京·

内 容 简 介

本书主要讲述弹塑性力学的基本概念、基本方程及基本解析解法，包括常用正交坐标系、形变的度量、内力与外力的平衡、线弹性应力应变关系、弹性力学边值问题的解析解法、应力分析与应变分析、弹塑性应力应变关系、弹塑性力学边值问题的解析解法等内容。

本书可供船舶与海洋工程、航空与宇航工程、兵器科学与技术、机械工程、核科学与技术、安全科学与工程等专业的研究生及相关专业的工程技术人员使用。

图书在版编目(CIP)数据

弹塑性力学/解德，刘敬喜，李家盛编著．—北京：国防工业出版社，2025.2.--ISBN 978-7-118-13507-7

Ⅰ.O344

中国国家版本馆 CIP 数据核字第 2025XB5611 号

※

国防工業出版社出版发行

（北京市海淀区紫竹院南路 23 号　邮政编码 100048）

三河市天利华印刷装订有限公司印刷

新华书店经售

*

开本 787×1092　1/16　**印张** 27¼　**字数** 632 千字

2025 年 2 月第 1 版第 1 次印刷　**印数** 1—2000 册　**定价** 83.50 元

国防书店：(010)88540777　　书店传真：(010)88540776

发行业务：(010)88540717　　发行传真：(010)88540762

序

弹塑性力学是船舶结构力学的理论基础,在流固耦合力学、海洋装备总体性能及总体设计技术研究等方面具有不可或缺的作用。因此,弹塑性力学通常是船舶与海洋工程研究生培养的核心课程之一。

解德教授在华中科技大学船舶与海洋工程学院主讲研究生课程“弹塑性力学”,在总结多年教学经验的基础上,形成了这部教材。该教材按照形变的度量、内力与外力的平衡、形变与内力的关系对弹塑性力学的理论框架进行阐释,并对弹塑性力学的解析解法进行系统性地归纳总结;采用矩阵表达形式阐述弹塑性力学的数理规律,不仅更为简洁,而且有助于数值分析。

相信这部教材的出版能为我国船舶与海洋工程领域高层次人才的培养做出新贡献。

吴有生

2023 年 8 月 2 日于连云港

吴有生,船舶力学及舶船与海洋装备技术专家,中国工程院院士。

前　言

弹塑性力学，也可称为弹塑性理论，是固体力学的重要分支。弹塑性力学主要研究弹塑性物体在外力作用下所产生的形变和内力，是包括船舶与海洋结构物在内的工程结构强度分析的理论基础。

“弹塑性力学”是华中科技大学船舶与海洋工程学院“船舶与海洋工程”一级学科研究生培养的核心课程(32学时)。在本课程的教学实践中，存在学时短、内容多等问题。作者针对这一问题，在弹塑性力学的知识架构、知识表达和知识掌握等方面进行了长期探索，形成了本教材。

本教材具有以下三个特色。一是在知识架构方面，按照形变的度量、内力与外力的平衡、形变与内力的关系等逻辑顺序组织知识点，有助于学生对所学知识的认知。二是在知识表达方面，采用具象化的推演过程有助于学生对所学知识的理解，抽象化的推演结论有助于学生对所学知识的应用。三是在知识掌握方面，注重例题、习题与知识点的契合，有助于学生对所学知识的巩固和提高。同时，本教材对若干复杂问题的推导演算过程进行了补充完善。例如：给出了“半空间体在边界上受法向集中力”和“半空间体在边界上受切向集中力”问题的详尽求解过程。

本教材主要内容包括知识准备(第一章、第二章)、形变的度量(第三章)、内力与外力的平衡(第四章)、线弹性应力应变关系(第五章)、弹性力学边值问题的解析解法(第六章~第十章)、应力分析与应变分析(第十一章)、弹塑性应力应变关系(第十二章)、弹塑性力学边值问题的解析解法(第十三章)。

本书是华中科技大学研究生院2021—2022年研究生立项教材。为此，向华中科技大学研究生院致以谢意。同时，感谢中国人民解放军海军工程大学吴梵教授、上海交通大学唐文勇教授、大连理工大学刘刚教授、武汉理工大学斐志勇教授等对本教材的关注、鼓励和支持。

欢迎对本教材的不当不妥之处提出宝贵的意见与建议。为此，致以诚挚的谢意！

解德

2023年2月10日

目　　录

第一章　绪　　论

弹塑性力学,也称为弹塑性理论,是固体力学的重要分支。

弹塑性力学,通过数学分析的方法研究弹塑性体在外力作用下所产生的形变和内力,是工程结构强度分析的理论基础。因此,弹塑性力学是一门兼具理论性和实用性的课程。

本章主要讲述弹塑性力学的基本假设、圣维南(Saint-Venant)原理、泰勒(Taglor)级数及矩阵的基本运算。通过了解和掌握这些内容,为后面的学习提供认识上的准备和知识上的储备。

1.1　基 本 假 设

一、连续、均匀、各向同性

本书所讲述的弹塑性体是连续的、均匀的、各向同性的物体。

连续是指整个弹塑性体所占据的几何空间都被组成这个弹塑性体的物质所充满,没有任何空隙。这样,有关的力学变量就可以用极限的概念来加以定义,其变化规律就可以位置坐标的连续函数来加以描述,从而使数学分析这个强有力的理论工具得以充分运用。

应当注意的是,这里所说的“空隙”是指物质的空隙而非指几何上的“多连通域”。事实上,弹塑性力学能够求解一些多连通域问题,只要多连通域自身没有空隙即可。例如:承受径向均匀内外压力的圆柱筒问题。

均匀是指整个弹塑性体中所有各点都具有相同的材料特性,即弹塑性体的材料特性不随空间位置的改变而改变。这样,在弹塑性体中任意位置处取出微小单元进行分析所得到的结果,将适用于整个弹塑性体。

应当注意的是,这里所说的“均匀”是指物质的均匀而非指材料上的“单一材质”。事实上,弹塑性力学能够求解一些多种材料的问题,只要每种材料各自均匀即可。例如:承受径向均匀内部压力且埋藏于土壤中的圆柱筒问题。

各向同性是指整个弹塑性体中任意一点处的材料特性在各个方向上都相同,即弹塑性体的材料特性不随方向的改变而改变。这样,只需在考虑弹塑性体几何特征和外力特征基础上建立全局坐标系即可,无需建立计及材料取向的局部坐标系。

应当注意的是,这里的“各向同性”是指物质的各向同性而非指状态上的“各向同性”。事实上,弹塑性力学分析结果表明,弹塑性体中任意一点处不同方向上的形变状态和内力状态通常是不同的。这也是要进行应力分析和应变分析的理由。

需要特别说明的是,连续、均匀、各向同性是相对的。判断一个物体是否连续、均匀和各向同性,取决于尺度和影响。

从尺度看,微观上并不连续、均匀、各向同性的物体,在较大尺度上进行平均时,又可以被看作是连续、均匀和各向同性的;从影响看,只要不连续性、非均匀性和各向异性不那么显著时,就可以近似地当作连续、均匀、各向同性的物体来处理。但是,宏观上若具有显著非均匀特征的材料(如功能梯度材料)和显著各向异性特征的材料(如纤维增加复合材料),则此假设不能成立。

二、线弹性、弹塑性

本书所讲述的弹塑性体是历经线弹性和弹塑性两个阶段的物体。线弹性阶段(图1.1.1中的 *OAO* 阶段)是指外力去除后物体能恢复原有形状,外力与形变之间的关系是单值的、线性的,且不随着加载历程的改变而改变(加载 *OA* 段与卸载 *AO* 段为同一直线段)。此时,仅需通过一些材料常数即可描述外力与形变之间的关系(相当于直线段的斜率)。

弹塑性阶段(图1.1.1中的 *ABC* 阶段),是指外力去除后物体将残留永久变形(*OC* 段长度),外力与形变之间的关系不再是单值的(加载为 *AB* 段,卸载为 *BC* 段,再加载为 *CB* 段)。但是,卸载和再加载时的材料特性与其线弹性阶段一致(*BC* 段和 *CB* 段均与 *OA* 段平行)。此时,仅通过一些材料常数来描述外力与形变之间的关系是不充分的,需要引入屈服条件、加载准则和流动法则等。

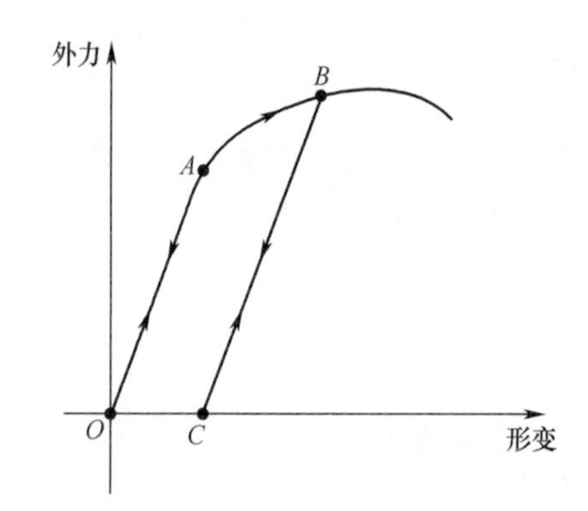

图1.1.1　弹塑性体外力与形变关系示意图

需要特别说明:弹性并不意味着线性,塑性也不意味着非线性。

区别弹性与塑性的关键:外力去除后,物体是否能够完全恢复到变形以前的原来形状。事实上,存在着"非线性弹性",即"超弹性"(如橡胶就是一种典型的超弹性材料);也存在着"线性强化"的塑性。

三、几何线性、时间无关

本书所述的弹塑性体是几何线性且材料特性与时间无关的物体。

几何线性是指整个弹塑性体在外力作用下各点处所产生的位移和形变都远小于弹塑性体原来的几何尺寸。这样就可以将位移和形变当作微小量而忽略其高阶项,且在建立弹塑性力学问题的基本方程和边界条件时不考虑由于位移和形变所引起的弹塑性体尺寸和位置的变化。

时间无关是指整个弹塑性体中所有各点处的材料特性不随时间改变,加载历程仅表征载荷和形变的先后次序。这样所引入的时间概念并不具有实际的物理意义,仅是一个次序的标识(惯性效应、黏性效应和温度效应等均不考虑)。

1.2 圣维南原理

在后面的学习中，常会遇到这样的情况：在求解弹塑性力学问题时，使得相关的力学变量完全满足基本微分方程，并不总是那么难以做到。然而，要使得边界条件也得到完全满足，却往往会遇到很大的困难。

例如：在工程实际问题中，通常是仅已知应力边界上物体所受的面力的合力，而这个面力的分布方式并不明确，甚至根本无法得知。因此，要想精确满足这部分边界上的应力边界条件当然也就非常困难，甚至是不可能的。此时，圣维南原理则可以提供帮助。

圣维南原理主要有两种形式的提法，但在静力平衡上是等效的。

一、第一种提法

圣维南原理的第一种提法可以如下陈述：

如果把物体的一小部分边界上的面力变换为分布不同但静力等效的面力，那么，近处的应力分布将有显著的改变，但远处所受的影响可以不计。

也可以如下陈述：

在一物体内，距外加载荷作用的地方相当远的各点，应力和具体受力分布情况关系很小，只要载荷的合力和合力矩并不改变。

为便于记忆，第一种提法可简要概括为"近处替换，远处不变"。当然，这种替换是一个静力等效的替换。

例题 1.2.1：

图 1.2.1 所示的等截面直杆，其横截面积为 A。直杆的左、右两端各自作用一个通过横截面形心的集中力 F，形成静力平衡力系。

图 1.2.1　两端面受集中力形式外力作用的等截面直杆

如图 1.2.2 所示，左、右两端面施加不同分布形式的端面外力。其中，图 1.2.2(a)所示的左端面作用一个集中力，右端面作用两个集中力；图 1.2.2(b)所示的左、右两端面各自作用两个集中力；图 1.2.2(c)所示的左、右两端面各自作用一个均匀分布力的端面外力；图 1.2.2(d)所示的左、右两端面各自作用一个线性分布力的端面外力。所有这些情况的端面轴向合力均等于 F。

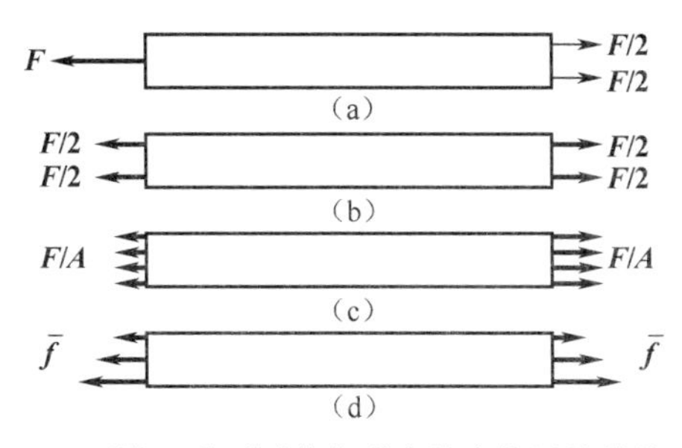

图 1.2.2　两端面受不同分布形式外力作用的等截面直杆

根据圣维南原理,分别讨论四种情形与原问题的等效性及影响范围。

解答:

情况(a)是等效的。只对右端面产生影响,离开右端面较远处的应力分布没有显著差别,见图 1.2.3(a);

情况(b)是等效的。对左、右两端面均产生影响,离开两端面较远处的应力分布没有显著差别,见图 1.2.3(b);

情况(c)是等效的。对左、右两端端均产生影响,离开两端面较远处的应力分布没有显著差别,见图 1.2.3(c);

情况(d)不是等效的。因为所替换的面力分布形式,其合力将偏离横截面形心,产生弯矩。所以,整个直杆上的应力分布都将产生显著差别,见图 1.2.3(d)。

答毕。

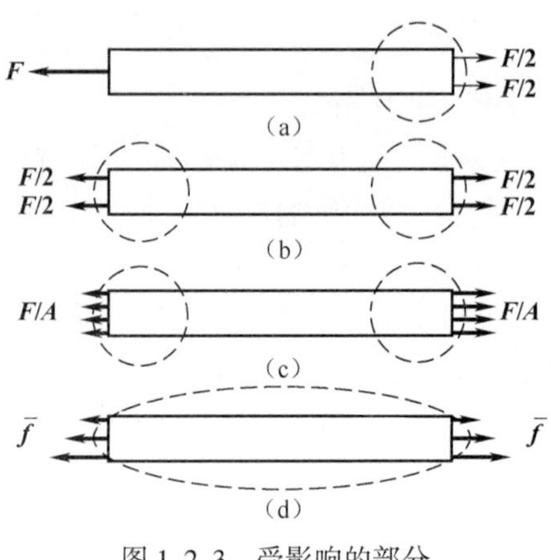

图 1.2.3　受影响的部分

答毕。

二、第二种提法

圣维南原理的第二种提法可以如下陈述:

如果物体一小部分边界上的面力是一个平衡力系,那么,这个面力就只会使得近处产生显著的应力,而远处的应力则可以不计。

也可以如下陈述:

若在物体上任一部分作用一个平衡力系,则该平衡力系在物体内部所产生的应力分布只局限于平衡力系作用的附近地区。在离该区域相当远的区域,这种影响便急剧地减小。

为便于记忆,第二种提法可简要概括为“近处受力,远处不计”。这种受力是一个静力平衡的受力。

例题 1.2.2:

如图 1.2.4 所示,用钳子夹持住直杆的某个部位,这相当于在直杆的该部位处施加了一个静力平衡的力系。

根据圣维南原理,讨论钳子对直杆产生的影响。

解答:

根据圣维南原理,无论作用力多么大,在夹持部位(图中虚线圈所示的一个小区域)以

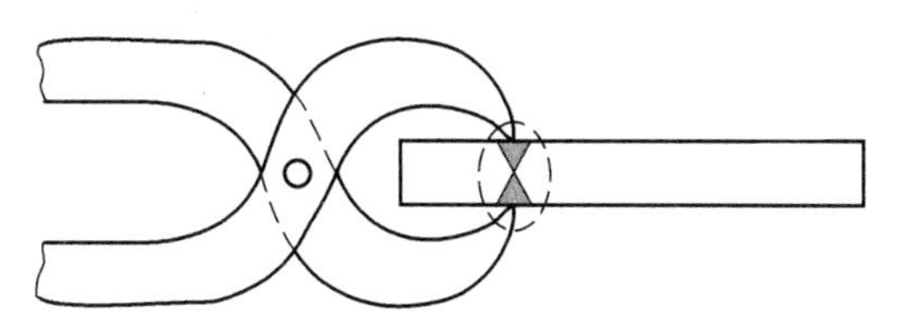

图 1.2.4　钳子夹持直杆

外,几乎不会有应力产生。

当作用力足够大时,只会在夹持部位而不是其他部位将直杆夹断。

答毕。

虽然圣维南原理至今尚未得到严格的数学证明,但其已为理论分析和实验量测的结果所广泛证实,具有重要的工程实用价值。

需要反复强调的是,在应用圣维南原理时绝不能离开“静力等效平衡”这个基本前提,即合力和合力矩都必须等效平衡。

1.3　泰 勒 级 数

在后面的学习中,时常会遇到这样的情况:在建立弹塑性力学问题的基本方程和边界条件或求解某些具体问题的过程中,经常需要线性化处理。这种线性化处理是以 1.1 节所陈述的弹塑性体几何线性假设为前提,以泰勒级数为基础进行的。

利用泰勒级数,可将一些复杂的函数近似地表示为简单的多项式函数。这种化繁为简的功能,使其成为分析和研究许多问题的有力工具。泰勒级数可应用于求极限、判断函数极值、求高阶导数在某点的数值、判断广义积分收敛性、近似计算、不等式证明等方面。本节中,主要介绍利用泰勒级数将非线性问题线性化。

假设函数 $f(x)$ 在某个开区间 $(a,\ b)$ 上具有 $(n+1)$ 阶的导数,那么对于任意 $x+\mathrm{d}x\in(a,\ b)$,则有 n 阶泰勒公式,即

$$f(x+\mathrm{d}x)=P_n(x)+R_n(x) \tag{1.3.1}$$

式中:$P_n(x)$ 称为 n 阶泰勒多项式,$R_n(x)$ 称为 n 阶泰勒余项。$P_n(x)$ 和 $R_n(x)$ 的数学表达式如下:

$$P_n(x)=f(x)+f'(x)\mathrm{d}x+\frac{f''(x)}{2!}(\mathrm{d}x)^2+\cdots+\frac{f^{(n)}(x)}{n!}(\mathrm{d}x)^n \tag{1.3.2}$$

$$R_n(x)=\frac{f^{(n+1)}(\varepsilon)}{(n+1)!}(\mathrm{d}x)^{n+1} \tag{1.3.3}$$

式中:ε 为 x 与 $x+\mathrm{d}x$ 之间的某个值。

事实上,式(1.3.1)也可以写成

$$R_n(x)=f(x+\mathrm{d}x)-P_n(x) \tag{1.3.4}$$

因此,$R_n(x)$ 也可以看作是用 $P_n(x)$ 来近似替代 $f(x+\mathrm{d}x)$ 时所产生的误差。

特别地,当 $x=0$ 时,泰勒公式(1.3.1)变成如下形式:

$$f(\mathrm{d}x)=P_n(0)+R_n(0) \tag{1.3.5}$$

式中

$$P_n(0)=f(0)+f'(0)\mathrm{d}x+\frac{f''(0)}{2!}(\mathrm{d}x)^2+\cdots+\frac{f^{(n)}(0)}{n!}(\mathrm{d}x)^n \tag{1.3.6}$$

$$R_n(0)=\frac{f^{(n+1)}(\varepsilon)}{(n+1)!}(\mathrm{d}x)^{n+1} \tag{1.3.7}$$

这个特殊形式的泰勒级数,通常称为麦克劳林(Maclaurin)级数。

当 $\mathrm{d}x$ 足够小时,可以忽略式(1.3.2)和式(1.3.6)中的高阶项,可得

$$f(x+\mathrm{d}x)\approx P_1(x)=f(x)+f'(x)\mathrm{d}x \tag{1.3.8}$$

$$f(\mathrm{d}x)\approx P_1(0)=f(0)+f'(0)\mathrm{d}x \tag{1.3.9}$$

这相当于对式(1.3.1)和式(1.3.5)进行线性化处理。由式(1.3.8)和式(1.3.9),可得

$$f'(x)\approx\frac{f(x+\mathrm{d}x)-f(x)}{\mathrm{d}x}$$

$$f'(0)\approx\frac{f(\mathrm{d}x)-f(0)}{\mathrm{d}x}$$

因此,这个线性化的处理方法,可以直观地看作是用割线来近似替代切线,如图 1.3.1 所示。

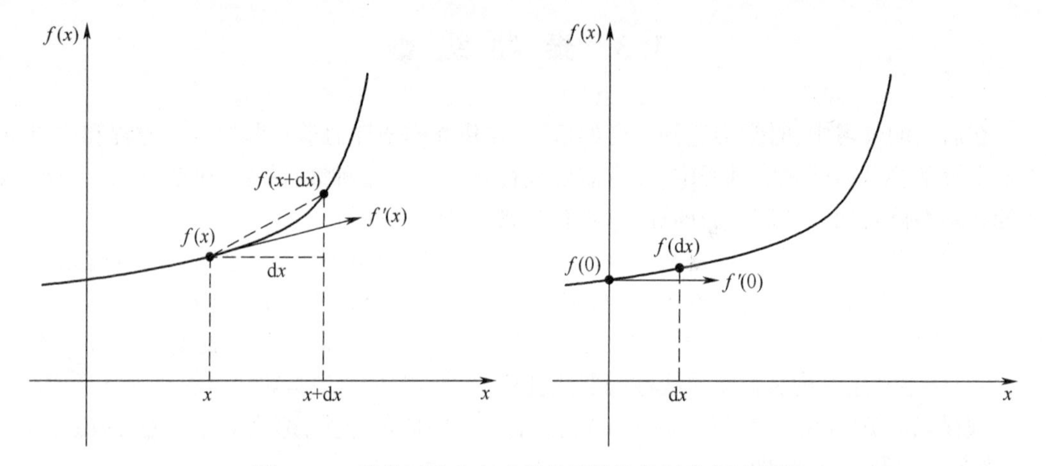

图 1.3.1 泰勒级数和麦克劳林级数的几何意义示意图

例题 1.3.1:

已知函数:

$$f(x)=\frac{1}{1+x}$$

利用麦克劳林级数,对 $f(\mathrm{d}x)$ 进行线性近似,其中:$\mathrm{d}x$ 为微小量。

解答:

首先求得

$$f(0)=1$$

由于

$$f'(x)=-\frac{1}{(1+x)^2}$$

所以

$$f'(0)=-1$$

因此

$$f(\mathrm{d}x) \approx f(0) + f'(0)\mathrm{d}x = 1 - \mathrm{d}x$$

即

$$\frac{1}{1+\mathrm{d}x} \approx 1 - \mathrm{d}x$$

答毕。

例题 1.3.2：

已知函数：

$$f(\varphi) = \sin\varphi\ ,\ g(\varphi) = \cos\varphi$$

利用麦克劳林级数，对$f(\mathrm{d}\varphi)$ 和 $g(\mathrm{d}\varphi)$ 进行线性近似，其中：$\mathrm{d}\varphi$ 为微小量。

解答：

首先求得

$$f(0) = 0, g(0) = 1$$

由于

$$f'(\varphi) = \cos(\varphi), g'(\varphi) = -\sin(\varphi)$$

所以

$$f'(0) = 1\ ,\ g'(0) = 0$$

因此

$$f(\mathrm{d}\varphi) \approx f(0) + f'(0)\mathrm{d}\varphi = \mathrm{d}\varphi$$
$$g(\mathrm{d}\varphi) \approx g(0) + g'(0)\mathrm{d}\varphi = 1$$

即

$$\sin(\mathrm{d}\varphi) \approx \mathrm{d}\varphi$$
$$\cos(\mathrm{d}\varphi) \approx 1$$

答毕。

这两个例题所得到的结果在后面章节的学习中时常会用到。那时，这些结果将会被直接引用。

例题 1.3.3：

如图 1.3.2 所示，长度为 L 的刚性直杆，水平放置。左端与刚度系数为 K 的盘簧连接，右端作用一个垂直向下的集中力 F。当直杆绕左端铰链转动 θ 转角（弧度）时，盘簧将产生力矩：

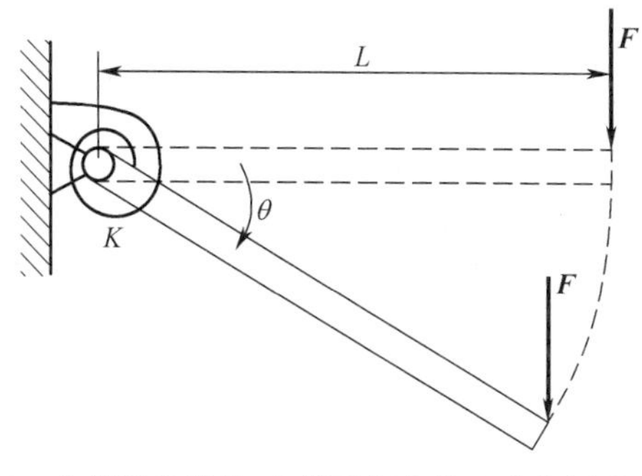

图 1.3.2　左端弹性铰接、右端受竖向集中力作用的刚性直杆

$$M = K\theta$$

通过对刚性直杆进行受力分析，建立 F 与 θ 之间的关系并线性化。

解答：

如图 1.3.3 所示，对刚性直杆作受力分析，可得

$$FL\cos\theta = M$$

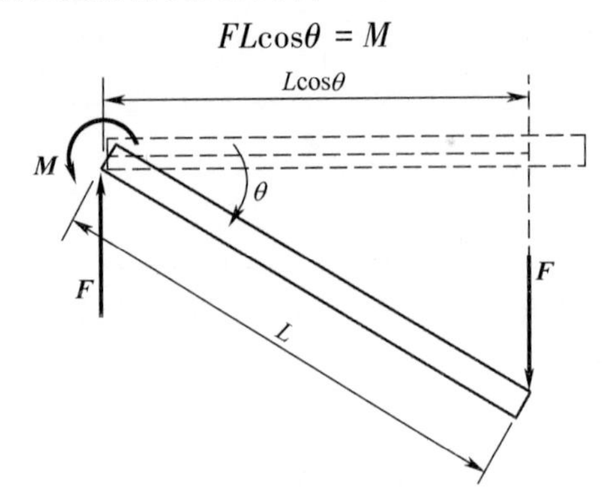

图 1.3.3　受力分析示意图

又因为

$$M = K\theta$$

所以

$$\frac{FL}{K} = \frac{\theta}{\cos\theta}$$

显然，FL/K 与 θ 之间呈非线性关系。

由例题 1.3.2 可知，当 θ 较小时

$$\cos\theta \approx 1$$

可得线性化结果如下：

$$\frac{FL}{K} = \theta$$

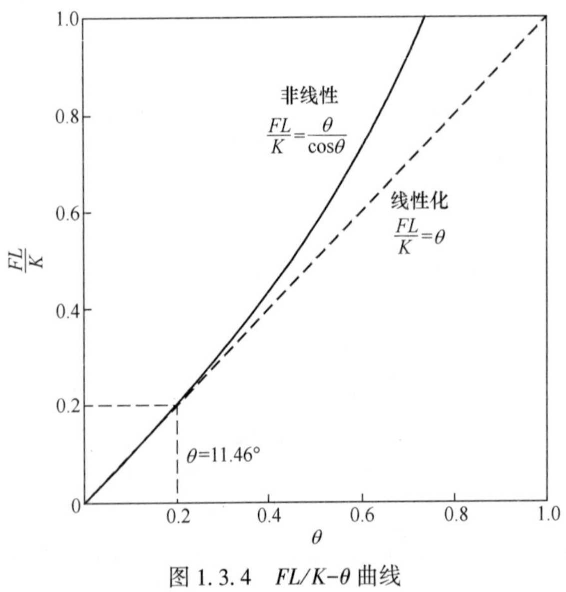

图 1.3.4　FL/K-θ 曲线

FL/K 与 θ 之间的关系曲线,如图 1.3.4 所示。其中,实线为非线性结果,虚线为线性化结果。

从图 1.3.4 可以看出,当 θ 较小时,非线性的结果与线性化的结果非常接近。例如:当 θ 为 0.2 弧度,或 11.46 角度时,线性化结果显然就是 0.2,而非线性结果为 0.2041。此时,线性化结果与非线性结果的相对误差为-2.0%。

当然,随着角度的增大,则两者的差别不断扩大,就不可以线性近似了。

答毕。

1.4 矩阵的基本运算

在后面的学习中,时常会遇到这样的情况:弹塑性力学中所建立的基本方程以及所获得的解答形式,是十分冗长的数学表达式。在可能的情况下,利用矩阵及其基本运算将会使表达方式变得极为简洁,并且有助于将弹性力学解答程序化。同时,还可充分利用已有的矩阵论知识直接解决弹塑性力学中的问题。例如:数学上,主应力、应力主向就是应力矩阵(3×3 阶方阵)的特征值和特征向量。

一、向量与矩阵

一组有序的 n 个实数 $x_1, x_2, \cdots, x_n$,称为一个 n 维向量,记为

$$\boldsymbol{x} = \begin{bmatrix} x_1 \\ x_2 \\ \vdots \\ x_n \end{bmatrix} \quad 或 \quad \boldsymbol{x} = [x_1 \quad x_2 \quad \cdots \quad x_n]$$

分别称为列向量和行向量,其中:$x_i(i=1,2,\cdots,n)$ 称为向量 $\boldsymbol{x}$ 的第 i 个分量。

给出 $m \times n$ 个数,排成 m 行 n 列的数表,记为

$$\boldsymbol{A} = \begin{bmatrix} a_{11} & a_{12} & \cdots & a_{1n} \\ a_{21} & a_{22} & \cdots & a_{2n} \\ \vdots & \vdots & & \vdots \\ a_{m1} & a_{m2} & \cdots & a_{mn} \end{bmatrix}$$

称为一个 $m\times n$ 型矩阵,其中 $a_{ij}(i=1,2,\cdots,m;j=1,2,\cdots,n)$ 是矩阵 $\boldsymbol{A}$ 的一个元素,位于第 i 行和第 j 列交叉处。

特别地,$n\times n$ 型矩阵称为 n 阶矩阵(这是一个方阵),$n\times 1$ 型矩阵称为列矩阵(列向量),$1\times n$ 型矩阵称为行矩阵(行向量)。

当矩阵中的所有元素均为零时,记为

$$\boldsymbol{0} = \begin{bmatrix} 0 & 0 & \cdots & 0 \\ 0 & 0 & \cdots & 0 \\ \vdots & \vdots & & \vdots \\ 0 & 0 & \cdots & 0 \end{bmatrix}$$

称为零矩阵。

对于一个 n 阶矩阵(方阵),当主对角线以下的元素都是 0 时,称为上三角形矩阵。反之,则称为下三角矩阵。例如:

$$\begin{bmatrix} a_{11} & a_{12} & \cdots & a_{1n} \\ 0 & a_{22} & \cdots & a_{2n} \\ \vdots & \vdots & & \vdots \\ 0 & 0 & \cdots & a_{nn} \end{bmatrix} \quad \text{和} \quad \begin{bmatrix} a_{11} & 0 & \cdots & 0 \\ a_{21} & a_{22} & \cdots & 0 \\ \vdots & \vdots & & \vdots \\ a_{n1} & a_{n2} & \cdots & a_{nn} \end{bmatrix}$$

分别为上三角形矩阵和下三角形矩阵。

对于一个 n 阶矩阵(方阵),当主对角线以外的元素都是 0 时,称为对角矩阵。例如:

$$\begin{bmatrix} a_{11} & 0 & \cdots & 0 \\ 0 & a_{22} & \cdots & 0 \\ \vdots & \vdots & & \vdots \\ 0 & 0 & \cdots & a_{nn} \end{bmatrix}$$

为一个对角矩阵。

在对角矩阵中,若主对角线上的元素都相等时,称为数量矩阵。例如:

$$\begin{bmatrix} a & 0 & \cdots & 0 \\ 0 & a & \cdots & 0 \\ \vdots & \vdots & & \vdots \\ 0 & 0 & \cdots & a \end{bmatrix}$$

为一个数量矩阵。

在对角矩阵中,若主对角线上的元素都相等于 1 时,记为

$$\boldsymbol{I} = \begin{bmatrix} 1 & 0 & \cdots & 0 \\ 0 & 1 & \cdots & 0 \\ \vdots & \vdots & & \vdots \\ 0 & 0 & \cdots & 1 \end{bmatrix}$$

称为单位矩阵。

对于一个 n 阶矩阵 $\boldsymbol{A}$,若有关系 $a_{ij}=a_{ji}$,则 $\boldsymbol{A}$ 称为对称矩阵;若有关系 $a_{ij}=-a_{ji}$,则 $\boldsymbol{A}$ 称为反对称矩阵。例如:

$$\begin{bmatrix} 1 & 2 & 3 \\ 2 & 1 & 3 \\ 3 & 3 & 6 \end{bmatrix} \quad \text{和} \quad \begin{bmatrix} 0 & -1 & 5 \\ 1 & 0 & -6 \\ -5 & 6 & 0 \end{bmatrix}$$

分别为对称矩阵和反对称矩阵。

注意:反对称矩阵的主对角线上的元素必然为 0。

二、矩阵的迹与行列式

对于 n 阶矩阵(方阵):

$$\boldsymbol{A} = \begin{bmatrix} a_{11} & a_{12} & \cdots & a_{1n} \\ a_{21} & a_{22} & \cdots & a_{2n} \\ \vdots & \vdots & & \vdots \\ a_{n1} & a_{n2} & \cdots & a_{nn} \end{bmatrix}$$

其主对角线上的元素之和称为该矩阵的迹,记为

$$\operatorname{tr}(\boldsymbol{A}) = a_{11} + a_{22} + \cdots + a_{nn} = \sum_{i=1}^{n} a_{ii}$$

行列式的值记为

$$\det(\boldsymbol{A}) = |\boldsymbol{A}| = \begin{vmatrix} a_{11} & a_{12} & \cdots & a_{1n} \\ a_{21} & a_{22} & \cdots & a_{2n} \\ \vdots & \vdots & & \vdots \\ a_{n1} & a_{n2} & \cdots & a_{nn} \end{vmatrix}$$

若其行列式的值为0,则称为奇异矩阵;若行列式的值不为0,则称为非奇异矩阵。

例题 1.4.1:

已知对称矩阵:

$$\boldsymbol{A} = \begin{bmatrix} 1 & 2 & 3 \\ 2 & 1 & 3 \\ 3 & 3 & 6 \end{bmatrix}$$

求其迹和行列式,并判断其奇异性。

解答:

$$\operatorname{tr}(\boldsymbol{A}) = 1 + 1 + 6 = 8$$

$$\begin{aligned} \det(\boldsymbol{A}) &= \begin{vmatrix} 1 & 2 & 3 \\ 2 & 1 & 3 \\ 3 & 3 & 6 \end{vmatrix} \\ &= 1 \times \begin{vmatrix} 1 & 3 \\ 3 & 6 \end{vmatrix} - 2 \times \begin{vmatrix} 2 & 3 \\ 3 & 6 \end{vmatrix} + 3 \times \begin{vmatrix} 2 & 1 \\ 3 & 3 \end{vmatrix} \\ &= 1 \times (1 \times 6 - 3 \times 3) - 2 \times (2 \times 6 - 3 \times 3) + 3 \times (2 \times 3 - 1 \times 3) \\ &= -3 - 6 + 9 \\ &= 0 \end{aligned}$$

因此,$\boldsymbol{A}$ 矩阵是一个对称的奇异矩阵。

答毕。

三、矩阵的基本运算

将矩阵 $\boldsymbol{A}$ 的行与列互换所得到的矩阵,称为 $\boldsymbol{A}$ 的转置矩阵,记作 $\boldsymbol{A}^{\mathrm{T}}$。例如:矩阵

$$\boldsymbol{A} = \begin{bmatrix} 1 & 2 & 3 \\ 2 & 9 & 4 \end{bmatrix}$$

的转置矩阵为

$$\boldsymbol{A}^{\mathrm{T}} = \begin{bmatrix} 1 & 2 \\ 2 & 9 \\ 3 & 4 \end{bmatrix}$$

一般而言,$\boldsymbol{A}^{\mathrm{T}} \neq \boldsymbol{A}$。但是,对于对称矩阵,则有 $\boldsymbol{A}^{\mathrm{T}} = \boldsymbol{A}$。

两个同型矩阵 $\boldsymbol{A}$ 与 $\boldsymbol{B}$ 的和(加法)仍是一个同型的矩阵 $\boldsymbol{C}$,记作

$$\boldsymbol{C}=\boldsymbol{A}+\boldsymbol{B}$$

其中:$\boldsymbol{C}$ 中的每个元素是 $\boldsymbol{A}$ 与 $\boldsymbol{B}$ 中对应元素 a_{ij} 和 b_{ij} 的和,即

$$c_{ij}=a_{ij}+b_{ij}$$

例如:已知矩阵

$$\boldsymbol{A}=\begin{bmatrix}1&2\\2&9\\3&4\end{bmatrix}\quad \text{和}\quad \boldsymbol{B}=\begin{bmatrix}4&5&6\\5&6&7\end{bmatrix}$$

则这两个矩阵的和为

$$\boldsymbol{A}+\boldsymbol{B}=\begin{bmatrix}1+4&2+5&3+6\\2+5&9+6&4+7\end{bmatrix}=\begin{bmatrix}5&7&9\\7&15&11\end{bmatrix}$$

任何一个 n 阶矩阵 $\boldsymbol{A}$(方阵),都可以分解为一个对称矩阵和一个反对称矩阵的和,即

$$a_{ij}=\frac{1}{2}(a_{ij}+a_{ji})+\frac{1}{2}(a_{ij}-a_{ji})$$

例如:

$$\begin{bmatrix}1&1&8\\3&1&-3\\-2&9&6\end{bmatrix}=\begin{bmatrix}1&2&3\\2&1&3\\3&3&6\end{bmatrix}+\begin{bmatrix}0&-1&5\\1&0&-6\\-5&6&0\end{bmatrix}$$

其中:等式右边的第一个矩阵为对称矩阵、第二个矩阵为反对称矩阵。

矩阵 $\boldsymbol{A}$ 乘以数 a,等于矩阵 $\boldsymbol{A}$ 的每一个元素乘以数 a。例如:已知

$$\boldsymbol{A}=\begin{bmatrix}4&1\\5&2\end{bmatrix}\quad \text{和}\quad a=3$$

则

$$a\boldsymbol{A}=3\times\begin{bmatrix}4&1\\5&2\end{bmatrix}=\begin{bmatrix}3\times4&3\times1\\3\times5&3\times2\end{bmatrix}=\begin{bmatrix}12&3\\15&6\end{bmatrix}$$

$m\times s$ 型矩阵 $\boldsymbol{A}$ 与 $s\times n$ 型矩阵 $\boldsymbol{B}$ 相乘将得到一个 $m\times n$ 型矩阵 $\boldsymbol{C}$,记作

$$\boldsymbol{C}=\boldsymbol{AB}$$

矩阵 $\boldsymbol{C}$ 中的元素为

$$c_{ij}=a_{i1}b_{1j}+a_{i2}b_{2j}+\cdots+a_{is}b_{sj}=\sum_{k=1}^{s}a_{ik}b_{kj}$$

例如:已知矩阵

$$\boldsymbol{A}=\begin{bmatrix}1&2\\2&9\\3&4\end{bmatrix}\quad \text{和}\quad \boldsymbol{B}=\begin{bmatrix}4&5&6\\5&6&7\end{bmatrix}$$

则这两个矩阵相乘为

$$\boldsymbol{AB}=\begin{bmatrix}1&2\\2&9\\3&4\end{bmatrix}\begin{bmatrix}4&5&6\\5&6&7\end{bmatrix}=\begin{bmatrix}1\times4+2\times5&1\times5+2\times6&1\times6+2\times7\\2\times4+9\times5&2\times5+9\times6&2\times6+9\times7\\3\times4+4\times5&3\times5+4\times6&3\times6+4\times7\end{bmatrix}=\begin{bmatrix}14&17&20\\53&64&75\\32&39&46\end{bmatrix}$$

或

$$BA=\begin{bmatrix}4&5&6\\5&6&7\end{bmatrix}\begin{bmatrix}1&2\\2&9\\3&4\end{bmatrix}=\begin{bmatrix}4\times1+5\times2+6\times3 & 4\times2+5\times9+6\times4\\5\times1+6\times2+7\times3 & 5\times2+6\times9+7\times4\end{bmatrix}=\begin{bmatrix}32&77\\38&92\end{bmatrix}$$

一般而言,$\boldsymbol{AB}\neq\boldsymbol{BA}$,即矩阵的乘法不满足交换律。

对于一个 n 阶矩阵 $\boldsymbol{A}$(方阵),如果有一个 n 阶矩阵 $\boldsymbol{B}$(方阵),满足

$$\boldsymbol{AB}=\boldsymbol{BA}=\boldsymbol{I}$$

则矩阵 $\boldsymbol{B}$ 称为矩阵 $\boldsymbol{A}$ 的逆矩阵,记为 $\boldsymbol{A}^{-1}$;同样,矩阵 $\boldsymbol{A}$ 也称为矩阵 $\boldsymbol{B}$ 的逆矩阵,记为 $\boldsymbol{B}^{-1}$,即矩阵 $\boldsymbol{A}$ 和矩阵 $\boldsymbol{B}$ 互为逆矩阵。

一个 n 阶矩阵 $\boldsymbol{A}$(方阵)有逆矩阵的充分必要条件是,矩阵 $\boldsymbol{A}$ 为非奇异矩阵,即

$$\det(\boldsymbol{A})\neq 0$$

设 n 维向量 $\boldsymbol{x}$ 和 $\boldsymbol{y}$ 之间存在着线性变换,即

$$\boldsymbol{y}=\boldsymbol{Cx}$$

显然,矩阵 $\boldsymbol{C}$ 为一个 n 阶矩阵(方阵)。若向量 $\boldsymbol{x}$ 和 $\boldsymbol{y}$ 的长度相等,则这个线性变换称为正交变换,矩阵 $\boldsymbol{C}$ 称为正交矩阵。

一个 n 阶矩阵 $\boldsymbol{C}$(方阵)是正交矩阵的充分必要条件是,矩阵 $\boldsymbol{C}$ 的逆矩阵 $\boldsymbol{C}^{-1}$ 与其转置矩阵 $\boldsymbol{C}^{\mathrm{T}}$ 相等,即

$$\boldsymbol{CC}^{\mathrm{T}}=\boldsymbol{C}^{\mathrm{T}}\boldsymbol{C}=\boldsymbol{I}$$

简言之,矩阵 $\boldsymbol{C}$ 与其转置矩阵 $\boldsymbol{C}^{\mathrm{T}}$ 互为逆矩阵。

关于矩阵的基本运算,有下列基本性质:

$$\boldsymbol{A}+\boldsymbol{B}=\boldsymbol{B}+\boldsymbol{A}$$

$$a(b\boldsymbol{A})=(ab)\boldsymbol{A}$$

$$a(\boldsymbol{A}+\boldsymbol{B})=a\boldsymbol{A}+a\boldsymbol{B}$$

$$(a+b)\boldsymbol{A}=a\boldsymbol{A}+b\boldsymbol{A}$$

$$(\boldsymbol{AB})\boldsymbol{C}=\boldsymbol{A}(\boldsymbol{BC})=\boldsymbol{ABC}$$

$$\boldsymbol{A}(\boldsymbol{B}+\boldsymbol{C})=\boldsymbol{AB}+\boldsymbol{AC}$$

$$(\boldsymbol{B}+\boldsymbol{C})\boldsymbol{A}=\boldsymbol{BA}+\boldsymbol{CA}$$

$$(a\boldsymbol{A})\boldsymbol{B}=\boldsymbol{A}(a\boldsymbol{B})=a(\boldsymbol{AB})$$

$$(\boldsymbol{ABC})^{\mathrm{T}}=\boldsymbol{C}^{\mathrm{T}}\boldsymbol{B}^{\mathrm{T}}\boldsymbol{A}^{\mathrm{T}}$$

$$(\boldsymbol{A}^{-1})^{-1}=\boldsymbol{A}$$

$$(\boldsymbol{AB})^{-1}=\boldsymbol{B}^{-1}\boldsymbol{A}^{-1}$$

$$(\boldsymbol{A}^{-1})^{\mathrm{T}}=(\boldsymbol{A}^{\mathrm{T}})^{-1}$$

式中:$\boldsymbol{A}$、$\boldsymbol{B}$ 和 $\boldsymbol{C}$ 为矩阵,a 和 b 为数。在满足矩阵基本运算规则的前提下,上述性质才能成立。

四、矩阵的特征值与特征向量

设 n 阶矩阵 $\boldsymbol{A}$(方阵),如果对于某实数 λ,存在 n 维非零向量 $\boldsymbol{x}$,满足关系式:

$$\boldsymbol{Ax}=\lambda\boldsymbol{x}$$

则 λ 称为矩阵 $\boldsymbol{A}$ 的特征值,$\boldsymbol{x}$ 称为矩阵 $\boldsymbol{A}$ 对应于 λ 的特征向量,于是可得

$$(\lambda\boldsymbol{I}-\boldsymbol{A})\boldsymbol{x}=\boldsymbol{0}$$

式中：$\lambda\boldsymbol{I}-\boldsymbol{A}$，称为矩阵 $\boldsymbol{A}$ 的特征矩阵。

上述线性齐次方程组有非零解的充分必要条件是，系数行列式为 0，即

$$|\lambda\boldsymbol{I}-\boldsymbol{A}|=0$$

这是一个关于 λ 的多项式形式的代数方程，称为矩阵 $\boldsymbol{A}$ 的特征方程。

所有特征值的和等于矩阵的迹；所有特征值的积等于矩阵的行列式，即

$$\lambda_1+\lambda_2+\cdots+\lambda_n=\mathrm{tr}(\boldsymbol{A})$$

$$\lambda_1\lambda_2\cdots\lambda_n=\det(\boldsymbol{A})$$

对于对称矩阵而言，其所有特征值与对应特征向量及该特征向量转置的乘积之和等于该对称矩阵，即

$$\lambda_1\boldsymbol{x}_1\boldsymbol{x}_1^{\mathrm{T}}+\lambda_2\boldsymbol{x}_2\boldsymbol{x}_2^{\mathrm{T}}+\cdots+\lambda_n\boldsymbol{x}_n\boldsymbol{x}_n^{\mathrm{T}}=\boldsymbol{A}$$

例题 1.4.2：

已知对称矩阵：

$$\boldsymbol{A}=\begin{bmatrix}1&2&3\\2&1&3\\3&3&6\end{bmatrix}$$

由例题 1.4.1 可知，该对称矩阵的迹和行列式分别为

$$\mathrm{tr}(\boldsymbol{A})=8\quad 和\quad \det(\boldsymbol{A})=0$$

完成下列问题：

（1）求出该对称矩阵的三个特征值 λ_1，λ_2和 λ_3；

（2）求出该对称矩阵三个特征值所对应的特征向量 $\boldsymbol{x}_1$，$\boldsymbol{x}_2$和 $\boldsymbol{x}_3$；

（3）验证：

$$\lambda_1+\lambda_2+\lambda_3=\mathrm{tr}(\boldsymbol{A})$$

$$\lambda_1\lambda_2\lambda_3=\det(\boldsymbol{A})$$

$$\lambda_1\boldsymbol{x}_1\boldsymbol{x}_1^{\mathrm{T}}+\lambda_2\boldsymbol{x}_2\boldsymbol{x}_2^{\mathrm{T}}+\lambda_3\boldsymbol{x}_3\boldsymbol{x}_3^{\mathrm{T}}=\boldsymbol{A}$$

解答：

（1）由

$$\begin{aligned}|\lambda\boldsymbol{I}-\boldsymbol{A}|&=\begin{vmatrix}\lambda-1&-2&-3\\-2&\lambda-1&-3\\-3&-3&\lambda-6\end{vmatrix}\\&=(\lambda-1)[(\lambda-1)(\lambda-6)-9]+2[-2(\lambda-6)-9]-3[6+3(\lambda-1)]\\&=(\lambda-1)(\lambda^2-7\lambda-3)-4\lambda+6-9\lambda-9\\&=\lambda^3-7\lambda^2-3\lambda-\lambda^2+7\lambda+3-13\lambda-3=\lambda^3-8\lambda^2-9\lambda\\&=\lambda(\lambda+1)(\lambda-9)\end{aligned}$$

可得矩阵 $\boldsymbol{A}$ 的三个特征值为

$$\lambda_1=-1,\lambda_2=0,\lambda_3=9$$

（2）对于特征值 $\lambda_1=-1$，其对应的线性齐次方程组为

$$(\lambda_1\boldsymbol{I}-\boldsymbol{A})\boldsymbol{x}_1=\boldsymbol{0}$$

即

$$\begin{bmatrix} \lambda_1 - 1 & -2 & -3 \\ -2 & \lambda_1 - 1 & -3 \\ -3 & -3 & \lambda_1 - 6 \end{bmatrix} \begin{bmatrix} x_1^{(1)} \\ x_1^{(2)} \\ x_1^{(3)} \end{bmatrix} = \begin{bmatrix} 0 \\ 0 \\ 0 \end{bmatrix}$$

据此,可得

$$\begin{bmatrix} -2 & -2 & -3 \\ -2 & -2 & -3 \\ -3 & -3 & -7 \end{bmatrix} \begin{bmatrix} x_1^{(1)} \\ x_1^{(2)} \\ x_1^{(3)} \end{bmatrix} = \begin{bmatrix} 0 \\ 0 \\ 0 \end{bmatrix}$$

由后两行,可得

$$\begin{cases} -2x_1^{(1)} - 2x_1^{(2)} - 3x_1^{(3)} = 0 \\ -3x_1^{(1)} - 3x_1^{(2)} - 7x_1^{(3)} = 0 \end{cases}$$

解得

$$\begin{cases} x_1^{(2)} = -x_1^{(1)} \\ x_1^{(3)} = 0 \end{cases}$$

即

$$\begin{bmatrix} x_1^{(1)} \\ x_1^{(2)} \\ x_1^{(3)} \end{bmatrix} = \begin{bmatrix} x_1^{(1)} \\ -x_1^{(1)} \\ 0 \end{bmatrix}$$

归一化后的特征向量 $\boldsymbol{x}_1$ 为

$$\boldsymbol{x}_1 = \frac{1}{\sqrt{2}x_1^{(1)}} \begin{bmatrix} x_1^{(1)} \\ -x_1^{(1)} \\ 0 \end{bmatrix} = \begin{bmatrix} 1/\sqrt{2} \\ -1/\sqrt{2} \\ 0 \end{bmatrix} = \begin{bmatrix} 0.7071 \\ -0.7071 \\ 0 \end{bmatrix}$$

对于特征值 $\lambda_2 = 0$,其对应的线性齐次方程组为

$$(\lambda_2 \boldsymbol{I} - \boldsymbol{A})\boldsymbol{x}_2 = \boldsymbol{0}$$

即

$$\begin{bmatrix} \lambda_2 - 1 & -2 & -3 \\ -2 & \lambda_2 - 1 & -3 \\ -3 & -3 & \lambda_2 - 6 \end{bmatrix} \begin{bmatrix} x_2^{(1)} \\ x_2^{(2)} \\ x_2^{(3)} \end{bmatrix} = \begin{bmatrix} 0 \\ 0 \\ 0 \end{bmatrix}$$

据此,可得

$$\begin{bmatrix} -1 & -2 & -3 \\ -2 & -1 & -3 \\ -3 & -3 & -6 \end{bmatrix} \begin{bmatrix} x_2^{(1)} \\ x_2^{(2)} \\ x_2^{(3)} \end{bmatrix} = \begin{bmatrix} 0 \\ 0 \\ 0 \end{bmatrix}$$

由前两行,可得

$$\begin{cases} -x_2^{(1)} - 2x_2^{(2)} - 3x_2^{(3)} = 0 \\ -2x_2^{(1)} - x_2^{(2)} - 3x_2^{(3)} = 0 \end{cases}$$

解得

$$\begin{cases} x_2^{(2)} = x_2^{(1)} \\ x_2^{(3)} = -x_2^{(1)} \end{cases}$$

即

$$\begin{bmatrix} x_2^{(1)} \\ x_2^{(2)} \\ x_2^{(3)} \end{bmatrix} = \begin{bmatrix} x_2^{(1)} \\ x_2^{(1)} \\ -x_2^{(1)} \end{bmatrix}$$

归一化后的特征向量 $\boldsymbol{x}_2$ 为

$$\boldsymbol{x}_2 = \frac{1}{\sqrt{3}x_2^{(1)}}\begin{bmatrix} x_2^{(1)} \\ x_2^{(1)} \\ -x_2^{(1)} \end{bmatrix} = \begin{bmatrix} 1/\sqrt{3} \\ 1/\sqrt{3} \\ -1/\sqrt{3} \end{bmatrix} = \begin{bmatrix} 0.5774 \\ 0.5744 \\ -0.5744 \end{bmatrix}$$

对于特征值 $\lambda_3 = 9$,其对应的线性齐次方程组为

$$(\lambda_3 \boldsymbol{I} - \boldsymbol{A})\boldsymbol{x}_3 = \boldsymbol{0}$$

即

$$\begin{bmatrix} \lambda_3 - 1 & -2 & -3 \\ -2 & \lambda_3 - 1 & -3 \\ -3 & -3 & \lambda_3 - 6 \end{bmatrix}\begin{bmatrix} x_3^{(1)} \\ x_3^{(2)} \\ x_3^{(3)} \end{bmatrix} = \begin{bmatrix} 0 \\ 0 \\ 0 \end{bmatrix}$$

据此,可得

$$\begin{bmatrix} 8 & -2 & -3 \\ -2 & 8 & -3 \\ -3 & -3 & 3 \end{bmatrix}\begin{bmatrix} x_3^{(1)} \\ x_3^{(2)} \\ x_3^{(3)} \end{bmatrix} = \begin{bmatrix} 0 \\ 0 \\ 0 \end{bmatrix}$$

由前两行,可得

$$\begin{cases} 8x_3^{(1)} - 2x_3^{(2)} - 3x_3^{(3)} = 0 \\ -2x_3^{(1)} + 8x_3^{(2)} - 3x_3^{(3)} = 0 \end{cases}$$

解得

$$\begin{cases} x_3^{(2)} = x_3^{(1)} \\ x_3^{(3)} = 2x_3^{(1)} \end{cases}$$

即

$$\begin{bmatrix} x_3^{(1)} \\ x_3^{(2)} \\ x_3^{(3)} \end{bmatrix} = \begin{bmatrix} x_3^{(1)} \\ x_3^{(1)} \\ 2x_3^{(1)} \end{bmatrix}$$

归一化后的特征向量 $\boldsymbol{x}_3$ 为

$$\boldsymbol{x}_3 = \frac{1}{\sqrt{6}x_3^{(1)}}\begin{bmatrix} x_3^{(1)} \\ x_3^{(1)} \\ 2x_3^{(1)} \end{bmatrix} = \begin{bmatrix} 1/\sqrt{6} \\ 1/\sqrt{6} \\ 2/\sqrt{6} \end{bmatrix} = \begin{bmatrix} 0.4082 \\ 0.4082 \\ 0.8165 \end{bmatrix}$$

(3)由于

$$\lambda_1+\lambda_2+\lambda_3=-1+0+9=8$$

因此

$$\lambda_1+\lambda_2+\lambda_3=\mathrm{tr}(\boldsymbol{A})$$

得到了验证。

由于

$$\lambda_1\lambda_2\lambda_3=(-1)\times 0\times 9=0$$

因此

$$\lambda_1\lambda_2\lambda_3=\det(\boldsymbol{A})$$

得到了验证。

由于

$$\lambda_1\boldsymbol{x}_1\boldsymbol{x}_1^{\mathrm{T}}=(-1)\times\begin{bmatrix}1/\sqrt{2}\\-1/\sqrt{2}\\0\end{bmatrix}\begin{bmatrix}1/\sqrt{2} & -1/\sqrt{2} & 0\end{bmatrix}=\begin{bmatrix}-0.5 & 0.5 & 0\\0.5 & -0.5 & 0\\0 & 0 & 0\end{bmatrix}$$

$$\lambda_2\boldsymbol{x}_2\boldsymbol{x}_2^{\mathrm{T}}=0\times\begin{bmatrix}1/\sqrt{3}\\1/\sqrt{3}\\-1/\sqrt{3}\end{bmatrix}\begin{bmatrix}1/\sqrt{3} & 1/\sqrt{3} & -1/\sqrt{3}\end{bmatrix}=\begin{bmatrix}0 & 0 & 0\\0 & 0 & 0\\0 & 0 & 0\end{bmatrix}$$

$$\lambda_3\boldsymbol{x}_3\boldsymbol{x}_3^{\mathrm{T}}=9\times\begin{bmatrix}1/\sqrt{6}\\1/\sqrt{6}\\2/\sqrt{6}\end{bmatrix}\begin{bmatrix}1/\sqrt{6} & 1/\sqrt{6} & 2/\sqrt{6}\end{bmatrix}=\begin{bmatrix}1.5 & 1.5 & 3\\1.5 & 1.5 & 3\\3 & 3 & 6\end{bmatrix}$$

$$\lambda_1\boldsymbol{x}_1\boldsymbol{x}_1^{\mathrm{T}}+\lambda_2\boldsymbol{x}_2\boldsymbol{x}_2^{\mathrm{T}}+\lambda_3\boldsymbol{x}_3\boldsymbol{x}_3^{\mathrm{T}}=\begin{bmatrix}1 & 2 & 3\\2 & 1 & 3\\3 & 3 & 6\end{bmatrix}$$

因此

$$\lambda_1\boldsymbol{x}_1\boldsymbol{x}_1^{\mathrm{T}}+\lambda_2\boldsymbol{x}_2\boldsymbol{x}_2^{\mathrm{T}}+\lambda_3 x_3\boldsymbol{x}_3^{\mathrm{T}}=\boldsymbol{A}$$

得到了验证。

答毕。

习　　题

1-1　什么是均匀的各向同性体？什么是均匀的各向异性体？什么是非均匀的各向同性体？什么是非均匀的各向异性体？

1-2　如下图所示的等截面直杆，其左、右两端面上各自作用一个通过横截面形心的集中力 F，形成静力平衡力系。

现在左、右两端面施加如下图(a)、(b)和(c)所示的3种不同分布形式的端面外力,但合力均等于F。

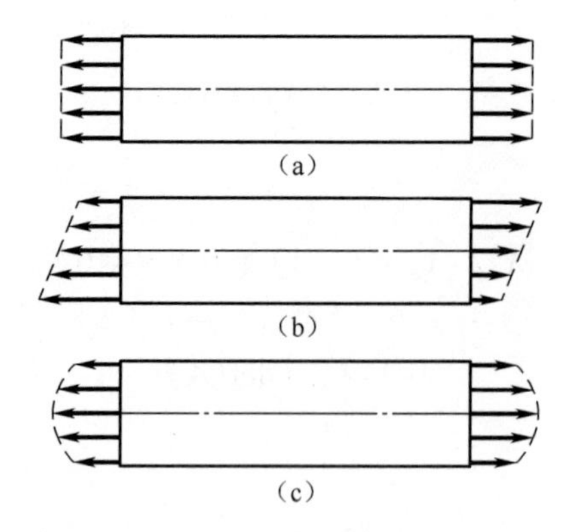

根据圣维南原理,分别讨论三种情形与原问题的等效性及影响范围。

1-3　已知函数:

$$f(x) = \ln(1 + x)$$

利用麦克劳林级数,对$f(\mathrm{d}x)$进行线性近似,其中:$\mathrm{d}x$为微小量。

1-4　已知函数:

$$f(\varphi) = \tan\varphi$$

利用麦克劳林级数,对$f(\mathrm{d}\varphi)$进行线性近似,其中:$\mathrm{d}\varphi$为微小量。

1-5　现有一个不计重量、长度为L的刚性立柱。在其上端施加一集中力F,下端设置刚度系数为K的线性盘簧。当刚性立柱绕下端转动θ转角(弧度)时,盘簧中将产生力矩$M=K\theta$。

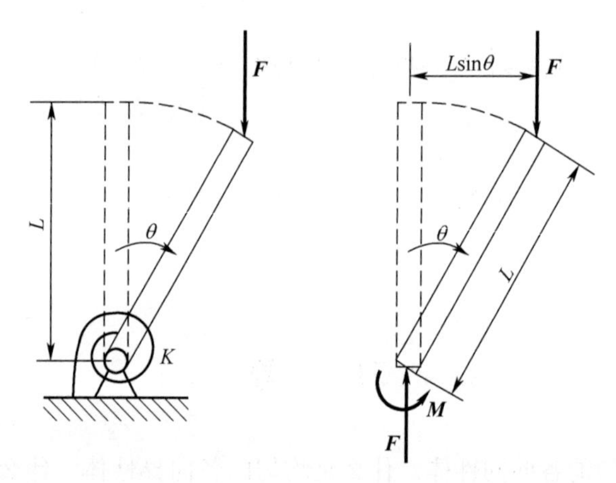

通过对刚性立柱进行受力分析,建立F与θ之间的关系并线性化。

提示:

$$FL\sin\theta = M = K\theta, \frac{FL}{K} = \frac{\theta}{\sin\theta}, \frac{FL}{K} = 1 (\theta \text{ 较小时})$$

1-6　已知对称矩阵:

$$\boldsymbol{A}=\begin{bmatrix}1 & 2\\ 2 & 4\end{bmatrix}$$

完成下列问题：

(1) 求出该矩阵的迹 $\mathrm{tr}(\boldsymbol{A})$ 和行列式 $\det(\boldsymbol{A})$；

(2) 求出该矩阵的两个特征值 λ_1 和 λ_2；

(3) 求出该矩阵两个特征值所对应的特征向量 $\boldsymbol{x}_1$ 和 $\boldsymbol{x}_2$；

(4) 验证

$$\lambda_1+\lambda_2=\mathrm{tr}(\boldsymbol{A})$$

$$\lambda_1\lambda_2=\det(\boldsymbol{A})$$

$$\lambda_1\boldsymbol{x}_1\boldsymbol{x}_1^{\mathrm{T}}+\lambda_2\boldsymbol{x}_2\boldsymbol{x}_2^{\mathrm{T}}=\boldsymbol{A}$$

提示：

$$\mathrm{tr}(\boldsymbol{A})=5,\det(\boldsymbol{A})=0,\lambda_1=0,\lambda_2=5,\boldsymbol{x}_1=\begin{bmatrix}-2/\sqrt{5}\\ 1/\sqrt{5}\end{bmatrix},\boldsymbol{x}_2=\begin{bmatrix}1/\sqrt{5}\\ 2/\sqrt{5}\end{bmatrix}$$

第二章　常用正交坐标系

弹塑性体,可以看作是空间中点的集合。点在空间中的位置,可以用其对应的坐标来表示。因此,在分析弹塑性力学问题时,需要建立坐标系。

坐标系有多种,可分为正交坐标系和非正交坐标系两大类。

本章主要讲述直角坐标系、圆柱坐标系和球面坐标系。这些坐标系都是经常采用的正交坐标系,也是本书主要采用的三种坐标系。

2.1　直角坐标系

一、位置矢量

如图 2.1.1 所示,在空间中取一个点 O。通过 O 点,作 3 个单位长度且相互垂直的矢量 $\boldsymbol{e}_x$、$\boldsymbol{e}_y$ 和 $\boldsymbol{e}_z$。通过这 3 个矢量,形成 3 个坐标轴,即 x 轴、y 轴和 z 轴。这样构建的坐标系,称为直角坐标系或笛卡尔坐标系。

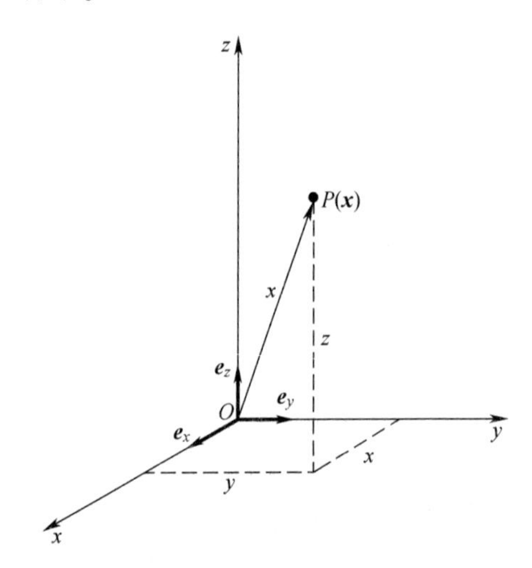

图 2.1.1　直角坐标系下,空间中点的位置矢量

当 $\boldsymbol{e}_x$、$\boldsymbol{e}_y$ 和 $\boldsymbol{e}_z$ 的指向符合右手法则时,称为右手坐标系。图 2.1.1 所示的坐标系为右手坐标系。3 个单位长度且相互垂直的矢量 $\boldsymbol{e}_x$、$\boldsymbol{e}_y$ 和 $\boldsymbol{e}_z$ 称为基矢量,各自可用相应的一个三维向量表示成

$$\boldsymbol{e}_x = \begin{bmatrix} 1 \\ 0 \\ 0 \end{bmatrix}, \boldsymbol{e}_y = \begin{bmatrix} 0 \\ 1 \\ 0 \end{bmatrix}, \boldsymbol{e}_z = \begin{bmatrix} 0 \\ 0 \\ 1 \end{bmatrix}$$

直角坐标系下，空间中任意一点 P 的位置可用一个矢量表示如下：

$$\boldsymbol{x}=x\boldsymbol{e}_x+y\boldsymbol{e}_y+z\boldsymbol{e}_z=x\begin{bmatrix}1\\0\\0\end{bmatrix}+y\begin{bmatrix}0\\1\\0\end{bmatrix}+z\begin{bmatrix}0\\0\\1\end{bmatrix}=\begin{bmatrix}x\\y\\z\end{bmatrix} \tag{2.1.1}$$

式中：$\boldsymbol{x}$ 称为点 P 的位置矢量；x、y 和 z 分别称为点 P 对应于 x 轴、y 轴和 z 轴的坐标值。

例如：

$$\boldsymbol{x}=\begin{bmatrix}3\\0\\-4\end{bmatrix}$$

表示 x 轴、y 轴和 z 轴上的坐标分别为 3,0 和−4 所对应的点的位置矢量。

需要说明：直接坐标系的三个基矢量，其大小和方向不随着空间中点的位置矢量的改变而改变。

特别地，如图 2.1.2 所示垂直于基矢量 $\boldsymbol{e}_z$的平面 xy 上任意一点 P 的位置矢量为

$$\boldsymbol{x}=x\boldsymbol{e}_x+y\boldsymbol{e}_y=x\begin{bmatrix}1\\0\end{bmatrix}+y\begin{bmatrix}0\\1\end{bmatrix}=\begin{bmatrix}x\\y\end{bmatrix} \tag{2.1.2}$$

式中：$\boldsymbol{e}_x$和 $\boldsymbol{e}_y$分别为 x 轴和 y 轴的基矢量，即

$$\boldsymbol{e}_x=\begin{bmatrix}1\\0\end{bmatrix}\quad 和 \quad \boldsymbol{e}_y=\begin{bmatrix}0\\1\end{bmatrix}$$

而 x 和 y 分别为点 P 对应于 x 轴和 y 轴的坐标值。

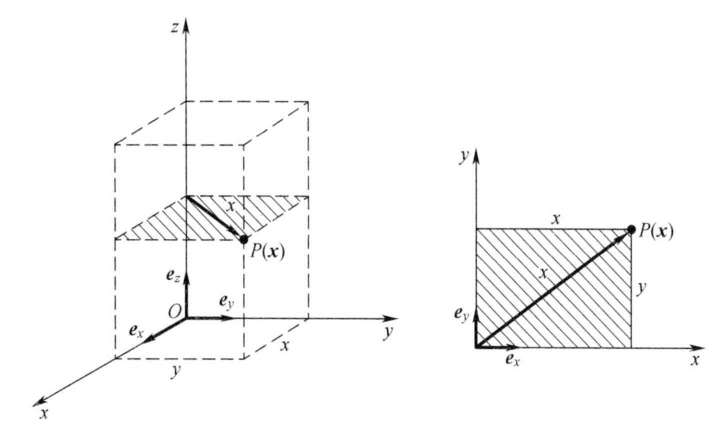

图 2.1.2　平面直角坐标系下，平面 xy 上点的位置矢量

从上面可知，空间中任何一个弹塑性体，都可以用组成这个弹塑性体的点的位置矢量的集合来描述。显然，弹塑性体上不同的点具有不同的位置矢量；反之，不同的位置矢量表征弹塑性体上不同的点。

二、位置矢量的基本运算

位置矢量，遵循矢量的基本运算法则。

如图 2.1.3 所示，空间中有 3 个不共面的点 P_1、点 P_2和点 P_3。其位置矢量分别为

$$\boldsymbol{x}_1 = \begin{bmatrix} x_1 \\ y_1 \\ z_1 \end{bmatrix}, \boldsymbol{x}_2 = \begin{bmatrix} x_2 \\ y_2 \\ z_2 \end{bmatrix}, \boldsymbol{x}_3 = \begin{bmatrix} x_3 \\ y_3 \\ z_3 \end{bmatrix}$$

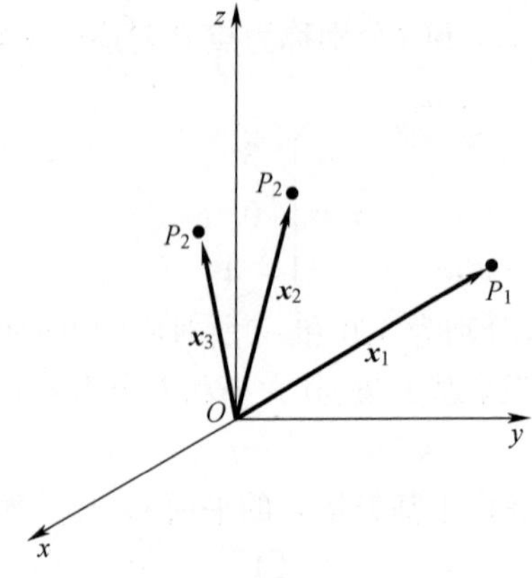

图 2.1.3　空间中的 3 个位置矢量

位置矢量 $\boldsymbol{x}_1$ 与位置矢量 $\boldsymbol{x}_2$ 的加法(和)为

$$\boldsymbol{x}_1 + \boldsymbol{x}_2 = \begin{bmatrix} x_1 \\ y_1 \\ z_1 \end{bmatrix} + \begin{bmatrix} x_2 \\ y_2 \\ z_2 \end{bmatrix} = \begin{bmatrix} x_1 + x_2 \\ y_1 + y_2 \\ z_1 + z_2 \end{bmatrix} \tag{2.1.3}$$

结果仍然为一个矢量。两个位置矢量的加法遵循平行四边形法则(图 2.1.4)。

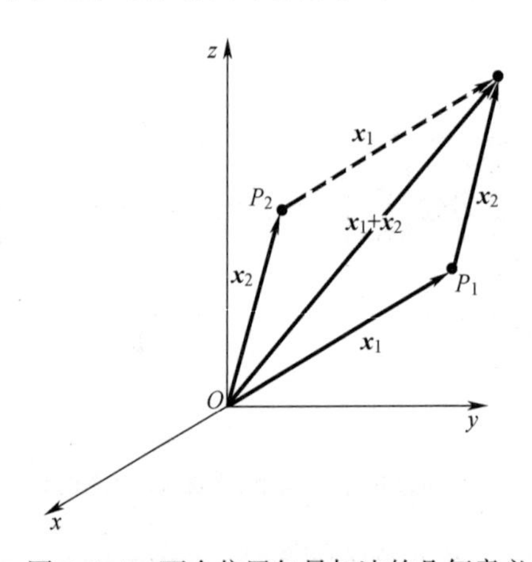

图 2.1.4　两个位置矢量加法的几何意义

位置矢量 $\boldsymbol{x}_2$ 与位置矢量 $\boldsymbol{x}_1$ 的减法(差)为

$$\boldsymbol{x}_2 - \boldsymbol{x}_1 = \begin{bmatrix} x_2 \\ y_2 \\ z_2 \end{bmatrix} - \begin{bmatrix} x_1 \\ y_1 \\ z_1 \end{bmatrix} = \begin{bmatrix} x_2 - x_1 \\ y_2 - y_1 \\ z_2 - z_1 \end{bmatrix} \tag{2.1.4}$$

结果仍然为一个矢量。两个位置矢量的减法表征连接这两个位置矢量所表示的两点之间的有向线段(图 2.1.5),即

$$\overline{P_1P_2} = \boldsymbol{x}_2 - \boldsymbol{x}_1$$

式中:点 P_1为有向线段的起点;点 P_2为终点。

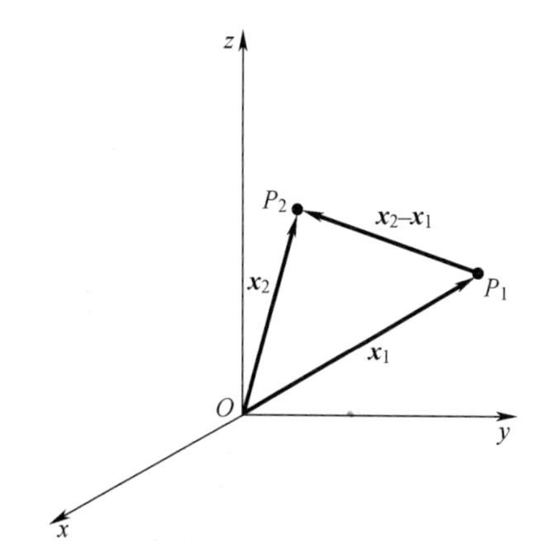

图 2.1.5　两个位置矢量减法的几何意义

例如:两个位置矢量为

$$\boldsymbol{x}_1 = \begin{bmatrix} 1 \\ 1 \\ 1 \end{bmatrix}, \boldsymbol{x}_2 = \begin{bmatrix} 1 \\ 5 \\ 4 \end{bmatrix}$$

分别表示点 P_1和点 P_2,则有向线段 $\overline{P_1P_2}$ 为

$$\overline{P_1P_2} = \boldsymbol{x}_2 - \boldsymbol{x}_1 = \begin{bmatrix} 1 \\ 5 \\ 4 \end{bmatrix} - \begin{bmatrix} 1 \\ 1 \\ 1 \end{bmatrix} = \begin{bmatrix} 0 \\ 4 \\ 3 \end{bmatrix}$$

而有向线段 $\overline{P_2P_1}$ 为

$$\overline{P_2P_1} = \boldsymbol{x}_1 - \boldsymbol{x}_2 = \begin{bmatrix} 1 \\ 1 \\ 1 \end{bmatrix} - \begin{bmatrix} 1 \\ 5 \\ 4 \end{bmatrix} = \begin{bmatrix} 0 \\ -4 \\ -3 \end{bmatrix}$$

显然,这两个有向线段是反向的。

位置矢量 $\boldsymbol{x}_1$与标量 α 的数乘为

$$\alpha\boldsymbol{x}_1 = \alpha \begin{bmatrix} x_1 \\ y_1 \\ z_1 \end{bmatrix} = \begin{bmatrix} \alpha x_1 \\ \alpha y_1 \\ \alpha z_1 \end{bmatrix} \tag{2.1.5}$$

结果仍然为一个矢量。位置矢量的数乘表征对这个位置矢量的各个分量进行等比例的改变(图 2.1.6)。

位置矢量 $\boldsymbol{x}_1$与位置矢量 $\boldsymbol{x}_2$的标量积(点乘)为

$$\boldsymbol{x}_1 \cdot \boldsymbol{x}_2 = \boldsymbol{x}_1^{\mathrm{T}}\boldsymbol{x}_2 = [x_1 \quad y_1 \quad z_1] \begin{bmatrix} x_2 \\ y_2 \\ z_2 \end{bmatrix} = x_1x_2 + y_1y_2 + z_1z_2 \tag{2.1.6}$$

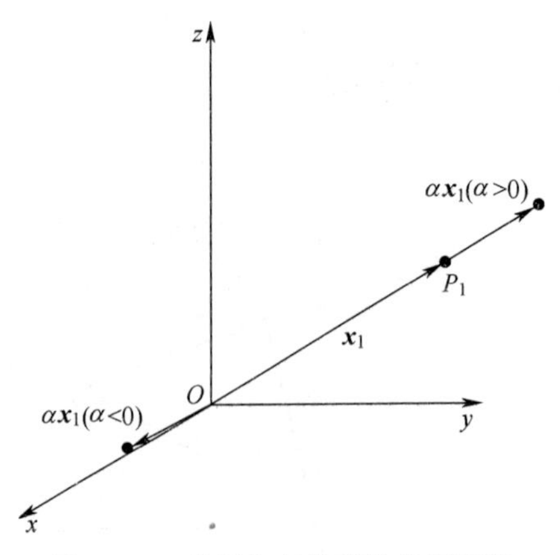

图 2.1.6　位置矢量数乘的几何意义

结果是一个标量。两个位置矢量的点乘表征一个矢量在另一个矢量上的投影长度与另一个矢量长度的乘积(图 2.1.7)。

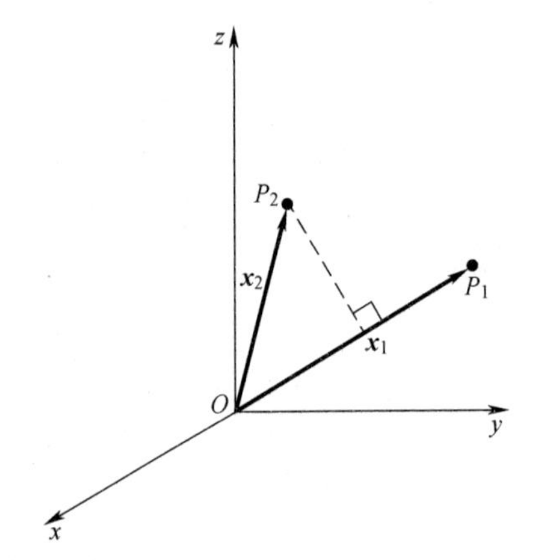

图 2.1.7　两个位置矢量标量积的几何意义

特别地,一个矢量和自己的标量积就是这个矢量的大小的平方。矢量的大小,也称为矢量的模。用一个矢量的模除以该矢量,就得到该矢量的单位方向矢量。单位方向矢量的三个分量,也称为矢量的三个方向余弦。

例如:

$$\overline{P_1P_2} = \boldsymbol{x}_2 - \boldsymbol{x}_1 = \begin{bmatrix} 0 \\ 4 \\ 3 \end{bmatrix}$$

其长度的平方为

$$\| \overline{P_1P_2} \|^2 = [0 \quad 4 \quad 3] \begin{bmatrix} 0 \\ 4 \\ 3 \end{bmatrix} = 0 \times 0 + 4 \times 4 + 3 \times 3 = 25$$

长度为

$$\| \overline{P_1P_2} \| = 5$$

单位方向矢量为

$$t = \frac{\overline{P_1P_2}}{\| \overline{P_1P_2} \|} = \frac{1}{5}\begin{bmatrix}0\\4\\3\end{bmatrix} = \begin{bmatrix}0\\0.8\\0.6\end{bmatrix}$$

式中:0、0.8 和 0.6 为该单位方向矢量的 3 个方向余弦。

特别地,两个位置矢量的标量积为零时,表明这两个位置矢量相互垂直。

例如:xy 坐标平面内有两相互垂直的位置矢量为

$$\boldsymbol{x}_1 = \begin{bmatrix}1/\sqrt{2}\\1/\sqrt{2}\\0\end{bmatrix} \text{ 和 } \boldsymbol{x}_2 = \begin{bmatrix}-1\sqrt{2}\\1/\sqrt{2}\\0\end{bmatrix}$$

其标量积为

$$\boldsymbol{x}_1 \cdot \boldsymbol{x}_2 = \boldsymbol{x}_1^{\mathrm{T}}\boldsymbol{x}_2 = x_1x_2 + y_1y_2 + z_1z_2 = \frac{1}{\sqrt{2}} \times \left(-\frac{1}{\sqrt{2}}\right) + \frac{1}{\sqrt{2}} \times \frac{1}{\sqrt{2}} + 0 \times 0 = 0$$

位置矢量 $\boldsymbol{x}_1$与位置矢量 $\boldsymbol{x}_2$的矢量积(叉乘)为

$$\boldsymbol{x}_1 \times \boldsymbol{x}_2 = \begin{vmatrix}\boldsymbol{e}_x & \boldsymbol{e}_y & \boldsymbol{e}_z\\x_1 & y_1 & z_1\\x_2 & y_2 & z_2\end{vmatrix} = \begin{bmatrix}y_1z_2 - z_1y_2\\z_1x_2 - x_1z_2\\x_1y_2 - y_1x_2\end{bmatrix} \tag{2.1.7}$$

结果仍然为一个矢量。两个位置矢量的差乘表征由这两个位置矢量所组成的平行四边形的面积及其所构成的平面的法向矢量,指向按“右手法则确定”(图 2.1.8)。

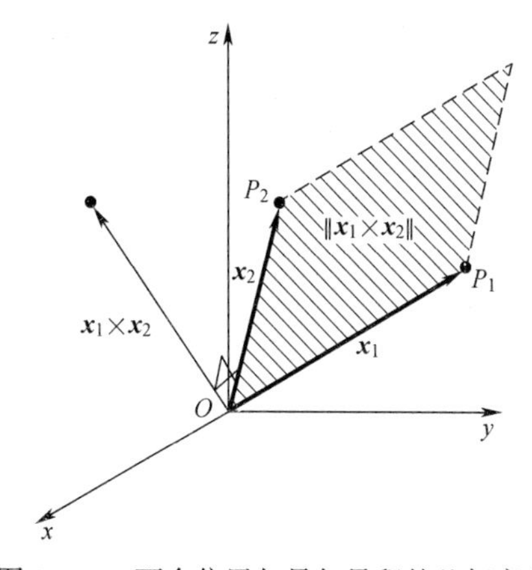

图 2.1.8　两个位置矢量矢量积的几何意义

例如:已知两个位置矢量为

$$\boldsymbol{x}_1 = \begin{bmatrix}1\\1\\1\end{bmatrix}, \boldsymbol{x}_2 = \begin{bmatrix}1\\5\\4\end{bmatrix}$$

则这两个位置矢量的矢量积为

$$\boldsymbol{x}_1 \times \boldsymbol{x}_2 = \begin{bmatrix} y_1z_2 - z_1y_2 \\ z_1x_2 - x_1z_2 \\ x_1y_2 - y_1x_2 \end{bmatrix} = \begin{bmatrix} 1\times4 - 1\times5 \\ 1\times1 - 1\times4 \\ 1\times5 - 1\times1 \end{bmatrix} = \begin{bmatrix} -1 \\ -3 \\ 4 \end{bmatrix}$$

所组成的平行四边形的面积为

$$\|\boldsymbol{x}_1 \times \boldsymbol{x}_2\| = \sqrt{(-1)\times(-1) + (-3)\times(-3) + 4\times4} = \sqrt{26}$$

所构成的平面的单位法向矢量为

$$\boldsymbol{n} = \frac{\boldsymbol{x}_1 \times \boldsymbol{x}_2}{\|\boldsymbol{x}_1 \times \boldsymbol{x}_2\|} = \frac{1}{\sqrt{26}}\begin{bmatrix} -1 \\ -3 \\ 4 \end{bmatrix} = \begin{bmatrix} -0.1961 \\ -0.5883 \\ 0.7845 \end{bmatrix}$$

位置矢量 $\boldsymbol{x}_1$、位置矢量 $\boldsymbol{x}_2$ 与位置矢量 $\boldsymbol{x}_3$ 的混合积为

$$(\boldsymbol{x}_1 \times \boldsymbol{x}_2) \cdot \boldsymbol{x}_3 = \begin{vmatrix} x_1 & y_1 & z_1 \\ x_2 & y_2 & z_2 \\ x_3 & y_3 & z_3 \end{vmatrix} = (y_1z_2 - z_1y_2)x_3 + (z_1x_2 - x_1z_2)y_3 + (x_1y_2 - y_1x_2)z_3 \tag{2.1.8}$$

结果是一个标量。3 个位置矢量的混合积的绝对值,就是由这 3 个位置矢量所组成的平行六面体的体积(图 2.1.9)。

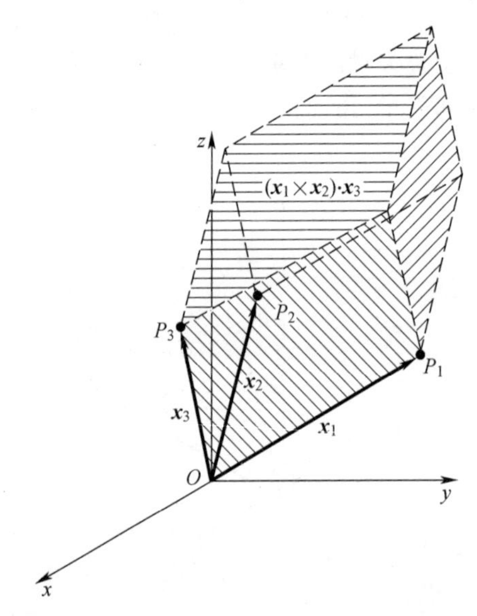

图 2.1.9　三个位置矢量混合积的几何意义

例如:已知三个位置矢量为

$$\boldsymbol{x}_1 = \begin{bmatrix} 1 \\ 1 \\ 1 \end{bmatrix}, \boldsymbol{x}_2 = \begin{bmatrix} 1 \\ 5 \\ 4 \end{bmatrix}, \boldsymbol{x}_3 = \begin{bmatrix} 0 \\ 2 \\ 3 \end{bmatrix}$$

由上个示例已知

$$\boldsymbol{x}_1 \times \boldsymbol{x}_2 = \begin{bmatrix} -1 \\ -3 \\ 4 \end{bmatrix}$$

则这三个位置矢量的混合积为

$$(\boldsymbol{x}_1 \times \boldsymbol{x}_2) \cdot \boldsymbol{x}_3 = [-1 \quad -3 \quad 4]\begin{bmatrix} 0 \\ 2 \\ 3 \end{bmatrix} = (-1) \times 0 + (-3) \times 2 + 4 \times 3 = 6$$

这就是由所给定的三个位置矢量所组成的平行六面体的体积。

三、基本算子与基本场量

引入一个矢量微分算子：

$$\nabla \equiv \boldsymbol{e}_x \frac{\partial}{\partial x} + \boldsymbol{e}_y \frac{\partial}{\partial y} + \boldsymbol{e}_z \frac{\partial}{\partial z} \tag{2.1.9}$$

这个微分算子,称为哈密顿(Hamiltonian)算子。它既是一个微分运算符号,又要当作矢量。

两个哈密顿算子的标量积为

$$\nabla^2 \equiv \nabla \cdot \nabla = \frac{\partial^2}{\partial x^2} + \frac{\partial^2}{\partial y^2} + \frac{\partial^2}{\partial z^2} \tag{2.1.10}$$

这个微分算子,称为拉普拉斯算子(Laplace Operator)。

一个标量场$f(\boldsymbol{x})$中的一点$\boldsymbol{x}$处的梯度为

$$\mathrm{grad}f \equiv \nabla f = \frac{\partial f}{\partial x}\boldsymbol{e}_x + \frac{\partial f}{\partial y}\boldsymbol{e}_y + \frac{\partial f}{\partial z}\boldsymbol{e}_z \tag{2.1.11}$$

例如:已知一个标量函数表示的标量场为

$$f(\boldsymbol{x}) = xyz$$

则

$$\frac{\partial f}{\partial x} = yz, \frac{\partial f}{\partial y} = zx, \frac{\partial f}{\partial z} = xy$$

其梯度为

$$\nabla f = yz\boldsymbol{e}_x + zx\boldsymbol{e}_y + xy\boldsymbol{e}_z$$

一个矢量场$\boldsymbol{F}(\boldsymbol{x})$中的一点$\boldsymbol{x}$处的散度为

$$\mathrm{div}\boldsymbol{F} \equiv \nabla \cdot \boldsymbol{F} = \frac{\partial F_x}{\partial x} + \frac{\partial F_y}{\partial y} + \frac{\partial F_z}{\partial z} \tag{2.1.12}$$

其旋度为

$$\mathrm{rot}\boldsymbol{F} = \mathrm{curl}\boldsymbol{F} \equiv \nabla \times \boldsymbol{F} = \left(\frac{\partial F_z}{\partial y} - \frac{\partial F_y}{\partial z}\right)\boldsymbol{e}_x + \left(\frac{\partial F_x}{\partial z} - \frac{\partial F_z}{\partial x}\right)\boldsymbol{e}_y + \left(\frac{\partial F_y}{\partial x} - \frac{\partial F_x}{\partial y}\right)\boldsymbol{e}_z \tag{2.1.13}$$

例如:已知一个矢量函数表示的矢量场为

$$\boldsymbol{F}(\boldsymbol{x}) = [x(x^2 + y^2) - y^2]\boldsymbol{e}_x + [y(x^2 + y^2) + xy]\boldsymbol{e}_y + z^2\boldsymbol{e}_z$$

则

$$\frac{\partial F_x}{\partial x} = 3x^2 + y^2, \frac{\partial F_x}{\partial y} = 2xy - 2y, \frac{\partial F_x}{\partial z} = 0,$$

$$\frac{\partial F_y}{\partial x} = 2xy + y, \frac{\partial F_y}{\partial y} = x^2 + 3y^2 + x, \frac{\partial F_y}{\partial z} = 0,$$

$$\frac{\partial F_z}{\partial x} = 0, \frac{\partial F_z}{\partial y} = 0, \frac{\partial F_z}{\partial z} = 2z$$

其散度为

$$\nabla \cdot \boldsymbol{F} = 3x^2 + y^2 + x^2 + 3y^2 + x + 2z = 4(x^2 + y^2) + x + 2z$$

旋度为

$$\nabla \times \boldsymbol{F} = [(2xy + y) - (2xy - 2y)]\boldsymbol{e}_z = 3y\boldsymbol{e}_z$$

四、坐标转换矩阵

如图 2.1.10 所示,设新坐标系记为 $x'y'z'$,也是正交直角坐标系。其三个基矢量可用原坐标系的三个基矢量表示成

$$\boldsymbol{e}_{x'} = n_{x'x}\boldsymbol{e}_x + n_{x'y}\boldsymbol{e}_y + n_{x'z}\boldsymbol{e}_z = \begin{bmatrix} n_{x'x} \\ n_{x'y} \\ n_{x'z} \end{bmatrix} \tag{2.1.14a}$$

$$\boldsymbol{e}_{y'} = n_{y'x}\boldsymbol{e}_x + n_{y'y}\boldsymbol{e}_y + n_{y'z}\boldsymbol{e}_z = \begin{bmatrix} n_{y'x} \\ n_{y'y} \\ n_{y'z} \end{bmatrix} \tag{2.1.14b}$$

$$\boldsymbol{e}_{z'} = n_{z'x}\boldsymbol{e}_x + n_{z'y}\boldsymbol{e}_y + n_{z'z}\boldsymbol{e}_y = \begin{bmatrix} n_{z'x} \\ n_{z'y} \\ n_{z'z} \end{bmatrix} \tag{2.1.14c}$$

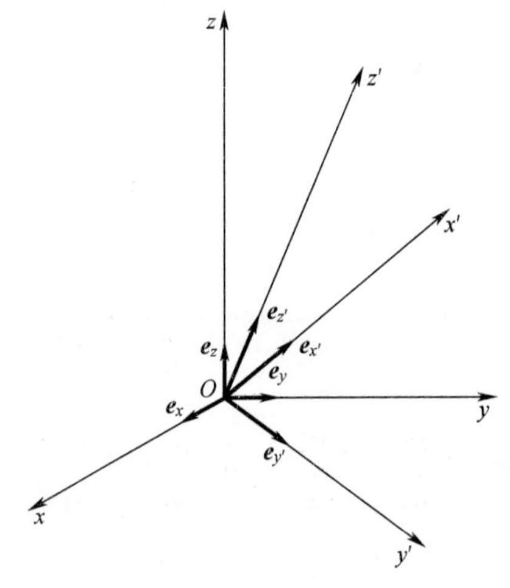

图 2.1.10　坐标系旋转示意图

式中:$n_{x'x}$为 x'轴对 x 轴的方向余弦,其他以此类推。

现在,构造一个矩阵 $\boldsymbol{T}$:

$$\boldsymbol{T}=\begin{bmatrix}\boldsymbol{e}_{x'}^{\mathrm{T}}\\\boldsymbol{e}_{y'}^{\mathrm{T}}\\\boldsymbol{e}_{z'}^{\mathrm{T}}\end{bmatrix}=\begin{bmatrix}n_{x'x}&n_{x'y}&n_{x'z}\\n_{y'x}&n_{y'y}&n_{y'z}\\n_{z'x}&n_{z'y}&n_{z'z}\end{bmatrix}\tag{2.1.15}$$

其转置矩阵为

$$T^{\mathrm{T}}=[\boldsymbol{e}_{x'}\quad\boldsymbol{e}_{y'}\quad\boldsymbol{e}_{z'}]=\begin{bmatrix}n_{x'x}&n_{y'x}&n_{z'x}\\n_{x'y}&n_{y'y}&n_{z'y}\\n_{x'z}&n_{y'z}&n_{z'z}\end{bmatrix}\tag{2.1.16}$$

于是

$$\boldsymbol{T}\boldsymbol{T}^{\mathrm{T}}=\begin{bmatrix}\boldsymbol{e}_{x}^{\mathrm{T}\prime}\\\boldsymbol{e}_{y'}^{\mathrm{T}}\\\boldsymbol{e}_{z'}^{\mathrm{T}}\end{bmatrix}[\boldsymbol{e}_{x'}\quad\boldsymbol{e}_{y'}\quad\boldsymbol{e}_{z'}]=\begin{bmatrix}\boldsymbol{e}_{x'}^{\mathrm{T}}\boldsymbol{e}_{x'}&\boldsymbol{e}_{x'}^{\mathrm{T}}\boldsymbol{e}_{y'}&\boldsymbol{e}_{x'}^{\mathrm{T}}\boldsymbol{e}_{z'}\\\boldsymbol{e}_{y'}^{\mathrm{T}}\boldsymbol{e}_{x'}&\boldsymbol{e}_{y'}^{\mathrm{T}}\boldsymbol{e}_{y'}&\boldsymbol{e}_{y'}^{\mathrm{T}}\boldsymbol{e}_{z'}\\\boldsymbol{e}_{z'}^{\mathrm{T}}\boldsymbol{e}_{x'}&\boldsymbol{e}_{z'}^{\mathrm{T}}\boldsymbol{e}_{y'}&\boldsymbol{e}_{z'}^{\mathrm{T}}e_{z'}\end{bmatrix}=\begin{bmatrix}\boldsymbol{e}_{x'}\cdot\boldsymbol{e}_{x'}&\boldsymbol{e}_{x'}\cdot\boldsymbol{e}_{y'}&\boldsymbol{e}_{x'}\cdot\boldsymbol{e}_{z'}\\\boldsymbol{e}_{y'}\cdot\boldsymbol{e}_{x'}&\boldsymbol{e}_{y'}\cdot\boldsymbol{e}_{y'}&\boldsymbol{e}_{y'}\cdot\boldsymbol{e}_{z'}\\\boldsymbol{e}_{z'}\cdot\boldsymbol{e}_{x'}&\boldsymbol{e}_{z'}\cdot\boldsymbol{e}_{y'}&\boldsymbol{e}_{z'}\cdot\boldsymbol{e}_{z'}\end{bmatrix}$$

由于新坐标系也是正交的直角坐标系,则

$$\begin{bmatrix}\boldsymbol{e}_{x'}\cdot\boldsymbol{e}_{x'}&\boldsymbol{e}_{x'}\cdot\boldsymbol{e}_{y'}&\boldsymbol{e}_{x'}\cdot\boldsymbol{e}_{z'}\\\boldsymbol{e}_{y'}\cdot\boldsymbol{e}_{x'}&\boldsymbol{e}_{y'}\cdot\boldsymbol{e}_{y'}&\boldsymbol{e}_{y'}\cdot\boldsymbol{e}_{z'}\\\boldsymbol{e}_{z'}\cdot\boldsymbol{e}_{x'}&\boldsymbol{e}_{z'}\cdot\boldsymbol{e}_{y'}&\boldsymbol{e}_{z'}\cdot\boldsymbol{e}_{z'}\end{bmatrix}=\begin{bmatrix}1&0&0\\0&1&0\\0&0&1\end{bmatrix}=\boldsymbol{I}$$

即

$$\boldsymbol{T}\boldsymbol{T}^{\mathrm{T}}=\boldsymbol{I}\tag{2.1.17}$$

可见,矩阵 $\boldsymbol{T}$ 是一个正交矩阵,称为坐标转换矩阵。

例如:已知新坐标系的 3 个基矢量为

$$\boldsymbol{e}_{x'}=\begin{bmatrix}n_{x'x}\\n_{x'y}\\n_{x'z}\end{bmatrix}=\begin{bmatrix}0.8\\0.6\\0\end{bmatrix},\boldsymbol{e}_{y'}=\begin{bmatrix}n_{y'x}\\n_{y'y}\\n_{y'z}\end{bmatrix}=\begin{bmatrix}-0.6\\0.8\\0\end{bmatrix},\boldsymbol{e}_{z'}=\begin{bmatrix}n_{z'x}\\n_{z'y}\\n_{z'z}\end{bmatrix}=\begin{bmatrix}0\\0\\1\end{bmatrix}$$

则

$$\boldsymbol{T}=\begin{bmatrix}\boldsymbol{e}_{x'}^{\mathrm{T}}\\\boldsymbol{e}_{y'}^{\mathrm{T}}\\\boldsymbol{e}_{z'}^{\mathrm{T}}\end{bmatrix}=\begin{bmatrix}n_{x'x}&n_{x'y}&n_{x'z}\\n_{y'x}&n_{y'y}&n_{y'z}\\n_{z'x}&n_{z'y}&n_{z'z}\end{bmatrix}=\begin{bmatrix}0.8&0.6&0\\-0.6&0.8&0\\0&0&1\end{bmatrix}$$

$$\boldsymbol{T}^{\mathrm{T}}=[\boldsymbol{e}_{x'}\quad\boldsymbol{e}_{y'}\quad\boldsymbol{e}_{z'}]=\begin{bmatrix}n_{x'x}&n_{y'x}&n_{z'x}\\n_{x'y}&n_{y'y}&n_{z'y}\\n_{x'z}&n_{y'z}&n_{z'z}\end{bmatrix}=\begin{bmatrix}0.8&-0.6&0\\0.6&0.8&0\\0&0&1\end{bmatrix}$$

于是

$$\boldsymbol{T}\boldsymbol{T}^{\mathrm{T}}=\begin{bmatrix}0.8&0.6&0\\-0.6&0.8&0\\0&0&1\end{bmatrix}\begin{bmatrix}0.8&-0.6&0\\0.6&0.8&0\\0&0&1\end{bmatrix}=\begin{bmatrix}1&0&0\\0&1&0\\0&0&1\end{bmatrix}=\boldsymbol{I}$$

可见,矩阵 $\boldsymbol{T}$ 是一个正交矩阵。

2.2 圆柱坐标系

一、位置矢量

如图 2.2.1 所示,圆柱坐标系下的 3 个基矢量可用直角坐标系下的三个基矢量表示成

$$\begin{cases} \boldsymbol{e}_\rho = \cos\varphi\boldsymbol{e}_x + \sin\varphi\boldsymbol{e}_y \\ \boldsymbol{e}_\varphi = -\sin\varphi\boldsymbol{e}_x + \cos\varphi\boldsymbol{e}_y \\ \boldsymbol{e}_z = \boldsymbol{e}_z \end{cases} \tag{2.2.1}$$

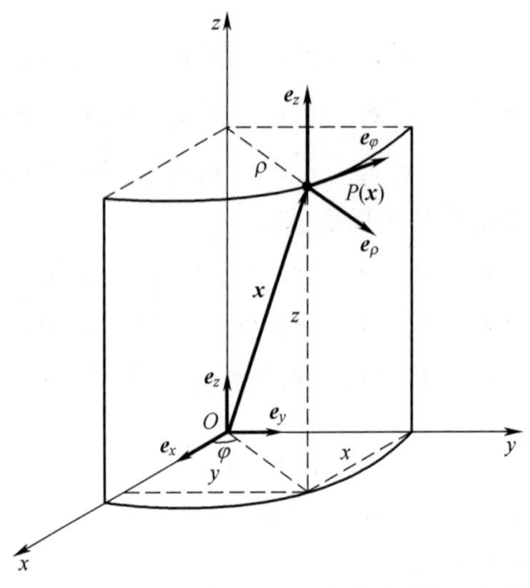

图 2.2.1　圆柱坐标系下,空间中点的位置矢量

圆柱坐标系下的 3 个坐标值可用直角坐标系下的 3 个坐标值表示成

$$\begin{cases} \rho = \sqrt{x^2 + y^2} \quad (0 < \rho < \infty) \\ \tan\varphi = \dfrac{y}{x} \quad (0 \leqslant \varphi < 2\pi) \\ z = z \end{cases} \tag{2.2.2}$$

式中:$\boldsymbol{e}_\rho$、$\boldsymbol{e}_\varphi$和 $\boldsymbol{e}_z$分别称为径向基矢量、环向基矢量(或周向基矢量)和轴向基矢量;ρ、φ 和 z 分别称为径向坐标、环向坐标(或周向坐标)和轴向坐标。

反之,直角坐标系下的 3 个基矢量也可用圆柱坐标系下的 3 个基矢量表示成

$$\begin{cases} \boldsymbol{e}_x = \cos\varphi\boldsymbol{e}_\rho - \sin\varphi\boldsymbol{e}_\varphi \\ \boldsymbol{e}_y = \sin\varphi\boldsymbol{e}_\rho + \cos\varphi\boldsymbol{e}_\varphi \\ \boldsymbol{e}_z = \boldsymbol{e}_z \end{cases} \tag{2.2.3}$$

直角坐标系下的 3 个坐标值也可用圆柱坐标系下的 3 个坐标值表示成

$$\begin{cases} x = \rho\cos\varphi \\ y = \rho\sin\varphi \\ z = z \end{cases} \tag{2.2.4}$$

需要特别指出的是,圆柱坐标系下的径向基矢量 $\boldsymbol{e}_\rho$ 和环向基矢量 $\boldsymbol{e}_\varphi$ 的方向不是固定的,而是随坐标 φ 的改变而改变。

圆柱坐标系下,空间中一点 P 的位置矢量为

$$\begin{aligned}\boldsymbol{x} &= x\boldsymbol{e}_x + y\boldsymbol{e}_y + z\boldsymbol{e}_z \\ &= \rho\cos\varphi(\cos\varphi\boldsymbol{e}_\rho - \sin\varphi\boldsymbol{e}_\varphi) + \rho\sin\varphi(\sin\varphi\boldsymbol{e}_\rho + \cos\varphi\boldsymbol{e}_\varphi) + z\boldsymbol{e}_z \\ &= \rho\boldsymbol{e}_\rho + z\boldsymbol{e}_z\end{aligned} \tag{2.2.5}$$

可见,圆柱坐标系下的位置矢量仅用径向基矢量 $\boldsymbol{e}_\rho$ 和轴向基矢 $\boldsymbol{e}_z$ 来表征。但是,径向基矢量 $\boldsymbol{e}_\rho$ 随坐标 φ 的改变而改变,因而其隐含着环向基矢量 $\boldsymbol{e}_\varphi$ 的影响。

特别地,如图 2.2.2 所示,垂直于轴向基矢量 $\boldsymbol{e}_z$ 的平面 $\rho\varphi$ 上的任意一点 P 的位置矢量为

$$\boldsymbol{x} = \rho\boldsymbol{e}_\rho \tag{2.2.6}$$

这种特别的平面坐标系,也称为平面极坐标系。

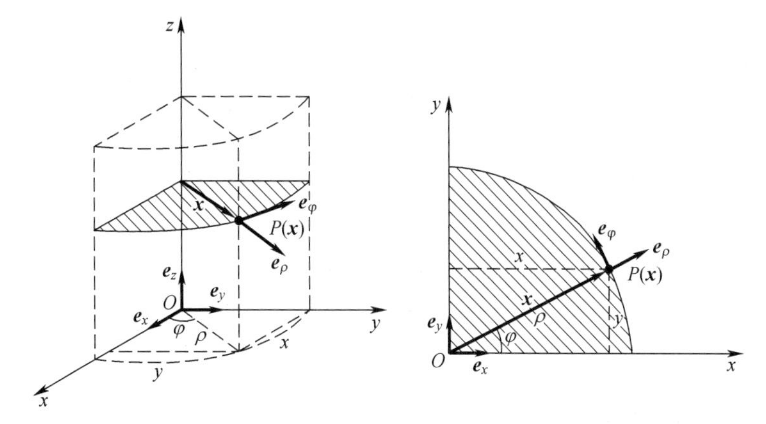

图 2.2.2　平面极坐标系下,平面 $\rho\varphi$ 上点的位置矢量

特别地,如图 2.2.3 所示,垂直于环向基矢量 $\boldsymbol{e}_\varphi$ 的平面 ρz 上任意一点 P 的位置矢量为

$$\boldsymbol{x} = \rho\boldsymbol{e}_\rho + z\boldsymbol{e}_z \tag{2.2.7}$$

平面 ρz 也称为子午面。当所有的力学变量都与环向坐标 φ 无关时,称为空间轴对称问题。此时,在子午面内研究较为便捷。

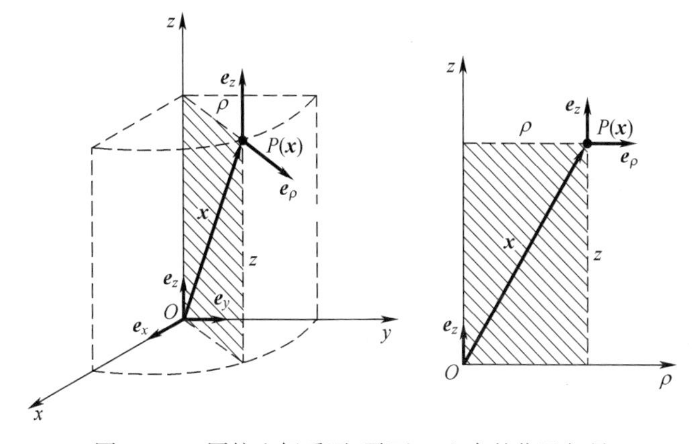

图 2.2.3　圆柱坐标系下,平面 ρz 上点的位置矢量

二、坐标的微分变换

由式(2.2.1)的前两式,可得

$$\frac{\partial \boldsymbol{e}_\rho}{\partial \varphi} = -\sin\varphi \boldsymbol{e}_x + \cos\varphi \boldsymbol{e}_y = \boldsymbol{e}_\varphi \tag{2.2.8a}$$

$$\frac{\partial \boldsymbol{e}_\varphi}{\partial \varphi} = -\cos\varphi \boldsymbol{e}_x - \sin\varphi \boldsymbol{e}_y = -\boldsymbol{e}_\rho \tag{2.2.8b}$$

由式(2.2.4)的前两式,可得

$$\begin{cases} \mathrm{d}x = \cos\varphi \mathrm{d}\rho - \rho\sin\varphi \mathrm{d}\varphi \\ \mathrm{d}y = \sin\varphi \mathrm{d}\rho + \rho\cos\varphi \mathrm{d}\varphi \end{cases} \tag{2.2.9}$$

写成矩阵形成

$$\begin{bmatrix} \mathrm{d}x \\ \mathrm{d}y \end{bmatrix} = \begin{bmatrix} \cos\varphi & -\rho\sin\varphi \\ \sin\varphi & \rho\cos\varphi \end{bmatrix} \begin{bmatrix} \mathrm{d}\rho \\ \mathrm{d}\varphi \end{bmatrix} \tag{2.2.10}$$

据此,可得

$$\begin{bmatrix} \mathrm{d}\rho \\ \mathrm{d}\varphi \end{bmatrix} = \begin{bmatrix} \cos\varphi & \sin\varphi \\ -\frac{1}{\rho}\sin\varphi & \frac{1}{\rho}\cos\varphi \end{bmatrix} \begin{bmatrix} \mathrm{d}x \\ \mathrm{d}y \end{bmatrix} \tag{2.2.11}$$

又

$$\begin{cases} \mathrm{d}\rho = \frac{\partial \rho}{\partial x}\mathrm{d}x + \frac{\partial \rho}{\partial y}\mathrm{d}y \\ \mathrm{d}\varphi = \frac{\partial \varphi}{\partial x}\mathrm{d}x + \frac{\partial \varphi}{\partial y}\mathrm{d}y \end{cases} \tag{2.2.12}$$

比较式(2.2.11)、式(2.2.12)得到:

$$\begin{cases} \frac{\partial \rho}{\partial x} = \cos\varphi, \frac{\partial \rho}{\partial y} = \sin\varphi \\ \frac{\partial \varphi}{\partial x} = -\frac{1}{\rho}\sin\varphi, \frac{\partial \varphi}{\partial y} = \frac{1}{\rho}\cos\varphi \end{cases} \tag{2.2.13}$$

利用链导法则,可得

$$\frac{\partial}{\partial x} = \frac{\partial \rho}{\partial x}\frac{\partial}{\partial \rho} + \frac{\partial \varphi}{\partial x}\frac{\partial}{\partial \varphi} = \cos\varphi \frac{\partial}{\partial \rho} - \frac{1}{\rho}\sin\varphi \frac{\partial}{\partial \varphi} \tag{2.2.14a}$$

$$\frac{\partial}{\partial y} = \frac{\partial \rho}{\partial y}\frac{\partial}{\partial \rho} + \frac{\partial \varphi}{\partial y}\frac{\partial}{\partial \varphi} = \sin\varphi \frac{\partial}{\partial \rho} + \frac{1}{\rho}\cos\varphi \frac{\partial}{\partial \varphi} \tag{2.2.14b}$$

三、基本算子与基本场量

在圆柱坐标系下,哈密尔顿算子表达式为

$$\nabla = \boldsymbol{e}_\rho \frac{\partial}{\partial \rho} + \boldsymbol{e}_\varphi \frac{1}{\rho}\frac{\partial}{\partial \varphi} + \boldsymbol{e}_z \frac{\partial}{\partial z} \tag{2.2.15}$$

证明如下:

$$\nabla \equiv \boldsymbol{e}_x \frac{\partial}{\partial x} + \boldsymbol{e}_y \frac{\partial}{\partial y} + \boldsymbol{e}_z \frac{\partial}{\partial z}$$

$$= (\cos\varphi \boldsymbol{e}_\rho - \sin\varphi \boldsymbol{e}_\varphi)\left(\cos\varphi \frac{\partial}{\partial\rho} - \frac{1}{\rho}\sin\varphi \frac{\partial}{\partial\varphi}\right) +$$

$$(\sin\varphi \boldsymbol{e}_\rho + \cos\varphi \boldsymbol{e}_\varphi)\left(\sin\varphi \frac{\partial}{\partial\rho} + \frac{1}{\rho}\cos\varphi \frac{\partial}{\partial\varphi}\right) + \boldsymbol{e}_z \frac{\partial}{\partial z}$$

$$= \boldsymbol{e}_\rho \frac{\partial}{\partial\rho} + \boldsymbol{e}_\varphi \frac{1}{\rho}\frac{\partial}{\partial\varphi} + \boldsymbol{e}_z \frac{\partial}{\partial z}$$

在圆柱坐标系下,拉普拉斯算子表达式为

$$\nabla^2 \equiv \nabla \cdot \nabla = \frac{1}{\rho}\frac{\partial}{\partial\rho}\left(\rho \frac{\partial}{\partial\rho}\right) + \frac{1}{\rho^2}\frac{\partial^2}{\partial\varphi^2} + \frac{\partial^2}{\partial z^2} \tag{2.2.16}$$

证明如下:

$$\nabla^2 = \left(\boldsymbol{e}_\rho \frac{\partial}{\partial\rho} + \boldsymbol{e}_\varphi \frac{1}{\rho}\frac{\partial}{\partial\varphi} + \boldsymbol{e}_z \frac{\partial}{\partial z}\right) \cdot \left(\boldsymbol{e}_\rho \frac{\partial}{\partial\rho} + \boldsymbol{e}_\varphi \frac{1}{\rho}\frac{\partial}{\partial\varphi} + \boldsymbol{e}_z \frac{\partial}{\partial z}\right)$$

$$= \frac{\partial^2}{\partial\rho^2} + \frac{1}{\rho}\frac{\partial}{\partial\rho} + \frac{1}{\rho^2}\frac{\partial^2}{\partial^2\varphi} + \frac{\partial^2}{\partial^2 z}$$

$$= \frac{1}{\rho}\frac{\partial}{\partial\rho}\left(\rho \frac{\partial}{\partial\rho}\right) + \frac{1}{\rho^2}\frac{\partial^2}{\partial\varphi^2} + \frac{\partial^2}{\partial z^2}$$

在圆柱坐标系下,标量函数$f(\boldsymbol{x})$的梯度表达式为

$$\mathrm{grad}f \equiv \nabla f = \frac{\partial f}{\partial\rho}\boldsymbol{e}_\rho + \frac{1}{\rho}\frac{\partial f}{\partial\varphi}\boldsymbol{e}_\varphi + \frac{\partial f}{\partial z}\boldsymbol{e}_z \tag{2.2.17}$$

例如:已知一个标量函数表示的标量场为

$$f(\boldsymbol{x}) = \rho^2 z\sin\varphi\cos\varphi$$

则

$$\frac{\partial f}{\partial\rho} = 2\rho z\sin\varphi\cos\varphi$$

$$\frac{\partial f}{\partial\varphi} = \rho^2 z(\cos^2\varphi - \sin^2\varphi)$$

$$\frac{\partial f}{\partial z} = \rho^2\sin\varphi\cos\varphi$$

其梯度为

$$\nabla f = 2\rho z\sin\varphi\cos\varphi\boldsymbol{e}_\rho + \rho z(\cos^2\varphi - \sin^2\varphi)\boldsymbol{e}_\varphi + \rho^2\sin\varphi\cos\varphi\boldsymbol{e}_z$$

在圆柱坐标系下,矢量函数$\boldsymbol{F}(\boldsymbol{x})$的散度和旋度表达式分别为

$$\mathrm{div}\boldsymbol{F} \equiv \nabla \cdot \boldsymbol{F} = \frac{1}{\rho}\frac{\partial(\rho F_\rho)}{\partial\rho} + \frac{1}{\rho}\frac{\partial F_\varphi}{\partial\varphi} + \frac{\partial F_z}{\partial z} \tag{2.2.18}$$

$$\mathrm{rot}\boldsymbol{F} \equiv \nabla \times \boldsymbol{F} = \left(\frac{1}{\rho}\frac{\partial F_z}{\partial\varphi} - \frac{\partial F_\varphi}{\partial z}\right)\boldsymbol{e}_\rho + \left(\frac{\partial F_\rho}{\partial z} - \frac{\partial F_z}{\partial\rho}\right)\boldsymbol{e}_\varphi + \left(\frac{1}{\rho}\frac{\partial(\rho F_\varphi)}{\partial\rho} - \frac{1}{\rho}\frac{\partial F_\rho}{\partial\varphi}\right)\boldsymbol{e}_z \tag{2.2.19}$$

例如:已知一个矢量函数表示的矢量场为

$$\boldsymbol{F}(\boldsymbol{x}) = \rho^3\boldsymbol{e}_\rho + \rho^2\sin\varphi\boldsymbol{e}_\varphi + z^2\boldsymbol{e}_z$$

则

$$\begin{cases}\dfrac{1}{\rho}\dfrac{\partial(\rho F_\rho)}{\partial\rho}=4\rho^2,\dfrac{1}{\rho}\dfrac{\partial F_\rho}{\partial\varphi}=0,\dfrac{\partial F_\rho}{\partial z}=0\\ \dfrac{1}{\rho}\dfrac{\partial(\rho F_\varphi)}{\partial\rho}=3\rho\sin\varphi,\dfrac{1}{\rho}\dfrac{\partial F_\varphi}{\partial\varphi}=\rho\cos\varphi,\dfrac{\partial F_\varphi}{\partial z}=0\\ \dfrac{\partial F_z}{\partial\rho}=0,\dfrac{1}{\rho}\dfrac{\partial F_z}{\partial\varphi}=0,\dfrac{\partial F_z}{\partial z}=2z\end{cases}$$

其散度为

$$\nabla\cdot\boldsymbol{F}=4\rho^2+\rho\cos\varphi+2z$$

旋度为

$$\nabla\times\boldsymbol{F}=3\rho\sin\varphi\boldsymbol{e}_z$$

利用式(2.2.1)和式(2.2.4),可将上述矢量函数在直角坐标系下表示成

$$\begin{aligned}\boldsymbol{F}(\boldsymbol{x})&=\rho^3\boldsymbol{e}_\rho+\rho^2\sin\varphi\boldsymbol{e}_\varphi+z^2\boldsymbol{e}_z\\&=\rho^3(\cos\varphi\boldsymbol{e}_x+\sin\varphi\boldsymbol{e}_y)+\rho^2\sin\varphi(-\sin\varphi\boldsymbol{e}_x+\cos\varphi\boldsymbol{e}_y)+z^2\boldsymbol{e}_z\\&=(\rho^3\cos\varphi-\rho^2\sin^2\varphi)\boldsymbol{e}_x+(\rho^3\sin\varphi+\rho^2\sin\varphi\cos\varphi)\boldsymbol{e}_y+z^2\boldsymbol{e}_z\\&=[(x^2+y^2)x-y^2]\boldsymbol{e}_x+[(x^2+y^2)y+xy]\boldsymbol{e}_y+z^2\boldsymbol{e}_z\end{aligned}$$

这就是2.2节示例的矢量函数。其散度和旋度在直角坐标系下分别为

$$\nabla\cdot\boldsymbol{F}=4\rho^2+\rho\cos\varphi+2z=4(x^2+y^2)+x+2z$$

和

$$\nabla\times\boldsymbol{F}=3\rho\sin\varphi\boldsymbol{e}_z=3y\boldsymbol{e}_z$$

与2.2节示例所得的结果是一致。

2.3 球面坐标系

一、位置矢量

如图2.3.1所示,球面坐标系下的3个基矢量可用直角坐标系下的3个基矢量表示成

$$\begin{cases}\boldsymbol{e}_r=\cos\varphi\sin\theta\boldsymbol{e}_x+\sin\varphi\sin\theta\boldsymbol{e}_y+\cos\theta\boldsymbol{e}_z\\ \boldsymbol{e}_\theta=\cos\varphi\cos\theta\boldsymbol{e}_x+\sin\varphi\cos\theta\boldsymbol{e}_y-\sin\theta\boldsymbol{e}_z\\ \boldsymbol{e}_\varphi=-\sin\varphi\boldsymbol{e}_x+\cos\varphi\boldsymbol{e}_y\end{cases}\tag{2.3.1}$$

在球面坐标系下的3个坐标值可用直角坐标系下的3个坐标值表示成

$$\begin{cases}r=\sqrt{x^2+y^2+z^2} & (0\leqslant r<\infty)\\ \cos\theta=\dfrac{z}{\sqrt{x^2+y^2+z^2}} & (0\leqslant\theta\leqslant\pi)\\ \tan\varphi=\dfrac{y}{x} & (0\leqslant\varphi<2\pi)\end{cases}\tag{2.3.2}$$

式中:$\boldsymbol{e}_r$称为径向基矢量,$\boldsymbol{e}_\theta$和$\boldsymbol{e}_\varphi$称为切向基矢量;r为径向坐标,θ和φ分别称为仰角和方向角,均为切向坐标。

反之,直角坐标系下的3个基矢量也可用在球面坐标系下的3个基矢量表示成

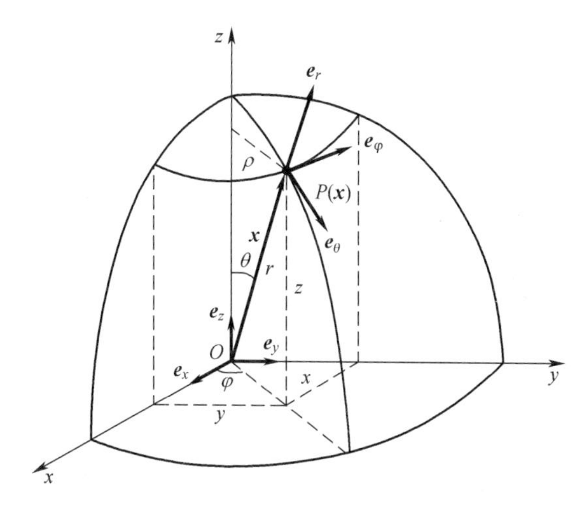

图 2.3.1　球面坐标系下,空间中点的位置矢量

$$
\begin{cases}
\boldsymbol{e}_x = \cos\varphi\sin\theta\boldsymbol{e}_r + \cos\varphi\cos\theta\boldsymbol{e}_\theta - \sin\varphi\boldsymbol{e}_\varphi \\
\boldsymbol{e}_y = \sin\varphi\sin\theta\boldsymbol{e}_r + \sin\varphi\cos\theta\boldsymbol{e}_\theta + \cos\varphi\boldsymbol{e}_\varphi \\
\boldsymbol{e}_z = \cos\theta\boldsymbol{e}_r - \sin\theta\boldsymbol{e}_\theta
\end{cases}
\tag{2.3.3}
$$

在直角坐标系下的 3 个坐标值也可用在球面坐标系下的 3 个坐标值表示成

$$
\begin{cases}
x = r\sin\theta\cos\varphi \\
y = r\sin\theta\sin\varphi \\
z = r\cos\theta
\end{cases}
\tag{2.3.4}
$$

需要特别指出的是,径向基矢量 $\boldsymbol{e}_r$、切向基矢量 $\boldsymbol{e}_\theta$ 和 $\boldsymbol{e}_\varphi$ 的方向均随切向坐标 θ、φ 的改变而改变。

在球面坐标系下,空间中一点 P 的位置矢量为

$$
\begin{aligned}
\boldsymbol{x} &= x\boldsymbol{e}_x + y\boldsymbol{e}_y + z\boldsymbol{e}_z \\
&= r\sin\theta\cos\varphi(\cos\varphi\sin\theta\boldsymbol{e}_r + \cos\varphi\cos\theta\boldsymbol{e}_\theta - \sin\varphi\boldsymbol{e}_\varphi) + \\
&\quad r\sin\theta\sin\varphi(\sin\varphi\sin\theta\boldsymbol{e}_r + \sin\varphi\cos\theta\boldsymbol{e}_\theta + \cos\varphi\boldsymbol{e}_\varphi) + r\cos\theta(\cos\theta\boldsymbol{e}_r - \sin\theta\boldsymbol{e}_\theta) \\
&= r\boldsymbol{e}_r
\end{aligned}
\tag{2.3.5}
$$

可见,球面坐标系下的位置矢量仅用径向基矢量 $\boldsymbol{e}_r$来表征。但是,径向基矢量 $\boldsymbol{e}_r$随坐标 θ、φ 的改变而改变,因而隐含着切向基矢量 $\boldsymbol{e}_\theta$和 $\boldsymbol{e}_\varphi$的影响。

特别地,如图 2.3.2 所示,垂直于切向基向量 $\boldsymbol{e}_\theta$和 $\boldsymbol{e}_\varphi$的射线 r 上任意一点 P 的位置矢量为

$$
\boldsymbol{x} = r\boldsymbol{e}_r \tag{2.3.6}
$$

当所有的力学变量都与切向坐标 θ、φ 无关时,称为空间球对称问题。此时,在射线上研究较为便捷。

二、坐标的微分变换

由式(2.3.1),可得

$$
\frac{\partial\boldsymbol{e}_r}{\partial\theta} = \cos\varphi\cos\theta\boldsymbol{e}_x + \sin\varphi\cos\theta\boldsymbol{e}_y - \sin\theta\boldsymbol{e}_z = \boldsymbol{e}_\theta \tag{2.3.7a}
$$

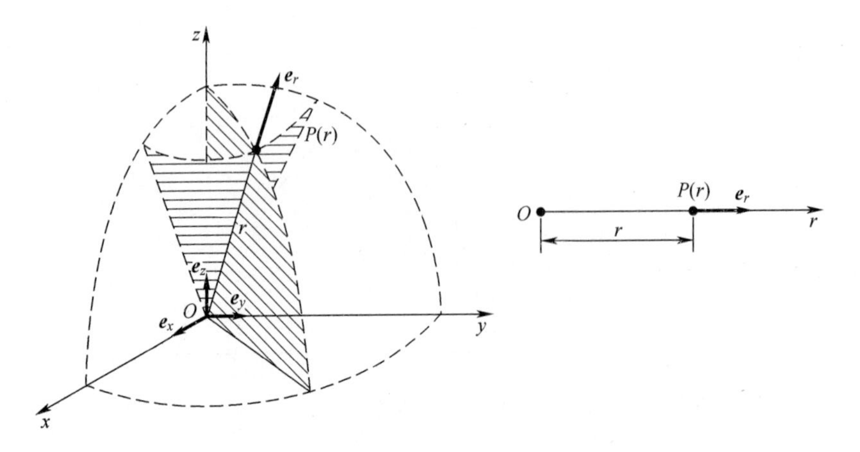

图 2.3.2　球面坐标系下，射线 r 上点的位置矢量

$$\frac{\partial \boldsymbol{e}_r}{\partial \varphi} = -\sin\varphi\sin\theta\boldsymbol{e}_x + \cos\varphi\sin\theta\boldsymbol{e}_y = \sin\theta\boldsymbol{e}_\varphi \tag{2.3.7b}$$

$$\frac{\partial \boldsymbol{e}_\theta}{\partial \theta} = -\cos\varphi\sin\theta\boldsymbol{e}_x - \sin\varphi\sin\theta\boldsymbol{e}_y - \cos\theta\boldsymbol{e}_z = -\boldsymbol{e}_r \tag{2.3.7c}$$

$$\frac{\partial \boldsymbol{e}_\theta}{\partial \varphi} = -\sin\varphi\cos\theta\boldsymbol{e}_x + \cos\varphi\cos\theta\boldsymbol{e}_y = \cos\theta\boldsymbol{e}_\varphi \tag{2.3.7d}$$

$$\frac{\partial \boldsymbol{e}_\varphi}{\partial \theta} = 0 \tag{2.3.7e}$$

$$\frac{\partial \boldsymbol{e}_\varphi}{\partial \varphi} = -\cos\varphi\boldsymbol{e}_x - \sin\varphi\boldsymbol{e}_y = -\sin\theta\boldsymbol{e}_r - \cos\theta\boldsymbol{e}_\theta \tag{2.3.7f}$$

由式(2.3.4)，可得

$$\begin{cases} \mathrm{d}x = \sin\theta\cos\varphi\mathrm{d}r + r\cos\theta\cos\varphi\mathrm{d}\theta - r\sin\theta\sin\varphi\mathrm{d}\varphi \\ \mathrm{d}y = \sin\theta\sin\varphi\mathrm{d}r + r\cos\theta\sin\varphi\mathrm{d}\theta + r\sin\theta\cos\varphi\mathrm{d}\varphi \\ \mathrm{d}z = \cos\theta\mathrm{d}r - r\sin\theta\mathrm{d}\theta \end{cases} \tag{2.3.8}$$

写成矩阵形成

$$\begin{bmatrix} \mathrm{d}x \\ \mathrm{d}y \\ \mathrm{d}z \end{bmatrix} = \begin{bmatrix} \sin\theta\cos\varphi & r\cos\theta\cos\varphi & -r\sin\theta\sin\varphi \\ \sin\theta\sin\varphi & r\cos\theta\sin\varphi & r\sin\theta\cos\varphi \\ \cos\theta & -r\sin\theta & 0 \end{bmatrix} \begin{bmatrix} \mathrm{d}r \\ \mathrm{d}\theta \\ \mathrm{d}\varphi \end{bmatrix} \tag{2.3.9}$$

据此，可得

$$\begin{bmatrix} \mathrm{d}r \\ \mathrm{d}\theta \\ \mathrm{d}\varphi \end{bmatrix} = \begin{bmatrix} \sin\theta\cos\varphi & \sin\theta\sin\varphi & \cos\theta \\ \frac{1}{r}\cos\theta\cos\varphi & \frac{1}{r}\cos\theta\sin\varphi & -\frac{1}{r}\sin\theta \\ -\frac{1}{r}\frac{\sin\varphi}{\sin\theta} & \frac{1}{r}\frac{\cos\varphi}{\sin\theta} & 0 \end{bmatrix} \begin{bmatrix} \mathrm{d}x \\ \mathrm{d}y \\ \mathrm{d}z \end{bmatrix} \tag{2.3.10}$$

又

$$\begin{cases} \mathrm{d}r = \dfrac{\partial r}{\partial x}\mathrm{d}x + \dfrac{\partial r}{\partial y}\mathrm{d}y + \dfrac{\partial r}{\partial z}\mathrm{d}z \\ \mathrm{d}\theta = \dfrac{\partial \theta}{\partial x}\mathrm{d}x + \dfrac{\partial \theta}{\partial y}\mathrm{d}y + \dfrac{\partial \theta}{\partial z}\mathrm{d}z \\ \mathrm{d}\varphi = \dfrac{\partial \varphi}{\partial x}\mathrm{d}x + \dfrac{\partial \varphi}{\partial y}\mathrm{d}y + \dfrac{\partial \varphi}{\partial z}\mathrm{d}z \end{cases} \tag{2.3.11}$$

比较式(2.3.10)、式(2.3.11)得到：

$$\begin{cases} \dfrac{\partial r}{\partial x} = \sin\theta\cos\varphi, \dfrac{\partial r}{\partial y} = \sin\theta\sin\varphi, \dfrac{\partial r}{\partial z} = \cos\theta \\ \dfrac{\partial \theta}{\partial x} = \dfrac{1}{r}\cos\theta\cos\varphi, \dfrac{\partial \theta}{\partial y} = \dfrac{1}{r}\cos\theta\sin\varphi, \dfrac{\partial \theta}{\partial z} = -\dfrac{1}{r}\sin\theta \\ \dfrac{\partial \varphi}{\partial x} = -\dfrac{1}{r}\dfrac{\sin\varphi}{\sin\theta}, \dfrac{\partial \varphi}{\partial y} = \dfrac{1}{r}\dfrac{\cos\varphi}{\sin\theta}, \dfrac{\partial \varphi}{\partial z} = 0 \end{cases}$$

利用链导法则，可得

$$\begin{cases} \dfrac{\partial}{\partial x} = \dfrac{\partial r}{\partial x}\dfrac{\partial}{\partial r} + \dfrac{\partial \theta}{\partial x}\dfrac{\partial}{\partial \theta} + \dfrac{\partial \varphi}{\partial x}\dfrac{\partial}{\partial \varphi} = \sin\theta\cos\varphi\dfrac{\partial}{\partial r} + \dfrac{1}{r}\cos\varphi\cos\theta\dfrac{\partial}{\partial \theta} - \dfrac{1}{r}\dfrac{\sin\varphi}{\sin\theta}\dfrac{\partial}{\partial \varphi} \\ \dfrac{\partial}{\partial y} = \dfrac{\partial r}{\partial y}\dfrac{\partial}{\partial r} + \dfrac{\partial \theta}{\partial y}\dfrac{\partial}{\partial \theta} + \dfrac{\partial \varphi}{\partial y}\dfrac{\partial}{\partial \varphi} = \sin\theta\sin\varphi\dfrac{\partial}{\partial r} + \dfrac{1}{r}\sin\varphi\cos\theta\dfrac{\partial}{\partial \theta} + \dfrac{1}{r}\dfrac{\cos\varphi}{\sin\theta}\dfrac{\partial}{\partial \varphi} \\ \dfrac{\partial}{\partial z} = \dfrac{\partial r}{\partial z}\dfrac{\partial}{\partial r} + \dfrac{\partial \theta}{\partial z}\dfrac{\partial}{\partial \theta} + \dfrac{\partial \varphi}{\partial z}\dfrac{\partial}{\partial \varphi} = \cos\theta\dfrac{\partial}{\partial r} - \dfrac{1}{r}\sin\theta\dfrac{\partial}{\partial \theta} \end{cases} \tag{2.3.12}$$

三、基本算子与基本场量

在球面坐标系下，哈密尔顿算子的表达式为

$$\nabla = \boldsymbol{e}_r\frac{\partial}{\partial r} + \boldsymbol{e}_\theta\frac{1}{r}\frac{\partial}{\partial \theta} + \boldsymbol{e}_\varphi\frac{1}{r\sin\theta}\frac{\partial}{\partial \varphi} \tag{2.3.13}$$

证明如下：

$$\begin{aligned} \nabla &\equiv \boldsymbol{e}_x\frac{\partial}{\partial x} + \boldsymbol{e}_y\frac{\partial}{\partial y} + \boldsymbol{e}_z\frac{\partial}{\partial z} \\ &= (\cos\varphi\sin\theta\boldsymbol{e}_r + \cos\varphi\cos\theta\boldsymbol{e}_\theta - \sin\varphi\boldsymbol{e}_\varphi)\left[\sin\theta\cos\varphi\frac{\partial}{\partial r} + \frac{\cos\varphi\cos\theta}{r}\frac{\partial}{\partial \theta} - \frac{\sin\varphi}{r\sin\theta}\frac{\partial}{\partial \varphi}\right] + \\ &\quad (\sin\varphi\sin\theta\boldsymbol{e}_r + \sin\varphi\cos\theta\boldsymbol{e}_\theta + \cos\varphi\boldsymbol{e}_\varphi)\left[\sin\theta\sin\varphi\frac{\partial}{\partial r} + \frac{\sin\varphi\cos\theta}{r}\frac{\partial}{\partial \theta} + \frac{\cos\varphi}{r\sin\theta}\frac{\partial}{\partial \varphi}\right] + \\ &\quad (\cos\theta\boldsymbol{e}_r - \sin\theta\boldsymbol{e}_\theta)\left[\cos\theta\frac{\partial}{\partial r} - \frac{\sin\theta}{r}\frac{\partial}{\partial \theta}\right] \\ &= \boldsymbol{e}_r\frac{\partial}{\partial r} + \boldsymbol{e}_\theta\frac{1}{r}\frac{\partial}{\partial \theta} + \boldsymbol{e}_\varphi\frac{1}{r\sin\theta}\frac{\partial}{\partial \varphi} \end{aligned}$$

球面坐标系下，拉普拉斯算子的表达式为

$$\nabla^2 \equiv \nabla\cdot\nabla = \frac{1}{r^2}\frac{\partial}{\partial r}\left(r^2\frac{\partial}{\partial r}\right) + \frac{1}{r^2\sin\theta}\frac{\partial}{\partial \theta}\left(\sin\theta\frac{\partial}{\partial \theta}\right) + \frac{1}{r^2\sin^2\theta}\frac{\partial^2}{\partial \varphi^2} \tag{2.3.14}$$

证明如下：

$$\nabla^2=\left(\boldsymbol{e}_r\frac{\partial}{\partial r}+\boldsymbol{e}_\theta\frac{1}{r}\frac{\partial}{\partial\theta}+\boldsymbol{e}_\varphi\frac{1}{r\sin\theta}\frac{\partial}{\partial\varphi}\right)\cdot\left(\boldsymbol{e}_r\frac{\partial}{\partial r}+\boldsymbol{e}_\theta\frac{1}{r}\frac{\partial}{\partial\theta}+\boldsymbol{e}_\varphi\frac{1}{r\sin\theta}\frac{\partial}{\partial\varphi}\right)$$

$$=\frac{\partial^2}{\partial r^2}+\frac{1}{r}\frac{\partial}{\partial r}+\frac{1}{r^2}\frac{\partial^2}{\partial\theta^2}+\frac{1}{r}\frac{\partial}{\partial r}+\frac{\cos\theta}{r^2\sin\theta}\frac{\partial}{\partial\theta}+\frac{1}{r^2\sin^2\theta}\frac{\partial^2}{\partial\varphi^2}$$

$$=\frac{1}{r^2}\frac{\partial}{\partial r}\left(r^2\frac{\partial}{\partial r}\right)+\frac{1}{r^2\sin\theta}\frac{\partial}{\partial\theta}\left(\sin\theta\frac{\partial}{\partial\theta}\right)+\frac{1}{r^2\sin^2\theta}\frac{\partial^2}{\partial\varphi^2}$$

在球面坐标系下，标量函数 $f(\boldsymbol{x})$ 的梯度表达式为

$$\mathrm{grad}f\equiv\nabla f=\frac{\partial f}{\partial r}\boldsymbol{e}_r+\frac{1}{r}\frac{\partial f}{\partial\theta}\boldsymbol{e}_\theta+\frac{1}{r\sin\theta}\frac{\partial f}{\partial\varphi}\boldsymbol{e}_\varphi \tag{2.3.15}$$

在球面坐标系下，标量函数 $\boldsymbol{F}(\boldsymbol{x})$ 的散度和旋度表达式分别为

$$\mathrm{div}\boldsymbol{F}\equiv\nabla\cdot\boldsymbol{F}=\frac{1}{r^2}\frac{\partial(r^2F_r)}{\partial r}+\frac{1}{r\sin\theta}\frac{\partial(\sin\theta F_\theta)}{\partial\theta}+\frac{1}{r\sin\theta}\frac{\partial F_\varphi}{\partial\varphi} \tag{2.3.16}$$

$$\mathrm{rot}\boldsymbol{F}\equiv\nabla\times\boldsymbol{F}=\frac{1}{r\sin\theta}\left[\frac{\partial(\sin\theta F_\varphi)}{\partial\theta}-\frac{\partial F_\theta}{\partial\varphi}\right]\boldsymbol{e}_r+\frac{1}{r}\left[\frac{1}{\sin\theta}\frac{\partial F_r}{\partial\varphi}-\frac{\partial(rF_\varphi)}{\partial r}\right]\boldsymbol{e}_\theta+\frac{1}{r}\left[\frac{\partial(rF_\theta)}{\partial r}-\frac{\partial F_r}{\partial\theta}\right]\boldsymbol{e}_\varphi \tag{2.3.17}$$

习　　题

2-1　证明：矩阵

$$\begin{bmatrix}\cos\varphi & -\rho\sin\varphi\\ \sin\varphi & \rho\cos\varphi\end{bmatrix}$$

与矩阵

$$\begin{bmatrix}\cos\varphi & \sin\varphi\\ -\dfrac{1}{\rho}\sin\varphi & \dfrac{1}{\rho}\cos\varphi\end{bmatrix}$$

互为逆矩阵。

2-2　证明：矩阵

$$\begin{bmatrix}\sin\theta\cos\varphi & r\cos\theta\cos\varphi & -r\sin\theta\sin\varphi\\ \sin\theta\sin\varphi & r\cos\theta\sin\varphi & r\sin\theta\cos\varphi\\ \cos\theta & -r\sin\theta & 0\end{bmatrix}$$

与矩阵

$$\begin{bmatrix}\sin\theta\cos\varphi & \sin\theta\sin\varphi & \cos\theta\\ \dfrac{1}{r}\cos\theta\cos\varphi & \dfrac{1}{r}\cos\theta\sin\varphi & -\dfrac{1}{r}\sin\theta\\ -\dfrac{1}{r}\dfrac{\sin\varphi}{\sin\theta} & \dfrac{1}{r}\dfrac{\cos\varphi}{\sin\theta} & 0\end{bmatrix}$$

互为逆矩阵。

2-3　已知某个标量场可用直角坐标系下的标量函数：

$$f(\boldsymbol{x}) = xyz$$

或圆柱坐标系下的标量函数：

$$f(\boldsymbol{x}) = \rho^2 z \sin\varphi \cos\varphi$$

来表达。分别求出其在直角坐标系下和圆柱坐标系下的梯度，并证明两者的一致性。

提示：

$$\begin{cases} \nabla f = yz\boldsymbol{e}_x + zx\boldsymbol{e}_y + xy\boldsymbol{e}_z \\ \nabla f = 2\rho z \sin\varphi \cos\varphi \boldsymbol{e}_\rho + \rho z(\cos^2\varphi - \sin^2\varphi)\boldsymbol{e}_\varphi + \rho^2 \sin\varphi \cos\varphi \boldsymbol{e}_z \end{cases}$$

第三章 形变的度量

事实上,一个具有位移的物体,并不意味着其就一定具有形变。例如:具有刚体位移的物体就并不变形,因而才称为刚体。因此,位移无法直接用来刻画物体的形变。这就需要引入能够度量物体形变的量。

本章在讲述位移的基础上,首先,引入应变的概念以度量物体的形变,并通过几何方程建立起应变与位移之间的关系;然后,介绍物体中任意一点处的形变状态、坐标系变换时的应变分量变换,以及位移边界条件等。

本章所介绍的几何方程是以微小位移和微小变形的假设为前提的,是弹塑性力学的最基本方程之一。

3.1 位　　移

一、位移矢量

位移是指物体上的点在空间中的位置的移动。位移是一个矢量。

如图 3.1.1 所示,在直角坐标系中,物体上任意一点 $P(\boldsymbol{x})$ 处的位移矢量 $\boldsymbol{u}(\boldsymbol{x})$,可用在 x、y 和 z 三个坐标轴上的投影表示如下:

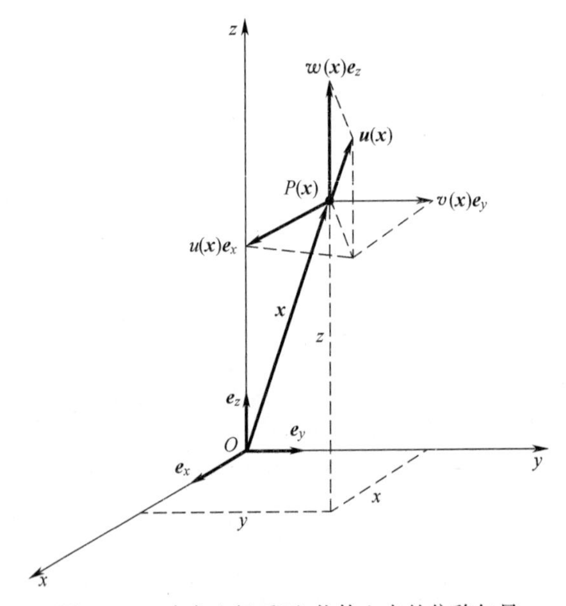

图 3.1.1　直角坐标系下,物体上点的位移矢量

$$\boldsymbol{u}(\boldsymbol{x}) = u(\boldsymbol{x})\boldsymbol{e}_x + v(\boldsymbol{x})\boldsymbol{e}_y + w(\boldsymbol{x})\boldsymbol{e}_z = \begin{bmatrix} u(\boldsymbol{x}) \\ v(\boldsymbol{x}) \\ w(\boldsymbol{x}) \end{bmatrix} \tag{3.1.1}$$

式中：$u(\boldsymbol{x})$、$v(\boldsymbol{x})$和$w(\boldsymbol{x})$分别为位移矢量$\boldsymbol{u}(\boldsymbol{x})$在$x$轴、$y$轴和$z$轴等3个坐标轴上的投影值，称为位移分量。位移分量以沿着坐标轴正方向为正，沿着坐标轴负方向为负。位移的单位为米(m)。

需要特别指出的是，应当注意位移与路程（或行程）的区别。

路程是指物体上的点从空间中的一个位置运动到另外一个位置时运动轨迹的长度。路程是一个标量。

特别地，当物体上的某一点在运动过程中经过一段时间后回到原来位置时，则该点的位移等于零，而路程不为零。

一般而言，物体中各点的位移是不同的。因而，位移矢量$\boldsymbol{u}$是位置矢量$\boldsymbol{x}$的函数。

例题 3.1.1：

如图 3.1.2(a)所示，在xy坐标平面内有一方板，其四个顶点O、A、B和C的位置矢量分别为

$$\boldsymbol{x}_O = \begin{bmatrix} 0 \\ 0 \\ 0 \end{bmatrix} \quad \boldsymbol{x}_A = \begin{bmatrix} 1 \\ 0 \\ 0 \end{bmatrix} \quad \boldsymbol{x}_B = \begin{bmatrix} 1 \\ 1 \\ 0 \end{bmatrix} \quad \boldsymbol{x}_C = \begin{bmatrix} 0 \\ 1 \\ 0 \end{bmatrix}$$

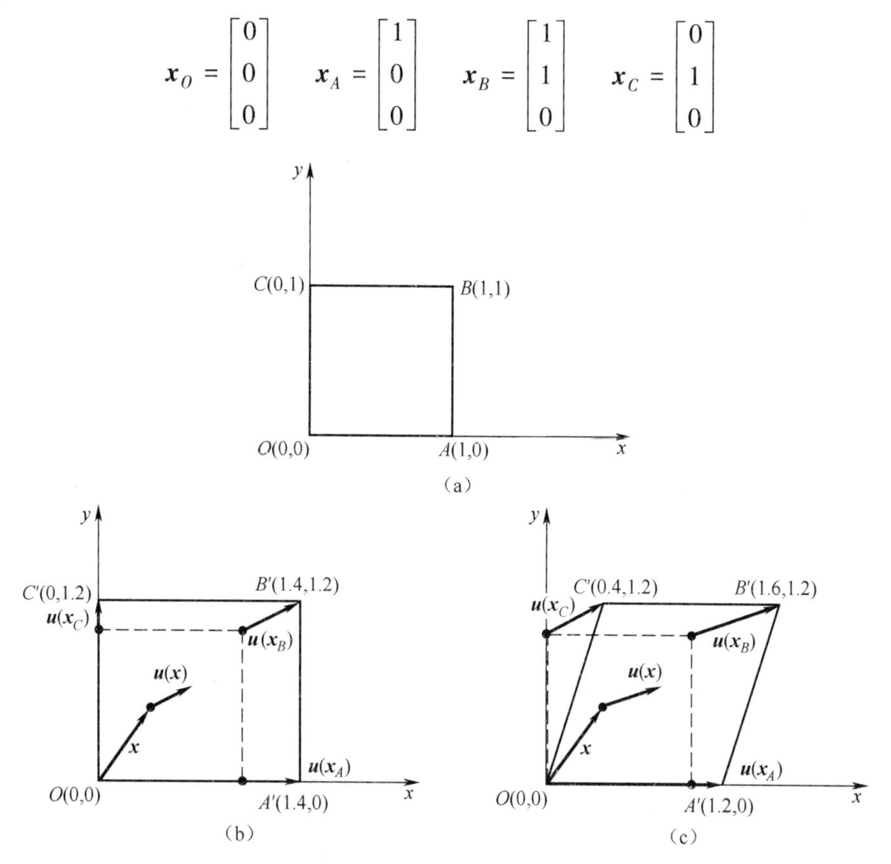

图 3.1.2 平面xy中，方板及其两种变形方式

因此，所有点的z坐标均为0。

现假设该方板在 xy 坐标平面内有两种变形情形。图 3.1.2(b)所示第一种情形中 4 个顶点的位移矢量为

$$\boldsymbol{u}(\boldsymbol{x}_O)=\begin{bmatrix}0\\0\\0\end{bmatrix}\quad \boldsymbol{u}(\boldsymbol{x}_A)=\begin{bmatrix}0.4\\0\\0\end{bmatrix}\quad \boldsymbol{u}(\boldsymbol{x}_B)=\begin{bmatrix}0.4\\0.2\\0\end{bmatrix}\quad 和\quad \boldsymbol{u}(\boldsymbol{x}_C)=\begin{bmatrix}0\\0.2\\0\end{bmatrix}$$

图 3.1.2(c)所示第二种情形中四个顶点的位移矢量为

$$\boldsymbol{u}(\boldsymbol{x}_O)=\begin{bmatrix}0\\0\\0\end{bmatrix}\quad \boldsymbol{u}(\boldsymbol{x}_A)=\begin{bmatrix}0.2\\0\\0\end{bmatrix}\quad \boldsymbol{u}(\boldsymbol{x}_B)=\begin{bmatrix}0.6\\0.2\\0\end{bmatrix}\quad 和\quad \boldsymbol{u}(\boldsymbol{x}_C)=\begin{bmatrix}0.4\\0.2\\0\end{bmatrix}$$

因此,所有点的 z 方向的位移 $w(\boldsymbol{x})$ 均为 0。

若假设位移分量 $u(\boldsymbol{x})$ 和 $v(\boldsymbol{x})$ 可用关于 x、y 的多项式形式的函数来表示,求出其表达式。

解答:

由于方板只有 4 个顶点,因此只能确定 4 个待定系数。于是位移分量可假设为

$$\begin{cases}u(\boldsymbol{x})=a+bx+cy+\mathrm{d}xy\\ v(\boldsymbol{x})=e+fx+gy+hxy\end{cases}$$

对于第一种情形,有

$$\begin{cases}u(\boldsymbol{x}_O)=a=0\\ u(\boldsymbol{x}_A)=a+b=0.4\\ u(\boldsymbol{x}_B)=a+b+c+d=0.4\\ u(\boldsymbol{x}_C)=a+c=0\end{cases}\quad 和\quad \begin{cases}v(\boldsymbol{x}_O)=e=0\\ v(\boldsymbol{x}_A)=e+f=0\\ v(\boldsymbol{x}_B)=e+f+g+h=0.2\\ v(\boldsymbol{x}_C)=e+g=0.2\end{cases}$$

解得

$$\begin{cases}a=0\\ b=0.4\\ c=0\\ d=0\end{cases}\quad 和\quad \begin{cases}e=0\\ f=0\\ g=0.2\\ h=0\end{cases}$$

得到:

$$u(\boldsymbol{x})=0.4x\quad 和\quad v(\boldsymbol{x})=0.2y$$

即

$$\boldsymbol{u}(\boldsymbol{x})=u(\boldsymbol{x})\boldsymbol{e}_x+v(\boldsymbol{x})\boldsymbol{e}_y=\begin{bmatrix}u(\boldsymbol{x})\\v(\boldsymbol{x})\\0\end{bmatrix}=\begin{bmatrix}0.4x\\0.2y\\0\end{bmatrix}$$

对于第二种情形,有

$$\begin{cases}u(\boldsymbol{x}_O)=a=0\\ u(\boldsymbol{x}_A)=a+b=0.2\\ u(\boldsymbol{x}_B)=a+b+c+d=0.6\\ u(\boldsymbol{x}_C)=a+c=0.4\end{cases}\quad 和\quad \begin{cases}v(\boldsymbol{x}_O)=e=0\\ v(\boldsymbol{x}_A)=e+f=0\\ v(\boldsymbol{x}_B)=e+f+g+h=0.2\\ v(\boldsymbol{x}_C)=e+g=0.2\end{cases}$$

解得

$$\begin{cases} a = 0 \\ b = 0.2 \\ c = 0.4 \\ d = 0 \end{cases} \quad 和 \quad \begin{cases} e = 0 \\ f = 0 \\ g = 0.2 \\ h = 0 \end{cases}$$

得到：

$$u(\boldsymbol{x}) = 0.2x + 0.4y \quad 和 \quad v(\boldsymbol{x}) = 0.2y$$

即

$$\boldsymbol{u}(\boldsymbol{x}) = u(\boldsymbol{x})\boldsymbol{e}_x + v(\boldsymbol{x})\boldsymbol{e}_y = \begin{bmatrix} u(\boldsymbol{x}) \\ v(\boldsymbol{x}) \\ 0 \end{bmatrix} = \begin{bmatrix} 0.2x + 0.4y \\ 0.2y \\ 0 \end{bmatrix}$$

答毕。

二、坐标系变换时的位移矢量变换

假设新的直角坐标系 $x'y'z'$ 中，位移矢量为

$$\boldsymbol{u}(\boldsymbol{x}') = u(\boldsymbol{x}')\boldsymbol{e}_{x'} + v(\boldsymbol{x}')\boldsymbol{e}_{y'} + w(\boldsymbol{x}')\boldsymbol{e}_{z'} \tag{3.1.2}$$

由于

$$\begin{cases} u(\boldsymbol{x}') = \boldsymbol{u}(\boldsymbol{x}) \cdot \boldsymbol{e}_{x'} = \boldsymbol{e}_{x'}^{\mathrm{T}}\boldsymbol{u}(\boldsymbol{x}) \\ v(\boldsymbol{x}') = \boldsymbol{u}(\boldsymbol{x}) \cdot \boldsymbol{e}_{y'} = \boldsymbol{e}_{y'}^{\mathrm{T}}\boldsymbol{u}(\boldsymbol{x}) \\ w(\boldsymbol{x}') = \boldsymbol{u}(\boldsymbol{x}) \cdot \boldsymbol{e}_{z'} = \boldsymbol{e}_{z'}^{\mathrm{T}}\boldsymbol{u}(\boldsymbol{x}) \end{cases}$$

于是，可得

$$\begin{bmatrix} u(\boldsymbol{x}') \\ v(\boldsymbol{x}') \\ w(\boldsymbol{x}') \end{bmatrix} = \begin{bmatrix} \boldsymbol{e}_{x'}^{\mathrm{T}}\boldsymbol{u}(\boldsymbol{x}) \\ \boldsymbol{e}_{y'}^{\mathrm{T}}\boldsymbol{u}(\boldsymbol{x}) \\ \boldsymbol{e}_{z'}^{\mathrm{T}}\boldsymbol{u}(\boldsymbol{x}) \end{bmatrix} = \begin{bmatrix} \boldsymbol{e}_{x'}^{\mathrm{T}} \\ \boldsymbol{e}_{y'}^{\mathrm{T}} \\ \boldsymbol{e}_{z'}^{\mathrm{T}} \end{bmatrix} \boldsymbol{u}(\boldsymbol{x})$$

即

$$\boldsymbol{u}(\boldsymbol{x}') = \boldsymbol{T}\boldsymbol{u}(\boldsymbol{x}) \tag{3.1.3}$$

式中

$$\boldsymbol{u}(\boldsymbol{x}') = \begin{bmatrix} u(\boldsymbol{x}') \\ v(\boldsymbol{x}') \\ w(\boldsymbol{x}') \end{bmatrix}, \boldsymbol{T} = \begin{bmatrix} \boldsymbol{e}_{x'}^{\mathrm{T}} \\ \boldsymbol{e}_{y'}^{\mathrm{T}} \\ \boldsymbol{e}_{z'}^{\mathrm{T}} \end{bmatrix} = \begin{bmatrix} n_{x'x} & n_{x'y} & n_{x'z} \\ n_{y'x} & n_{y'y} & n_{y'z} \\ n_{z'x} & n_{z'y} & n_{z'z} \end{bmatrix}, \boldsymbol{u}(\boldsymbol{x}) = \begin{bmatrix} u(\boldsymbol{x}) \\ v(\boldsymbol{x}) \\ w(\boldsymbol{x}) \end{bmatrix}$$

这就是坐标系变换时的位移分量变换公式。

由式(3.1.3)可知

$$\boldsymbol{u}^{\mathrm{T}}(\boldsymbol{x}') = \boldsymbol{u}^{\mathrm{T}}(\boldsymbol{x})\ T^{\mathrm{T}}$$

于是

$$\boldsymbol{u}^{\mathrm{T}}(\boldsymbol{x}')\boldsymbol{u}(\boldsymbol{x}') = \boldsymbol{u}^{\mathrm{T}}(\boldsymbol{x})\boldsymbol{T}^{\mathrm{T}}\boldsymbol{T}\boldsymbol{u}(\boldsymbol{x}) = \boldsymbol{u}^{\mathrm{T}}(\boldsymbol{x})\boldsymbol{u}(\boldsymbol{x})$$

即

$$\| \boldsymbol{u}(\boldsymbol{x}') \| = \| \boldsymbol{u}(\boldsymbol{x}) \|$$

这表明，虽然坐标系变换后位移矢量的分量发生改变，但其大小并不改变。

例题 3.1.2：

在直角坐标系 xyz 中的位移矢量为

$$\boldsymbol{u}(\boldsymbol{x})=\begin{bmatrix}u(\boldsymbol{x})\\v(\boldsymbol{x})\\w(\boldsymbol{x})\end{bmatrix}=\begin{bmatrix}3\\4\\0\end{bmatrix}$$

其长度为

$$\|\boldsymbol{u}(\boldsymbol{x})\|=\sqrt{\boldsymbol{u}^{\mathrm{T}}(\boldsymbol{x})\boldsymbol{u}(\boldsymbol{x})}=\sqrt{3^2+4^2+0^2}=5$$

坐标系绕 z 轴旋转后得到一个新坐标系 $x'y'z'$，其三个基矢量分别为

$$\boldsymbol{e}_{x'}=\begin{bmatrix}n_{x'x}\\n_{x'y}\\n_{x'z}\end{bmatrix}=\begin{bmatrix}0.8\\0.6\\0\end{bmatrix},\boldsymbol{e}_{y'}=\begin{bmatrix}n_{y'x}\\n_{y'y}\\n_{y'z}\end{bmatrix}=\begin{bmatrix}-0.6\\0.8\\0\end{bmatrix},\boldsymbol{e}_{z'}=\begin{bmatrix}n_{z'x}\\n_{z'y}\\n_{z'z}\end{bmatrix}=\begin{bmatrix}0\\0\\1\end{bmatrix}$$

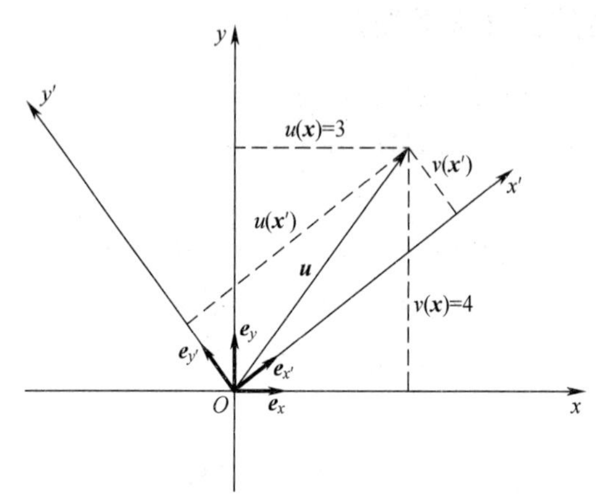

图 3.1.3 坐标系变换时的位移矢量

完成下列问题：

（1）求出新坐标系下的位移矢量 $\boldsymbol{u}(\boldsymbol{x}')$；

（2）求出新坐标系下的位移矢量长度 $\|\boldsymbol{u}(\boldsymbol{x}')\|$。

解答：

（1）由所给的新坐标系的基矢量，可得

$$\boldsymbol{T}=\begin{bmatrix}\boldsymbol{e}_{x'}^{\mathrm{T}}\\\boldsymbol{e}_{y'}^{\mathrm{T}}\\\boldsymbol{e}_{z'}^{\mathrm{T}}\end{bmatrix}=\begin{bmatrix}n_{x'x}&n_{x'y}&n_{x'z}\\n_{y'x}&n_{y'y}&n_{y'z}\\n_{z'x}&n_{z'y}&n_{z'z}\end{bmatrix}=\begin{bmatrix}0.8&0.6&0\\-0.6&0.8&0\\0&0&1\end{bmatrix}$$

于是

$$\boldsymbol{u}(\boldsymbol{x}')=\boldsymbol{T}\boldsymbol{u}(\boldsymbol{x})=\begin{bmatrix}0.8&0.6&0\\-0.6&0.8&0\\0&0&1\end{bmatrix}\begin{bmatrix}3\\4\\0\end{bmatrix}=\begin{bmatrix}4.8\\1.4\\0\end{bmatrix}$$

（2）新坐标系下的位移矢量长度为

$$\|\boldsymbol{u}(\boldsymbol{x}')\|=\sqrt{\boldsymbol{u}^{\mathrm{T}}(\boldsymbol{x}')\boldsymbol{u}(\boldsymbol{x}')}=\sqrt{4.8^2+1.4^2+0^2}=5$$

$$\| \boldsymbol{u}(\boldsymbol{x}') \| = \| \boldsymbol{u}(\boldsymbol{x}) \| = 5$$

因此,尽管在不同坐标系下位移的分量不同,但位移的大小不变。

答毕。

三、位移与形变

既然位移是物体上的点的位置的移动,那么位移能够刻画物体的形变吗? 下面通过一个简单的例题来加以说明。

例题 3.1.3:

假设空间中一个物体的几何构型为一直线线段。其两个端点 P_1 和 P_2 的位置矢量分别为

$$\boldsymbol{x}_1 = \begin{bmatrix} x_1 \\ y_1 \\ z_1 \end{bmatrix} = \begin{bmatrix} 0 \\ 0 \\ 0 \end{bmatrix} \quad 和 \quad \boldsymbol{x}_2 = \begin{bmatrix} x_2 \\ y_2 \\ z_2 \end{bmatrix} = \begin{bmatrix} 3 \\ 4 \\ 0 \end{bmatrix}$$

因此点 P_1 和点 P_2 间的线段为

$$\overline{P_1P_2} = \boldsymbol{x}_2 - \boldsymbol{x}_1 = \begin{bmatrix} 3 \\ 4 \\ 0 \end{bmatrix} - \begin{bmatrix} 0 \\ 0 \\ 0 \end{bmatrix} = \begin{bmatrix} 3 \\ 4 \\ 0 \end{bmatrix}$$

于是,其长度为

$$\| \overline{P_1P_2} \| = \sqrt{3 \times 3 + 4 \times 4 + 0 \times 0} = 5$$

现假设该线段按如下位移函数:

$$\boldsymbol{u}(\boldsymbol{x}) = \begin{bmatrix} u(\boldsymbol{x}) \\ v(\boldsymbol{x}) \\ w(\boldsymbol{x}) \end{bmatrix} = \begin{bmatrix} \frac{1}{4}y \\ -\frac{1}{3}x \\ 0 \end{bmatrix}$$

将两个端点分别移动至点 P_1' 和点 P_2'。

完成下列问题:

(1) 两个端点处的位移矢量;

(2) 位置移动后,两个端点的位置矢量;

(3) 计算位移后的线段的长度;

(4) 比较位移前后线段长度的变化。

解答:

(1)点 P_1 和点 P_2 处的位移矢量分别为

$$\boldsymbol{u}_1 = \boldsymbol{u}(\boldsymbol{x}_1) = \begin{bmatrix} u(\boldsymbol{x}_1) \\ v(\boldsymbol{x}_1) \\ w(\boldsymbol{x}_1) \end{bmatrix} = \begin{bmatrix} \frac{1}{4} \times 0 \\ -\frac{1}{3} \times 0 \\ 0 \end{bmatrix} = \begin{bmatrix} 0 \\ 0 \\ 0 \end{bmatrix}$$

$$\boldsymbol{u}_2 = \boldsymbol{u}(\boldsymbol{x}_2) = \begin{bmatrix} u(\boldsymbol{x}_2) \\ v(\boldsymbol{x}_2) \\ w(\boldsymbol{x}_2) \end{bmatrix} = \begin{bmatrix} \frac{1}{4} \times 4 \\ -\frac{1}{3} \times 3 \\ 0 \end{bmatrix} = \begin{bmatrix} 1 \\ -1 \\ 0 \end{bmatrix}$$

(2) 点 P_1' 和点 P_2' 的位置矢量分别为

$$\boldsymbol{x}_1' = \boldsymbol{x}_1 + \boldsymbol{u}_1 = \begin{bmatrix} 0 \\ 0 \\ 0 \end{bmatrix} + \begin{bmatrix} 0 \\ 0 \\ 0 \end{bmatrix} = \begin{bmatrix} 0 \\ 0 \\ 0 \end{bmatrix}$$

$$\boldsymbol{x}_2' = \boldsymbol{x}_2 + \boldsymbol{u}_2 = \begin{bmatrix} 3 \\ 4 \\ 0 \end{bmatrix} + \begin{bmatrix} 1 \\ -1 \\ 0 \end{bmatrix} = \begin{bmatrix} 4 \\ 3 \\ 0 \end{bmatrix}$$

(3) 位移后的线段为

$$\overline{P_1'P_2'} = \boldsymbol{x}_2' - \boldsymbol{x}_1' = \begin{bmatrix} 4 \\ 3 \\ 0 \end{bmatrix} - \begin{bmatrix} 0 \\ 0 \\ 0 \end{bmatrix} = \begin{bmatrix} 4 \\ 3 \\ 0 \end{bmatrix}$$

其长度为

$$\| \overline{P_1'P_2'} \| = \sqrt{4 \times 4 + 3 \times 3 + 0 \times 0} = 5$$

(4) 由于

$$\| \overline{P_1'P_2'} \| = \| \overline{P_1 P_2} \| = 5$$

因此,该直线段的长度并未改变,因而没有变形。此位移是刚体位移。

答毕。

上述例题清晰表明:一个具有位移的物体,并不意味着其一定具有变形。因此,不能用位移来直接度量物体的变形,需要引入新的变量用以刻画物体的变形。

3.2 应变:形变的度量

一、形变的度量

具有位移的物体,若其形状和大小都不改变时,则称为刚体。因此,刚体中任何两点之间的距离在位移过程中保持不变。

形变是指物体几何形状的改变。因此,形变的度量可以从考察物体上任意两点间的距离开始。

图 3.2.1 所示物体上任意一点 P 的位置矢量为

$$\boldsymbol{x} = x\boldsymbol{e}_x + y\boldsymbol{e}_y + z\boldsymbol{e}_z$$

在点 P 的邻近有点 Q,其位置矢量为

$$\boldsymbol{x} + \mathrm{d}\boldsymbol{x} = (x + \mathrm{d}x)\boldsymbol{e}_x + (y + \mathrm{d}y)\boldsymbol{e}_y + (z + \mathrm{d}z)\boldsymbol{e}_z$$

此时,PQ 两点间形成一个微线段为

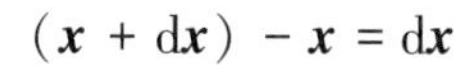

$$(\boldsymbol{x}+\mathrm{d}\boldsymbol{x})-\boldsymbol{x}=\mathrm{d}\boldsymbol{x}$$

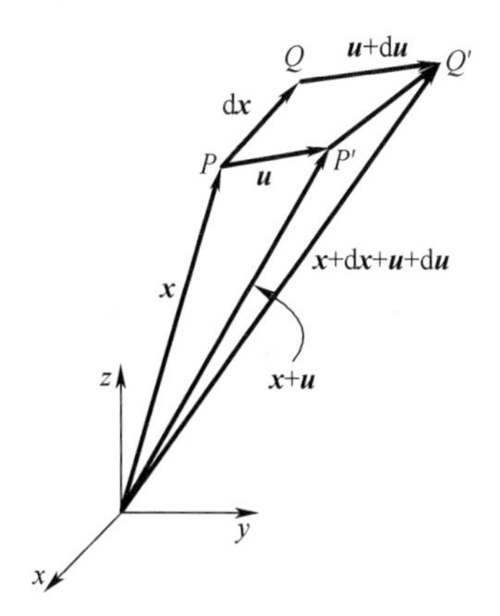

图 3.2.1　物体上微线段的变化

现假设点 P 移动到点 P',位移矢量为

$$\boldsymbol{u}=u\boldsymbol{e}_x+v\boldsymbol{e}_y+w\boldsymbol{e}_z$$

式中:位移矢量 $\boldsymbol{u}$ 及其分量 u、v 和 w 均为位置矢量 $\boldsymbol{x}$ 的函数。则点 P'的位置矢量为

$$\boldsymbol{x}+\boldsymbol{u}=(x+u)\boldsymbol{e}_x+(y+v)\boldsymbol{e}_y+(z+w)\boldsymbol{e}_z$$

若此时点 Q 移动到点 Q',则位移矢量为

$$\boldsymbol{u}+\mathrm{d}\boldsymbol{u}$$

因此,点 Q'的位置矢量为

$$\boldsymbol{x}+\mathrm{d}\boldsymbol{x}+\boldsymbol{u}+\mathrm{d}\boldsymbol{u}$$

此时,P'、Q'之间形成一个微线段为

$$(\boldsymbol{x}+\mathrm{d}\boldsymbol{x}+\boldsymbol{u}+\mathrm{d}\boldsymbol{u})-(\boldsymbol{x}+\boldsymbol{u})=\mathrm{d}\boldsymbol{x}+\mathrm{d}\boldsymbol{u}$$

若假设微线段 PQ 和微线段 $P'Q'$的长度分别为 $\mathrm{d}s_0$和 $\mathrm{d}s$,则

$$\begin{cases}\mathrm{d}s_0^2=\mathrm{d}\boldsymbol{x}\cdot\mathrm{d}\boldsymbol{x}\\ \mathrm{d}s^2=(\mathrm{d}\boldsymbol{x}+\mathrm{d}\boldsymbol{u})\cdot(\mathrm{d}\boldsymbol{x}+\mathrm{d}\boldsymbol{u})=(\mathrm{d}\boldsymbol{x}+\mathrm{d}\boldsymbol{u})\cdot(\mathrm{d}\boldsymbol{x}+\mathrm{d}\boldsymbol{u})=\mathrm{d}\boldsymbol{x}\cdot\mathrm{d}\boldsymbol{x}+2\mathrm{d}\boldsymbol{x}\cdot\mathrm{d}\boldsymbol{u}+\mathrm{d}\boldsymbol{u}\cdot\mathrm{d}\boldsymbol{u}\end{cases}$$

于是

$$\mathrm{d}s^2-\mathrm{d}s_0^2=\mathrm{d}\boldsymbol{x}\cdot\mathrm{d}\boldsymbol{x}+2\mathrm{d}\boldsymbol{x}\cdot\mathrm{d}\boldsymbol{u}+\mathrm{d}\boldsymbol{u}\cdot\mathrm{d}\boldsymbol{u}-\mathrm{d}\boldsymbol{x}\cdot\mathrm{d}\boldsymbol{x}=2\mathrm{d}\boldsymbol{x}\cdot\mathrm{d}\boldsymbol{u}+\mathrm{d}\boldsymbol{u}\cdot\mathrm{d}\boldsymbol{u}\quad(3.2.1)$$

显然,若物体不变形,则

$$\mathrm{d}s=\mathrm{d}s_0$$

即

$$\mathrm{d}s^2-\mathrm{d}s_0^2=0$$

反之,若

$$\mathrm{d}s^2-\mathrm{d}s_0^2\neq 0$$

则

$$\mathrm{d}s\neq\mathrm{d}s_0$$

表示物体产生了变形。

对位移矢量求导,即

$$\mathrm{d}\boldsymbol{u} = \frac{\partial \boldsymbol{u}}{\partial x}\mathrm{d}x + \frac{\partial \boldsymbol{u}}{\partial y}\mathrm{d}y + \frac{\partial \boldsymbol{u}}{\partial z}\mathrm{d}z$$

由于

$$\begin{cases} \dfrac{\partial \boldsymbol{u}}{\partial x} = \dfrac{\partial u}{\partial x}\boldsymbol{e}_x + \dfrac{\partial v}{\partial x}\boldsymbol{e}_y + \dfrac{\partial w}{\partial x}\boldsymbol{e}_z \\ \dfrac{\partial \boldsymbol{u}}{\partial y} = \dfrac{\partial u}{\partial y}\boldsymbol{e}_x + \dfrac{\partial v}{\partial y}\boldsymbol{e}_y + \dfrac{\partial w}{\partial y}\boldsymbol{e}_z \\ \dfrac{\partial \boldsymbol{u}}{\partial z} = \dfrac{\partial u}{\partial z}\boldsymbol{e}_x + \dfrac{\partial v}{\partial z}\boldsymbol{e}_y + \dfrac{\partial w}{\partial z}\boldsymbol{e}_z \end{cases}$$

因此,得

$$\begin{aligned} \mathrm{d}\boldsymbol{u} &= \left(\frac{\partial u}{\partial x}\boldsymbol{e}_x + \frac{\partial v}{\partial x}\boldsymbol{e}_y + \frac{\partial w}{\partial x}\boldsymbol{e}_z\right)\mathrm{d}x + \left(\frac{\partial u}{\partial y}\boldsymbol{e}_x + \frac{\partial v}{\partial y}\boldsymbol{e}_y + \frac{\partial w}{\partial y}\boldsymbol{e}_z\right)\mathrm{d}y + \left(\frac{\partial u}{\partial z}\boldsymbol{e}_x + \frac{\partial v}{\partial z}\boldsymbol{e}_y + \frac{\partial w}{\partial z}\boldsymbol{e}_z\right)\mathrm{d}z \\ &= \left(\frac{\partial u}{\partial x}\mathrm{d}x + \frac{\partial u}{\partial y}\mathrm{d}y + \frac{\partial u}{\partial z}\mathrm{d}z\right)\boldsymbol{e}_x + \left(\frac{\partial v}{\partial x}\mathrm{d}x + \frac{\partial v}{\partial y}\mathrm{d}y + \frac{\partial v}{\partial z}\mathrm{d}z\right)\boldsymbol{e}_y + \left(\frac{\partial w}{\partial x}\mathrm{d}x + \frac{\partial w}{\partial y}\mathrm{d}y + \frac{\partial w}{\partial z}\mathrm{d}z\right)\boldsymbol{e}_z \end{aligned}$$

则

$$\begin{aligned} \mathrm{d}x \cdot \mathrm{d}\boldsymbol{u} = \mathrm{d}\boldsymbol{u} \cdot \mathrm{d}x &= \left(\frac{\partial u}{\partial x}\mathrm{d}x + \frac{\partial u}{\partial y}\mathrm{d}y + \frac{\partial u}{\partial z}\mathrm{d}z\right)\mathrm{d}x + \left(\frac{\partial v}{\partial x}\mathrm{d}x + \frac{\partial v}{\partial y}\mathrm{d}y + \frac{\partial v}{\partial z}\mathrm{d}z\right)\mathrm{d}y + \\ &\quad \left(\frac{\partial w}{\partial x}\mathrm{d}x + \frac{\partial w}{\partial y}\mathrm{d}y + \frac{\partial w}{\partial z}\mathrm{d}z\right)\mathrm{d}z \\ &= \left(\frac{\partial u}{\partial x}\mathrm{d}x^2 + \frac{\partial u}{\partial y}\mathrm{d}x\mathrm{d}y + \frac{\partial u}{\partial z}\mathrm{d}z\mathrm{d}x\right) + \left(\frac{\partial v}{\partial x}\mathrm{d}x\mathrm{d}y + \frac{\partial v}{\partial y}\mathrm{d}y^2 + \frac{\partial v}{\partial z}\mathrm{d}y\mathrm{d}z\right) + \\ &\quad \left(\frac{\partial w}{\partial x}\mathrm{d}z\mathrm{d}x + \frac{\partial w}{\partial y}\mathrm{d}y\mathrm{d}z + \frac{\partial w}{\partial z}\mathrm{d}z^2\right) \end{aligned}$$

$$\begin{aligned} \mathrm{d}\boldsymbol{u} \cdot \mathrm{d}\boldsymbol{u} &= \left(\frac{\partial u}{\partial x}\mathrm{d}x + \frac{\partial u}{\partial y}\mathrm{d}y + \frac{\partial u}{\partial z}\mathrm{d}z\right)^2 + \left(\frac{\partial v}{\partial x}\mathrm{d}x + \frac{\partial v}{\partial y}\mathrm{d}y + \frac{\partial v}{\partial z}\mathrm{d}z\right)^2 + \\ &\quad \left(\frac{\partial w}{\partial x}\mathrm{d}x + \frac{\partial w}{\partial y}\mathrm{d}y + \frac{\partial w}{\partial z}\mathrm{d}z\right)^2 \\ &= \left[\left(\frac{\partial u}{\partial x}\right)^2 + \left(\frac{\partial v}{\partial x}\right)^2 + \left(\frac{\partial w}{\partial x}\right)^2\right]\mathrm{d}x^2 + \left[\left(\frac{\partial u}{\partial y}\right)^2 + \left(\frac{\partial v}{\partial y}\right)^2 + \left(\frac{\partial w}{\partial y}\right)^2\right]\mathrm{d}y^2 + \\ &\quad \left[\left(\frac{\partial u}{\partial z}\right)^2 + \left(\frac{\partial v}{\partial z}\right)^2 + \left(\frac{\partial w}{\partial z}\right)^2\right]\mathrm{d}z^2 + \\ &\quad 2\left(\frac{\partial u}{\partial x}\frac{\partial u}{\partial y} + \frac{\partial v}{\partial x}\frac{\partial v}{\partial y} + \frac{\partial w}{\partial x}\frac{\partial w}{\partial y}\right)\mathrm{d}x\mathrm{d}y + 2\left(\frac{\partial u}{\partial y}\frac{\partial u}{\partial z} + \frac{\partial v}{\partial y}\frac{\partial v}{\partial z} + \frac{\partial w}{\partial y}\frac{\partial w}{\partial z}\right)\mathrm{d}y\mathrm{d}z + \\ &\quad 2\left(\frac{\partial u}{\partial z}\frac{\partial u}{\partial x} + \frac{\partial v}{\partial z}\frac{\partial v}{\partial x} + \frac{\partial w}{\partial z}\frac{\partial w}{\partial x}\right)\mathrm{d}y\mathrm{d}z \end{aligned}$$

从而,可得

$$\begin{aligned} \mathrm{d}s^2 - \mathrm{d}s_0^2 &= 2\mathrm{d}\boldsymbol{x} \cdot \mathrm{d}\boldsymbol{u} + \mathrm{d}\boldsymbol{u} \cdot \mathrm{d}\boldsymbol{u} \\ &= 2\left\{\frac{\partial u}{\partial x} + \frac{1}{2}\left[\left(\frac{\partial u}{\partial x}\right)^2 + \left(\frac{\partial v}{\partial x}\right)^2 + \left(\frac{\partial w}{\partial x}\right)^2\right]\right\}\mathrm{d}x^2 + \end{aligned}$$

$$
2\left\{\frac{\partial v}{\partial y}+\frac{1}{2}\left[\left(\frac{\partial u}{\partial y}\right)^2+\left(\frac{\partial v}{\partial y}\right)^2+\left(\frac{\partial w}{\partial y}\right)^2\right]\right\}\mathrm{d}y^2+
$$

$$
2\left\{\frac{\partial w}{\partial z}+\frac{1}{2}\left[\left(\frac{\partial u}{\partial z}\right)^2+\left(\frac{\partial v}{\partial z}\right)^2+\left(\frac{\partial w}{\partial z}\right)^2\right]\right\}\mathrm{d}z^2+
$$

$$
2\left[\frac{\partial u}{\partial y}+\frac{\partial v}{\partial x}+\left(\frac{\partial u}{\partial x}\frac{\partial u}{\partial y}+\frac{\partial v}{\partial x}\frac{\partial v}{\partial y}+\frac{\partial w}{\partial x}\frac{\partial w}{\partial y}\right)\right]\mathrm{d}x\mathrm{d}y+
$$

$$
2\left[\frac{\partial w}{\partial y}+\frac{\partial v}{\partial z}+\left(\frac{\partial u}{\partial y}\frac{\partial u}{\partial z}+\frac{\partial v}{\partial y}\frac{\partial v}{\partial z}+\frac{\partial w}{\partial y}\frac{\partial w}{\partial z}\right)\right]\mathrm{d}y\mathrm{d}z+
$$

$$
2\left[\frac{\partial u}{\partial z}+\frac{\partial w}{\partial x}+\left(\frac{\partial u}{\partial z}\frac{\partial u}{\partial x}+\frac{\partial v}{\partial z}\frac{\partial v}{\partial x}+\frac{\partial w}{\partial z}\frac{\partial w}{\partial x}\right)\right]\mathrm{d}z\mathrm{d}x
$$

若令

$$
\begin{cases}
\varepsilon_x=\dfrac{\partial u}{\partial x}+\dfrac{1}{2}\left[\left(\dfrac{\partial u}{\partial x}\right)^2+\left(\dfrac{\partial v}{\partial x}\right)^2+\left(\dfrac{\partial w}{\partial x}\right)^2\right]\\
\varepsilon_y=\dfrac{\partial v}{\partial y}+\dfrac{1}{2}\left[\left(\dfrac{\partial u}{\partial y}\right)^2+\left(\dfrac{\partial v}{\partial y}\right)^2+\left(\dfrac{\partial w}{\partial y}\right)^2\right]\\
\varepsilon_z=\dfrac{\partial w}{\partial z}+\dfrac{1}{2}\left[\left(\dfrac{\partial u}{\partial z}\right)^2+\left(\dfrac{\partial v}{\partial z}\right)^2+\left(\dfrac{\partial w}{\partial z}\right)^2\right]
\end{cases}
\tag{3.2.2a}
$$

和

$$
\begin{cases}
\varepsilon_{xy}=\dfrac{1}{2}\gamma_{xy}=\dfrac{1}{2}\left[\dfrac{\partial u}{\partial y}+\dfrac{\partial v}{\partial x}+\left(\dfrac{\partial u}{\partial x}\dfrac{\partial u}{\partial y}+\dfrac{\partial v}{\partial x}\dfrac{\partial v}{\partial y}+\dfrac{\partial w}{\partial x}\dfrac{\partial w}{\partial y}\right)\right]\\
\varepsilon_{yz}=\dfrac{1}{2}\gamma_{yz}=\dfrac{1}{2}\left[\dfrac{\partial w}{\partial y}+\dfrac{\partial v}{\partial z}+\left(\dfrac{\partial u}{\partial y}\dfrac{\partial u}{\partial z}+\dfrac{\partial v}{\partial y}\dfrac{\partial v}{\partial z}+\dfrac{\partial w}{\partial y}\dfrac{\partial w}{\partial z}\right)\right]\\
\varepsilon_{zx}=\dfrac{1}{2}\gamma_{zx}=\dfrac{1}{2}\left[\dfrac{\partial u}{\partial z}+\dfrac{\partial w}{\partial x}+\left(\dfrac{\partial u}{\partial z}\dfrac{\partial u}{\partial x}+\dfrac{\partial v}{\partial z}\dfrac{\partial v}{\partial x}+\dfrac{\partial w}{\partial z}\dfrac{\partial w}{\partial x}\right)\right]
\end{cases}
\tag{3.2.2b}
$$

则

$$
\begin{aligned}
\mathrm{d}s^2-\mathrm{d}s_0^2&=2(\varepsilon_x\mathrm{d}x^2+\varepsilon_y\mathrm{d}y^2+\varepsilon_z\mathrm{d}z^2+2\varepsilon_{xy}\mathrm{d}x\mathrm{d}y+2\varepsilon_{yz}\mathrm{d}y\mathrm{d}z+2\varepsilon_{zx}\mathrm{d}z\mathrm{d}x)\\
&=2(\varepsilon_x\mathrm{d}x^2+\varepsilon_y\mathrm{d}y^2+\varepsilon_z\mathrm{d}z^2+\gamma_{xy}\mathrm{d}x\mathrm{d}y+\gamma_{yz}\mathrm{d}y\mathrm{d}z+\gamma_{zx}\mathrm{d}z\mathrm{d}x)
\end{aligned}
\tag{3.2.3}
$$

也可以写成矩阵形式

$$
\mathrm{d}s^2-\mathrm{d}s_0^2=2\mathrm{d}\boldsymbol{x}^{\mathrm{T}}\boldsymbol{\varepsilon}\mathrm{d}\boldsymbol{x}
\tag{3.2.4}
$$

式中

$$
\mathrm{d}\boldsymbol{x}=\begin{bmatrix}\mathrm{d}x\\ \mathrm{d}y\\ \mathrm{d}z\end{bmatrix},\boldsymbol{\varepsilon}=\begin{bmatrix}\varepsilon_x & \varepsilon_{xy} & \varepsilon_{xz}\\ \varepsilon_{xy} & \varepsilon_y & \varepsilon_{yz}\\ \varepsilon_{xz} & \varepsilon_{yz} & \varepsilon_z\end{bmatrix}=\begin{bmatrix}\varepsilon_x & \dfrac{1}{2}\gamma_{xy} & \dfrac{1}{2}\gamma_{xz}\\ \dfrac{1}{2}\gamma_{xy} & \varepsilon_y & \dfrac{1}{2}\gamma_{yz}\\ \dfrac{1}{2}\gamma_{xz} & \dfrac{1}{2}\gamma_{yz} & \varepsilon_z\end{bmatrix}
$$

为了将 γ_{xy}、γ_{yz}和 γ_{zx}与 ε_{xy}、ε_{yz}和 ε_{zx}为区分开来,称 γ_{xy}、γ_{yz}和 γ_{zx}为工程应变。

此时,若物体没有形变,则

$$
\mathrm{d}s^2-\mathrm{d}s_0^2=0
$$

即

$$\boldsymbol{\varepsilon} = \mathbf{0}$$

反之,若物体具有变形,则

$$\mathrm{d}s^2 - \mathrm{d}s_0^2 \neq 0$$

即

$$\boldsymbol{\varepsilon} \neq \mathbf{0}$$

因此,$\boldsymbol{\varepsilon}$ 可以用来度量物体的形变。对称矩阵 ε,称为应变矩阵,其中的元素称为应变分量。

例题 3.2.1:

已知两个位移矢量场函数如下:

$$\boldsymbol{u}(\boldsymbol{x}) = \begin{bmatrix} u(\boldsymbol{x}) \\ v(\boldsymbol{x}) \\ w(\boldsymbol{x}) \end{bmatrix} = \begin{bmatrix} 0.4x \\ 0.2y \\ 0 \end{bmatrix} \text{ 和 } \boldsymbol{u}(\boldsymbol{x}) = \begin{bmatrix} u(\boldsymbol{x}) \\ v(\boldsymbol{x}) \\ w(\boldsymbol{x}) \end{bmatrix} = \begin{bmatrix} 0.2x + 0.4y \\ 0.2y \\ 0 \end{bmatrix}$$

求出各自的应变矩阵 $\boldsymbol{\varepsilon}$。

解答:

对于第一个位移矢量场,有

$$\begin{cases} \varepsilon_x = \dfrac{\partial u}{\partial x} + \dfrac{1}{2}\left[\left(\dfrac{\partial u}{\partial x}\right)^2 + \left(\dfrac{\partial v}{\partial x}\right)^2 + \left(\dfrac{\partial w}{\partial x}\right)^2\right] = 0.4 + \dfrac{1}{2} \times 0.4^2 = 0.48 \\ \varepsilon_y = \dfrac{\partial v}{\partial y} + \dfrac{1}{2}\left[\left(\dfrac{\partial u}{\partial y}\right)^2 + \left(\dfrac{\partial v}{\partial y}\right)^2 + \left(\dfrac{\partial w}{\partial y}\right)^2\right] = 0.2 + \dfrac{1}{2} \times 0.2^2 = 0.22 \\ \varepsilon_z = \dfrac{\partial w}{\partial z} + \dfrac{1}{2}\left[\left(\dfrac{\partial u}{\partial z}\right)^2 + \left(\dfrac{\partial v}{\partial z}\right)^2 + \left(\dfrac{\partial w}{\partial z}\right)^2\right] = 0 \end{cases}$$

$$\begin{cases} \varepsilon_{xy} = \dfrac{1}{2}\gamma_{xy} = \dfrac{1}{2}\left[\dfrac{\partial u}{\partial y} + \dfrac{\partial v}{\partial x} + \left(\dfrac{\partial u}{\partial x}\dfrac{\partial u}{\partial y} + \dfrac{\partial v}{\partial x}\dfrac{\partial v}{\partial y} + \dfrac{\partial w}{\partial x}\dfrac{\partial w}{\partial y}\right)\right] = 0 \\ \varepsilon_{yz} = \dfrac{1}{2}\gamma_{yz} = \dfrac{1}{2}\left[\dfrac{\partial w}{\partial y} + \dfrac{\partial v}{\partial z} + \left(\dfrac{\partial u}{\partial y}\dfrac{\partial u}{\partial z} + \dfrac{\partial v}{\partial y}\dfrac{\partial v}{\partial z} + \dfrac{\partial w}{\partial y}\dfrac{\partial w}{\partial z}\right)\right] = 0 \\ \varepsilon_{zx} = \dfrac{1}{2}\gamma_{zx} = \dfrac{1}{2}\left[\dfrac{\partial u}{\partial z} + \dfrac{\partial w}{\partial x} + \left(\dfrac{\partial u}{\partial z}\dfrac{\partial u}{\partial x} + \dfrac{\partial v}{\partial z}\dfrac{\partial v}{\partial x} + \dfrac{\partial w}{\partial z}\dfrac{\partial w}{\partial x}\right)\right] = 0 \end{cases}$$

因此应变矩阵为

$$\boldsymbol{\varepsilon} = \begin{bmatrix} \varepsilon_x & \varepsilon_{xy} & \varepsilon_{xz} \\ \varepsilon_{xy} & \varepsilon_y & \varepsilon_{yz} \\ \varepsilon_{xz} & \varepsilon_{yz} & \varepsilon_z \end{bmatrix} = \begin{bmatrix} 0.48 & 0 & 0 \\ 0 & 0.22 & 0 \\ 0 & 0 & 0 \end{bmatrix}$$

对于第二个位移矢量场,有

$$\begin{cases} \varepsilon_x = \dfrac{\partial u}{\partial x} + \dfrac{1}{2}\left[\left(\dfrac{\partial u}{\partial x}\right)^2 + \left(\dfrac{\partial v}{\partial x}\right)^2 + \left(\dfrac{\partial w}{\partial x}\right)^2\right] = 0.2 + \dfrac{1}{2} \times 0.2^2 = 0.22 \\ \varepsilon_y = \dfrac{\partial v}{\partial y} + \dfrac{1}{2}\left[\left(\dfrac{\partial u}{\partial y}\right)^2 + \left(\dfrac{\partial v}{\partial y}\right)^2 + \left(\dfrac{\partial w}{\partial y}\right)^2\right] = 0.2 + \dfrac{1}{2} \times (0.2^2 + 0.2^2) = 0.30 \\ \varepsilon_z = \dfrac{\partial w}{\partial z} + \dfrac{1}{2}\left[\left(\dfrac{\partial u}{\partial z}\right)^2 + \left(\dfrac{\partial v}{\partial z}\right)^2 + \left(\dfrac{\partial w}{\partial z}\right)^2\right] = 0 \end{cases}$$

$$\begin{cases}\varepsilon_{xy}=\dfrac{1}{2}\gamma_{xy}=\dfrac{1}{2}\left[\dfrac{\partial u}{\partial y}+\dfrac{\partial v}{\partial x}+\left(\dfrac{\partial u}{\partial x}\dfrac{\partial u}{\partial y}+\dfrac{\partial v}{\partial x}\dfrac{\partial v}{\partial y}+\dfrac{\partial w}{\partial x}\dfrac{\partial w}{\partial y}\right)\right]=\dfrac{1}{2}(0.4+0.2\times 0.4)=0.24\\ \varepsilon_{yz}=\dfrac{1}{2}\gamma_{yz}=\dfrac{1}{2}\left[\dfrac{\partial w}{\partial y}+\dfrac{\partial v}{\partial z}+\left(\dfrac{\partial u}{\partial y}\dfrac{\partial u}{\partial z}+\dfrac{\partial v}{\partial y}\dfrac{\partial v}{\partial z}+\dfrac{\partial w}{\partial y}\dfrac{\partial w}{\partial z}\right)\right]=0\\ \varepsilon_{zx}=\dfrac{1}{2}\gamma_{zx}=\dfrac{1}{2}\left[\dfrac{\partial u}{\partial z}+\dfrac{\partial w}{\partial x}+\left(\dfrac{\partial u}{\partial z}\dfrac{\partial u}{\partial x}+\dfrac{\partial v}{\partial z}\dfrac{\partial v}{\partial x}+\dfrac{\partial w}{\partial z}\dfrac{\partial w}{\partial x}\right)\right]=0\end{cases}$$

因此应变矩阵为

$$\boldsymbol{\varepsilon}=\begin{bmatrix}\varepsilon_x & \varepsilon_{xy} & \varepsilon_{xz}\\ \varepsilon_{xy} & \varepsilon_y & \varepsilon_{yz}\\ \varepsilon_{xz} & \varepsilon_{yz} & \varepsilon_z\end{bmatrix}=\begin{bmatrix}0.22 & 0.24 & 0\\ 0.24 & 0.30 & 0\\ 0 & 0 & 0\end{bmatrix}$$

答毕。

特别地,在微小位移、微小变形的假设下,可略去位移导数的高阶项,则得

$$\begin{cases}\varepsilon_x=\dfrac{\partial u}{\partial x}\\ \varepsilon_y=\dfrac{\partial v}{\partial y}\\ \varepsilon_z=\dfrac{\partial w}{\partial z}\end{cases}\quad 和 \quad\begin{cases}\gamma_{xy}=\dfrac{\partial v}{\partial x}+\dfrac{\partial u}{\partial y}\\ \gamma_{xy}=\dfrac{\partial w}{\partial y}+\dfrac{\partial v}{\partial z}\\ \gamma_{zx}=\dfrac{\partial u}{\partial z}+\dfrac{\partial w}{\partial x}\end{cases}\tag{3.2.5}$$

这种形式定义的应变,称为柯西应变(Cauchy stress)。

二、位移梯度的分解

位移矢量 $\boldsymbol{u}(\boldsymbol{x})$ 对位置矢量 $\boldsymbol{x}$ 的导数,即

$$\frac{\partial \boldsymbol{u}}{\partial \boldsymbol{x}}=\begin{bmatrix}\dfrac{\partial u}{\partial x} & \dfrac{\partial u}{\partial y} & \dfrac{\partial u}{\partial z}\\ \dfrac{\partial v}{\partial x} & \dfrac{\partial v}{\partial y} & \dfrac{\partial v}{\partial z}\\ \dfrac{\partial w}{\partial x} & \dfrac{\partial w}{\partial y} & \dfrac{\partial w}{\partial z}\end{bmatrix}\tag{3.2.6}$$

称为位移梯度。位移梯度可以看作是位移矢量随位置矢量在空间中的变化。

位移梯度矩阵可以作下列分解:

$$\frac{\partial \boldsymbol{u}}{\partial \boldsymbol{x}}=\frac{1}{2}\left[\frac{\partial \boldsymbol{u}}{\partial \boldsymbol{x}}+\left(\frac{\partial \boldsymbol{u}}{\partial \boldsymbol{x}}\right)^{\mathrm{T}}\right]+\frac{1}{2}\left[\frac{\partial \boldsymbol{u}}{\partial \boldsymbol{x}}-\left(\frac{\partial \boldsymbol{u}}{\partial \boldsymbol{x}}\right)^{\mathrm{T}}\right]$$

一方面,

$$\frac{1}{2}\left[\frac{\partial \boldsymbol{u}}{\partial \boldsymbol{x}}+\left(\frac{\partial \boldsymbol{u}}{\partial \boldsymbol{x}}\right)^{\mathrm{T}}\right]=\begin{bmatrix}\dfrac{\partial u}{\partial x} & \dfrac{1}{2}\left(\dfrac{\partial v}{\partial x}+\dfrac{\partial u}{\partial y}\right) & \dfrac{1}{2}\left(\dfrac{\partial u}{\partial z}+\dfrac{\partial w}{\partial x}\right)\\ \dfrac{1}{2}\left(\dfrac{\partial v}{\partial x}+\dfrac{\partial u}{\partial y}\right) & \dfrac{\partial v}{\partial y} & \dfrac{1}{2}\left(\dfrac{\partial w}{\partial y}+\dfrac{\partial v}{\partial z}\right)\\ \dfrac{1}{2}\left(\dfrac{\partial u}{\partial z}+\dfrac{\partial w}{\partial x}\right) & \dfrac{1}{2}\left(\dfrac{\partial w}{\partial y}+\dfrac{\partial v}{\partial z}\right) & \dfrac{\partial w}{\partial z}\end{bmatrix}=\begin{bmatrix}\varepsilon_x & \varepsilon_{xy} & \varepsilon_{zx}\\ \varepsilon_{xy} & \varepsilon_y & \varepsilon_{yz}\\ \varepsilon_{zx} & \varepsilon_{yz} & \varepsilon_z\end{bmatrix}$$

于是,可得

$$\boldsymbol{\varepsilon} = \frac{1}{2}\left[\frac{\partial \boldsymbol{u}}{\partial \boldsymbol{x}} + \left(\frac{\partial \boldsymbol{u}}{\partial \boldsymbol{x}}\right)^{\mathrm{T}}\right]$$

则

$$\boldsymbol{\varepsilon}^{\mathrm{T}} = \boldsymbol{\varepsilon}$$

为对称矩阵。

另一方面,

$$\frac{1}{2}\left[\frac{\partial \boldsymbol{u}}{\partial \boldsymbol{x}} - \left(\frac{\partial \boldsymbol{u}}{\partial \boldsymbol{x}}\right)^{\mathrm{T}}\right] = \begin{bmatrix} 0 & -\frac{1}{2}\left(\frac{\partial v}{\partial x} - \frac{\partial u}{\partial y}\right) & \frac{1}{2}\left(\frac{\partial u}{\partial z} - \frac{\partial w}{\partial x}\right) \\ \frac{1}{2}\left(\frac{\partial v}{\partial x} - \frac{\partial u}{\partial y}\right) & 0 & -\frac{1}{2}\left(\frac{\partial w}{\partial y} - \frac{\partial v}{\partial z}\right) \\ -\frac{1}{2}\left(\frac{\partial u}{\partial z} - \frac{\partial w}{\partial x}\right) & \frac{1}{2}\left(\frac{\partial w}{\partial y} - \frac{\partial v}{\partial z}\right) & 0 \end{bmatrix}$$

$$= \begin{bmatrix} 0 & -\omega_z & \omega_y \\ \omega_z & 0 & -\omega_x \\ -\omega_y & \omega_x & 0 \end{bmatrix}$$

若令

$$\hat{\boldsymbol{\omega}} = \begin{bmatrix} 0 & -\omega_z & \omega_y \\ \omega_z & 0 & -\omega_x \\ -\omega_y & \omega_x & 0 \end{bmatrix}$$

则

$$\hat{\boldsymbol{\omega}}^{\mathrm{T}} = -\hat{\boldsymbol{\omega}}$$

为反对称矩阵。

因此,位移梯度可以被分解为两部分:

$$\frac{\partial \boldsymbol{u}}{\partial \boldsymbol{x}} = \boldsymbol{\varepsilon} + \hat{\omega}$$

由前面分析可知,其对称部分 $\boldsymbol{\varepsilon}$ 矩阵中的元素为柯西应变,因此与物体的形变有关。当

$$\boldsymbol{\varepsilon} = \boldsymbol{0}$$

时,则物体没有形变:

$$\frac{\partial \boldsymbol{u}}{\partial \boldsymbol{x}} = \hat{\boldsymbol{\omega}}$$

因此,位移梯度的反对称部分 $\hat{\boldsymbol{\omega}}$ 矩阵与物体的刚体运动有关。事实上,该矩阵表示微小位移时微线段绕坐标轴的转动,称为转动矩阵。

例题 3.2.2:

已知物体的位移矢量场函数为

$$\boldsymbol{u}(\boldsymbol{x}) = \begin{bmatrix} u(\boldsymbol{x}) \\ v(\boldsymbol{x}) \\ w(\boldsymbol{x}) \end{bmatrix} = \begin{bmatrix} u_0 + axy + bz \\ v_0 - bx + ayz \\ w_0 - axyz \end{bmatrix}$$

式中：u_0、v_0和 w_0以及 a 和 b 均为常数且为微小量。

完成下列问题：

（1）求出位移梯度矩阵；

（2）求出应变张量矩阵 $\boldsymbol{\varepsilon}$；

（3）求出刚体转动矩阵 $\hat{\boldsymbol{\omega}}$ ；

（4）对于物体上一个特定的点 P，其位置矢量为

$$\boldsymbol{x} = \begin{bmatrix} x \\ y \\ z \end{bmatrix} = \begin{bmatrix} 1 \\ 1 \\ 1 \end{bmatrix}$$

确定此点处的 $\boldsymbol{\varepsilon}$ 矩阵和 $\hat{\boldsymbol{\omega}}$ 矩阵。

解答：

（1）位移梯度矩阵为

$$\frac{\partial \boldsymbol{u}}{\partial \boldsymbol{x}} = \begin{bmatrix} \frac{\partial u}{\partial x} & \frac{\partial u}{\partial y} & \frac{\partial u}{\partial z} \\ \frac{\partial v}{\partial x} & \frac{\partial v}{\partial y} & \frac{\partial v}{\partial z} \\ \frac{\partial w}{\partial x} & \frac{\partial w}{\partial y} & \frac{\partial w}{\partial z} \end{bmatrix} = \begin{bmatrix} ay & ax & b \\ -b & az & ay \\ -ayz & -azx & -axy \end{bmatrix}$$

（2）位移梯度矩阵的转置为

$$\left(\frac{\partial \boldsymbol{u}}{\partial \boldsymbol{x}}\right)^{\mathrm{T}} = \begin{bmatrix} ay & -b & -ayz \\ ax & az & -azx \\ b & ay & -axy \end{bmatrix}$$

应变张量矩阵为

$$\begin{aligned}
\boldsymbol{\varepsilon} &= \frac{1}{2}\left[\frac{\partial \boldsymbol{u}}{\partial \boldsymbol{x}} + \left(\frac{\partial \boldsymbol{u}}{\partial \boldsymbol{x}}\right)^{\mathrm{T}}\right] \\
&= \frac{1}{2}\begin{bmatrix} ay & ax & b \\ -b & az & ay \\ -ayz & -azx & -axy \end{bmatrix} + \frac{1}{2}\begin{bmatrix} ay & -b & -ayz \\ ax & az & -azx \\ b & ay & -axy \end{bmatrix} \\
&= \begin{bmatrix} ay & \frac{1}{2}(ax-b) & \frac{1}{2}(b-ayz) \\ \frac{1}{2}(ax-b) & az & \frac{1}{2}(ay-azx) \\ \frac{1}{2}(b-ayz) & \frac{1}{2}(ay-azx) & -axy \end{bmatrix}
\end{aligned}$$

（3）刚体转动矩阵为

$$\begin{aligned}
\hat{\boldsymbol{\omega}} &= \frac{1}{2}\left[\frac{\partial \boldsymbol{u}}{\partial \boldsymbol{x}} - \left(\frac{\partial u}{\partial x}\right)^{\mathrm{T}}\right] \\
&= \frac{1}{2}\begin{bmatrix} ay & ax & b \\ -b & az & ay \\ -ayz & -azx & -axy \end{bmatrix} - \frac{1}{2}\begin{bmatrix} ay & -b & -ayz \\ ax & az & -azx \\ b & ay & -axy \end{bmatrix}
\end{aligned}$$

$$
= \begin{bmatrix} 0 & \frac{1}{2}(ax+b) & \frac{1}{2}(b+ayz) \\ -\frac{1}{2}(ax+b) & 0 & \frac{1}{2}(ay+azx) \\ -\frac{1}{2}(b+ayz) & -\frac{1}{2}(ay+azx) & 0 \end{bmatrix}
$$

（4）当 $x=y=z=1$ 时，应变矩阵为

$$
\boldsymbol{\varepsilon} = \begin{bmatrix} a & \frac{1}{2}(a-b) & \frac{1}{2}(b-a) \\ \frac{1}{2}(a-b) & az & 0 \\ \frac{1}{2}(b-a) & 0 & -a \end{bmatrix}
$$

转动矩阵为

$$
\hat{\boldsymbol{\omega}} = \begin{bmatrix} 0 & \frac{1}{2}(a+b) & \frac{1}{2}(b+a) \\ -\frac{1}{2}(a+b) & 0 & a \\ -\frac{1}{2}(b+a) & -a & 0 \end{bmatrix}
$$

答毕。

3.3 应变与位移的关系：几何方程

一、线应变与切应变

物体的几何形状总可以用其各部分的长度和角度来表征。因此，物体的形变还可以归结为长度的改变和角度的改变。

图 3.3.1 所示在直角坐标系下，为分析物体上某一点 P 的形变状态，可在此点处沿着坐标轴 x、y 和 z 的正方向各取一个微线段 PA、PB 和 PC。

物体变形后，点 P 移至点 P' 处；点 A、B 和 C 分别移至点 A'、B' 和 C' 处。因此，微线段 PA、PB 和 PC 分别变成了微线段 $P'A'$、$P'B'$ 和 $P'C'$。

一般而言，微线段 PA、PB 和 PC 的长度以及它们之间的直角都将有所改变。

各微线段的每单位长度的伸缩，即单位伸缩或相对伸缩，称为线应变。线应变以伸长时为正，缩短时为负。

线应变用字母 ε 表示。ε_x 表示 x 方向的微线段 PA 的线应变，ε_y 表示 y 方向的微线段 PB 的线应变，ε_z 表示 z 方向的微线段 PC 的线应变。

各微线段之间的直角的改变，用弧度表示，称为切应变。切应变以直角变小时为正，变大时为负应。

切应变用字母 γ 表示。γ_{xy} 表示 x 与 y 两方向的微线段（PA 与 PB）之间的直角的改变；

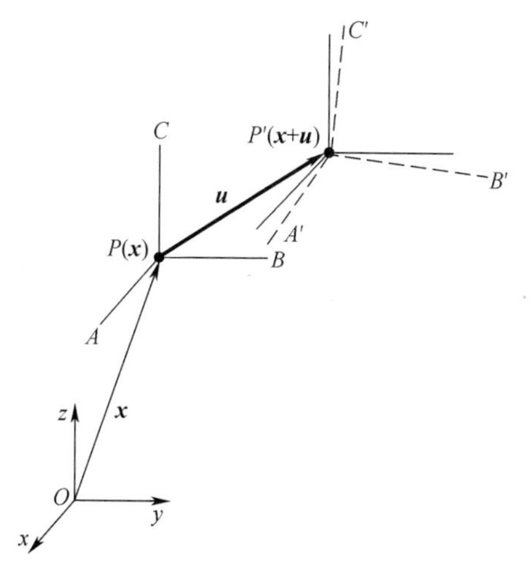

图 3.3.1　形变的表征:长度和角度的改变

γ_{yz}表示 y 与 z 两方向的微线段(PB 与 PC)之间的直角的改变;γ_{zx}表示 z 与 x 两方向的微线段(PC 与 PA)之间的直角的改变。显然,$\gamma_{xy}=\gamma_{yx}$、$\gamma_{yz}=\gamma_{zy}$和 $\gamma_{zx}=\gamma_{xz}$。

为了直观起见,现以 xy 坐标平面为例具体说明。

图 3.3.2 所示设物体上的任意一点 P,沿 x 轴和 y 轴的正方向各取一个微线段 PA 和 PB;物体变形以后,点 P、点 A 和点 B 分别移动至点 P'、点 A'和点 B'。

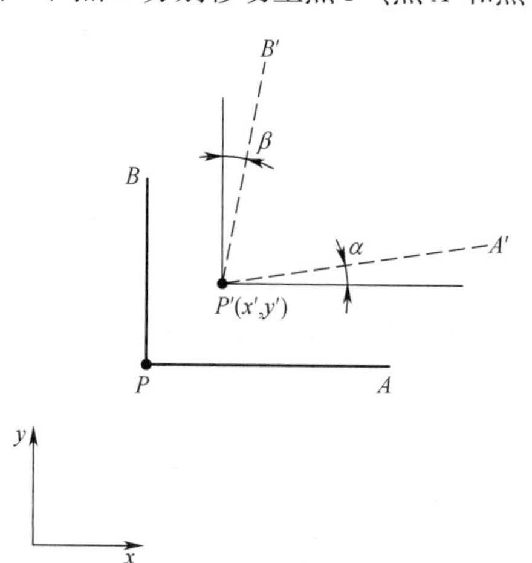

图 3.3.2　xy 坐标平面内形变的表征

线应变 ε_x 和 ε_y分别为微线段 PA 和微线段 PB 的相对伸缩,即

$$\varepsilon_x = \frac{P'A' - PA}{PA} \tag{3.3.1}$$

$$\varepsilon_y = \frac{P'B' - PB}{PB} \tag{3.3.2}$$

切应变 γ_{xy}为微线段 PA 与微线段 PB 之间的直角的改变,即

$$\gamma_{xy} = \gamma_{yx} = \alpha + \beta \tag{3.3.3}$$

式中:α 为微线段 PA 的转角;β 为微线段 PB 的转角。

可以用同样的方式定义线应变 ε_z，以及切应变 $\gamma_{yz}=\gamma_{zy}$ 和 $\gamma_{zx}=\gamma_{xz}$。

二、几何方程

几何方程是指应变分量与位移分量之间的关系。

为了直观起见，下面以 xy 坐标平面问题为例，导出应变分量与位移分量之间的关系式。

图 3.3.3 所示设点 P 在 x 方向的位移分量为 u，则点 A 在 x 方向的位移分量，由于 x 坐标的改变，可用泰勒级数表示为

$$u+\frac{\partial u}{\partial x}\mathrm{d}x+\frac{1}{2!}\frac{\partial^2 u}{\partial x^2}\mathrm{d}x^2+\cdots$$

在略去二阶、更高阶的微量以后，简化为

$$u+\frac{\partial u}{\partial x}\mathrm{d}x$$

可见，微线段 PA 的线应变为

$$\varepsilon_x=\frac{P'A'-PA}{PA}\approx\frac{P'A''-PA}{PA}=\frac{\left(u+\frac{\partial u}{\partial x}\mathrm{d}x\right)-u}{\mathrm{d}x}=\frac{\partial u}{\partial x} \tag{3.3.4}$$

由于位移是微小量，y 方向的位移分量 v 所引起的微线段 PA 的伸缩，也是高阶微小量，因此忽略不计。

同样地，可得微线段 PB 的线应变为

$$\varepsilon_y=\frac{P'B'-PB}{PB}\approx\frac{P'B''-PB}{PB}=\frac{\left(v+\frac{\partial v}{\partial y}\mathrm{d}y\right)-v}{\mathrm{d}y}=\frac{\partial v}{\partial y} \tag{3.3.5}$$

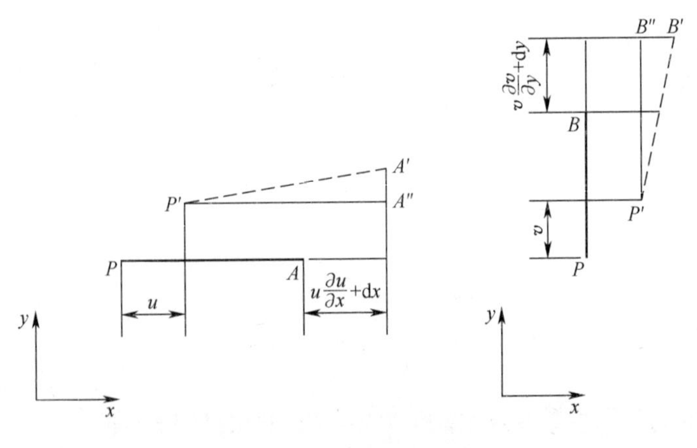

图 3.3.3　线应变分析示意图

图 3.3.4 所示设点 P 在 y 方向的位移分量为 v，则点 A 在 y 方向的位移分量将是

$$v+\frac{\partial v}{\partial x}\mathrm{d}x$$

因此，微线段 PA 的转角 α 为

$$\alpha \approx \tan\alpha = \frac{A'A''}{P'A''} \approx \frac{A'A''}{PA} = \frac{\left(v + \frac{\partial v}{\partial x}\mathrm{d}x\right) - v}{\mathrm{d}x} = \frac{\partial v}{\partial x}$$

微线段 PB 的转角 β 为

$$\beta \approx \tan\beta = \frac{B'B''}{P'B''} \approx \frac{B'B''}{PB} = \frac{\left(u + \frac{\partial u}{\partial y}\mathrm{d}y\right) - u}{\mathrm{d}y} = \frac{\partial u}{\partial y}$$

可见,微线段 PA 与微线段 PB 之间的直角的改变(以减小时为正),也就是切应变 γ_{xy} 为

$$\gamma_{xy} = \alpha + \beta = \frac{\partial v}{\partial x} + \frac{\partial u}{\partial y} \tag{3.3.6}$$

采用同样的分析过程,可得到线应变 ε_z,以及切应变 $\gamma_{yz}=\gamma_{zy}$ 和 $\gamma_{zx}=\gamma_{xz}$ 与位移分量的关系,即

$$\varepsilon_z = \frac{\partial w}{\partial z},\gamma_{yz} = \frac{\partial w}{\partial y} + \frac{\partial v}{\partial z},\gamma_{zx} = \frac{\partial u}{\partial z} + \frac{\partial w}{\partial x}$$

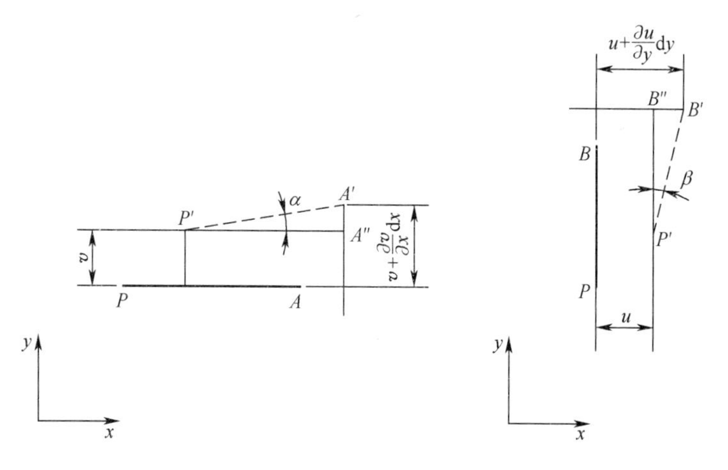

图 3.3.4　切应变分析示意图

因此,六个应变分量与三个位移分量应当满足下列六个方程:

$$\begin{cases} \varepsilon_x = \dfrac{\partial u}{\partial x} \\ \varepsilon_y = \dfrac{\partial v}{\partial y} \\ \varepsilon_z = \dfrac{\partial w}{\partial z} \end{cases} \quad \text{和} \quad \begin{cases} \gamma_{xy} = \dfrac{\partial v}{\partial x} + \dfrac{\partial u}{\partial y} \\ \gamma_{yz} = \dfrac{\partial w}{\partial y} + \dfrac{\partial v}{\partial z} \\ \gamma_{zx} = \dfrac{\partial u}{\partial z} + \dfrac{\partial w}{\partial x} \end{cases} \tag{3.3.7}$$

这就是直角坐标系下,空间问题的几何方程。

由几何方程式(3.3.7)可见,当物体的位移分量完全确定时,应变分量完全确定;反之,当应变分量完全确定时,位移分量却不能完全确定。这是由于刚体位移导致的。因为即使形变完全相同(应变分量相同)的两个物体,但刚体位移可以不同,位移分量也就不同了。

三、刚体位移

刚体位移是指变形为零的物体。

为了求出刚体位移,令六个应变分量全部为 0,即

$$\varepsilon_x=\varepsilon_y=\varepsilon_z=\gamma_{yz}=\gamma_{zx}=\gamma_{xy}=0 \tag{3.3.8}$$

代入几何方程式(3.3.7),可得

$$\begin{cases}\varepsilon_x=\dfrac{\partial u}{\partial x}=0\\ \varepsilon_y=\dfrac{\partial v}{\partial y}=0\\ \varepsilon_z=\dfrac{\partial w}{\partial z}=0\end{cases}\quad 和 \quad \begin{cases}\gamma_{xy}=\dfrac{\partial v}{\partial x}+\dfrac{\partial u}{\partial y}=0\\ \gamma_{yz}=\dfrac{\partial w}{\partial y}+\dfrac{\partial v}{\partial z}=0\\ \gamma_{zx}=\dfrac{\partial u}{\partial z}+\dfrac{\partial w}{\partial x}=0\end{cases} \tag{3.3.9}$$

对式(3.3.9)中关于正应变的前三式进行积分,可得

$$\begin{cases}u=f_1(y,z)\\ v=f_2(z,x)\\ w=f_3(x,y)\end{cases} \tag{3.3.10}$$

式中:$f_1(y,\ z)$、$f_2(z,\ x)$和$f_3(x,\ y)$是任意函数。

将式(3.3.10)代入式(3.3.9)中关于切应变的后三式,可得

$$\begin{cases}\gamma_{xy}=\dfrac{\partial v}{\partial x}+\dfrac{\partial u}{\partial y}=\dfrac{\partial f_2(z,x)}{\partial x}+\dfrac{\partial f_1(y,z)}{\partial y}=0\\ \gamma_{yz}=\dfrac{\partial w}{\partial y}+\dfrac{\partial v}{\partial z}=\dfrac{\partial f_3(x,y)}{\partial y}+\dfrac{\partial f_2(z,x)}{\partial z}=0\\ \gamma_{zx}=\dfrac{\partial u}{\partial z}+\dfrac{\partial w}{\partial x}=\dfrac{\partial f_1(y,z)}{\partial z}+\dfrac{\partial f_3(x,y)}{\partial x}=0\end{cases} \tag{3.3.11}$$

将式(3.3.11)中的第一式和第三式分别对 y 和 z 求导,可得

$$\frac{\partial^2 f_1(y,z)}{\partial z^2}=0 \quad 和 \quad \frac{\partial^2 f_1(y,z)}{\partial y^2}=0$$

可见,函数$f_1(y,\ z)$只能包含常数项、y 项、z 项和 yz 项。因此

$$f_1(y,z)=a+by+cz+dyz$$

式中:a、b、c 和 d 都是任意常数。类似地,可得

$$\begin{cases}f_2(z,x)=e+fz+gx+hzx\\ f_3(x,y)=i+jx+ky+lxy\end{cases}$$

式中:e、f、g、h、i、j、k 和 l 也都是任意常数。

将已求得的函数$f_1(y,\ z)$、$f_2(z,\ x)$、$f_3(x,\ y)$回代到式(3.3.11),可得

$$\begin{cases}\gamma_{xy}=(g+b)+(h+d)z=0\\ \gamma_{yz}=(k+f)+(l+h)x=0\\ \gamma_{zx}=(c+j)+(d+l)y=0\end{cases}$$

无论 x、y、z 取任何值,这些条件都应当满足。因此必须

$$\begin{cases} g+b=0 \\ k+f=0 \\ j+c=0 \end{cases} \quad 和 \quad \begin{cases} h+d=0 \\ l+h=0 \\ d+l=0 \end{cases}$$

由此可得

$$b=-g, f=-k, j=-c$$

以及

$$h=d=l=0$$

于是得到：

$$\begin{cases} f_1(y,z)=a-gy+cz \\ f_2(z,x)=e-kz+gx \\ f_3(z,x)=i-cx+ky \end{cases} \tag{3.3.12}$$

不失一般性，令式(3.3.12)中的常数为

$$a=u_0, e=v_0, i=w_0, g=\omega_z, c=\omega_y, k=\omega_x$$

并结合式(3.3.10)，则刚体位移分量为

$$\begin{cases} u=u_0+\omega_y z-\omega_z y \\ v=v_0+\omega_z x-\omega_x z \\ w=w_0+\omega_x y-\omega_y x \end{cases} \tag{3.3.13}$$

也可写成矩阵形式如下：

$$\boldsymbol{u}=\boldsymbol{u}_0+\hat{\boldsymbol{\omega}}\boldsymbol{x} \tag{3.3.14}$$

式中

$$\boldsymbol{u}=\begin{bmatrix} u \\ v \\ w \end{bmatrix}, \boldsymbol{u}_0=\begin{bmatrix} u_0 \\ v_0 \\ w_0 \end{bmatrix}, \hat{\boldsymbol{\omega}}=\begin{bmatrix} 0 & -\omega_z & \omega_y \\ \omega_z & 0 & -\omega_x \\ -\omega_y & \omega_x & 0 \end{bmatrix}, \boldsymbol{x}=\begin{bmatrix} x \\ y \\ z \end{bmatrix}$$

式(3.3.14)所示的位移，即“应变为零”时的位移，也就是“与形变无关的位移”，因而必然是刚体位移。事实上，u_0、v_0和w_0分别为沿着x、y和z三个方向的刚体平移；ω_x、ω_y和ω_z分别为绕着x、y和z三个轴的刚体转动。式(3.3.14)在微小位移条件下成立。

例题：现假设有如下位移函数形式的位移矢量场为

$$\boldsymbol{u}(\boldsymbol{x})=\begin{bmatrix} u(\boldsymbol{x}) \\ v(\boldsymbol{x}) \\ w(\boldsymbol{x}) \end{bmatrix}=\begin{bmatrix} 1+4z-5y \\ 2+5x-6z \\ 3+6y-4x \end{bmatrix}$$

根据几何方程，求出应变分量。

解答：

正应变为

$$\varepsilon_x=\frac{\partial u}{\partial x}=0, \varepsilon_y=\frac{\partial v}{\partial y}=0, \varepsilon_z=\frac{\partial w}{\partial z}=0$$

切应变为

$$
\begin{cases}
\gamma_{yz} = \dfrac{\partial w}{\partial y} + \dfrac{\partial v}{\partial z} = 6 - 6 = 0 \\
\gamma_{zx} = \dfrac{\partial u}{\partial z} + \dfrac{\partial w}{\partial x} = 4 - 4 = 0 \\
\gamma_{xy} = \dfrac{\partial v}{\partial x} + \dfrac{\partial u}{\partial y} = 5 - 5 = 0
\end{cases}
$$

所有应变分量均为 0。因此,这是一个没有形变的刚体位移。

答毕。

3.4 物体中任意一点处的形变状态

如果物体中任意一点 P 处的六个应变分量 ε_x、ε_y、ε_z、$\gamma_{yz}=\gamma_{zy}$、$\gamma_{zx}=\gamma_{xz}$和 $\gamma_{xy}=\gamma_{xy}$已知,则可求出经过点 P 任一微线段的正应变,以及经过点 P 的任意两个微线段之间夹角的改变。

简而言之,一旦应变确定,物体的形变状态也就确定了。

一、微线段的线应变

首先,求出经过物体中任意一点处,任意一个微线段的线应变。

图 3.4.1 所示在点 P 附近取一微线段 PN,其长度为 $\mathrm{d}s_0$,单位方向矢量为 t,即

$$
t = \begin{bmatrix} t_x \\ t_y \\ t_z \end{bmatrix}
$$

式中:t_x、t_y、t_z为单位方向矢量 t 的三个方向余弦,且

$$
t_x^2 + t_y^2 + t_z^2 = 1 \tag{3.4.1}
$$

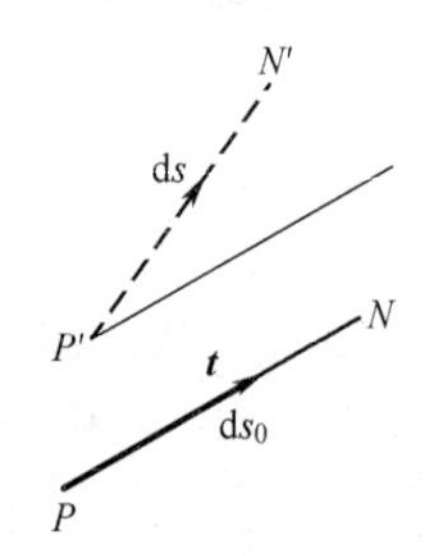

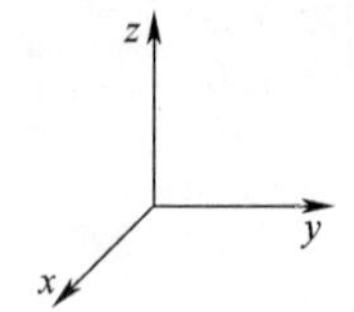

图 3.4.1 微线段 PN 长度的改变

则该线段在坐标轴上的投影为

$$\begin{cases} dx = t_x ds_0 \\ dy = t_y ds_0 \\ dz = t_z ds_0 \end{cases} \tag{3.4.2}$$

变形之后,微线段 $P'N'$在坐标轴上的投影成为

$$\begin{cases} dx + du = dx + \dfrac{\partial u}{\partial x}dx + \dfrac{\partial u}{\partial y}dy + \dfrac{\partial u}{\partial z}dz \\ dy + dv = dy + \dfrac{\partial v}{\partial x}dx + \dfrac{\partial v}{\partial y}dy + \dfrac{\partial v}{\partial z}dz \\ dz + dw = dz + \dfrac{\partial w}{\partial x}dx + \dfrac{\partial w}{\partial y}dy + \dfrac{\partial w}{\partial z}dz \end{cases}$$

令微线段 PN 的线应变为 ε_N,则该线段在变形之后的长度,即微线段 $P'N'$的长度为

$$ds = (1 + \varepsilon_N) ds_0$$

则有

$$\begin{aligned} [(1 + \varepsilon_N) ds_0]^2 = & \left(dx + \frac{\partial u}{\partial x}dx + \frac{\partial u}{\partial y}dy + \frac{\partial u}{\partial z}dz\right)^2 + \\ & \left(dy + \frac{\partial v}{\partial x}dx + \frac{\partial v}{\partial y}dy + \frac{\partial v}{\partial z}dz\right)^2 + \\ & \left(dz + \frac{\partial w}{\partial x}dx + \frac{\partial w}{\partial y}dy + \frac{\partial w}{\partial z}dz\right)^2 \end{aligned}$$

除以$(ds_0)^2$,可得

$$\begin{aligned} (1 + \varepsilon_N)^2 = & \left[\left(1 + \frac{\partial u}{\partial x}\right)\frac{dx}{ds_0} + \frac{\partial u}{\partial y}\frac{dy}{ds_0} + \frac{\partial u}{\partial z}\frac{dz}{ds_0}\right]^2 + \\ & \left[\frac{\partial v}{\partial x}\frac{dx}{ds_0} + \left(1 + \frac{\partial v}{\partial y}\right)\frac{dy}{ds_0} + \frac{\partial v}{\partial z}\frac{dz}{ds_0}\right]^2 + \\ & \left[\frac{\partial w}{\partial x}\frac{dx}{ds_0} + \frac{\partial w}{\partial y}\frac{dy}{ds_0} + \left(1 + \frac{\partial w}{\partial z}\right)\frac{dz}{ds_0}\right]^2 \end{aligned}$$

利用式(3.4.2),可得

$$\begin{aligned} (1 + \varepsilon_N)^2 = & \left[\left(1 + \frac{\partial u}{\partial x}\right)t_x + \frac{\partial u}{\partial y}t_y + \frac{\partial u}{\partial z}t_z\right]^2 + \\ & \left[\frac{\partial v}{\partial x}t_x + \left(1 + \frac{\partial v}{\partial y}\right)t_y + \frac{\partial v}{\partial z}t_z\right]^2 + \\ & \left[\frac{\partial w}{\partial x}t_x + \frac{\partial w}{\partial y}t_y + \left(1 + \frac{\partial w}{\partial z}\right)t_z\right]^2 \end{aligned} \tag{3.4.3}$$

由于线应变为 ε_N和位移分量的导数都是微小量,它们的平方或乘积都可以不计。所以,由式(3.4.3)可得

$$\begin{aligned} 1 + 2\varepsilon_N = & t_x^2\left(1 + 2\frac{\partial u}{\partial x}\right) + 2t_x t_y\frac{\partial u}{\partial y} + 2t_x t_z\frac{\partial u}{\partial z} + \\ & t_y^2\left(1 + 2\frac{\partial v}{\partial y}\right) + 2t_y t_z\frac{\partial v}{\partial z} + 2t_y t_x\frac{\partial v}{\partial x} + \\ & t_z^2\left(1 + 2\frac{\partial w}{\partial z}\right) + 2t_z t_x\frac{\partial w}{\partial x} + 2t_y t_z\frac{\partial w}{\partial y} \end{aligned} \tag{3.4.4}$$

利用式(3.4.1),并对式(3.4.4)进行整理、简化,可得

$$\varepsilon_N = t_x^2 \frac{\partial u}{\partial x} + t_y^2 \frac{\partial v}{\partial y} + t_z^2 \frac{\partial w}{\partial z} + t_y t_z \left(\frac{\partial w}{\partial y} + \frac{\partial v}{\partial z}\right) + t_z t_x \left(\frac{\partial u}{\partial z} + \frac{\partial w}{\partial x}\right) + t_x t_y \left(\frac{\partial v}{\partial x} + \frac{\partial u}{\partial y}\right)$$

利用几何方程式(3.3.7),可得

$$\begin{aligned}\varepsilon_N &= t_x^2\varepsilon_x + t_y^2\varepsilon_y + t_z^2\varepsilon_z + t_y t_z\gamma_{yz} + t_z t_x\gamma_{zx} + t_x t_y\gamma_{xy} \\ &= t_x^2\varepsilon_x + t_y^2\varepsilon_y + t_z^2\varepsilon_z + 2t_y t_z\varepsilon_{yz} + 2t_z t_x\varepsilon_{zx} + 2t_x t_y\varepsilon_{xy}\end{aligned} \tag{3.4.5}$$

上述结果也可写成矩阵形式:

$$\varepsilon_N = \boldsymbol{t}^{\mathrm{T}}\boldsymbol{\varepsilon}\boldsymbol{t} \tag{3.4.6}$$

式中

$$\boldsymbol{t} = \begin{bmatrix} t_x \\ t_y \\ t_z \end{bmatrix}, \boldsymbol{\varepsilon} = \begin{bmatrix} \varepsilon_x & \varepsilon_{xy} & \varepsilon_{zx} \\ \varepsilon_{xy} & \varepsilon_y & \varepsilon_{yz} \\ \varepsilon_{zx} & \varepsilon_{yz} & \varepsilon_z \end{bmatrix} = \begin{bmatrix} \varepsilon_x & \frac{1}{2}\gamma_{xy} & \frac{1}{2}\gamma_{zx} \\ \frac{1}{2}\gamma_{xy} & \varepsilon_y & \frac{1}{2}\gamma_{yz} \\ \frac{1}{2}\gamma_{zx} & \frac{1}{2}\gamma_{yz} & \varepsilon_z \end{bmatrix}$$

可见,在物体中的任意一点处,如果已知应变分量 ε_x、ε_y、ε_z、γ_{xy}、γ_{yz}、γ_{zx},就可以求得经过该点的任意一个微线段的线应变。

例题 3.4.1:

已知物体中某点处的应变状态有如下的应变矩阵 $\boldsymbol{\varepsilon}$,即

$$\boldsymbol{\varepsilon} = \begin{bmatrix} \varepsilon_x & \varepsilon_{xy} & \varepsilon_{zx} \\ \varepsilon_{xy} & \varepsilon_y & \varepsilon_{yz} \\ \varepsilon_{zx} & \varepsilon_{yz} & \varepsilon_z \end{bmatrix} = \begin{bmatrix} 0.22 & 0.24 & 0 \\ 0.24 & 0.30 & 0 \\ 0 & 0 & 0 \end{bmatrix}$$

该点处有两个微线段,单位方向矢量分别为

$$\boldsymbol{t}_A = \begin{bmatrix} t_{Ax} \\ t_{Ay} \\ t_{Az} \end{bmatrix} = \begin{bmatrix} 0.8 \\ 0.6 \\ 0 \end{bmatrix} \text{和} \ \boldsymbol{t}_B = \begin{bmatrix} t_{Bx} \\ t_{By} \\ t_{Bz} \end{bmatrix} = \begin{bmatrix} -0.6 \\ 0.8 \\ 0 \end{bmatrix}$$

求出该点处这两个微线段各自的线应变 ε_A 和 ε_B。

解答:

$$\varepsilon_A = \boldsymbol{t}_A^{\mathrm{T}}\boldsymbol{\varepsilon}\boldsymbol{t}_A = [0.8 \quad 0.6 \quad 0]\begin{bmatrix} 0.22 & 0.24 & 0 \\ 0.24 & 0.30 & 0 \\ 0 & 0 & 0 \end{bmatrix}\begin{bmatrix} 0.8 \\ 0.6 \\ 0 \end{bmatrix} = 0.4792$$

$$\varepsilon_B = \boldsymbol{t}_B^{\mathrm{T}}\boldsymbol{\varepsilon}\boldsymbol{t}_B = [-0.6 \quad 0.8 \quad 0]\begin{bmatrix} 0.22 & 0.24 & 0 \\ 0.24 & 0.30 & 0 \\ 0 & 0 & 0 \end{bmatrix}\begin{bmatrix} -0.6 \\ 0.8 \\ 0 \end{bmatrix} = 0.0408$$

答毕。

二、微线段间夹角的改变

求出经过物体中任意一点处，任意两个微线段之间夹角的改变。

图 3.4.2 所示设微线段 PA 和 PB 变形后分别成为微线段 $P'A'$和 $P'B'$。

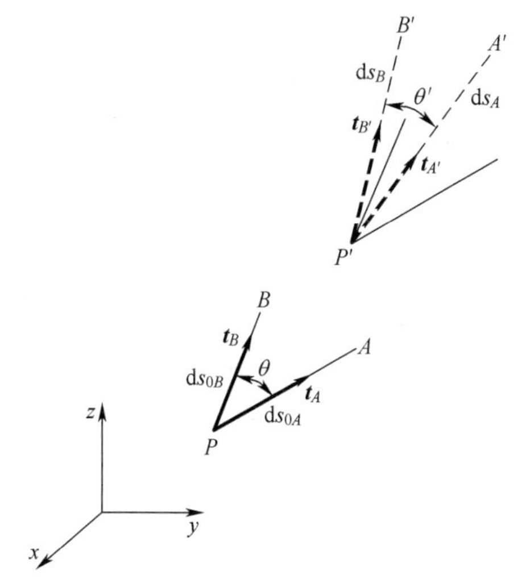

图 3.4.2　两个微线段 PA 和 PB 之间夹角的改变

变形前，微线段 PA 和 PB 的单位方向矢量是已知的，分别设为

$$\boldsymbol{t}_A = \begin{bmatrix} t_{Ax} \\ t_{Ay} \\ t_{Az} \end{bmatrix} \text{和}\ \boldsymbol{t}_B = \begin{bmatrix} t_{Bx} \\ t_{By} \\ t_{Bz} \end{bmatrix}$$

则有

$$t_{Ax}^2 + t_{Ay}^2 + t_{Az}^2 = 1 \quad \text{和} \quad t_{Bx}^2 + t_{By}^2 + t_{Bz}^2 = 1 \tag{3.4.7}$$

以及

$$\begin{cases} \mathrm{d}x_A = t_{Ax}\mathrm{d}s_{0A} \\ \mathrm{d}y_A = t_{Ay}\mathrm{d}s_{0A} \\ \mathrm{d}z_A = t_{Az}\mathrm{d}s_{0A} \end{cases} \text{和} \begin{cases} \mathrm{d}x_B = t_{Bx}\mathrm{d}s_{0B} \\ \mathrm{d}y_B = t_{By}\mathrm{d}s_{0B} \\ \mathrm{d}z_B = t_{Bz}\mathrm{d}s_{0B} \end{cases} \tag{3.4.8}$$

式中：$\mathrm{d}s_{0A}$和 $\mathrm{d}s_{0B}$分别为微线段 PA 和 PB 的长度。设 PA 和 PB 之间的夹角为 θ，则

$$\cos\theta = t_{Ax}t_{Bx} + t_{Ay}t_{By} + t_{Az}t_{Bz} \tag{3.4.9}$$

变形后，微线段 $P'A'$ 和 $P'B'$ 的单位方向矢量分别设为

$$\boldsymbol{t}_A{}' = \begin{bmatrix} t_{A'x} \\ t_{A'y} \\ t_{A'z} \end{bmatrix} \quad \text{和} \quad \boldsymbol{t}_{B'} = \begin{bmatrix} t_{B'x} \\ t_{B'y} \\ t_{B'z} \end{bmatrix}$$

同样，有

$$t_{A'x}^2 + t_{A'y}^2 + t_{A'z}^2 = 1 \quad \text{和} \quad t_{B'x}^2 + t_{B'y}^2 + t_{B'z}^2 = 1 \tag{3.4.10}$$

以及

$$\begin{cases} dx_{A'} = t_{A'x}ds_{A'} \\ dy_{A'} = t_{A'y}ds_{A'} \\ dz_{A'} = t_{A'z}ds_{A'} \end{cases} \quad 和 \quad \begin{cases} dx_{B'} = t_{B'x}ds_{B'} \\ dy_{B'} = t_{B'y}ds_{B'} \\ dz_{B'} = t_{B'z}ds_{B'} \end{cases} \tag{3.4.11}$$

式中，$ds_{A'}$和 $ds_{B'}$分别为微线段 $P'A'$和 $P'B'$的长度。若设 $P'A'$和 $P'B'$之间的夹角为 θ'，则

$$\cos\theta' = t_{A'x}t_{B'x} + t_{A'y}t_{B'y} + t_{A'z}t_{B'z} \tag{3.4.12}$$

若设微线段 PA 和 PB 的线应变分别为 ε_A和 ε_B，则有

$$ds_{A'} = (1 + \varepsilon_A)ds_{0A} \quad 和 \quad ds_{B'} = (1 + \varepsilon_B)ds_{0B}$$

变形之后，微线段 $P'A'$在坐标轴上的投影成为

$$\begin{cases} dx_{A'} = dx_A + du_A = dx_A + \dfrac{\partial u}{\partial x}dx_A + \dfrac{\partial u}{\partial y}dy_A + \dfrac{\partial u}{\partial z}dz_A \\ dy_{A'} = dy_A + dv_A = dy_A + \dfrac{\partial v}{\partial x}dx_A + \dfrac{\partial v}{\partial y}dy_A + \dfrac{\partial v}{\partial z}dz_A \\ dz_{A'} = dz_A + dw_A = dz_A + \dfrac{\partial w}{\partial x}dx_A + \dfrac{\partial w}{\partial y}dy_A + \dfrac{\partial w}{\partial z}dz_A \end{cases}$$

于是可得

$$\begin{aligned} t_{A'x} = \frac{dx_{A'}}{ds_{A'}} &= \frac{dx_A + \dfrac{\partial u}{\partial x}dx_A + \dfrac{\partial u}{\partial y}dy_A + \dfrac{\partial u}{\partial z}dz_A}{(1 + \varepsilon_A)ds_{0A}} \\ &= \left[t_{Ax}\left(1 + \frac{\partial u}{\partial x}\right) + t_{Ay}\frac{\partial u}{\partial y} + t_{Az}\frac{\partial u}{\partial z}\right](1 + \varepsilon_A)^{-1} \\ &\approx \left[t_{Ax}\left(1 + \frac{\partial u}{\partial x}\right) + t_{Ay}\frac{\partial u}{\partial y} + t_{Az}\frac{\partial u}{\partial z}\right](1 - \varepsilon_A) \end{aligned} \tag{3.4.13}$$

由于 ε_A、$\partial u/\partial x$、$\partial u/\partial y$ 和$\partial u/\partial z$ 都是微小量，在展开式(3.4.13)之后，略去二阶以上的微小量，可得

$$t_{A'x} = t_{Ax}\left(1 - \varepsilon_A + \frac{\partial u}{\partial x}\right) + t_{Ay}\frac{\partial u}{\partial y} + t_{Az}\frac{\partial u}{\partial z} \tag{3.4.14a}$$

同理可得

$$t_{A'y} = t_{Ax}\frac{\partial v}{\partial x} + t_{Ay}\left(1 - \varepsilon_A + \frac{\partial v}{\partial x}\right) + t_{Az}\frac{\partial v}{\partial z} \tag{3.4.14b}$$

$$t_{A'z} = t_{Ax}\frac{\partial w}{\partial x} + t_{Ay}\frac{\partial w}{\partial y} + t_{Az}\left(1 - \varepsilon_A + \frac{\partial w}{\partial z}\right) \tag{3.4.14c}$$

式中：ε_A 是微线段 PA 的线应变。

对于线段 PB 而言，可得到类似的结果为

$$t_{B'x} = t_{Bx}\left(1 - \varepsilon_B + \frac{\partial u}{\partial x}\right) + t_{By}\frac{\partial u}{\partial y} + t_{Bz}\frac{\partial u}{\partial z} \tag{3.4.15a}$$

$$t_{B'y} = t_{Bx}\frac{\partial v}{\partial x} + t_{By}\left(1 - \varepsilon_B + \frac{\partial v}{\partial x}\right) + t_{Bz}\frac{\partial v}{\partial z} \tag{3.4.15b}$$

$$t_{B'z} = t_{Bx}\frac{\partial w}{\partial x} + t_{By}\frac{\partial w}{\partial y} + t_{Bz}\left(1 - \varepsilon_B + \frac{\partial w}{\partial z}\right) \tag{3.4.15c}$$

式中：ε_B 是微线段 PB 的线应变。

将式(3.4.14)和式(3.4.15)代入式(3.4.12)，并注意 ε_A 及 ε_B 是微小的，可得

$$\begin{aligned}\cos\theta' = &(t_{Ax}t_{Bx} + t_{Ay}t_{By} + t_{Az}t_{Bz})(1 - \varepsilon_A - \varepsilon_B) + \\ &2\left(t_{Ax}t_{Bx}\frac{\partial u}{\partial x} + t_{Ay}t_{By}\frac{\partial v}{\partial y} + t_{Az}t_{Bz}\frac{\partial w}{\partial z}\right) + \\ &(t_{Ay}t_{Bz} + t_{Az}t_{By})\left(\frac{\partial w}{\partial y} + \frac{\partial v}{\partial z}\right) + \\ &(t_{Az}t_{Bx} + t_{Ax}t_{Bz})\left(\frac{\partial u}{\partial z} + \frac{\partial w}{\partial x}\right) + \\ &(t_{Ax}t_{By} + t_{Ay}t_{Bx})\left(\frac{\partial v}{\partial x} + \frac{\partial u}{\partial y}\right)\end{aligned}$$

利用式(3.4.9)和式(3.3.7)，可得

$$\begin{aligned}\cos\theta' = &(1 - \varepsilon_A - \varepsilon_B)\cos\theta + 2(t_{Ax}t_{Bx}\varepsilon_x + t_{Ay}t_{By}\varepsilon_y + t_{Az}t_{Bz}\varepsilon_z) + \\ &(t_{Ay}t_{Bz} + t_{Az}t_{By})\gamma_{yz} + (t_{Az}t_{Bx} + t_{Ax}t_{Bz})\gamma_{zx} + (t_{Ax}t_{By} + t_{Ay}t_{Bx})\gamma_{xy}\end{aligned} \tag{3.4.16}$$

上面表明：在求出 θ' 之后，即可求得任意两个微线段 PA 与 PB 之间的夹角的改变 $\theta'-\theta$。可见，在物体中的任意一点处，如果已知应变分量 ε_x、ε_y、ε_z、γ_{yz}、γ_{zx}、γ_{xy}，也就可以求得经过该点的任意两个微线段之间夹角的改变。

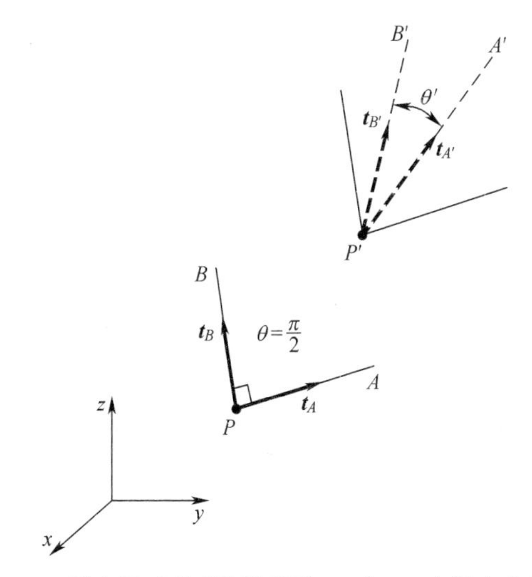

图 3.4.3　两个相互垂直的微线段 PA 和 PB 之间夹角的改变

特别地，如图 3.4.3 所示当微线段 PA 与 PB 垂直时，则

$$\begin{cases}\cos\theta = \cos\dfrac{\pi}{2} = 0 \\ \cos\theta' = \cos\left(\dfrac{\pi}{2} - \gamma_{AB}\right) = \sin\gamma_{AB} \approx \gamma_{AB}\end{cases}$$

可得

$$\begin{aligned}\gamma_{AB} = &2(t_{Ax}t_{Bx}\varepsilon_x + t_{Ay}t_{By}\varepsilon_y + t_{Az}t_{Bz}\varepsilon_z) + \\ &(t_{Ay}t_{Bz} + t_{Az}t_{By})\gamma_{yz} + (t_{Az}t_{Bx} + t_{Ax}t_{Bz})\gamma_{zx} + (t_{Ax}t_{By} + t_{Ay}t_{Bx})\gamma_{xy} +\end{aligned}$$

$$= 2(t_{Ax}t_{Bx}\varepsilon_x + t_{Ay}t_{By}\varepsilon_y + t_{Az}t_{Bz}\varepsilon_z) + 2(t_{Ay}t_{Bz} + t_{Az}t_{By})\varepsilon_{yz} + 2(t_{Az}t_{Bx} + t_{Ax}t_{Bz})\varepsilon_{zx} + 2(t_{Ax}t_{By} + t_{Ay}t_{Bx})\varepsilon_{xy}$$

即

$$\varepsilon_{AB} = \frac{1}{2}\gamma_{AB} = t_{Ax}t_{Bx}\varepsilon_x + t_{Ay}t_{By}\varepsilon_y + t_{Az}t_{Bz}\varepsilon_z + (t_{Ay}t_{Bz} + t_{Az}t_{By})\varepsilon_{yz} + (t_{Az}t_{Bx} + t_{Ax}t_{Bz})\varepsilon_{zx} + (t_{Ax}t_{By} + t_{Ay}t_{Bx})\varepsilon_{xy} \tag{3.4.17}$$

或写成矩阵形式：

$$\varepsilon_{AB} = \boldsymbol{t}_A^{\mathrm{T}}\boldsymbol{\varepsilon}\boldsymbol{t}_B = \boldsymbol{t}_B^{\mathrm{T}}\boldsymbol{\varepsilon}\boldsymbol{t}_A \tag{3.4.18}$$

式中

$$\boldsymbol{\varepsilon} = \begin{bmatrix} \varepsilon_x & \varepsilon_{xy} & \varepsilon_{zx} \\ \varepsilon_{xy} & \varepsilon_y & \varepsilon_{yz} \\ \varepsilon_{zx} & \varepsilon_{yz} & \varepsilon_z \end{bmatrix} = \begin{bmatrix} \varepsilon_x & \frac{1}{2}\gamma_{xy} & \frac{1}{2}\gamma_{zx} \\ \frac{1}{2}\gamma_{xy} & \varepsilon_y & \frac{1}{2}\gamma_{yz} \\ \frac{1}{2}\gamma_{zx} & \frac{1}{2}\gamma_{yz} & \varepsilon_z \end{bmatrix}, \boldsymbol{t}_A = \begin{bmatrix} t_{Ax} \\ t_{Ay} \\ t_{Az} \end{bmatrix}, \boldsymbol{t}_B = \begin{bmatrix} t_{Bx} \\ t_{By} \\ t_{Bz} \end{bmatrix}$$

例题 3.4.2：

已知物体中某点处的应变状态有如下的应变矩阵 $\boldsymbol{\varepsilon}$，即

$$\boldsymbol{\varepsilon} = \begin{bmatrix} \varepsilon_x & \varepsilon_{xy} & \varepsilon_{zx} \\ \varepsilon_{xy} & \varepsilon_y & \varepsilon_{yz} \\ \varepsilon_{zx} & \varepsilon_{yz} & \varepsilon_z \end{bmatrix} = \begin{bmatrix} 0.22 & 0.24 & 0 \\ 0.24 & 0.30 & 0 \\ 0 & 0 & 0 \end{bmatrix}$$

该点处有两个微线段，单位方向矢量分别为

$$\boldsymbol{t}_A = \begin{bmatrix} t_{Ax} \\ t_{Ay} \\ t_{Az} \end{bmatrix} = \begin{bmatrix} 0.8 \\ 0.6 \\ 0 \end{bmatrix} \quad 和 \quad \boldsymbol{t}_B = \begin{bmatrix} t_{Bx} \\ t_{By} \\ t_{Bz} \end{bmatrix} = \begin{bmatrix} -0.6 \\ 0.8 \\ 0 \end{bmatrix}$$

证明两个微线段相互垂直，并求出该点处这两个微线段之间的切应变 ε_{AB}。

解答：

由于

$$\boldsymbol{t}_A \cdot \boldsymbol{t}_B = \boldsymbol{t}_A^{\mathrm{T}}\boldsymbol{t}_B = [0.8 \quad 0.6 \quad 0]\begin{bmatrix} -0.6 \\ 0.8 \\ 0 \end{bmatrix} = 0$$

所以两个微线段相互垂直。

这两个微线段之间的切应变为

$$\varepsilon_{AB} = \boldsymbol{t}_A^{\mathrm{T}}\boldsymbol{\varepsilon}\boldsymbol{t}_B = [0.8 \quad 0.6 \quad 0]\begin{bmatrix} 0.22 & 0.24 & 0 \\ 0.24 & 0.30 & 0 \\ 0 & 0 & 0 \end{bmatrix}\begin{bmatrix} -0.6 \\ 0.8 \\ 0 \end{bmatrix} = 0.1056$$

或

$$\varepsilon_{AB}=\boldsymbol{t}_B^{\mathrm{T}}\boldsymbol{\varepsilon}\boldsymbol{t}_A=[-0.6\quad 0.8\quad 0]\begin{bmatrix}0.22 & 0.24 & 0\\0.24 & 0.30 & 0\\0 & 0 & 0\end{bmatrix}\begin{bmatrix}0.8\\0.6\\0\end{bmatrix}=0.1056$$

答毕。

3.5 坐标系变换时的应变分量变换

设原坐标系下的应变矩阵为 $\boldsymbol{\varepsilon}(\boldsymbol{x})$，新坐标系的三个正交基矢量为 $\boldsymbol{e}'_x$、$\boldsymbol{e}_{y'}$ 和 $\boldsymbol{e}_{z'}$。

由式(3.4.6)可知，新坐标系下的三个正应变分量为

$$\begin{cases}\varepsilon_{x'}=\boldsymbol{e}_{x'}^{\mathrm{T}}\boldsymbol{\varepsilon}(\boldsymbol{x})\boldsymbol{e}_{x'}\\ \varepsilon_{y'}=\boldsymbol{e}_{y'}^{\mathrm{T}}\boldsymbol{\varepsilon}(\boldsymbol{x})\boldsymbol{e}_{y'}\\ \varepsilon_{z'}=\boldsymbol{e}_{z'}^{\mathrm{T}}\boldsymbol{\varepsilon}(\boldsymbol{x})\boldsymbol{e}_{z'}\end{cases}\tag{3.5.1a}$$

由式(3.4.18)可知，新坐标系下的三个切应变分量为

$$\begin{cases}\varepsilon_{x'y'}=\boldsymbol{e}_{x'}^{\mathrm{T}}\boldsymbol{\varepsilon}(\boldsymbol{x})\boldsymbol{e}_{y'}=\boldsymbol{e}_{y'}^{\mathrm{T}}\boldsymbol{\varepsilon}(\boldsymbol{x})\boldsymbol{e}_{x'}\\ \varepsilon_{y'z'}=\boldsymbol{e}_{y'}^{\mathrm{T}}\boldsymbol{\varepsilon}(\boldsymbol{x})\boldsymbol{e}_{z'}=\boldsymbol{e}_{z'}^{\mathrm{T}}\boldsymbol{\varepsilon}(\boldsymbol{x})\boldsymbol{e}_{y'}\\ \varepsilon_{z'x'}=\boldsymbol{e}_{z'}^{\mathrm{T}}\boldsymbol{\varepsilon}(x)\boldsymbol{e}_{x'}=\boldsymbol{e}_{x'}^{\mathrm{T}}\boldsymbol{\varepsilon}(\boldsymbol{x})\boldsymbol{e}_{z'}\end{cases}\tag{3.5.1b}$$

可得坐标系变换后的应变矩阵 $\boldsymbol{\varepsilon}(\boldsymbol{x}')$ 为

$$\boldsymbol{\varepsilon}(\boldsymbol{x}')=\begin{bmatrix}\varepsilon_{x'} & \varepsilon_{x'y'} & \varepsilon_{z'x'}\\ \varepsilon_{x'y'} & \varepsilon_{y'} & \varepsilon_{y'z'}\\ \varepsilon_{z'x'} & \varepsilon_{y'z'} & \varepsilon_{z'}\end{bmatrix}$$

$$=\begin{bmatrix}\boldsymbol{e}_{x'}^{\mathrm{T}}\boldsymbol{\varepsilon}(\boldsymbol{x})\boldsymbol{e}_{x'} & \boldsymbol{e}_{x'}^{\mathrm{T}}\boldsymbol{\varepsilon}(\boldsymbol{x})\boldsymbol{e}_{y'} & \boldsymbol{e}_{x'}^{\mathrm{T}}\boldsymbol{\varepsilon}(\boldsymbol{x})\boldsymbol{e}_{z'}\\ \boldsymbol{e}_{y'}^{\mathrm{T}}\boldsymbol{\varepsilon}(\boldsymbol{x})\boldsymbol{e}_{x'} & \boldsymbol{e}_{y'}^{\mathrm{T}}\boldsymbol{\varepsilon}(\boldsymbol{x})\boldsymbol{e}_{y'} & \boldsymbol{e}_{y'}^{\mathrm{T}}\boldsymbol{\varepsilon}(\boldsymbol{x})\boldsymbol{e}_{z'}\\ \boldsymbol{e}_{z'}^{\mathrm{T}}\boldsymbol{\varepsilon}(\boldsymbol{x})\boldsymbol{e}_{x'} & \boldsymbol{e}_{z'}^{\mathrm{T}}\boldsymbol{\varepsilon}(\boldsymbol{x})\boldsymbol{e}_{y'} & \boldsymbol{e}_{z'}^{\mathrm{T}}\boldsymbol{\varepsilon}(\boldsymbol{x})\boldsymbol{e}_{z'}\end{bmatrix}$$

$$=\begin{bmatrix}\boldsymbol{e}_{x'}^{\mathrm{T}}\\ \boldsymbol{e}_{y'}^{\mathrm{T}}\\ \boldsymbol{e}_{z'}^{\mathrm{T}}\end{bmatrix}\boldsymbol{\varepsilon}(\boldsymbol{x})[\boldsymbol{e}_{x'}\quad \boldsymbol{e}_{y'}\quad \boldsymbol{e}_{z'}]$$

即

$$\boldsymbol{\varepsilon}(\boldsymbol{x}')=\boldsymbol{T}\boldsymbol{\varepsilon}(\boldsymbol{x})\boldsymbol{T}^{\mathrm{T}}\tag{3.5.2}$$

这就是坐标系变换时的应变分量变换公式。

例题 3.5.1：

在原坐标系下的应变矩阵为

$$\boldsymbol{\varepsilon}(\boldsymbol{x})=\begin{bmatrix}\varepsilon_x & \varepsilon_{xy} & \varepsilon_{zx}\\ \varepsilon_{xy} & \varepsilon_y & \varepsilon_{yz}\\ \varepsilon_{zx} & \varepsilon_{yz} & \varepsilon_z\end{bmatrix}$$

图 3.5.1 所示的坐标系变换时，新坐标系的三个基矢量为

$$\boldsymbol{e}_{x'} = \begin{bmatrix} n_{x'x} \\ n_{x'y} \\ n_{x'z} \end{bmatrix} = \begin{bmatrix} 1 \\ 0 \\ 0 \end{bmatrix}, \boldsymbol{e}_{y'} = \begin{bmatrix} n_{y'x} \\ n_{y'y} \\ n_{y'z} \end{bmatrix} = \begin{bmatrix} 0 \\ 1 \\ 0 \end{bmatrix}, \boldsymbol{e}_{z'} = \begin{bmatrix} n_{z'x} \\ n_{z'y} \\ n_{z'z} \end{bmatrix} = \begin{bmatrix} 0 \\ 0 \\ -1 \end{bmatrix}$$

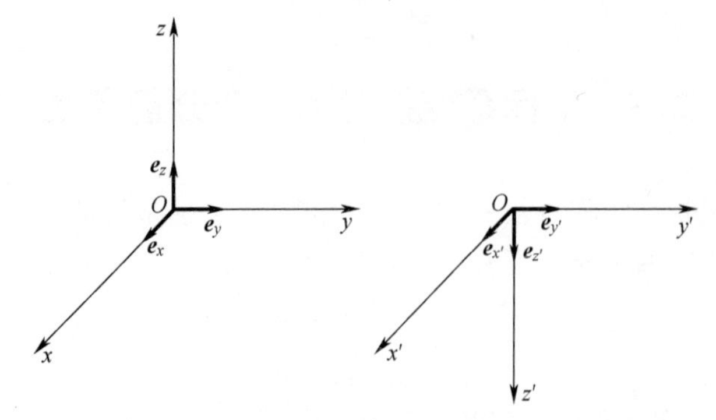

图 3.5.1 关于 xy 坐标平面镜像对称所形成的新坐标系

求出新坐标系下的应变矩阵 $\boldsymbol{\varepsilon}(\boldsymbol{x}')$。

解答：

坐标转换矩阵为

$$\boldsymbol{T} = \begin{bmatrix} \boldsymbol{e}_{x'}^{\mathrm{T}} \\ \boldsymbol{e}_{y'}^{\mathrm{T}} \\ \boldsymbol{e}_{z'}^{\mathrm{T}} \end{bmatrix} = \begin{bmatrix} n_{x'x} & n_{x'y} & n_{x'z} \\ n_{y'x} & n_{y'y} & n_{y'z} \\ n_{z'x} & n_{z'y} & n_{z'z} \end{bmatrix} = \begin{bmatrix} 1 & 0 & 0 \\ 0 & 1 & 0 \\ 0 & 0 & -1 \end{bmatrix}$$

在新坐标系下的应变矩阵为

$$\boldsymbol{\varepsilon}(\boldsymbol{x}') = \boldsymbol{T}\boldsymbol{\varepsilon}(\boldsymbol{x})\boldsymbol{T}^{\mathrm{T}} = \begin{bmatrix} 1 & 0 & 0 \\ 0 & 1 & 0 \\ 0 & 0 & -1 \end{bmatrix} \begin{bmatrix} \varepsilon_x & \varepsilon_{xy} & \varepsilon_{xz} \\ \varepsilon_{xy} & \varepsilon_y & \varepsilon_{yz} \\ \varepsilon_{xz} & \varepsilon_{yz} & \varepsilon_z \end{bmatrix} \begin{bmatrix} 1 & 0 & 0 \\ 0 & 1 & 0 \\ 0 & 0 & -1 \end{bmatrix}$$

$$= \begin{bmatrix} \varepsilon_x & \varepsilon_{xy} & -\varepsilon_{xz} \\ \varepsilon_{xy} & \varepsilon_y & -\varepsilon_{yz} \\ -\varepsilon_{xz} & -\varepsilon_{yz} & \varepsilon_z \end{bmatrix}$$

答毕。

例题 3.5.2：

在原坐标系下的应变矩阵为

$$\boldsymbol{\varepsilon}(\boldsymbol{x}) = \begin{bmatrix} \varepsilon_x & \varepsilon_{xy} & \varepsilon_{zx} \\ \varepsilon_{xy} & \varepsilon_y & \varepsilon_{yz} \\ \varepsilon_{zx} & \varepsilon_{yz} & \varepsilon_z \end{bmatrix}$$

图 3.5.2 所示的坐标系变换时，新坐标系的 3 个基矢量为

$$\boldsymbol{e}_{x'} = \begin{bmatrix} n_{x'x} \\ n_{x'y} \\ n_{x'z} \end{bmatrix} = \begin{bmatrix} 0 \\ 1 \\ 0 \end{bmatrix}, \boldsymbol{e}_{y'} = \begin{bmatrix} n_{y'x} \\ n_{y'y} \\ n_{y'z} \end{bmatrix} = \begin{bmatrix} -1 \\ 0 \\ 0 \end{bmatrix}, \boldsymbol{e}_{z'} = \begin{bmatrix} n_{z'x} \\ n_{z'y} \\ n_{z'z} \end{bmatrix} = \begin{bmatrix} 0 \\ 0 \\ 1 \end{bmatrix}$$

求出新坐标系下的应变矩阵 $\boldsymbol{\varepsilon}(\boldsymbol{x}')$。

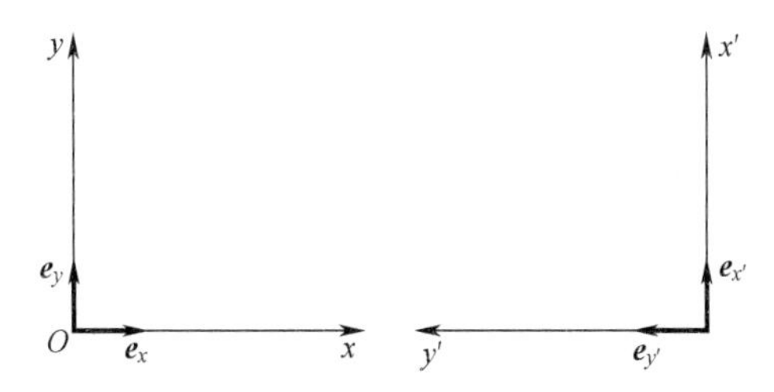

图 3.5.2　绕 z 轴逆时针旋转 90°所形成的新坐标系

解答：

坐标转换矩阵为

$$
\boldsymbol{T}=\begin{bmatrix}\boldsymbol{e}_{x'}^{\mathrm{T}}\\ \boldsymbol{e}_{y'}^{\mathrm{T}}\\ \boldsymbol{e}_{z'}^{\mathrm{T}}\end{bmatrix}=\begin{bmatrix}n_{x'x} & n_{x'y} & n_{x'z}\\ n_{y'x} & n_{y'y} & n_{y'z}\\ n_{z'x} & n_{z'y} & n_{z'z}\end{bmatrix}=\begin{bmatrix}0 & 1 & 0\\ -1 & 0 & 0\\ 0 & 0 & 1\end{bmatrix}
$$

在新坐标系下的应变矩阵为

$$
\begin{aligned}
\boldsymbol{\varepsilon}(\boldsymbol{x}')=\boldsymbol{T}\boldsymbol{\varepsilon}(\boldsymbol{x})\boldsymbol{T}^{\mathrm{T}}&=\begin{bmatrix}0 & 1 & 0\\ -1 & 0 & 0\\ 0 & 0 & 1\end{bmatrix}\begin{bmatrix}\varepsilon_x & \varepsilon_{xy} & \varepsilon_{xz}\\ \varepsilon_{xy} & \varepsilon_y & \varepsilon_{yz}\\ \varepsilon_{xz} & \varepsilon_{yz} & \varepsilon_z\end{bmatrix}\begin{bmatrix}0 & -1 & 0\\ 1 & 0 & 0\\ 0 & 0 & 1\end{bmatrix}\\
&=\begin{bmatrix}\varepsilon_y & -\varepsilon_{xy} & \varepsilon_{yz}\\ -\varepsilon_{xy} & \varepsilon_x & -\varepsilon_{zx}\\ \varepsilon_{yz} & -\varepsilon_{zx} & \varepsilon_z\end{bmatrix}
\end{aligned}
$$

答毕。

例题 3.5.3：

在原坐标系下的应变矩阵为

$$
\boldsymbol{\varepsilon}(\boldsymbol{x})=\begin{bmatrix}\varepsilon_x & \varepsilon_{xy} & \varepsilon_{zx}\\ \varepsilon_{xy} & \varepsilon_y & \varepsilon_{yz}\\ \varepsilon_{zx} & \varepsilon_{yz} & \varepsilon_z\end{bmatrix}=\begin{bmatrix}0.22 & 0.24 & 0\\ 0.24 & 0.30 & 0\\ 0 & 0 & 0\end{bmatrix}
$$

图 3.5.3 所示的坐标系变换时，新坐标系的 3 个基矢量为

$$
\boldsymbol{e}_{x'}=\begin{bmatrix}n_{x'x}\\ n_{x'y}\\ n_{x'z}\end{bmatrix}=\begin{bmatrix}0.8\\ 0.6\\ 0\end{bmatrix},\boldsymbol{e}_{y'}=\begin{bmatrix}n_{y'x}\\ n_{y'y}\\ n_{y'z}\end{bmatrix}=\begin{bmatrix}-0.6\\ 0.8\\ 0\end{bmatrix},\boldsymbol{e}_{z'}=\begin{bmatrix}n_{z'x}\\ n_{z'y}\\ n_{z'z}\end{bmatrix}=\begin{bmatrix}0\\ 0\\ 1\end{bmatrix}
$$

图 3.5.3　绕 z 轴逆时针旋转一定角度所形成的新坐标系

求出新坐标系下的应变矩阵 $\boldsymbol{\varepsilon}(x')$。

解答:

坐标转换矩阵为

$$\boldsymbol{T}=\begin{bmatrix} n_{x'x} & n_{x'y} & n_{x'z} \\ n_{y'x} & n_{y'y} & n_{y'z} \\ n_{z'x} & n_{z'y} & n_{z'z} \end{bmatrix}=\begin{bmatrix} 0.8 & 0.6 & 0 \\ -0.6 & 0.8 & 0 \\ 0 & 0 & 1 \end{bmatrix}$$

在新坐标系下的应变矩阵为

$$\boldsymbol{\varepsilon}(\boldsymbol{x}')=\boldsymbol{T}\boldsymbol{\varepsilon}(\boldsymbol{x})\boldsymbol{T}^{\mathrm{T}}=\begin{bmatrix} 0.8 & 0.6 & 0 \\ -0.6 & 0.8 & 0 \\ 0 & 0 & 1 \end{bmatrix}\begin{bmatrix} 0.22 & 0.24 & 0 \\ 0.24 & 0.30 & 0 \\ 0 & 0 & 0 \end{bmatrix}\begin{bmatrix} 0.8 & -0.6 & 0 \\ 0.6 & 0.8 & 0 \\ 0 & 0 & 1 \end{bmatrix}$$

$$=\begin{bmatrix} 0.4792 & 0.1056 & 0 \\ 0.1056 & 0.0408 & 0 \\ 0 & 0 & 0 \end{bmatrix}$$

答毕。

例题 3.5.4:

原坐标系下的应变矩阵为

$$\boldsymbol{\varepsilon}(\boldsymbol{x})=\begin{bmatrix} \varepsilon_x & \varepsilon_{xy} & \varepsilon_{zx} \\ \varepsilon_{xy} & \varepsilon_y & \varepsilon_{yz} \\ \varepsilon_{zx} & \varepsilon_{yz} & \varepsilon_z \end{bmatrix}$$

图 3.5.4 所示的坐标系变换时,新坐标系的 3 个基矢量为

$$\boldsymbol{e}_{x'}=\begin{bmatrix} n_{x'x} \\ n_{x'y} \\ n_{x'z} \end{bmatrix}=\begin{bmatrix} \cos\theta \\ \sin\theta \\ 0 \end{bmatrix},\boldsymbol{e}_{y'}=\begin{bmatrix} n_{y'x} \\ n_{y'y} \\ n_{y'z} \end{bmatrix}=\begin{bmatrix} -\sin\theta \\ \cos\theta \\ 0 \end{bmatrix},\boldsymbol{e}_{z'}=\begin{bmatrix} n_{z'x} \\ n_{z'y} \\ n_{z'z} \end{bmatrix}=\begin{bmatrix} 0 \\ 0 \\ 1 \end{bmatrix}$$

求出新坐标系下的应变分量。

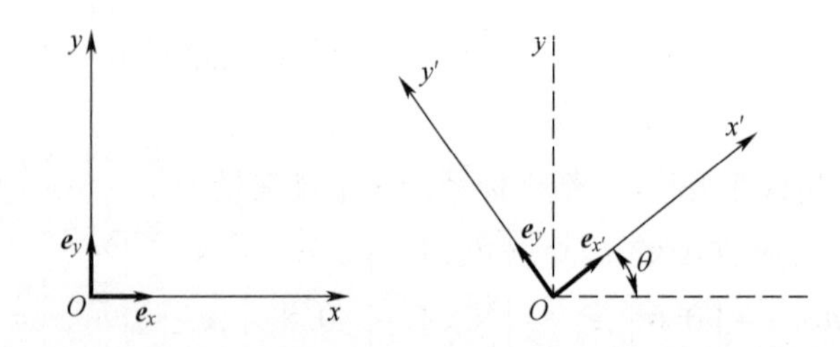

图 3.5.4 绕 z 轴逆时针旋转任意角度 θ 所形成的新坐标系

解答:

$$\varepsilon_{x'}=\boldsymbol{e}_{x'}^{\mathrm{T}}\boldsymbol{\varepsilon}(\boldsymbol{x})\boldsymbol{e}_{x'}=[\cos\theta \quad \sin\theta \quad 0]\begin{bmatrix} \varepsilon_x & \varepsilon_{xy} & \varepsilon_{zx} \\ \varepsilon_{xy} & \varepsilon_y & \varepsilon_{yz} \\ \varepsilon_{zx} & \varepsilon_{yz} & \varepsilon_z \end{bmatrix}\begin{bmatrix} \cos\theta \\ \sin\theta \\ 0 \end{bmatrix}$$

$$= \begin{bmatrix} \cos\theta & \sin\theta & 0 \end{bmatrix} \begin{bmatrix} \varepsilon_x \cos\theta + \varepsilon_{xy} \sin\theta \\ \varepsilon_{xy} \cos\theta + \varepsilon_y \sin\theta \\ \varepsilon_{zx} \cos\theta + \varepsilon_{yz} \sin\theta \end{bmatrix}$$

$$= (\varepsilon_x \cos\theta + \varepsilon_{xy} \sin\theta) \cos\theta + (\varepsilon_{xy} \cos\theta + \varepsilon_y \sin\theta) \sin\theta$$

$$= \varepsilon_x \cos^2\theta + \varepsilon_y \sin^2\theta + 2\varepsilon_{xy} \sin\theta\cos\theta$$

$$\varepsilon_{y'} = \boldsymbol{e}_{y'}^{\mathrm{T}} \boldsymbol{\varepsilon}(\boldsymbol{x}) \boldsymbol{e}_{y'} = \varepsilon_x \sin^2\theta + \varepsilon_y \cos^2\theta - 2\varepsilon_{xy} \sin\theta\cos\theta$$

$$\varepsilon_{z'} = \boldsymbol{e}_{z'}^{\mathrm{T}} \boldsymbol{\varepsilon}(\boldsymbol{x}) \boldsymbol{e}_{z'} = \begin{bmatrix} 0 & 0 & 1 \end{bmatrix} \begin{bmatrix} \varepsilon_x & \varepsilon_{xy} & \varepsilon_{zx} \\ \varepsilon_{xy} & \varepsilon_y & \varepsilon_{yz} \\ \varepsilon_{zx} & \varepsilon_{yz} & \varepsilon_z \end{bmatrix} \begin{bmatrix} 0 \\ 0 \\ 1 \end{bmatrix} = \begin{bmatrix} 0 & 0 & 1 \end{bmatrix} \begin{bmatrix} \varepsilon_{zx} \\ \varepsilon_{yz} \\ \varepsilon_z \end{bmatrix} = \varepsilon_z$$

$$\varepsilon_{x'y'} = \boldsymbol{e}_{x'}^{\mathrm{T}} \boldsymbol{\varepsilon}(\boldsymbol{x}) \boldsymbol{e}_{y'} = \begin{bmatrix} \cos\theta & \sin\theta & 0 \end{bmatrix} \begin{bmatrix} \varepsilon_x & \varepsilon_{xy} & \varepsilon_{zx} \\ \varepsilon_{xy} & \varepsilon_y & \varepsilon_{yz} \\ \varepsilon_{zx} & \varepsilon_{yz} & \varepsilon_z \end{bmatrix} \begin{bmatrix} -\sin\theta \\ \cos\theta \\ 0 \end{bmatrix}$$

$$= \begin{bmatrix} \cos\theta & \sin\theta & 0 \end{bmatrix} \begin{bmatrix} -\varepsilon_x \sin\theta + \varepsilon_{xy} \cos\theta \\ -\varepsilon_{xy} \sin\theta + \varepsilon_y \cos\theta \\ -\varepsilon_{zx} \sin\theta + \varepsilon_{yz} \cos\theta \end{bmatrix}$$

$$= (-\varepsilon_x \sin\theta + \varepsilon_{xy} \cos\theta) \cos\theta + (-\varepsilon_{xy} \sin\theta + \varepsilon_y \cos\theta) \sin\theta$$

$$= (\varepsilon_y - \varepsilon_x) \sin\theta\cos\theta + \varepsilon_{xy} (\cos^2\theta - \sin^2\theta)$$

$$\varepsilon_{y'z'} = \boldsymbol{e}_{y'}^{\mathrm{T}} \boldsymbol{\varepsilon}(\boldsymbol{x}) \boldsymbol{e}_{z'} = \begin{bmatrix} -\sin\theta & \cos\theta & 0 \end{bmatrix} \begin{bmatrix} \varepsilon_x & \varepsilon_{xy} & \varepsilon_{zx} \\ \varepsilon_{xy} & \varepsilon_y & \varepsilon_{yz} \\ \varepsilon_{zx} & \varepsilon_{yz} & \varepsilon_z \end{bmatrix} \begin{bmatrix} 0 \\ 0 \\ 1 \end{bmatrix}$$

$$= \begin{bmatrix} -\sin\theta & \cos\theta & 0 \end{bmatrix} \begin{bmatrix} \varepsilon_{zx} \\ \varepsilon_{yz} \\ \varepsilon_z \end{bmatrix}$$

$$= \varepsilon_{yz} \cos\theta - \varepsilon_{zx} \sin\theta$$

$$\varepsilon_{z'x'} = \boldsymbol{e}_{z'}^{\mathrm{T}} \boldsymbol{\varepsilon}(\boldsymbol{x}) \boldsymbol{e}_{x'} = \varepsilon_{yz} \sin\theta + \varepsilon_{zx} \cos\theta$$

因此

$$\begin{cases} \varepsilon_{x'} = \varepsilon_x \cos^2\theta + \varepsilon_y \sin^2\theta + 2\varepsilon_{xy} \sin\theta\cos\theta \\ \varepsilon_{y'} = \varepsilon_x \sin^2\theta + \varepsilon_y \cos^2\theta - 2\varepsilon_{xy} \sin\theta\cos\theta \\ \varepsilon_{z'} = \varepsilon_z \\ \varepsilon_{x'y'} = (\varepsilon_y - \varepsilon_x) \sin\theta\cos\theta + \varepsilon_{xy} (\cos^2\theta - \sin^2\theta) \\ \varepsilon_{y'z'} = \varepsilon_{yz} \cos\theta - \varepsilon_{zx} \sin\theta \\ \varepsilon_{z'x'} = \varepsilon_{yz} \sin\theta + \varepsilon_{zx} \cos\theta \end{cases}$$

答毕。

3.6 位移边界条件

如果物体在全部或部分边界上的位移分量是已知的，则这样的边界条件称为位移边界条件，即

$$\begin{cases} u_s = \bar{u} \\ v_s = \bar{v} \\ w_s = \bar{w} \end{cases} \tag{3.6.1}$$

即

$$\boldsymbol{u}(\boldsymbol{x}_s) = \bar{\boldsymbol{u}} \tag{3.6.2}$$

式中

$$\boldsymbol{x}_s = \begin{bmatrix} x_s \\ y_s \\ z_s \end{bmatrix}, \boldsymbol{u}(\boldsymbol{x}_s) = \begin{bmatrix} u_s \\ v_s \\ w_s \end{bmatrix}, \bar{\boldsymbol{u}} = \begin{bmatrix} \bar{u} \\ \bar{v} \\ \bar{w} \end{bmatrix}$$

式中：$\boldsymbol{x}_s$表示物体在边界上的点，$\boldsymbol{u}(\boldsymbol{x}_s)$表示物体在边界上的位移矢量，$\bar{\boldsymbol{u}}$表示在边界上给定的位移矢量，以已知常数或已知函数的形式给出。这些给定的位移矢量，通常也称为位移约束（或简称为约束）。

施加位移边界条件的根本目的在于限制整个物体上的刚体位移。

由式（3.3.13）可知，空间问题有六个刚体位移分量（其中3个平动分量，3个转动分量）；平面问题则有3个刚体位移分量（其中2个平动分量，1个转动分量）。因此，当施加的独立的位移边界条件数目正好等于上述数目时，称为恰当约束；当施加的独立的位移边界条件数目少于上述数目时，称为欠约束；当施加的独立的位移边界条件数目多于上述数目时，称为过约束。

欠约束，在数学上是不允许的；过约束，在工程中是有可能的。因此，位移边界条件的施加必须坚持理论与实际相结合的原则。

在物体的某个特定边界上，位移边界条件既可在全部方向上提出，也可在部分方向上提出。

图3.6.1给出了一个平面问题的示例。

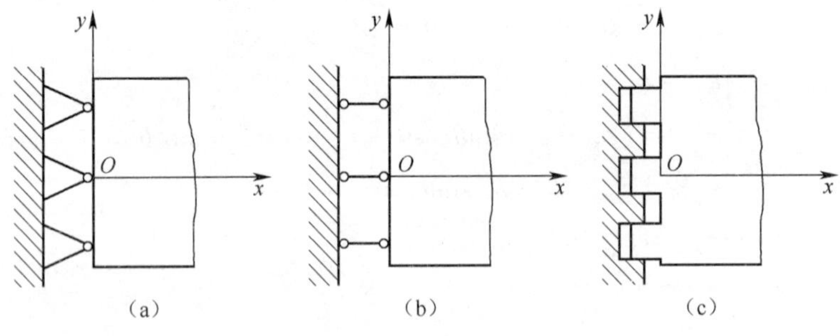

图3.6.1　位移边界条件

(a) $\bar{u} = \bar{v} = 0$；(b) $\bar{u} = 0$；(c) $\bar{v} = 0$。

对于图 3. 6. 1(a),在 $x=0$ 的边界上,给定 x 方向和 y 方向上的位移分量的值为 0,即

$$\bar{u}=\bar{v}=0$$

因此,此边界上的位移边界条件为

$$\begin{cases} u_{x=0}=\bar{u}=0 \\ v_{x=0}=\bar{v}=0 \end{cases}$$

对于图 3. 6. 1(b),在 $x=0$ 的边界上,仅给定 x 方向上的位移分量的值为 0,即

$$\bar{u}=0$$

因此,此边界上的位移边界条件为

$$u_{x=0}=\bar{u}=0$$

对于图 3. 6. 1(c),在 $x=0$ 的边界上,则仅给定 y 方向上的位移分量的值为 0,即

$$\bar{v}=0$$

因此,此边界上的位移边界条件为

$$v_{x=0}=\bar{v}=0$$

应用位移边界条件时,有以下两种主要方式:

一是直接法。直接应用式(3. 6. 1)即可限制整个物体上的刚体位移。

图 3. 6. 2 给出了一个简支梁的平面问题示例。

在 $x=0$ 处,给定:

$$\bar{u}=\bar{v}=0$$

在 $x=L$ 处,给定:

$$\bar{v}=0$$

因此,整个简支梁的位移边界条件为

$$\begin{cases} u_{x=0}=\bar{u}=0 \\ v_{x=0}=\bar{v}=0 \end{cases} \quad 和 \quad v_{x=L}=\bar{v}=0$$

上面 3 个独立的位移边界条件,恰好可以限制平面问题的 3 个刚体位移。

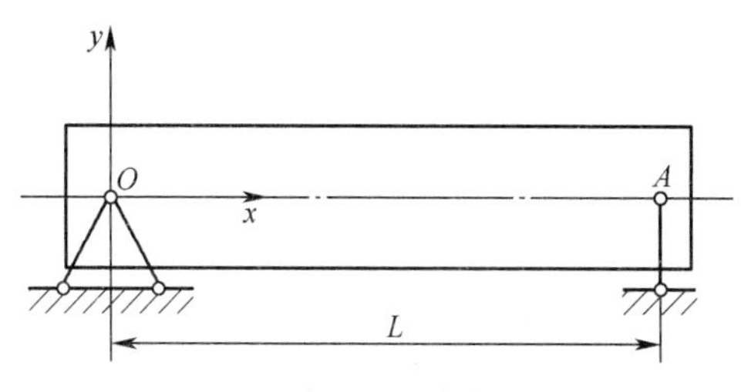

图 3. 6. 2　位移边界条件:简支梁

二是等效法。直接应用式(3. 6. 1)无法限制整个物体上的刚体位移,需要引入等效的附加条件。

图 3. 6. 3 给出了一个悬臂梁的平面问题示例。

在 $x=0$ 处,给定:

$$\bar{u}=\bar{v}=0$$

但 $x=L$ 处为自由端,无法给出位移边界条件。因此,只能在 $x=0$ 处增加 1 个约束。假设此

处的水平线段不转动,即

$$\overline{\left(\frac{\partial v}{\partial x}\right)} = 0$$

因此,整个悬臂梁的位移边界条件为

$$\begin{cases} u_{x=0} = \bar{u} = 0 \\ v_{x=0} = \bar{v} = 0 \\ \left(\frac{\partial v}{\partial x}\right)_{x=0} = \overline{\left(\frac{\partial v}{\partial x}\right)} = 0 \end{cases}$$

上面 3 个独立的位移边界条件,也恰好可以限制平面问题的 3 个刚体位移。

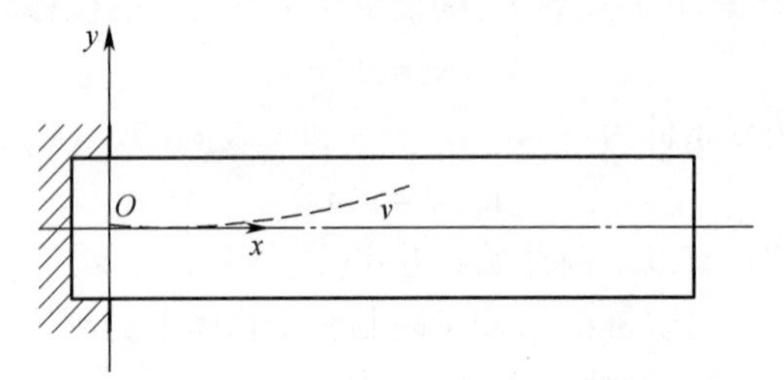

图 3.6.3　位移边界条件:悬臂梁

习　　题

3-1　假设平面中有一直线线段,其两个端点 P_1 和 P_2 的坐标分别为

$$\boldsymbol{x}_1 = \begin{bmatrix} x_1 \\ y_1 \end{bmatrix} = \begin{bmatrix} 1 \\ 1 \end{bmatrix} \text{ 和 } \boldsymbol{x}_2 = \begin{bmatrix} x_2 \\ y_2 \end{bmatrix} = \begin{bmatrix} 5 \\ 4 \end{bmatrix}$$

因此,线段:

$$\overline{P_1P_2} = \boldsymbol{x}_2 - \boldsymbol{x}_1 = \begin{bmatrix} 5 \\ 4 \end{bmatrix} - \begin{bmatrix} 1 \\ 1 \end{bmatrix} = \begin{bmatrix} 4 \\ 3 \end{bmatrix}$$

其长度为

$$\| \overline{P_1P_2} \| = \sqrt{(\boldsymbol{x}_2 - \boldsymbol{x}_1)^{\mathrm{T}}(\boldsymbol{x}_2 - \boldsymbol{x}_1)} = \sqrt{4 \times 4 + 3 \times 3} = 5$$

现假设该线段按如下位移函数:

$$\boldsymbol{u}(x) = \begin{bmatrix} u(\boldsymbol{x}) \\ v(\boldsymbol{x}) \end{bmatrix} = \begin{bmatrix} -\frac{2}{3} - \frac{1}{3}y \\ -\frac{5}{4} + \frac{1}{4}x \end{bmatrix}$$

将两个端点分别移动至 P_1' 点和 P_2' 点。

完成下列问题:

(1) 两个端点的位移;

(2) 位置移动后,两个端点的坐标;

(3) 计算位移后的线段的长度 $P_1'P_2'$;

（4）比较位移前后线段长度的变化。

提示：

$$\boldsymbol{u}(\boldsymbol{x}_1)=\begin{bmatrix}u(\boldsymbol{x}_1)\\v(\boldsymbol{x}_1)\end{bmatrix}=\begin{bmatrix}-\dfrac{2}{3}-\dfrac{1}{3}\times 1\\-\dfrac{5}{4}+\dfrac{1}{4}\times 1\end{bmatrix}=\begin{bmatrix}-1\\-1\end{bmatrix},\boldsymbol{u}(\boldsymbol{x}_2)=\begin{bmatrix}u(\boldsymbol{x}_2)\\v(\boldsymbol{x}_2)\end{bmatrix}=\begin{bmatrix}-\dfrac{2}{3}-\dfrac{1}{3}\times 4\\-\dfrac{5}{4}+\dfrac{1}{4}\times 5\end{bmatrix}=\begin{bmatrix}-2\\0\end{bmatrix},$$

$$\boldsymbol{x}_1'=\begin{bmatrix}1\\1\end{bmatrix}+\begin{bmatrix}-1\\-1\end{bmatrix}=\begin{bmatrix}0\\0\end{bmatrix}\qquad \boldsymbol{x}_2'=\begin{bmatrix}5\\4\end{bmatrix}+\begin{bmatrix}-2\\0\end{bmatrix}=\begin{bmatrix}3\\4\end{bmatrix},$$

$$\overline{P_1'P_2'}=\boldsymbol{x}_2'-\boldsymbol{x}_1'=\begin{bmatrix}3\\4\end{bmatrix}-\begin{bmatrix}0\\0\end{bmatrix}=\begin{bmatrix}3\\4\end{bmatrix},$$

$$\|\overline{P_1'P_2'}\|=\sqrt{(\boldsymbol{x}_2'-\boldsymbol{x}_1')^{\mathrm{T}}(\boldsymbol{x}_2'-\boldsymbol{x}_1')}=\sqrt{3\times 3+4\times 4}=5$$

3-2　现假设平面中的某个物体有如下位移函数：

$$\boldsymbol{u}(\boldsymbol{x})=\begin{bmatrix}u(\boldsymbol{x})\\v(\boldsymbol{x})\end{bmatrix}=\begin{bmatrix}1-2y\\3+2x\end{bmatrix}$$

根据平面几何方程，即

$$\varepsilon_x=\frac{\partial u}{\partial x},\varepsilon_y=\frac{\partial v}{\partial y},\gamma_{xy}=\frac{\partial v}{\partial x}+\frac{\partial u}{\partial y}$$

求出应变分量。

3-3　已知平面中的两个线段 PA 和 PB 的单位方向矢量为

$$\boldsymbol{t}_A=\begin{bmatrix}t_{Ax}\\t_{Ay}\end{bmatrix}\quad 和 \quad \boldsymbol{t}_B=\begin{bmatrix}t_{Bx}\\t_{By}\end{bmatrix}$$

则两者之间的夹角 θ 满足

$$\cos\theta=t_{Ax}t_{Bx}+t_{Ay}t_{By}$$

设应变矩阵为

$$\boldsymbol{\varepsilon}=\begin{bmatrix}\varepsilon_x & \gamma_{xy}\\\gamma_{xy} & \varepsilon_y\end{bmatrix}$$

证明：

（1）线段 PA 的线应变为 ε_A 为

$$\varepsilon_A=t_{Ax}^2\varepsilon_x+t_{Ay}^2\varepsilon_y+t_{Ax}t_{Ay}\gamma_{xy}=\boldsymbol{t}_A^{\mathrm{T}}\boldsymbol{\varepsilon}\boldsymbol{t}_A$$

同理，可得线段 PB 的线应变为 ε_B 为

$$\varepsilon_B=t_{Bx}^2\varepsilon_x+t_{By}^2\varepsilon_y+t_{Bx}t_{By}\gamma_{xy}=\boldsymbol{t}_B^{\mathrm{T}}\boldsymbol{\varepsilon}\boldsymbol{t}_B$$

（2）若变形后线段 PA 和 PB 之间的夹角为 θ'，则

$$\cos\theta'=(1-\varepsilon_A-\varepsilon_B)\cos\theta+2(t_{Ax}t_{Bx}\varepsilon_x+t_{Ay}t_{By}\varepsilon_y)+(t_{Ax}t_{By}+t_{Ay}t_{Bx})\gamma_{xy}$$

3-4　坐标系变换时，位移矢量的变换公式为

$$\boldsymbol{u}(\boldsymbol{x}')=\boldsymbol{T}\boldsymbol{u}(\boldsymbol{x})$$

位置矢量的变换公式为

$$\boldsymbol{x}'=\boldsymbol{T}\boldsymbol{x}$$

由于 $\boldsymbol{T}$ 矩阵是正交矩阵，因此可得

$$\boldsymbol{x} = \boldsymbol{T}^{-1}\boldsymbol{x}' = \boldsymbol{T}^{\mathrm{T}}\boldsymbol{x}'$$

据此,证明:

$$\boldsymbol{\varepsilon}(\boldsymbol{x}') = \boldsymbol{T}\boldsymbol{\varepsilon}(\boldsymbol{x})\boldsymbol{T}^{\mathrm{T}}$$

提示:

$$\frac{\partial \boldsymbol{u}(\boldsymbol{x}')}{\partial \boldsymbol{u}(\boldsymbol{x})} = \boldsymbol{T}, \frac{\partial \boldsymbol{x}}{\partial \boldsymbol{x}'} = \boldsymbol{T}^{\mathrm{T}}$$

通过微分的链导法则,可得

$$\frac{\partial \boldsymbol{u}(\boldsymbol{x}')}{\partial \boldsymbol{x}'} = \frac{\partial \boldsymbol{u}(\boldsymbol{x}')}{\partial \boldsymbol{u}(\boldsymbol{x})} \frac{\partial \boldsymbol{u}(\boldsymbol{x})}{\partial \boldsymbol{x}} \frac{\partial \boldsymbol{x}}{\partial \boldsymbol{x}'} = \boldsymbol{T} \frac{\partial \boldsymbol{u}(\boldsymbol{x})}{\partial \boldsymbol{x}} \boldsymbol{T}^{\mathrm{T}}$$

则

$$\begin{cases} \left[\dfrac{\partial \boldsymbol{u}(\boldsymbol{x}')}{\partial \boldsymbol{x}'}\right]^{\mathrm{T}} = \boldsymbol{T}\left[\dfrac{\partial \boldsymbol{u}(\boldsymbol{x})}{\partial \boldsymbol{x}}\right]^{\mathrm{T}} \boldsymbol{T}^{\mathrm{T}} \\ \boldsymbol{\varepsilon}(\boldsymbol{x}') = \dfrac{1}{2}\left\{\dfrac{\partial \boldsymbol{u}(\boldsymbol{x}')}{\partial \boldsymbol{x}'} + \left[\dfrac{\partial \boldsymbol{u}(\boldsymbol{x}')}{\partial \boldsymbol{x}'}\right]^{\mathrm{T}}\right\} = \boldsymbol{T}\left\{\dfrac{1}{2}\left\{\dfrac{\partial \boldsymbol{u}(\boldsymbol{x})}{\partial \boldsymbol{x}} + \left[\dfrac{\partial \boldsymbol{u}(\boldsymbol{x})}{\partial \boldsymbol{x}}\right]^{\mathrm{T}}\right\}\right\} \boldsymbol{T}^{\mathrm{T}} = \boldsymbol{T}\boldsymbol{\varepsilon}(\boldsymbol{x})\boldsymbol{T}^{\mathrm{T}} \end{cases}$$

第四章 内力与外力的平衡

物体在外力的作用下将产生形变。因此,其内部要产生内力以抵抗形变。但是,物体同一点处不同截面上的内力矢量是不同的。这就需要引入应力的概念。

本章在介绍外力的基础上,引入应力的概念以表征物体的内力,并通过平衡微分方程和应力边界条件分别建立起应力与外力中的体力和面力之间的平衡关系。除此之外,本章还讲述物体中任意一点处的内力状态、坐标系变换时的应力分量变换等内容。

本章所介绍的平衡微分方程是以微小位移和微小变形的假设为前提,也是弹塑性力学的最基本方程之一。

4.1 外力:体力与面力

作用于物体的外力可以分为体积力和表面力,两者分别简称为体力和面力。通常所说的"集中力",是一个关于力的抽象概念或等效模型,就像"质点"一样。现实中,力只以体力或面力的形式客观存在。

一、体力矢量

体力是指分布在物体体积内的力。例如:重力、惯性力、电磁力等。

一般而言,物体内部各点所受的体力是不同的。为了表明其内部某一点 P 处所受体力的大小和方向,在这一点处取物体内部的一个微小体积 ΔV,见图 4.1.1(a)。

设作用于该微小体积 ΔV 的力为 $\Delta \boldsymbol{F}$,则该点处力的平均集度为

$$\frac{\Delta \boldsymbol{F}}{\Delta V} \tag{4.1.1}$$

如果把所取的那部分微小体积不断减小,即 ΔV 不断减小,则 $\Delta \boldsymbol{F}$ 和 $\Delta \boldsymbol{F}/\Delta V$ 都将不断地改变大小、方向和作用点。

令 ΔV 无限减小而趋于点 P,在假定力为连续分布的前提下,则 $\Delta \boldsymbol{F}/\Delta V$ 将趋于一定的极限 $\boldsymbol{f}$,即

$$\boldsymbol{f} = \lim_{\Delta V \to 0} \frac{\Delta \boldsymbol{F}}{\Delta V} \tag{4.1.2}$$

式中:极限矢量 $\boldsymbol{f}$,就是该物体在点 P 处所受的体力,单位为 $\mathrm{N/m^3}$。

图 4-1(b)所示体力矢量 $\boldsymbol{f}$ 可以用其在坐标轴 x,y,z 上的投影 f_x、f_y、f_z来表示:

$$\boldsymbol{f} = \begin{bmatrix} f_x \\ f_y \\ f_z \end{bmatrix} \tag{4.1.3}$$

式中:f_x、f_y、f_z称为体力$\boldsymbol{f}$的体力分量。

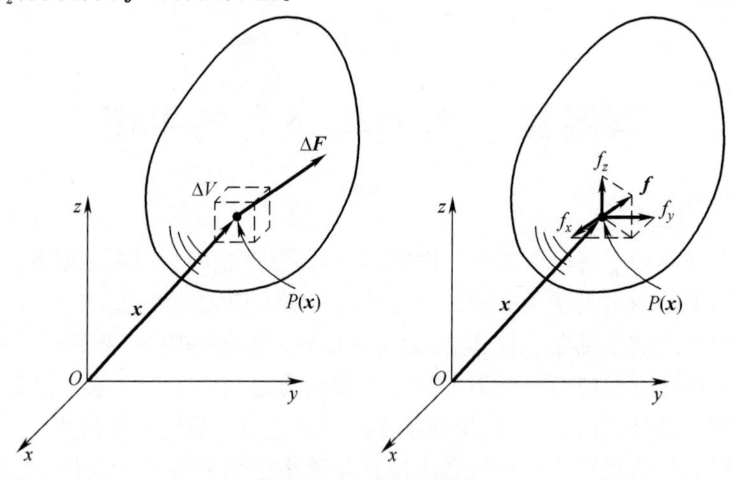

图 4.1.1　体力矢量$\boldsymbol{f}$

例题 4.1.1:

图 4.1.2 所示在弹性体内部位置矢量为$\boldsymbol{x}$的一点处,取微小体积ΔV。则地球引力作用在该微小体积上的重力为

$$\Delta \boldsymbol{F} = \begin{bmatrix} 0 \\ 0 \\ -\Delta mg \end{bmatrix} = \begin{bmatrix} 0 \\ 0 \\ -\rho \Delta V g \end{bmatrix}$$

式中:Δm为微小体积的质量(kg);ρ为物体的质量密度(kg/m^3)。

求出由重力产生的体力。

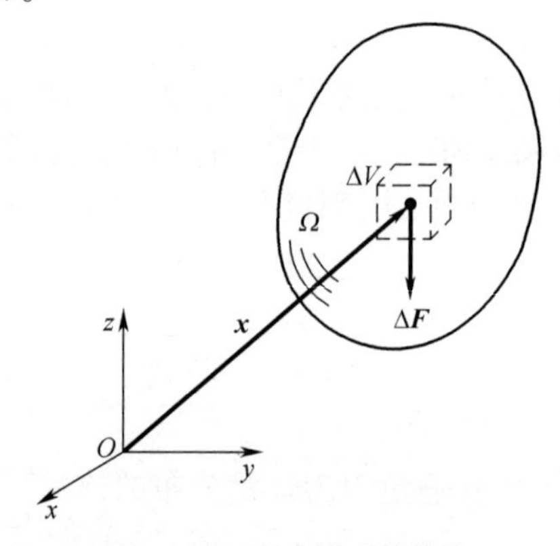

图 4.1.2　重力形式的体力

解答:

由所给条件,可知

$$\frac{\Delta \boldsymbol{F}}{\Delta V} = \begin{bmatrix} 0 \\ 0 \\ -\rho g \end{bmatrix}$$

对上式取极限,可得

$$f = \lim_{\Delta V \to 0} \frac{\Delta \boldsymbol{F}}{\Delta V} = \begin{bmatrix} 0 \\ 0 \\ -\rho g \end{bmatrix}$$

这就由重力所产生的体积力。

答毕。

二、面力矢量

面力是指分布在物体表面上的力。例如:静水压力、风压力、摩擦力等。

一般而言,物体表面各点所受的面力是不同的。为了表明该物体表面某一点 P 处所受面力的大小和方向,在这一点处取该物体表面的一个微小面积 ΔS,见图 4.1.3(a)。

设作用于微小面积 ΔS 的力为 $\Delta \boldsymbol{F}$,则该点处力的平均集度为

$$\frac{\Delta \boldsymbol{F}}{\Delta S} \tag{4.1.4}$$

如果把所取的那部分微小面积不断减小,即 ΔS 不断减小,则 $\Delta \boldsymbol{F}$ 和 $\Delta \boldsymbol{F}/\Delta S$ 都将不断地改变大小、方向和作用点。

令 ΔS 无限减小而趋于点 P,在假定力为连续分布的前提下,则 $\Delta \boldsymbol{F}/\Delta S$ 将趋于一定的极限 $\bar{\boldsymbol{f}}$,即

$$\bar{\boldsymbol{f}} = \lim_{\Delta S \to 0} \frac{\Delta \boldsymbol{F}}{\Delta S} \tag{4.1.5}$$

这个极限矢量 $\bar{\boldsymbol{f}}$,就是该物体在点 P 处所受的面力,单位为 $\mathrm{N/m^2}$。

图 4-3(b)所示面力矢量 $\bar{\boldsymbol{f}}$ 可以用其在坐标轴 x,y,z 上的投影 $\bar{f}_x$、$\bar{f}_y$、$\bar{f}_z$ 来表示:

$$\bar{\boldsymbol{f}} = \begin{bmatrix} \bar{f}_x \\ \bar{f}_y \\ \bar{f}_z \end{bmatrix} \tag{4.1.6}$$

式中:$\bar{f}_x$、$\bar{f}_y$、$\bar{f}_z$ 称为面力 $\bar{\boldsymbol{f}}$ 的面力分量。

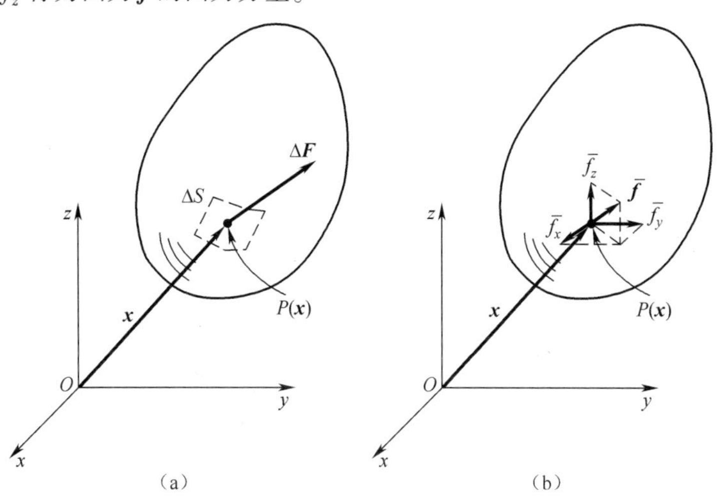

图 4.1.3　面力矢量 $\bar{\boldsymbol{f}}$

例题 4.1.2：

图 4.1.4 所示在物体表面位置矢量为 $\boldsymbol{x}$ 的一点处，取微小面积ΔS。设该点处微小面积的单位法向矢量为

$$\boldsymbol{n}=\begin{bmatrix}n_x\\n_y\\n_z\end{bmatrix}$$

由于静止流场在该点处产生的静水压力为

$$p=-\rho gz$$

方向与法向相反，因此静止流场作用在该微小面积上的静水压力为

$$\Delta\boldsymbol{F}=p\Delta S(-\boldsymbol{n})=\rho gz\Delta S\begin{bmatrix}n_x\\n_y\\n_z\end{bmatrix}=\begin{bmatrix}\rho gz\Delta Sn_x\\\rho gz\Delta Sn_y\\\rho gz\Delta Sn_z\end{bmatrix}$$

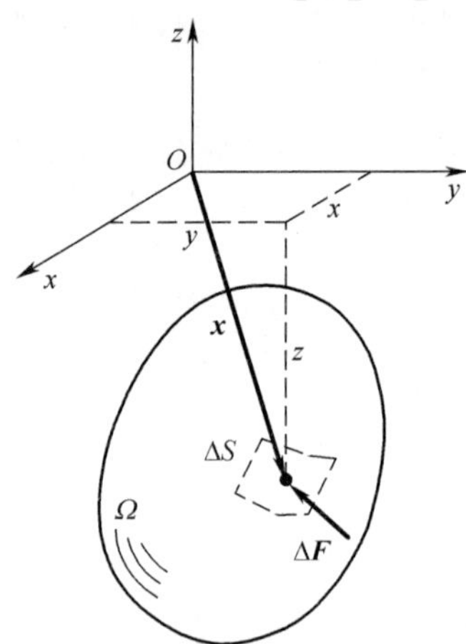

图 4.1.4　静水压力形式的面力

求出由静水压力产生的面力。

解答：

由所给条件，可知

$$\frac{\Delta\boldsymbol{F}}{\Delta S}=\begin{bmatrix}\rho gzn_x\\\rho gzn_y\\\rho gzn_z\end{bmatrix}$$

对上式取极限，可得

$$\bar{\boldsymbol{f}}=\begin{bmatrix}\bar{f}_x\\\bar{f}_y\\\bar{f}_z\end{bmatrix}=\lim_{\Delta S\to0}\frac{\Delta\boldsymbol{F}}{\Delta S}=\begin{bmatrix}\rho gzn_x\\\rho gzn_y\\\rho gzn_z\end{bmatrix}$$

这就由静水压力所产生的表面力。

答毕。

4.2　应力:内力的度量

一、内力矢量

物体在外力的作用下将产生内力以平衡外力。

为了研究物体在某一点 P 处的内力,假想用经过 P 点的一个截面 mn 将该物体分为 A 和 B 两部分,见图 4.2.1(a)。

若将 B 部分撇开,则撇开的 B 部分将在截面 mn 上对留下的 A 部分作用一个内力。为了表明该截面上点 P 处所受内力的大小和方向,在这一点处取该截面上的一个微小面积 ΔA,见图 4.2.1(b)。

设作用于 ΔA 上的内力为 ΔF,则该点处内力的平均集度为

$$\frac{\Delta \boldsymbol{F}}{\Delta A} \tag{4.2.1}$$

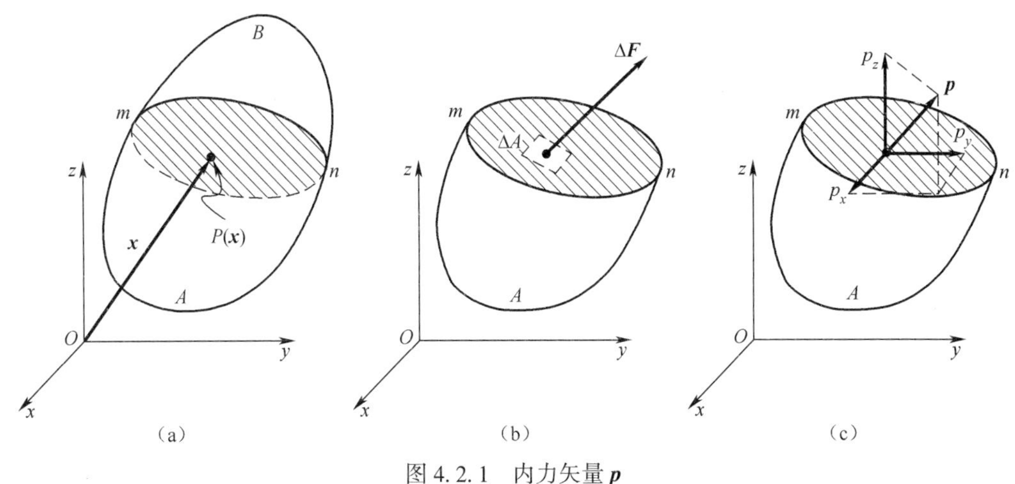

图 4.2.1　内力矢量 $\boldsymbol{p}$

令 ΔA 无限减小而趋于点 P,在假定力为连续分布的前提下,则 $\Delta \boldsymbol{F}/\Delta A$ 将趋于一定的极限 $\boldsymbol{p}$,即

$$\boldsymbol{p} = \lim_{\Delta A \to 0} \frac{\Delta \boldsymbol{F}}{\Delta A} \tag{4.2.2}$$

式中:极限矢量 $\boldsymbol{p}$,就是该物体通过点 P 的截面 mn 上的内力,单位为 $\mathrm{N/m^2}$。

图 4.2.1(c)所示内力矢量 $\boldsymbol{p}$ 可以用其在坐标轴 x,y,z 上的投影 p_x、p_y、p_z来表示

$$\boldsymbol{p} = \begin{bmatrix} p_x \\ p_y \\ p_z \end{bmatrix} \tag{4.2.3}$$

式中:p_x、p_y、p_z称为内力 $\boldsymbol{p}$ 的内力分量。

例题 4.2.1:

为了研究图 4.2.2 所示物体的内力,用截面将物体分为 A 和 B 两部分,其中 B 部分对 A

部分的作用力为 $\Delta\boldsymbol{F}$,并假设为

$$\Delta\boldsymbol{F}=\begin{bmatrix}0\\0\\F\end{bmatrix}$$

现有两个不同的截面,即

$$\Delta A_1=a^2\quad \text{和}\quad \Delta A_2=\sqrt{2}\,a^2$$

求出两个截面上的面力矢量。

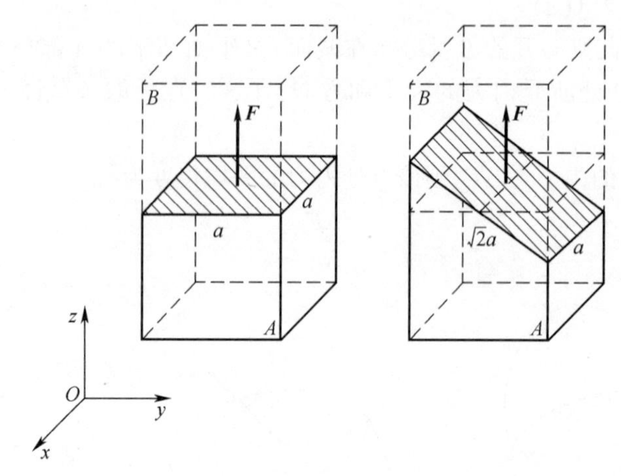

图 4.2.2　同一点处,两个不同的截面

解答:

对于第一种形式的截面,内力的平均集度为

$$\frac{\Delta\boldsymbol{F}}{\Delta A_1}=\begin{bmatrix}0\\0\\F/a^2\end{bmatrix}$$

对上式取极限,可得其内力矢量为

$$\boldsymbol{p}_1=\lim_{\Delta A\to 0}\frac{\Delta\boldsymbol{F}}{\Delta A}=\begin{bmatrix}0\\0\\F/a^2\end{bmatrix}$$

对于第二种形式的截面,内力的平均集度为

$$\frac{\Delta\boldsymbol{F}}{\Delta A_2}=\begin{bmatrix}0\\0\\F/\sqrt{2}\,a^2\end{bmatrix}$$

对上式取极限,可得其内力矢量为

$$\boldsymbol{p}_2=\lim_{\Delta A\to 0}\frac{\Delta\boldsymbol{F}}{\Delta A_2}=\begin{bmatrix}0\\0\\F/\sqrt{2}\,a^2\end{bmatrix}$$

答毕。

这个例题虽然十分简单,但却清晰地表明:在物体的同一点 P 处,不同截面上的内力矢

量是不同的。因此,需要引入应力的概念。

二、应力张量

如图 4.2.3 所示,通过点 P 作垂直于 x 轴的截面。在该截面上取包含点 P 的微小面积 $\Delta A=\Delta y\Delta z$。

设作用于 ΔA 上的内力为 $\Delta \boldsymbol{F}_x$,则该点处内力的平均集度为

$$\frac{\Delta \boldsymbol{F}_x}{\Delta A}$$

令 ΔA 无限减小而趋于点 P,假定内力为连续分布,则 $\Delta \boldsymbol{F}_x/\Delta A$ 将趋于一定的极限 $\boldsymbol{p}_x$,即

$$\boldsymbol{p}_x=\lim_{\Delta A\to 0}\frac{\Delta \boldsymbol{F}_x}{\Delta A}$$

式中:极限矢量 $\boldsymbol{p}_x$,就是该物体通过点 P 且作用在垂直于 x 轴的截面上的内力矢量。

这个内力矢量 $\boldsymbol{p}_x$ 可以用其在三个坐标轴上的投影表示成

$$\boldsymbol{p}_x=\begin{bmatrix}p_{xx}\\p_{xy}\\p_{xz}\end{bmatrix}$$

式中:p_{xx}、p_{xy}、p_{xz}称为内力矢量 $\boldsymbol{p}_x$ 的内力分量,其中 p_{xx}作用在垂直于 x 轴的截面上,且沿着 x 轴的方向,称为正应力;p_{xy}和 p_{xz}也作用在垂直于 x 轴的截面上,但分别沿着 y 轴和 z 轴的方向,称为切应力。因此,为便于理解,可将 $\boldsymbol{p}_x$ 表示成

$$\boldsymbol{p}_x=\begin{bmatrix}\sigma_x\\\tau_{xy}\\\tau_{xz}\end{bmatrix}\tag{4.2.4a}$$

式中:内力矢量 $\boldsymbol{p}_x$, 如图 4.2.3 所示。

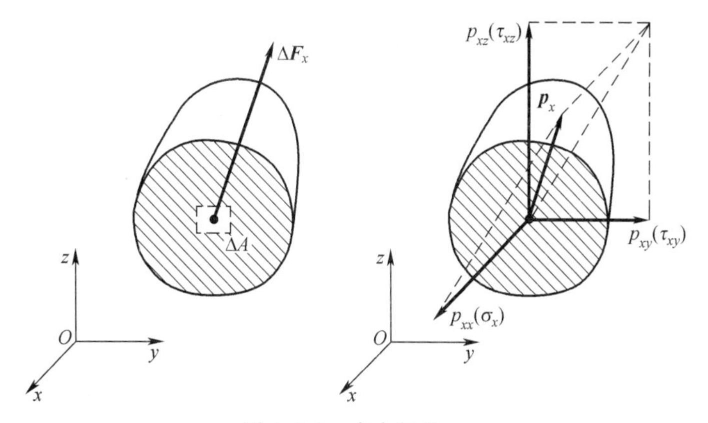

图 4.2.3　内力矢量 $\boldsymbol{p}_x$

类似地,如图 4.2.4 所示,通过对作用在垂直于 y 轴和 z 轴上的截面分别进行内力分析,可得

$$\boldsymbol{p}_y = \begin{bmatrix} \tau_{yx} \\ \sigma_y \\ \tau_{yz} \end{bmatrix} \tag{4.2.4b}$$

$$\boldsymbol{p}_z = \begin{bmatrix} \tau_{zx} \\ \tau_{zy} \\ \sigma_z \end{bmatrix} \tag{4.2.4c}$$

式中：σ_y为作用在垂直于 y 轴的截面上，且沿着 y 轴的正应力；τ_{yx} 和 τ_{yz}为作用在垂直于 y 轴的截面上，分别沿着 x 轴和 z 轴方向的切应力；σ_z为作用在垂直于 z 轴的截面上，且沿着 z 轴的正应力；τ_{zx}和 τ_{zy}为作用在垂直于 z 轴的截面上，分别沿着 x 轴和 y 轴方向的切应力。

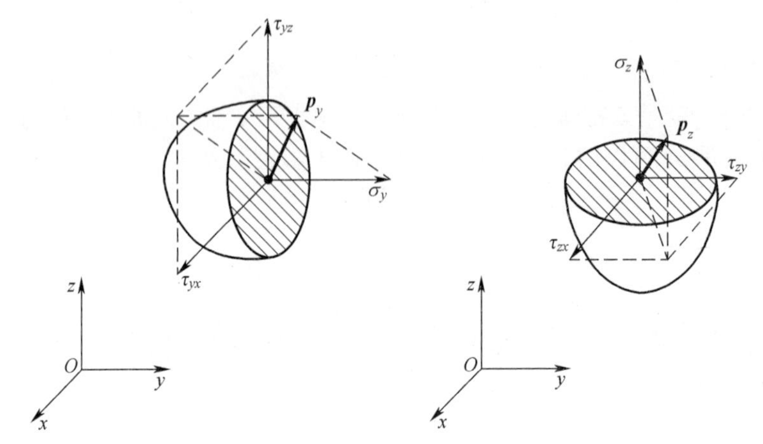

图 4.2.4　内力矢量 $\boldsymbol{p}_y$ 和 $\boldsymbol{p}_z$

如图 4.2.5(a)所示，为了完整刻画点 P 处的内力状体，在点 P 处从物体内取出一个微小的平行六面体。它的 3 条棱边分别平行于 3 个坐标轴且长度为

$$PA = \Delta x, PB = \Delta y\ ,\ PC = \Delta z$$

对每一个面作内力分析，得到各自的内力矢量，并将其分解为与 3 个坐标轴平行的分量，见图 4.2.5(b)。据此，引入二阶应力张量的矩阵表达：

$$\boldsymbol{\sigma} = [\boldsymbol{p}_x \quad \boldsymbol{p}_y \quad \boldsymbol{p}_z] = \begin{bmatrix} \sigma_x & \tau_{yx} & \tau_{zx} \\ \tau_{xy} & \sigma_y & \tau_{zy} \\ \tau_{xz} & \tau_{yz} & \sigma_z \end{bmatrix} \tag{4.2.5}$$

这个矩阵称为应力矩阵，应力的单位为 N/m^2。

注意：图 4.2.5(b)中只显示了微小平行六面体前面、右面和上面上的内力矢量及其分量。事实上，该六面体的后面、左面和下面也存在内力矢量及其分量。因此，完整的应力分量见图 4.2.6。

需要强调：为了表明切应力的作用面和作用方向，须加上两个坐标角码，即前一个角码表明作用面垂直于哪个坐标轴，后一个角码表明作用方向沿着哪个坐标轴。

需要特别指出：如果某一个截面上的外法线是沿着坐标轴的正方向，这个截面上的应力分量就以沿坐标轴正方向时为正，沿坐标轴负方向时为负；反之，如果某一个截面上的外法

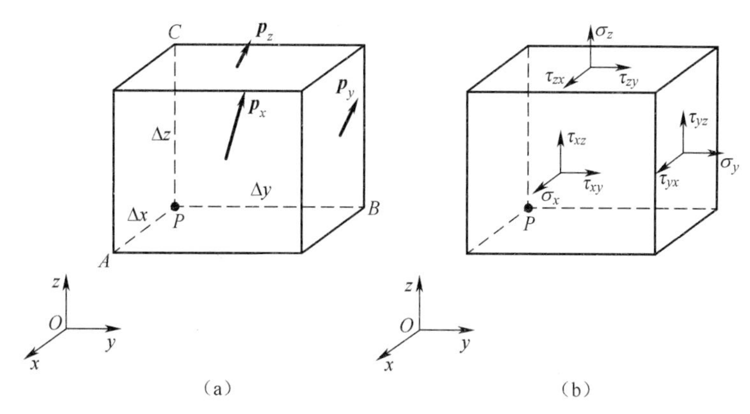

图 4.2.5　物体中一点处的内力矢量及其分量

线是沿着坐标轴的负方向,则这个截面上的应力分量就以沿坐标轴负方向时为正,沿坐标轴正方向时为负。图 4.2.6 所示的应力分量全部都是正的。

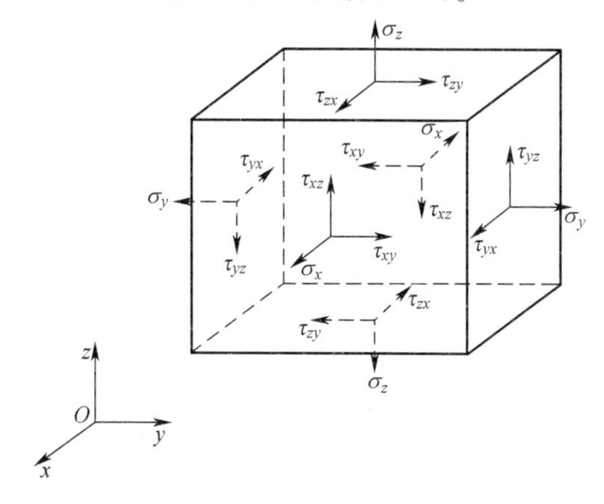

图 4.2.6　物体中一点处完整的应力分量示意图

例题 4.2.2:

图 4.2.7 所示为物体上某点处的垂直于 3 个坐标轴的截面上的内力分量。写出该点处的 3 个内力矢量及应力矩阵。

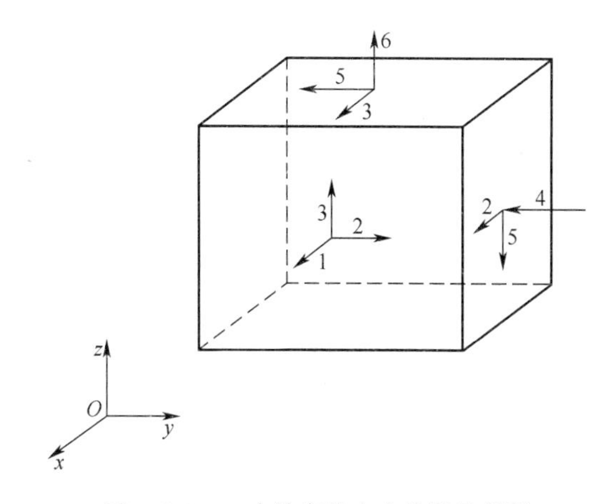

图 4.2.7　一个给定的应力分量示意图

解答:

3 个内力矢量为

$$\boldsymbol{p}_x = \begin{bmatrix} \sigma_x \\ \tau_{xy} \\ \tau_{xz} \end{bmatrix} = \begin{bmatrix} 1 \\ 2 \\ 3 \end{bmatrix}, \boldsymbol{p}_y = \begin{bmatrix} \tau_{yx} \\ \sigma_y \\ \tau_{yz} \end{bmatrix} = \begin{bmatrix} 2 \\ -4 \\ -5 \end{bmatrix}, \boldsymbol{p}_z = \begin{bmatrix} \tau_{zx} \\ \tau_{zy} \\ \sigma_z \end{bmatrix} = \begin{bmatrix} 3 \\ -5 \\ 6 \end{bmatrix}$$

应力矩阵为

$$\boldsymbol{\sigma} = [\boldsymbol{p}_x \quad \boldsymbol{p}_y \quad \boldsymbol{p}_z] = \begin{bmatrix} \sigma_x & \tau_{yx} & \tau_{zx} \\ \tau_{xy} & \sigma_y & \tau_{zy} \\ \tau_{xz} & \tau_{yz} & \sigma_z \end{bmatrix} = \begin{bmatrix} 1 & 2 & 3 \\ 2 & -4 & -5 \\ 3 & -5 & 6 \end{bmatrix}$$

答毕。

三、切应力互等关系

由式(4.2.5)可知,应力张量共用 9 个分量,其中 3 个正应力分量为 σ_x、σ_y 和 σ_z,6 个切应力分量为 τ_{xy}、τ_{xz}、τ_{yx}、τ_{yz}、τ_{zx} 和 τ_{zy},这 6 个切应力之间具有一定的互等关系。

例如:以连接前后两面中心的直线 ab 为轴取矩时,图 4.2.6 所示的所有应力分量中,只有 τ_{yz} 和 τ_{yz} 有贡献,如图 4.2.8 所示。

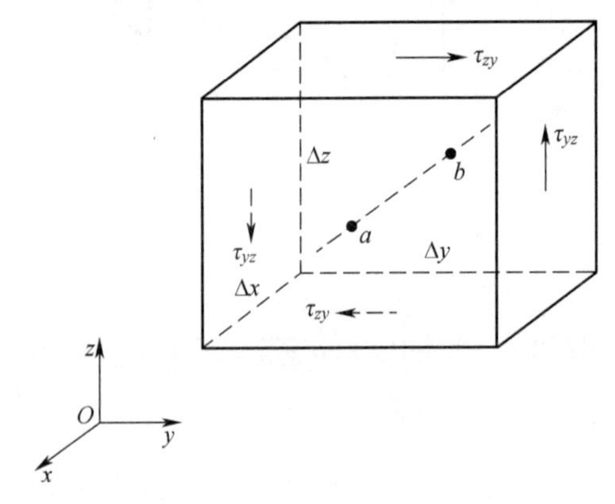

图 4.2.8 对直线 ab 取矩时有关的应力分量

根据力矩的平衡,可得

$$2\tau_{yz}\Delta z\Delta x\frac{\Delta y}{2} - 2\tau_{zy}\Delta y\Delta x\frac{\Delta z}{2} = 0$$

化简后,可得

$$\tau_{yz} = \tau_{zy} \tag{4.2.6a}$$

同理,可得

$$\tau_{zx} = \tau_{xz} \tag{4.2.6b}$$

$$\tau_{xy} = \tau_{yx} \tag{4.2.6c}$$

这就证明了切应力的互等关系,即作用在两个互相垂直的面上并且垂直于该两平面交线的切应力,是互等的(大小相等,正负号也相同)。简言之,切应力记号的两个角码可以互换。这样,6 个切应力分量中,只有 3 个是独立的。

因此,数学上:

$$\boldsymbol{\sigma}^{\mathrm{T}} = \boldsymbol{\sigma} \tag{4.2.7}$$

即应力张量的矩阵 $\boldsymbol{\sigma}$ 为对称矩阵。

4.3 应力与体力的关系:平衡微分方程

如图 4.3.1(a)所示,在物体内部的任意一点 P 处,割取一个微小的平行六面体,其 6 个面分别垂直于相应的坐标轴,而棱边的长度为

$$PA = \mathrm{d}x, PB = \mathrm{d}y\ ,\ PC = \mathrm{d}z$$

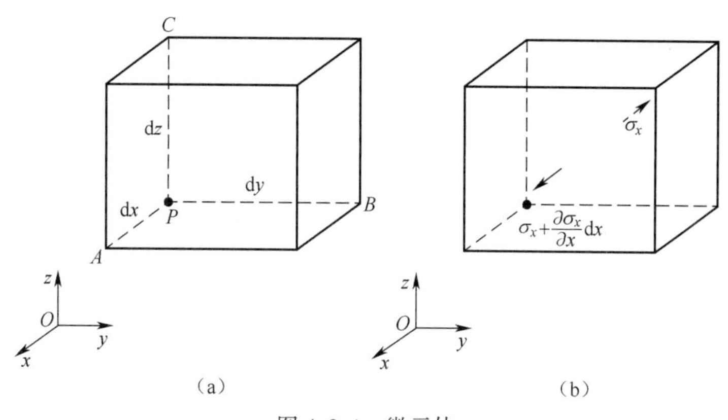

图 4.3.1 微元体

一般而言,应力分量是位置坐标的函数。因此,作用在这六面体两对面上的应力分量并不完全相同,具有微小的差异。例如:如图 4.3.1(b)所示,如果作用在后面上的平均正应力是

$$\sigma_x$$

则由于坐标 x 的改变,作用在前面上的平均正应力应当是

$$\sigma_x + \frac{\partial \sigma_x}{\partial x}\mathrm{d}x$$

其他类似情况,以此类推。

微元体上完整的应力分量及其增量由图 4.3.2 给出。

一、切应力互等关系

如图 4.3.3 所示,以连接六面体前后两面中心的直线 ab 为矩轴,得出力矩的平衡方程:

$$\sum M_{ab} = 0$$

即

$$\left(\tau_{yz} + \frac{\partial \tau_{yz}}{\partial y}\mathrm{d}y\right)\mathrm{d}x\mathrm{d}z\,\frac{\mathrm{d}y}{2} + \tau_{yz}\mathrm{d}x\mathrm{d}z\,\frac{\mathrm{d}y}{2} - \left(\tau_{zy} + \frac{\partial \tau_{zy}}{\partial z}\mathrm{d}z\right)\mathrm{d}x\mathrm{d}y\,\frac{\mathrm{d}z}{2} - \tau_{zy}\mathrm{d}x\mathrm{d}y\,\frac{\mathrm{d}z}{2} = 0$$

除以 $\mathrm{d}x\mathrm{d}y\mathrm{d}z$ 并经过简单的整理后,可得

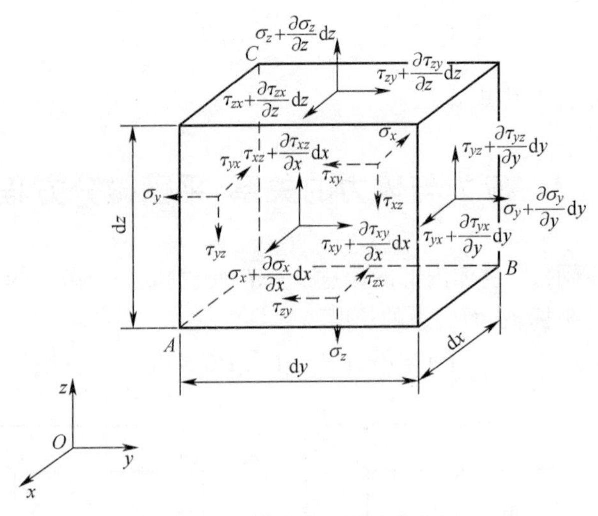

图 4.3.2　微元体上的应力分量

$$\tau_{yz}+\frac{1}{2}\frac{\partial\tau_{yz}}{\partial y}-\tau_{zy}-\frac{1}{2}\frac{\partial\tau_{zy}}{\partial z}=0$$

进一步略去微量后,可得

$$\tau_{yz}=\tau_{zy}$$

同样可得

$$\tau_{zx}=\tau_{xz},\tau_{xy}=\tau_{yx}$$

这就是 4.2 节已有的式(4.2.6),即切应力互等关系在微元体上也成立。

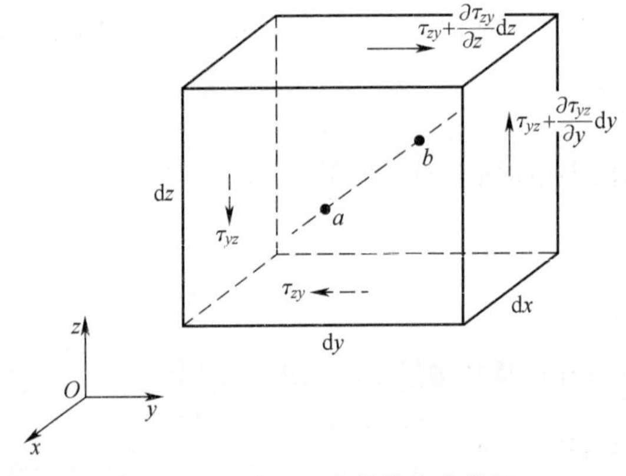

图 4.3.3　与 M_{ab} 有关的应力分量

二、平衡微分方程

如图 4.3.4 所示,以 x 轴为投影轴,得出力的平衡方程:

$$\sum F_x=0$$

即

$$\left(\sigma_x + \frac{\partial \sigma_x}{\partial x}\mathrm{d}x\right)\mathrm{d}y\mathrm{d}z - \sigma_x\mathrm{d}y\mathrm{d}z + \left(\tau_{yx} + \frac{\partial \tau_{yx}}{\partial y}\mathrm{d}y\right)\mathrm{d}z\mathrm{d}x - \tau_{yx}\mathrm{d}z\mathrm{d}x + \left(\tau_{zx} + \frac{\partial \tau_{zx}}{\partial z}\mathrm{d}z\right)\mathrm{d}x\mathrm{d}y - \tau_{zx}\mathrm{d}x\mathrm{d}y + f_x\mathrm{d}x\mathrm{d}y\mathrm{d}z = 0$$

除以 $\mathrm{d}x\mathrm{d}y\mathrm{d}z$ 经过简单的整理后，可得

$$\frac{\partial \sigma_x}{\partial x} + \frac{\partial \tau_{yx}}{\partial y} + \frac{\partial \tau_{zx}}{\partial z} + f_x = 0$$

同样可得

$$\frac{\partial \tau_{xy}}{\partial x} + \frac{\partial \sigma_y}{\partial y} + \frac{\partial \tau_{zy}}{\partial z} + f_y = 0$$

和

$$\frac{\partial \tau_{zx}}{\partial x} + \frac{\partial \tau_{yz}}{\partial y} + \frac{\partial \sigma_z}{\partial z} + f_z = 0$$

则直角坐标系下空间问题的平衡微分方程：

$$\begin{cases} \dfrac{\partial \sigma_x}{\partial x} + \dfrac{\partial \tau_{yx}}{\partial y} + \dfrac{\partial \tau_{zx}}{\partial z} + f_x = 0 \\ \dfrac{\partial \tau_{xy}}{\partial x} + \dfrac{\partial \sigma_y}{\partial y} + \dfrac{\partial \tau_{zy}}{\partial z} + f_y = 0 \\ \dfrac{\partial \tau_{zx}}{\partial x} + \dfrac{\partial \tau_{yz}}{\partial y} + \dfrac{\partial \sigma_z}{\partial z} + f_z = 0 \end{cases} \tag{4.3.1a}$$

由于切应力的互等关系，式(4.3.1a)也可写成

$$\begin{cases} \dfrac{\partial \sigma_x}{\partial x} + \dfrac{\partial \tau_{xy}}{\partial y} + \dfrac{\partial \tau_{zx}}{\partial z} + f_x = 0 \\ \dfrac{\partial \tau_{xy}}{\partial x} + \dfrac{\partial \sigma_y}{\partial y} + \dfrac{\partial \tau_{yz}}{\partial z} + f_y = 0 \\ \dfrac{\partial \tau_{zx}}{\partial x} + \dfrac{\partial \tau_{yz}}{\partial y} + \dfrac{\partial \sigma_z}{\partial z} + f_z = 0 \end{cases} \tag{4.3.1b}$$

显然，平衡微分方程的作用在于将物体内部所产生的用应力来表征的内力与其所承受的外部体力联系了起来。

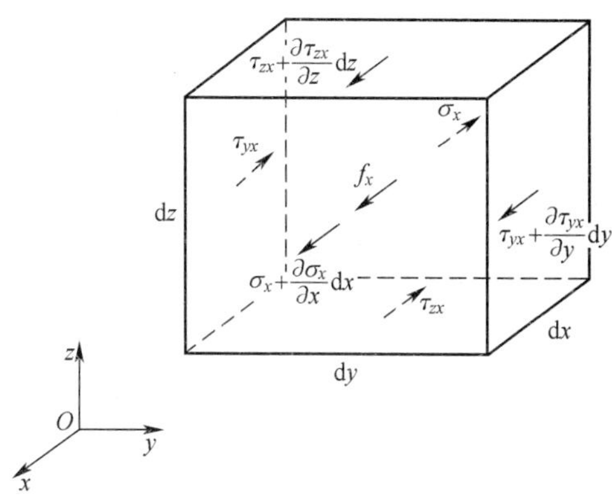

图 4.3.4 与 F_x 有关的应力分量和体力分量

例题 4.3.1:

证明:下列形式的应力分量:

$$\begin{cases}\sigma_x = \sin\alpha x(2C_2 + 6C_3 y + 12C_4 y^2)\\ \sigma_y = -\alpha^2 \sin\alpha x(C_0 + C_1 y + C_2 y^2 + C_3 y^3 + C_4 y^4)\\ \tau_{xy} = -\alpha\cos\alpha x(C_1 + 2C_2 y + 3C_3 y^2 + 4C_4 y^3)\end{cases}$$

满足如下形式的平衡微分方程:

$$\begin{cases}\dfrac{\partial\sigma_x}{\partial x} + \dfrac{\partial\tau_{yx}}{\partial y} = 0\\ \dfrac{\partial\tau_{xy}}{\partial x} + \dfrac{\partial\sigma_y}{\partial y} = 0\end{cases}$$

解答:

由于

$$\begin{cases}\dfrac{\partial\sigma_x}{\partial x} = \alpha\cos\alpha x(2C_2 + 6C_3 y + 12C_4 y^2)\\ \dfrac{\partial\tau_{xy}}{\partial y} = -\alpha\cos\alpha x(2C_2 + 6C_3 y + 12C_4 y^2)\end{cases}$$

所以

$$\frac{\partial\sigma_x}{\partial x} + \frac{\partial\tau_{yx}}{\partial y} = 0$$

由于

$$\begin{cases}\dfrac{\partial\tau_{xy}}{\partial x} = \alpha^2 \sin\alpha x(C_1 + 2C_2 y + 3C_3 y^2 + 4C_4 y^3)\\ \dfrac{\partial\sigma_y}{\partial y} = -\alpha^2 \sin\alpha x(C_1 + 2C_2 y + 3C_3 y^2 + 4C_4 y^3)\end{cases}$$

所以

$$\frac{\partial\tau_{xy}}{\partial x} + \frac{\partial\sigma_y}{\partial y} = 0$$

因此,所给的平衡微分方程得到满足。

答毕。

例题 4.3.2:

已知应力分量:

$$\begin{cases}\sigma_x = -Qxy^2 + C_1 x^3\\ \sigma_y = -\dfrac{3}{2}C_2 xy^2\\ \tau_{xy} = -C_2 y^3 - C_3 x^2 y\end{cases}$$

式中:Q 为已知常数。若上述应力分量满足如下平衡微分方程:

$$
\begin{cases}
\dfrac{\partial \sigma_x}{\partial x} + \dfrac{\partial \tau_{yx}}{\partial y} = 0 \\
\dfrac{\partial \tau_{xy}}{\partial x} + \dfrac{\partial \sigma_y}{\partial y} = 0
\end{cases}
$$

时,求出系数 C_1,C_2和 C_3。

解答:

由于

$$
\begin{cases}
\dfrac{\partial \sigma_x}{\partial x} = - Qy^2 + 3C_1x^2 \\
\dfrac{\partial \tau_{xy}}{\partial y} = - 3C_2y^2 - C_3x^2 \\
\dfrac{\partial \tau_{xy}}{\partial x} = - 2C_3xy \\
\dfrac{\partial \sigma_y}{\partial y} = - 3C_2xy
\end{cases}
$$

代入所给的平衡微分方程,可得

$$
\begin{cases}
(3C_1 - C_3)x^2 - (Q + 3C_2)y^2 = 0 \\
(2C_3 + 3C_2)xy = 0
\end{cases}
$$

即

$$
\begin{cases}
3C_1 - C_3 = 0 \\
Q + 3C_2 = 0 \\
2C_3 + 3C_2 = 0
\end{cases}
$$

解得

$$
\begin{cases}
C_1 = \dfrac{1}{3}C_3 = \dfrac{1}{6}Q \\
C_2 = - \dfrac{1}{3}Q \\
C_3 = - \dfrac{3}{2}C_2 = \dfrac{1}{2}Q
\end{cases}
$$

答毕。

4.4 物体中任意一点处的内力状态

如图 4.4.1 所示,在物体中的任意一点 P 附近处取一个斜平面 ABC。

平行于这一斜平面,并与经过点 P 而平行于坐标面的 3 个平面形成一个微小四面体 $PABC$。

设三角形$\triangle ABC$ 的面积为 ΔA,四面体 $PABC$ 的体积为 ΔV。若令斜平面 ABC 的单位法向矢量为 $\boldsymbol{n}$,即

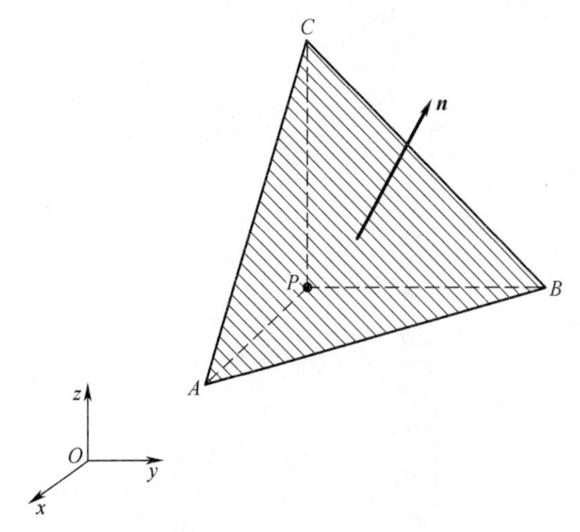

图 4.4.1　点 P 附近的平面 ABC 及其单位法向矢量 $\boldsymbol{n}$

$$\boldsymbol{n} = \begin{bmatrix} n_x \\ n_y \\ n_z \end{bmatrix} \tag{4.4.1}$$

式中：n_x、n_y、n_z为单位法向矢量的三个方向余弦，则三角形$\triangle BPC$、$\triangle CPA$ 和$\triangle APB$ 的面积分别为

$$n_x \Delta A, n_y \Delta A, n_z \Delta A$$

当斜平面 ABC 趋近于点 P 时，点 P 处的应力就成为该斜平面上的应力。

如图 4.4.2 所示，设点 P 处的 6 个应力分量分别为 σ_x、σ_y、σ_z、$\tau_{yz}=\tau_{zy}$、$\tau_{zx}=\tau_{xz}$、$\tau_{xy}=\tau_{xy}$。四面体 $PABC$ 内部的体力矢量和三角形$\triangle ABC$ 上的内力矢量分别为

$$\boldsymbol{f} = \begin{bmatrix} f_x \\ f_y \\ f_z \end{bmatrix} \quad 和 \quad \boldsymbol{p}_n = \begin{bmatrix} p_{nx} \\ p_{ny} \\ p_{nz} \end{bmatrix}$$

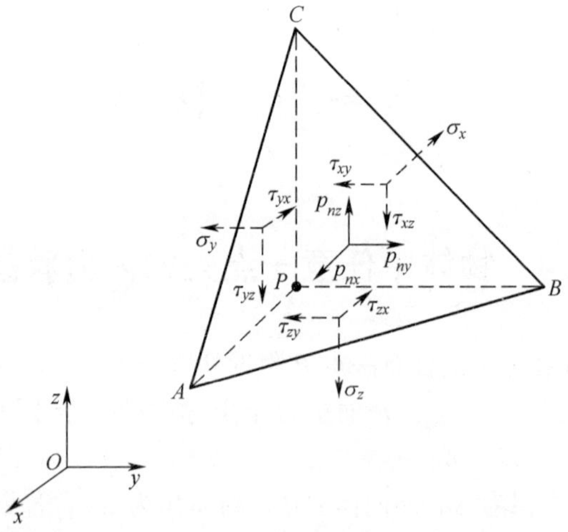

图 4.4.2　点 P 处的应力 $\boldsymbol{\sigma}$ 与斜面 ABC 上的内力 $\boldsymbol{p}_n$

如图 4.4.3 所示，根据四面体在 x 方向上的力的平衡条件：

$$\sum F_x = 0$$

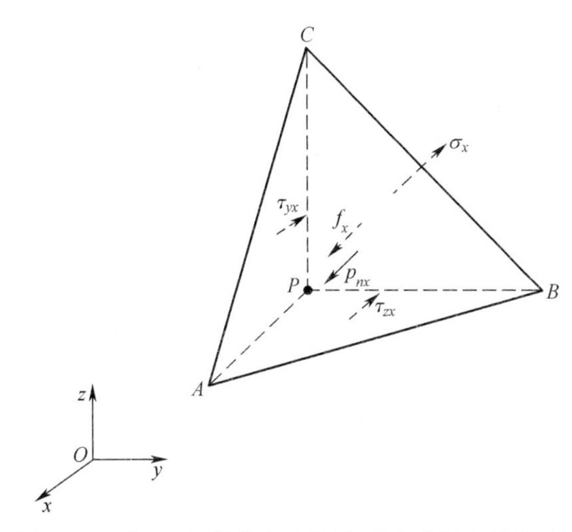

图 4.4.3　与 F_x 有关的应力分量、面力分量和体力分量

可得

$$p_{nx}\Delta A - \sigma_x n_x \Delta A - \tau_{yx} n_y \Delta A - \tau_{zx} n_z \Delta A + f_x \Delta V = 0$$

即

$$p_{nx} + f_x \frac{\Delta V}{\Delta A} = \sigma_x n_x + \tau_{xy} n_y + \tau_{zx} n_z$$

当斜面 ABC 趋近 P 点时，由于 ΔV 是比 ΔA 更高一阶的微量，所以 $\Delta V/\Delta$ 趋于 0，可得

$$p_{nx} = \sigma_x n_x + \tau_{xy} n_y + \tau_{zx} n_z$$

同理，由

$$\sum F_y = 0 \quad 和 \quad \sum F_z = 0$$

可得

$$\begin{cases} p_{ny} = \tau_{xy} n_x + \sigma_y n_y + \tau_{yz} n_z \\ p_{nz} = \tau_{zx} n_x + \tau_{yz} n_y + \sigma_z n_z \end{cases}$$

于是，经过点 P 的任一斜面上的内力矢量为

$$\begin{cases} p_{nx} = \sigma_x n_x + \tau_{xy} n_y + \tau_{zx} n_z \\ p_{ny} = \tau_{xy} n_x + \sigma_y n_y + \tau_{yz} n_z \\ p_{nz} = \tau_{zx} n_x + \tau_{yz} n_y + \sigma_z n_z \end{cases} \tag{4.4.2}$$

即

$$\boldsymbol{p}_n = \boldsymbol{\sigma n} \tag{4.4.3}$$

式中

$$\boldsymbol{p}_n = \begin{bmatrix} p_{nx} \\ p_{ny} \\ p_{nz} \end{bmatrix}, \boldsymbol{\sigma} = \begin{bmatrix} \sigma_x & \tau_{xy} & \tau_{zx} \\ \tau_{xy} & \sigma_y & \tau_{yz} \\ \tau_{zx} & \tau_{yz} & \sigma_z \end{bmatrix}, \boldsymbol{n} = \begin{bmatrix} n_x \\ n_y \\ n_z \end{bmatrix}$$

其数量大小为

$$p_n = \sqrt{\boldsymbol{p}_n \cdot \boldsymbol{p}_n} = \sqrt{\boldsymbol{p}_n^{\mathrm{T}}\boldsymbol{p}_n} = \sqrt{\boldsymbol{n}^{\mathrm{T}}\boldsymbol{\sigma}\boldsymbol{\sigma}\boldsymbol{n}} \tag{4.4.4}$$

称为全应力。

可见,在物体上的任意一点处,如果已知应力分量 σ_x、σ_y、σ_z、τ_{yz}、τ_{zx}、τ_{xy},就可以求得经过该点的任意截面上的内力矢量。内力矢量,也称为总应力矢量。

如图 4.4.4 所示,斜面上的内力矢量 $\boldsymbol{p}_n$ 可以分解为垂直于该斜面的正应力矢量 $\boldsymbol{\sigma}_n$ 和位于该斜面的切应力矢量 $\boldsymbol{\tau}_n$,即

$$\boldsymbol{p}_n = \boldsymbol{\sigma}_n + \boldsymbol{\tau}_n \tag{4.4.5}$$

正应力的数量大小为

$$\sigma_n = \boldsymbol{p}_n \cdot \boldsymbol{n} = \boldsymbol{p}_n^{\mathrm{T}}\boldsymbol{n} = \boldsymbol{n}^{\mathrm{T}}\boldsymbol{\sigma}^{\mathrm{T}}\boldsymbol{n} = \boldsymbol{n}^{\mathrm{T}}\boldsymbol{\sigma}\boldsymbol{n} \tag{4.4.6a}$$

正应力矢量为

$$\boldsymbol{\sigma}_n = \sigma_n \boldsymbol{n} \tag{4.4.6b}$$

则该截面上的切应力矢量为

$$\boldsymbol{\tau}_n = \boldsymbol{p}_n - \boldsymbol{\sigma}_n \tag{4.4.7a}$$

切应力的数量大小为

$$\tau_n = \sqrt{\boldsymbol{\tau}_n \cdot \boldsymbol{\tau}_n} = \sqrt{\boldsymbol{\tau}_n^{\mathrm{T}}\boldsymbol{\tau}_n} \tag{4.4.7b}$$

注意:上述 3 个矢量的数量大小应满足如下关系:

$$p_n^2 = \sigma_n^2 + \tau_n^2 \tag{4.4.8}$$

这就是勾股定理。

由此可见,物体上任意一点处的 6 个应力分量完全可以确定该点的内力状态。

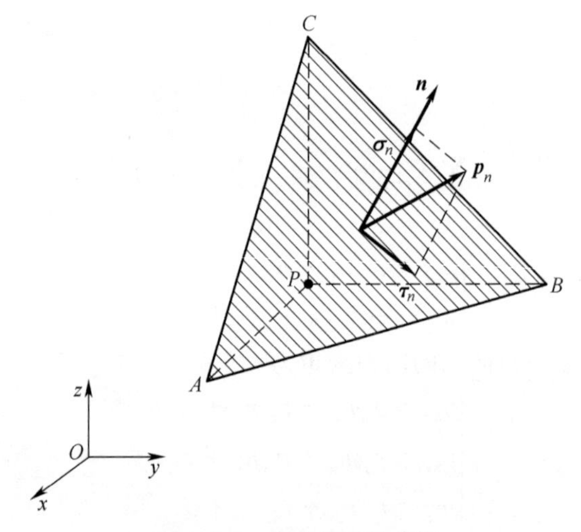

图 4.4.4　内力矢量的分解

例题 4.4.1:

已知物体内一点处的应力矩阵为

$$\boldsymbol{\sigma} = \begin{bmatrix} 50 & 50 & 80 \\ 50 & 0 & -75 \\ 80 & -75 & -30 \end{bmatrix}$$

现有一平面通过该点,其单位法向矢量为

$$\boldsymbol{n} = \begin{bmatrix} 1/2 \\ 1/2 \\ 1/\sqrt{2} \end{bmatrix}$$

完成下列问题：

(1) 求出该平面上的总应力矢量、全应力。

(2) 求出该平面上的正应力矢量及其数量。

(3) 求出该平面上的切应力矢量及其数量。

(4) 验证：

$$\boldsymbol{p}_n^2 = \boldsymbol{\sigma}_n^2 + \boldsymbol{\tau}_n^2$$

解答：

(1) 总应力矢量：

$$\boldsymbol{p}_n = \boldsymbol{\sigma n} = \begin{bmatrix} 50 & 50 & 80 \\ 50 & 0 & -75 \\ 80 & -75 & -30 \end{bmatrix} \begin{bmatrix} 1/2 \\ 1/2 \\ 1/\sqrt{2} \end{bmatrix} = \begin{bmatrix} 50 + 40\sqrt{2} \\ 25 - 37.5\sqrt{2} \\ 2.5 - 15\sqrt{2} \end{bmatrix} = \begin{bmatrix} 106.6 \\ -28.0 \\ -18.7 \end{bmatrix}$$

全应力

$$\boldsymbol{p}_n = \sqrt{106.6^2 + (-28.0)^2 + (-18.7)^2} = 111.8$$

(2) 正应力的数量：

$$\boldsymbol{\sigma}_n = \boldsymbol{p}_n^{\mathrm{T}}\boldsymbol{n} = [106.6 \quad -28.0 \quad -18.7] \begin{bmatrix} 1/2 \\ 1/2 \\ 1/\sqrt{2} \end{bmatrix} = 26.1$$

正应力矢量：

$$\boldsymbol{\sigma}_n = \boldsymbol{\sigma}_n \boldsymbol{n} = 26.1 \times \begin{bmatrix} 1/2 \\ 1/2 \\ 1/\sqrt{2} \end{bmatrix} = \begin{bmatrix} 13.0 \\ 13.0 \\ 18.4 \end{bmatrix}$$

(3) 切应力矢量：

$$\boldsymbol{\tau}_n = \boldsymbol{p}_n - \boldsymbol{\sigma}_n = \begin{bmatrix} 106.6 \\ -28.0 \\ -18.7 \end{bmatrix} - \begin{bmatrix} 13.0 \\ 13.0 \\ 18.4 \end{bmatrix} = \begin{bmatrix} 93.6 \\ -41.0 \\ -37.1 \end{bmatrix}$$

切应力数量：

$$\boldsymbol{\tau}_n = \sqrt{93.6^2 + (-41.0)^2 + (-37.1)^2} = 108.7$$

(4) 由于

$$\begin{cases} \boldsymbol{p}_n^2 = 111.8^2 = 12499 \\ \boldsymbol{\sigma}_n^2 + \boldsymbol{\tau}_n^2 = 26.1^2 + 108.7^2 = 12497 \end{cases}$$

可以认为

$$\boldsymbol{p}_n^2 = \boldsymbol{\sigma}_n^2 + \boldsymbol{\tau}_n^2$$

答毕。

4.5 坐标系变换时的应力分量变换

设原坐标系下的应力矩阵为 $\boldsymbol{\sigma}(\boldsymbol{x})$,新坐标系的三个基矢量为 $\boldsymbol{e}_{x'}$、$\boldsymbol{e}_{y'}$ 和 $\boldsymbol{e}_{z'}$。由式(4.4.3)可知,垂直于 x' 坐标轴平面上的内力矢量为

$$\boldsymbol{p}_{x'}=\boldsymbol{\sigma}(\boldsymbol{x})\boldsymbol{e}_{x'} \tag{4.5.1}$$

式中

$$\boldsymbol{p}_{x'}=\begin{bmatrix}p_{x'x}\\p_{x'y}\\p_{x'z}\end{bmatrix},\quad \boldsymbol{\sigma}(\boldsymbol{x})=\begin{bmatrix}\sigma_x&\tau_{xy}&\tau_{zx}\\\tau_{xy}&\sigma_y&\tau_{yz}\\\tau_{zx}&\tau_{yz}&\sigma_z\end{bmatrix},\boldsymbol{e}_{x'}=\begin{bmatrix}n_{x'x}\\n_{x'y}\\n_{x'z}\end{bmatrix}$$

于是,将垂直于 x' 坐标轴平面上的内力矢量 $\boldsymbol{p}_{x'}$ 沿着新坐标轴分解为 3 个应力分量:

$$\begin{cases}\sigma_{x'}=\boldsymbol{p}_{x'}{}^{\mathrm{T}}\boldsymbol{e}_{x'}=\boldsymbol{e}_{x'}^{\mathrm{T}}\boldsymbol{\sigma}^{\mathrm{T}}(\boldsymbol{x})\boldsymbol{e}_{x'}=\boldsymbol{e}_{x'}^{\mathrm{T}}\boldsymbol{\sigma}(\boldsymbol{x})\boldsymbol{e}_{x'}\\\tau_{x'y'}=\boldsymbol{p}_{x'}{}^{\mathrm{T}}\boldsymbol{e}_{y'}=\boldsymbol{e}_{x'}^{\mathrm{T}}\boldsymbol{\sigma}^{\mathrm{T}}(x)e_{y'}=\boldsymbol{e}_{x'}^{\mathrm{T}}\boldsymbol{\sigma}(\boldsymbol{x})\boldsymbol{e}_{y'}\\\tau_{x'z'}=\boldsymbol{p}_{x'}{}^{\mathrm{T}}\boldsymbol{e}_{z'}=\boldsymbol{e}_{x'}^{\mathrm{T}}\boldsymbol{\sigma}^{\mathrm{T}}(\boldsymbol{x})\boldsymbol{e}_{z'}=\boldsymbol{e}_{x'}^{\mathrm{T}}\boldsymbol{\sigma}(\boldsymbol{x})\boldsymbol{e}_{z'}\end{cases}$$

注意:这里利用了应力矩阵的对称性,即

$$\boldsymbol{\sigma}^{\mathrm{T}}(\boldsymbol{x})=\boldsymbol{\sigma}(\boldsymbol{x})$$

类似地,分别将垂直于 y' 坐标轴平面上的内力矢量 $\boldsymbol{p}_{y'}$ 和垂直于 z' 坐标轴平面上的内力矢量 $\boldsymbol{p}_{z'}$ 沿着新坐标轴分解为各自的 3 个应力分量,可得

$$\begin{cases}\tau_{y'x'}=\boldsymbol{e}_{y'}^{\mathrm{T}}\boldsymbol{\sigma}(\boldsymbol{x})\boldsymbol{e}_{x'}\\\sigma_{y'}=\boldsymbol{e}_{y'}^{\mathrm{T}}\boldsymbol{\sigma}(\boldsymbol{x})\boldsymbol{e}_{y'}\\\tau_{y'z'}=\boldsymbol{e}_{y'}^{\mathrm{T}}\boldsymbol{\sigma}(\boldsymbol{x})\boldsymbol{e}_{z'}\end{cases}\quad 和 \quad\begin{cases}\tau_{z'x'}=\boldsymbol{e}_{z'}^{\mathrm{T}}\boldsymbol{\sigma}(\boldsymbol{x})\boldsymbol{e}_{x'}\\\tau_{z'y'}=\boldsymbol{e}_{z'}^{\mathrm{T}}\boldsymbol{\sigma}(\boldsymbol{x})\boldsymbol{e}_{y'}\\\sigma_{z'}=\boldsymbol{e}_{z'}^{\mathrm{T}}\boldsymbol{\sigma}(\boldsymbol{x})\boldsymbol{e}_{z'}\end{cases}$$

于是可得

$$\begin{aligned}\boldsymbol{\sigma}(\boldsymbol{x}')&=\begin{bmatrix}\sigma_{x'}&\tau_{x'y'}&\tau_{x'z'}\\\tau_{y'x}&\sigma_{y'}&\tau_{y'z'}\\\tau_{z'x'}&\tau_{z'y'}&\sigma_{z'}\end{bmatrix}\\&=\begin{bmatrix}\boldsymbol{e}_{x'}^{\mathrm{T}}\boldsymbol{\sigma}(\boldsymbol{x})\boldsymbol{e}_{x'}&\boldsymbol{e}_{x'}^{\mathrm{T}}\boldsymbol{\sigma}(\boldsymbol{x})\boldsymbol{e}_{y'}&\boldsymbol{e}_{x'}^{\mathrm{T}}\boldsymbol{\sigma}(\boldsymbol{x})\boldsymbol{e}_{z'}\\\boldsymbol{e}_{y'}^{\mathrm{T}}\boldsymbol{\sigma}(\boldsymbol{x})\boldsymbol{e}_{x'}&\boldsymbol{e}_{y'}^{\mathrm{T}}\boldsymbol{\sigma}(\boldsymbol{x})\boldsymbol{e}_{y'}&\boldsymbol{e}_{y'}^{\mathrm{T}}\boldsymbol{\sigma}(\boldsymbol{x})\boldsymbol{e}_{z'}\\\boldsymbol{e}_{z'}^{\mathrm{T}}\boldsymbol{\sigma}(\boldsymbol{x})\boldsymbol{e}_{x'}&\boldsymbol{e}_{z'}^{\mathrm{T}}\sigma(x)\boldsymbol{e}_{y'}&\boldsymbol{e}_{z'}^{\mathrm{T}}\sigma(x)\boldsymbol{e}_{z'}\end{bmatrix}\\&=\begin{bmatrix}\boldsymbol{e}_{x'}^{\mathrm{T}}\\\boldsymbol{e}_{y'}^{\mathrm{T}}\\\boldsymbol{e}_{z'}^{\mathrm{T}}\end{bmatrix}\boldsymbol{\varepsilon}(\boldsymbol{x})\,[\boldsymbol{e}_{x'}\quad\boldsymbol{e}_{y'}\quad\boldsymbol{e}_{z'}]\end{aligned}$$

即

$$\boldsymbol{\sigma}(\boldsymbol{x}')=\boldsymbol{T}\boldsymbol{\sigma}(\boldsymbol{x})\boldsymbol{T}^{\mathrm{T}} \tag{4.5.2}$$

这就是坐标系变换时的应力分量变换公式。这与应变分量的变换公式(3.5.2)在形式上是完全一致的。

例题 4.5.1：

在原坐标系下的应力矩阵为

$$\boldsymbol{\sigma}(\boldsymbol{x})=\begin{bmatrix}\sigma_x & \tau_{xy} & \tau_{zx}\\ \tau_{xy} & \sigma_y & \tau_{yz}\\ \tau_{zx} & \tau_{yz} & \sigma_z\end{bmatrix}$$

图 4.5.1 所示的坐标系变换时,新坐标系的 3 个基矢量为

$$\boldsymbol{e}_{x'}=\begin{bmatrix}n_{x'x}\\ n_{x'y}\\ n_{x'z}\end{bmatrix}=\begin{bmatrix}1\\0\\0\end{bmatrix},\boldsymbol{e}_{y'}=\begin{bmatrix}n_{y'x}\\ n_{y'y}\\ n_{y'z}\end{bmatrix}=\begin{bmatrix}0\\1\\0\end{bmatrix},\boldsymbol{e}_{z'}=\begin{bmatrix}n_{z'x}\\ n_{z'y}\\ n_{z'z}\end{bmatrix}=\begin{bmatrix}0\\0\\-1\end{bmatrix}$$

求出新坐标系下的应力矩阵 $\boldsymbol{\sigma}(\boldsymbol{x}')$。

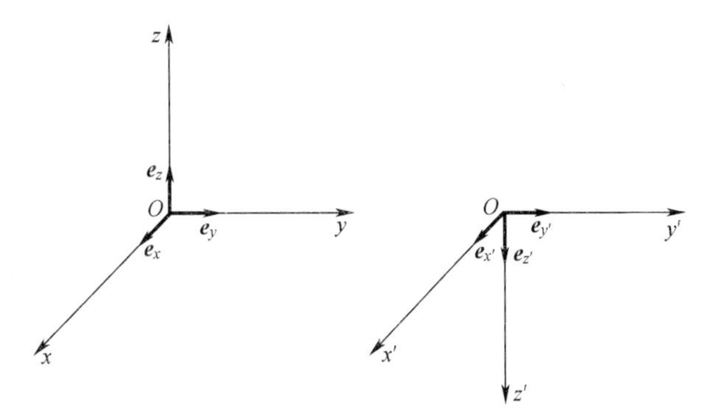

图 4.5.1 关于 xy 坐标平面镜像对称所形成的新坐标系

解答：

坐标转换矩阵为

$$\boldsymbol{T}=\begin{bmatrix}\boldsymbol{e}_{x'}^{\mathrm{T}}\\ \boldsymbol{e}_{y'}^{\mathrm{T}}\\ \boldsymbol{e}_{z'}^{\mathrm{T}}\end{bmatrix}=\begin{bmatrix}n_{x'x} & n_{x'y} & n_{x'z}\\ n_{y'x} & n_{y'y} & n_{y'z}\\ n_{z'x} & n_{z'y} & n_{z'z}\end{bmatrix}=\begin{bmatrix}1 & 0 & 0\\ 0 & 1 & 0\\ 0 & 0 & -1\end{bmatrix}$$

在新坐标系下的应力矩阵为

$$\boldsymbol{\sigma}(\boldsymbol{x}')=\boldsymbol{T}\boldsymbol{\sigma}(\boldsymbol{x})\boldsymbol{T}^{\mathrm{T}}=\begin{bmatrix}1 & 0 & 0\\ 0 & 1 & 0\\ 0 & 0 & -1\end{bmatrix}\begin{bmatrix}\sigma_x & \tau_{xy} & \tau_{zx}\\ \tau_{xy} & \sigma_y & \tau_{yz}\\ \tau_{zx} & \tau_{yz} & \sigma_z\end{bmatrix}\begin{bmatrix}1 & 0 & 0\\ 0 & 1 & 0\\ 0 & 0 & -1\end{bmatrix}$$

$$=\begin{bmatrix}\sigma_x & \tau_{xy} & -\tau_{xz}\\ \tau_{xy} & \sigma_y & -\tau_{yz}\\ -\tau_{xz} & -\tau_{yz} & \sigma_z\end{bmatrix}$$

答毕。

例题 4.5.2：

在原坐标系下的应力矩阵为

$$\boldsymbol{\sigma}(\boldsymbol{x})=\begin{bmatrix}\sigma_x & \tau_{xy} & \tau_{zx}\\ \tau_{xy} & \sigma_y & \tau_{yz}\\ \tau_{zx} & \tau_{yz} & \sigma_z\end{bmatrix}$$

图 4.5.2 所示的坐标系变换时,新坐标系的 3 个基矢量为

$$\boldsymbol{e}_{x'}=\begin{bmatrix}n_{x'x}\\ n_{x'y}\\ n_{x'z}\end{bmatrix}=\begin{bmatrix}0\\ 1\\ 0\end{bmatrix},\boldsymbol{e}_{y'}=\begin{bmatrix}n_{y'x}\\ n_{y'y}\\ n_{y'z}\end{bmatrix}=\begin{bmatrix}-1\\ 0\\ 0\end{bmatrix},\boldsymbol{e}_{z'}=\begin{bmatrix}n_{z'x}\\ n_{z'y}\\ n_{z'z}\end{bmatrix}=\begin{bmatrix}0\\ 0\\ 1\end{bmatrix}$$

求出新坐标系下的应力矩阵 $\boldsymbol{\sigma}(\boldsymbol{x}')$。

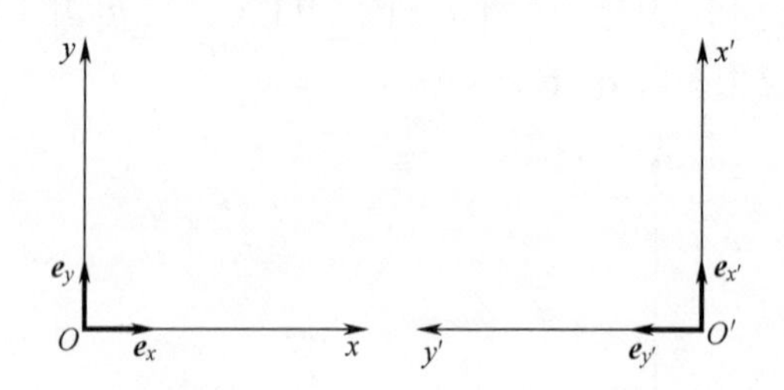

图 4.5.2 绕 z 轴逆时针旋转 90°所形成的新坐标系

解答:

坐标转换矩阵为

$$\boldsymbol{T}=\begin{bmatrix}\boldsymbol{e}_{x'}^{\mathrm{T}}\\ \boldsymbol{e}_{y'}^{\mathrm{T}}\\ \boldsymbol{e}_{z'}^{\mathrm{T}}\end{bmatrix}=\begin{bmatrix}n_{x'x} & n_{x'y} & n_{x'z}\\ n_{y'x} & n_{y'y} & n_{y'z}\\ n_{z'x} & n_{z'y} & n_{z'z}\end{bmatrix}=\begin{bmatrix}0 & 1 & 0\\ -1 & 0 & 0\\ 0 & 0 & 1\end{bmatrix}$$

在新坐标系下的应力矩阵为

$$\boldsymbol{\sigma}(\boldsymbol{x}')=\boldsymbol{T}\boldsymbol{\sigma}(\boldsymbol{x})\boldsymbol{T}^{\mathrm{T}}=\begin{bmatrix}0 & 1 & 0\\ -1 & 0 & 0\\ 0 & 0 & 1\end{bmatrix}\begin{bmatrix}\sigma_x & \tau_{xy} & \tau_{zx}\\ \tau_{xy} & \sigma_y & \tau_{yz}\\ \tau_{zx} & \tau_{yz} & \sigma_z\end{bmatrix}\begin{bmatrix}0 & -1 & 0\\ 1 & 0 & 0\\ 0 & 0 & 1\end{bmatrix}$$

$$=\begin{bmatrix}\sigma_y & -\tau_{xy} & \tau_{yz}\\ -\tau_{xy} & \sigma_x & -\tau_{zx}\\ \tau_{yz} & -\tau_{zx} & \sigma_z\end{bmatrix}$$

答毕。

例题 4.5.3:

在原坐标系下的应力矩阵为

$$\boldsymbol{\sigma}(\boldsymbol{x})=\begin{bmatrix}\sigma_x & \tau_{xy} & \tau_{zx}\\ \tau_{xy} & \sigma_y & \tau_{yz}\\ \tau_{zx} & \tau_{yz} & \sigma_z\end{bmatrix}=\begin{bmatrix}50 & 50 & 80\\ 50 & 0 & -75\\ 80 & -75 & -30\end{bmatrix}$$

如图 4.5.3 所示的坐标系变换时,新坐标系的 3 个基矢量为

$$\boldsymbol{e}_{x'} = \begin{bmatrix} n_{x'x} \\ n_{x'y} \\ n_{x'z} \end{bmatrix} = \begin{bmatrix} 0.8 \\ 0.6 \\ 0 \end{bmatrix}, \boldsymbol{e}_{y'} = \begin{bmatrix} n_{y'x} \\ n_{y'y} \\ n_{y'z} \end{bmatrix} = \begin{bmatrix} -0.6 \\ 0.8 \\ 0 \end{bmatrix}, \boldsymbol{e}_{z'} = \begin{bmatrix} n_{z'x} \\ n_{z'y} \\ n_{z'z} \end{bmatrix} = \begin{bmatrix} 0 \\ 0 \\ 1 \end{bmatrix}$$

求出新坐标系下的应力矩阵 $\boldsymbol{\sigma}(\boldsymbol{x}')$。

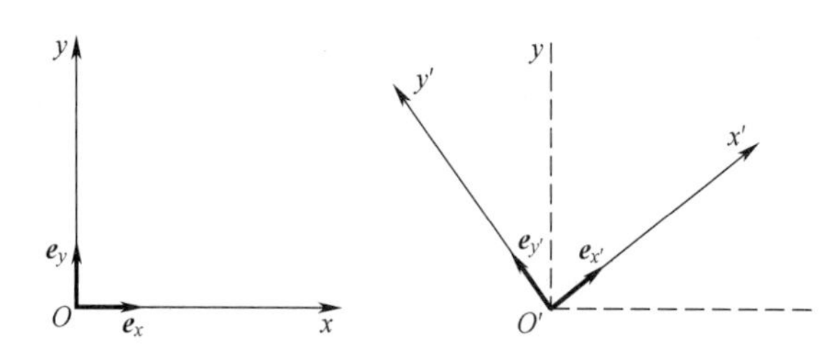

图 4.5.3　绕 z 轴逆时针旋转一定角度所形成的新坐标系

解答:

坐标转换矩阵为

$$\boldsymbol{T} = \begin{bmatrix} n_{x'x} & n_{x'y} & n_{x'z} \\ n_{y'x} & n_{y'y} & n_{y'z} \\ n_{z'x} & n_{z'y} & n_{z'z} \end{bmatrix} = \begin{bmatrix} 0.8 & 0.6 & 0 \\ -0.6 & 0.8 & 0 \\ 0 & 0 & 1 \end{bmatrix}$$

在新坐标系下的力矩阵为

$$\boldsymbol{\sigma}(\boldsymbol{x}') = \boldsymbol{T}\boldsymbol{\sigma}(\boldsymbol{x})\boldsymbol{T}^{\mathrm{T}} = \begin{bmatrix} 0.8 & 0.6 & 0 \\ -0.6 & 0.8 & 0 \\ 0 & 0 & 1 \end{bmatrix} \begin{bmatrix} 50 & 50 & 80 \\ 50 & 0 & -75 \\ 80 & -75 & -30 \end{bmatrix} \begin{bmatrix} 0.8 & -0.6 & 0 \\ 0.6 & 0.8 & 0 \\ 0 & 0 & 1 \end{bmatrix}$$

$$= \begin{bmatrix} 80 & -10 & 19 \\ -10 & -30 & -108 \\ 19 & -108 & -30 \end{bmatrix}$$

答毕。

例题 4.5.4:

在原坐标系下的应力矩阵为

$$\boldsymbol{\varepsilon}(\boldsymbol{x}) = \begin{bmatrix} \varepsilon_x & \varepsilon_{xy} & \varepsilon_{zx} \\ \varepsilon_{xy} & \varepsilon_y & \varepsilon_{yz} \\ \varepsilon_{zx} & \varepsilon_{yz} & \varepsilon_z \end{bmatrix}$$

如图 4.5.4 所示的坐标系变换时,新坐标系的 3 个基矢量为

$$\boldsymbol{e}_{x'} = \begin{bmatrix} n_{x'x} \\ n_{x'y} \\ n_{x'z} \end{bmatrix} = \begin{bmatrix} \cos\theta \\ \sin\theta \\ 0 \end{bmatrix}, \boldsymbol{e}_{y'} = \begin{bmatrix} n_{y'x} \\ n_{y'y} \\ n_{y'z} \end{bmatrix} = \begin{bmatrix} -\sin\theta \\ \cos\theta \\ 0 \end{bmatrix}, \boldsymbol{e}_{z'} = \begin{bmatrix} n_{z'x} \\ n_{z'y} \\ n_{z'z} \end{bmatrix} = \begin{bmatrix} 0 \\ 0 \\ 1 \end{bmatrix}$$

求出新坐标系下的应力分量。

解答:

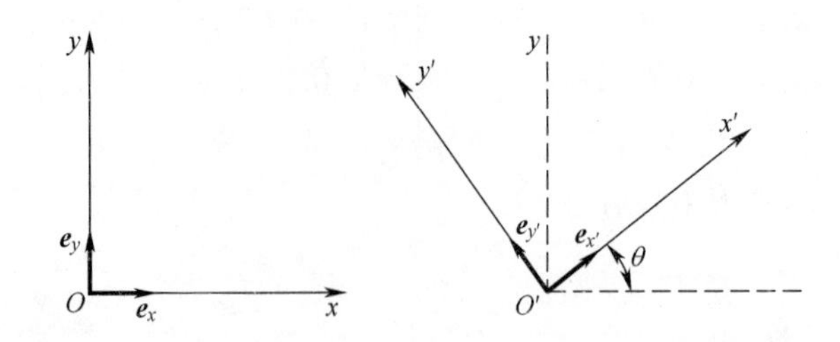

图 4.5.4 绕 z 轴逆时针旋转任意角度 θ 所形成的新坐标系

$$
\begin{aligned}
\sigma_{x'} = \boldsymbol{e}_{x'}^{\mathrm{T}}\boldsymbol{\sigma}(\boldsymbol{x})\boldsymbol{e}_{x'} &= [\cos\theta \quad \sin\theta \quad 0]\begin{bmatrix}\sigma_x & \tau_{xy} & \tau_{zx}\\ \tau_{xy} & \sigma_y & \tau_{yz}\\ \tau_{zx} & \tau_{yz} & \sigma_z\end{bmatrix}\begin{bmatrix}\cos\theta\\ \sin\theta\\ 0\end{bmatrix}\\
&= [\cos\theta \quad \sin\theta \quad 0]\begin{bmatrix}\sigma_x\cos\theta + \tau_{xy}\sin\theta\\ \tau_{xy}\cos\theta + \sigma_y\sin\theta\\ \tau_{zx}\cos\theta + \tau_{yz}\sin\theta\end{bmatrix}\\
&= (\sigma_x\cos\theta + \tau_{xy}\sin\theta)\cos\theta + (\tau_{xy}\cos\theta + \sigma_y\sin\theta)\sin\theta\\
&= \sigma_x\cos^2\theta + \sigma_y\sin^2\theta + 2\tau_{xy}\sin\theta\cos\theta
\end{aligned}
$$

$$
\sigma_{y'} = \boldsymbol{e}_{y'}^{\mathrm{T}}\boldsymbol{\sigma}(\boldsymbol{x})\boldsymbol{e}_{y'} = \sigma_x \sin^2\theta + \sigma_y \cos^2\theta - 2\tau_{xy}\sin\theta\cos\theta
$$

$$
\sigma_{z'} = \boldsymbol{e}_{z'}^{\mathrm{T}}\boldsymbol{\sigma}(\boldsymbol{x})\boldsymbol{e}_{z'} = [0 \quad 0 \quad 1]\begin{bmatrix}\sigma_x & \tau_{xy} & \tau_{zx}\\ \tau_{xy} & \sigma_y & \tau_{yz}\\ \tau_{zx} & \tau_{yz} & \sigma_z\end{bmatrix}\begin{bmatrix}0\\ 0\\ 1\end{bmatrix} = [0 \quad 0 \quad 1]\begin{bmatrix}\tau_{zx}\\ \tau_{yz}\\ \sigma_z\end{bmatrix} = \sigma_z
$$

$$
\begin{aligned}
\tau_{x'y'} = \boldsymbol{e}_{x'}^{\mathrm{T}}\boldsymbol{\varepsilon}(\boldsymbol{x})\boldsymbol{e}_{y'} &= [\cos\theta \quad \sin\theta \quad 0]\begin{bmatrix}\sigma_x & \tau_{xy} & \tau_{zx}\\ \tau_{xy} & \sigma_y & \tau_{yz}\\ \tau_{zx} & \tau_{yz} & \sigma_z\end{bmatrix}\begin{bmatrix}-\sin\theta\\ \cos\theta\\ 0\end{bmatrix}\\
&= [\cos\theta \quad \sin\theta \quad 0]\begin{bmatrix}-\sigma_x\sin\theta + \tau_{xy}\cos\theta\\ -\tau_{xy}\sin\theta + \sigma_y\cos\theta\\ -\tau_{zx}\sin\theta + \tau_{yz}\cos\theta\end{bmatrix}\\
&= (-\sigma_x\sin\theta + \tau_{xy}\cos\theta)\cos\theta + (-\tau_{xy}\sin\theta + \sigma_y\cos\theta)\sin\theta\\
&= (\sigma_y - \sigma_x)\sin\theta\cos\theta + \tau_{xy}(\cos^2\theta - \sin^2\theta)
\end{aligned}
$$

$$
\begin{aligned}
\tau_{y'z'} = \boldsymbol{e}_{y'}^{\mathrm{T}}\boldsymbol{\varepsilon}(\boldsymbol{x})\boldsymbol{e}_{z'} &= [-\sin\theta \quad \cos\theta \quad 0]\begin{bmatrix}\sigma_x & \tau_{xy} & \tau_{zx}\\ \tau_{xy} & \sigma_y & \tau_{yz}\\ \tau_{zx} & \tau_{yz} & \sigma_z\end{bmatrix}\begin{bmatrix}0\\ 0\\ 1\end{bmatrix}\\
&= [-\sin\theta \quad \cos\theta \quad 0]\begin{bmatrix}\tau_{zx}\\ \tau_{yz}\\ \sigma_z\end{bmatrix}\\
&= \tau_{yz}\cos\theta - \tau_{zx}\sin\theta
\end{aligned}
$$

$$\tau_{z'x'} = \boldsymbol{e}_{z'}^{\mathrm{T}}\boldsymbol{\varepsilon}(\boldsymbol{x})\boldsymbol{e}_{x'} = \tau_{yz}\sin\theta + \tau_{zx}\cos\theta$$

因此

$$\begin{cases}\sigma_{x'} = \sigma_x\cos^2\theta + \sigma_y\sin^2\theta + 2\tau_{xy}\sin\theta\cos\theta \\ \sigma_{y'} = \sigma_x\sin^2\theta + \sigma_y\cos^2\theta - 2\tau_{xy}\sin\theta\cos\theta \\ \sigma_{z'} = \sigma_z \\ \tau_{x'y'} = (\sigma_y - \sigma_x)\sin\theta\cos\theta + \tau_{xy}(\cos^2\theta - \sin^2\theta) \\ \tau_{y'z'} = \tau_{yz}\cos\theta - \tau_{zx}\sin\theta \\ \tau_{z'x'} = \tau_{yz}\sin\theta + \tau_{zx}\cos\theta\end{cases}$$

答毕。

4.6 应力与面力的关系:应力边界条件

如果物体在全部或部分边界上的面力分量是已知的,则这样的边界条件称为应力边界条件,即

$$\begin{cases}(\sigma_x)_s n_x + (\tau_{xy})_s n_y + (\tau_{zx})_s n_z = \bar{f}_x \\ (\tau_{xy})_s n_x + (\sigma_y)_s n_y + (\tau_{yz})_s n_z = \bar{f}_y \\ (\tau_{zx})_s n_x + (\tau_{yz})_s n_y + (\sigma_z)_s n_z = \bar{f}_z\end{cases} \tag{4.6.1}$$

则

$$\boldsymbol{p}_s = \boldsymbol{\sigma}(\boldsymbol{x}_s)\boldsymbol{n} = \bar{\boldsymbol{f}} \tag{4.6.2}$$

式中

$$\boldsymbol{x}_s = \begin{bmatrix} x_s \\ y_s \\ z_s \end{bmatrix}, \boldsymbol{\sigma}(\boldsymbol{x}_s) = \begin{bmatrix} (\sigma_x)_s & (\tau_{xy})_s & (\tau_{zx})_s \\ (\tau_{xy})_s & (\sigma_y)_s & (\tau_{yz})_s \\ (\tau_{zx})_s & (\tau_{yz})_s & (\sigma_z)_s \end{bmatrix}, \boldsymbol{n} = \begin{bmatrix} n_x \\ n_y \\ n_z \end{bmatrix}, \bar{\boldsymbol{f}} = \begin{bmatrix} \bar{f}_x \\ \bar{f}_y \\ \bar{f}_z \end{bmatrix}$$

式中:$\boldsymbol{x}_s$表示物体在边界上的点;$\boldsymbol{\sigma}(\boldsymbol{x}_s)$表示物体在边界上的应力张量;$\bar{\boldsymbol{f}}$表示在边界上给定的面力矢量,以已知常数或已知函数的形式给出的。

施加应力边界条件的目的:使得物体在边界上所产生的内力(用应力分量表达)与作用于物体表面的外力(面力)相平衡。

和位移边界条件一样,在物体的某个特定边界上,应变边界条件既可在全部方向上提出,也可在部分方向上提出。但是,在某个特定的方向上,只能提出位移边界条件或应力边界条件,不能同时提出两者。

应用应力边界条件时,有以下两种主要方式:

一是直接法。当边界上的面力分布直接给出时,可直接应用应力边界条件式(4.6.1)。

图 4.6.1 给出了一个变截面柱体的平面问题示例。

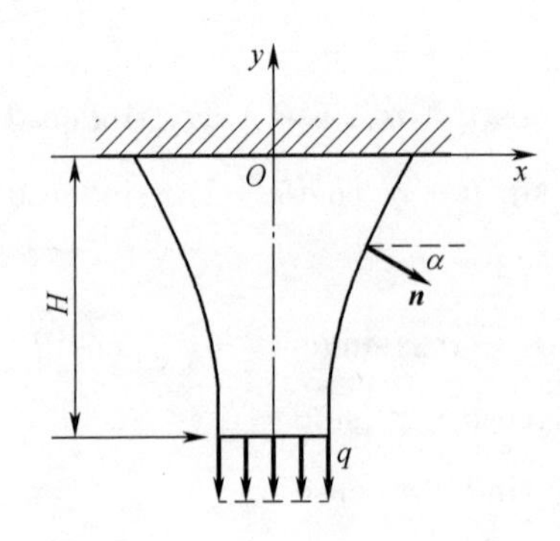

图 4.6.1　应力边界条件:变截面柱体

对于左、右两侧面,给定其单位法向矢量和面力矢量为

$$\boldsymbol{n}=\begin{bmatrix}n_x\\n_y\\n_z\end{bmatrix}=\begin{bmatrix}\pm\cos\alpha\\-\sin\alpha\\0\end{bmatrix}\quad 和\quad \bar{\boldsymbol{f}}=\begin{bmatrix}\bar{f}_x\\\bar{f}_y\\\bar{f}_z\end{bmatrix}=\begin{bmatrix}0\\0\\0\end{bmatrix}$$

对于下端面($y=-H$),给定其单位法向矢量和面力矢量为

$$\boldsymbol{n}=\begin{bmatrix}n_x\\n_y\\n_z\end{bmatrix}=\begin{bmatrix}0\\-1\\0\end{bmatrix}\quad 和\quad \bar{\boldsymbol{f}}=\begin{bmatrix}\bar{f}_x\\\bar{f}_y\\\bar{f}_z\end{bmatrix}=\begin{bmatrix}0\\-q\\0\end{bmatrix}$$

因此,对于左、右两侧面,应用应力边界条件式(4.6.1),可得

$$\begin{cases}\sigma_x\times(\pm\cos\alpha)+\tau_{xy}\times(-\sin\alpha)+\tau_{zx}\times 0=0\\\tau_{xy}\times(\pm\cos\alpha)+\sigma_y\times(-\sin\alpha)+\tau_{yz}\times 0=0\\\tau_{zx}\times(\pm\cos\alpha)+\tau_{yz}\times(-\sin\alpha)+\sigma_z\times 0=0\end{cases}$$

即

$$\begin{cases}\tau_{xy}=\pm\sigma_y\tan\alpha\\\sigma_x=\pm\tau_{xy}\tan\alpha=\sigma_y\tan^2\alpha\end{cases}$$

对于下端面,应用应力边界条件式(4.6.1),可得

$$\begin{cases}(\sigma_x)_{y=-H}\times 0+(\tau_{xy})_{y=-H}\times(-1)+(\tau_{zx})_{y=-H}\times 0=0\\(\tau_{xy})_{y=-H}\times 0+(\sigma_y)_{y=-H}\times(-1)+(\tau_{yz})_{y=-H}\times 0=-q\\(\tau_{zx})_{y=-H}\times 0+(\tau_{yz})_{y=-H}\times(-1)+(\sigma_z)_{y=-H}\times 0=0\end{cases}$$

即

$$\begin{cases}(\tau_{xy})_{y=-H}=0\\(\sigma_y)_{y=-H}=q\\(\tau_{yz})_{y=-H}=0\end{cases}$$

二是等效法。当边界上的面力分布没有给出,这时就需要采用等效的方式应用应力边界条件。

图 4.6.2 给出了一个悬臂梁的平面问题示例。

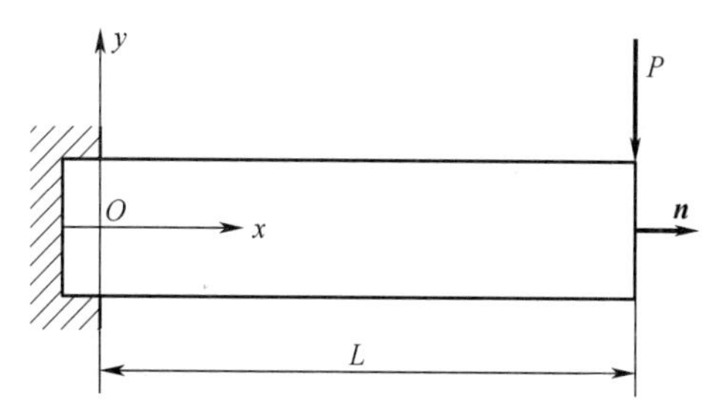

图 4.6.2　应力边界条件:悬臂梁

对于右端面($x=L$),给定其单位法向矢量为

$$\boldsymbol{n}=\begin{bmatrix}n_x\\n_y\\n_z\end{bmatrix}=\begin{bmatrix}1\\0\\0\end{bmatrix}$$

但其面力矢量为

$$\bar{\boldsymbol{f}}=\begin{bmatrix}\bar{f}_x\\\bar{f}_y\\\bar{f}_z\end{bmatrix}=\begin{bmatrix}0\\\bar{f}_y\\0\end{bmatrix}$$

式中:$\bar{f}_y$ 并不确定。应用圣维南原理,进行静力等效,可得

$$\int_{-h/2}^{h/2}\bar{f}_y(\mathrm{d}y\times 1)+(-P)=0$$

即

$$\int_{-h/2}^{h/2}\bar{f}_y\mathrm{d}y=P$$

此时,应用应力边界条件式(4.6.1),可得

$$\begin{cases}(\sigma_x)_{x=L}\times 1+(\tau_{xy})_{x=L}\times 0+(\tau_{zx})_{x=L}\times 0=0\\(\tau_{xy})_{x=L}\times 1+(\sigma_y)_{x=L}\times 0+(\tau_{yz})_{x=L}\times 0=\bar{f}_y\\(\tau_{zx})_{x=L}\times 1+(\tau_{yz})_{x=L}\times 0+(\sigma_z)_{x=L}\times 0=0\end{cases}$$

即

$$\begin{cases}(\sigma_x)_{x=L}=0\\(\tau_{xy})_{x=L}=\bar{f}_y\\(\tau_{zx})_{x=L}=0\end{cases}$$

从而可得

$$
\begin{cases}
(\sigma_x)_{x=L} = 0 \\
\int_{-h/2}^{h/2} (\tau_{xy})_{x=L} \mathrm{d}y = P \\
(\tau_{zx})_{x=L} = 0
\end{cases}
$$

习　　题

4-1　证明：

$$\tau_{zx} = \tau_{xz} \quad \tau_{xy} = \tau_{yx}$$

4-2　证明：

$$\frac{\partial \tau_{xy}}{\partial x} + \frac{\partial \sigma_y}{\partial y} + \frac{\partial \tau_{yz}}{\partial z} + f_y = 0$$

$$\frac{\partial \tau_{zx}}{\partial x} + \frac{\partial \tau_{yz}}{\partial y} + \frac{\partial \sigma_z}{\partial z} + f_z = 0$$

4-3　证明：

$$p_{ny} = \tau_{xy} n_x + \sigma_y n_y + \tau_{yz} n_z$$
$$p_{nz} = \tau_{zx} n_x + \tau_{yz} n_y + \sigma_z n_z$$

4-4　已知物体内一点处的应力分量：

$$\boldsymbol{\sigma} = \begin{bmatrix} 2 & 2 & 3 \\ 2 & -1 & 0 \\ 2 & 0 & 3 \end{bmatrix}$$

现有一平面通过该点,其平面方程为

$$2x + y - 2z = 6$$

完成下列问题：

(1) 求出该平面上的总应力矢量、全应力。

(2) 求出该平面上的正应力矢量及其数量。

(3) 求出该平面上的切应力矢量及其数量。

提示：

若平面方程为

$$Ax + By + Cz + D = 0$$

则其单位法向矢量的 3 个分量为

$$
\begin{cases}
n_x = \dfrac{A}{\sqrt{A^2 + B^2 + C^2}} \\
n_y = \dfrac{B}{\sqrt{A^2 + B^2 + C^2}} \\
n_z = \dfrac{C}{\sqrt{A^2 + B^2 + C^2}}
\end{cases}
$$

$$\boldsymbol{p} = \begin{bmatrix} 0 \\ 1 \\ 0 \end{bmatrix}, \sigma = \frac{1}{3}, \tau = \frac{2}{3}\sqrt{2}$$

第五章　线弹性应力应变关系

第三章引入了应变的概念以度量物体的形变；第四章引入了应力的概念以表征物体的内力。显然，应力与应变的关系，就是物体的内力与物体的形变之间的关系。本质上，这种关系是物体内在的，是由组成物体的材料特性所决定的。因此，应力与应变的关系，通常也称为物理方程。

本章将针对连续、均匀和各向同性的线弹性体，建立其应力应变关系。首先，引入应力应变关系的数学形式；其次，介绍弹性常数的物理意义及其测定；再次，建立广义胡克定律，即直角坐标下空间问题的物理方程；最后，介绍物理方程的一些等效的表达方式。

本章介绍的物理方程仅适用于连续、均匀、各向同性的线弹性体和弹塑性体的线弹性阶段，是弹性力学的最基本方程之一。

5.1　线弹性应力应变关系的数学形式

一、一般形式

根据第一章所述的连续性假设，应力分量可用应变分量的连续函数来表示，即

$$
\begin{cases}
\sigma_x = f_1(\varepsilon_x, \varepsilon_y, \varepsilon_z, \varepsilon_{xy}, \varepsilon_{yz}, \varepsilon_{zx}) \\
\sigma_y = f_2(\varepsilon_x, \varepsilon_y, \varepsilon_z, \varepsilon_{xy}, \varepsilon_{yz}, \varepsilon_{zx}) \\
\sigma_z = f_3(\varepsilon_x, \varepsilon_y, \varepsilon_z, \varepsilon_{xy}, \varepsilon_{yz}, \varepsilon_{zx}) \\
\tau_{xy} = f_4(\varepsilon_x, \varepsilon_y, \varepsilon_z, \varepsilon_{xy}, \varepsilon_{yz}, \varepsilon_{zx}) \\
\tau_{yz} = f_5(\varepsilon_x, \varepsilon_y, \varepsilon_z, \varepsilon_{xy}, \varepsilon_{yz}, \varepsilon_{zx}) \\
\tau_{zx} = f_6(\varepsilon_x, \varepsilon_y, \varepsilon_z, \varepsilon_{xy}, \varepsilon_{yz}, \varepsilon_{zx})
\end{cases}
\tag{5.1.1}
$$

根据第一章所述的几何线性假设，可利用泰勒级数对式(5.1.1)进行展开并略去应变分量二次以上的项，可得

$$
\begin{cases}
\sigma_x = \dfrac{\partial f_1}{\partial \varepsilon_x}\varepsilon_x + \dfrac{\partial f_1}{\partial \varepsilon_y}\varepsilon_y + \dfrac{\partial f_1}{\partial \varepsilon_z}\varepsilon_z + \dfrac{\partial f_1}{\partial \varepsilon_{xy}}\varepsilon_{xy} + \dfrac{\partial f_1}{\partial \varepsilon_{yz}}\varepsilon_{yz} + \dfrac{\partial f_1}{\partial \varepsilon_{zx}}\varepsilon_{zx} \\
\sigma_y = \dfrac{\partial f_2}{\partial \varepsilon_x}\varepsilon_x + \dfrac{\partial f_2}{\partial \varepsilon_y}\varepsilon_y + \dfrac{\partial f_2}{\partial \varepsilon_z}\varepsilon_z + \dfrac{\partial f_2}{\partial \varepsilon_{xy}}\varepsilon_{xy} + \dfrac{\partial f_2}{\partial \varepsilon_{yz}}\varepsilon_{yz} + \dfrac{\partial f_2}{\partial \varepsilon_{zx}}\varepsilon_{zx} \\
\sigma_z = \dfrac{\partial f_3}{\partial \varepsilon_x}\varepsilon_x + \dfrac{\partial f_3}{\partial \varepsilon_y}\varepsilon_y + \dfrac{\partial f_3}{\partial \varepsilon_z}\varepsilon_z + \dfrac{\partial f_3}{\partial \varepsilon_{xy}}\varepsilon_{xy} + \dfrac{\partial f_3}{\partial \varepsilon_{yz}}\varepsilon_{yz} + \dfrac{\partial f_3}{\partial \varepsilon_{zx}}\varepsilon_{zx} \\
\tau_{xy} = \dfrac{\partial f_4}{\partial \varepsilon_x}\varepsilon_x + \dfrac{\partial f_4}{\partial \varepsilon_y}\varepsilon_y + \dfrac{\partial f_4}{\partial \varepsilon_z}\varepsilon_z + \dfrac{\partial f_4}{\partial \varepsilon_{xy}}\varepsilon_{xy} + \dfrac{\partial f_4}{\partial \varepsilon_{yz}}\varepsilon_{yz} + \dfrac{\partial f_4}{\partial \varepsilon_{zx}}\varepsilon_{zx} \\
\tau_{yz} = \dfrac{\partial f_5}{\partial \varepsilon_x}\varepsilon_x + \dfrac{\partial f_5}{\partial \varepsilon_y}\varepsilon_y + \dfrac{\partial f_5}{\partial \varepsilon_z}\varepsilon_z + \dfrac{\partial f_5}{\partial \varepsilon_{xy}}\varepsilon_{xy} + \dfrac{\partial f_5}{\partial \varepsilon_{yz}}\varepsilon_{yz} + \dfrac{\partial f_5}{\partial \varepsilon_{zx}}\varepsilon_{zx} \\
\tau_{zx} = \dfrac{\partial f_6}{\partial \varepsilon_x}\varepsilon_x + \dfrac{\partial f_6}{\partial \varepsilon_y}\varepsilon_y + \dfrac{\partial f_6}{\partial \varepsilon_z}\varepsilon_z + \dfrac{\partial f_6}{\partial \varepsilon_{xy}}\varepsilon_{xy} + \dfrac{\partial f_6}{\partial \varepsilon_{yz}}\varepsilon_{yz} + \dfrac{\partial f_6}{\partial \varepsilon_{zx}}\varepsilon_{zx}
\end{cases}
\tag{5.1.2}
$$

也可写成

$$\begin{cases}\sigma_x = D_{11}\varepsilon_x + D_{12}\varepsilon_y + D_{13}\varepsilon_z + D_{14}\varepsilon_{xy} + D_{15}\varepsilon_{yz} + D_{16}\varepsilon_{zx} \\ \sigma_y = D_{21}\varepsilon_x + D_{22}\varepsilon_y + D_{23}\varepsilon_z + D_{24}\varepsilon_{xy} + D_{25}\varepsilon_{yz} + D_{26}\varepsilon_{zx} \\ \sigma_z = D_{31}\varepsilon_x + D_{32}\varepsilon_y + D_{33}\varepsilon_z + D_{34}\varepsilon_{xy} + D_{35}\varepsilon_{yz} + D_{36}\varepsilon_{zx} \\ \tau_{xy} = D_{41}\varepsilon_x + D_{42}\varepsilon_y + D_{43}\varepsilon_z + D_{44}\varepsilon_{xy} + D_{45}\varepsilon_{yz} + D_{46}\varepsilon_{zx} \\ \tau_{yz} = D_{51}\varepsilon_x + D_{52}\varepsilon_y + D_{53}\varepsilon_z + D_{54}\varepsilon_{xy} + D_{55}\varepsilon_{yz} + D_{56}\varepsilon_{zx} \\ \tau_{zx} = D_{61}\varepsilon_x + D_{62}\varepsilon_y + D_{63}\varepsilon_z + D_{64}\varepsilon_{xy} + D_{65}\varepsilon_{yz} + D_{66}\varepsilon_{zx}\end{cases} \tag{5.1.3}$$

根据第一章所述的均匀性假设,式(5.1.3)中的36个系数 $D_{ij}(i=1,\ 6;j=1,\ 6)$ 是与位置矢量无关的常数,通常称为弹性常数。

应力应变关系式(5.1.3),也可写成如下的矩阵形式:

$$\boldsymbol{\sigma} = \boldsymbol{D\varepsilon} \tag{5.1.4}$$

式中

$$\boldsymbol{\sigma} = \begin{bmatrix}\sigma_x \\ \sigma_y \\ \sigma_z \\ \tau_{xy} \\ \tau_{yz} \\ \tau_{zx}\end{bmatrix}, \boldsymbol{D} = \begin{bmatrix}D_{11} & D_{12} & D_{13} & D_{14} & D_{15} & D_{16} \\ D_{21} & D_{22} & D_{23} & D_{24} & D_{25} & D_{26} \\ D_{31} & D_{32} & D_{33} & D_{34} & D_{35} & D_{36} \\ D_{41} & D_{42} & D_{43} & D_{44} & D_{45} & D_{46} \\ D_{51} & D_{52} & D_{53} & D_{54} & D_{55} & D_{56} \\ D_{61} & D_{62} & D_{63} & D_{64} & D_{65} & D_{66}\end{bmatrix}, \boldsymbol{\varepsilon} = \begin{bmatrix}\varepsilon_x \\ \varepsilon_y \\ \varepsilon_z \\ \varepsilon_{xy} \\ \varepsilon_{yz} \\ \varepsilon_{zx}\end{bmatrix}$$

需要说明:虽然这里采用了向量的形式来表示应力和应变,但它们并不是矢量,而是二阶张量。

还可将应变用来应力表达,即

$$\boldsymbol{\varepsilon} = \boldsymbol{C\sigma} \tag{5.1.5}$$

式中

$$\boldsymbol{\varepsilon} = \begin{bmatrix}\varepsilon_x \\ \varepsilon_y \\ \varepsilon_z \\ \varepsilon_{xy} \\ \varepsilon_{yz} \\ \varepsilon_{zx}\end{bmatrix}, \boldsymbol{C} = \begin{bmatrix}C_{11} & C_{12} & C_{13} & C_{14} & C_{15} & C_{16} \\ C_{21} & C_{22} & C_{23} & C_{24} & C_{25} & C_{26} \\ C_{31} & C_{32} & C_{33} & C_{34} & C_{35} & C_{36} \\ C_{41} & C_{42} & C_{43} & C_{44} & C_{45} & C_{46} \\ C_{51} & C_{52} & C_{53} & C_{54} & C_{55} & C_{56} \\ C_{61} & C_{62} & C_{63} & C_{64} & C_{65} & C_{66}\end{bmatrix}, \boldsymbol{\sigma} = \begin{bmatrix}\sigma_x \\ \sigma_y \\ \sigma_z \\ \tau_{xy} \\ \tau_{yz} \\ \tau_{zx}\end{bmatrix}$$

则

$$\boldsymbol{CD} = \boldsymbol{I}$$

即 $\boldsymbol{D}$ 矩阵与 $\boldsymbol{C}$ 矩阵互为逆矩阵。

定义应变能密度为

$$w = \frac{1}{2}(\sigma_x\varepsilon_x + \sigma_y\varepsilon_y + \sigma_z\varepsilon_z + \tau_{xy}\varepsilon_{xy} + \tau_{yz}\varepsilon_{yz} + \tau_{zx}\varepsilon_{zx}) = \frac{1}{2}\boldsymbol{\sigma}^{\mathrm{T}}\boldsymbol{\varepsilon} = \frac{1}{2}\boldsymbol{\varepsilon}^{\mathrm{T}}\boldsymbol{D}^{\mathrm{T}}\boldsymbol{\varepsilon} \tag{5.1.6}$$

由于

$$\frac{\partial w}{\partial \varepsilon_x} = \frac{1}{2}\sigma_x + \frac{1}{2}\left(\frac{\partial \sigma_x}{\partial \varepsilon_x}\varepsilon_x + \frac{\partial \sigma_y}{\partial \varepsilon_x}\varepsilon_y + \frac{\partial \sigma_z}{\partial \varepsilon_x}\varepsilon_z + \frac{\partial \tau_{xy}}{\partial \varepsilon_x}\varepsilon_{xy} + \frac{\partial \tau_{yz}}{\partial \varepsilon_x}\varepsilon_{yz} + \frac{\partial \tau_{zx}}{\partial \varepsilon_x}\varepsilon_{zx}\right)$$

$$= \frac{1}{2}(D_{11}\varepsilon_x + D_{12}\varepsilon_y + D_{13}\varepsilon_z + D_{14}\varepsilon_{xy} + D_{15}\varepsilon_{yz} + D_{16}\varepsilon_{zx}) +$$

$$\frac{1}{2}(D_{11}\varepsilon_x + D_{21}\varepsilon_y + D_{31}\varepsilon_z + D_{41}\varepsilon_{xy} + D_{51}\varepsilon_{yz} + D_{61}\varepsilon_{zx})$$

$$\frac{\partial w}{\partial \varepsilon_{zx}} = \frac{1}{2}\tau_{zx} + \frac{1}{2}\left(\frac{\partial \sigma_x}{\partial \varepsilon_{zx}}\varepsilon_x + \frac{\partial \sigma_y}{\partial \varepsilon_{zx}}\varepsilon_y + \frac{\partial \sigma_z}{\partial \varepsilon_{zx}}\varepsilon_z + \frac{\partial \tau_{xy}}{\partial \varepsilon_{zx}}\varepsilon_{xy} + \frac{\partial \tau_{yz}}{\partial \varepsilon_{zx}}\varepsilon_{yz} + \frac{\partial \tau_{zx}}{\partial \varepsilon_{zx}}\varepsilon_{zx}\right)$$

$$= \frac{1}{2}(D_{61}\varepsilon_x + D_{62}\varepsilon_y + D_{63}\varepsilon_z + D_{64}\varepsilon_{xy} + D_{65}\varepsilon_{yz} + D_{66}\varepsilon_{zx}) +$$

$$\frac{1}{2}(D_{16}\varepsilon_x + D_{26}\varepsilon_y + D_{36}\varepsilon_z + D_{46}\varepsilon_{xy} + D_{56}\varepsilon_{yz} + D_{66}\varepsilon_{zx})$$

其他以此类推,可得

$$\frac{\partial w}{\partial \varepsilon} = \frac{1}{2}\boldsymbol{D\varepsilon} + \frac{1}{2}\boldsymbol{D}^{\mathrm{T}}\boldsymbol{\varepsilon} \tag{5.1.7}$$

根据第一章所陈述的线弹性时加载路径无关假设,这些系数也不随加载历程改变。因而,应变能密度要具有单值性,即

$$\begin{cases} \sigma_x = \dfrac{\partial w}{\partial \varepsilon_x}, \sigma_y = \dfrac{\partial w}{\partial \varepsilon_y}, \sigma_z = \dfrac{\partial w}{\partial \varepsilon_z} \\ \tau_{xy} = \dfrac{\partial w}{\partial \varepsilon_{xy}}, \tau_{yz} = \dfrac{\partial w}{\partial \varepsilon_{yz}}, \tau_{zx} = \dfrac{\partial w}{\partial \varepsilon_{zx}} \end{cases}$$

即

$$\boldsymbol{\sigma} = \frac{\partial w}{\partial \boldsymbol{\varepsilon}} = \boldsymbol{D\varepsilon} \tag{5.1.8}$$

由式(5.1.7)和式(5.1.8),可得

$$\boldsymbol{D}^{\mathrm{T}} = \boldsymbol{D} \tag{5.1.9}$$

因此,$\boldsymbol{D}$ 矩阵具有对称性,即

$$\boldsymbol{D} = \begin{bmatrix} D_{11} & D_{12} & D_{13} & D_{14} & D_{15} & D_{16} \\ D_{12} & D_{22} & D_{23} & D_{24} & D_{25} & D_{26} \\ D_{13} & D_{23} & D_{33} & D_{34} & D_{35} & D_{36} \\ D_{14} & D_{24} & D_{34} & D_{44} & D_{45} & D_{46} \\ D_{15} & D_{25} & D_{35} & D_{45} & D_{55} & D_{56} \\ D_{16} & D_{26} & D_{36} & D_{46} & D_{56} & D_{66} \end{bmatrix} \tag{5.1.10}$$

由此可见,弹性常数由 36 个缩减至 21 个。

二、正交各向异性

1. 关于 *xy* 坐标平面镜像对称

假设应力应变关系是关于 xy 坐标平面镜像对称的(图 5.1.1),即沿着 z 向和 $-z$ 向看,应力应变关系保持不变。因此,在原坐标系中的应力应变关系:

$$\boldsymbol{\sigma}(\boldsymbol{x}) = \boldsymbol{D\varepsilon}(\boldsymbol{x})$$

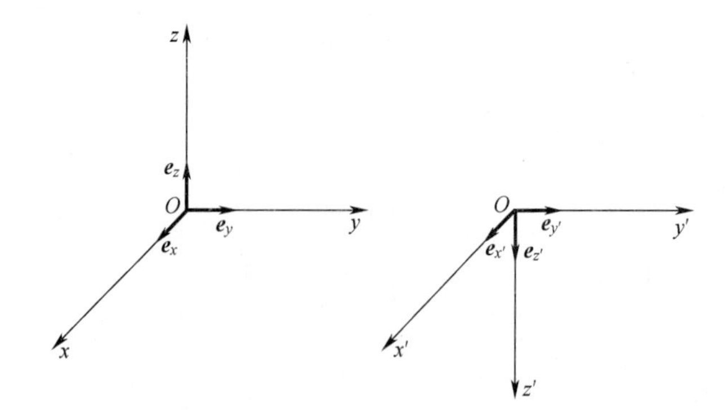

图 5.1.1　原坐标系和关于 xy 坐标平面镜像对称所形成的新坐标系

在新坐标系中也成立,即

$$\boldsymbol{\sigma}(\boldsymbol{x}') = \boldsymbol{D}\boldsymbol{\varepsilon}(\boldsymbol{x}')$$

两者的差为

$$\Delta\boldsymbol{\sigma} = \boldsymbol{D}\Delta\boldsymbol{\varepsilon} \tag{5.1.11}$$

式中:$\Delta\boldsymbol{\sigma} = \boldsymbol{\sigma}(\boldsymbol{x}') - \boldsymbol{\sigma}(\boldsymbol{x})$,$\Delta\boldsymbol{\varepsilon} = \boldsymbol{\varepsilon}(\boldsymbol{x}') - \boldsymbol{\varepsilon}(\boldsymbol{x})$

由 3.5 节的例题可知,原坐标系和新坐标下的应变分量。据此可得两者的差为

$$\Delta\boldsymbol{\varepsilon} = \boldsymbol{\varepsilon}(\boldsymbol{x}') - \boldsymbol{\varepsilon}(\boldsymbol{x}) = \begin{bmatrix} 0 \\ 0 \\ 0 \\ 0 \\ -2\varepsilon_{yz} \\ -2\varepsilon_{zx} \end{bmatrix}$$

由 4.5 节的例题可知,原坐标系和新坐标系下的应力分量。据此可得两者的差为

$$\Delta\boldsymbol{\sigma} = \boldsymbol{\sigma}(\boldsymbol{x}') - \boldsymbol{\sigma}(\boldsymbol{x}) = \begin{bmatrix} 0 \\ 0 \\ 0 \\ 0 \\ -2\tau_{yz} \\ -2\tau_{zx} \end{bmatrix}$$

将上述所得的结果,代入式(5.1.11),可得

$$\begin{bmatrix} 0 \\ 0 \\ 0 \\ 0 \\ -2\tau_{yz} \\ -2\tau_{zx} \end{bmatrix} = \begin{bmatrix} D_{11} & D_{12} & D_{13} & D_{14} & D_{15} & D_{16} \\ D_{12} & D_{22} & D_{23} & D_{24} & D_{25} & D_{26} \\ D_{13} & D_{23} & D_{33} & D_{34} & D_{35} & D_{36} \\ D_{14} & D_{24} & D_{34} & D_{44} & D_{45} & D_{46} \\ D_{15} & D_{25} & D_{35} & D_{45} & D_{55} & D_{56} \\ D_{16} & D_{26} & D_{36} & D_{46} & D_{56} & D_{66} \end{bmatrix} \begin{bmatrix} 0 \\ 0 \\ 0 \\ 0 \\ -2\varepsilon_{yz} \\ -2\varepsilon_{zx} \end{bmatrix}$$

由前 4 行,可得

$$\begin{cases} D_{15}\varepsilon_{yz} + D_{16}\varepsilon_{zx} = 0 \\ D_{25}\varepsilon_{yz} + D_{26}\varepsilon_{zx} = 0 \\ D_{35}\varepsilon_{yz} + D_{36}\varepsilon_{zx} = 0 \\ D_{45}\varepsilon_{yz} + D_{46}\varepsilon_{zx} = 0 \end{cases}$$

由于 ε_{yz} 和 ε_{zx} 的任意性,若上面 4 个方程成立,则只能是 ε_{yz} 和 ε_{zx} 的系数各自为 0,可得

$$\begin{cases} D_{15} = D_{16} = 0 \\ D_{25} = D_{26} = 0 \\ D_{35} = D_{36} = 0 \\ D_{45} = D_{46} = 0 \end{cases}$$

得到了只有 z 方向正交的各向异性材料的 $\boldsymbol{D}$ 矩阵,即

$$\boldsymbol{D} = \begin{bmatrix} D_{11} & D_{12} & D_{13} & D_{14} & 0 & 0 \\ D_{12} & D_{22} & D_{23} & D_{24} & 0 & 0 \\ D_{13} & D_{23} & D_{33} & D_{34} & 0 & 0 \\ D_{14} & D_{24} & D_{34} & D_{44} & 0 & 0 \\ 0 & 0 & 0 & 0 & D_{55} & D_{56} \\ 0 & 0 & 0 & 0 & D_{56} & D_{66} \end{bmatrix} \tag{5.1.12a}$$

弹性常数缩减至 13 个。

2. 关于 *yz* 坐标平面镜像对称

若应力应变关系关于 yz 坐标平面镜像对称,则沿着 x 向和 $-x$ 向看,应力应变关系保持不变,可得

$$\begin{cases} D_{14} = D_{16} = 0 \\ D_{24} = D_{26} = 0 \\ D_{34} = D_{36} = 0 \\ D_{45} = D_{56} = 0 \end{cases}$$

得到了只有 x 方向正交的各向异性材料的 $\boldsymbol{D}$ 矩阵,即

$$\boldsymbol{D} = \begin{bmatrix} D_{11} & D_{12} & D_{13} & 0 & D_{15} & 0 \\ D_{12} & D_{22} & D_{23} & 0 & D_{25} & 0 \\ D_{13} & D_{23} & D_{33} & 0 & D_{35} & 0 \\ 0 & 0 & 0 & D_{44} & 0 & D_{46} \\ D_{15} & D_{25} & D_{35} & 0 & D_{55} & 0 \\ 0 & 0 & 0 & D_{46} & 0 & D_{66} \end{bmatrix} \tag{5.1.12b}$$

弹性常数缩减至 13 个。

3. 关于 *zx* 坐标平面镜像对称

若应力应变关系关于 zx 坐标平面镜像对称,则沿着 y 向和 $-y$ 向看,应力应变关系保持不变,可得

$$\begin{cases} D_{14} = D_{15} = 0 \\ D_{24} = D_{25} = 0 \\ D_{34} = D_{35} = 0 \\ D_{46} = D_{56} = 0 \end{cases}$$

因此,得到了只有 x 方向正交的各向异性材料的 $\boldsymbol{D}$ 矩阵,即

$$\boldsymbol{D} = \begin{bmatrix} D_{11} & D_{12} & D_{13} & 0 & 0 & D_{16} \\ D_{12} & D_{22} & D_{23} & 0 & 0 & D_{26} \\ D_{13} & D_{23} & D_{33} & 0 & 0 & D_{36} \\ 0 & 0 & 0 & D_{44} & D_{45} & 0 \\ 0 & 0 & 0 & D_{45} & D_{55} & 0 \\ D_{16} & D_{26} & D_{36} & 0 & 0 & D_{66} \end{bmatrix} \tag{5.1.12c}$$

弹性常数缩减至 13 个。

4. 正交各向异性

综上所述,若应力应变关系关于三个坐标平面均镜像对称,则

$$\begin{cases} D_{14} = D_{15} = D_{16} = 0 \\ D_{24} = D_{25} = D_{26} = 0 \\ D_{34} = D_{35} = D_{36} = 0 \\ D_{45} = D_{46} = D_{56} = 0 \end{cases}$$

事实上,只要和两个坐标平面镜像对称,则一定和剩余的第三个坐标平面镜像对称。

因此,得到正交各向异性材料的 $\boldsymbol{D}$ 矩阵,即

$$\boldsymbol{D} = \begin{bmatrix} D_{11} & D_{12} & D_{13} & 0 & 0 & 0 \\ D_{12} & D_{22} & D_{23} & 0 & 0 & 0 \\ D_{13} & D_{23} & D_{33} & 0 & 0 & 0 \\ 0 & 0 & 0 & D_{44} & 0 & 0 \\ 0 & 0 & 0 & 0 & D_{55} & 0 \\ 0 & 0 & 0 & 0 & 0 & D_{66} \end{bmatrix} \tag{5.1.13}$$

此时,弹性常数缩减至 9 个,即 D_{11}、D_{12}、D_{13}、D_{22}、D_{23}、D_{33}、D_{44}、D_{55}和 D_{66}。

由式(5.1.13)可见,正交各向异性材料具有 9 个材料常数,且解除了正应力与切应变、切应力与正应变之间的耦合关系。

三、各向同性

1. *xy* 坐标平面内各向同性

假设坐标系绕 z 轴逆时针旋转 90°时(图 5.1.2),应力应变关系不变。

由 3.5 节的例题可知,原坐标系和新坐标下的应变分量。据此可得两者的差为

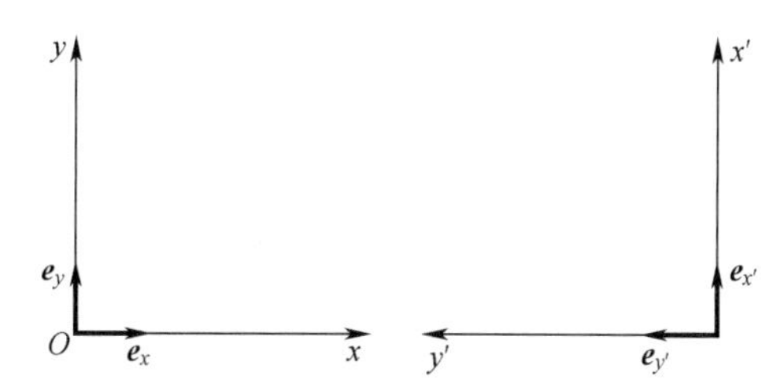

图 5.1.2　原坐标系和绕 z 轴逆时针旋转 90°所形成的新坐标系

$$\Delta\boldsymbol{\varepsilon} = \boldsymbol{\varepsilon}(\boldsymbol{x}') - \boldsymbol{\varepsilon}(\boldsymbol{x}) = \begin{bmatrix} \varepsilon_y - \varepsilon_x \\ \varepsilon_x - \varepsilon_y \\ 0 \\ -2\varepsilon_{xy} \\ -\varepsilon_{zx} - \varepsilon_{yz} \\ \varepsilon_{yz} - \varepsilon_{zx} \end{bmatrix}$$

由 4.5 节的例题可知,原坐标系和新坐标下的应力分量。据此可得两者的差为

$$\Delta\boldsymbol{\sigma} = \boldsymbol{\sigma}(\boldsymbol{x}') - \boldsymbol{\sigma}(\boldsymbol{x}) = \begin{bmatrix} \sigma_y - \sigma_x \\ \sigma_x - \sigma_y \\ 0 \\ -2\tau_{xy} \\ -\tau_{zx} - \tau_{yz} \\ \tau_{yz} - \tau_{zx} \end{bmatrix}$$

将上述所得的结果,代入式(5.1.13),可得

$$\begin{bmatrix} \sigma_y - \sigma_x \\ \sigma_x - \sigma_y \\ 0 \\ -2\tau_{xy} \\ -\tau_{zx} - \tau_{yz} \\ \tau_{yz} - \tau_{zx} \end{bmatrix} = \begin{bmatrix} D_{11} & D_{12} & D_{13} & 0 & 0 & 0 \\ D_{12} & D_{22} & D_{23} & 0 & 0 & 0 \\ D_{13} & D_{23} & D_{33} & 0 & 0 & 0 \\ 0 & 0 & 0 & D_{44} & 0 & 0 \\ 0 & 0 & 0 & 0 & D_{55} & 0 \\ 0 & 0 & 0 & 0 & 0 & D_{66} \end{bmatrix} \begin{bmatrix} \varepsilon_y - \varepsilon_x \\ \varepsilon_x - \varepsilon_y \\ 0 \\ -2\varepsilon_{xy} \\ -\varepsilon_{zx} - \varepsilon_{yz} \\ \varepsilon_{yz} - \varepsilon_{zx} \end{bmatrix}$$

由前两行相加,可得

$$(D_{22} - D_{11})(\varepsilon_x - \varepsilon_y) = 0$$

于是得到:

$$D_{22} = D_{11}$$

由第三行,可得

$$(D_{23} - D_{13})(\varepsilon_x - \varepsilon_y) = 0$$

于是得到:

$$D_{23} = D_{13}$$

由后两行相加,可得

$$\tau_{zx}=\frac{1}{2}(D_{55}-D_{66})\varepsilon_{yz}+\frac{1}{2}(D_{55}+D_{66})\varepsilon_{zx}$$

由式(5.1.13)可知

$$\tau_{zx}=D_{66}\varepsilon_{zx}$$

因而,有

$$\frac{1}{2}(D_{55}-D_{66})=0$$

$$\frac{1}{2}(D_{55}+D_{66})=D_{66}$$

于是得到:

$$D_{66}=D_{55}$$

因此,得到了只绕 z 轴逆时针旋转 90°时的 $\boldsymbol{D}$ 矩阵,即

$$\boldsymbol{D}=\begin{bmatrix} D_{11} & D_{12} & D_{13} & 0 & 0 & 0 \\ D_{12} & D_{11} & D_{13} & 0 & 0 & 0 \\ D_{13} & D_{13} & D_{33} & 0 & 0 & 0 \\ 0 & 0 & 0 & D_{44} & 0 & 0 \\ 0 & 0 & 0 & 0 & D_{55} & 0 \\ 0 & 0 & 0 & 0 & 0 & D_{55} \end{bmatrix} \tag{5.1.14}$$

弹性常数缩减至 6 个。

假设坐标系绕 z 轴逆时针旋转任意角度 θ 时(图 5.1.3),应力应变关系不变。因此,有

$$\begin{cases}\tau_{xy}=D_{44}\varepsilon_{xy}\\ \tau_{x'y'}=D_{44}\varepsilon_{x'y'}\end{cases}$$

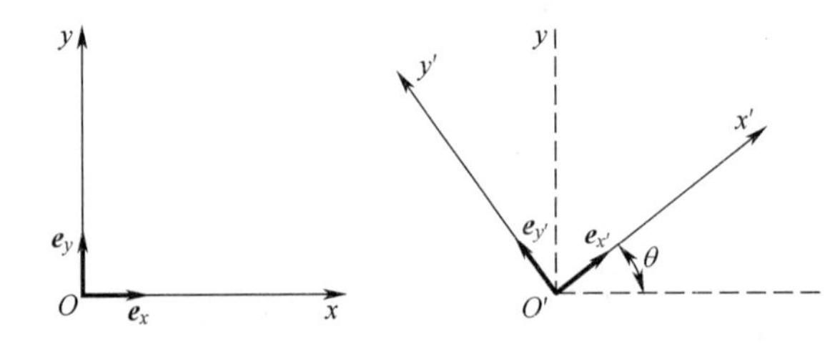

图 5.1.3 原坐标系和绕 z 轴逆时针旋转 θ°所形成的新坐标系

由 3.5 节和 4.5 节的例题,已知

$$\begin{cases}\varepsilon_{x'y'}=(\varepsilon_y-\varepsilon_x)\sin\theta\cos\theta+\varepsilon_{xy}(\cos^2\theta-\sin^2\theta)\\ \tau_{x'y'}=(\sigma_y-\sigma_x)\sin\theta\cos\theta+\tau_{xy}(\cos^2\theta-\sin^2\theta)\end{cases}$$

从而可得

$$\begin{aligned}&(\sigma_y-\sigma_x)\sin\theta\cos\theta+\tau_{xy}(\cos^2\theta-\sin^2\theta)\\ &=D_{44}[(\varepsilon_y-\varepsilon_x)\sin\theta\cos\theta+\varepsilon_{xy}(\cos^2\theta-\sin^2\theta)]\end{aligned}$$

即

$$(\sigma_y-\sigma_x)=D_{44}(\varepsilon_y-\varepsilon_x)$$

由式(5.1.14)可得

$$\begin{cases}\sigma_x = D_{11}\varepsilon_x + D_{12}\varepsilon_y + D_{13}\varepsilon_z \\ \sigma_y = D_{12}\varepsilon_x + D_{11}\varepsilon_y + D_{13}\varepsilon_z\end{cases}$$

从而可得

$$(\sigma_y - \sigma_x) = (D_{11} - D_{12})(\varepsilon_y - \varepsilon_x)$$

即

$$D_{44} = D_{11} - D_{12}$$

因此,得到了 xy 坐标平面内各向同性的 $\boldsymbol{D}$ 矩阵。即

$$\boldsymbol{D} = \begin{bmatrix} D_{11} & D_{12} & D_{13} & 0 & 0 & 0 \\ D_{12} & D_{11} & D_{13} & 0 & 0 & 0 \\ D_{13} & D_{13} & D_{33} & 0 & 0 & 0 \\ 0 & 0 & 0 & D_{11} - D_{12} & 0 & 0 \\ 0 & 0 & 0 & 0 & D_{55} & 0 \\ 0 & 0 & 0 & 0 & 0 & D_{55} \end{bmatrix} \tag{5.1.15a}$$

弹性常数缩减至 5 个。

2. *yz* 坐标平面内各向同性

当 yz 坐标平面内各向同性时,有

$$\begin{cases} D_{33} = D_{22} \\ D_{12} = D_{13} \\ D_{44} = D_{66} \\ D_{55} = D_{22} - D_{23} \end{cases}$$

则 $\boldsymbol{D}$ 矩阵成为

$$\boldsymbol{D} = \begin{bmatrix} D_{11} & D_{12} & D_{12} & 0 & 0 & 0 \\ D_{12} & D_{22} & D_{23} & 0 & 0 & 0 \\ D_{12} & D_{23} & D_{22} & 0 & 0 & 0 \\ 0 & 0 & 0 & D_{66} & 0 & 0 \\ 0 & 0 & 0 & 0 & D_{22} - D_{23} & 0 \\ 0 & 0 & 0 & 0 & 0 & D_{66} \end{bmatrix} \tag{5.1.15b}$$

弹性常数缩减至 5 个。

3. *zx* 坐标平面内各向同性

当 zx 坐标平面内各向同性时,有

$$\begin{cases} D_{11} = D_{33} \\ D_{12} = D_{23} \\ D_{55} = D_{44} \\ D_{66} = D_{33} - D_{13} \end{cases}$$

则 $\boldsymbol{D}$ 矩阵成为

$$
\boldsymbol{D} = \begin{bmatrix} D_{33} & D_{23} & D_{13} & 0 & 0 & 0 \\ D_{23} & D_{22} & D_{23} & 0 & 0 & 0 \\ D_{13} & D_{23} & D_{33} & 0 & 0 & 0 \\ 0 & 0 & 0 & D_{44} & 0 & 0 \\ 0 & 0 & 0 & 0 & D_{44} & 0 \\ 0 & 0 & 0 & 0 & 0 & D_{33} - D_{13} \end{bmatrix} \tag{5.1.15b}
$$

弹性常数缩减至5个。

4. 各向同性

综上所述,若应力应变关系在3个坐标平面内均各向同性时,则

$$
\begin{cases} D_{11} = D_{22} = D_{33} \\ D_{12} = D_{23} = D_{13} \\ D_{44} = D_{55} = D_{66} = D_{11} - D_{12} = D_{22} - D_{23} = D_{33} - D_{13} \end{cases}
$$

因此,得到了各向同性材料的 $\boldsymbol{D}$ 矩阵,即

$$
\boldsymbol{D} = \begin{bmatrix} D_{11} & D_{12} & D_{12} & 0 & 0 & 0 \\ D_{12} & D_{11} & D_{12} & 0 & 0 & 0 \\ D_{12} & D_{12} & D_{11} & 0 & 0 & 0 \\ 0 & 0 & 0 & D_{11} - D_{12} & 0 & 0 \\ 0 & 0 & 0 & 0 & D_{11} - D_{12} & 0 \\ 0 & 0 & 0 & 0 & 0 & D_{11} - D_{12} \end{bmatrix} \tag{5.1.16}
$$

弹性常数最终缩减至2个,即 D_{11} 和 D_{12}。

5.2 弹性常数的物理意义和测定

由式(5.1.16)可以看出,描述连续、均匀、各项同性的线弹性体应力应变关系的 $\boldsymbol{D}$ 矩阵至少有以下两个基本特征。

一是正应力只与正应变关联,切应力只与切应变关联。

二是当正应力与正应变之间的关系确定时,即弹性常数 D_{11} 和 D_{12} 已知时,切应力与切应变之间的关系也就确定了。

因此,可以仅通过单向拉伸试验,即可测定所需的弹性常数。

一、弹性模量

如图5.2.1所示,在单纯拉压状态下,直杆在轴向拉力作用下,将引起轴向尺寸的伸长和横向尺寸的缩小;反之,在轴向压力作用下,将引起轴向尺寸的缩短和横向尺寸的增大。

若变形前的长度为 L_0,变形后的长度为 L,则轴向正应变为

$$
\varepsilon = \frac{L - L_0}{L} = \frac{\Delta L}{L} \tag{5.2.1}
$$

当 $\varepsilon > 0$ 时,表示杆件受力伸长;当 $\varepsilon < 0$ 时,表示杆件受压缩短。

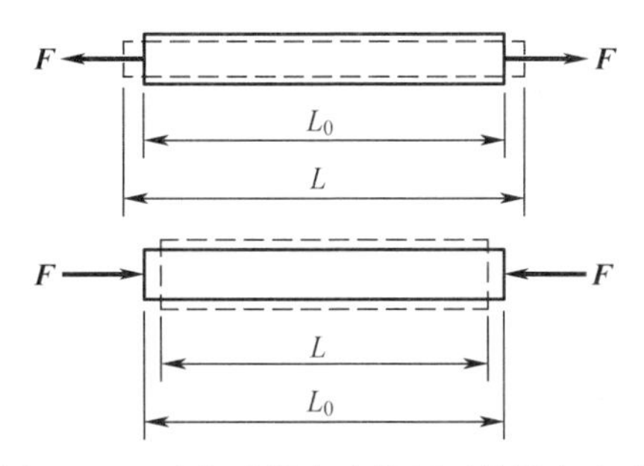

图 5.2.1　直杆受轴向力作用时的轴向变形

设等截面直杆的横截面面积为 A,承受轴向力 F,则轴向正应力为

$$\sigma = \frac{F}{A} \tag{5.2.2}$$

实验结果(图 5.2.2)表明:在线弹性范围内,轴向正应力与轴向正应变成简单的比例关系,即

$$\sigma = E\varepsilon \tag{5.2.3}$$

式中:E 为材料常数,称为弹性模量(或杨氏模量),其单位为 N/m^2(MPa)。

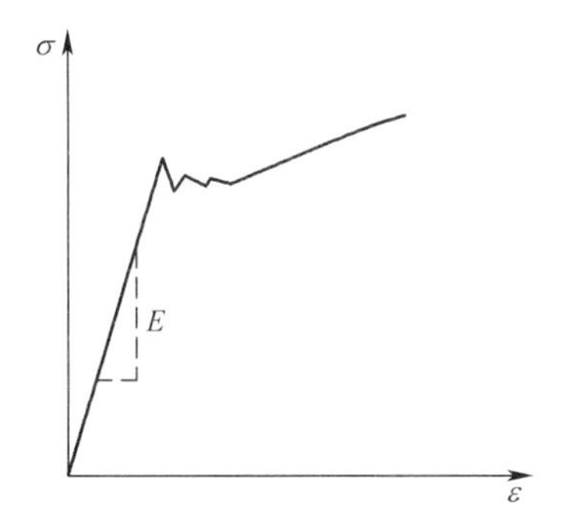

图 5.2.2　线弹性范围内轴向正应力与轴向正应变之间呈线性关系

二、泊松比(Poisson ratio)

若杆件变形前的横向尺寸为 B_0,变形后为 B,则横向正应变为

$$\varepsilon' = \frac{B - B_0}{B} = \frac{\Delta B}{B} \tag{5.2.4}$$

当 $\varepsilon' > 0$ 时,表示杆件横向尺寸增大;当 $\varepsilon' < 0$ 时,表示杆件横向尺寸缩小(图 5.2.3)。

实验结果表明:在线弹性范围内,横向正应变与轴向正应之比的绝对值是一个常数,即

$$\mu = \left|\frac{\varepsilon'}{\varepsilon}\right| \tag{5.2.5}$$

式中:μ 为材料常数,称为横向变形系数(或侧向收缩系数)或泊松比;泊松比为无量纲量。

当材料的体积一定时,杆件轴向拉伸则横向缩小,而轴向缩短则横向增大,所以横向正应变和轴向正应变之间的符号是相反的(图 5.2.4)。因此

$$\varepsilon' = -\mu\varepsilon \tag{5.2.6}$$

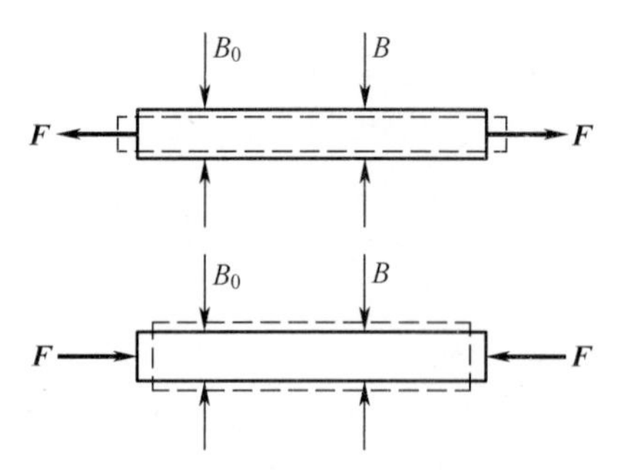

图 5.2.3　直杆受轴向力作用时的侧向变形

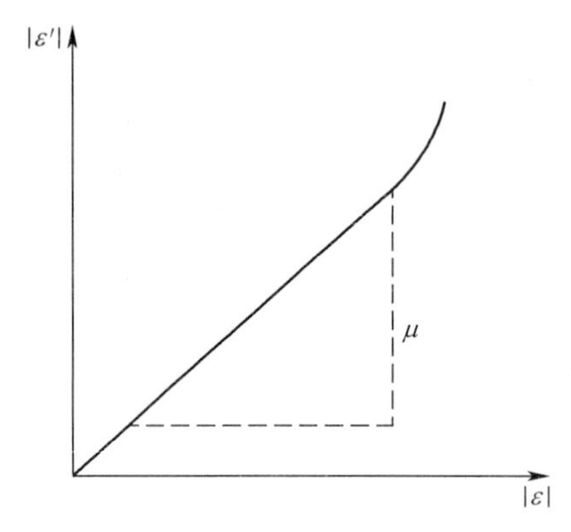

图 5.2.4　线弹性范围内侧向正应力与轴向正应变之间呈线性关系

三、实验标准与常用数据

通过单向拉伸试验，可以测得弹性模量(E)和泊松比(μ)。需要特别指出：这些材料常数的测定，必须严格执行有关标准如中华人民共和国国家标准《金属材料 弹性模量和泊松比试验方法》(GB/T 22315—2008)。

表 5.2.1 列举了几种常用工程材料的弹性模量和泊松比。

表 5.2.1　几种常用材料的弹性模量和泊松比

材料名称	E/GPa	μ
碳钢	196~216	0.24~0.26
合金钢	186~206	0.25~0.30
灰铸铁	79.5~157	0.23~0.27
铜及其合金	72.6~126	0.31~0.42
铝合金	70	0.33

5.3　广义胡克定律：物理方程

根据式(5.2.3)，当 σ_x 单独作用时，在 x 方向引起的线应变为

$$\frac{\sigma_x}{E} \tag{5.3.1}$$

根据式(5.2.3)和式(5.2.6),当 σ_y 和 σ_z 各自单独作用时,在 x 方向引起的线应变分别为

$$-\mu\frac{\sigma_y}{E} \quad 和 \quad -\mu\frac{\sigma_z}{E}$$

因此,当 σ_x、σ_y 和 σ_z 共同独作用时,在 x 方向引起的线应变为

$$\varepsilon_x = \frac{\sigma_x}{E} - \mu\frac{\sigma_y}{E} - \mu\frac{\sigma_z}{E} = \frac{1}{E}[\sigma_x - \mu(\sigma_y + \sigma_z)]$$

类似地,可得 ε_y 和 ε_z 的表达式。于是,得到了用正应力表达线应变的关系式如下:

$$\begin{cases} \varepsilon_x = \dfrac{1}{E}[\sigma_x - \mu(\sigma_y + \sigma_z)] \\ \varepsilon_y = \dfrac{1}{E}[\sigma_y - \mu(\sigma_z + \sigma_x)] \\ \varepsilon_z = \dfrac{1}{E}[\sigma_z - \mu(\sigma_x + \sigma_y)] \end{cases} \tag{5.3.2}$$

式(5.3.2)中三式相加,可得

$$\varepsilon_x + \varepsilon_y + \varepsilon_z = \frac{1-2\mu}{E}(\sigma_x + \sigma_y + \sigma_z)$$

即

$$\sigma_x + \sigma_y + \sigma_z = \frac{E}{1-2\mu}(\varepsilon_x + \varepsilon_y + \varepsilon_z)$$

由式(5.3.1),可得

$$\sigma_x = E\varepsilon_x + \mu(\sigma_y + \sigma_z) = E\varepsilon_x + \mu\left[\frac{E}{1-2\mu}(\varepsilon_x + \varepsilon_y + \varepsilon_z) - \sigma_x\right]$$

即

$$\sigma_x = \frac{E(1-\mu)}{(1+\mu)(1-2\mu)}\left[\varepsilon_x + \frac{\mu}{1-\mu}(\varepsilon_y + \varepsilon_z)\right]$$

同理可得其他两式。于是,得到了用正应变表达正应力的关系式如下:

$$\begin{cases} \sigma_x = \dfrac{E(1-\mu)}{(1+\mu)(1-2\mu)}\left[\varepsilon_x + \dfrac{\mu}{1-\mu}(\varepsilon_y + \varepsilon_z)\right] \\ \sigma_y = \dfrac{E(1-\mu)}{(1+\mu)(1-2\mu)}\left[\varepsilon_y + \dfrac{\mu}{1-\mu}(\varepsilon_z + \varepsilon_x)\right] \\ \sigma_z = \dfrac{E(1-\mu)}{(1+\mu)(1-2\mu)}\left[\varepsilon_z + \dfrac{\mu}{1-\mu}(\varepsilon_x + \varepsilon_y)\right] \end{cases} \tag{5.3.3}$$

与式(5.1.16)所给的 **D** 矩阵比较,可得

$$D_{11} = \frac{E(1-\mu)}{(1+\mu)(1-2\mu)} \quad 和 \quad D_{12} = \frac{E\mu}{(1+\mu)(1-2\mu)}$$

据此可得

$$D_{11}-D_{12}=\frac{E(1-\mu)}{(1+\mu)(1-2\mu)}\left(1-\frac{\mu}{1-\mu}\right)=\frac{E}{1+\mu}$$

若令

$$2G=D_{11}-D_{12}=\frac{E}{1+\mu} \tag{5.3.4}$$

则切应力与切应变之间的关系为

$$\begin{cases}\tau_{xy}=(D_{11}-D_{12})\varepsilon_{xy}=2G\varepsilon_{xy}=G\gamma_{xy}\\ \tau_{yz}=(D_{11}-D_{12})\varepsilon_{yz}=2G\varepsilon_{yz}=G\gamma_{yz}\\ \tau_{zx}=(D_{11}-D_{12})\varepsilon_{zx}=2G\varepsilon_{zx}=G\gamma_{zx}\end{cases} \tag{5.3.5}$$

或

$$\begin{cases}\gamma_{xy}=\dfrac{1}{G}\tau_{xy}\\ \gamma_{yz}=\dfrac{1}{G}\tau_{yz}\\ \gamma_{zx}=\dfrac{1}{G}\tau_{zx}\end{cases} \tag{5.3.6}$$

式中:G 称为剪切模量,其单位为 N/m^2。

式(5.3.2)和式(5.3.6)就是用空间问题的物理方程(用应力表示应变),也称为广义胡克定律(Hooke law);式(5.3.3)和式(5.3.5)是空间问题物理方程的第二种形式(用应变表示应力)。

关于弹性模量、泊松比和剪切模量之间的关系式(5.3.4),也可通过基本的形变分析和内力分析的方式加以验证。

如图 5.3.1 所示,边长为 a 的正方形微小单元,一对边受均匀拉应力 $\sigma_x=\sigma$,另一对边受均匀压应力 $\sigma_y=-\sigma$。

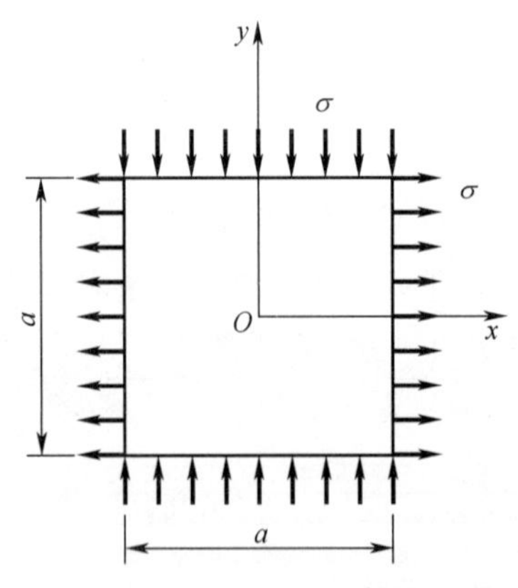

图 5.3.1 受均匀拉压作用的正方形微小单元

如图 5.3.2(a)所示,设微元沿 x 方向的伸长量为 Δa,则其沿 y 方向缩短量为 Δa,可得线应变:

$$\varepsilon_x=\frac{\Delta a}{a} \quad 和 \quad \varepsilon_y=-\frac{\Delta a}{a}$$

以及改变的角度：

$$\alpha \approx \frac{AA'}{OA} = \frac{\sqrt{2} \times \left(\frac{1}{2}\Delta a\right)}{\frac{\sqrt{2}}{2}a} = \frac{\Delta a}{a}$$

从而可得切应变：

$$\gamma = 2\alpha = 2\frac{\Delta a}{a}$$

如图 5.3.2(b)所示，微元的应力矩阵为

$$\boldsymbol{\sigma} = \begin{bmatrix} \sigma_x & \tau_{yx} & \tau_{zx} \\ \tau_{xy} & \sigma_y & \tau_{zy} \\ \tau_{xz} & \tau_{yz} & \sigma_z \end{bmatrix} = \begin{bmatrix} \sigma & 0 & 0 \\ 0 & -\sigma & 0 \\ 0 & 0 & 0 \end{bmatrix}$$

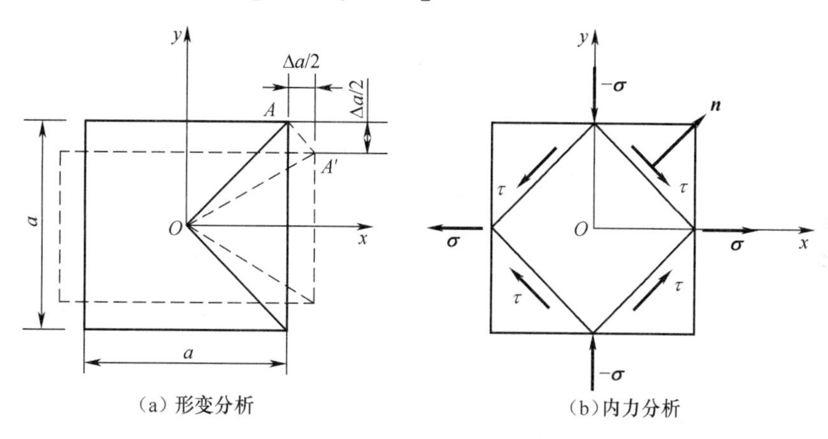

图 5.3.2　微元分析

平面上任意一个斜面的单位法向矢量为

$$\boldsymbol{n} = \begin{bmatrix} n_x \\ n_y \\ 0 \end{bmatrix}$$

式中

$$n_x^2 + n_y^2 = 1$$

因此

$$\begin{cases} \boldsymbol{p}_n = \boldsymbol{\sigma n} = \begin{bmatrix} \sigma & 0 & 0 \\ 0 & -\sigma & 0 \\ 0 & 0 & 0 \end{bmatrix} \begin{bmatrix} n_x \\ n_y \\ 0 \end{bmatrix} = \begin{bmatrix} n_x\sigma \\ -n_y\sigma \\ 0 \end{bmatrix} \\ p_n = \sqrt{n_x^2\sigma^2 + n_y^2\sigma^2} = (\sqrt{n_x^2 + n_y^2})\sigma = \sigma \end{cases}$$

当 $n_x = \pm 1/\sqrt{2}$，$n_y = \pm 1/\sqrt{2}$ 时

$$\sigma_n^2 = \boldsymbol{p}^{\mathrm{T}}\boldsymbol{n} = [n_x\sigma \quad -n_y\sigma \quad 0] \begin{bmatrix} n_x \\ n_y \\ 0 \end{bmatrix} = n_x^2\sigma^2 - n_y^2\sigma^2 = (n_x^2 - n_y^2)\sigma^2 = 0$$

$$\begin{cases}\boldsymbol{\tau}_n = \boldsymbol{p}_n - \boldsymbol{\sigma}_n = \boldsymbol{p}_n \\ \tau_n = p_n = \sigma\end{cases}$$

由物理方程式(5.3.2)中第一式：

$$\varepsilon_x = \frac{1}{E}[\sigma_x - \mu(\sigma_y + \sigma_z)]$$

可得

$$\frac{\Delta a}{a} = \frac{1}{E}[\sigma - \mu(-\sigma + 0)] = \frac{1+\mu}{E}\sigma$$

由物理方程式(5.3.6)中第一式：

$$\gamma_{xy} = \frac{1}{G}\tau_{xy}$$

可得

$$2\frac{\Delta a}{a} = \frac{1}{G}\tau = \frac{1}{G}\sigma$$

因此,可得

$$2\frac{1+\mu}{E}\sigma = \frac{1}{G}\sigma$$

即

$$G = \frac{E}{2(1+\mu)}$$

5.4 物理方程的其他表达形式

一、体应变与体积应力关系

将物理方程式(5.3.1)中的三个式子相加,可得

$$\varepsilon_x + \varepsilon_y + \varepsilon_z = \frac{1-2\mu}{E}(\sigma_x + \sigma_y + \sigma_z) \tag{5.4.1}$$

引入

$$\theta = \varepsilon_x + \varepsilon_y + \varepsilon_z \tag{5.4.2}$$

和

$$\Theta = \sigma_x + \sigma_y + \sigma_z \tag{5.4.3}$$

式中：θ 称为体应变,Θ 称为体积应力。于是式(5.4.1)变为

$$\theta = \frac{1-2\mu}{E}\Theta = \frac{1}{K}\Theta \tag{5.4.4}$$

式中

$$K = \frac{E}{1-2\mu} \tag{5.4.5}$$

称为体积模量(N/m^2)。

由于

$$K = \frac{E}{1 - 2\mu} > 0$$

所以

$$\mu < \frac{1}{2} = 0.5$$

二、用拉梅常量(Lamé constants)表示的应力应变关系

由物理方程式(5.3.3)中的第一式,可得

$$\begin{aligned}\sigma_x &= \frac{E(1-\mu)}{(1+\mu)(1-2\mu)}\left[\frac{\mu}{1-\mu}(\varepsilon_x + \varepsilon_y + \varepsilon_z) + \left(1 - \frac{\mu}{1-\mu}\right)\varepsilon_x\right] \\ &= \frac{E(1-\mu)}{(1+\mu)(1-2\mu)}\left(\frac{\mu}{1-\mu}\theta + \frac{1-2\mu}{1-\mu}\varepsilon_x\right) \\ &= \frac{E}{1+\mu}\left(\frac{\mu}{1-2\mu}\theta + \varepsilon_x\right)\end{aligned}$$

对于σ_y和σ_z,也可以导出与此相似的两个方程。因此,可得下列用应变分量表达应力分量的广义胡克定律:

$$\begin{cases}\sigma_x = \dfrac{E}{1+\mu}\left(\dfrac{\mu}{1-2\mu}\theta + \varepsilon_x\right) \\ \sigma_y = \dfrac{E}{1+\mu}\left(\dfrac{\mu}{1-2\mu}\theta + \varepsilon_y\right) \\ \sigma_z = \dfrac{E}{1+\mu}\left(\dfrac{\mu}{1-2\mu}\theta + \varepsilon_z\right)\end{cases} \tag{5.4.6a}$$

$$\begin{cases}\tau_{yz} = G\gamma_{yz} \\ \tau_{zx} = G\gamma_{zx} \\ \tau_{xy} = G\gamma_{xy}\end{cases} \tag{5.4.6b}$$

引入记号:

$$\lambda = \frac{E\mu}{(1+\mu)(1-2\mu)} \tag{5.4.7}$$

引用

$$G = \frac{E}{2(1+\mu)}$$

则式(5.4.6)变成

$$\begin{cases}\sigma_x = \lambda\theta + 2G\varepsilon_x \\ \sigma_y = \lambda\theta + 2G\varepsilon_y \\ \sigma_z = \lambda\theta + 2G\varepsilon_z\end{cases} \tag{5.4.8a}$$

$$\begin{cases}\tau_{yz} = 2G\varepsilon_{yz} \\ \tau_{zx} = 2G\varepsilon_{zx} \\ \tau_{xy} = 2G\varepsilon_{xy}\end{cases} \tag{5.4.8b}$$

式中：λ 和 G 被称为拉梅常数。这是空间问题物理方程的第三种形式。

三、偏应变与偏应力关系

引入平均应变和平均应力：

$$\varepsilon_m = \frac{1}{3}\theta = \frac{1}{2}(\varepsilon_x + \varepsilon_y + \varepsilon_z) \tag{5.4.9}$$

$$\sigma_m = \frac{1}{3}\Theta = \frac{1}{3}(\sigma_x + \sigma_y + \sigma_z) \tag{5.4.10}$$

于是，由式(5.4.4)可得

$$\varepsilon_m = \frac{1-2\mu}{E}\sigma_m = \frac{1}{K}\sigma_m \tag{5.4.11}$$

由式(5.4.6a)中第一式，可得

$$\begin{aligned}\sigma_x - \sigma_m &= \frac{E}{1+\mu}\left(\frac{3\mu}{1-2\mu}\varepsilon_m + \varepsilon_x\right) - \frac{E}{1-2\mu}\varepsilon_m \\ &= \frac{E}{1+\mu}\left(\varepsilon_x + \frac{3\mu}{1-2\mu}\varepsilon_m - \frac{1+\mu}{1-2\mu}\varepsilon_m\right) \\ &= 2G(\varepsilon_x - \varepsilon_m)\end{aligned}$$

同理，可得

$$\sigma_y - \sigma_m = 2G(\varepsilon_y - \varepsilon_m)$$
$$\sigma_z - \sigma_m = 2G(\varepsilon_z - \varepsilon_m)$$

若定义

$$\begin{cases}s_x = \sigma_x - \sigma_m \\ s_y = \sigma_y - \sigma_m \\ s_z = \sigma_x - \sigma_m\end{cases} \quad 和 \quad \begin{cases}s_{xy} = \tau_{xy} \\ s_{yz} = \tau_{yz} \\ s_{zx} = \tau_{zx}\end{cases} \tag{5.4.12}$$

若为偏应力(或称为应力偏量)，则定义

$$\begin{cases}e_x = \varepsilon_x - \varepsilon_m \\ e_y = \varepsilon_y - \varepsilon_m \\ e_z = \varepsilon_x - \varepsilon_m\end{cases} \quad 和 \quad \begin{cases}e_{xy} = \varepsilon_{xy} \\ e_{yz} = \varepsilon_{yz} \\ e_{zx} = \varepsilon_{zx}\end{cases} \tag{5.4.13}$$

若为偏应变(或称为应变偏量)，则可得

$$\begin{cases}s_x = 2Ge_x \\ s_y = 2Ge_y \\ s_z = 2Ge_z\end{cases} \quad 和 \quad \begin{cases}s_{yz} = 2Ge_{yz} \\ s_{zx} = 2Ge_{zx} \\ s_{xy} = 2Ge_{xy}\end{cases} \tag{5.4.14}$$

这是用偏应力和偏应变表示的空间问题的物理方程。

习　　题

5-1　若应力应变关系关于 yz 平面镜像对称，则沿着 x 向和 $-x$ 向看，应力应变关系保持不变。证明：

$$\begin{cases} D_{14} = D_{16} = 0 \\ D_{24} = D_{26} = 0 \\ D_{34} = D_{36} = 0 \\ D_{45} = D_{56} = 0 \end{cases}$$

5-2　若应力应变关系关于 zx 平面镜像对称，则沿着 y 向和 $-y$ 向看，应力应变关系保持不变。证明：

$$\begin{cases} D_{14} = D_{15} = 0 \\ D_{24} = D_{25} = 0 \\ D_{34} = D_{35} = 0 \\ D_{46} = D_{56} = 0 \end{cases}$$

5-3　当 yz 面内各向同性时，证明：

$$\begin{cases} D_{33} = D_{22} \\ D_{12} = D_{13} \\ D_{44} = D_{66} \\ D_{55} = D_{22} - D_{23} \end{cases}$$

5-4　当 zx 面内各向同性时，有

$$\begin{cases} D_{11} = D_{33} \\ D_{12} = D_{23} \\ D_{55} = D_{44} \\ D_{66} = D_{33} - D_{13} \end{cases}$$

5-5　证明：

$$E = \frac{G(2G + 3\lambda)}{G + \lambda} \quad 和 \quad \mu = \frac{\lambda}{2(G + \lambda)}$$

5-6　证明：

$$E = \frac{9K}{3K + G} \quad 和 \quad \mu = \frac{3K - 2G}{6K + 2G}$$

5-7　证明：

$$K = \lambda + \frac{2}{3}G$$

5-8　证明：

$$\begin{cases} \sigma_x - \sigma_y = 2G(\varepsilon_x - \varepsilon_y) \\ \sigma_y - \sigma_z = 2G(\varepsilon_y - \varepsilon_z) \\ \sigma_z - \sigma_x = 2G(\varepsilon_z - \varepsilon_x) \end{cases}$$

5-9 如下图所示,设有微小的正平行六面体,它的棱边长度是 Δx、Δy、Δz。在变形之前,它的体积是

$$V_0 = \Delta x \Delta y \Delta z$$

变形之后,它的体积则变成为

$$V = (\Delta x + \varepsilon_x \Delta x)(\Delta y + \varepsilon_y \Delta y)(\Delta z + \varepsilon_z \Delta z)$$

证明体应变:

$$\theta = \frac{V - V_0}{V_0} = \varepsilon_x + \varepsilon_y + \varepsilon_z$$

提示:

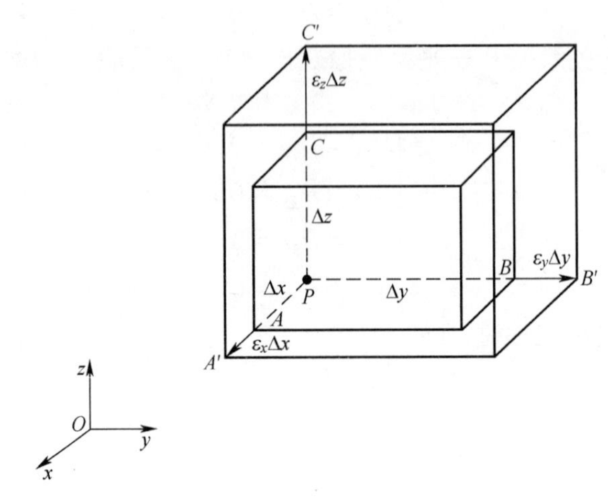

略去高阶项,即令

$$\varepsilon_y \varepsilon_z + \varepsilon_z \varepsilon_x + \varepsilon_x \varepsilon_y + \varepsilon_x \varepsilon_y \varepsilon_z = 0$$

第六章　线弹性力学边值问题

数学上，线弹性力学问题可以归结为微分方程的边值问题，即弹性力学边值问题。

本章在总结前面章节中直角坐标系下空间问题有关方程的基础上，首先介绍圆柱坐标系下的空间问题和球面坐标系下的空间问题；然后对直角坐标系下的平面问题、极坐标下的平面问题、圆柱坐标系下的空间轴对称问题，以及球面坐标系下的空间球对称问题等特殊情况进行讲解；最后对弹性力学边值问题进行一般描述，并介绍求解方法的一般思路。

6.1　直角坐标系下的空间问题

一、弹性体

如图 6.1.1 所示的直角坐标系下，空间中弹性体上任意一点 P 可用其位置矢量 $\boldsymbol{x}$ 表示，即

$$\boldsymbol{x} = x\boldsymbol{e}_x + y\boldsymbol{e}_y + z\boldsymbol{e}_z \tag{6.1.1}$$

因此，空间中的弹性体可用组成该弹性体的点的位置矢量 $\boldsymbol{x}$ 的集合描述。

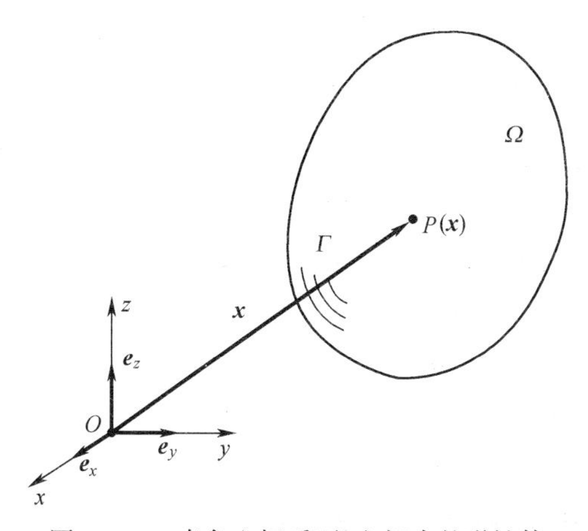

图 6.1.1　直角坐标系下，空间中的弹性体

例题 6.1.1：

如图 6.1.2 所示，已知弹性长方体 $ABCD$-$EFGH$，其三条棱边长分别为 $2a$、$2b$ 和 $2h$。其中，平面 $IJKL$ 将长方体的侧表面平分为上下两个相等的部分。在直角坐标系下，用点的集合表示长方体的内部和表面。

解答：

长方体内部点的集合为

$$\Omega = \{\boldsymbol{x} \mid -a < x < a,\ -b < y < b,\ -h < z < h\}$$

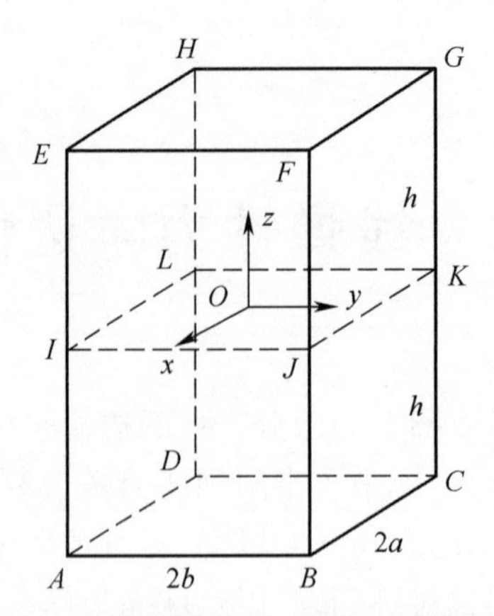

图 6.1.2　直角坐标系下,空间中的弹性长方体

长方体表面点的集合为

$$\Gamma = \Gamma_1 \cup \Gamma_2 \cup \cdots \cup \Gamma_{10}$$

式中:上表面 $EFGH$ 上点的集合为

$$\Gamma_1 = \{\boldsymbol{x} \mid -a \leqslant x \leqslant a,\ -b \leqslant y \leqslant b, z = h\}$$

下表面 $ADCB$ 上点的集合分别为

$$\Gamma_2 = \{\boldsymbol{x} \mid -a \leqslant x \leqslant a,\ -b \leqslant y \leqslant b, z = -h\}$$

前侧表面 $ABJI$ 和 $IJFE$ 上点的集合分别为

$$\Gamma_3 = \{\boldsymbol{x} \mid x = a,\ -b \leqslant y \leqslant b,\ -h < z \leqslant 0\}$$

$$\Gamma_4 = \{\boldsymbol{x} \mid x = a,\ -b \leqslant y \leqslant b, 0 < z < h\}$$

后侧表面 $CDLK$ 和 $KLHG$ 上点的集合分别为

$$\Gamma_5 = \{\boldsymbol{x} \mid x = -a,\ -b \leqslant y \leqslant b,\ -h < z \leqslant 0\}$$

$$\Gamma_6 = \{x \mid x = -a,\ -b \leqslant y \leqslant b,\ 0 < z < h\}$$

左侧表面 $DAIL$ 和 $LIEH$ 上点的集合分别为

$$\Gamma_7 = \{\boldsymbol{x} \mid -a < x < a, y = -b,\ -h < z \leqslant 0\}$$

$$\Gamma_8 = \{\boldsymbol{x} \mid -a < x < a, y = -b,\ 0 < z < h\}$$

右侧表面 $BCKJ$ 和表面 $JKGF$ 上点的集合分别为

$$\Gamma_9 = \{\boldsymbol{x} \mid -a < x < a, y = b,\ -h < z \leqslant 0\}$$

$$\Gamma_{10} = \{\boldsymbol{x} \mid -a < x < a, y = b, 0 < z < h\}$$

答毕。

二、弹性体上所作用的外力和位移约束

如图 6.1.3 所示,弹性体可以其内部受到体力作用,在其表面受到面力作用和位移约束。

外力包括体力和面力。体力($\boldsymbol{f}$)以某种给定的方式作用于弹性体的内部。体力是一个矢量,可以表示成

$$\boldsymbol{f}(\boldsymbol{x}) = \begin{bmatrix} f_x(\boldsymbol{x}) \\ f_y(\boldsymbol{x}) \\ f_z(\boldsymbol{x}) \end{bmatrix}, \boldsymbol{x} \in \Omega \tag{6.1.2}$$

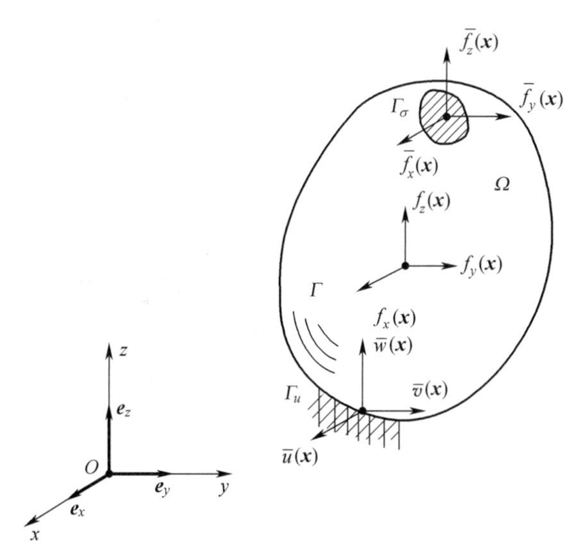

图 6. 1. 3　直角坐标系下,作用在空间弹性体上的外力和位移约束示意图

面力($\bar{\boldsymbol{f}}$)以某种给定的方式作用于弹性体的表面。面力也是一个矢量,可用 3 个分量表示成

$$\bar{\boldsymbol{f}}(\boldsymbol{x})=\begin{bmatrix}\bar{f}_x(\boldsymbol{x})\\\bar{f}_y(\boldsymbol{x})\\\bar{f}_z(\boldsymbol{x})\end{bmatrix},\boldsymbol{x}\in\Gamma_\sigma \tag{6.1.3}$$

位移约束($\bar{\boldsymbol{u}}$)以某种给定的方式作用于弹性体的表面。位移是一个矢量,可用 3 个分量表示成

$$\bar{\boldsymbol{u}}(\boldsymbol{x})=\begin{bmatrix}\bar{u}(\boldsymbol{x})\\\bar{v}(\boldsymbol{x})\\\bar{w}(\boldsymbol{x})\end{bmatrix},\boldsymbol{x}\in\Gamma_u \tag{6.1.4}$$

例题 6. 1. 2:

如图 6. 1. 4 所示,例题 6. 1. 1 中的长方体在其内部承受重力作用,其下半部分浸没在静水中,承受静水压力作用,其上表面固定。设重力加速度为 g,水的密度为 ρ($\gamma=\rho g$,通常称为重度)。

写出体力、面力和位移约束的表达式。

解答:

长方体内部所受的体力为

$$\boldsymbol{f}(\boldsymbol{x})=\begin{bmatrix}f_x(\boldsymbol{x})\\f_y(\boldsymbol{x})\\f_z(\boldsymbol{x})\end{bmatrix}=\begin{bmatrix}0\\0\\-\rho g\end{bmatrix},\boldsymbol{x}\in\Omega$$

长方体表面所受的面力为

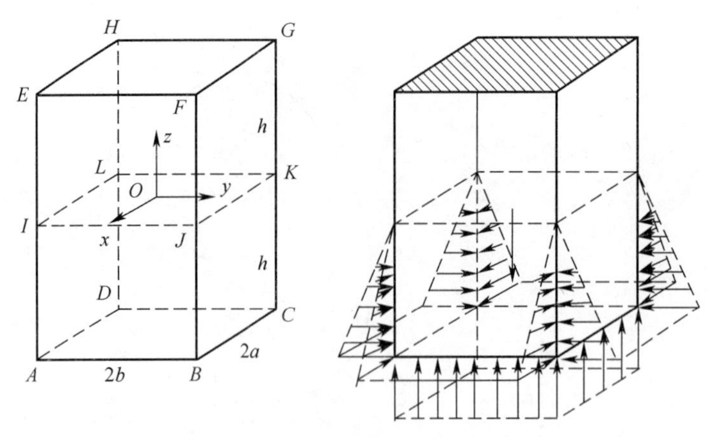

图 6.1.4 重力、静水压力作用下的长方体

$$\bar{\boldsymbol{f}}(\boldsymbol{x}) = \begin{bmatrix} \bar{f}_x(\boldsymbol{x}) \\ \bar{f}_y(\boldsymbol{x}) \\ \bar{f}_z(\boldsymbol{x}) \end{bmatrix}, \boldsymbol{x} \in \Gamma_\sigma$$

式中

$$\Gamma_\sigma = \Gamma_2 \cup \Gamma_3 \cup \cdots \cup \Gamma_{10}$$

下表面 *ADCB* 所受的面力为

$$\bar{\boldsymbol{f}}(\boldsymbol{x}) = \begin{bmatrix} 0 \\ 0 \\ pgh \end{bmatrix}, \boldsymbol{x} \in \Gamma_2$$

前侧表面 *ABJI* 所受的面力为

$$\bar{\boldsymbol{f}}(\boldsymbol{x}) = \begin{bmatrix} \rho gz \\ 0 \\ 0 \end{bmatrix}, \boldsymbol{x} \in \Gamma_3$$

后侧表面 *CDLK* 所受的面力为

$$\bar{\boldsymbol{f}}(\boldsymbol{x}) = \begin{bmatrix} -\rho gz \\ 0 \\ 0 \end{bmatrix}, \boldsymbol{x} \in \Gamma_5$$

左侧表面 *DAIL* 所受的面力为

$$\bar{\boldsymbol{f}}(\boldsymbol{x}) = \begin{bmatrix} 0 \\ -\rho gz \\ 0 \end{bmatrix}, \boldsymbol{x} \in \Gamma_7$$

右侧表面 *BCKJ* 所受的面力为

$$\bar{\boldsymbol{f}}(\boldsymbol{x}) = \begin{bmatrix} 0 \\ \rho gz \\ 0 \end{bmatrix}, \boldsymbol{x} \in \Gamma_9$$

其余侧表面上

$$\bar{\boldsymbol{f}}(\boldsymbol{x})=\begin{bmatrix}0\\0\\0\end{bmatrix},\boldsymbol{x}\in\Gamma_4\cup\Gamma_6\cup\Gamma_8\cup\Gamma_{10}$$

长方体上表面所受的位移约束为

$$\bar{\boldsymbol{u}}(\boldsymbol{x})=\begin{bmatrix}\bar{u}(\boldsymbol{x})\\\bar{v}(\boldsymbol{x})\\\bar{w}(\boldsymbol{x})\end{bmatrix}=\begin{bmatrix}0\\0\\0\end{bmatrix},\boldsymbol{x}\in\Gamma_u=\Gamma_1$$

答毕。

三、弹性体上所产生的形变和内力

在外力作用和位移约束下,弹性体上各点处将产生不同程度的位移($\boldsymbol{u}$)。位移是一个矢量,可用 3 个分量表示成

$$\boldsymbol{u}=\begin{bmatrix}u\\v\\w\end{bmatrix}\tag{6.1.5}$$

位移可以使弹性体产生形变。该形变可以通过一个二阶对称的应变张量($\boldsymbol{\varepsilon}$)描述,可用六个分量表示成

$$\boldsymbol{\varepsilon}=\begin{bmatrix}\varepsilon_x&\varepsilon_{xy}&\varepsilon_{zx}\\\varepsilon_{xy}&\varepsilon_y&\varepsilon_{yz}\\\varepsilon_{zx}&\varepsilon_{yz}&\varepsilon_z\end{bmatrix}\quad\text{或}\quad\boldsymbol{\varepsilon}=\begin{bmatrix}\varepsilon_x\\\varepsilon_y\\\varepsilon_z\\\gamma_{xy}\\\gamma_{yz}\\\gamma_{zx}\end{bmatrix}=\begin{bmatrix}\varepsilon_x\\\varepsilon_y\\\varepsilon_z\\2\varepsilon_{xy}\\2\varepsilon_{yz}\\2\varepsilon_{zx}\end{bmatrix}\tag{6.1.6}$$

形变导致弹性体产生内力,以平衡外力的作用。内力也可以通过一个二阶对称的应力张量($\boldsymbol{\sigma}$)描述(图 6.1.5),可用 6 个分量表示成

$$\boldsymbol{\sigma}=\begin{bmatrix}\sigma_x&\tau_{xy}&\tau_{zx}\\\tau_{xy}&\sigma_y&\tau_{yz}\\\tau_{zx}&\tau_{yz}&\sigma_z\end{bmatrix}\quad\text{或}\quad\boldsymbol{\sigma}=\begin{bmatrix}\sigma_x\\\sigma_y\\\sigma_z\\\tau_{xy}\\\tau_{yz}\\\tau_{zx}\end{bmatrix}\tag{6.1.7}$$

综上所述,位移有 3 个分量,应变和应力各有 6 个分量,共计 15 个变量。

四、弹性力学的基本方程与边界条件

在第三章中,建立了弹性体上应变($\boldsymbol{\varepsilon}$)与位移($\boldsymbol{u}$)之间关系的几何方程如下:

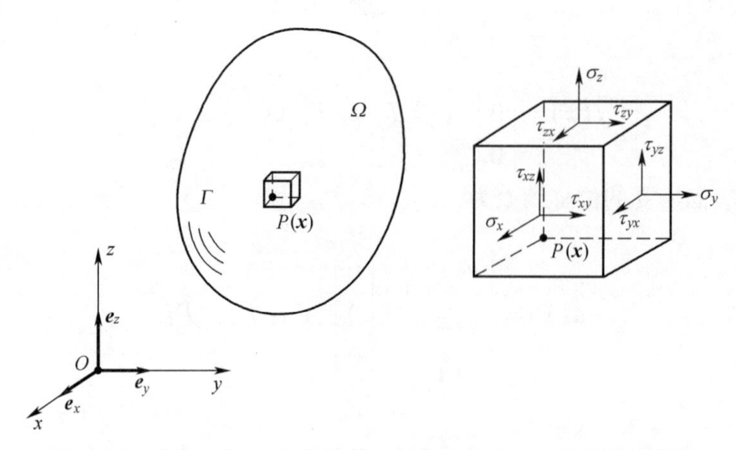

图 6.1.5　直角坐标系下,弹性体上任意一点处的应力分量示意图

$$\begin{cases}\varepsilon_x = \dfrac{\partial u}{\partial x} \\ \varepsilon_y = \dfrac{\partial v}{\partial y} \\ \varepsilon_z = \dfrac{\partial w}{\partial z}\end{cases},\quad \begin{cases}\gamma_{xy} = \dfrac{\partial v}{\partial x} + \dfrac{\partial u}{\partial y} \\ \gamma_{yz} = \dfrac{\partial w}{\partial y} + \dfrac{\partial v}{\partial z} \\ \gamma_{zx} = \dfrac{\partial u}{\partial z} + \dfrac{\partial w}{\partial x}\end{cases} \tag{6.1.8}$$

在第四章中,建立了弹性体上内部应力($\boldsymbol{\sigma}$)与外力体力($\boldsymbol{f}$)之间关系的平衡微分方程如下:

$$\begin{cases}\dfrac{\partial \sigma_x}{\partial x} + \dfrac{\partial \tau_{xy}}{\partial y} + \dfrac{\partial \tau_{zx}}{\partial z} + f_x = 0 \\ \dfrac{\partial \tau_{xy}}{\partial x} + \dfrac{\partial \sigma_y}{\partial y} + \dfrac{\partial \tau_{yz}}{\partial z} + f_y = 0 \\ \dfrac{\partial \tau_{zx}}{\partial x} + \dfrac{\partial \tau_{yz}}{\partial y} + \dfrac{\partial \sigma_z}{\partial z} + f_z = 0\end{cases} \tag{6.1.9}$$

在第五章中,建立了线弹性体应变($\boldsymbol{\varepsilon}$)与应力($\boldsymbol{\sigma}$)之间关系的物理方程如下:

$$\begin{cases}\varepsilon_x = \dfrac{1}{E}[\sigma_x - \mu(\sigma_y + \sigma_z)] \\ \varepsilon_y = \dfrac{1}{E}[\sigma_y - \mu(\sigma_z + \sigma_x)] \\ \varepsilon_z = \dfrac{1}{E}[\sigma_z - \mu(\sigma_x + \sigma_y)]\end{cases} \quad \begin{cases}\gamma_{xy} = \dfrac{2(1+\mu)}{E}\tau_{xy} \\ \gamma_{yz} = \dfrac{2(1+\mu)}{E}\tau_{yz} \\ \gamma_{zx} = \dfrac{2(1+\mu)}{E}\tau_{zx}\end{cases} \tag{6.1.10}$$

或

$$\begin{cases}\sigma_x = \dfrac{E}{1+\mu}\left(\dfrac{\mu}{1-2\mu}\theta + \varepsilon_x\right) \\ \sigma_y = \dfrac{E}{1+\mu}\left(\dfrac{\mu}{1-2\mu}\theta + \varepsilon_y\right) \\ \sigma_z = \dfrac{E}{1+\mu}\left(\dfrac{\mu}{1-2\mu}\theta + \varepsilon_z\right)\end{cases} \quad \begin{cases}\tau_{xy} = \dfrac{E}{2(1+\mu)}\gamma_{xy} \\ \tau_{yz} = \dfrac{E}{2(1+\mu)}\gamma_{yz} \\ \tau_{zx} = \dfrac{E}{2(1+\mu)}\gamma_{zx}\end{cases} \tag{6.1.11}$$

式中

$$\theta = \frac{\partial u}{\partial x} + \frac{\partial v}{\partial y} + \frac{\partial w}{\partial z} = \varepsilon_x + \varepsilon_y + \varepsilon_z$$

综上所述,几何方程有6个、平衡微分方程有3个、物理方程有6个,共计15个方程。

在第三章中,介绍了弹性体表面位移($\boldsymbol{u}_s$)与位移约束($\bar{\boldsymbol{u}}$)之间关系的位移边界条件如下:

$$\begin{cases} u_s = \bar{u} \\ v_s = \bar{v} \\ w_s = \bar{w} \end{cases} \tag{6.1.12}$$

在第四章中,建立了描述弹性体表面应力($\boldsymbol{\sigma}_s$)与外力面力($\bar{\boldsymbol{f}}$)之间关系的应力边界条件如下:

$$\begin{cases} (\sigma_x)_s n_x + (\tau_{xy})_s n_y + (\tau_{zx})_s n_z = \bar{f}_x \\ (\tau_{xy})_s n_x + (\sigma_y)_s n_y + (\tau_{yz})_s n_z = \bar{f}_y \\ (\tau_{zx})_s n_x + (\tau_{yz})_s n_y + (\sigma_z)_s n_z = \bar{f}_z \end{cases} \tag{6.1.13}$$

综上所述,位移边界条件有3个、应力边界条件有3个,共计6个方程。

6.2 圆柱坐标系下的空间问题

一、弹性体

图6.2.1所示的在圆柱坐标系下,空间中弹性体上任意一点P可用其位置矢量$\boldsymbol{x}$表示为

$$\boldsymbol{x} = \rho \boldsymbol{e}_\rho(\varphi) + z\boldsymbol{e}_z \tag{6.2.1}$$

因此,空间中的弹性体可用组成该弹性体的点的位置矢量$\boldsymbol{x}$的集合来描述。需要强调:基矢量$\boldsymbol{e}_\rho$随坐标φ的改变而改变。

例题6.2.1:

如图6.2.2所示,已知弹性圆柱体$ABCD\text{-}EFGH$,其底面半径和高度分别为R和$2h$,其中:平面$IJKL$将圆柱体的圆柱面平分为上下相等的两个部分。

在图示圆柱坐标系下,用点的集合表示圆柱体的内部和表面。

解答:

圆柱体内部点的集合为

$$\boldsymbol{\Omega} = \{\boldsymbol{x} \mid \rho < R,\ 0 \leqslant \varphi < 2\pi,\ -h < z < h\}$$

圆柱体表面点的集合为

$$\Gamma = \Gamma_1 \cup \Gamma_2 \cup \Gamma_3 \cup \Gamma_4$$

其中:上表面$EFGH$上点的集合为

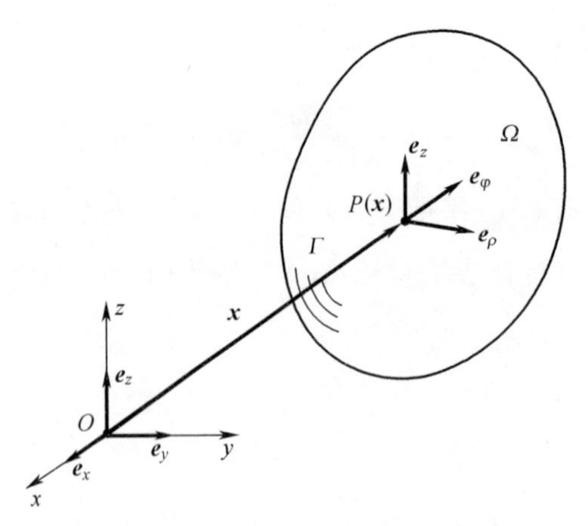

图 6.2.1　圆柱坐标系下,空间中的弹性体

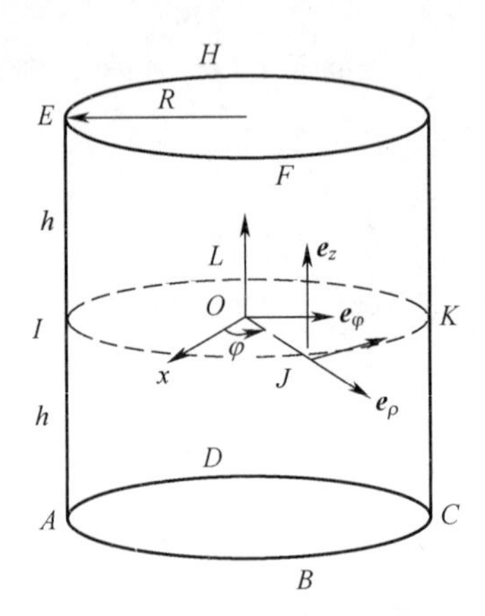

图 6.2.2　圆柱坐标系下,空间中的弹性圆柱体

$$\Gamma_1 = \{\boldsymbol{x} \mid \rho \leqslant R,\ 0 \leqslant \varphi < 2\pi,\ z = 0\}$$

下表面 $ADBC$ 上点的集合为

$$\Gamma_2 = \{\boldsymbol{x} \mid \rho \leqslant R,\ 0 \leqslant \varphi < 2\pi,\ z = -2h\}$$

圆柱面 $ABCD$-$IJKL$ 上点的集合分别为

$$\Gamma_3 = \{\boldsymbol{x} \mid \rho = R,\ 0 \leqslant \varphi < 2\pi,\ -h < z < h\}$$

圆柱面 $IJKL$-$EFGH$ 上点的集合分别为

$$\Gamma_4 = \{\boldsymbol{x} \mid \rho = R,\ 0 \leqslant \varphi < 2\pi,\ -h < z < h\}$$

答毕。

二、弹性体上所作用的外力和位移约束

如图 6.2.3 所示,弹性体可以其内部受到体力作用,在其表面受到面力作用和位移约束。

在圆柱坐标系下,体力可以表示成

$$\boldsymbol{f}(\boldsymbol{x}) = \begin{bmatrix} f_\rho(\boldsymbol{x}) \\ f_\varphi(\boldsymbol{x}) \\ f_z(\boldsymbol{x}) \end{bmatrix}, \boldsymbol{x} \in \Omega \tag{6.2.2}$$

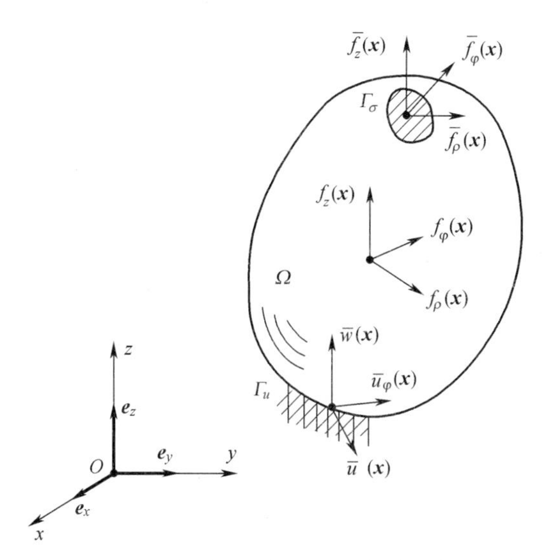

图 6.2.3　圆柱坐标系下,作用在空间弹性体上的外力和位移约束示意图

面力可以表示成

$$\bar{\boldsymbol{f}}(\boldsymbol{x}) = \begin{bmatrix} \bar{f}_\rho(\boldsymbol{x}) \\ \bar{f}_\varphi(\boldsymbol{x}) \\ \bar{f}_z(\boldsymbol{x}) \end{bmatrix}, \boldsymbol{x} \in \Gamma_\sigma \tag{6.2.3}$$

位移约束可以表示成

$$\bar{\boldsymbol{u}}(\boldsymbol{x}) = \begin{bmatrix} \bar{u}_\rho(\boldsymbol{x}) \\ \bar{u}_\varphi(\boldsymbol{x}) \\ \bar{w}(\boldsymbol{x}) \end{bmatrix}, \boldsymbol{x} \in \Gamma_u \tag{6.2.4}$$

例题 6.2.2:

如图 6.2.4 所示,例题 6.2.1 中的圆柱体在其内部承受体力作用,其下半部分浸没在静水中,承受静水压力作用,其上表面固定。设重力加速度为 g,水的密度为 ρ。

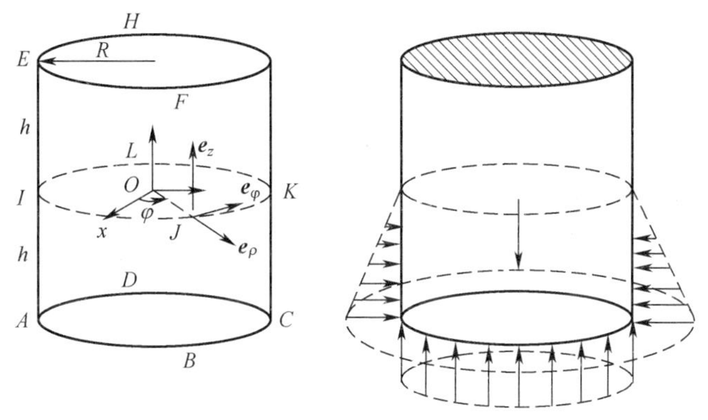

图 6.2.4　重力、静水压力作用下的圆柱体

写出体力、面力和位移约束的表达式。

解答：

圆柱体内部所受的体力为

$$\boldsymbol{f}(\boldsymbol{x})=\begin{bmatrix}f_\rho(\boldsymbol{x})\\f_\varphi(\boldsymbol{x})\\f_z(\boldsymbol{x})\end{bmatrix}=\begin{bmatrix}0\\0\\-\rho g\end{bmatrix},\boldsymbol{x}\in\Omega$$

圆柱体表面所受的面力为

$$\bar{\boldsymbol{f}}(\boldsymbol{x})=\begin{bmatrix}\bar{f}_\rho(\boldsymbol{x})\\\bar{f}_\varphi(\boldsymbol{x})\\\bar{f}_z(\boldsymbol{x})\end{bmatrix},\boldsymbol{x}\in\Gamma_\sigma$$

式中

$$\Gamma_\sigma=\Gamma_2\cup\Gamma_3\cup\Gamma_4$$

圆柱体下表面 $ADBC$ 所受的面力为

$$\bar{\boldsymbol{f}}(\boldsymbol{x})=\begin{bmatrix}0\\0\\pgh\end{bmatrix},\boldsymbol{x}\in\Gamma_2$$

圆柱面 $ABCD\text{-}IJKL$ 所受的面力为

$$\bar{\boldsymbol{f}}(\boldsymbol{x})=\begin{bmatrix}\rho gz\\0\\0\end{bmatrix},\boldsymbol{x}\in\Gamma_3$$

圆柱面 $IJKL\text{-}EFGH$ 所受的面力为

$$\bar{\boldsymbol{f}}(\boldsymbol{x})=\begin{bmatrix}0\\0\\0\end{bmatrix},\boldsymbol{x}\in\Gamma_4$$

圆柱体上表面所受的位移约束为

$$\bar{\boldsymbol{u}}(\boldsymbol{x})=\begin{bmatrix}\bar{u}_\rho(\boldsymbol{x})\\\bar{u}_\varphi(\boldsymbol{x})\\\bar{w}(\boldsymbol{x})\end{bmatrix}=\begin{bmatrix}0\\0\\0\end{bmatrix},\boldsymbol{x}\in\Gamma_u=\Gamma_1$$

答毕。

三、弹性体上所产生的形变和内力

在外力作用和位移约束下，弹性体上各点处将产生不同程度的位移(图 6.2.5)。

在圆柱坐标系下，位移矢量可以表示成

$$\boldsymbol{u}=\begin{bmatrix}u_\rho\\u_\varphi\\w\end{bmatrix}\tag{6.2.5}$$

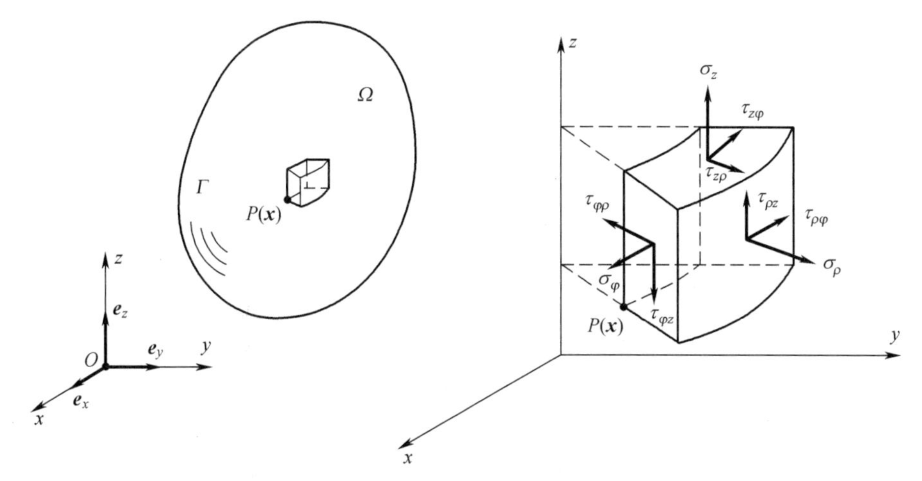

图 6. 2. 5 圆柱坐标系下,弹性体上任意一点处的应力分量示意图

位移产生形变。该形变可用六个应变分量表示成

$$\boldsymbol{\varepsilon}=\begin{bmatrix}\varepsilon_\rho & \varepsilon_{\rho\varphi} & \varepsilon_{z\rho}\\ \varepsilon_{\rho\varphi} & \varepsilon_\varphi & \varepsilon_{\varphi z}\\ \varepsilon_{z\rho} & \varepsilon_{\varphi z} & \varepsilon_z\end{bmatrix}\quad 或\quad \boldsymbol{\varepsilon}=\begin{bmatrix}\varepsilon_\rho\\ \varepsilon_\varphi\\ \varepsilon_z\\ \gamma_{\rho\varphi}\\ \gamma_{\varphi z}\\ \gamma_{z\rho}\end{bmatrix}=\begin{bmatrix}\varepsilon_\rho\\ \varepsilon_\varphi\\ \varepsilon_z\\ 2\varepsilon_{\rho\varphi}\\ 2\varepsilon_{\varphi z}\\ 2\varepsilon_{z\rho}\end{bmatrix}\tag{6.2.6}$$

形变导致弹性体产生内力,以平衡外力的作用。内力的描述可用 6 个应力分量表示成

$$\boldsymbol{\sigma}=\begin{bmatrix}\sigma_\rho & \tau_{\rho\varphi} & \tau_{z\rho}\\ \tau_{\rho\varphi} & \sigma_\varphi & \tau_{\varphi z}\\ \tau_{z\rho} & \tau_{\varphi z} & \sigma_z\end{bmatrix}\quad 或\quad \boldsymbol{\sigma}=\begin{bmatrix}\sigma_\rho\\ \sigma_\varphi\\ \sigma_z\\ \tau_{\rho\varphi}\\ \tau_{\varphi z}\\ \tau_{z\rho}\end{bmatrix}\tag{6.2.7}$$

综上所述,位移有 3 个分量,应变和应力各有 6 个分量,共计 15 个变量。

四、弹性力学的基本方程与边界条件

圆柱坐标系下,弹性体上应变与位移之间关系的几何方程为

$$\begin{cases}\varepsilon_\rho=\dfrac{\partial u_\rho}{\partial\rho}\\ \varepsilon_\varphi=\dfrac{1}{\rho}\dfrac{\partial u_\varphi}{\partial\varphi}+\dfrac{u_\rho}{\rho}\\ \varepsilon_z=\dfrac{\partial w}{\partial z}\end{cases},\quad\begin{cases}\gamma_{\rho\varphi}=\dfrac{\partial u_\varphi}{\partial\rho}+\dfrac{1}{\rho}\dfrac{\partial u_\rho}{\partial\varphi}-\dfrac{u_\varphi}{\rho}\\ \gamma_{\varphi z}=\dfrac{1}{\rho}\dfrac{\partial w}{\partial\varphi}+\dfrac{\partial u_\varphi}{\partial z}\\ \gamma_{z\rho}=\dfrac{\partial u_\rho}{\partial z}+\dfrac{\partial w}{\partial\rho}\end{cases}\tag{6.2.8}$$

弹性体上应力与体力之间关系的平衡微分方程为

$$
\begin{cases}
\dfrac{\partial \sigma_{\rho}}{\partial \rho}+\dfrac{1}{\rho} \dfrac{\partial \tau_{\rho \varphi}}{\partial \varphi}+\dfrac{\partial \tau_{z \rho}}{\partial z}+\dfrac{\sigma_{\rho}-\sigma_{\varphi}}{\rho}+f_{\rho}=0 \\
\dfrac{\partial \tau_{\rho \varphi}}{\partial \rho}+\dfrac{1}{\rho} \dfrac{\partial \sigma_{\varphi}}{\partial \varphi}+\dfrac{\partial \tau_{\varphi z}}{\partial z}+2 \dfrac{\tau_{\rho \varphi}}{\rho}+f_{\varphi}=0 \\
\dfrac{\partial \tau_{z \rho}}{\partial \rho}+\dfrac{1}{\rho} \dfrac{\partial \tau_{\varphi z}}{\partial \varphi}+\dfrac{\partial \sigma_{z}}{\partial z}+\dfrac{\tau_{z \rho}}{\rho}+f_{z}=0
\end{cases} \tag{6.2.9}
$$

弹性体中应变与应力之间关系的物理方程为

$$
\begin{cases}
\varepsilon_{\rho}=\dfrac{1}{E}[\sigma_{\rho}-\mu(\sigma_{\varphi}+\sigma_{z})] \\
\varepsilon_{\varphi}=\dfrac{1}{E}[\sigma_{\varphi}-\mu(\sigma_{z}+\sigma_{\rho})] \\
\varepsilon_{z}=\dfrac{1}{E}[\sigma_{z}-\mu(\sigma_{\rho}+\sigma_{\varphi})]
\end{cases},
\begin{cases}
\gamma_{\rho \varphi}=\dfrac{2(1+\mu)}{E} \tau_{\rho \varphi} \\
\gamma_{\varphi z}=\dfrac{2(1+\mu)}{E} \tau_{\varphi z} \\
\gamma_{z \rho}=\dfrac{2(1+\mu)}{E} \tau_{z \rho}
\end{cases} \tag{6.2.10}
$$

或

$$
\begin{cases}
\sigma_{\rho}=\dfrac{E}{1+\mu}\left(\dfrac{\mu}{1-2 \mu} \theta+\varepsilon_{\rho}\right) \\
\sigma_{\varphi}=\dfrac{E}{1+\mu}\left(\dfrac{\mu}{1-2 \mu} \theta+\varepsilon_{\varphi}\right) \\
\sigma_{z}=\dfrac{E}{1+\mu}\left(\dfrac{\mu}{1-2 \mu} \theta+\varepsilon_{z}\right)
\end{cases}
\begin{cases}
\tau_{\rho \varphi}=\dfrac{E}{2(1+\mu)} \gamma_{\rho \varphi} \\
\tau_{\varphi z}=\dfrac{E}{2(1+\mu)} \gamma_{\varphi z} \\
\tau_{\rho z}=\dfrac{E}{2(1+\mu)} \gamma_{\rho z}
\end{cases} \tag{6.2.11}
$$

式中

$$
\theta=\frac{\partial(\rho u_{\rho})}{\partial \rho}+\frac{1}{\rho} \frac{\partial u_{\varphi}}{\partial \varphi}+\frac{\partial w}{\partial z}=\varepsilon_{\rho}+\varepsilon_{\varphi}+\varepsilon_{z}
$$

综上所述,几何方程有 6 个、平衡微分方程有 3 个、物理方程有 6 个,共计 15 个方程。

弹性体的位移边界条件为

$$
\begin{cases}
(u_{\rho})_{s}=\bar{u}_{\rho} \\
(u_{\varphi})_{s}=\bar{u}_{\varphi} \\
w_{s}=\bar{w}
\end{cases} \tag{6.2.12}
$$

弹性体的应力边界条件为

$$
\begin{cases}
(\sigma_{\rho})_{s} n_{\rho}+(\tau_{\rho \varphi})_{s} n_{\varphi}+(\tau_{z \rho})_{s} n_{z}=\bar{f}_{\rho} \\
(\tau_{\rho \varphi})_{s} n_{\rho}+(\sigma_{\varphi})_{s} n_{\varphi}+(\tau_{\varphi z})_{s} n_{z}=\bar{f}_{\varphi} \\
(\tau_{z \rho})_{s} n_{\rho}+(\tau_{\varphi z})_{s} n_{\varphi}+(\sigma_{z})_{s} n_{z}=\bar{f}_{z}
\end{cases} \tag{6.2.13}
$$

综上所述,位移边界条件有 3 个、应力边界条件有 3 个,共计 6 个方程。

6.3　球面坐标系下的空间问题

一、弹性体

如图 6.3.1 所示的球面坐标系下,空间中弹性体上任意一点 P 可用其位置矢量 $\boldsymbol{x}$ 表示为

$$\boldsymbol{x} = r\boldsymbol{e}_r(\varphi,\theta) \tag{6.3.1}$$

因此,空间中的弹性体可用组成该弹性体的点的位置矢量 $\boldsymbol{x}$ 的集合来描述。需要强调:基矢量 e_r 随坐标 θ 和 φ 的改变而改变。

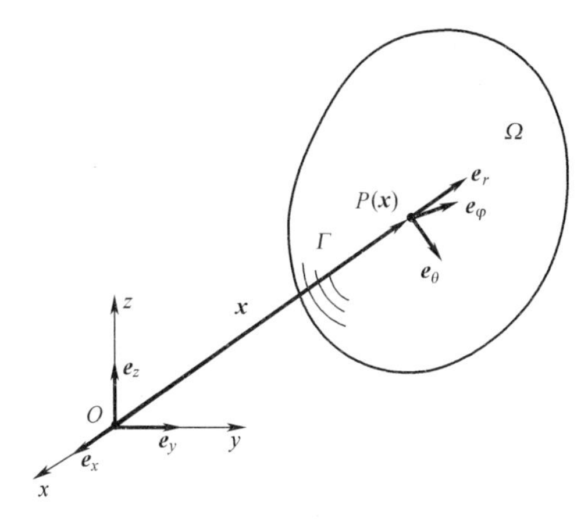

图 6.3.1　球面坐标系下,空间中的弹性体

例题 6.3.1:

如图 6.3.2 所示,已知弹性圆球体 $ABCDEF$,球半径为 R,其中 $BCDE$ 将圆球体的球表面平分为上下相等的两个部分。在球面坐标系下,用点的集合表示圆球体的内部和表面。

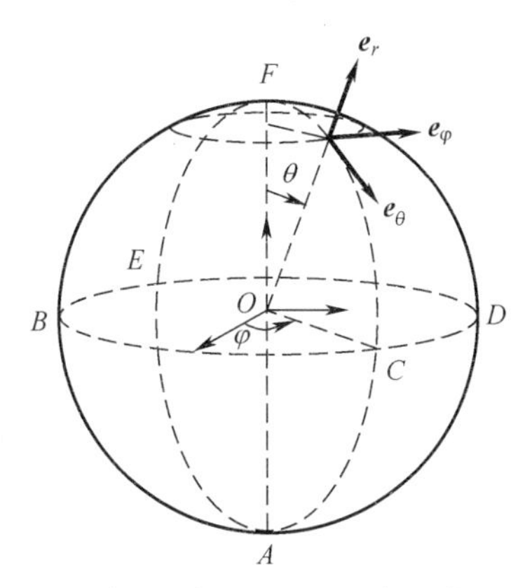

图 6.3.2　球面坐标系下,空间中的弹性圆球体

解答:

圆球体内部点的集合为

$$\Omega = \{\boldsymbol{x} \mid r < R, 0 < \theta < \pi, 0 < \varphi < 2\pi\}$$

圆球体表面点的结合为

$$\Gamma = \Gamma_1 \cup \Gamma_2 \cup \Gamma_3$$

其中:上顶点 F 的集合为

$$\Gamma_1 = \{\boldsymbol{x} \mid r = R,\ \theta = 0,\ 0 \leqslant \varphi < 2\pi\}$$

球表面 $ABCDE$ 上点的集合为

$$\Gamma_2 = \{\boldsymbol{x} \mid r = R,\ \pi/2 \leqslant \theta \leqslant \pi,\ 0 \leqslant \varphi < 2\pi\}$$

球表面 $BCDE(F)$(不含 F 点)上点的集合为

$$\Gamma_3 = \{\boldsymbol{x} \mid r = R,\ 0 < \theta < \pi/2,\ 0 \leqslant \varphi < 2\pi\}$$

答毕。

二、弹性体上所作用的外力和位移约束

如图 6.3.3 所示,弹性体可以其内部受到体力作用,在其表面受到面力作用和位移约束。

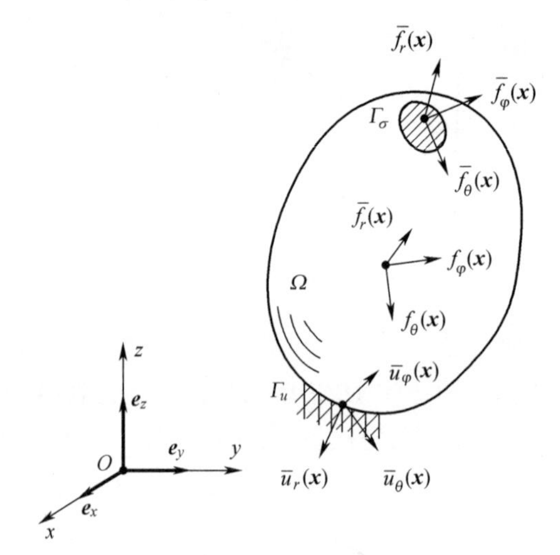

图 6.3.3 球面坐标系下,作用在空间弹性体上的外力和位移约束示意图

球面坐标系下,体力可以表示成

$$\boldsymbol{f}(\boldsymbol{x}) = \begin{bmatrix} f_r(\boldsymbol{x}) \\ f_\theta(\boldsymbol{x}) \\ f_\varphi(\boldsymbol{x}) \end{bmatrix}, \boldsymbol{x} \in \Omega \tag{6.3.2}$$

面力可以表示成

$$\bar{\boldsymbol{f}}(\boldsymbol{x}) = \begin{bmatrix} \bar{f}_r(\boldsymbol{x}) \\ \bar{f}_\theta(\boldsymbol{x}) \\ \bar{f}_\varphi(\boldsymbol{x}) \end{bmatrix}, \boldsymbol{x} \in \Gamma_\sigma \tag{6.3.3}$$

位移约束可以表示成

$$\bar{\boldsymbol{u}}(\boldsymbol{x})=\begin{bmatrix}\bar{u}_r(\boldsymbol{x})\\\bar{u}_\theta(\boldsymbol{x})\\\bar{u}_\varphi(\boldsymbol{x})\end{bmatrix},\boldsymbol{x}\in\Gamma_u \tag{6.3.4}$$

例题 6.3.2：

如图 6.3.4 所示，例题 6.3.1 中的圆球体在其内部承受体力作用，其下半部分浸没在静水中，承受静水压力作用，其上顶点固定。设重力加速度为 g，水的密度为 ρ。

写出体力、面力和位移约束的表达式。

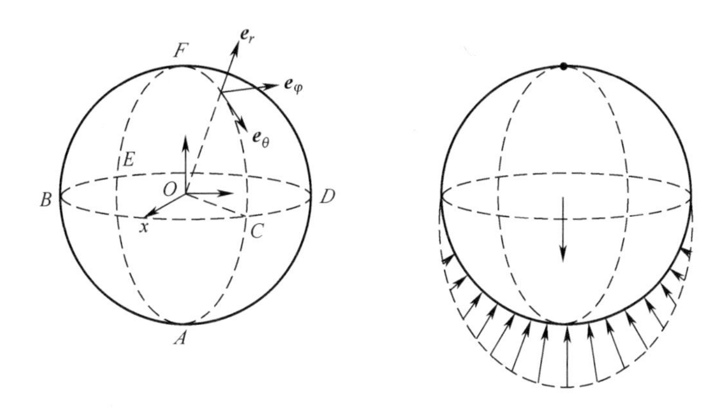

图 6.3.4　重力、静水压力作用下的圆球体

解答：

圆球体内部所受的体力为

$$\boldsymbol{f}(\boldsymbol{x})=\begin{bmatrix}f_r(\boldsymbol{x})\\f_\theta(\boldsymbol{x})\\f_\varphi(\boldsymbol{x})\end{bmatrix}=\begin{bmatrix}\rho g\cos(\pi-\theta)\\\rho g\sin(\pi-\theta)\\0\end{bmatrix}=\begin{bmatrix}-\rho g\cos\theta\\\rho g\sin\theta\\0\end{bmatrix},x\in\Omega$$

圆球体表面(不含上顶点)所受的面力为

$$\bar{\boldsymbol{f}}(\boldsymbol{x})=\begin{bmatrix}\bar{f}_r(\boldsymbol{x})\\\bar{f}_\theta(\boldsymbol{x})\\\bar{f}_\varphi(\boldsymbol{x})\end{bmatrix},\boldsymbol{x}\in\Gamma_\sigma$$

式中

$$\Gamma_\sigma=\Gamma_2\cup\Gamma_3$$

球表面 $ABCDE$ 所受的面力为

$$\bar{\boldsymbol{f}}(\boldsymbol{x})=\begin{bmatrix}-\rho gR\cos(\pi-\theta)\\0\\0\end{bmatrix}=\begin{bmatrix}\rho gR\cos\theta\\0\\0\end{bmatrix},\boldsymbol{x}\in\Gamma_2$$

球表面 $BCDE(F)$（不含 F 点）所受的面力为

$$\bar{\boldsymbol{f}}(\boldsymbol{x}) = \begin{bmatrix} 0 \\ 0 \\ 0 \end{bmatrix}, \boldsymbol{x} \in \Gamma_3$$

圆球体上顶点所受的位移约束为

$$\bar{\boldsymbol{u}}(\boldsymbol{x}) = \begin{bmatrix} \bar{u}_r(\boldsymbol{x}) \\ \bar{u}_\theta(\boldsymbol{x}) \\ \bar{u}_\varphi(\boldsymbol{x}) \end{bmatrix} = \begin{bmatrix} 0 \\ 0 \\ 0 \end{bmatrix}, \boldsymbol{x} \in \Gamma_u = \Gamma_1$$

答毕。

三、弹性体上所产生的形变和内力

在外力和约束的作用下,弹性体上各点处将产生不同程度的位移(图 6.3.5)。

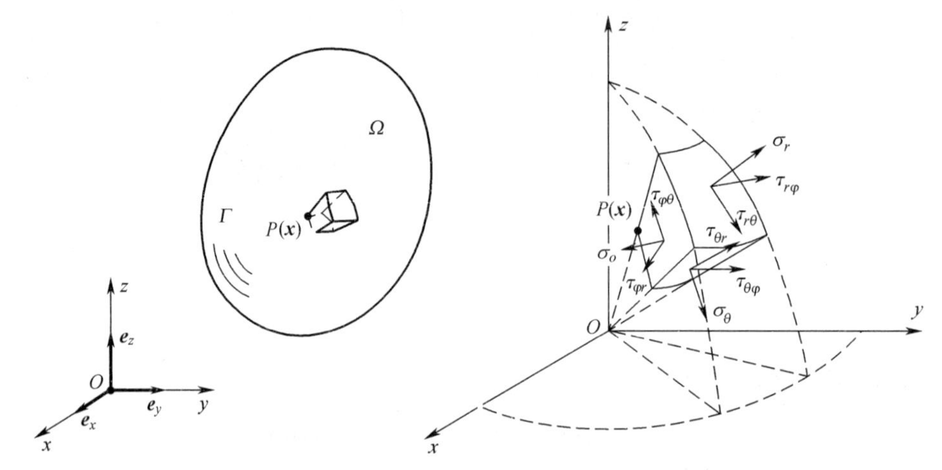

图 6.3.5 球面坐标系下,弹性体上任意一点处的应力分量示意图

球面坐标系下,位移矢量可以表示成

$$\boldsymbol{u} = \begin{bmatrix} u_r \\ u_\theta \\ u_\varphi \end{bmatrix} \tag{6.3.5}$$

位移产生形变。该形变可用 6 个应变分量表示成

$$\boldsymbol{\varepsilon} = \begin{bmatrix} \varepsilon_r & \varepsilon_{r\theta} & \varepsilon_{\varphi r} \\ \varepsilon_{r\theta} & \varepsilon_\theta & \varepsilon_{\theta\varphi} \\ \varepsilon_{\varphi r} & \varepsilon_{\theta\varphi} & \varepsilon_\varphi \end{bmatrix} \quad \text{或} \quad \boldsymbol{\varepsilon} = \begin{bmatrix} \varepsilon_r \\ \varepsilon_\theta \\ \varepsilon_\varphi \\ \gamma_{r\theta} \\ \gamma_{\theta\varphi} \\ \gamma_{\varphi r} \end{bmatrix} = \begin{bmatrix} \varepsilon_r \\ \varepsilon_\theta \\ \varepsilon_\varphi \\ 2\varepsilon_{r\theta} \\ 2\varepsilon_{\theta\varphi} \\ 2\varepsilon_{\varphi r} \end{bmatrix} \tag{6.3.6}$$

形变导致组成几何构型的材料产生内力,以平衡外力的作用。内力的描述可用 6 个应力分

量表示成

$$\boldsymbol{\sigma}=\begin{bmatrix}\sigma_r & \tau_{r\theta} & \tau_{\varphi r}\\ \tau_{r\theta} & \sigma_\theta & \tau_{\theta\varphi}\\ \tau_{\varphi r} & \tau_{\theta\varphi} & \sigma_\varphi\end{bmatrix} \quad 或 \quad \boldsymbol{\sigma}=\begin{bmatrix}\sigma_r\\ \sigma_\theta\\ \sigma_\varphi\\ \tau_{r\theta}\\ \tau_{\theta\varphi}\\ \tau_{\varphi r}\end{bmatrix} \tag{6.3.7}$$

综上所述,位移有 3 个分量,应变和应力各有 6 个分量,共计 15 个变量。

四、弹性力学的基本方程

球面坐标系下,弹性体上应变与位移之间关系的几何方程为

$$\begin{cases}\varepsilon_r=\dfrac{\partial u_r}{\partial r}\\ \varepsilon_\theta=\dfrac{1}{r}\dfrac{\partial u_\theta}{\partial\theta}+\dfrac{u_r}{r}\\ \varepsilon_\varphi=\dfrac{1}{r\sin\theta}\dfrac{\partial u_\varphi}{\partial\varphi}+\dfrac{u_r}{r}+\dfrac{u_\theta\cot\theta}{r}\end{cases} \tag{6.3.8a}$$

$$\begin{cases}\gamma_{r\theta}=\dfrac{\partial u_\theta}{\partial r}+\dfrac{1}{r}\dfrac{\partial u_r}{\partial\theta}-\dfrac{u_\theta}{r}\\ \gamma_{\theta\varphi}=\dfrac{1}{r}\dfrac{\partial u_\varphi}{\partial\theta}+\dfrac{1}{r\sin\theta}\dfrac{\partial u_\theta}{\partial\varphi}-\dfrac{u_\varphi\cot\theta}{r}\\ \gamma_{\varphi r}=\dfrac{\partial u_\varphi}{\partial r}+\dfrac{1}{r\sin\theta}\dfrac{\partial u_r}{\partial\varphi}-\dfrac{u_\varphi}{r}\end{cases} \tag{6.3.8b}$$

弹性体上应力与体力之间关系的平衡微分方程为

$$\begin{cases}\dfrac{\partial\sigma_r}{\partial r}+\dfrac{1}{r}\dfrac{\partial\tau_{r\theta}}{\partial\theta}+\dfrac{1}{r\sin\theta}\dfrac{\partial\tau_{\varphi r}}{\partial\varphi}+\dfrac{2\sigma_r-\sigma_\theta-\sigma_\varphi+\tau_{r\theta}\cot\theta}{r}+f_r=0\\ \dfrac{\partial\tau_{r\theta}}{\partial r}+\dfrac{1}{r}\dfrac{\partial\sigma_\theta}{\partial\theta}+\dfrac{1}{r\sin\theta}\dfrac{\partial\tau_{\theta\varphi}}{\partial\varphi}+\dfrac{3\tau_{r\theta}+(\sigma_\theta-\sigma_\varphi)\cot\theta}{r}+f_\theta=0\\ \dfrac{\partial\tau_{\varphi r}}{\partial r}+\dfrac{1}{r}\dfrac{\partial\tau_{\theta\varphi}}{\partial\theta}+\dfrac{1}{r\sin\theta}\dfrac{\partial\sigma_\varphi}{\partial\varphi}+\dfrac{3\tau_{\varphi r}+2\tau_{\theta\varphi}\cot\theta}{r}+f_\varphi=0\end{cases} \tag{6.3.9}$$

弹性体上应变与应力之间关系的物理方程为

$$\begin{cases}\varepsilon_r=\dfrac{1}{E}[\sigma_r-\mu(\sigma_\theta+\sigma_\varphi)]\\ \varepsilon_\theta=\dfrac{1}{E}[\sigma_\theta-\mu(\sigma_\varphi+\sigma_r)]\\ \varepsilon_\varphi=\dfrac{1}{E}[\sigma_\varphi-\mu(\sigma_r+\sigma_\theta)]\end{cases} \quad 和 \quad \begin{cases}\gamma_{r\theta}=\dfrac{2(1+\mu)}{E}\tau_{r\theta}\\ \gamma_{\theta\varphi}=\dfrac{2(1+\mu)}{E}\tau_{\theta\varphi}\\ \gamma_{\varphi r}=\dfrac{2(1+\mu)}{E}\tau_{\varphi r}\end{cases} \tag{6.3.10}$$

或

$$
\begin{cases}
\sigma_r = \dfrac{E}{1+\mu}\left(\dfrac{\mu}{1-2\mu}\theta + \varepsilon_r\right) \\
\sigma_\theta = \dfrac{E}{1+\mu}\left(\dfrac{\mu}{1-2\mu}\theta + \varepsilon_\theta\right) \\
\sigma_\varphi = \dfrac{E}{1+\mu}\left(\dfrac{\mu}{1-2\mu}\theta + \varepsilon_\varphi\right)
\end{cases}
\quad \text{和} \quad
\begin{cases}
\tau_{r\theta} = \dfrac{E}{2(1+\mu)}\gamma_{r\theta} \\
\tau_{\theta\varphi} = \dfrac{E}{2(1+\mu)}\gamma_{\theta\varphi} \\
\tau_{\varphi r} = \dfrac{E}{2(1+\mu)}\gamma_{\varphi r}
\end{cases}
\tag{6.3.11}
$$

式中

$$
\theta = \frac{1}{r^2}\frac{\partial(r^2 u_r)}{\partial r} + \frac{1}{r\sin\theta}\frac{\partial(\sin\theta u_\theta)}{\partial\theta} + \frac{1}{r\sin\theta}\frac{\partial u_\varphi}{\partial\varphi} = \varepsilon_r + \varepsilon_\theta + \varepsilon_\varphi
$$

综上所述，几何方程有6个、平衡微分方程有3个、物理方程有6个，共计15个方程。

弹性体的位移边界条件为

$$
\begin{cases}
(u_r)_s = \bar{u}_r \\
(u_\theta)_s = \bar{u}_\theta \\
(u_\varphi)_s = \bar{u}_\varphi
\end{cases}
\tag{6.3.12}
$$

弹性体的应力边界条件为

$$
\begin{cases}
(\sigma_r)_s n_r + (\tau_{r\theta})_s n_\theta + (\tau_{\varphi r})_s n_\varphi = \bar{f}_r \\
(\tau_{r\theta})_s n_r + (\sigma_\theta)_s n_\theta + (\tau_{\theta\varphi})_s n_\varphi = \bar{f}_\theta \\
(\tau_{\varphi r})_s n_r + (\tau_{\theta\varphi})_s n_\theta + (\sigma_\varphi)_s n_\varphi = \bar{f}_\varphi
\end{cases}
\tag{6.3.13}
$$

综上所述，位移边界条件有3个、应力边界条件有3个，共计6个方程。

6.4 直角坐标系下的平面问题

一、平面应力问题

1. 基本假设与应力分析

如图6.4.1所示，设等厚度板的厚度为t。以板的中面为xy坐标平面，厚度方向为z轴，建立直角坐标系。

如果板的几何特征和外力特征满足下列条件：

(1) 板的厚度远小于板的其他两个尺度；

(2) 板面上不受面力；

(3) 作用于板内的体力和作用于板边的面力，均平行于中面且不沿厚度方向改变，即

$$
\boldsymbol{f}(\boldsymbol{x}) = \begin{bmatrix} f_x(\boldsymbol{x}) \\ f_y(\boldsymbol{x}) \\ f_z(\boldsymbol{x}) \end{bmatrix} = \begin{bmatrix} f_x(x,y) \\ f_y(x,y) \\ 0 \end{bmatrix} \quad \text{和} \quad \bar{\boldsymbol{f}}(\boldsymbol{x}) = \begin{bmatrix} \bar{f}_x(\boldsymbol{x}) \\ \bar{f}_y(\boldsymbol{x}) \\ \bar{f}_z(\boldsymbol{x}) \end{bmatrix} = \begin{bmatrix} \bar{f}_x(x,y) \\ \bar{f}_y(x,y) \\ 0 \end{bmatrix}
$$

称为平面应力问题。

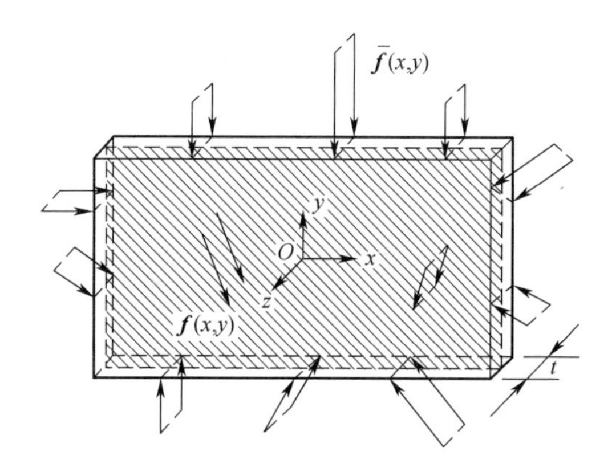

图 6.4.1　直角坐标系下,平面应力问题示意图

在前表面上($z=t/2$),其单位法向矢量和面力矢量分别为

$$\boldsymbol{n}=\begin{bmatrix}0\\0\\1\end{bmatrix}\quad 和 \quad \bar{\boldsymbol{f}}(\boldsymbol{x})=\begin{bmatrix}0\\0\\0\end{bmatrix}$$

则由式(6.1.13)可得前表面上的应力边界条件为

$$\begin{cases}(\sigma_x)_{z=t/2}\times 0+(\tau_{xy})_{z=t/2}\times 0+(\tau_{zx})_{z=t/2}\times 1=0\\(\tau_{xy})_{z=t/2}\times 0+(\sigma_y)_{z=t/2}\times 0+(\tau_{yz})_{z=t/2}\times 1=0\\(\tau_{zx})_{z=t/2}\times 0+(\tau_{yz})_{z=t/2}\times 0+(\sigma_z)_{z=t/2}\times 1=0\end{cases}$$

即

$$\begin{cases}(\tau_{zx})_{z=t/2}=0\\(\tau_{yz})_{z=t/2}=0\\(\sigma_z)_{z=t/2}=0\end{cases}$$

同理,由后表面上($z=-t/2$)的应力边界条件,也可得到上述结论,即

$$\begin{cases}(\tau_{zx})_{z=-t/2}=0\\(\tau_{yz})_{z=-t/2}=0\\(\sigma_z)_{z=-t/2}=0\end{cases}$$

由于板很薄,可近似认为在整个薄板上均有上述结论,即

$$\begin{cases}\tau_{zx}=0\\\tau_{yz}=0\\\sigma_z=0\end{cases}\tag{6.4.1}$$

因此,对于平面应力问题而言,非零的应力分量缩减至 3 个,即 σ_x、σ_y 和 τ_{xy}(图 6.4.2)。由于这些应力分量都位于中面内,因此也称为面内应力分量。

2. 平衡微分方程与应力边界条件

在板内,由平衡微分方程式(6.1.9)的前两式可得

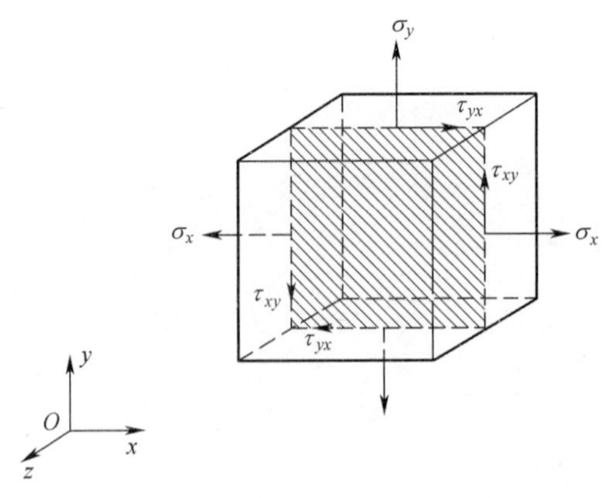

图 6.4.2 直角坐标系下,平面应力问题的面内应力分量

$$\begin{cases}\dfrac{\partial\sigma_x}{\partial x}+\dfrac{\partial\tau_{xy}}{\partial y}+f_x(x,y)=0\\[2mm]\dfrac{\partial\tau_{xy}}{\partial x}+\dfrac{\partial\sigma_y}{\partial y}+f_y(x,y)=0\end{cases}\tag{6.4.2}$$

这就是平面应力问题的平衡微分方程。

在板边($n_z=0$),由应力边界条件式(6.1.13)可得

$$\begin{cases}(\sigma_x)_s n_x+(\tau_{xy})_s n_y=\bar{f}_x(x,y)\\(\tau_{xy})_s n_x+(\sigma_y)_s n_y=\bar{f}_y(x,y)\end{cases}\tag{6.4.3}$$

这就是平面应力问题的应力边界条件。

由式(6.4.2)及式(6.4.3)可知,应力分量 σ_x、σ_y 和 τ_{xy} 只能是 x 和 y 的函数,即

$$\boldsymbol{\sigma}(\boldsymbol{x})=\begin{bmatrix}\sigma_x(x,y) & \tau_{xy}(x,y)\\ \tau_{xy}(x,y) & \sigma_y(x,y)\end{bmatrix}\quad 或 \quad \boldsymbol{\sigma}(\boldsymbol{x})=\begin{bmatrix}\sigma_x(x,y)\\ \sigma_y(x,y)\\ \tau_{xy}(x,y)\end{bmatrix}$$

所以这种问题称为平面应力问题。

3. 物理方程与应变分析

由物理方程(6.1.10),可得

$$\begin{cases}\varepsilon_x=\dfrac{1}{E}[\sigma_x-\mu(\sigma_y+\sigma_z)]=\dfrac{1}{E}(\sigma_x-\mu\sigma_y)\\[2mm]\varepsilon_y=\dfrac{1}{E}[\sigma_y-\mu(\sigma_z+\sigma_x)]=\dfrac{1}{E}(\sigma_y-\mu\sigma_x)\\[2mm]\varepsilon_z=\dfrac{1}{E}[\sigma_z-\mu(\sigma_x+\sigma_y)]=-\dfrac{\mu}{E}(\sigma_x+\sigma_y)\end{cases}\quad 和 \quad \begin{cases}\gamma_{xy}=\dfrac{2(1+\mu)}{E}\tau_{xy}\\[2mm]\gamma_{yz}=\dfrac{2(1+\mu)}{E}\tau_{yz}=0\\[2mm]\gamma_{zx}=\dfrac{2(1+\mu)}{E}\tau_{zx}=0\end{cases}$$

则物理方程可缩减为

$$\begin{cases}\varepsilon_x=\dfrac{1}{E}(\sigma_x-\mu\sigma_y)\\[2mm]\varepsilon_y=\dfrac{1}{E}(\sigma_y-\mu\sigma_z)\\[2mm]\gamma_{xy}=\dfrac{2(1+\mu)}{E}\tau_{xy}\end{cases}\tag{6.4.4a}$$

$$\varepsilon_z = -\frac{\mu}{E}(\sigma_x + \sigma_y) \tag{6.4.4b}$$

或

$$\begin{cases} \sigma_x = \dfrac{E}{1-\mu^2}(\varepsilon_x + \mu\varepsilon_y) \\ \sigma_y = \dfrac{E}{1-\mu^2}(\varepsilon_y + \mu\varepsilon_x) \\ \tau_{xy} = \dfrac{E}{2(1+\mu)}\gamma_{xy} \end{cases} \tag{6.4.5}$$

由于式(6.4.4)中所有的应力分量都仅是 x 和 y 的函数，因此相应的应变分量 ε_x、ε_y、ε_z 和 γ_{xy} 也都只能是 x 和 y 的函数。

4. 几何方程与位移分析

由几何方程式(6.1.8)，可得

$$\begin{cases} \varepsilon_x(x,y) = \dfrac{\partial u}{\partial x} \\ \varepsilon_y(x,y) = \dfrac{\partial v}{\partial y} \\ \varepsilon_z(x,y) = \dfrac{\partial w}{\partial z} \end{cases} \text{和} \quad \begin{cases} \gamma_{xy}(x,y) = \dfrac{\partial v}{\partial x} + \dfrac{\partial u}{\partial y} \\ \gamma_{yz} = \dfrac{\partial w}{\partial y} + \dfrac{\partial v}{\partial z} = 0 \\ \gamma_{xz} = \dfrac{\partial w}{\partial x} + \dfrac{\partial u}{\partial z} = 0 \end{cases}$$

则几何方程可缩减为

$$\begin{cases} \varepsilon_x = \dfrac{\partial u}{\partial x} \\ \varepsilon_y = \dfrac{\partial v}{\partial y} \\ \gamma_{xy} = \dfrac{\partial v}{\partial x} + \dfrac{\partial u}{\partial y} \end{cases} \tag{6.4.6a}$$

$$\varepsilon_z = \frac{\partial w}{\partial z} \tag{6.4.6b}$$

由式(6.4.6a)可知，面内位移分量 u 和 v 只能是 x 和 y 的函数，则中面上的面内位移矢量为

$$\boldsymbol{u}(\boldsymbol{x}) = \begin{bmatrix} u(x,y) \\ v(x,y) \end{bmatrix}$$

因此，中面边上的位移边界条件为

$$\begin{cases} u_s = \bar{u}(x,y) \\ v_s = \bar{v}(x,y) \end{cases} \tag{6.4.7}$$

由式(6.4.6b)，可得

$$w(x,y,z) = \varepsilon_z(x,y)z + f(x,y)$$

即

$$w(x,y,z) = -\frac{\mu}{E}(\sigma_x + \sigma_y)z + f(x,y)$$

当位于中面之上($z=0$)时 $w=0$,由此可得

$$f(x,y)=0$$

从而有

$$w(x,y,z)=-\frac{\mu}{E}(\sigma_x+\sigma_y)z \tag{6.4.8}$$

由此可见,位移分量 w 不是独立变量。只要求出面内应力分量 σ_x 和 σ_y,w 即可求出。

由式(6.4.8),可得

$$\begin{cases}\gamma_{yz}=\dfrac{\partial w}{\partial y}=-\dfrac{\mu}{E}\left(\dfrac{\partial\sigma_x}{\partial y}+\dfrac{\partial\sigma_y}{\partial y}\right)z\\ \gamma_{zx}=\dfrac{\partial w}{\partial x}=-\dfrac{\mu}{E}\left(\dfrac{\partial\sigma_x}{\partial x}+\dfrac{\partial\sigma_y}{\partial x}\right)z\end{cases} \tag{6.4.9}$$

从而可得

$$\begin{cases}\tau_{yz}=\dfrac{E}{2(1+\mu)}\gamma_{yz}=-\dfrac{E\mu}{2(1+\mu)}\left(\dfrac{\partial\sigma_x}{\partial y}+\dfrac{\partial\sigma_y}{\partial y}\right)z\\ \tau_{zx}=\dfrac{E}{2(1+\mu)}\gamma_{zx}=-\dfrac{E\mu}{2(1+\mu)}\left(\dfrac{\partial\sigma_x}{\partial x}+\dfrac{\partial\sigma_y}{\partial x}\right)z\end{cases} \tag{6.4.10}$$

显然,当板很薄时,z 的取值范围($-t/2\leqslant z\leqslant t/2$)很小,所以式(6.4.10)所得的切应力 τ_{yz} 和 τ_{zx} 可以忽略不计。这与式(6.4.1)中前两式的结论,并不完全矛盾。

二、平面应变问题

1. 基本假设与位移分析

如图 6.4.3 所示,设等截面柱形体的长度为无限长,以柱形体的横截面为 xy 坐标平面,长度方向为 z 轴,建立直角坐标系。

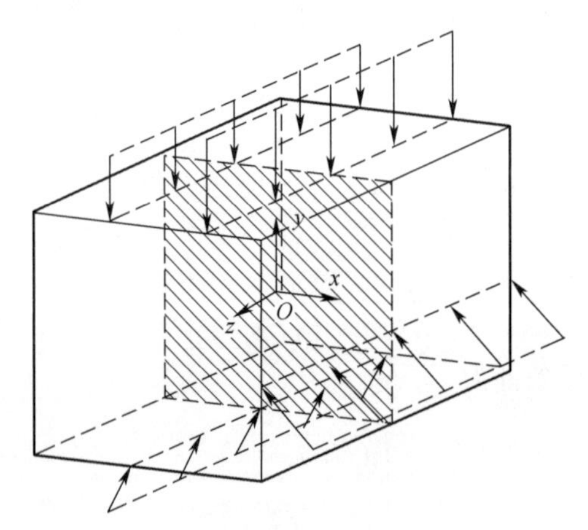

图 6.4.3 直角坐标系下,平面应变问题示意图

如果柱形体的几何特征和外力特征满足下列条件:

(1) 柱形体的长度远大于柱形体的其他两个尺度;

(2) 长度方向上不发生位移;

(3) 作用于柱形体的体力和面力,均平行于横截面且不沿长度方向改变,即

$$\boldsymbol{f}(\boldsymbol{x})=\begin{bmatrix}f_x(\boldsymbol{x})\\f_y(\boldsymbol{x})\\f_z(\boldsymbol{x})\end{bmatrix}=\begin{bmatrix}f_x(x,y)\\f_y(x,y)\\0\end{bmatrix} \quad 和 \quad \bar{\boldsymbol{f}}(\boldsymbol{x})=\begin{bmatrix}\bar{f}_x(\boldsymbol{x})\\\bar{f}_y(\boldsymbol{x})\\\bar{f}_z(\boldsymbol{x})\end{bmatrix}=\begin{bmatrix}\bar{f}_x(x,y)\\\bar{f}_y(x,y)\\0\end{bmatrix}$$

称为平面应变问题。

此时，柱形体上所有各点都只会和横截面上对应的点具有相同的位移。横截面上的点没有 z 方向的位移，只在横截面上沿 x 和 y 方向移动。因此，横截面上的位移分量为

$$\begin{cases}u=u(x,y)\\v=v(x,y)\\w=0\end{cases} \tag{6.4.11}$$

则横截面上的面内位移矢量为

$$\boldsymbol{u}(\boldsymbol{x})=\begin{bmatrix}u(x,y)\\v(x,y)\end{bmatrix}$$

横截面边界上的位移边界条件为

$$\begin{cases}u_s=\bar{u}(x,y)\\v_s=\bar{v}(x,y)\end{cases} \tag{6.4.12}$$

2. 几何方程与应变分析

由几何方程式(6.1.8)，可得

$$\begin{cases}\varepsilon_x=\dfrac{\partial u}{\partial x}\\\varepsilon_y=\dfrac{\partial v}{\partial y}\\\varepsilon_z=\dfrac{\partial w}{\partial z}=0\end{cases} \quad 和 \quad \begin{cases}\gamma_{xy}=\dfrac{\partial v}{\partial x}+\dfrac{\partial u}{\partial y}\\\gamma_{yz}=\dfrac{\partial w}{\partial y}+\dfrac{\partial v}{\partial z}=0\\\gamma_{xz}=\dfrac{\partial w}{\partial x}+\dfrac{\partial u}{\partial z}=0\end{cases}$$

则几何方程可缩减为

$$\begin{cases}\varepsilon_x=\dfrac{\partial u}{\partial x}\\\varepsilon_y=\dfrac{\partial v}{\partial y}\\\gamma_{xy}=\dfrac{\partial v}{\partial x}+\dfrac{\partial u}{\partial y}\end{cases} \tag{6.4.13a}$$

$$\varepsilon_z=0 \tag{6.4.13b}$$

由式(6.4.13a)可知，由于面内位移分量 u 和 v 只是 x 和 y 的函数，因此 3 个面内应变分量 ε_x、ε_y 和 γ_{xy} 都只能是 x，y 的函数。

3. 物理方程与应力分析

由物理方程式(6.1.10)，可得

$$\begin{cases}\varepsilon_x = \dfrac{1}{E}[\sigma_x - \mu(\sigma_y + \sigma_z)] = \dfrac{\partial u}{\partial x} \\ \varepsilon_y = \dfrac{1}{E}[\sigma_y - \mu(\sigma_z + \sigma_x)] = \dfrac{\partial v}{\partial y} \\ \varepsilon_z = \dfrac{1}{E}[\sigma_z - \mu(\sigma_x + \sigma_y)] = \dfrac{\partial w}{\partial z} = 0\end{cases} \quad 和 \quad \begin{cases}\gamma_{xy} = \dfrac{2(1+\mu)}{E}\tau_{xy} \\ \gamma_{yz} = \dfrac{2(1+\mu)}{E}\tau_{yz} = 0 \\ \gamma_{zx} = \dfrac{2(1+\mu)}{E}\tau_{zx} = 0\end{cases}$$

则由物理方程可以缩减为

$$\begin{cases}\varepsilon_x = \dfrac{1-\mu^2}{E}\left(\sigma_x - \dfrac{\mu}{1-\mu}\sigma_y\right) \\ \varepsilon_y = \dfrac{1-\mu^2}{E}\left(\sigma_y - \dfrac{\mu}{1-\mu}\sigma_x\right) \\ \gamma_{xy} = \dfrac{2(1+\mu)}{E}\tau_{xy}\end{cases} \tag{6.4.14}$$

或

$$\begin{cases}\sigma_x = \dfrac{E(1-\mu)}{(1+\mu)(1-2\mu)}\left(\varepsilon_x + \dfrac{\mu}{1-\mu}\varepsilon_y\right) \\ \sigma_y = \dfrac{E(1-\mu)}{(1+\mu)(1-2\mu)}\left(\varepsilon_y + \dfrac{\mu}{1-\mu}\varepsilon_x\right) \\ \tau_{xy} = \dfrac{E}{2(1+\mu)}\gamma_{xy}\end{cases} \tag{6.4.15a}$$

$$\sigma_z = \mu(\sigma_x + \sigma_y) \tag{6.4.15b}$$

由式(6.4.15a)可见,应力分量 σ_x、σ_y 和 τ_{xy} 只能是 x、y 的函数;由式(6.4.15b)可见,应力分量 σ_z 依赖于应力分量 σ_x 和 σ_y,因而不是独立变量,并且只能是 x、y 的函数。

因此,对于平面应变问题而言,非零的应力分量缩减至 4 个,即 σ_x、σ_y、σ_z 和 τ_{xy}(图 6.4.4)。但是,只有横截面内的 3 个应力变量(σ_x、σ_y 和 τ_{xy})是独立的,即

$$\boldsymbol{\sigma}(\boldsymbol{x}) = \begin{bmatrix}\sigma_x(x,y) & \tau_{xy}(x,y) \\ \tau_{xy}(x,y) & \sigma_y(x,y)\end{bmatrix} \quad 或 \quad \boldsymbol{\sigma}(\boldsymbol{x}) = \begin{bmatrix}\sigma_x(x,y) \\ \sigma_y(x,y) \\ \tau_{xy}(x,y)\end{bmatrix}$$

由于这些应力分量都位于横截面内,因此也称为面内应力分量。

4. 平衡微分方程与应力边界条件

由平衡微分方程式(6.1.9),可得

$$\begin{cases}\dfrac{\partial \sigma_x}{\partial x} + \dfrac{\partial \tau_{xy}}{\partial y} + f_x(x,y) = 0 \\ \dfrac{\partial \tau_{xy}}{\partial x} + \dfrac{\partial \sigma_y}{\partial y} + f_y(x,y) = 0\end{cases} \tag{6.4.16}$$

这就是平面应变问题的平衡微分方程。

在柱形体的侧面上($n_z=0$),由应力边界条件式(6.1.13)可得

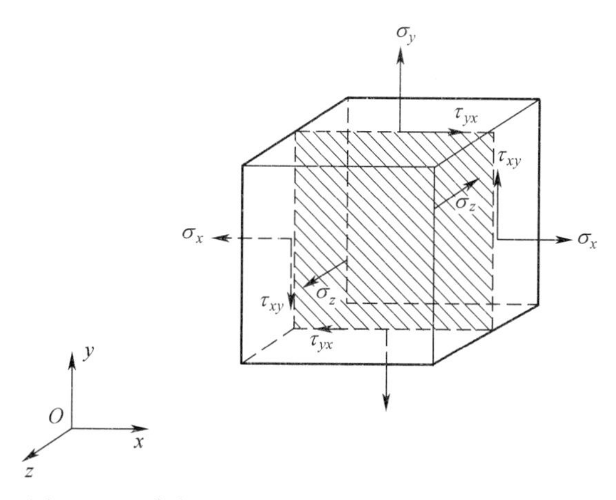

图 6.4.4　直角坐标系下,平面应变问题的应力分量

$$
\begin{cases}
(\sigma_x)_s n_x + (\tau_{xy})_s n_y = \bar{f}_x(x,y) \\
(\tau_{xy})_s n_x + (\sigma_y)_s n_y = \bar{f}_y(x,y)
\end{cases}
\tag{6.4.17}
$$

这就是平面应变问题的应力边界条件。

三、直角坐标系下的平面问题总结

如图 6.4.5 所示,以特征面(平面应力问题为中面;平面应变问题为横截面)为坐标平面,建立平面直角坐标系。

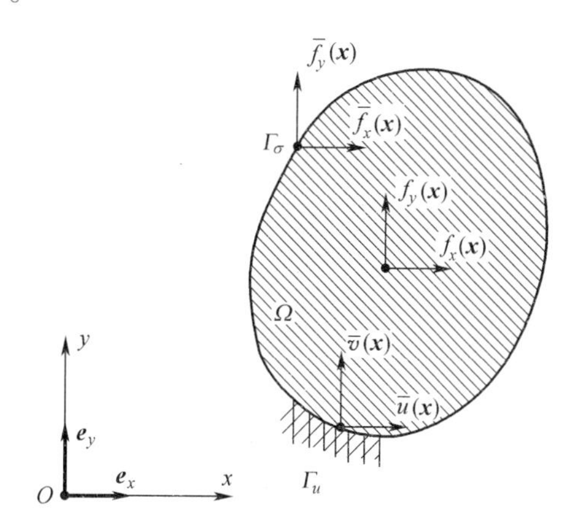

图 6.4.5　平面直角坐标系下,作用在平面问题特征面上的外力和位移约束示意图

在平面直角坐标系下,弹性体特征面上任意一点 P,其位置矢量为

$$
\boldsymbol{x} = x\boldsymbol{e}_x + y\boldsymbol{e}_y \tag{6.4.18}
$$

如图 6.4.5 所示,弹性体在其特征面内部作用体力

$$
\boldsymbol{f}(\boldsymbol{x}) = \begin{bmatrix} f_x(x,y) \\ f_y(x,y) \end{bmatrix}, \boldsymbol{x} \in \Omega \tag{6.4.19}
$$

在其特征面边界上作用面力

$$\bar{\boldsymbol{f}}(\boldsymbol{x})=\begin{bmatrix}\bar{f}_x(x,y)\\ \bar{f}_y(x,y)\end{bmatrix},\boldsymbol{x}\in\Gamma_\sigma \tag{6.4.20}$$

和位移约束

$$\bar{\boldsymbol{u}}(\boldsymbol{x})=\begin{bmatrix}\bar{u}(x,y)\\ \bar{v}(x,y)\end{bmatrix},\boldsymbol{x}\in\Gamma_u \tag{6.4.21}$$

在外力作用和位移约束下,弹性体特征面上的各点将产生不同程度的位移(图 6.4.6)。该位移矢量可用两个分量表示成

$$\boldsymbol{u}(\boldsymbol{x})=\begin{bmatrix}u(x,y)\\ v(x,y)\end{bmatrix} \tag{6.4.22}$$

位移产生形变。该形变可用 3 个应变分量表示成

$$\boldsymbol{\varepsilon}(\boldsymbol{x})=\begin{bmatrix}\varepsilon_x(x,y) & \gamma_{xy}(x,y)\\ \gamma_{xy}(x,y) & \varepsilon_y(x,y)\end{bmatrix}\quad 或\quad \boldsymbol{\varepsilon}(\boldsymbol{x})=\begin{bmatrix}\varepsilon_x(x,y)\\ \varepsilon_y(x,y)\\ \gamma_{xy}(x,y)\end{bmatrix} \tag{6.4.23}$$

形变产生内力以平衡外力的作用。该内力可用 3 个应力分量表示成

$$\boldsymbol{\sigma}(\boldsymbol{x})=\begin{bmatrix}\sigma_x(x,y) & \tau_{xy}(x,y)\\ \tau_{xy}(x,y) & \sigma_y(x,y)\end{bmatrix}\quad 或\quad \boldsymbol{\sigma}(\boldsymbol{x})=\begin{bmatrix}\sigma_x(x,y)\\ \sigma_y(x.y)\\ \tau_{xy}(x,y)\end{bmatrix} \tag{6.4.24}$$

综上所述,位移有两个分量,应变和应力各有 3 个分量,共计 8 个变量。

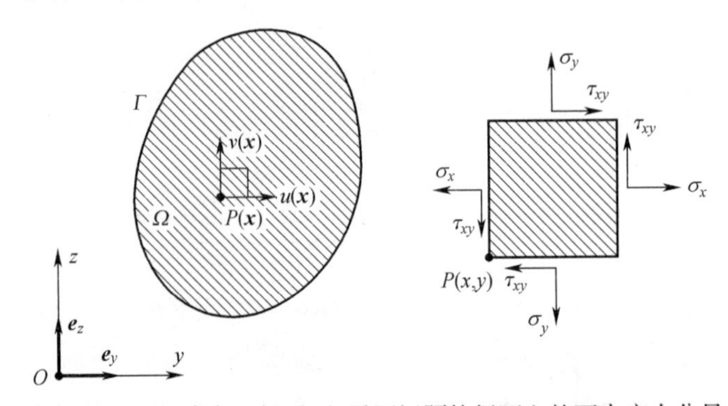

图 6.4.6 平面直角坐标系下,平面问题特征面上的面内应力分量

平面问题弹性体特征面上应变与位移之间关系的几何方程为

$$\begin{cases}\varepsilon_x=\dfrac{\partial u}{\partial x}\\ \varepsilon_y=\dfrac{\partial v}{\partial y}\\ \gamma_{xy}=\dfrac{\partial v}{\partial x}+\dfrac{\partial u}{\partial y}\end{cases} \tag{6.4.25}$$

平面问题弹性体特征面上应力与体力之间关系的平衡微分方程为

$$
\begin{cases}
\dfrac{\partial \sigma_x}{\partial x} + \dfrac{\partial \tau_{xy}}{\partial y} + f_x(x,y) = 0 \\
\dfrac{\partial \tau_{xy}}{\partial x} + \dfrac{\partial \sigma_y}{\partial y} + f_y(x,y) = 0
\end{cases}
\tag{6.4.26}
$$

对于平面应力问题,弹性体中面上应变与应力之间关系的物理方程为

$$
\begin{cases}
\varepsilon_x = \dfrac{1}{E}(\sigma_x - \mu\sigma_y) \\
\varepsilon_y = \dfrac{1}{E}(\sigma_y - \mu\sigma_z) \\
\gamma_{xy} = \dfrac{2(1+\mu)}{E}\tau_{xy}
\end{cases}
\tag{6.4.27}
$$

或

$$
\begin{cases}
\sigma_x = \dfrac{E}{1-\mu^2}(\varepsilon_x + \mu\varepsilon_y) \\
\sigma_y = \dfrac{E}{1-\mu^2}(\varepsilon_y + \mu\varepsilon_x) \\
\tau_{xy} = \dfrac{E}{2(1+\mu)}\gamma_{xy}
\end{cases}
\tag{6.4.28}
$$

对于平面应变问题,弹性体横截面上应变与应力之间关系的物理方程为

$$
\begin{cases}
\varepsilon_x = \dfrac{1-\mu^2}{E}\left(\sigma_x - \dfrac{\mu}{1-\mu}\sigma_y\right) \\
\varepsilon_y = \dfrac{1-\mu^2}{E}\left(\sigma_y - \dfrac{\mu}{1-\mu}\sigma_x\right) \\
\gamma_{xy} = \dfrac{2(1+\mu)}{E}\tau_{xy}
\end{cases}
\tag{6.4.29}
$$

或

$$
\begin{cases}
\sigma_x = \dfrac{E(1-\mu)}{(1+\mu)(1-2\mu)}\left(\varepsilon_x + \dfrac{\mu}{1-\mu}\varepsilon_y\right) \\
\sigma_y = \dfrac{E(1-\mu)}{(1+\mu)(1-2\mu)}\left(\varepsilon_y + \dfrac{\mu}{1-\mu}\varepsilon_x\right) \\
\tau_{xy} = \dfrac{E}{2(1+\mu)}\gamma_{xy}
\end{cases}
\tag{6.4.30}
$$

但是,两者之间存在着联系。如果将平面应力问题的物理方程式(6.4.27)和式(6.4.28)中的弹性模量和泊松比的变换如下:

$$
E \rightarrow \frac{E}{1-\mu^2} \quad \text{和}\ \mu \rightarrow \frac{\mu}{1-\mu}
$$

得到平面应变问题的物理方程式(6.4.29)和式(6.4.30);反之,如果将平面应变问题的物理方程式(6.4.29)和式(6.4.30)中的弹性模量和泊松比的变换如下:

$$
E \rightarrow \frac{E(1+2\mu)}{(1+\mu)^2} \quad \text{和} \quad \mu \rightarrow \frac{\mu}{1+\mu}
$$

得到平力应力问题的物理方程式(6.4.27)和式(6.4.28)。

综上所述,几何方程有3个、平衡微分方程有两个、物理方程有3个,共计8个方程。

描述平面问题弹性体特征面上的位移边界条件为

$$\begin{cases} u_s = \bar{u}(x,y) \\ v_s = \bar{v}(x,y) \end{cases} \tag{6.4.31}$$

应力边界条件为

$$\begin{cases} (\sigma_x)_s n_x + (\tau_{xy})_s n_y = \bar{f}_x(x,y) \\ (\tau_{xy})_s n_x + (\sigma_y)_s n_y = \bar{f}_y(x,y) \end{cases} \tag{6.4.32}$$

综上所述,位移边界条件有2个、应力边界条件有2个,共计4个方程。

对于平面应力问题而言,可以利用

$$\varepsilon_z = -\frac{\mu}{E}(\sigma_x + \sigma_y) \tag{6.4.33}$$

求出 ε_z。利用

$$w = \varepsilon_z z \tag{6.4.34}$$

求出 w。利用

$$\begin{cases} \gamma_{yz} = \dfrac{\partial w}{\partial y} \\ \gamma_{zx} = \dfrac{\partial w}{\partial x} \end{cases} \tag{6.4.35}$$

求出 γ_{yz} 和 γ_{zx}。利用

$$\begin{cases} \tau_{yz} = \dfrac{E}{2(1+\mu)}\gamma_{yz} \\ \tau_{zx} = \dfrac{E}{2(1+\mu)}\gamma_{zx} \end{cases} \tag{6.4.36}$$

求出 τ_{yz} 和 τ_{zx}。

需要特别指出:上述变量都是次要变量,而 w、γ_{yz}、γ_{zx}、τ_{yz} 和 τ_{zx} 更是相对小量,仅作参考。

对于平面应变问题而言,可以利用

$$\sigma_z = \mu(\sigma_x + \sigma_y) \tag{6.4.37}$$

求出 σ_z。

例题:

现假设平面问题有如下位移分量:

$$\begin{cases} u(x,y) = -2xy - 3x^2y + y^3 \\ v(x,y) = x + x^2 + x^3 + xy^2 \end{cases}$$

分别针对平面应力问题和平面应变问题,求出所有的应变分量和应力分量。

解答:

首先,由几何方程式(6.4.25),可得

$$\varepsilon_x = \frac{\partial u}{\partial x} = -2y - 6xy$$

$$\varepsilon_y = \frac{\partial v}{\partial y} = 2xy$$

$$\gamma_{xy} = \frac{\partial v}{\partial x} + \frac{\partial u}{\partial y} = (1 + 2x + 3x^2 + y^2) + (-2x - 3x^2 + 3y^2) = 1 + 4y^2$$

上述结果对平面应力问题和平面应变问题而言是相同的。

其次,对于平面应力问题,由物理方程式(6.4.28)可得面内应力分量为

$$\begin{aligned}
\sigma_x &= \frac{E}{1-\mu^2}(\varepsilon_x + \mu\varepsilon_y) \\
&= \frac{E}{1-\mu^2}[(-2y - 6xy) + \mu(2xy)] \\
&= \frac{E}{1-\mu^2}[-2y - 2(3-\mu)xy] \\
\sigma_y &= \frac{E}{1-\mu^2}(\varepsilon_y + \mu\varepsilon_x) \\
&= \frac{E}{1-\mu^2}[(2xy) + \mu(-2y - 6xy)] \\
&= \frac{E}{1-\mu^2}[-2\mu y + 2(1-3\mu)xy] \\
\tau_{xy} &= \frac{E}{2(1+\mu)}\gamma_{xy} = \frac{E}{2(1+\mu)}(1 + 4y^2)
\end{aligned}$$

由式(6.4.33)可得厚度方向的面外应变分量为

$$\begin{aligned}
\varepsilon_z &= -\frac{\mu}{E}(\sigma_x + \sigma_y) \\
&= -\frac{\mu}{E}\ \frac{E}{1-\mu^2}[-2y - 2(3-\mu)xy - 2\mu y + 2(1-3\mu)xy] \\
&= \frac{2\mu}{1-\mu}(1 + 2x)y
\end{aligned}$$

由于

$$\frac{\partial w}{\partial z} = \varepsilon_z = \frac{2\mu}{1-\mu}(1 + 2x)y$$

所以

$$w = \frac{2\mu}{1-\mu}(1 + 2x)yz$$

可得切应变分量为

$$\begin{cases}
\gamma_{yz} = \dfrac{\partial w}{\partial y} = \dfrac{\partial}{\partial y}\left[\dfrac{2\mu}{1-\mu}(1 + 2x)yz\right] = \dfrac{2\mu}{1-\mu}(1 + 2x)z \\
\gamma_{zx} = \dfrac{\partial w}{\partial x} = \dfrac{\partial}{\partial x}\left[\dfrac{2\mu}{1-\mu}(1 + 2x)yz\right] = \dfrac{4\mu}{1-\mu}yz
\end{cases}$$

进而可得切应力分量为

$$\begin{cases}\tau_{yz}=\dfrac{E}{2(1+\mu)}\gamma_{yz}=\dfrac{E}{2(1+\mu)}\dfrac{2\mu}{1-\mu}(1+2x)z=\dfrac{E\mu}{(1-\mu)(1+\mu)}(1+2x)z\\ \tau_{zx}=\dfrac{E}{2(1+\mu)}\gamma_{zx}==\dfrac{E}{2(1+\mu)}\dfrac{4\mu}{1-\mu}yz=\dfrac{2E\mu}{(1-\mu)(1+\mu)}yz\end{cases}$$

最后,对平面应变问题,由物理方程式(6.4.30)可得面内应力分量为

$$\begin{aligned}\sigma_x&=\frac{E(1-\mu)}{(1+\mu)(1-2\mu)}\left(\varepsilon_x+\frac{\mu}{1-\mu}\varepsilon_y\right)\\&=\frac{E(1-\mu)}{(1+\mu)(1-2\mu)}\left[(-2y-6xy)+\frac{\mu}{1-\mu}(2xy)\right]\\&=-\frac{2E}{(1+\mu)(1-2\mu)}[1-\mu+(3-4\mu)x]y\\\sigma_y&=\frac{E(1-\mu)}{(1+\mu)(1-2\mu)}\left(\varepsilon_y+\frac{\mu}{1-\mu}\varepsilon_x\right)\\&=\frac{E(1-\mu)}{(1+\mu)(1-2\mu)}\left[2xy+\frac{\mu}{1-\mu}(-2y-6xy)\right]\\&=-\frac{2E}{(1+\mu)(1-2\mu)}[\mu-(1-4\mu)x]y\\\tau_{xy}&=\frac{E}{2(1+\mu)}\gamma_{xy}=\frac{E}{2(1+\mu)}(1+4y^2)\end{aligned}$$

由式(6.4.37)可得长度方向的面外应力分量为

$$\begin{aligned}\sigma_z=\mu(\sigma_x+\sigma_y)&=\frac{E\mu}{(1+\mu)(1-2\mu)}(\varepsilon_x+\varepsilon_y)\\&=\frac{E\mu}{(1+\mu)(1-2\mu)}[(-2y-6xy)+(2xy)]\\&=-\frac{2E\mu}{(1+\mu)(1-2\mu)}(1+2x)y\end{aligned}$$

其他的应力分量和应变分量均为0。

答毕。

6.5 极坐标系下的平面问题

如图6.5.1所示,以特征面(平面应力问题为中面;平面应变问题为横截面)为坐标平面,建立极坐标系。

在极坐标系下,弹性体特征面上任意一点P,其位置矢量$\boldsymbol{x}$为

$$\boldsymbol{x}=\rho\boldsymbol{e}_\rho(\varphi)\tag{6.5.1}$$

如图6.5.1所示,弹性体在其特征面内部作用体力为

$$\boldsymbol{f}(\boldsymbol{x})=\begin{bmatrix}f_\rho(\rho,\varphi)\\f_\varphi(\rho,\varphi)\end{bmatrix},\boldsymbol{x}\in\Omega\tag{6.5.2}$$

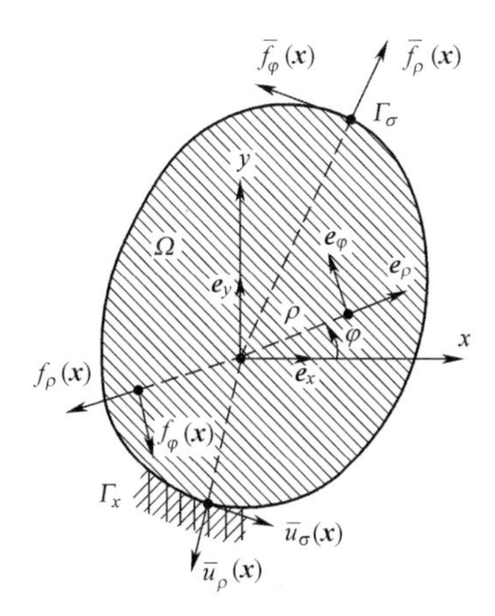

图 6.5.1　极坐标系下,作用在平面问题特征面上的外力和位移约束示意图

在其特征面边界上作用面力为

$$\bar{\boldsymbol{f}}(\boldsymbol{x}) = \begin{bmatrix} \bar{f}_\rho(\rho, \varphi) \\ \bar{f}_\varphi(\rho, \varphi) \end{bmatrix}, \boldsymbol{x} \in \Gamma_\sigma \tag{6.5.3}$$

和位移约束为

$$\bar{\boldsymbol{u}}(\boldsymbol{x}) = \begin{bmatrix} \bar{u}_\rho(\rho, \varphi) \\ \bar{u}_\varphi(\rho, \varphi) \end{bmatrix}, \boldsymbol{x} \in \Gamma_u \tag{6.5.4}$$

在外力作用和位移约束下,弹性体特征面上的各点将产生不同程度的位移(图 6.5.2)。该位移矢量可用两个分量表示成

$$\boldsymbol{u}(\boldsymbol{x}) = \begin{bmatrix} u_\rho(\rho, \varphi) \\ u_\varphi(\rho, \varphi) \end{bmatrix} \tag{6.5.5}$$

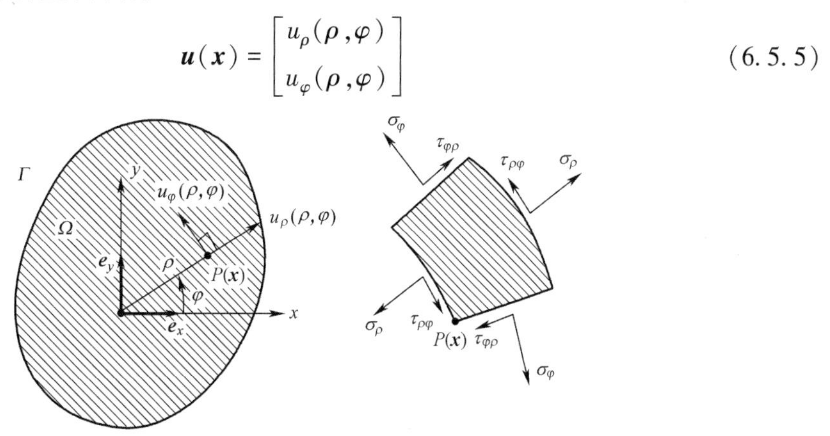

图 6.5.2　极坐标系下,平面问题特征面上的面内应力分量

位移产生形变。该形变可用 3 个应变分量表示成

$$\boldsymbol{\varepsilon}(\boldsymbol{x}) = \begin{bmatrix} \varepsilon_\rho(\rho, \varphi) & \gamma_{\rho\varphi}(\rho, \varphi) \\ \gamma_{\rho\varphi}(\rho, \varphi) & \varepsilon_\varphi(\rho, \varphi) \end{bmatrix} \quad 或 \quad \boldsymbol{\varepsilon}(\boldsymbol{x}) = \begin{bmatrix} \varepsilon_\rho(\rho, \varphi) \\ \varepsilon_\varphi(\rho, \varphi) \\ \gamma_{\rho\varphi}(\rho, \varphi) \end{bmatrix} \tag{6.5.6}$$

形变产生内力以平衡外力的作用。该内力可用 3 个应力分量表示成

$$\boldsymbol{\sigma}(\boldsymbol{x})=\begin{bmatrix}\sigma_\rho(\rho,\varphi) & \tau_{\rho\varphi}(\rho,\varphi)\\ \tau_{\rho\varphi}(\rho,\varphi) & \sigma_\varphi(\rho,\varphi)\end{bmatrix}\quad 或\quad \boldsymbol{\sigma}(\boldsymbol{x})=\begin{bmatrix}\sigma_\rho(\rho,\varphi)\\ \sigma_\varphi(\rho,\varphi)\\ \tau_{\rho\varphi}(\rho,\varphi)\end{bmatrix}\tag{6.5.7}$$

综上所述,位移有两个分量,应变和应力各有 3 个分量,共计 8 个变量。

下面分别讨论极坐标系下平面问题的几何方程、平衡微分方程和物理方程。

一、几何方程

极坐标系下的几何方程,可以由圆柱坐标系下空间问题的几何方程式(6.2.8)简化后直接得到:

$$\begin{cases}\varepsilon_\rho=\dfrac{\partial u_\rho}{\partial\rho}\\ \varepsilon_\varphi=\dfrac{u_\rho}{\rho}+\dfrac{1}{\rho}\dfrac{\partial u_\varphi}{\partial\varphi}\\ \gamma_{\rho\varphi}=\dfrac{1}{\rho}\dfrac{\partial u_\rho}{\partial\varphi}+\dfrac{\partial u_\varphi}{\partial\rho}-\dfrac{u_\varphi}{\rho}\end{cases}\tag{6.5.8}$$

极坐标系下的几何方程,也可通过对微线段的形变分析得到。

首先,考虑只有径向位移而没有环向位移的情况。

如图 6.5.3 所示,由于点 P 的径向位移,引起径向线段 PA 移至 $P'A'$,环向线段 PB 移至 $P'B'$。若设点 P 的径向位移为

$$PP'=u_\rho$$

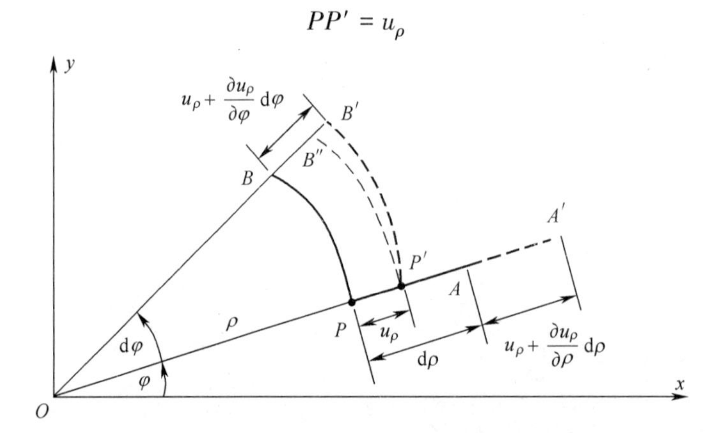

图 6.5.3　仅由径向位移所产生的形变

则利用泰勒级数,可得点 A 和点 B 的径向位移分别为

$$AA'=u_\rho+\frac{\partial u_\rho}{\partial\rho}\mathrm{d}\rho\quad 和\quad BB'=u_\rho+\frac{\partial u_\rho}{\partial\varphi}\mathrm{d}\varphi$$

径向线段 PA 的线应变为

$$\varepsilon_\rho=\frac{P'A'-PA}{PA}=\frac{AA'-PP'}{PA}=\frac{\left(u_\rho+\dfrac{\partial u_r}{\partial\rho}\mathrm{d}\rho\right)-u_\rho}{\mathrm{d}\rho}=\frac{\partial u_\rho}{\partial\rho}\tag{6.5.9}$$

环向线段 PB 的线应变为

$$\varepsilon_\varphi = \frac{P'B' - PB}{PB} \approx \frac{P'B'' - PB}{PB} = \frac{(\rho + u_\rho)\mathrm{d}\varphi - \rho\mathrm{d}\varphi}{\rho\mathrm{d}\varphi} = \frac{u_\rho}{\rho} \tag{6.5.10}$$

径向线段 PA 的转角为

$$\alpha = 0$$

环向线段 PB 的转角为

$$\beta \approx \tan\beta \approx \frac{B'B''}{P'B''} \approx \frac{BB' - PP'}{PB} = \frac{\left(u_\rho + \frac{\partial u_\rho}{\partial \varphi}\mathrm{d}\varphi\right) - u_\rho}{\rho d\varphi} = \frac{1}{\rho}\frac{\partial u_\rho}{\partial \varphi}$$

于是可得,切应变为

$$\gamma_{\rho\varphi} = \alpha + \beta = \frac{1}{\rho}\frac{\partial u_\rho}{\partial \varphi} \tag{6.5.11}$$

其次,考虑只有环向位移而没有径向位移的情况。

如图 6.5.4 所示,由于点 P 的环向位移,径向线段 PA 移至 $P'A'$,环向线段 PB 移至 $P'B'$。若设点 P 的环向位移为

$$PP' = u_\varphi$$

则利用泰勒级数,可得点 A 和点 B 的环向位移分别为

$$AA' = u_\varphi + \frac{\partial u_\varphi}{\partial \rho}\mathrm{d}\rho \quad 和 \quad BB' = u_\varphi + \frac{\partial u_\varphi}{\partial \varphi}\mathrm{d}\varphi$$

径向线段 PA 的线应变为

$$\varepsilon_\rho = 0 \tag{6.5.12}$$

环向线段 PB 的线应变为

$$\varepsilon_\varphi = \frac{P'B' - PB}{PB} = \frac{BB' - PP'}{PB} = \frac{\left(u_\varphi + \frac{\partial u_\varphi}{\partial \varphi}\mathrm{d}\varphi\right) - u_\varphi}{\rho\mathrm{d}\varphi} = \frac{1}{\rho}\frac{\partial u_\varphi}{\partial \varphi} \tag{6.5.13}$$

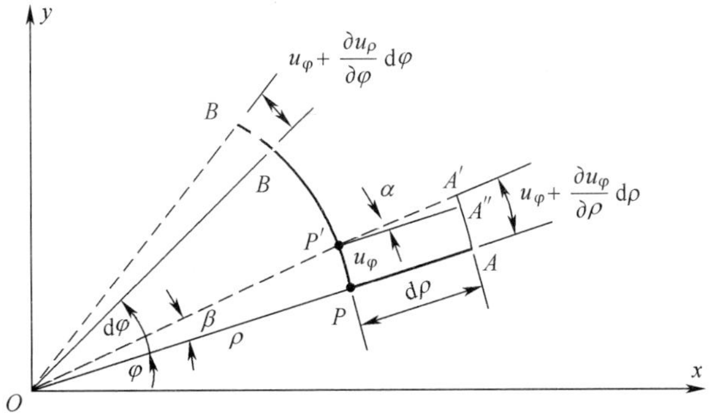

图 6.5.4　仅由环向位移所产生的形变

径向线段 PA 的转角为

$$\alpha \approx \tan\alpha \approx \frac{AA''}{P'A''} \approx \frac{AA' - PP'}{PA} = \frac{\left(u_\varphi + \frac{\partial u_\varphi}{\partial \rho}\mathrm{d}\rho\right) - u_\varphi}{\mathrm{d}\rho} = \frac{\partial u_\varphi}{\partial \rho}$$

环向线段 PB 的转角为

$$\beta = - \angle POP' = - \frac{PP'}{OP} \approx - \frac{u_\varphi}{\rho}$$

于是可得,切应变为

$$\gamma_{\rho\varphi} = \alpha + \beta = \frac{\partial u_\varphi}{\partial \rho} - \frac{u_\varphi}{\rho} \tag{6.5.14}$$

最后,如果沿径向和环向都有位移,则由式(6.5.9)~式(6.5.11)与式(6.5.12)~式(6.5.14)分别对于叠加,即可得到极坐标系下平面问题的几何方程式(6.5.8)。

二、平衡微分方程

极坐标系下的平衡微分方程,可以由圆柱坐标系下空间问题的平衡微分方程式(6.2.9)简化后直接得到:

$$\begin{cases} \dfrac{\partial \sigma_\rho}{\partial \rho} + \dfrac{1}{\rho}\dfrac{\partial \tau_{\rho\varphi}}{\partial \varphi} + \dfrac{\sigma_\rho - \sigma_\varphi}{\rho} + f_\rho(\rho, \varphi) = 0 \\ \dfrac{\partial \tau_{\rho\varphi}}{\partial \rho} + \dfrac{1}{\rho}\dfrac{\partial \sigma_\varphi}{\partial \varphi} + \dfrac{2\tau_{\rho\varphi}}{\rho} + f_\varphi(\rho, \varphi) = 0 \end{cases} \tag{6.5.15}$$

极坐标系下的平衡微分方程,也可通过对微元体的受力分析得到。

如图 6.5.5 所示,在特征面上取微元体 $PACB$。

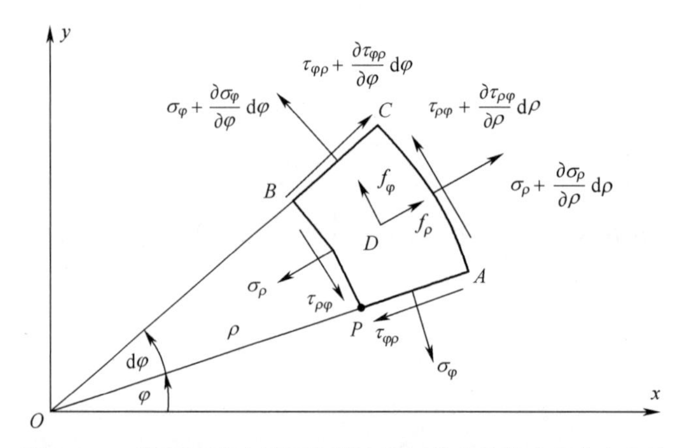

图 6.5.5　极坐标系下,平面问题中微元体上的体力和应力分量

设 PB 面上的径向正应力为 σ_ρ。由于应力随坐标 ρ 的变化,则 AC 面上的正应力为

$$\sigma_\rho + \frac{\partial \sigma_\rho}{\partial \rho} d\rho$$

这两个面上的切应力为 $\tau_{\rho\varphi}$,即

$$\tau_{\rho\varphi} + \frac{\partial \tau_{\rho\varphi}}{\partial \rho} d\rho$$

PA 面及 BC 两上的环向正应力分别为

$$\sigma_\varphi \quad 和 \quad \sigma_\varphi + \frac{\partial \sigma_\varphi}{\partial \varphi} d\varphi$$

这两个面上的切应力分别为

$$\tau_{\varphi\rho} \quad 和 \quad \tau_{\varphi\rho} + \frac{\partial \tau_{\varphi\rho}}{\partial \varphi}\mathrm{d}\varphi$$

微元体 $PABC$ 的体积为 $\rho\mathrm{d}\varphi\mathrm{d}\rho$；$PB$ 面、AC 面的面积分别为 $\rho\mathrm{d}\varphi$ 和 $(\rho+\mathrm{d}\rho)\mathrm{d}\varphi$；$PA$ 面、BC 面的面积为 $\mathrm{d}\rho$。由于 $\mathrm{d}\varphi$ 是微小的，所以有

$$\sin\frac{\mathrm{d}\varphi}{2} \approx \frac{\mathrm{d}\varphi}{2} \quad 和 \quad \cos\frac{\mathrm{d}\varphi}{2} \approx 1$$

如果列出该微元体的力矩平衡方程，将得到：

$$\tau_{\rho\varphi} = \tau_{\varphi\rho} \tag{6.5.16}$$

又一次证明了切应力互等关系。

将微元体所受各力投影到微元体中心的径向轴上，列出径向的平衡方程，得

$$\begin{aligned}
&\left(\sigma_\rho + \frac{\partial \sigma_\rho}{\partial \rho}\mathrm{d}\rho\right)(\rho + \mathrm{d}\rho)\mathrm{d}\varphi - \sigma_\rho\rho\mathrm{d}\varphi - \\
&\quad \left(\sigma_\varphi + \frac{\partial \sigma_\varphi}{\partial \varphi}\mathrm{d}\varphi\right)\mathrm{d}\rho\sin\frac{\mathrm{d}\varphi}{2} - \sigma_\varphi\rho\sin\frac{\mathrm{d}\varphi}{2} + \\
&\quad \left(\tau_{\rho\varphi} + \frac{\partial \tau_{\rho\varphi}}{\partial \varphi}\right)\mathrm{d}\rho\cos\frac{\mathrm{d}\varphi}{2} - \tau_{\rho\varphi}\mathrm{d}\rho\cos\frac{\mathrm{d}\varphi}{2} + \\
&\quad f_\rho\rho\mathrm{d}\varphi\mathrm{d}\rho = 0
\end{aligned}$$

简化以后，先除以 $\rho\mathrm{d}\varphi\mathrm{d}\rho$，再略去微量，得

$$\frac{\partial \sigma_\rho}{\partial \rho} + \frac{1}{\rho}\frac{\partial \tau_{\rho\varphi}}{\partial \varphi} + \frac{\sigma_\rho - \sigma_\varphi}{\rho} + f_\rho = 0$$

将所有各力投影到微元体中心的切向轴上，列出切向的平衡方程，得

$$\begin{aligned}
&\left(\sigma_\varphi + \frac{\partial \sigma_\varphi}{\partial \varphi}\mathrm{d}\varphi\right)\mathrm{d}\rho\cos\frac{\mathrm{d}\varphi}{2} - \sigma_\varphi\mathrm{d}\rho \\
&\quad + \left(\tau_{\rho\varphi} + \frac{\partial \tau_{\rho\varphi}}{\partial \rho}\mathrm{d}\rho\right)(\rho + \mathrm{d}\rho)\mathrm{d}\varphi - \tau_{\rho\varphi}\rho\mathrm{d}\varphi \\
&\quad + \left(\tau_{\rho\varphi} + \frac{\partial \tau_{\rho\varphi}}{\partial \varphi}\mathrm{d}\varphi\right)\mathrm{d}\rho\sin\frac{\mathrm{d}\varphi}{2} + \tau_{\rho\varphi}\mathrm{d}\rho\sin\frac{\mathrm{d}\varphi}{2} \\
&\quad + f_\varphi\rho\mathrm{d}\varphi\mathrm{d}\rho = 0
\end{aligned}$$

简化以后，先除以 $\rho\mathrm{d}\varphi\mathrm{d}\rho$，再略去微量，得

$$\frac{1}{\rho}\frac{\partial \sigma_\varphi}{\partial \varphi} + \frac{\partial \tau_{\rho\varphi}}{\partial \rho} + \frac{2\tau_{\rho\varphi}}{\rho} + f_\varphi = 0$$

上述两式，即极坐标系下平面问题的平衡微分方程式(6.5.15)。

三、物理方程

与平面直角坐标系一样，极坐标系也是正交坐标系。所以，极坐标系下的物理方程与直角坐标系下的物理方程具有同样的形式，只是下标 x 和 y 分别改换为 ρ 和 φ。

因此，平面应力问题的物理方程为

$$
\begin{cases}
\varepsilon_{\rho} = \dfrac{1}{E}(\sigma_{\rho} - \mu\sigma_{\varphi}) \\
\varepsilon_{\varphi} = \dfrac{1}{E}(\sigma_{\varphi} - \mu\sigma_{\rho}) \\
\gamma_{\rho\varphi} = \dfrac{2(1+\mu)}{E}\tau_{\rho\varphi}
\end{cases}
\tag{6.5.17}
$$

或

$$
\begin{cases}
\sigma_{\rho} = \dfrac{E}{1-\mu^{2}}(\varepsilon_{\rho} + \mu\varepsilon_{\varphi}) \\
\sigma_{\varphi} = \dfrac{E}{1-\mu^{2}}(\varepsilon_{\varphi} + \mu\varepsilon_{\rho}) \\
\tau_{\rho\varphi} = \dfrac{E}{2(1+\mu)}\gamma_{\rho\varphi}
\end{cases}
\tag{6.5.18}
$$

平面应变问题的物理方程为

$$
\begin{cases}
\varepsilon_{\rho} = \dfrac{1-\mu^{2}}{E}\left(\sigma_{\rho} - \dfrac{\mu}{1-\mu}\sigma_{\varphi}\right) \\
\varepsilon_{\varphi} = \dfrac{1-\mu^{2}}{E}\left(\sigma_{\varphi} - \dfrac{\mu}{1-\mu}\sigma_{\rho}\right) \\
\gamma_{\rho\varphi} = \dfrac{2(1+\mu)}{E}\tau_{\rho\varphi}
\end{cases}
\tag{6.5.19}
$$

或

$$
\begin{cases}
\sigma_{\pi} = \dfrac{E(1-\mu)}{(1+\mu)(1-2\mu)}\left(\varepsilon_{\rho} + \dfrac{\mu}{1-\mu}\varepsilon_{\varphi}\right) \\
\sigma_{\varphi} = \dfrac{E(1-\mu)}{(1+\mu)(1-2\mu)}\left(\varepsilon_{\varphi} + \dfrac{\mu}{1-\mu}\varepsilon_{\rho}\right) \\
\tau_{\rho\varphi} = \dfrac{E}{2(1+\mu)}\gamma_{\rho\varphi}
\end{cases}
\tag{6.5.20}
$$

综上所述,几何方程有 3 个、平衡微分方程有两个、物理方程有 3 个,共计 8 个方程。

四、边界条件

极坐标系下,平面问题弹性体特征面上的位移边界条件为

$$
\begin{cases}
(u_{\rho})_{s} = \bar{u}_{\rho} \\
(u_{\varphi})_{s} = \tilde{u}_{\varphi}
\end{cases}
\tag{6.5.21}
$$

应力边界条件为

$$
\begin{cases}
(\sigma_{\rho})_{s}n_{\rho} + (\tau_{\rho\varphi})_{s}n_{\varphi} = \bar{f}_{\rho}(\rho,\varphi) \\
(\tau_{\rho\varphi})_{s}n_{\rho} + (\sigma_{\varphi})_{s}n_{\varphi} = \bar{f}_{\varphi}(\rho,\varphi)
\end{cases}
\tag{6.5.22}
$$

综上所述,位移边界条件有 2 个、应力边界条件有 2 个,共计 4 个方程。

6.6 圆柱坐标系下的空间轴对称问题

一、基本假设与位移分析

如图 6.6.1 所示，以回转体的子午面为 ρz 面，以回转轴为 z 轴，建立圆柱坐标系。

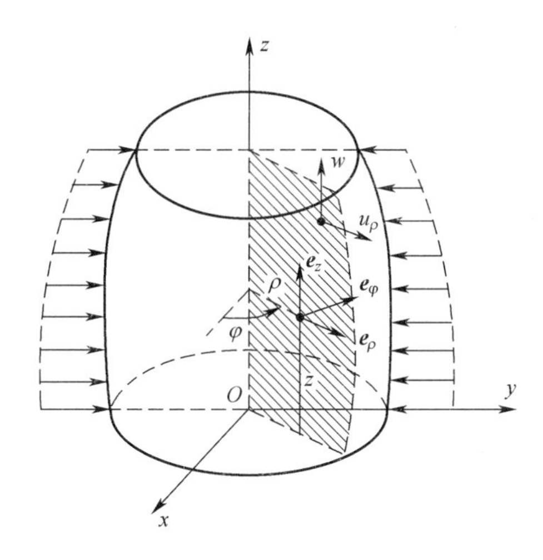

图 6.6.1 圆柱坐标系下，空间轴对问题示意图

如果回转体的形变和外力具有下列特征时，则

(1) 环向(周向)上不发生位移；

(2) 径向位移和轴向位移仅发生在子午面上；

(3) 作用在回转体上的体力和面力位于子午面内且不随回转角改变，即

$$\boldsymbol{f}(\boldsymbol{x})=\begin{bmatrix} f_\rho(\boldsymbol{x}) \\ f_\varphi(\boldsymbol{x}) \\ f_z(\boldsymbol{x}) \end{bmatrix}=\begin{bmatrix} f_\rho(\rho,z) \\ 0 \\ f_z(\rho,z) \end{bmatrix} \quad \text{和} \quad \bar{\boldsymbol{f}}(\boldsymbol{x})=\begin{bmatrix} \bar{f}_\rho(\boldsymbol{x}) \\ \bar{f}_\varphi(\boldsymbol{x}) \\ \bar{f}_z(\boldsymbol{x}) \end{bmatrix}=\begin{bmatrix} \bar{f}_\rho(\rho,z) \\ 0 \\ \bar{f}_z(\rho,z) \end{bmatrix}$$

称为空间轴对称问题。

此时，回转体上所有各点都只会和子午面上对应的点具有相同的位移。子午面上的点没有 φ 方向的位移，只在子午面上沿 ρ 和 z 方向移动。因此，子午面上的位移分量为

$$\begin{cases} u_\rho = u_\rho(\rho,z) \\ u_\varphi = 0 \\ w = w(\rho,z) \end{cases} \tag{6.6.1}$$

于是，子午面上的面内位移矢量为

$$\boldsymbol{u}(\boldsymbol{x})=\begin{bmatrix} u_\rho(\rho,z) \\ w(\rho,z) \end{bmatrix}$$

子午面边界上的位移边界条件为

$$\begin{cases}(u_\rho)_s = \bar{u}_\rho(\rho, z) \\ w_s = \bar{w}(\rho, z)\end{cases} \tag{6.6.2}$$

二、几何方程与应变分析

由几何方程式(6.2.8)，可得

$$\begin{cases}\varepsilon_\rho = \dfrac{\partial u_\rho}{\partial \rho} \\ \varepsilon_\varphi = \dfrac{1}{\rho}\dfrac{\partial u_\varphi}{\partial \varphi} + \dfrac{u_\rho}{\rho} = \dfrac{u_\rho}{\rho} \\ \varepsilon_z = \dfrac{\partial w}{\partial z}\end{cases} \quad 和 \quad \begin{cases}\gamma_{\rho\varphi} = \dfrac{\partial u_\varphi}{\partial \rho} - \dfrac{u_\varphi}{\rho} + \dfrac{1}{\rho}\dfrac{\partial u_\rho}{\partial \varphi} = 0 \\ \gamma_{\varphi z} = \dfrac{1}{\rho}\dfrac{\partial w}{\partial \varphi} + \dfrac{\partial u_\varphi}{\partial z} = 0 \\ \gamma_{z\rho} = \dfrac{\partial w}{\partial \rho} + \dfrac{\partial u_\rho}{\partial z}\end{cases}$$

于是，几何方程可缩减为

$$\begin{cases}\varepsilon_\rho = \dfrac{\partial u_\rho}{\partial \rho} \\ \varepsilon_\varphi = \dfrac{u_\rho}{\rho} \\ \varepsilon_z = \dfrac{\partial w}{\partial z} \\ \gamma_{z\rho} = \dfrac{\partial u_\rho}{\partial z} + \dfrac{\partial w}{\partial \rho}\end{cases} \tag{6.6.3}$$

这就是空间轴对称问题的几何方程。可见，应变分量ε_ρ、ε_φ、ε_z和$\gamma_{z\rho}$都仅为ρ和z的函数。

三、物理方程与应力分析

由物理方程式(6.2.10)，可得

$$\begin{cases}\varepsilon_\rho = \dfrac{1}{E}[\sigma_\rho - \mu(\sigma_\varphi + \sigma_z)] = \dfrac{\partial u_\rho}{\partial \rho} \\ \varepsilon_\varphi = \dfrac{1}{E}[\sigma_\varphi - \mu(\sigma_z + \sigma_\rho)] = \dfrac{u_\rho}{\rho} \\ \varepsilon_z = \dfrac{1}{E}[\sigma_z - \mu(\sigma_\rho + \sigma_\varphi)] = \dfrac{\partial w}{\partial z}\end{cases} \quad 和 \quad \begin{cases}\gamma_{\rho\varphi} = \dfrac{2(1+\mu)}{E}\tau_{\rho\varphi} = 0 \\ \gamma_{\varphi z} = \dfrac{2(1+\mu)}{E}\tau_{\varphi z} = 0 \\ \gamma_{z\rho} = \dfrac{2(1+\mu)}{E}\tau_{z\rho} = \dfrac{\partial u_\rho}{\partial z} + \dfrac{\partial w}{\partial \rho}\end{cases}$$

于是，由物理方程可以缩减为

$$\begin{cases}\varepsilon_\rho = \dfrac{1}{E}[\sigma_\rho - \mu(\sigma_\varphi + \sigma_z)] \\ \varepsilon_\varphi = \dfrac{1}{E}[\sigma_\varphi - \mu(\sigma_z + \sigma_\rho)] \\ \varepsilon_z = \dfrac{1}{E}[\sigma_z - \mu(\sigma_\rho + \sigma_\varphi)] \\ \gamma_{z\rho} = \dfrac{2(1+\mu)}{E}\tau_{z\rho}\end{cases} \tag{6.6.4}$$

或

$$
\begin{cases}
\sigma_{\rho} = \dfrac{E}{1+\mu}\left(\dfrac{\mu}{1-2\mu}\theta + \varepsilon_{\rho}\right) \\
\sigma_{\varphi} = \dfrac{E}{1+\mu}\left(\dfrac{\mu}{1-2\mu}\theta + \varepsilon_{\varphi}\right) \\
\sigma_{z} = \dfrac{E}{1+\mu}\left(\dfrac{\mu}{1-2\mu}\theta + \varepsilon_{z}\right) \\
\tau_{z\rho} = \dfrac{E}{2(1+\mu)}\gamma_{z\rho}
\end{cases}
\tag{6.6.5}
$$

式中

$$
\theta = \frac{\partial(\rho u_{\rho})}{\partial\rho} + \frac{\partial w}{\partial z}
$$

这就是空间轴对称问题的物理方程。可见,应力分量 σ_{ρ}、σ_{φ}、σ_{z} 和 $\tau_{z\rho}$ 只能是 ρ、z 的函数。

因此,对于空间轴对称问题而言,非零的应力分量缩减至 4 个,即 σ_{ρ}、σ_{φ}、σ_{z} 和 $\tau_{z\rho}$(图 6.6.2)。这些应力分量也可写成矩阵形式或向量形式如下:

$$
\boldsymbol{\sigma}(\boldsymbol{x}) = \begin{bmatrix} \sigma_{\rho}(\rho,z) & 0 & \tau_{z\rho}(\rho,z) \\ 0 & \sigma_{\varphi}(\rho,z) & 0 \\ \tau_{z\rho}(\rho,z) & 0 & \sigma_{z}(\rho,z) \end{bmatrix} \quad 或 \quad \boldsymbol{\sigma}(\boldsymbol{x}) = \begin{bmatrix} \sigma_{\rho}(\rho,z) \\ \sigma_{\varphi}(\rho,z) \\ \sigma_{z}(\rho,z) \\ \tau_{z\rho}(\rho,z) \end{bmatrix}
$$

但是,只有 σ_{ρ}、σ_{z} 和 $\tau_{z\rho}$ 为面内应力分量,而 σ_{φ} 不是。

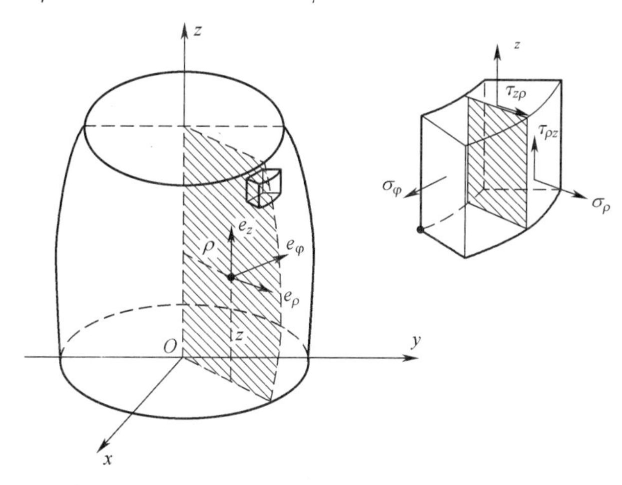

图 6.6.2　圆柱坐标系下,空间轴对问题的应力分量

四、平衡微分方程与应力边界条件

由平衡微分方程式(6.2.9),可得

$$
\begin{cases}
\dfrac{\partial\sigma_{\rho}}{\partial\rho} + \dfrac{\partial\tau_{z\rho}}{\partial z} + \dfrac{\sigma_{\rho} - \sigma_{\varphi}}{\rho} + f_{\rho}(\rho,z) = 0 \\
\dfrac{\partial\tau_{z\rho}}{\partial\rho} + \dfrac{\partial\sigma_{z}}{\partial z} + \dfrac{\tau_{z\rho}}{\rho} + f_{z}(\rho,z) = 0
\end{cases}
\tag{6.6.6}
$$

这就是空间轴对称问题的平衡微分方程。

空间轴对称问题的平衡微分方程,也可通过对微元体的受力分析得到。

如图 6.6.3 所示,在回转体上取一个微元体 $PABC$。

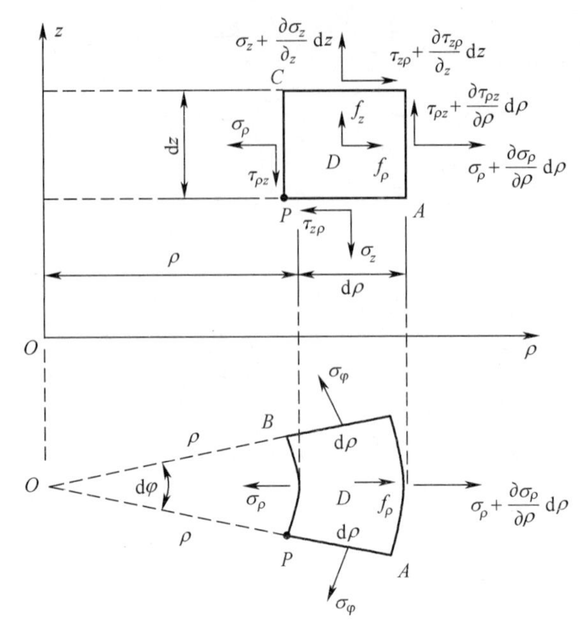

图 6.6.3 圆柱坐标系下,空间轴对称问题微元体上的体力和应力分量

该微元由相距 $\mathrm{d}\rho$ 的两个圆柱面,互成 $\mathrm{d}\varphi$ 角的两个铅直面及相距 $\mathrm{d}z$ 的两个水平面围成。

如果六面体的内圆柱面上的正应力是 σ_ρ,利用泰勒级数,则外圆柱面上的正应力应当是

$$\sigma_\rho + \frac{\partial \sigma_\rho}{\partial \rho}\mathrm{d}\rho$$

由于对称,σ_φ 在 φ 方向(环向)没有增量。如果六面体下面的正应力是 σ_z,则上面的正应力应当是

$$\sigma_z + \frac{\partial \sigma_z}{\partial z}\mathrm{d}z$$

同样,内面及外面的切应力分别为

$$\tau_{\rho z} \quad 和 \quad \tau_{\rho z} + \frac{\partial \tau_{\rho z}}{\partial \rho}\mathrm{d}\rho$$

下面及上面的切应力分别为

$$\tau_{z\rho} \quad 和 \quad \tau_{z\rho} + \frac{\partial \tau_{z\rho}}{\partial z}\mathrm{d}z$$

径向体力分量用 f_ρ 表示,轴向体力(z 方向的体力)用 f_z 表示。

将六面体所受的各力投影到六面体中心的径向轴上,并取

$$\sin\frac{\mathrm{d}\varphi}{2} \approx \frac{\mathrm{d}\varphi}{2},\cos\frac{\mathrm{d}\varphi}{2} \approx 1$$

可得平衡微分方程：

$$\left(\sigma_\rho+\frac{\partial\sigma_\rho}{\partial\rho}\mathrm{d}\rho\right)(\rho+\mathrm{d}\rho)\mathrm{d}\varphi\mathrm{d}z-\sigma_\rho\rho\mathrm{d}\varphi\mathrm{d}z-2\sigma_\varphi\mathrm{d}\rho\mathrm{d}z\sin\frac{\mathrm{d}\varphi}{2}$$

$$+\left(\tau_{z\rho}+\frac{\partial\tau_{z\rho}}{\partial z}\mathrm{d}z\right)\rho\mathrm{d}\varphi\mathrm{d}\rho-\tau_{z\rho}\rho\mathrm{d}\varphi\mathrm{d}\rho+f_\rho\rho\mathrm{d}\varphi\mathrm{d}\rho\mathrm{d}z=0$$

简化后除以 $\rho\mathrm{d}\varphi\mathrm{d}\rho\mathrm{d}z$，略去微量，得

$$\frac{\partial\sigma_\rho}{\partial\rho}+\frac{\partial\tau_{z\rho}}{\partial z}+\frac{\sigma_\rho-\sigma_\varphi}{\rho}+f_\rho=0$$

将六面体所受的各力投影到 z 轴上，得平衡微分方程：

$$\left(\tau_{z\rho}+\frac{\partial\tau_{z\rho}}{\partial\rho}\mathrm{d}\rho\right)(\rho+\mathrm{d}\rho)\mathrm{d}\varphi\mathrm{d}z-\tau_{z\rho}\rho\mathrm{d}\varphi\mathrm{d}z+$$

$$\left(\sigma_z+\frac{\partial\sigma_z}{\partial z}\mathrm{d}z\right)\rho\mathrm{d}\varphi\mathrm{d}\rho-\sigma_z\rho\mathrm{d}\varphi\mathrm{d}\rho+f_z\rho\mathrm{d}\varphi\mathrm{d}\rho\mathrm{d}z=0$$

简化后除以 $\rho\mathrm{d}\varphi\mathrm{d}\rho\mathrm{d}z$，略去微量，得

$$\frac{\partial\tau_{\rho z}}{\partial\rho}+\frac{\partial\sigma_z}{\partial z}+\frac{\tau_{\rho z}}{\rho}+f_z=0$$

上述两式，即空间轴对称问题的平衡微分方程式(6.6.6)。

在回转体的子午面边界上($n_\varphi=0$)，由应力边界条件式(6.2.13)，可得

$$\begin{cases}(\sigma_\rho)_s n_\rho+(\tau_{z\rho})_s n_z=\bar{f}_\rho(\rho,z)\\(\tau_{z\rho})_s n_\rho+(\sigma_z)_s n_z=\bar{f}_z(\rho,z)\end{cases}\tag{6.6.7}$$

这就是空间轴对称问题的应力边界条件。

6.7　球面坐标系下的空间球对称问题

一、基本假设与位移分析

如图 6.7.1 所示，以圆球体的径向射线为 r 轴，建立球面坐标系。

如果圆球体的形变和外力具有下列特征时，则

(1) 两个切向上不发生位移；

(2) 径向位移仅发生在径向上；

(3) 作用在圆球体上的体力和面力沿射线方向且不随仰角和方向角改变，即

$$\boldsymbol{f}(\boldsymbol{x})=\begin{bmatrix}f_r(\boldsymbol{x})\\f_\theta(\boldsymbol{x})\\f_\varphi(\boldsymbol{x})\end{bmatrix}=\begin{bmatrix}f_r(r)\\0\\0\end{bmatrix}\quad 和\quad\bar{\boldsymbol{f}}(\boldsymbol{x})=\begin{bmatrix}\bar{f}_r(\boldsymbol{x})\\\bar{f}_\theta(\boldsymbol{x})\\\bar{f}_\varphi(\boldsymbol{x})\end{bmatrix}=\begin{bmatrix}\bar{f}_r(r)\\0\\0\end{bmatrix}$$

称为空间球对称问题。

此时，圆球体上所有各点只会和射线上对应的点具有相同的位移。射线上的点没有 θ

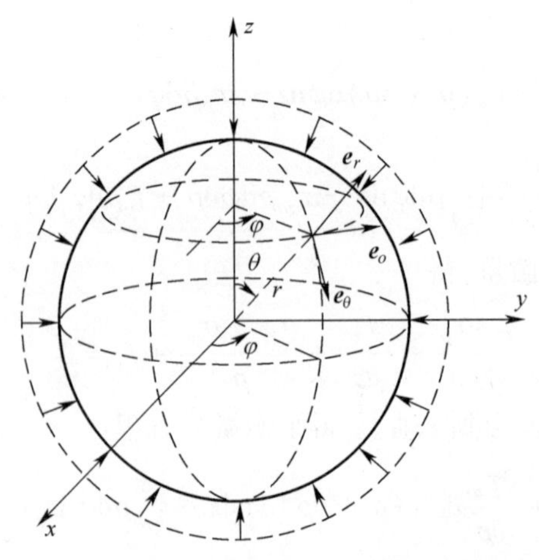

图 6.7.1　球面坐标系下,空间球对问题示意图

和 φ 方向的位移,只在射线上沿 r 方向移动。因此,射线上的位移分量为

$$\begin{cases} u_r = u_r(r) \\ u_\theta = 0 \\ u_\varphi = 0 \end{cases} \tag{6.7.1}$$

于是,射线上的径向位移矢量为

$$\boldsymbol{u}(\boldsymbol{x}) = u_r(r)\boldsymbol{e}_r$$

射线端点上的位移边界条件为

$$(u_r)_s = \bar{u}_r(r) \tag{6.7.2}$$

二、几何方程与应变分析

由几何方程式(6.3.8),可得

$$\begin{cases} \varepsilon_r = \dfrac{\partial u_r}{\partial r} = \dfrac{\mathrm{d}u_r}{\mathrm{d}r} \\ \varepsilon_\theta = \dfrac{1}{r}\dfrac{\partial u_\theta}{\partial \theta} + \dfrac{u_r}{r} = \dfrac{u_r}{r} \\ \varepsilon_\varphi = \dfrac{1}{r\sin\theta}\dfrac{\partial u_\varphi}{\partial \varphi} + \dfrac{u_r}{r} + \dfrac{u_\theta \cot\theta}{r} = \dfrac{u_r}{r} \end{cases}$$

和

$$\begin{cases} \gamma_{r\theta} = \dfrac{\partial u_\theta}{\partial r} + \dfrac{1}{r}\dfrac{\partial u_r}{\partial \theta} - \dfrac{u_\theta}{r} = 0 \\ \gamma_{\theta\varphi} = \dfrac{1}{r}\dfrac{\partial u_\varphi}{\partial \theta} + \dfrac{1}{r\sin\theta}\dfrac{\partial u_\theta}{\partial \varphi} - \dfrac{u_\varphi \cot\theta}{r} = 0 \\ \gamma_{r\varphi} = \dfrac{\partial u_\varphi}{\partial r} + \dfrac{1}{r\sin\theta}\dfrac{\partial u_r}{\partial \varphi} - \dfrac{u_\varphi}{r} = 0 \end{cases}$$

令

$$\varepsilon_\theta = \varepsilon_\varphi = \varepsilon_T$$

于是,几何方程被缩减为

$$\begin{cases} \varepsilon_r = \dfrac{\mathrm{d}u_r}{\mathrm{d}r} \\ \varepsilon_T = \dfrac{u_r}{r} \end{cases} \tag{6.7.3}$$

这就是空间球对称问题的几何方程。可见应变分量 ε_r 和 ε_T(表示 ε_θ 和 ε_φ)都仅为 r 的函数。

三、物理方程与应力分析

由物理方程式(6.3.10),可得

$$\begin{cases} \varepsilon_\rho = \dfrac{1}{E}[\sigma_r - \mu(\sigma_\theta + \sigma_\varphi)] = \dfrac{\mathrm{d}u_r}{\mathrm{d}r} \\ \varepsilon_\theta = \dfrac{1}{E}[\sigma_\theta - \mu(\sigma_\varphi + \sigma_r)] = \dfrac{u_r}{r} \\ \varepsilon_\varphi = \dfrac{1}{E}[\sigma_\varphi - \mu(\sigma_r + \sigma_\theta)] = \dfrac{u_r}{r} \end{cases} \quad \text{和} \quad \begin{cases} \gamma_{r\theta} = \dfrac{2(1+\mu)}{E}\tau_{r\theta} = 0 \\ \gamma_{\theta\varphi} = \dfrac{2(1+\mu)}{E}\tau_{\theta\varphi} = 0 \\ \gamma_{\varphi r} = \dfrac{2(1+\mu)}{E}\tau_{\varphi r} = 0 \end{cases}$$

令

$$\sigma_\theta = \sigma_\varphi = \sigma_T$$

于是,由物理方程可以缩减为

$$\begin{cases} \varepsilon_r = \dfrac{1}{E}[\sigma_r - \mu(\sigma_T + \sigma_T)] = \dfrac{1}{E}(\sigma_r - 2\mu\sigma_T) \\ \varepsilon_T = \dfrac{1}{E}[\sigma_T - \mu(\sigma_T + \sigma_r)] = \dfrac{1}{E}[(1-\mu)\sigma_T - \mu\sigma_r] \end{cases} \tag{6.7.4}$$

或

$$\begin{cases} \sigma_r = \dfrac{E}{(1+\mu)(1-2\mu)}[(1-\mu)\varepsilon_r + 2\mu\varepsilon_T] \\ \sigma_T = \dfrac{E}{(1+\mu)(1-2\mu)}(\mu\varepsilon_r + \varepsilon_T) \end{cases} \tag{6.7.5}$$

这就是空间球对称问题的物理方程。可见应力分量 σ_r 和 σ_T(表示 σ_θ 和 σ_φ)只能是 r 的函数。

因此,对于空间球对称问题而言,非零的应力分量缩减至 3 个,即 σ_r、σ_θ 和 σ_φ(图 6.7.2),但是正应力 σ_θ 与正应力 σ_φ 相等,均记为 σ_T。这些应力分量也可写成矩阵形式或向量形式如下:

$$\boldsymbol{\sigma}(\boldsymbol{x}) = \begin{bmatrix} \sigma_r(r) & 0 & 0 \\ 0 & \sigma_T(r) & 0 \\ 0 & 0 & \sigma_T(r) \end{bmatrix} \quad \text{或} \quad \boldsymbol{\sigma}(\boldsymbol{x}) = \begin{bmatrix} \sigma_r(r) \\ \sigma_T(r) \\ \sigma_T(r) \end{bmatrix}$$

式中:σ_r 是射线方向上的应力分量。

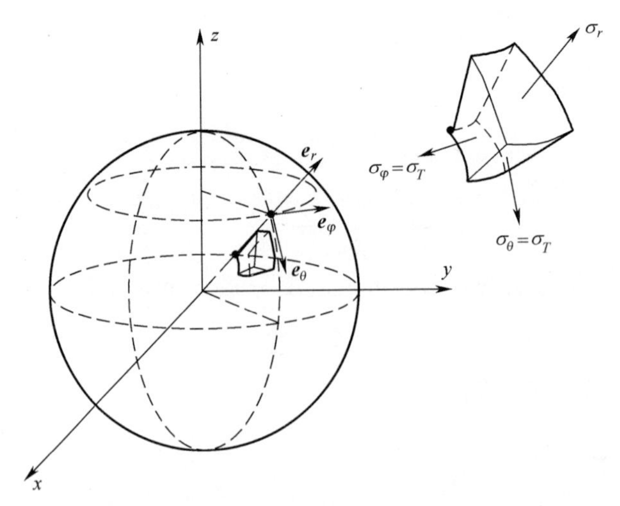

图 6.7.2　球面坐标系下,空间球对问题的应力分量

四、平衡微分方程与应力边界条件

由平衡微分方程式(6.3.9),可得

$$\frac{\mathrm{d}\sigma_r}{\mathrm{d}r}+\frac{2}{r}(\sigma_r-\sigma_T)+f_r(r)=0 \tag{6.7.6}$$

这就是空间球对称问题的平衡微分方程。

空间球对称问题的平衡微方方程,也可通过对微元体的受力分析得到。

如图 6.7.3 所示,在圆球体上取一个微元体 $PABC$。

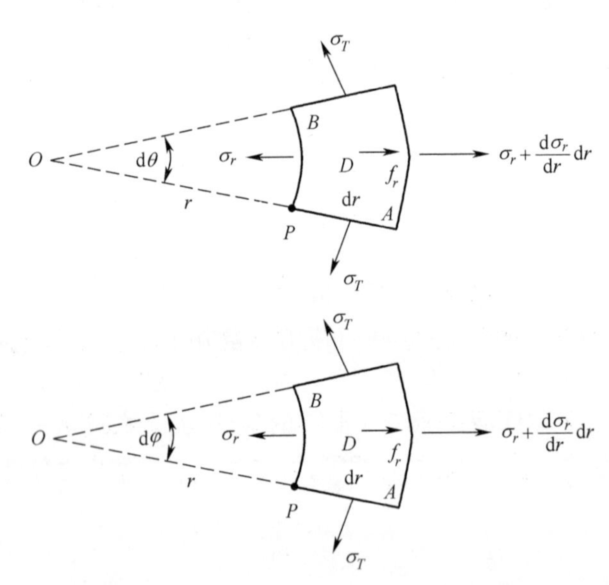

图 6.7.3　球面坐标系下,空间球对称问题微元体上的体力和应力分量

该微元由相距 $\mathrm{d}r$ 的两个圆球面,两两互成 $\mathrm{d}\varphi$ 角(或 $\mathrm{d}\theta$ 角)的两对切向平面围成。

如果微元体内球面上的径向正应力是 σ_r,则利用泰勒级数可得外球面上的径向正应力

应当是

$$\sigma_r + \frac{\partial \sigma_r}{\partial r}\mathrm{d}r$$

由于对称，σ_T在切向没有增量。

径向体力分量用f_r表示；切向体力分量f_θ和f_φ均为零。

将六面体所受的各力投影到六面体中心的径向轴上，可得平衡微分方程：

$$(\sigma_r + \mathrm{d}\sigma_r)[(r + \mathrm{d}r)\mathrm{d}\varphi]^2 - \sigma_r(r\mathrm{d}\varphi)^2 - 4\sigma_T\mathrm{d}r(r\mathrm{d}\varphi)\sin\frac{\mathrm{d}\varphi}{2} + f_r(r\mathrm{d}\varphi)^2\mathrm{d}z = 0$$

由于 $\mathrm{d}\varphi$ 是微小的，可以利用

$$\sin\frac{\mathrm{d}\varphi}{2} \approx \frac{\mathrm{d}\varphi}{2}$$

这样，将上式简化以后除以 $r^2\mathrm{d}r(\mathrm{d}\varphi)^2$，略去微量，可得

$$\frac{\mathrm{d}\sigma_r}{\mathrm{d}r} + \frac{2}{r}(\sigma_r - \sigma_T) + f_r(r) = 0$$

即空间球对称问题的平衡微分方程式(6.7.6)。

在圆球体的径向射线端点上($n_\theta=0$ 以及 $n_\varphi=0$)，由应力边界条件式(6.3.13)可得

$$(\sigma_r)_s = \bar{f}_r(r) \tag{6.7.7}$$

这就是空间球对称问题的应力边界条件。

6.8 弹性力学边值问题的一般形式

一、一般描述

如图 6.8.1 所示，已知弹性体的几何构型。该弹性体由弹性模量为 E、泊松比为 μ 的理想线弹性材料制成。弹性体内部点的集合，记为 Ω；弹性体边界上(表面)点的集合，记为 Γ。空间中的一点 P，表征其位置的坐标为 $\boldsymbol{x}$。若 $\boldsymbol{x} \in \Omega$，则表明 P 点在弹性体的内部；若 $\boldsymbol{x} \in \Gamma$，则表明 P 点在弹性体的边界上。

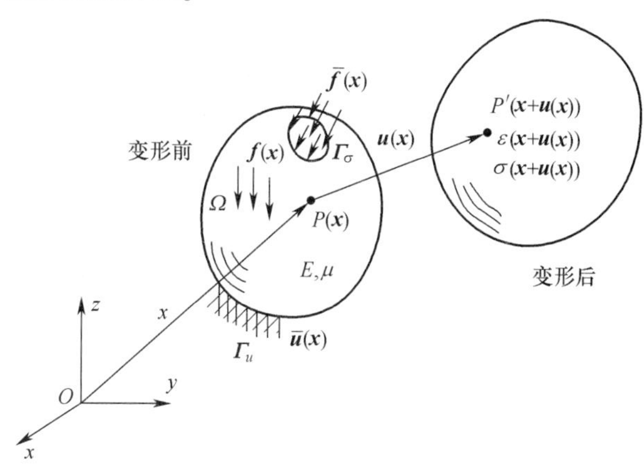

图 6.8.1 弹性力学边值问题示意图

弹性体在其内部承受体力作用：

$$\boldsymbol{f}(\boldsymbol{x}),\boldsymbol{x}\in\Omega$$

在其表面受到面力作用或位移约束：

$$\bar{\boldsymbol{f}}(\boldsymbol{x}),\boldsymbol{x}\in\Gamma_\sigma$$

$$\bar{\boldsymbol{u}}(\boldsymbol{x}),\boldsymbol{x}\in\Gamma_u$$

在外力作用和位移约束下，弹性体中将不可避免地产生位移、变形和内力。

弹性体中，任意一点 $P(\boldsymbol{x})$ 处的位移 $\boldsymbol{u}(\boldsymbol{x})$，使得 $P(\boldsymbol{x})$ 点移动到 $\boldsymbol{P}'(\boldsymbol{x}+\boldsymbol{u}(\boldsymbol{x}))$ 点。弹性体产生用应变 $\boldsymbol{\varepsilon}(\boldsymbol{x}+\boldsymbol{u}(\boldsymbol{x}))$ 来刻画的形变，进而产生用应力 $\boldsymbol{\sigma}(\boldsymbol{x}+\boldsymbol{u}(\boldsymbol{x}))$ 来刻画的内力以平衡外力。在小位移、小变形等几何线性化的假设下，有

$$\boldsymbol{\varepsilon}(\boldsymbol{x}+\boldsymbol{u}(\boldsymbol{x}))\approx\boldsymbol{\varepsilon}(\boldsymbol{x})$$

$$\boldsymbol{\sigma}(\boldsymbol{x}+\boldsymbol{u}(\boldsymbol{x}))\approx\boldsymbol{\sigma}(\boldsymbol{x})$$

这样，就可以基于已知的弹性体变形前的几何构型来建立分析弹性体变形的微分方程，而不致引起显著的误差。

弹性力学边值问题由若干组方程和边界条件组成定解条件。

几何方程用于描述弹性体内部应变与位移之间的关系，即

$$\boldsymbol{\varepsilon}(\boldsymbol{x})=\frac{1}{2}\left[\frac{\partial\boldsymbol{u}}{\partial\boldsymbol{x}}+\left(\frac{\partial\boldsymbol{u}}{\partial\boldsymbol{x}}\right)^{\mathrm{T}}\right],\boldsymbol{x}\in\Omega$$

平衡微方程用于描述弹性体内部应变与体力之间的关系，即

$$\nabla\cdot\boldsymbol{\sigma}(\boldsymbol{x})+\boldsymbol{f}(\boldsymbol{x})=0,\boldsymbol{x}\in\Omega$$

物理用于描述弹性体内部应变与位移之间的关系，即

$$\boldsymbol{\sigma}=\lambda\theta\boldsymbol{I}+2G\varepsilon,\boldsymbol{x}\in\Omega$$

位移边界条件用于描述弹性体内部位移与给定位移之间的关系，即

$$\boldsymbol{u}(\boldsymbol{x})=\bar{\boldsymbol{u}}(\boldsymbol{x}),\boldsymbol{x}\in\Gamma_u$$

而应力边界条件描述弹性体内部应力与给定面力之间的关系，即

$$\boldsymbol{\sigma}(\boldsymbol{x})\boldsymbol{n}(\boldsymbol{x})=\bar{\boldsymbol{f}}(\boldsymbol{x}),x\in\Gamma_\sigma$$

“弹性力学”的任务，就是求出满足上述方程和相应边界条件的弹性体中的位移、应变和应力，进而为工程设计提供理论基础。

例如：在求得应力张量 $\boldsymbol{\sigma}(\boldsymbol{x})$ 之后，便可求出弹性体内任一点处某个截面上的内力矢量，并进行相应的应力状态分析（例如：主应力、应力主值、最大/最小正应力、最大/最小剪应力等）。

又如：在求得应变张量 $\boldsymbol{\varepsilon}(\boldsymbol{x})$ 之后，便可求出弹性体内任一点处某个微小线段的线应变，以及两个微小线段之间变形后的夹角，从而了解弹性体的变形。同样，也可进行相应的应变状态分析。

任何一个弹性体都是空间物体，所受的外力也都是空间力系。因此，严格而言，任何一个实际的弹性力学问题都是空间问题。

但是，当所分析的弹性体具有某种特殊的几何形状，并且承受的是某种特殊的外力时，就可以对其进行简化处理（例如：处理成平面问题、轴对称问题、球对称问题等），从而极大地减少分析和计算的工作量将，而所得到的结果仍然能满足工程上的要求。

二、求解方法

在弹性力学边值问题中,通常给出位移边界条件或/和应力边界条件。因此,求解方法也常以位移或应力为基本变量。

在以位移为基本变量的求解方法中,有直接解法和位移函数法。在以应为基本变量的求解方法中,有直接解法和位移函数法。

数学上,求解弹性力学边值问题的一般解是相当困难的。目前,求解思路主要有逆解法和半逆解法两大类。

所谓逆解法,就是先给出已知函数作为待定的基本变量的未知函数,这些已知函数须在弹性体内部满足相应的基本方程;然后考查它们在边界上所满足的边界条件,从而确定它们对应于什么样的问题。例如:当采用应力函数求解时,先给出满足协调方程的应力函数,求出对应的应力分量,再考查对应的物体表面受力状况,即可确定该应力函数可以求解什么问题。

所谓半逆解法,就是先假设基本未知函数中的一部分已知,再根据基本方程求出其余部分的未知函数,并使所有应力分量和位移分量满足给定的边界条件,这样求得的结果即为该问题的解。例如:当采用应力函数求解时,根据边界条件,先假设一部分应力分量,由此求出应力函数,使其满足协调方程,再由应力函数求出其余应力分量,并使所有应力分量满足静力边界条件,则上述所有应力分量即是该问题的解。

习　　题

6-1　利用相应的几何方程,证明:

对于直角坐标系:

$$\theta = \nabla\cdot \boldsymbol{u} = \frac{\partial u}{\partial x} + \frac{\partial v}{\partial y} + \frac{\partial w}{\partial z} = \varepsilon_x + \varepsilon_y + \varepsilon_z$$

对于柱面坐标系:

$$\theta = \nabla\cdot \boldsymbol{u} = \frac{\partial(\rho u_\rho)}{\partial \rho} + \frac{1}{\rho}\frac{\partial u_\varphi}{\partial \varphi} + \frac{\partial w}{\partial z} = \varepsilon_\rho + \varepsilon_\varphi + \varepsilon_z$$

对于球面坐标系:

$$\theta = \nabla\cdot \boldsymbol{u} = \frac{1}{r^2}\frac{\partial(r^2 u_r)}{\partial r} + \frac{1}{r\sin\theta}\frac{\partial(\sin\theta u_\theta)}{\partial \theta} + \frac{1}{r\sin\theta}\frac{\partial u_\varphi}{\partial \varphi} = \varepsilon_r + \varepsilon_\theta + \varepsilon_\varphi$$

6-2　对于平面应力问题而言,其用应变表示应变的物理方程为

$$\begin{cases} \varepsilon_x = \dfrac{1}{E}(\sigma_x - \mu\sigma_y) \\ \varepsilon_y = \dfrac{1}{E}(\sigma_y - \mu\sigma_z) \\ \gamma_{xy} = \dfrac{2(1+\mu)}{E}\tau_{xy} \end{cases}$$

证明:其用应力表示应变的物理方程为

$$
\begin{cases}
\sigma_x = \dfrac{E}{1-\mu^2}(\varepsilon_x + \mu\varepsilon_y) \\
\sigma_y = \dfrac{E}{1-\mu^2}(\varepsilon_y + \mu\varepsilon_x) \\
\tau_{xy} = \dfrac{E}{2(1+\mu)}\gamma_{xy}
\end{cases}
$$

6-3　对于平面应变问题而言,其用应变表示应变的物理方程为

$$
\begin{cases}
\varepsilon_x = \dfrac{1-\mu^2}{E}\left(\sigma_x - \dfrac{\mu}{1-\mu}\sigma_y\right) \\
\varepsilon_y = \dfrac{1-\mu^2}{E}\left(\sigma_y - \dfrac{\mu}{1-\mu}\sigma_x\right) \\
\gamma_{xy} = \dfrac{2(1+\mu)}{E}\tau_{xy}
\end{cases}
$$

证明:其用应力表示应变的物理方程为

$$
\begin{cases}
\sigma_x = \dfrac{E(1-\mu)}{(1+\mu)(1-2\mu)}\left(\varepsilon_x + \dfrac{\mu}{1-\mu}\varepsilon_y\right) \\
\sigma_y = \dfrac{E(1-\mu)}{(1+\mu)(1-2\mu)}\left(\varepsilon_y + \dfrac{\mu}{1-\mu}\varepsilon_x\right) \\
\tau_{xy} = \dfrac{E}{2(1+\mu)}\gamma_{xy}
\end{cases}
$$

6-4　已知平面应力的物理方程为

$$
\begin{cases}
\varepsilon_x = \dfrac{1}{E}(\sigma_x - \mu\sigma_y) \\
\varepsilon_y = \dfrac{1}{E}(\sigma_y - \mu\sigma_z) \\
\gamma_{xy} = \dfrac{2(1+\mu)}{E}\tau_{xy}
\end{cases}
\quad
\begin{cases}
\sigma_x = \dfrac{E}{1-\mu^2}(\varepsilon_x + \mu\varepsilon_y) \\
\sigma_y = \dfrac{E}{1-\mu^2}(\varepsilon_y + \mu\varepsilon_x) \\
\tau_{xy} = \dfrac{E}{2(1+\mu)}\gamma_{xy}
\end{cases}
$$

当采用如下变换时,

$$
E \rightarrow \frac{E}{1-\mu^2}, \mu \rightarrow \frac{\mu}{1-\mu}
$$

可得平面应变物理方程:

$$
\begin{cases}
\varepsilon_x = \dfrac{1-\mu^2}{E}\left(\sigma_x - \dfrac{\mu}{1-\mu}\sigma_y\right) \\
\varepsilon_y = \dfrac{1-\mu^2}{E}\left(\sigma_y - \dfrac{\mu}{1-\mu}\sigma_x\right) \\
\gamma_{xy} = \dfrac{2(1+\mu)}{E}\tau_{xy}
\end{cases},
\begin{cases}
\sigma_x = \dfrac{E(1-\mu)}{(1+\mu)(1-2\mu)}\left(\varepsilon_x + \dfrac{\mu}{1-\mu}\varepsilon_y\right) \\
\sigma_y = \dfrac{E(1-\mu)}{(1+\mu)(1-2\mu)}\left(\varepsilon_y + \dfrac{\mu}{1-\mu}\varepsilon_x\right) \\
\tau_{xy} = \dfrac{E}{2(1+\mu)}\gamma_{xy}
\end{cases}
$$

6-5　已知平面应变的物理方程为

$$
\begin{cases}
\varepsilon_x = \dfrac{1-\mu^2}{E}\left(\sigma_x - \dfrac{\mu}{1-\mu}\sigma_y\right) \\
\varepsilon_y = \dfrac{1-\mu^2}{E}\left(\sigma_y - \dfrac{\mu}{1-\mu}\sigma_x\right) \\
\gamma_{xy} = \dfrac{2(1+\mu)}{E}\tau_{xy}
\end{cases}
\qquad
\begin{cases}
\sigma_x = \dfrac{E(1-\mu)}{(1+\mu)(1-2\mu)}\left(\varepsilon_x + \dfrac{\mu}{1-\mu}\varepsilon_y\right) \\
\sigma_y = \dfrac{E(1-\mu)}{(1+\mu)(1-2\mu)}\left(\varepsilon_y + \dfrac{\mu}{1-\mu}\varepsilon_x\right) \\
\tau_{xy} = \dfrac{E}{2(1+\mu)}\gamma_{xy}
\end{cases}
$$

当采用如下变换时

$$
E \to \frac{E(1+2\mu)}{(1+\mu)^2}, \mu \to \frac{\mu}{1+\mu}
$$

可得平面应力物理方程：

$$
\begin{cases}
\varepsilon_x = \dfrac{1}{E}(\sigma_x - \mu\sigma_y) \\
\varepsilon_y = \dfrac{1}{E}(\sigma_y - \mu\sigma_z) \\
\gamma_{xy} = \dfrac{2(1+\mu)}{E}\tau_{xy}
\end{cases},
\begin{cases}
\sigma_x = \dfrac{E}{1-\mu^2}(\varepsilon_x + \mu\varepsilon_y) \\
\sigma_y = \dfrac{E}{1-\mu^2}(\varepsilon_y + \mu\varepsilon_x) \\
\tau_{xy} = \dfrac{E}{2(1+\mu)}\gamma_{xy}
\end{cases}
$$

第七章　基于位移的解析解法：直接解法

本章介绍弹性力学边值问题的解析解法：基于位移的直接解法。

弹性力学边值问题的边界条件包括位移边界条件和应力边界条件。因此，弹性力学边值问题的求解，既可以以位移为基本变量，也可以以应力为基本变量。

基于位移的解析解法：直接解法，虽然所能够解决的问题非常有限，但是掌握这部分知识将有助于直观理解求解弹性力学边值问题的基本思路。

7.1　直角坐标系下的空间问题

一、弹性方程

对于直角坐标系下的空间问题，将几何方程式(6.1.8)代入物理方程式(6.1.11)，可将应力分量用位移分量表示成为

$$\begin{cases}\sigma_x = \dfrac{E}{1+\mu}\left(\dfrac{\mu}{1-2\mu}\theta + \dfrac{\partial u}{\partial x}\right)\\ \sigma_y = \dfrac{E}{1+\mu}\left(\dfrac{\mu}{1-2\mu}\theta + \dfrac{\partial v}{\partial y}\right)\\ \sigma_z = \dfrac{E}{1+\mu}\left(\dfrac{\mu}{1-2\mu}\theta + \dfrac{\partial w}{\partial z}\right)\end{cases},\quad \begin{cases}\tau_{xy} = \dfrac{E}{2(1+\mu)}\left(\dfrac{\partial v}{\partial x} + \dfrac{\partial u}{\partial y}\right)\\ \tau_{yz} = \dfrac{E}{2(1+\mu)}\left(\dfrac{\partial w}{\partial y} + \dfrac{\partial v}{\partial z}\right)\\ \tau_{zx} = \dfrac{E}{2(1+\mu)}\left(\dfrac{\partial u}{\partial z} + \dfrac{\partial w}{\partial x}\right)\end{cases} \tag{7.1.1}$$

式中

$$\theta = \frac{\partial u}{\partial x} + \frac{\partial v}{\partial y} + \frac{\partial w}{\partial z}$$

这就是直角坐标系下空间问题的弹性方程。

二、拉梅方程

由弹性方程式(7.1.1)，可得

$$\begin{cases}\dfrac{\partial \sigma_x}{\partial x} = \dfrac{E}{1+\mu}\left(\dfrac{\mu}{1-2\mu}\dfrac{\partial \theta}{\partial x} + \dfrac{\partial^2 u}{\partial x^2}\right)\\ \dfrac{\partial \tau_{xy}}{\partial y} = \dfrac{E}{2(1+\mu)}\left(\dfrac{\partial^2 v}{\partial x \partial y} + \dfrac{\partial^2 u}{\partial y^2}\right)\\ \dfrac{\partial \tau_{zx}}{\partial z} = \dfrac{E}{2(1+\mu)}\left(\dfrac{\partial^2 u}{\partial z^2} + \dfrac{\partial^2 w}{\partial z \partial x}\right)\end{cases}$$

进而可得

$$
\begin{aligned}
&\frac{\partial \sigma_x}{\partial x}+\frac{\partial \tau_{xy}}{\partial y}+\frac{\partial \tau_{zx}}{\partial z}\\
&\quad=\frac{E}{2(1+\mu)}\left(\frac{2\mu}{1-2\mu}\frac{\partial \theta}{\partial x}+2\frac{\partial^2 u}{\partial x^2}+\frac{\partial^2 v}{\partial x \partial y}+\frac{\partial^2 u}{\partial y^2}+\frac{\partial^2 u}{\partial z^2}+\frac{\partial^2 w}{\partial z \partial x}\right)\\
&\quad=\frac{E}{2(1+\mu)}\left[\frac{2\mu}{1-2\mu}\frac{\partial \theta}{\partial x}+\left(\frac{\partial^2 u}{\partial x^2}+\frac{\partial^2 u}{\partial y^2}+\frac{\partial^2 u}{\partial z^2}\right)+\frac{\partial}{\partial x}\left(\frac{\partial u}{\partial x}+\frac{\partial v}{\partial y}+\frac{\partial w}{\partial z}\right)\right]\\
&\quad=\frac{E}{2(1+\mu)}\left(\frac{2\mu}{1-2\mu}\frac{\partial \theta}{\partial x}+\nabla^2 u+\frac{\partial \theta}{\partial x}\right)\\
&\quad=\frac{E}{2(1+\mu)}\left(\frac{1}{1-2\mu}\frac{\partial \theta}{\partial x}+\nabla^2 u\right)
\end{aligned}
$$

式中

$$
\nabla^2=\frac{\partial^2}{\partial x^2}+\frac{\partial^2}{\partial y^2}+\frac{\partial^2}{\partial z^2}
$$

于是,平衡微分方程式(6.1.9)的第一式变成

$$
\frac{E}{2(1+\mu)}\left(\frac{1}{1-2\mu}\frac{\partial \theta}{\partial x}+\nabla^2 u\right)+f_x=0
$$

同理可得另外两个表达式。于是,可得

$$
\begin{cases}
\dfrac{E}{2(1+\mu)}\left(\dfrac{1}{1-2\mu}\dfrac{\partial \theta}{\partial x}+\nabla^2 u\right)+f_x=0\\
\dfrac{E}{2(1+\mu)}\left(\dfrac{1}{1-2\mu}\dfrac{\partial \theta}{\partial y}+\nabla^2 v\right)+f_y=0\\
\dfrac{E}{2(1+\mu)}\left(\dfrac{1}{1-2\mu}\dfrac{\partial \theta}{\partial z}+\nabla^2 w\right)+f_z=0
\end{cases}
\tag{7.1.2}
$$

就是直角坐标系下空间问题中用位移分量表示的平衡微分方程,也称为拉梅方程。这也是按位移求解直角坐标系下空间问题的基本微分方程。

特别地,当体力为零时,微分方程式(7.1.2)可简化为

$$
\begin{cases}
\dfrac{1}{1-2\mu}\dfrac{\partial \theta}{\partial x}+\nabla^2 u=0\\
\dfrac{1}{1-2\mu}\dfrac{\partial \theta}{\partial y}+\nabla^2 v=0\\
\dfrac{1}{1-2\mu}\dfrac{\partial \theta}{\partial z}+\nabla^2 w=0
\end{cases}
\tag{7.1.3}
$$

数学上,微分方程式(7.1.3)是非齐次微分方程式(7.1.2)所对应的齐次方程。

特别地,当体力为常数时,体应变和体积应力为调和函数,位移分量为重调和函数。

首先,证明体应变和体积应力为调和函数。

对微分方程组式(7.1.2)中的三个方程分别对 x,y 和 z 一阶求导,可得

$$\begin{cases}\dfrac{1}{1-2\mu}\dfrac{\partial^2\theta}{\partial x^2}+\dfrac{\partial}{\partial x}\nabla^2 u=0\\ \dfrac{1}{1-2\mu}\dfrac{\partial^2\theta}{\partial y^2}+\dfrac{\partial}{\partial y}\nabla^2 v=0\\ \dfrac{1}{1-2\mu}\dfrac{\partial^2\theta}{\partial z^2}+\dfrac{\partial}{\partial z}\nabla^2 w=0\end{cases}$$

三式相加,可得

$$\frac{1}{1-2\mu}\left(\frac{\partial^2\theta}{\partial x^2}+\frac{\partial^2\theta}{\partial y^2}+\frac{\partial^2\theta}{\partial z^2}\right)+\frac{\partial\nabla^2 u}{\partial x}+\frac{\partial\nabla^2 v}{\partial y}+\frac{\partial\nabla^2 w}{\partial z}=0$$

由于

$$\frac{\partial\nabla^2 u}{\partial x}+\frac{\partial\nabla^2 v}{\partial y}+\frac{\partial\nabla^2 w}{\partial z}=\nabla^2\left(\frac{\partial u}{\partial x}+\frac{\partial v}{\partial y}+\frac{\partial w}{\partial z}\right)=\nabla^2\theta$$

则

$$\frac{1}{1-2\mu}\nabla^2\theta+\nabla^2\theta=0$$

即

$$\nabla^2\theta=0 \tag{7.1.4a}$$

从而,有

$$\nabla^2\Theta=0 \tag{7.1.4b}$$

即体力为常数时,体应变和体积应力为调和函数。

其次,证明位移分量为重调和函数。

对微分方程组式(7.1.2)中的三个方程分别取拉普拉斯算子,可得

$$\begin{cases}\dfrac{1}{1-2\mu}\nabla^2\dfrac{\partial\theta}{\partial x}+\nabla^4 u=0\\ \dfrac{1}{1-2\mu}\nabla^2\dfrac{\partial\theta}{\partial y}+\nabla^4 v=0\\ \dfrac{1}{1-2\mu}\nabla^2\dfrac{\partial\theta}{\partial z}+\nabla^4 w=0\end{cases}$$

式中

$$\nabla^4=\nabla^2\nabla^2=\left(\frac{\partial^2}{\partial x^2}+\frac{\partial^2}{\partial y^2}+\frac{\partial^2}{\partial z^2}\right)\left(\frac{\partial^2}{\partial x^2}+\frac{\partial^2}{\partial y^2}+\frac{\partial^2}{\partial z^2}\right)$$

由于

$$\begin{cases}\nabla^2\dfrac{\partial\theta}{\partial x}=\dfrac{\partial}{\partial x}\nabla^2\theta=0\\ \nabla^2\dfrac{\partial\theta}{\partial y}=\dfrac{\partial}{\partial y}\nabla^2\theta=0\\ \nabla^2\dfrac{\partial\theta}{\partial z}=\dfrac{\partial}{\partial z}\nabla^2\theta=0\end{cases}$$

故

$$\begin{cases}\nabla^4 u = 0\\ \nabla^4 v = 0\\ \nabla^4 w = 0\end{cases} \tag{7.1.5}$$

即体力为常数时,位移分量为重调和函数。

例题 7.1.1:

假设位移矢量的 3 个分量为

$$\begin{cases}u(x,y,z) = \dfrac{M}{EI}xy + \omega_y z - \omega_z y + u_0\\ v(x,y,z) = -\dfrac{M}{2EI}(x^2 + \mu y^2 - \mu z^2) + \omega_z x - \omega_x z + v_0\\ w(x,y,z) = -\dfrac{\mu M}{EI}yz + \omega_x y - \omega_y x + w_0\end{cases}$$

式中:M、E、I、μ、u_0、v_0、w_0、ω_x、ω_y 和 ω_z 均为常数。

完成下列问题:

(1) 验证体应变为调和函数;

(2) 验证位移分量为重调和函数;

(3) 验证位移分量满足体力为零时的微分方程式(7.1.3)。

解答:

(1) 由于

$$\frac{\partial u}{\partial x} = \frac{M}{EI}y, \frac{\partial v}{\partial y} = -\frac{\mu M}{EI}y, \frac{\partial w}{\partial z} = -\frac{\mu M}{EI}y$$

则

$$\theta = \frac{\partial u}{\partial x} + \frac{\partial v}{\partial y} + \frac{\partial w}{\partial z} = \frac{M}{EI}y - \frac{\mu M}{EI}y - \frac{\mu M}{EI}y = (1 - 2\mu)\frac{M}{EI}y$$

显然

$$\nabla^2\theta = \frac{\partial^2\theta}{\partial x^2} + \frac{\partial^2\theta}{\partial y^2} + \frac{\partial^2\theta}{\partial z^2} = 0$$

体应变为调和函数。

(2) 由于

$$\frac{\partial u}{\partial x} = \frac{M}{EI}y, \frac{\partial u}{\partial y} = \frac{M}{EI}x - \omega_z, \frac{\partial u}{\partial z} = \omega_y$$

则

$$\frac{\partial^2 u}{\partial x^2} = 0, \frac{\partial^2 u}{\partial y^2} = 0, \frac{\partial^2 u}{\partial z^2} = 0$$

故

$$\begin{cases}\nabla^2 u = \dfrac{\partial^2 u}{\partial x^2} + \dfrac{\partial^2 u}{\partial y^2} + \dfrac{\partial^2 u}{\partial z^2} = 0\\ \nabla^4 u = \nabla^2\nabla^2 u = 0\end{cases}$$

由于

$$\frac{\partial v}{\partial x} = -\frac{M}{EI}x + \omega_z, \frac{\partial v}{\partial y} = -\frac{\mu M}{EI}y, \frac{\partial v}{\partial z} = \frac{\mu M}{EI}z - \omega_x$$

则

$$\frac{\partial^2 v}{\partial x^2} = -\frac{M}{EI}, \frac{\partial^2 v}{\partial y^2} = -\frac{\mu M}{EI}, \frac{\partial^2 v}{\partial z^2} = \frac{\mu M}{EI}$$

故

$$\begin{cases}\nabla^2 v = \dfrac{\partial^2 v}{\partial x^2} + \dfrac{\partial^2 v}{\partial y^2} + \dfrac{\partial^2 v}{\partial z^2} = -\dfrac{M}{EI} - \dfrac{\mu M}{EI} + \dfrac{\mu M}{EI} = -\dfrac{M}{EI} \\ \nabla^4 v = \nabla^2 \nabla^2 v = 0\end{cases}$$

由于

$$\frac{\partial w}{\partial x} = -\omega_y, \frac{\partial w}{\partial y} = -\frac{\mu M}{EI}z + \omega_x, \frac{\partial w}{\partial z} = -\frac{\mu M}{EI}y$$

则

$$\frac{\partial^2 w}{\partial x^2} = 0, \frac{\partial^2 w}{\partial y^2} = 0, \frac{\partial^2 w}{\partial z^2} = 0$$

故

$$\begin{cases}\nabla^2 w = \dfrac{\partial^2 w}{\partial x^2} + \dfrac{\partial^2 w}{\partial y^2} + \dfrac{\partial^2 w}{\partial z^2} = 0 \\ \nabla^4 w = \nabla^2 \nabla^2 w = 0\end{cases}$$

三个位移分量均为重调和函数。

(3) 由于

$$\frac{\partial \theta}{\partial x} = 0, \frac{\partial \theta}{\partial y} = (1 - 2\mu)\frac{M}{EI}, \frac{\partial \theta}{\partial z} = 0$$

则

$$\begin{cases}\dfrac{1}{1 - 2\mu}\dfrac{\partial \theta}{\partial x} + \nabla^2 u = 0 + 0 = 0 \\ \dfrac{1}{1 - 2\mu}\dfrac{\partial \theta}{\partial y} + \nabla^2 v = \dfrac{1}{1 - 2\mu}\left[(1 - 2\mu)\dfrac{M}{EI}\right] + \left[-\dfrac{M}{EI}\right] = 0 \\ \dfrac{1}{1 - 2\mu}\dfrac{\partial \theta}{\partial z} + \nabla^2 w = 0 + 0\end{cases}$$

因此,所给函数形式的位移分量满足体力为零时的微分方程式(7.1.3)。

答毕。

三、边界条件

位移边界条件式(6.1.12)可以直接采用,即

$$\begin{cases}u_s = \bar{u} \\ v_s = \bar{v} \\ w_s = \bar{w}\end{cases} \tag{7.1.6}$$

应力边界条件式(6.1.13),可利用弹性方程式(7.1.1)将其用位移的一阶导数表示成

$$
\begin{cases}
\dfrac{E}{1+\mu}\left(\dfrac{\mu}{1-2\mu}\theta+\dfrac{\partial u}{\partial x}\right)_s n_x+\dfrac{E}{2(1+\mu)}\left(\dfrac{\partial v}{\partial x}+\dfrac{\partial u}{\partial y}\right)_s n_y+\dfrac{E}{2(1+\mu)}\left(\dfrac{\partial u}{\partial z}+\dfrac{\partial w}{\partial x}\right)_s n_z=\bar{f}_x \\
\dfrac{E}{2(1+\mu)}\left(\dfrac{\partial v}{\partial x}+\dfrac{\partial u}{\partial y}\right)_s n_x+\dfrac{E}{1+\mu}\left(\dfrac{\mu}{1-2\mu}\theta+\dfrac{\partial v}{\partial y}\right)_s n_y+\dfrac{E}{2(1+\mu)}\left(\dfrac{\partial w}{\partial y}+\dfrac{\partial v}{\partial z}\right)_s n_z=\bar{f}_y \\
\dfrac{E}{2(1+\mu)}\left(\dfrac{\partial u}{\partial z}+\dfrac{\partial w}{\partial x}\right)_s n_x+\dfrac{E}{2(1+\mu)}\left(\dfrac{\partial w}{\partial y}+\dfrac{\partial v}{\partial z}\right)_s n_z+\dfrac{E}{1+\mu}\left(\dfrac{\mu}{1-2\mu}\theta+\dfrac{\partial w}{\partial z}\right)_z n_y=\bar{f}_z
\end{cases}
\tag{7.1.7}
$$

由于这个表达式过于冗长,因而宁愿把应力边界条件保留为原来的形式,即式(6.1.13)。

事实上,当位移分量的函数表达式已知时,式(6.1.13)中的应力分量的函数表达式可通过弹性方程式(7.1.1)直接求出。因此也无须把应力边界条件式(6.1.13)用位移分量来表达。

四、特殊形式的位移函数式

1. $u=0,v=0,w=w(z)$

首先,考虑如下形式的位移函数。其3个分量为

$$
\begin{cases}
u=0 \\
v=0 \\
w=w(z)
\end{cases}
\tag{7.1.8}
$$

此时,有

$$\theta=\frac{\partial u}{\partial x}+\frac{\partial v}{\partial y}+\frac{\partial w}{\partial z}=\frac{\mathrm{d}w}{\mathrm{d}z}$$

则

$$\frac{\partial\theta}{\partial x}=\frac{\partial\theta}{\partial y}=0,\frac{\partial\theta}{\partial z}=\frac{\mathrm{d}^2w}{\mathrm{d}z^2}$$

以及

$$\nabla^2u=\nabla^2v=0,\nabla^2w=\frac{\mathrm{d}^2w}{\mathrm{d}z^2}$$

于是微分方程组式(7.1.2)变成

$$f_x=f_y=0$$

和

$$\frac{E}{2(1+\mu)}\left(\frac{1}{1-2\mu}\frac{\mathrm{d}^2w}{\mathrm{d}z^2}+\frac{\mathrm{d}^2w}{\mathrm{d}z^2}\right)+f_z=0 \tag{7.1.9}$$

可见,所假设的位移函数形式,可以求解水平方向体力分量为零时的问题。

由式(7.1.9),可得

$$\frac{E(1-\mu)}{(1+\mu)(1-2\mu)}\frac{\mathrm{d}^2w}{\mathrm{d}z^2}+f_z=0$$

若令常数

$$C=\frac{(1+\mu)(1-2\mu)}{2E(1-\mu)}$$

则得

$$\frac{\mathrm{d}^2 w}{\mathrm{d}z^2} + 2Cf_z = 0 \tag{7.1.10}$$

这是一个二阶常微分方程。只要垂直方向体力分量 f_z 给定,则可得垂向位移 w 的函数表达式。

由弹性方程式(7.1.1),可得正应力分量的表达式为

$$\begin{cases} \sigma_x = \dfrac{E}{1+\mu}\left(\dfrac{\mu}{1-2\mu}\theta + \dfrac{\partial u}{\partial x}\right) = \dfrac{E\mu}{(1+\mu)(1-2\mu)}\theta = \dfrac{\mu}{1-\mu}\ \dfrac{1}{2C}\theta \\ \sigma_y = \dfrac{E}{1+\mu}\left(\dfrac{\mu}{1-2\mu}\theta + \dfrac{\partial v}{\partial y}\right) = \dfrac{E\mu}{(1+\mu)(1-2\mu)}\theta = \dfrac{\mu}{1-\mu}\ \dfrac{1}{2C}\theta \\ \sigma_z = \dfrac{E}{1+\mu}\left(\dfrac{\mu}{1-2\mu}\theta + \dfrac{\partial w}{\partial z}\right) = \dfrac{E}{1+\mu}\left(\dfrac{\mu}{1-2\mu}\theta + \theta\right) = \dfrac{E(1-\mu)}{(1+\mu)(1-2\mu)}\theta = \dfrac{1}{2C}\theta \end{cases} \tag{7.1.11}$$

而切应力分量全部为零,即

$$\tau_{xy} = \tau_{yz} = \tau_{zx} = 0$$

σ_x 和 σ_y 是铅直截面上的水平正应力,且两者相等;σ_z 是水平截面上的铅直正应力。在土力学中,将水平正应力与铅直正应力的比值:

$$\frac{\sigma_x}{\sigma_z} = \frac{\sigma_y}{\sigma_z} = \frac{\mu}{1-\mu}$$

称为侧压力系数。显然,侧压力系数仅与土的泊松比有关,是土的一种力学性能。

例题 7.1.2:

如图 7.1.1 所示,设有无限大的等厚度弹性层。其厚度为 h,密度为 ρ。以上平面为 xy 面、z 轴铅直向上,建立直角坐标系。

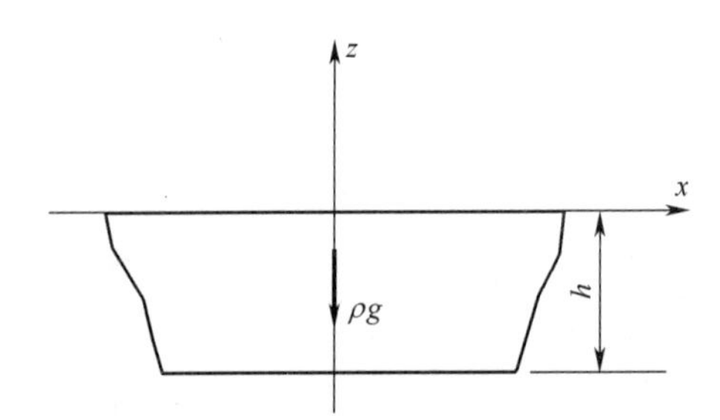

图 7.1.1 重力作用下的无限大弹性层

在此直角坐标系下,弹性层内部作用的体力为

$$\boldsymbol{f} = \begin{bmatrix} f_x \\ f_y \\ f_z \end{bmatrix} = \begin{bmatrix} 0 \\ 0 \\ -\rho g \end{bmatrix}$$

完成下列问题:

(1) 求出位移分量 $w(z)$ 的表达式;

(2) 求出应力分量的表达式。

解答：

(1) 由式(7.1.10)可得

$$\frac{\mathrm{d}^2 w}{\mathrm{d}z^2} - 2C\rho g = 0$$

即

$$\frac{\mathrm{d}^2 w}{\partial z^2} = 2C\rho g$$

积分可得

$$\theta = \frac{\mathrm{d}w}{\partial z} = 2C\rho g z + A$$

进一步积分可得

$$w(z) = C\rho g z^2 + Az + B$$

(2) 由式(7.1.11)可得

$$\begin{cases}\sigma_x = \dfrac{\mu}{1-\mu}\dfrac{1}{2C}\theta = \dfrac{\mu}{1-\mu}\dfrac{1}{2C}(2C\rho g z + A) = \dfrac{\mu}{1-\mu}\rho g\left(z + \dfrac{A}{2C\rho g}\right) \\ \sigma_y = \dfrac{\mu}{1-\mu}\dfrac{1}{2C}\theta = \dfrac{\mu}{1-\mu}\dfrac{1}{2C}(2C\rho g z + A) = \dfrac{\mu}{1-\mu}\rho g\left(z + \dfrac{A}{2C\rho g}\right) \\ \sigma_z = \dfrac{1}{2C}\theta = \dfrac{1}{2C}(2C\rho g z + A) = \rho g\left(z + \dfrac{A}{2C\rho g}\right)\end{cases}$$

答毕。

例题 7.1.3：

如图 7.1.2 所示，在重力作用下的无限大弹性层的上平面上作用均布沉降 Δ，下平面则完全约束。于是，弹性层上平面($z=0$)上约束的位移为

$$\bar{w} = -\Delta$$

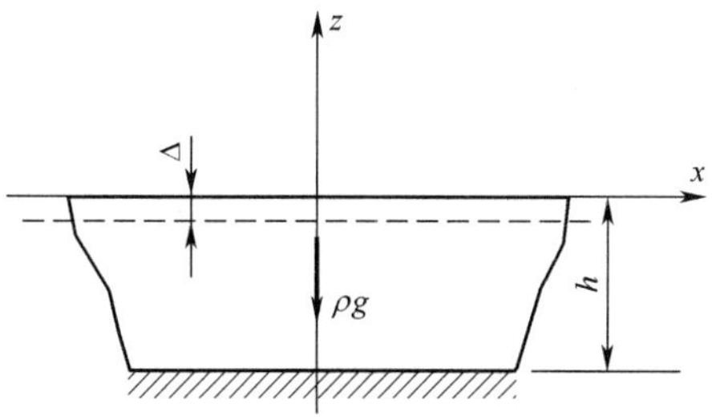

图 7.1.2　重力及均匀沉降作用下的无限大弹性层

弹性层下平面($z=-h$)上约束的位移为

$$\bar{w} = 0$$

例题 7.1.2 已经求得位移分量和应力分量的表达式。在此基础上，完成下列问题：

(1) 根据所给定的边界条件，求出常数 A 和 B；

(2) 确定位移分量；

(3) 确定应力分量。

解答：

（1）由弹性层上平面（$z=0$）上的位移边界条件：

$$w_{z=0}=-\Delta$$

可得

$$B=-\Delta \tag{a}$$

由弹性层下平面（$z=-h$）上的位移边界条件：

$$w_{z=-h}=0$$

可得

$$C\rho gh^2-Ah+B=0 \tag{b}$$

将式（a）代入式（b），解得

$$A=C\rho gh-\frac{\Delta}{h}$$

（2）位移分量为

$$w(z)=C\rho gz^2+\left(C\rho gh-\frac{\Delta}{h}\right)z-\Delta$$

（3）由系数 A 的表达式，可得

$$\frac{A}{2C\rho g}=\frac{h}{2}-\frac{\Delta}{2C\rho gh}$$

据此可得应力分量为

$$\begin{cases}\sigma_x=\dfrac{\mu}{1-\mu}\rho g\left(z+\dfrac{A}{2C\rho g}\right)=\dfrac{\mu}{1-\mu}\rho g\left(z+\dfrac{h}{2}-\dfrac{\Delta}{2C\rho gh}\right)\\ \sigma_y=\dfrac{\mu}{1-\mu}\rho g\left(z+\dfrac{A}{2C\rho g}\right)=\dfrac{\mu}{1-\mu}\rho g\left(z+\dfrac{h}{2}-\dfrac{\Delta}{2C\rho gh}\right)\\ \sigma_z=\rho g\left(z+\dfrac{A}{2C\rho g}\right)=\rho g\left(z+\dfrac{h}{2}-\dfrac{\Delta}{2C\rho gh}\right)\end{cases}$$

答毕。

例题 7.1.4：

如图 7.1.3 所示，在重力作用下的无限大弹性层的上平面上作用均布压力 q，下平面则完全约束。于是，弹性层上平面（$z=0$）上作用的面力为

$$\bar{\boldsymbol{f}}=\begin{bmatrix}\bar{f}_x\\ \bar{f}_y\\ \bar{f}_z\end{bmatrix}=\begin{bmatrix}0\\ 0\\ -q\end{bmatrix}$$

弹性层下平面（$z=-h$）上约束的位移为

$$\bar{w}=0$$

例题 7.1.2 已经求得位移分量和应力分量的表达式。在此基础上，完成下列问题：

（1）根据所给定的边界条件，求出常数 A 和 B；

（2）确定位移分量及其最大值；

(3) 确定应力分量。

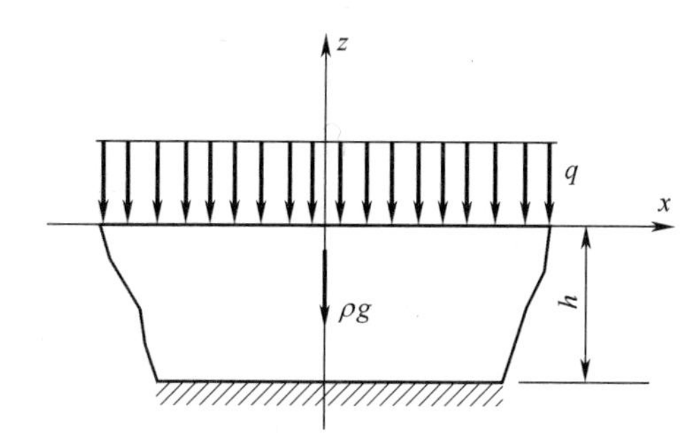

图 7.1.3　重力及均布压力作用下的无限大弹性层

解答：

(1) 弹性层上平面($z=0$)的单位法向矢量为

$$\boldsymbol{n}=\begin{bmatrix}n_x\\n_y\\n_z\end{bmatrix}=\begin{bmatrix}0\\0\\1\end{bmatrix}$$

由其上的应力边界条件为

$$\begin{cases}(\sigma_x)_{z=0}\times 0+0\times 0+0\times 1=0\\0\times 0+(\sigma_y)_{z=0}\times 0+0\times 1=0\\0\times 0+0\times 0+(\sigma_z)_{z=0}\times 1=-q\end{cases}$$

可得

$$(\sigma_z)_{z=0}=-q$$

即

$$\frac{A}{2C}=-q \tag{a}$$

由弹性层下平面($z=-h$)上的位移边界条件：

$$w_{z=-h}=0$$

可得

$$C\rho gh^2-Ah+B=0 \tag{b}$$

由式(a),解得

$$A=-2Cq$$

将所得 A 代入式(b),解得

$$B=-C\rho gh^2+Ah=-C\rho gh^2-2Cqh$$

(2) 位移分量为

$$\begin{aligned}w(z)&=C\rho gz^2-2Cqz-C\rho gh^2-2Cqh\\&=2C\left[\frac{\rho g}{2}z^2-qz-\frac{\rho g}{2}h^2-qh\right]\\&=\frac{(1+\mu)(1-2\mu)}{E(1-\mu)}\left[-q(z+h)+\frac{\rho g}{2}(z^2-h^2)\right]\end{aligned}$$

可见，最大的位移发生在边界上，即

$$w_{\max} = (w)_{z=0} = -\frac{(1+\mu)(1-2\mu)}{E(1-\mu)}\left(qh + \frac{1}{2}\rho g h^2\right)$$

（3）由系数 A 的表达式，可得

$$\frac{A}{2C\rho g} = \frac{-2Cq}{2C\rho g} = -\frac{q}{\rho g}$$

据此可得应力分量为

$$\begin{cases} \sigma_x = \dfrac{\mu}{1-\mu}\rho g\left(z + \dfrac{A}{2C\rho g}\right) = \dfrac{\mu}{1-\mu}\rho g\left(z - \dfrac{q}{\rho g}\right) = \dfrac{\mu}{1-\mu}(\rho g z - q) \\ \sigma_y = \dfrac{\mu}{1-\mu}\rho g\left(z + \dfrac{A}{2C\rho g}\right) = \dfrac{\mu}{1-\mu}(\rho g z - q) \\ \sigma_z = \rho g\left(z + \dfrac{A}{2C\rho g}\right) = \rho g\left(z - \dfrac{q}{\rho g}\right) = \rho g z - q \end{cases}$$

答毕。

2. $u(x)=Ax, v=0, w(z)=Cz$

考虑如下形式的位移函数。其三个分量为

$$\begin{cases} u(x) = Ax \\ v = 0 \\ w(z) = Cz \end{cases} \tag{7.1.12}$$

此时，有

$$\theta = \frac{\partial u}{\partial x} + \frac{\partial v}{\partial y} + \frac{\partial w}{\partial z} = A + C$$

则

$$\frac{\partial \theta}{\partial x} = \frac{\partial \theta}{\partial y} = \frac{\partial \theta}{\partial z} = 0$$

以及

$$\nabla^2 u = \nabla^2 v = \nabla^2 w = 0$$

于是，微分方程组式(7.1.2)变成

$$f_x = f_y = f_z = 0$$

可见，所假设的位移函数形式，可以求解体力为零时的问题。

由弹性方程式(7.1.1)，可得正应力分量的表达式为

$$\begin{cases} \sigma_x = \dfrac{E}{1+\mu}\left(\dfrac{\mu}{1-2\mu}\theta + \dfrac{\partial u}{\partial x}\right) = \dfrac{E}{1+\mu}\left[\dfrac{\mu}{1-2\mu}(A+C) + A\right] \\ \sigma_y = \dfrac{E}{1+\mu}\left(\dfrac{\mu}{1-2\mu}\theta + \dfrac{\partial v}{\partial y}\right) = \dfrac{E}{1+\mu}\left[\dfrac{\mu}{1-2\mu}(A+C)\right] \\ \sigma_z = \dfrac{E}{1+\mu}\left(\dfrac{\mu}{1-2\mu}\theta + \dfrac{\partial w}{\partial z}\right) = \dfrac{E}{1+\mu}\left[\dfrac{\mu}{1-2\mu}(A+C) + C\right] \end{cases} \tag{7.1.13}$$

切应力分量全部为零，即

$$\tau_{xy} = \tau_{yz} = \tau_{zx} = 0$$

例题 7.1.5:

如图 7.1.4 所示,设有一个长为 $2L$,宽为 $2H$,厚度为 $2B$ 的长方体。以厚度方向的中面为 xy 面、厚度方向为 z 轴,建立直角坐标系。

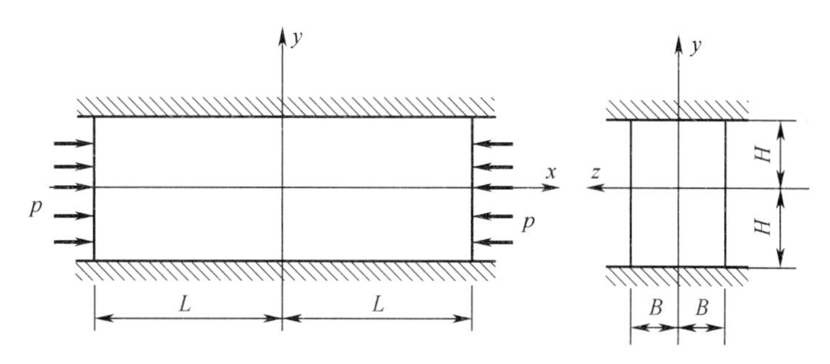

图 7.1.4 受均布压力和约束联合作用下的弹性体

长方体左、右两端面($x=-L, x=L$)上,作用的面力分别为

$$\bar{\boldsymbol{f}} = \begin{bmatrix} \bar{f}_x \\ \bar{f}_y \\ \bar{f}_z \end{bmatrix} = \begin{bmatrix} p \\ 0 \\ 0 \end{bmatrix} \quad 和 \quad \bar{\boldsymbol{f}} = \begin{bmatrix} \bar{f}_x \\ \bar{f}_y \\ \bar{f}_z \end{bmatrix} = \begin{bmatrix} -p \\ 0 \\ 0 \end{bmatrix}$$

长方体上、下两表面($y=H, y=-H$)上,约束的位移均为

$$\bar{v} = 0$$

长方体前、后两侧面($z=B, z=-B$)上,作用的面力均为

$$\bar{\boldsymbol{f}} = \begin{bmatrix} \bar{f}_x \\ \bar{f}_y \\ \bar{f}_z \end{bmatrix} = \begin{bmatrix} 0 \\ 0 \\ 0 \end{bmatrix}$$

位移分量的表达式已由式(7.1.12)给出,应力分量的表达式已由式(7.1.13)给出。在此基础上,完成下列问题:

(1) 根据所给定的边界条件,求出常数 A 和 C;

(2) 确定位移分量的表达式;

(3) 确定应力分量的表示式。

解答:

(1) 长方体左、右两端面($x=-L, x=L$)的单位法向矢量为

$$\boldsymbol{n} = \begin{bmatrix} n_x \\ n_y \\ n_z \end{bmatrix} = \begin{bmatrix} \mp 1 \\ 0 \\ 0 \end{bmatrix}$$

由其上的应力边界条件为

$$\begin{cases} (\sigma_x)_{x=\mp L} \times (\mp 1) + 0 \times 0 + 0 \times 0 = \pm p \\ 0 \times (\mp 1) + (\sigma_y)_{x=\mp L} \times 0 + 0 \times 0 = 0 \\ 0 \times (\mp 1) + 0 \times 0 + (\sigma_z)_{x=\mp L} \times 0 = 0 \end{cases}$$

可得

$$(\sigma_x)_{x=\pm L}=-p$$

即

$$\frac{E}{1+\mu}\left[\frac{\mu}{1-2\mu}(A+C)+A\right]=-p \tag{a}$$

长方体上、下两表面($y=H,y=-H$)上的位移边界条件:

$$v_{y=\pm H}=0$$

得到了自然满足。

长方体前、后两侧面($z=B,z=-B$)的单位法向矢量为

$$\boldsymbol{n}=\begin{bmatrix}n_x\\n_y\\n_z\end{bmatrix}=\begin{bmatrix}0\\0\\\pm 1\end{bmatrix}$$

由其上的应力边界条件为

$$\begin{cases}(\sigma_x)_{z=\pm B}\times 0+0\times 0+0\times(\pm 1)=0\\0\times 0+(\sigma_y)_{z=\pm B}\times 0+0\times(\pm 1)=0\\0\times 0+0\times 0+(\sigma_z)_{z=\pm B}\times(\pm 1)=0\end{cases}$$

可得

$$(\sigma_z)_{z=\pm B}=0$$

即

$$\frac{E}{1+\mu}\left[\frac{\mu}{1-2\mu}(A+C)+C\right]=0 \tag{b}$$

式(a)与式(b)相加,可得

$$\frac{E}{1+\mu}\left[\frac{2\mu}{1-2\mu}(A+C)+(A+C)\right]=-p$$

由上式可得

$$A+C=-\frac{(1+\mu)(1-2\mu)}{E}p$$

将上式代入式(a),解得

$$A=-\frac{1+\mu}{E}p-\frac{\mu}{1-2\mu}(A+C)=-\frac{1+\mu}{E}p+\frac{\mu(1+\mu)}{E}p=-\frac{(1-\mu)(1+\mu)}{E}p$$

将所得 A 代入式(b),解得

$$C=-\frac{\mu}{1-2\mu}(A+C)=-\frac{\mu}{1-2\mu}\left[-\frac{(1+\mu)(1-2\mu)}{E}p\right]=\frac{\mu(1+\mu)}{E}p$$

(2) 位移分量为

$$\begin{cases}u(x)=Ax=-\dfrac{(1-\mu)(1+\mu)}{E}px\\v=0\\w(z)=Cz=\dfrac{\mu(1+\mu)}{E}pz\end{cases}$$

(3) 应力分量为

$$\begin{cases}\sigma_x = \dfrac{E}{1+\mu}\left[\dfrac{\mu}{1-2\mu}(A+C)+A\right] = \dfrac{E}{1+\mu}\left[-\dfrac{1+\mu}{E}p\right] = -p \\ \sigma_y = \dfrac{E}{1+\mu}\left[\dfrac{\mu}{1-2\mu}(A+C)\right] = \dfrac{E}{1+\mu}\left[-\dfrac{\mu(1+\mu)}{E}p\right] = -\mu p \\ \sigma_z = \dfrac{E}{1+\mu}\left[\dfrac{\mu}{1-2\mu}(A+C)+C\right] = 0\end{cases}$$

答毕。

7.2 直角坐标系下的平面问题

一、弹性方程

对于直角坐标系下的平面应力问题,将几何方程式(6.4.25)代入物理方程式(6.4.28),可将应力分量用位移分量表示成为

$$\begin{cases}\sigma_x = \dfrac{E}{1-\mu^2}\left(\dfrac{\partial u}{\partial x} + \mu\dfrac{\partial v}{\partial y}\right) \\ \sigma_y = \dfrac{E}{1-\mu^2}\left(\dfrac{\partial v}{\partial y} + \mu\dfrac{\partial u}{\partial x}\right) \\ \tau_{xy} = \dfrac{E}{2(1+\mu)}\left(\dfrac{\partial v}{\partial x} + \dfrac{\partial u}{\partial y}\right)\end{cases} \tag{7.2.1}$$

这就是直角坐标系下平面应力问题的弹性方程。

将几何方程式(6.4.25)代入物理方程式(6.4.30),即可得到直角坐标系下平面应变问题的弹性方程。也可将方程式(7.2.1)中 E 和 μ 分别替换成

$$\frac{E}{1-\mu^2} \quad 和 \quad \frac{\mu}{1-\mu}$$

得到。

二、拉梅方程

由弹性方程式(7.2.1),可得

$$\frac{\partial \sigma_x}{\partial x} = \frac{E}{1-\mu^2}\left(\frac{\partial^2 u}{\partial x^2} + \mu\frac{\partial^2 v}{\partial x \partial y}\right)$$

$$\frac{\partial \tau_{xy}}{\partial y} = \frac{E}{2(1+\mu)}\left(\frac{\partial^2 v}{\partial x \partial y} + \frac{\partial^2 u}{\partial y^2}\right)$$

进而可得

$$\frac{\partial \sigma_x}{\partial x} + \frac{\partial \tau_{xy}}{\partial y} = \frac{E}{1-\mu^2}\left(\frac{\partial^2 u}{\partial x^2} + \mu\frac{\partial^2 v}{\partial x \partial y}\right) + \frac{E}{2(1+\mu)}\left(\frac{\partial^2 v}{\partial x \partial y} + \frac{\partial^2 u}{\partial y^2}\right)$$

$$= \frac{E}{1-\mu^2}\left[\left(\frac{\partial^2 u}{\partial x^2} + \mu\frac{\partial^2 v}{\partial x \partial y}\right) + \frac{1-\mu}{2}\left(\frac{\partial^2 v}{\partial x \partial y} + \frac{\partial^2 u}{\partial y^2}\right)\right]$$

$$= \frac{E}{1-\mu^2}\left(\frac{\partial^2 u}{\partial x^2} + \frac{1-\mu}{2}\frac{\partial^2 u}{\partial y^2} + \frac{1+\mu}{2}\frac{\partial^2 v}{\partial x \partial y}\right)$$

于是，平衡微分方程式(6.4.26)的第一式变成

$$\frac{E}{1-\mu^2}\left(\frac{\partial^2 u}{\partial x^2} + \frac{1-\mu}{2}\frac{\partial^2 u}{\partial y^2} + \frac{1+\mu}{2}\frac{\partial^2 v}{\partial x \partial y}\right) + f_x = 0$$

同理可得另外一个表达式：

$$\begin{cases} \dfrac{E}{1-\mu^2}\left(\dfrac{\partial^2 u}{\partial x^2} + \dfrac{1-\mu}{2}\dfrac{\partial^2 u}{\partial y^2} + \dfrac{1+\mu}{2}\dfrac{\partial^2 v}{\partial x \partial y}\right) + f_x = 0 \\ \dfrac{E}{1-\mu^2}\left(\dfrac{1-\mu}{2}\dfrac{\partial^2 v}{\partial x^2} + \dfrac{\partial^2 v}{\partial y^2} + \dfrac{1+\mu}{2}\dfrac{\partial^2 u}{\partial x \partial y}\right) + f_y = 0 \end{cases} \tag{7.2.2}$$

就是直角坐标系下平面应力问题中用位移分量表示的平衡微分方程，也称为拉梅方程。这也是按位移求解直角坐标系下平面应力问题的基本微分方程。

特别地，当体力为零时，微分方程式(7.2.2)可简化为

$$\begin{cases} \dfrac{\partial^2 u}{\partial x^2} + \dfrac{1-\mu}{2}\dfrac{\partial^2 u}{\partial y^2} + \dfrac{1+\mu}{2}\dfrac{\partial^2 v}{\partial x \partial y} = 0 \\ \dfrac{1-\mu}{2}\dfrac{\partial^2 v}{\partial x^2} + \dfrac{\partial^2 v}{\partial y^2} + \dfrac{1+\mu}{2}\dfrac{\partial^2 u}{\partial x \partial y} = 0 \end{cases} \tag{7.2.3}$$

数学上，微分方程式(7.2.3)是非齐次微分方程式(7.2.2)所对应的齐次方程。

例题 7.2.1：

假设位移矢量的两个分量为

$$\begin{cases} u(x,y) = \dfrac{PL^2h}{2EI}\left[1-\left(\dfrac{x}{L}\right)^2\right]\dfrac{y}{h} + \dfrac{(2+\mu)Ph^3}{6EI}\left(\dfrac{y}{h}\right)^3 - \dfrac{Ph^3}{8GI}\dfrac{y}{h} \\ v(x,y) = \dfrac{PL^3}{6EI}\left[2-3\dfrac{x}{L}+\left(\dfrac{x}{L}\right)^3\right] + \dfrac{\mu Ph^2L}{2EI}\dfrac{x}{L}\left(\dfrac{y}{h}\right)^2 \end{cases}$$

式中：P、E、G、μ、h、L 和 I 均为常数。

验证上述位移分量满足体力为零时的微分方程式(7.2.3)。

解答：

由于

$$\frac{\partial u}{\partial x} = -\frac{PL^2h}{EI}\frac{x}{L^2}\frac{y}{h}, \frac{\partial^2 u}{\partial x^2} = -\frac{P}{EI}y$$

$$\frac{\partial u}{\partial y} = \frac{PL^2}{2EI}\left[1-\left(\frac{x}{L}\right)^2\right] + \frac{(2+\mu)Ph^3}{2EI}\frac{y^2}{h^3} - \frac{Ph^2}{8GI} \quad \frac{\partial^2 u}{\partial y^2} = \frac{(2+\mu)P}{EI}y$$

$$\frac{\partial^2 u}{\partial x \partial y} = -\frac{P}{EI}x$$

$$\frac{\partial v}{\partial x} = \frac{PL^3}{2EI}\left(-\frac{1}{L}+\frac{x^2}{L^3}\right) + \frac{\mu Ph^2}{2EI}\left(\frac{y}{h}\right)^2, \frac{\partial^2 v}{\partial x^2} = \frac{PL^3}{2EI}\left(\frac{2x}{L^3}\right) = \frac{P}{EI}x$$

$$\frac{\partial v}{\partial y}=\frac{\mu P h^2 L}{EI}\frac{x}{L}\frac{y}{h^2},\frac{\partial^2 v}{\partial y^2}=\frac{\mu P}{EI}x$$

$$\frac{\partial^2 v}{\partial x\partial y}=\frac{\mu P}{EI}y$$

所以

$$\begin{aligned}&\frac{\partial^2 u}{\partial x^2}+\frac{1-\mu}{2}\frac{\partial^2 u}{\partial y^2}+\frac{1+\mu}{2}\frac{\partial^2 v}{\partial x\partial y}\\&=-\frac{P}{EI}y+\frac{1-\mu}{2}\left[\frac{(2+\mu)P}{EI}y\right]+\frac{1+\mu}{2}\left(\frac{\mu P}{EI}y\right)\\&=\left[-1+\frac{(1-\mu)(2+\mu)}{2}+\frac{\mu(1+\mu)}{2}\right]\frac{P}{EI}y=0\end{aligned}$$

和

$$\begin{aligned}&\frac{1-\mu}{2}\frac{\partial^2 v}{\partial x^2}+\frac{\partial^2 v}{\partial y^2}+\frac{1+\mu}{2}\frac{\partial^2 u}{\partial x\partial y}\\&=\frac{1-\mu}{2}\left(\frac{P}{EI}x\right)+\frac{\mu P}{EI}x+\frac{1+\mu}{2}\left[-\frac{P}{EI}x\right]\\&=\left[\mu+\frac{1-\mu}{2}-\frac{1+\mu}{2}\right]\frac{P}{EI}x=0\end{aligned}$$

因此,所给函数形式的位移分量满足体力为零时的微分方程式(7.2.3)。

答毕。

三、边界条件

位移边界条件式(6.4.31)可以直接采用,即

$$\begin{cases}u_s=\bar{u}\\v_s=\bar{v}\end{cases}\tag{7.2.4}$$

应力边界条件式(6.4.32),可利用弹性方程式(7.2.1)将其用位移的一阶导数来表示,即

$$\begin{cases}\dfrac{E}{1-\mu^2}\left[\left(\dfrac{\partial u}{\partial x}+\mu\dfrac{\partial v}{\partial y}\right)_s n_x+\dfrac{1-\mu}{2}\left(\dfrac{\partial v}{\partial x}+\dfrac{\partial u}{\partial y}\right)_s n_y\right]=\bar{f}_x\\\dfrac{E}{1-\mu^2}\left[\dfrac{1-\mu}{2}\left(\dfrac{\partial v}{\partial x}+\dfrac{\partial u}{\partial y}\right)_s n_x+\left(\dfrac{\partial v}{\partial y}+\mu\dfrac{\partial u}{\partial x}\right)_s n_y\right]=\bar{f}_y\end{cases}\tag{7.2.5}$$

事实上,在实际应用中,通常仍采用式(6.4.32)形式的应力边界条件。

四、特殊形式的位移函数式

假设如下形式的位移函数:

$$\begin{cases}u(x)=Ax\\v=0\end{cases}\tag{7.2.6}$$

此时,有

$$\frac{\partial^2 u}{\partial x^2}=\frac{\partial^2 u}{\partial y^2}=\frac{\partial^2 u}{\partial x \partial y}=0$$

和

$$\frac{\partial^2 v}{\partial x^2}=\frac{\partial^2 v}{\partial y^2}=\frac{\partial^2 v}{\partial x \partial y}=0$$

于是,微分方程组式(7.2.2)变成

$$f_x=f_y=0$$

可见,所假设的位移函数形式,可以求解体力为零时的问题。

由弹性方程式(7.2.1),可得正应力分量的表达式为

$$\begin{cases}\sigma_x=\dfrac{E}{1-\mu^2}A \\ \sigma_y=\dfrac{E\mu}{1-\mu^2}A\end{cases} \tag{7.2.7}$$

切应力分量为零,即

$$\tau_{xy}=0$$

例题 7.2.2:

如图 7.2.1 所示,设有一个长为 $2L$,宽为 $2H$,厚度为 t 的弹性薄板。以厚度方向的中面为 xy 面、厚度方向为 z 轴,建立直角坐标系。

在薄板左、右两端面($x=-L, x=L$)上,作用的面力分别为

$$\bar{\boldsymbol{f}}=\begin{bmatrix}\bar{f}_x \\ \bar{f}_y\end{bmatrix}=\begin{bmatrix}p \\ 0\end{bmatrix} \quad 和 \quad \bar{\boldsymbol{f}}=\begin{bmatrix}\bar{f}_x \\ \bar{f}_y\end{bmatrix}=\begin{bmatrix}-p \\ 0\end{bmatrix}$$

在薄板上、下两表面($y=-H, y=H$)上,约束的位移均为

$$\bar{v}=0$$

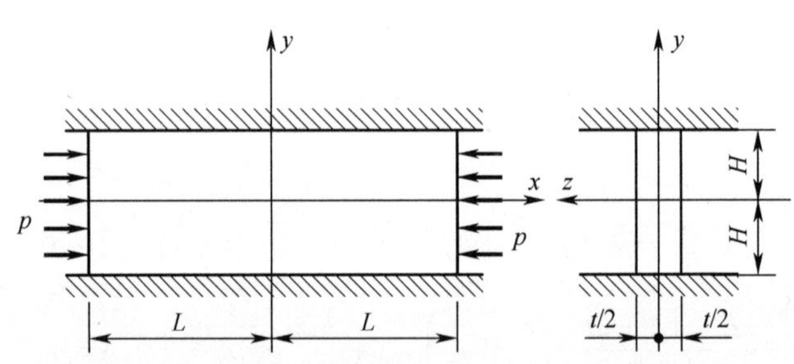

图 7.2.1 受均布压力和约束联合作用下的弹性薄板

位移分量的表达式已由式(7.2.6)给出,应力分量的表达式已由式(7.2.7)给出。在此基础上,完成下列问题:

(1) 根据所给定的边界条件,求出常数 A;

(2) 确定位移分量 u 的表达式;

(3) 确定应力分量的表示式;

(4) 确定位移分量 w 的表达式。

解答：

（1）薄板左、右两端面（$x=-L, x=L$）单位法向矢量为

$$\boldsymbol{n}=\begin{bmatrix} n_x \\ n_y \end{bmatrix}=\begin{bmatrix} \mp 1 \\ 0 \end{bmatrix}$$

由其上的应力边界条件

$$\begin{cases} (\sigma_x)_{x=\mp L} \times (\mp 1) + 0 \times 0 = \pm p \\ 0 \times (\mp 1) + (\sigma_y)_{x=\mp L} \times 0 = 0 \end{cases}$$

可得

$$(\sigma_x)_{x=\pm L}=-p$$

即

$$\frac{E}{1-\mu^2}A=-p \tag{a}$$

薄板上、下两表面（$y=H, y=-H$）上的位移边界条件：

$$v_{y=\pm H}=0$$

得到了自然满足。

由式(a)，解得

$$A=-\frac{1-\mu^2}{E}p$$

（2）位移分量 u 为

$$u(x)=Ax=-\frac{1-\mu^2}{E}px$$

（3）应力分量为

$$\begin{cases} \sigma_x=\dfrac{E}{1-\mu^2}A=\dfrac{E}{1-\mu^2}\left[-\dfrac{1-\mu^2}{E}p\right]=-p \\ \sigma_y=\dfrac{E\mu}{1-\mu^2}A=\dfrac{E\mu}{1-\mu^2}\left[-\dfrac{1-\mu^2}{E}p\right]=-\mu p \end{cases}$$

（4）由于

$$\varepsilon_z=-\frac{\mu}{E}(\sigma_x+\sigma_y)=-\frac{\mu}{E}(-p-\mu p)=\frac{\mu(1+\mu)}{E}p$$

于是

$$\frac{\partial w}{\partial z}=\varepsilon_z=\frac{\mu(1+\mu)}{E}p$$

积分可得

$$w=\frac{\mu(1+\mu)}{E}pz+f(x,y)$$

当 $z=0$ 时，$w=0$，于是

$$f(x,y)=0$$

据此可得位移分量 w 为

$$w = \frac{\mu(1+\mu)}{E} pz$$

答毕。

7.3 圆柱坐标系下的空间轴对称问题

一、弹性方程

对于圆柱坐标系下的空间轴对称问题，将几何方程式(6.6.3)代入物理方程式(6.6.5)，可将应力分量用位移分量表示成为

$$\begin{cases} \sigma_\rho = \dfrac{E}{1+\mu}\left(\dfrac{\mu}{1-2\mu}\theta + \dfrac{\partial u_\rho}{\partial \rho}\right) \\ \sigma_\varphi = \dfrac{E}{1+\mu}\left(\dfrac{\mu}{1-2\mu}\theta + \dfrac{u_\rho}{\rho}\right) \\ \sigma_z = \dfrac{E}{1+\mu}\left(\dfrac{\mu}{1-2\mu}\theta + \dfrac{\partial w}{\partial z}\right) \\ \tau_{z\rho} = \dfrac{E}{2(1+\mu)}\left(\dfrac{\partial u_\rho}{\partial z} + \dfrac{\partial w}{\partial \rho}\right) \end{cases} \tag{7.3.1}$$

式中

$$\theta = \frac{\partial u_\rho}{\partial \rho} + \frac{u_\rho}{\rho} + \frac{\partial w}{\partial z} = \varepsilon_\rho + \varepsilon_\varphi + \varepsilon_z$$

这就是圆柱坐标系下空间轴对称问题的弹性方程。

二、拉梅方程

由弹性方程式(7.3.1)，可得

$$\begin{cases} \dfrac{\partial \sigma_\rho}{\partial \rho} = \dfrac{E}{1+\mu}\left(\dfrac{\mu}{1-2\mu}\dfrac{\partial \theta}{\partial \rho} + \dfrac{\partial^2 u_\rho}{\partial \rho^2}\right) \\ \dfrac{\partial \tau_{z\rho}}{\partial z} = \dfrac{E}{2(1+\mu)}\left(\dfrac{\partial^2 u_\rho}{\partial z^2} + \dfrac{\partial^2 w}{\partial z \partial \rho}\right) \\ \dfrac{\sigma_\rho - \sigma_\varphi}{\rho} = \dfrac{E}{1+\mu}\left(\dfrac{1}{\rho}\dfrac{\partial u_\rho}{\partial \rho} - \dfrac{u_\rho}{\rho^2}\right) \end{cases}$$

进而可得

$$\begin{aligned} &\frac{\partial \sigma_\rho}{\partial \rho} + \frac{\partial \tau_{z\rho}}{\partial z} + \frac{\sigma_\rho - \sigma_\varphi}{\rho} \\ =& \frac{E}{2(1+\mu)}\left(\frac{2\mu}{1-2\mu}\frac{\partial \theta}{\partial \rho} + 2\frac{\partial^2 u_\rho}{\partial \rho^2} + \frac{\partial^2 u_\rho}{\partial z^2} + \frac{\partial^2 w}{\partial z \partial \rho} + \frac{2}{\rho}\frac{\partial u_\rho}{\partial \rho} - \frac{2u_\rho}{\rho^2}\right) \\ =& \frac{E}{2(1+\mu)}\left[\frac{2\mu}{1-2\mu}\frac{\partial \theta}{\partial \rho} + \left(\frac{\partial^2 u_\rho}{\partial \rho^2} - \frac{u_\rho}{\rho^2} + \frac{1}{\rho}\frac{\partial u_\rho}{\partial \rho} + \frac{\partial^2 w}{\partial z \partial \rho}\right) + \left(\frac{\partial^2 u_\rho}{\partial \rho^2} + \frac{1}{\rho}\frac{\partial u_\rho}{\partial \rho} + \frac{\partial^2 u_\rho}{\partial z^2}\right) - \frac{u_\rho}{\rho^2}\right] \\ =& \frac{E}{2(1+\mu)}\left(\frac{1}{1-2\mu}\frac{\partial \theta}{\partial \rho} + \nabla^2 u_\rho - \frac{u_\rho}{\rho^2}\right) \end{aligned}$$

式中

$$\begin{cases}\dfrac{\partial\theta}{\partial\rho}=\dfrac{\partial^2 u_\rho}{\partial\rho^2}-\dfrac{u_\rho}{\rho^2}+\dfrac{1}{\rho}\dfrac{\partial u_\rho}{\partial\rho}+\dfrac{\partial^2 w}{\partial z\partial\rho}\\ \nabla^2 u_\rho=\dfrac{\partial^2 u_\rho}{\partial\rho^2}+\dfrac{1}{\rho}\dfrac{\partial u_\rho}{\partial\rho}+\dfrac{\partial^2 u_\rho}{\partial z^2}\end{cases}$$

于是,平衡微分方程式(6.6.6)的第一式变成

$$\frac{E}{2(1+\mu)}\left(\frac{1}{1-2\mu}\frac{\partial\theta}{\partial\rho}+\nabla^2 u_\rho-\frac{u_\rho}{\rho^2}\right)+f_\rho=0$$

由弹性方程式(7.3.1),可得

$$\begin{cases}\dfrac{\partial\tau_{z\rho}}{\partial\rho}=\dfrac{E}{2(1+\mu)}\left(\dfrac{\partial^2 u_\rho}{\partial z\partial\rho}+\dfrac{\partial^2 w}{\partial\rho^2}\right)\\ \dfrac{\partial\sigma_z}{\partial z}=\dfrac{E}{1+\mu}\left(\dfrac{\mu}{1-2\mu}\dfrac{\partial\theta}{\partial z}+\dfrac{\partial^2 w}{\partial z^2}\right)\\ \dfrac{\tau_{z\rho}}{\rho}=\dfrac{E}{2(1+\mu)}\left(\dfrac{1}{\rho}\dfrac{\partial u_\rho}{\partial z}+\dfrac{1}{\rho}\dfrac{\partial w}{\partial\rho}\right)\end{cases}$$

进而可得

$$\begin{aligned}&\frac{\partial\tau_{z\rho}}{\partial\rho}+\frac{\partial\sigma_z}{\partial z}+\frac{\tau_{z\rho}}{\rho}\\ &=\frac{E}{2(1+\mu)}\left(\frac{\partial^2 u_\rho}{\partial z\partial\rho}+\frac{\partial^2 w}{\partial\rho^2}+\frac{2\mu}{1-2\mu}\frac{\partial\theta}{\partial z}+2\frac{\partial^2 w}{\partial z^2}+\frac{1}{\rho}\frac{\partial u_\rho}{\partial z}+\frac{1}{\rho}\frac{\partial w}{\partial\rho}\right)\\ &=\frac{E}{2(1+\mu)}\left[\frac{2\mu}{1-2\mu}\frac{\partial\theta}{\partial z}+\left(\frac{\partial^2 u_\rho}{\partial z\partial\rho}+\frac{1}{\rho}\frac{\partial u_\rho}{\partial z}+\frac{\partial^2 w}{\partial z^2}\right)+\left(\frac{\partial^2 w}{\partial\rho^2}+\frac{1}{\rho}\frac{\partial w}{\partial\rho}+\frac{\partial^2 w}{\partial z^2}\right)\right]\\ &=\frac{E}{2(1+\mu)}\left(\frac{1}{1-2\mu}\frac{\partial\theta}{\partial z}+\nabla^2 w\right)\end{aligned}$$

式中

$$\frac{\partial\theta}{\partial z}=\frac{\partial^2 u_\rho}{\partial z\partial\rho}+\frac{1}{\rho}\frac{\partial u_\rho}{\partial z}+\frac{\partial^2 w}{\partial z^2}$$

$$\nabla^2 w=\frac{\partial^2 w}{\partial\rho^2}+\frac{1}{\rho}\frac{\partial w}{\partial\rho}+\frac{\partial^2 w}{\partial z^2}$$

于是,平衡微分方程式(6.6.6)的第二式变成

$$\frac{E}{2(1+\mu)}\left(\frac{1}{1-2\mu}\frac{\partial\theta}{\partial z}+\nabla^2 w\right)+f_z=0$$

综上所述,可得

$$\begin{cases}\dfrac{E}{2(1+\mu)}\left(\dfrac{1}{1-2\mu}\dfrac{\partial\theta}{\partial\rho}+\nabla^2 u_\rho-\dfrac{u_\rho}{\rho^2}\right)+f_\rho=0\\ \dfrac{E}{2(1+\mu)}\left(\dfrac{1}{1-2\mu}\dfrac{\partial\theta}{\partial z}+\nabla^2 w\right)+f_z=0\end{cases}\tag{7.3.2}$$

就是圆柱坐标系下空间轴对称问题中用位移分量表示的平衡微分方程,也称为拉梅方程。

这也是按位移求解圆柱坐标系下空间轴对称问题时的基本微分方程。

特别地,当体力为零时,微分方程式(7.3.2)可简化为

$$\begin{cases} \dfrac{1}{1-2\mu}\dfrac{\partial\theta}{\partial\rho}+\nabla^2 u_\rho-\dfrac{u_\rho}{\rho^2}=0 \\ \dfrac{1}{1-2\mu}\dfrac{\partial\theta}{\partial z}+\nabla^2 w=0 \end{cases} \tag{7.3.3}$$

数学上,微分方程式(7.3.3)为非齐次微分方程式(7.3.2)所对应的齐次方程。

7.4 球面坐标系下的空间球对称问题

一、弹性方程

对于球面坐标系下的空间球对称问题,将几何方程式(6.7.3)代入物理方程式(6.7.5),可将应力分量用位移分量表示成为

$$\begin{cases} \sigma_r=\dfrac{E}{(1+\mu)(1-2\mu)}\left[(1-\mu)\dfrac{\mathrm{d}u_r}{\mathrm{d}r}+2\mu\dfrac{u_r}{r}\right] \\ \sigma_T=\dfrac{E}{(1+\mu)(1-2\mu)}\left(\dfrac{u_r}{r}+\mu\dfrac{\mathrm{d}u_r}{\mathrm{d}r}\right) \end{cases} \tag{7.4.1}$$

这就是球面坐标系下空间球对称问题的弹性方程。

二、拉梅方程

由弹性方程式(7.4.1),可得

$$\begin{cases} \dfrac{\mathrm{d}\sigma_r}{\mathrm{d}r}=\dfrac{E}{(1+\mu)(1-2\mu)}\left[(1-\mu)\dfrac{\mathrm{d}^2u_r}{\mathrm{d}r^2}-2\mu\dfrac{u_r}{r^2}+2\mu\dfrac{1}{r}\dfrac{\mathrm{d}u_r}{\mathrm{d}r}\right] \\ \dfrac{1}{r}(\sigma_r-\sigma_T)=\dfrac{E}{(1+\mu)(1-2\mu)}\left[(1-2\mu)\dfrac{1}{r}\dfrac{\mathrm{d}u_r}{\mathrm{d}r}-(1-2\mu)\dfrac{u_r}{r^2}\right] \end{cases}$$

进而可得

$$\begin{aligned} &\frac{\mathrm{d}\sigma_r}{\mathrm{d}r}+\frac{2}{r}(\sigma_r-\sigma_T) \\ =\ &\frac{E}{(1+\mu)(1-2\mu)}\left[(1-\mu)\frac{\mathrm{d}^2u_r}{\mathrm{d}r^2}-2\mu\frac{u_r}{r^2}+2\mu\frac{1}{r}\frac{\mathrm{d}u_r}{\mathrm{d}r}+2(1-2\mu)\frac{1}{r}\frac{\mathrm{d}u_r}{\mathrm{d}r}-2(1-2\mu)\frac{u_r}{r^2}\right] \\ =\ &\frac{E}{(1+\mu)(1-2\mu)}\left[(1-\mu)\frac{\mathrm{d}^2u_r}{\mathrm{d}r^2}+2(1-\mu)\frac{1}{r}\frac{\mathrm{d}u_r}{\mathrm{d}r}-2(1-\mu)\frac{u_r}{r^2}\right] \\ =\ &\frac{E(1-\mu)}{(1+\mu)(1-2\mu)}\left(\frac{\mathrm{d}^2u_r}{\mathrm{d}r^2}+\frac{2}{r}\frac{\mathrm{d}u_r}{\mathrm{d}r}-\frac{2}{r^2}u_r\right) \end{aligned}$$

于是,平衡微分方程式(6.7.6)变成

$$\frac{E(1-\mu)}{(1+\mu)(1-2\mu)}\left(\frac{\mathrm{d}^2u_r}{\mathrm{d}r^2}+\frac{2}{r}\frac{\mathrm{d}u_r}{\mathrm{d}r}-\frac{2}{r^2}u_r\right)+f_r=0 \tag{7.4.2}$$

就是球面坐标系下空间球对称问题中用位移分量表示的平衡微分方程,也称为拉梅方程。这也是按位移求解圆柱坐标系下空间轴对称问题时所需用的基本微分方程。

特别地,当体力为零时,式(7.4.2)可简化为

$$\frac{\mathrm{d}^2u_r}{\mathrm{d}r^2}+\frac{2}{r}\frac{\mathrm{d}u_r}{\mathrm{d}r}-\frac{2}{r^2}u_r=0 \tag{7.4.3}$$

数学上,微分方程式(7.4.3)为非齐次微分方程式(7.4.2)所对应的齐次方程。

三、边界条件

位移边界条件式(6.7.2)可以直接采用,即

$$(u_r)_s=\bar{u} \tag{7.4.4}$$

应力边界条件式(6.7.7),可利用弹性方程式(7.4.1)将其用位移以及位移的一阶导数来表示,即

$$\frac{E}{(1+\mu)(1-2\mu)}\left[(1-\mu)\left(\frac{\mathrm{d}u_r}{\mathrm{d}r}\right)_s+2\mu\left(\frac{u_r}{r}\right)_s\right]n_r=\bar{f}_r \tag{7.4.5}$$

事实上,在实际应用中,通常仍采用式(6.7.7)形式的应变边界条件。

四、位移函数的求解

微分方程式(7.4.3),是一个欧拉二阶常微分方程,可以直接求解。

为此,令

$$u_r=r^n$$

则

$$\frac{\mathrm{d}u_r}{\mathrm{d}r}=nr^{n-1} \quad 和 \quad \frac{\mathrm{d}^2u_r}{\mathrm{d}r^2}=n(n-1)r^{n-2}$$

将上式结果代入微分方程式(7.4.3),可得

$$n(n-1)r^{n-2}+\frac{2}{r}nr^{n-1}-\frac{2}{r^2}r^n=0$$

即

$$(n-1)(n+2)r^{n-2}=0 \tag{7.4.6}$$

解得

$$n_1=1 \quad 和 \quad n_2=-2$$

据此可得齐次微分方程式(7.4.3)的通解为

$$u_r(r)=Ar+\frac{B}{r^2} \tag{7.4.7}$$

将式(7.4.7)代入弹性方程式(7.4.1),可得

$$\sigma_r = \frac{E}{(1+\mu)(1-2\mu)}\left[(1-\mu)\left(A-\frac{2B}{r^3}\right)+2\mu\frac{1}{r}\left(Ar+\frac{B}{r^2}\right)\right]$$

$$= \frac{E}{(1+\mu)(1-2\mu)}\left[(1+\mu)A-2(1-2\mu)\frac{B}{r^3}\right] = \frac{E}{1-2\mu}A-\frac{2E}{1+\mu}\frac{B}{r^3}$$

$$\sigma_T = \frac{E}{(1+\mu)(1-2\mu)}\left[\mu\left(A-\frac{2B}{r^3}\right)+\frac{1}{r}\left(Ar+\frac{B}{r^2}\right)\right]$$

$$= \frac{E}{(1+\mu)(1-2\mu)}\left[(1+\mu)A+(1-2\mu)\frac{B}{r^3}\right] = \frac{E}{1-2\mu}A+\frac{E}{1+\mu}\frac{B}{r^3}$$

所以,应力分量的表达式为

$$\begin{cases}\sigma_r = \dfrac{E}{1-2\mu}A-\dfrac{2E}{1+\mu}\dfrac{B}{r^3}\\ \sigma_T = \dfrac{E}{1-2\mu}A+\dfrac{E}{1+\mu}\dfrac{B}{r^3}\end{cases} \tag{7.4.8}$$

例题 7.4.1:

如图 7.4.1 所示,设有空心圆球;其内半径为 a,外半径为 b;在内表面和外表面上分别作用均布压力 q_a及 q_b,不计体力。这是一个球对称问题。以球心为坐标原点,以球半径方向为径向,建立球面坐标系。

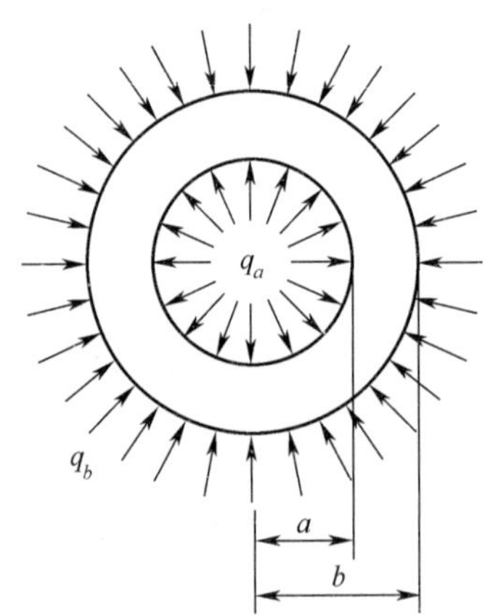

图 7.4.1　内外均布压力作用下的空心圆球

空心圆球内表面($r=a$)上,作用的面力为

$$\bar{\boldsymbol{f}} = \begin{bmatrix}\bar{f}_r\\ \bar{f}_\theta\\ \bar{f}_\varphi\end{bmatrix} = \begin{bmatrix}q_a\\ 0\\ 0\end{bmatrix}$$

空心圆球外表面($r=b$)上,作用的面力为

$$\bar{\boldsymbol{f}} = \begin{bmatrix}\bar{f}_r\\ \bar{f}_\theta\\ \bar{f}_\varphi\end{bmatrix} = \begin{bmatrix}-q_b\\ 0\\ 0\end{bmatrix}$$

位移分量的表达式已由式(7.4.7)给出,应力分量的表达式已由式(7.4.8)给出。在此基础上,完成下列问题:

(1) 根据所给定的边界条件,求出常数 A 和 B;

(2) 确定位移分量的表达式;

(3) 确定应力分量的表示式;

(4) 利用问题(2)和问题(3)所得到的结果,求出圆球形小孔洞($a/b \to 0$)仅承受内压($q_a = q, q_b = 0$)作用时孔洞附近的位移和应力。

解答:

(1) 空心圆球内表面($r=a$)的单位法向矢量为

$$\boldsymbol{n} = \begin{bmatrix} n_r \\ n_\theta \\ n_\varphi \end{bmatrix} = \begin{bmatrix} -1 \\ 0 \\ 0 \end{bmatrix}$$

由其上的应力边界条件为

$$\begin{cases} (\sigma_r)_{r=a} \times (-1) + 0 \times 0 + 0 \times 0 = q_a \\ 0 \times (-1) + (\sigma_T)_{r=a} \times 0 + 0 \times 0 = 0 \\ 0 \times (-1) + 0 \times 0 + (\sigma_T)_{r=a} \times 0 = 0 \end{cases}$$

可得

$$(\sigma_r)_{r=a} = -q_a$$

即

$$\frac{E}{1-2\mu}A - \frac{2E}{1+\mu}\frac{B}{a^3} = -q_a \tag{a}$$

空心圆球外表面($r=b$)的单位法向矢量为

$$\boldsymbol{n} = \begin{bmatrix} n_r \\ n_\theta \\ n_\varphi \end{bmatrix} = \begin{bmatrix} 1 \\ 0 \\ 0 \end{bmatrix}$$

由其上的应力边界条件为

$$\begin{cases} (\sigma_r)_{r=b} \times 1 + 0 \times 0 + 0 \times 0 = -q_b \\ 0 \times 1 + (\sigma_T)_{r=b} \times 0 + 0 \times 0 = 0 \\ 0 \times 1 + 0 \times 0 + (\sigma_T)_{r=b} \times 0 = 0 \end{cases}$$

可得

$$(\sigma_r)_{r=b} = -q_b$$

即

$$\frac{E}{1-2\mu}A - \frac{2E}{1+\mu}\frac{B}{b^3} = -q_b \tag{b}$$

由式(b)减去式(a),可得

$$\frac{2E}{1+\mu}\left(-\frac{1}{b^3} + \frac{1}{a^3}\right)B = -q_b + q_a$$

由此解得

$$B = \frac{1 + \mu}{2E} \frac{a^3 b^3 (q_a - q_b)}{b^3 - a^3}$$

将所得的 A 代入式(a),可得

$$\frac{E}{1 - 2\mu} A - \frac{b^3 (q_a - q_b)}{b^3 - a^3} = - q_a$$

由此解得

$$A = \frac{1 - 2\mu}{E} \frac{a^3 q_a - b^3 q_b}{b^3 - a^3}$$

(2) 位移分量为

$$\begin{aligned} u_r &= \frac{1 - 2\mu}{E} \frac{a^3 q_a - b^3 q_b}{b^3 - a^3} r + \frac{1 + \mu}{2E} \frac{a^3 b^3 (q_a - q_b)}{b^3 - a^3} \frac{1}{r^2} \\ &= \frac{1 + \mu}{E} r \left[\left(\frac{1 - 2\mu}{1 + \mu} \frac{a^3}{b^3 - a^3} + \frac{1}{2} \frac{a^3 b^3}{b^3 - a^3} \frac{1}{r^3} \right) q_a - \left(\frac{1 - 2\mu}{1 + \mu} \frac{b^3}{b^3 - a^3} + \frac{1}{2} \frac{a^3 b^3}{b^3 - a^3} \frac{1}{r^3} \right) q_b \right] \end{aligned} \tag{7.4.8}$$

(3) 应力分量为

$$\begin{aligned} \sigma_r &= \frac{E}{1 - 2\mu} \frac{1 - 2\mu}{E} \frac{a^3 q_a - b^3 q_b}{b^3 - a^3} - \frac{2E}{1 + \mu} \frac{1}{r^3} \frac{1 + \mu}{2E} \frac{a^3 b^3 (q_a - q_b)}{b^3 - a^3} \\ &= \frac{a^3}{b^3 - a^3} \left(1 - \frac{b^3}{r^3} \right) q_a - \frac{b^3}{b^3 - a^3} \left(1 - \frac{a^3}{r^3} \right) q_b \\ \sigma_T &= \frac{E}{1 - 2\mu} \frac{1 - 2\mu}{E} \frac{a^3 q_a - b^3 q_b}{b^3 - a^3} + \frac{E}{1 + \mu} \frac{1}{r^3} \frac{1 + \mu}{2E} \frac{a^3 b^3 (q_a - q_b)}{b^3 - a^3} \\ &= \frac{a^3}{b^3 - a^3} \left(1 + \frac{b^3}{2r^3} \right) q_a - \frac{b^3}{b^3 - a^3} \left(1 + \frac{a^3}{2r^3} \right) q_b \end{aligned}$$

即

$$\begin{cases} \sigma_r = \dfrac{a^3}{b^3 - a^3} \left(1 - \dfrac{b^3}{r^3} \right) q_a - \dfrac{b^3}{b^3 - a^3} \left(1 - \dfrac{a^3}{r^3} \right) q_b \\ \sigma_T = \dfrac{a^3}{b^3 - a^3} \left(1 + \dfrac{b^3}{2r^3} \right) q_a - \dfrac{b^3}{b^3 - a^3} \left(1 + \dfrac{a^3}{2r^3} \right) q_b \end{cases} \tag{7.4.9}$$

(4) 当 $q_a = q, q_b = 0$ 时,式(7.4.8)成为

$$\begin{aligned} u_r &= \frac{1 + \mu}{E} r \left(\frac{1 - 2\mu}{1 + \mu} \frac{a^3}{b^3 - a^3} + \frac{1}{2} \frac{a^3 b^3}{b^3 - a^3} \frac{1}{r^3} \right) q \\ &= \frac{1 + \mu}{E} r \left(\frac{1 - 2\mu}{1 + \mu} \frac{a^3 / b^3}{1 - a^3 / b^3} + \frac{1}{2} \frac{a^3}{1 - a^3 / b^3} \frac{1}{r^3} \right) q \end{aligned}$$

式(7.4.9)成为

$$\begin{cases} \sigma_r = \dfrac{a^3}{b^3 - a^3} \left(1 - \dfrac{b^3}{r^3} \right) q = \dfrac{1}{1 - a^3 / b^3} \left(a^3 / b^3 - \dfrac{a^3}{r^3} \right) q \\ \sigma_T = \dfrac{a^3}{b^3 - a^3} \left(1 + \dfrac{b^3}{2r^3} \right) q = \dfrac{1}{1 - a^3 / b^3} \left(a^3 / b^3 + \dfrac{a^3}{2r^3} \right) q \end{cases}$$

当 $a/b \to 0$ 时，

$$u_r = \frac{(1+\mu)qa^3}{2Er^2}, \sigma_r = -\frac{a^3}{r^3}q, \sigma_T = \frac{a^3}{2r^3}q$$

由此可见，径向位移 u_r 按照 r^2 递减，径向及切向正应力均按 r^3 递减。

特别值得注意的是，当 $r=a$ 时，

$$\sigma_r = -q \quad \text{和} \quad \sigma_T = \frac{q}{2}$$

孔边有 $q/2$ 的切向拉应力 σ_T（代表 σ_θ 和 σ_φ）。这个拉应力可能会是引起脆性材料开裂的原因。

答毕。

例题 7.4.2：

如图 7.4.2 所示，设有空心圆球埋藏在无限大弹性体中；其内半径为 a，外半径为 b；在内表面上作用均布压力 q，不计体力。假设空心圆球和无限大弹性体的弹性模量和泊松比分别为 E、μ 和 E'、μ'。以球心为坐标原点，以球半径方向为径向，建立球面坐标系。

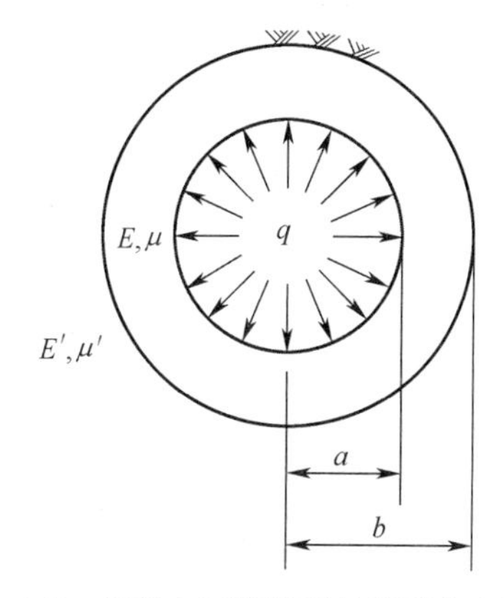

图 7.4.2　均布内压作用下的埋藏空心圆球

在空心圆球的内表面（$r=a$）上，作用的面力为

$$\bar{\boldsymbol{f}} = \begin{bmatrix} \bar{f}_r \\ \bar{f}_\theta \\ \bar{f}_\varphi \end{bmatrix} = \begin{bmatrix} q \\ 0 \\ 0 \end{bmatrix}$$

无限大弹性体的无穷远处（$r\to\infty$）应力为零，即

$$(\sigma'_r)_{r\to\infty} = (\sigma'_T)_{r\to\infty} = 0$$

空心圆球外表面与无限大弹性体在接触处（$r=a$）径向位移和径向应力连续：

$$\begin{cases} (\sigma_r)_{r=b} = (\sigma'_r)_{r=b} \\ (u_r)_{r=b} = (u'_r)_{r=b} \end{cases}$$

位移分量的表达式已由式（7.4.7）给出，应力分量的表达式已由式（7.4.8）给出。在此基础上，完成下列问题：

（1）根据所给定的边界条件和接触条件，求出常数 A、B、A'、和 B'；

(2) 确定位移分量的表达式；

(3) 确定应力分量的表示式；

(4) 对问题(2)、(3)所得的结果，验证其在接触处($r=b$)的连续性。

解答：

(1) 空心圆球内表面($r=a$)的单位法向矢量为

$$\boldsymbol{n}=\begin{bmatrix}n_r\\n_\theta\\n_\varphi\end{bmatrix}=\begin{bmatrix}-1\\0\\0\end{bmatrix}$$

由其上的应力边界条件：

$$\begin{cases}(\sigma_r)_{r=a}\times(-1)+0\times0+0\times0=q\\0\times(-1)+(\sigma_T)_{r=a}\times0+0\times0=0\\0\times(-1)+0\times0+(\sigma_T)_{r=a}\times0=0\end{cases}$$

可得

$$(\sigma_r)_{r=a}=-q$$

即

$$\frac{E}{1-2\mu}A-\frac{2E}{1+\mu}\frac{B}{a^3}=-q \tag{a}$$

由无限大弹性体在无穷远处($r\to\infty$)应力为零，即

$$(\sigma_r')_{r\to\infty}=(\sigma_T')_{r\to\infty}=0$$

可得

$$\frac{E'}{1-2\mu'}A'=0$$

即

$$A'=0 \tag{b}$$

由空心圆球外表面与无限大弹性体在接触处($r=a$)径向位移和径向应力连续：

$$\begin{cases}(\sigma_r)_{r=b}=(\sigma_r')_{r=b}\\(u_r)_{r=b}=(u_r')_{r=b}\end{cases}$$

可得

$$\frac{E}{1-2\mu}A-\frac{2E}{1+\mu}\frac{B}{b^3}=-\frac{2E'}{1+\mu'}\frac{B'}{b^3} \tag{c}$$

$$Ab+\frac{B}{b^2}=\frac{B'}{b^2} \tag{d}$$

这里已经利用了$A'=0$，则

$$\begin{cases}\dfrac{1+\mu}{2(1-2\mu)}A-\dfrac{B}{a^3}=-\dfrac{1+\mu}{2E}q\\\dfrac{1+\mu}{2(1-2\mu)}A-\dfrac{B}{b^3}=-\alpha\dfrac{B'}{b^3}\\A+\dfrac{B}{b^3}=\dfrac{B'}{b^3}\end{cases}$$

联立求解3个待定常数A、B和B'。

分别对式(a)、式(c)和式(d)稍加整理,可得

$$\frac{1+\mu}{2(1-2\mu)}A-\frac{B}{a^3}=-\frac{1+\mu}{2E}q \tag{e}$$

$$\frac{1+\mu}{2(1-2\mu)}A-\frac{B}{b^3}=-\alpha\frac{B'}{b^3} \tag{f}$$

$$A+\frac{B}{b^3}=\frac{B'}{b^3} \tag{g}$$

式中

$$\alpha=\frac{E'}{1+\mu'}\Big/\frac{E}{1+\mu}=\frac{E'(1+\mu)}{E(1+\mu')}$$

式(f)与式(g)相加,可得

$$\frac{3(1-\mu)}{2(1-2\mu)}A=(1-\alpha)\frac{B'}{b^3}$$

即

$$A=\frac{2(1-2\mu)}{3(1-\mu)}(1-\alpha)\frac{B'}{b^3}=\beta\frac{B'}{b^3} \tag{h}$$

式中

$$\beta=\frac{2(1-2\mu)}{3(1-\mu)}(1-\alpha)$$

将式(h)代入式(g),可得

$$B=(1-\beta)B' \tag{i}$$

将式(h)和式(i)代入式(e),可得

$$\frac{1+\mu}{2(1-2\mu)}\beta\frac{B'}{b^3}-(1-\beta)\frac{1}{a^3}B'=-\frac{1+\mu}{2E}q$$

解得

$$B'=-\frac{(1+\mu)(1-2\mu)a^3b^3}{\beta E(1+\mu)a^3-2E(1-\beta)(1-2\mu)b^3}q$$

将所得B'分别代入式(h)和式(i),解得

$$\begin{cases}A=-\dfrac{\beta(1+\mu)(1-2\mu)a^3}{\beta E(1+\mu)a^3-2E(1-\beta)(1-2\mu)b^3}q\\[2ex] B=-\dfrac{(1-\beta)(1+\mu)(1-2\mu)a^3b^3}{\beta E(1+\mu)a^3-2E(1-\beta)(1-2\mu)b^3}q\end{cases}$$

(2) 对于空心圆球而言,其位移分量为

$$u_r=-\frac{(1+\mu)(1-2\mu)a^3}{\beta E(1+\mu)a^3-2E(1-\beta)(1-2\mu)b^3}\left[\beta r+\frac{(1-\beta)b^3}{r^2}\right]q$$

对于无限大弹性体而言,其位移分为

$$u_r'=-\frac{(1+\mu)(1-2\mu)a^3}{\beta E(1+\mu)a^3-2E(1-\beta)(1-2\mu)b^3}\left(\frac{b^3}{r^2}\right)q$$

(3) 对于空心圆球而言,其应力分量为

$$
\begin{cases}
\sigma_r = \dfrac{a^3}{\beta(1+\mu)a^3 - 2(1-\beta)(1-2\mu)b^3}\left[-\beta(1+\mu) + 2(1-\beta)(1-2\mu)\dfrac{b^3}{r^3}\right]q \\
\sigma_T = \dfrac{a^3}{\beta(1+\mu)a^3 - 2(1-\beta)(1-2\mu)b^3}\left[-\beta(1+\mu) - (1-\beta)(1-2\mu)\dfrac{b^3}{r^3}\right]q
\end{cases}
$$

对于无限大弹性体而言,其应力分量为

$$
\begin{cases}
\sigma_r' = \dfrac{2\alpha(1-2\mu)a^3}{\beta(1+\mu)a^3 - 2(1-\beta)(1-2\mu)b^3}\dfrac{b^3}{r^3}q \\
\sigma_T' = -\dfrac{1}{2}\sigma_r' = -\dfrac{\alpha(1-2\mu)a^3}{\beta(1+\mu)a^3 - 2(1-\beta)(1-2\mu)b^3}\dfrac{b^3}{r^3}q
\end{cases}
$$

(4) 对于位移分量,有

$$
\begin{cases}
(u_r)_{r=a} = -\dfrac{(1+\mu)(1-2\mu)a^3}{\beta E(1+\mu)a^3 - 2E(1-\beta)(1-2\mu)b^3}bq \\
(u_r')_{r=b} = -\dfrac{(1+\mu)(1-2\mu)a^3}{\beta E(1+\mu)a^3 - 2E(1-\beta)(1-2\mu)b^3}bq
\end{cases}
$$

验证了:

$$(u_r)_{r=b} = (u_r')_{r=b}$$

对于应力分量,有

$$
\begin{cases}
(\sigma_r)_{r=a} = \dfrac{[-\beta(1+\mu) + 2(1-\beta)(1-2\mu)]a^3}{\beta(1+\mu)a^3 - 2(1-\beta)(1-2\mu)b^3}q \\
(\sigma_r')_{r=b} = \dfrac{2\alpha(1-2\mu)a^3}{\beta(1+\mu)a^3 - 2(1-\beta)(1-2\mu)b^3}q
\end{cases}
$$

由于

$$\beta = \frac{2(1-2\mu)}{3(1-\mu)}(1-\alpha)$$

故

$$
\begin{cases}
2(1-2\mu)(1-\alpha) = 3\beta(1-\mu) \\
2(1-2\mu) - 2\alpha(1-2\mu) = \beta(1+\mu) + 2\beta(1-2\mu) \\
2\alpha(1-2\mu) = -\beta(1+\mu) + 2(1-2\mu) - 2\beta(1-2\mu) \\
2\alpha(1-2\mu) = -\beta(1+\mu) + 2(1-\beta)(1-2\mu)
\end{cases}
$$

验证了:

$$(\sigma_r)_{r=b} = (\sigma_r')_{r=b}$$

答毕。

习　　题

7-1　对于直角坐标系下的空间问题,证明:

$$\frac{E}{2(1+\mu)}\left(\frac{1}{1-2\mu}\frac{\partial\theta}{\partial y}+\nabla^2 v\right)+f_y=0$$

$$\frac{E}{2(1+\mu)}\left(\frac{1}{1-2\mu}\frac{\partial\theta}{\partial z}+\nabla^2 w\right)+f_z=0$$

7-2 对于直角坐标系下的空间问题,证明:

$$\begin{cases}(\lambda+G)\dfrac{\partial\theta}{\partial x}+G\nabla^2 u+f_x=0\\[2ex](\lambda+G)\dfrac{\partial\theta}{\partial y}+G\nabla^2 v+f_y=0\\[2ex](\lambda+G)\dfrac{\partial\theta}{\partial z}+G\nabla^2 w+f_z=0\end{cases}$$

式中

$$\lambda=\frac{E\mu}{(1+\mu)(1-2\mu)},G=\frac{E}{2(1+\mu)}$$

7-3 对于直角坐标系下的平面应变问题,证明:

$$\begin{cases}\sigma_x=\dfrac{E(1-\mu)}{(1+\mu)(1-2\mu)}\left(\dfrac{\partial u}{\partial x}+\dfrac{\mu}{1-\mu}\dfrac{\partial v}{\partial y}\right)\\[2ex]\sigma_y=\dfrac{E(1-\mu)}{(1+\mu)(1-2\mu)}\left(\dfrac{\partial v}{\partial y}+\dfrac{\mu}{1-\mu}\dfrac{\partial u}{\partial x}\right)\\[2ex]\tau_{xy}=\dfrac{E}{2(1+\mu)}\left(\dfrac{\partial v}{\partial x}+\dfrac{\partial u}{\partial y}\right)\end{cases}$$

7-4 对于直角坐标系下的平面应力问题,证明:

$$\frac{E}{1-\mu^2}\left(\frac{1-\mu}{2}\frac{\partial^2 v}{\partial x^2}+\frac{\partial^2 v}{\partial y^2}+\frac{1+\mu}{2}\frac{\partial^2 u}{\partial x\partial y}\right)+f_y=0$$

7-5 如下图所示,设有不计受重力的无限大的等厚度弹性层,其厚度为 h。上平面上作用均布沉降 Δ,下平面则完全约束。以上平面为 xy 面、z 轴铅直向上,建立直角坐标系。

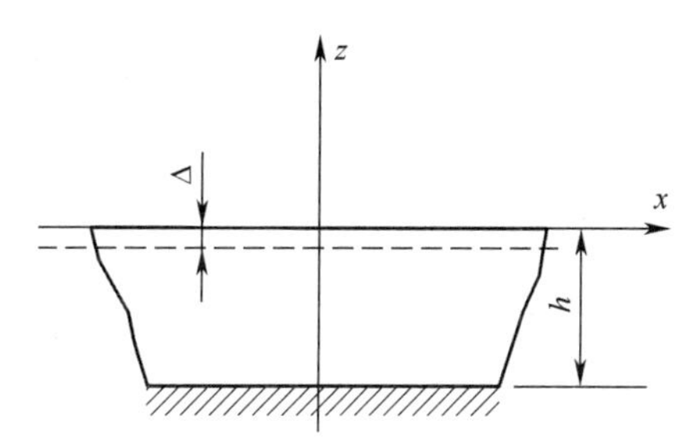

弹性层上平面($z=0$)上约束的给定位移为

$$\bar{w}=-\Delta$$

弹性层下平面($z=-h$)上约束的位移为

$$\bar{w}=0$$

例题 7.1.2 已经求得位移分量和应力分量的表达式。在此基础上,完成下列问题:

(1) 根据所给定的边界条件,求出常数 A 和 B;

(2) 确定位移分量;

(3) 确定应力分量。

7-6　如下图所示,设有不计受重力的无限大的等厚度弹性层,其厚度为 h。不计重力。上平面上作用均布压力 q,下平面则完全约束。以上平面为 xy 面、z 轴铅直向上,建立直角坐标系。

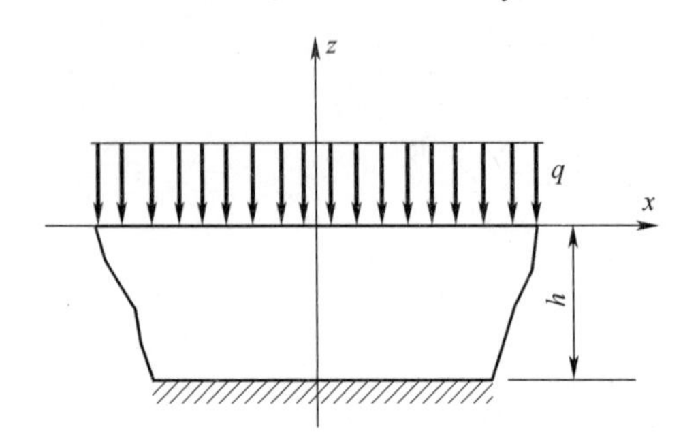

弹性层上平面($z=0$)上作用的面力为

$$\bar{\boldsymbol{f}}=\begin{bmatrix}\bar{f}_x\\ \bar{f}_y\\ \bar{f}_z\end{bmatrix}=\begin{bmatrix}0\\ 0\\ -q\end{bmatrix}$$

弹性层下平面($z=-h$)上约束的位移为

$$\bar{w}=0$$

例题 7.1.2 已经求得位移分量和应力分量的表达式。在此基础上,完成下列问题:

(1) 根据所给定的边界条件,求出常数 A 和 B;

(2) 确定位移分量及其最大值;

(3) 确定应力分量。

7-7　如下图所示,设有空心圆球。其内半径为 a,外半径为 b。在内表面上作用均布压力 q,外面被固定,不计体力。这是一个球对称问题。以球心为坐标原点,以球半径方向为径向,建立球面坐标系。

空心圆球内表面($r=a$)上,作用的面力为

$$\bar{\boldsymbol{f}}=\begin{bmatrix}\bar{f}_r\\ \bar{f}_\theta\\ \bar{f}_\varphi\end{bmatrix}=\begin{bmatrix}q\\ 0\\ 0\end{bmatrix}$$

空心圆球外表面($r=b$)上,约束的位移为

$$\bar{u}_r=0$$

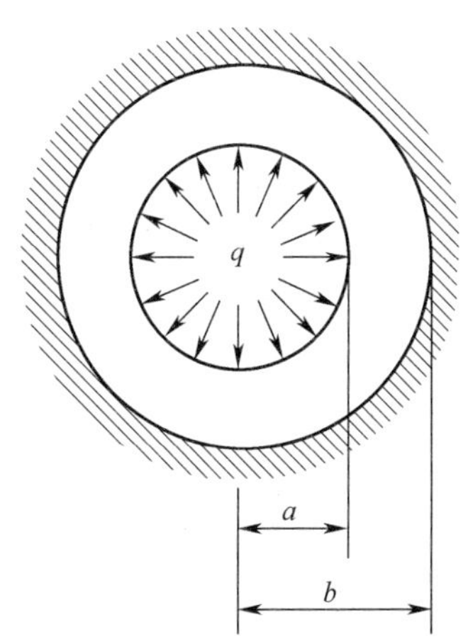

位移分量的表达式已由式(7.4.7)给出,应力分量的表达式已由式(7.4.8)给出。在此基础上,完成下列问题:

(1) 根据所给定的边界条件,求出常数 A 和 B;

(2) 确定位移分量的表达式;

(3) 确定应力分量的表示式;

(4) 利用问题(2)和问题(3)所得到的结果,求出求最大的径向位移的最大的切向拉应力。

提示:

$$\frac{(1-2\mu)(1+\mu)qa\left(\dfrac{b^3}{a^3}-1\right)}{E\left[2(1-2\mu)\dfrac{b^3}{a^3}+(1+\mu)\right]},\ \frac{(1-2\mu)\dfrac{b^3}{a^3}-(1+\mu)}{2(1-2\mu)\dfrac{b^3}{a^3}+(1+\mu)}q$$

第八章　基于位移的解析解法:位移函数法

本章主要介绍利用位移函数的位移解法。

位移函数的形式可以是多种多样的。不同问题的求解也可能需要不同形式的位移函数。对于直角坐标下的空间问题,着重介绍位移势函数和伽辽金(Galerkin)位移函数;对于圆柱面坐标系下的空间轴对称问题,着重介绍位移势函数和乐甫(Love)位移函数。

除特别说明外,本章所考虑的问题均不计体力。

8.1　直角坐标系下的空间问题

一、位移势函数法

1. 位移势函数的引入

当体力为零时,用位移分量表达的基本微分方程式(7.1.3)成为

$$\begin{cases}\dfrac{1}{1-2\mu}\dfrac{\partial\theta}{\partial x}+\nabla^2 u=0\\[2mm]\dfrac{1}{1-2\mu}\dfrac{\partial\theta}{\partial y}+\nabla^2 v=0\\[2mm]\dfrac{1}{1-2\mu}\dfrac{\partial\theta}{\partial z}+\nabla^2 w=0\end{cases}\tag{8.1.1}$$

式中

$$\theta=\frac{\partial u}{\partial x}+\frac{\partial v}{\partial y}+\frac{\partial w}{\partial z}$$

$$\nabla^2=\frac{\partial^2}{\partial x^2}+\frac{\partial^2}{\partial y^2}+\frac{\partial^2}{\partial z^2}$$

假设位移是有势的:存在一个标量函数 ψ,使得位移在某个方向上的分量与该标量函数在此方向上的一阶导数成正比,即

$$\begin{cases}u=\dfrac{1}{2G}\dfrac{\partial\psi}{\partial x}\\[2mm]v=\dfrac{1}{2G}\dfrac{\partial\psi}{\partial y}\\[2mm]w=\dfrac{1}{2G}\dfrac{\partial\psi}{\partial z}\end{cases}\tag{8.1.2}$$

式中:ψ 称为位移势函数。取比例常数为 $1/2G$ 的目的是方便运算。

2. 位移势函数应当满足的基本微分方程

由式(8.1.2),可得

$$
\begin{cases}
\nabla^2 u = \dfrac{1}{2G}\nabla^2 \dfrac{\partial}{\partial x}\psi = \dfrac{1}{2G}\ \dfrac{\partial}{\partial x}\nabla^2 \psi \\
\nabla^2 v = \dfrac{1}{2G}\nabla^2 \dfrac{\partial}{\partial y}\psi = \dfrac{1}{2G}\ \dfrac{\partial}{\partial y}\nabla^2 \psi \\
\nabla^2 w = \dfrac{1}{2G}\nabla^2 \dfrac{\partial}{\partial z}\psi = \dfrac{1}{2G}\ \dfrac{\partial}{\partial z}\nabla^2 \psi
\end{cases} \tag{8.1.3}
$$

和

$$
\theta = \frac{\partial u}{\partial x} + \frac{\partial v}{\partial y} + \frac{\partial w}{\partial z} = \frac{1}{2G}\nabla^2 \psi \tag{8.1.4}
$$

进而,有

$$
\begin{cases}
\dfrac{\partial \theta}{\partial x} = \dfrac{1}{2G}\ \dfrac{\partial}{\partial x}\nabla^2 \psi \\
\dfrac{\partial \theta}{\partial y} = \dfrac{1}{2G}\ \dfrac{\partial}{\partial y}\nabla^2 \psi \\
\dfrac{\partial \theta}{\partial z} = \dfrac{1}{2G}\ \dfrac{\partial}{\partial z}\nabla^2 \psi
\end{cases} \tag{8.1.5}
$$

将式(8.1.3)和式(8.1.5)代入微分方程式(8.1.1),可得

$$
\begin{cases}
\dfrac{\partial}{\partial x}\nabla^2 \psi = 0 \\
\dfrac{\partial}{\partial y}\nabla^2 \psi = 0 \\
\dfrac{\partial}{\partial z}\nabla^2 \psi = 0
\end{cases} \tag{8.1.6}
$$

即

$$
\nabla^2 \psi = C \tag{8.1.7}
$$

式中:C 为任意常数。

显然,任意一个满足式(8.1.7)的函数 ψ,按式(8.1.2)求出的位移分量都能满足基本微分方程式(8.1.1)。因而,这些位移分量都可以考虑作为直角坐标系下空间问题的解答。

特别地,如果取 $C=0$,即

$$
\nabla^2 \psi = 0 \tag{8.1.8}
$$

此时,由式(8.1.4)可知

$$
\theta = \frac{1}{2G}\nabla^2 \psi = 0 \tag{8.1.9}
$$

即体应变为零。这样的 ψ 是一种特殊形式的函数,称为调和函数。此时,按式(8.1.2)求出的位移分量,也可以考虑作为直角坐标系下空间问题的解答。

虽然选择调和函数作为位移势函数缩小了位移势函数的范围,但针对具体问题去寻求位移势函数就相对容易了。因为,调和函数已经在数学分析中得到了较为详尽研究。

以下给出三个常用的调和函数:

$$
\psi = \frac{1}{R} \tag{8.1.10a}
$$

$$\psi = \frac{x}{R - z} \tag{8.1.10b}$$

$$\psi = \frac{x}{R(R - z)} \tag{8.1.10c}$$

式中

$$R = \sqrt{x^2 + y^2 + z^2}$$

容易得到：

$$\frac{\partial R}{\partial x} = \frac{x}{R}, \frac{\partial R}{\partial y} = \frac{y}{R}, \frac{\partial R}{\partial z} = \frac{z}{R}$$

显然，这些调和函数的线性组合仍然是调和函数。当选取这些调和函数作为位移势函数时，就可以利用式(8.1.2)，求出直角坐标系下空间问题的位移分量表达式。

例题 8.1.1：证明函数

$$\psi = \frac{1}{R}$$

为调和函数。

解答：

根据微分链导法则，有

$$\begin{cases} \dfrac{\partial \psi}{\partial x} = -\dfrac{1}{R^2}\dfrac{\partial R}{\partial x} = -\dfrac{1}{R^2}\dfrac{x}{R} = -\dfrac{x}{R^3} \\ \dfrac{\partial^2 \psi}{\partial x^2} = -\dfrac{1}{R^3} + \dfrac{3x}{R^4}\dfrac{\partial R}{\partial x} = -\dfrac{1}{R^3} + \dfrac{3x}{R^4}\dfrac{x}{R} = -\dfrac{1}{R^3} + \dfrac{3x^2}{R^5} \end{cases}$$

同理，可得

$$\begin{cases} \dfrac{\partial^2 \psi}{\partial y^2} = -\dfrac{1}{R^3} + \dfrac{3y^2}{R^5} \\ \dfrac{\partial^2 \psi}{\partial z^2} = -\dfrac{1}{R^3} + \dfrac{3z^2}{R^5} \end{cases}$$

于是

$$\nabla^2 \psi = \frac{\partial^2 \psi}{\partial x^2} + \frac{\partial^2 \psi}{\partial y^2} + \frac{\partial^2 \psi}{\partial z^2} = -\frac{3}{R^3} + \frac{3(x^2 + y^2 + z^2)}{R^5} = -\frac{3}{R^3} + \frac{3R^2}{R^5} = 0$$

因此，所给形式的函数 ψ 是一个调和函数。

答毕。

例题 8.1.2：证明函数

$$\psi = \frac{x}{R - z}$$

为调和函数。

解答：

根据微分链导法则，有

$$\frac{\partial \psi}{\partial x} = \frac{1}{R - z} - \frac{x}{(R - z)^2}\frac{x}{R} = \frac{1}{R - z} - \frac{x^2}{R(R - z)^2}$$

$$\frac{\partial^2\psi}{\partial x^2}=\left[-\frac{1}{(R-z)^2}\frac{x}{R}\right]-\left[\frac{2x}{R(R-z)^2}-\frac{x^2}{R^2(R-z)^2}\frac{x}{R}-\frac{2x^2}{R(R-z)^3}\frac{x}{R}\right]$$

$$=-\frac{3x}{R(R-z)^2}+\frac{x^3}{R^3(R-z)^2}+\frac{2x^3}{R^2(R-z)^3}$$

$$=\frac{x}{R^3(R-z)^2}\left(-3R^2+x^2+\frac{2Rx^2}{R-z}\right)$$

$$\frac{\partial\psi}{\partial y}=-\frac{x}{(R-z)^2}\frac{y}{R}=-\frac{xy}{R(R-z)^2}$$

$$\frac{\partial^2\psi}{\partial y^2}=-\frac{x}{R(R-z)^2}+\frac{xy}{R^2(R-z)^2}\frac{y}{R}+2\frac{xy}{R(R-z)^3}\frac{y}{R}$$

$$=-\frac{x}{R(R-z)^2}+\frac{xy^2}{R^3(R-z)^2}+\frac{2xy^2}{R^2(R-z)^3}$$

$$=\frac{x}{R^3(R-z)^2}\left(-R^2+y^2+\frac{2Ry^2}{R-z}\right)$$

$$\frac{\partial\psi}{\partial z}=-\frac{x}{(R-z)^2}\left(\frac{z}{R}-1\right)=\frac{x}{R(R-z)}$$

$$\frac{\partial^2\psi}{\partial z^2}=-\frac{x}{R^2(R+z)}\frac{z}{R}-\frac{x}{R(R-z)^2}\left(\frac{z}{R}-1\right)$$

$$=-\frac{xz}{R^3(R+z)}+\frac{x}{R^2(R-z)}$$

$$=\frac{x}{R^3(R-z)^2}(R-z)^2$$

于是

$$\nabla^2\psi=\frac{\partial^2\psi}{\partial x^2}+\frac{\partial^2\psi}{\partial y^2}+\frac{\partial^2\psi}{\partial z^2}$$

$$=\frac{x}{R^3(R-z)^2}\left[\left(-3R^2+x^2+\frac{2Rx^2}{R-z}\right)+\left(-R^2+y^2+\frac{2Ry^2}{R-z}\right)+(R-z)^2\right]$$

由于(证明过程见附录 A)

$$\left(-3R^2+x^2+\frac{2Rx^2}{R-z}\right)+\left(-R^2+y^2+\frac{2Ry^2}{R-z}\right)+(R-z)^2=0$$

所以

$$\nabla^2\psi=0$$

因此,所给形式的函数 ψ 是一个调和函数。

答毕。

例题 8.1.3:证明函数

$$\psi=\frac{x}{R(R-z)}$$

为调和函数。

解答:

由于

$$\frac{\partial\psi}{\partial x}=\frac{1}{R(R-z)}-\frac{x}{R^2(R+z)}\frac{x}{R}-\frac{x}{R(R-z)^2}\frac{x}{R}$$
$$=\frac{1}{R(R-z)}-\frac{x^2}{R^3(R-z)}-\frac{x^2}{R^2(R-z)^2}$$

$$\frac{\partial^2\psi}{\partial x^2}=\left[-\frac{1}{R^2(R-z)}\frac{x}{R}-\frac{1}{R(R-z)^2}\frac{x}{R}\right]+\left[-\frac{2x}{R^3(R-z)}+\frac{3x^2}{R^4(R-z)}\frac{x}{R}+\frac{2x^2}{R^3(R-z)^2}\frac{x}{R}\right]+$$
$$\left[-\frac{2x}{R^2(R-z)^2}+\frac{2x^2}{R^3(R-z)^2}\frac{x}{R}+\frac{2x^2}{R^2(R-z)^3}\frac{x}{R}\right]$$
$$=-\frac{3x}{R^3(R-z)}-\frac{3x}{R^2(R-z)^2}+\frac{3x^3}{R^5(R-z)}+\frac{3x^3}{R^4(R-z)^2}+\frac{2x^3}{R^3(R-z)^3}$$

$$\frac{\partial\psi}{\partial y}=-\frac{x}{R^2(R-z)}\frac{y}{R}-\frac{x}{R(R-z)^2}\frac{y}{R}=-\frac{xy}{R^3(R-z)}-\frac{xy}{R^2(R-z)^2}$$

$$\frac{\partial^2\psi}{\partial y^2}=\left[-\frac{x}{R^3(R-z)}+\frac{3xy}{R^4(R-z)}\frac{y}{R}+\frac{xy}{R^3(R-z)^2}\frac{y}{R}\right]+$$
$$\left[-\frac{x}{R^2(R-z)^2}+\frac{2xy}{R^3(R-z)^2}\frac{y}{R}+\frac{2xy}{R^2(R-z)^3}\frac{y}{R}\right]$$
$$=-\frac{x}{R^3(R-z)}+\frac{3xy^2}{R^5(R-z)}+\frac{3xy^2}{R^4(R-z)^2}-\frac{x}{R^2(R-z)^2}+\frac{2xy^2}{R^3(R-z)^3}$$

$$\frac{\partial\psi}{\partial z}=-\frac{xz}{R^3(R-z)}-\frac{x}{R^2(R-z)^2}\left(\frac{z}{R}-1\right)=-\frac{xz}{R^3(R-z)}+\frac{x}{R^2(R-z)}$$
$$=\frac{x}{R^3(R-z)}(R-z)=\frac{x}{R^3}$$

$$\frac{\partial^2\psi}{\partial z^2}=-\frac{3x}{R^4}\frac{z}{R}=-\frac{3xz}{R^5}$$

于是

$$\nabla^2\psi=\frac{\partial^2\psi}{\partial x^2}+\frac{\partial^2\psi}{\partial y^2}+\frac{\partial^2\psi}{\partial z^2}$$
$$=-\frac{4x}{R^3(R-z)}-\frac{4x}{R^2(R-z)^2}+\left[\frac{3x^3}{R^5(R-z)}+\frac{3xy^2}{R^5(R-z)}\right]+$$
$$\left[\frac{3x^3}{R^4(R-z)^2}+\frac{3xy^2}{R^4(R-z)^2}\right]+\left[\frac{2x^3}{R^3(R-z)^3}+\frac{2xy^2}{R^3(R-z)^3}\right]-\frac{3xz}{R^5}$$

由于(证明过程参见附录 A)

$$-\frac{4x}{R^3(R-z)}-\frac{4x}{R^2(R-z)^2}+\left[\frac{3x^3}{R^5(R-z)}+\frac{3xy^2}{R^5(R-z)}\right]+$$
$$\left[\frac{3x^3}{R^4(R-z)^2}+\frac{3xy^2}{R^4(R-z)^2}\right]+\left[\frac{2x^3}{R^3(R-z)^3}+\frac{2xy^2}{R^3(R-z)^3}\right]-\frac{3xz}{R^5}=0$$

所以

$$\nabla^2\psi = 0$$

因此,所给形式的函数 ψ 是一个调和函数。

答毕。

例题 8.1.4:给定调和函数为

$$\psi = A_3\left(\frac{x}{R-z}\right)$$

式中:A_3为一个任意常数。

完成下列问题:

(1) 求出位移分量的表达式;

(2) 验证:

$$\theta = \frac{\partial u}{\partial x} + \frac{\partial v}{\partial y} + \frac{\partial w}{\partial z} = 0$$

解答:

(1) 根据式(8.1.2),并利用例题 8.1.2 中的结果,可得

$$\begin{cases} u = \dfrac{1}{2G}\dfrac{\partial\psi}{\partial x} = \dfrac{1+\mu}{ER}A_3\left[\dfrac{1}{R-z} - \dfrac{x^2}{R(R-z)^2}\right] = \dfrac{1+\mu}{ER}A_3\left[\dfrac{R}{R-z} - \dfrac{x^2}{(R-z)^2}\right] \\ v = \dfrac{1}{2G}\dfrac{\partial\psi}{\partial y} = \dfrac{1+\mu}{E}A_3\left[-\dfrac{xy}{R(R-z)^2}\right] = \dfrac{1+\mu}{ER}A_3\left[-\dfrac{xy}{(R-z)^2}\right] \\ w = \dfrac{1}{2G}\dfrac{\partial\psi}{\partial z} = \dfrac{1+\mu}{E}A_3\left[\dfrac{x}{R(R-z)}\right] = \dfrac{1+\mu}{ER}A_3\left(\dfrac{x}{R-z}\right) \end{cases}$$

综上所述,对于所给定的位移势函数,可得位移分量为

$$\begin{cases} u = \dfrac{1+\mu}{ER}A_3\left[\dfrac{R}{R-z} - \dfrac{x^2}{(R-z)^2}\right] \\ v = \dfrac{1+\mu}{ER}A_3\left[-\dfrac{xy}{(R-z)^2}\right] \\ w = \dfrac{1+\mu}{ER}A_3\left(\dfrac{x}{R-z}\right) \end{cases} \tag{8.1.11}$$

(2) 由于

$$\begin{aligned} \frac{\partial u}{\partial x} &= \frac{1+\mu}{ER}A_3\left[\frac{1}{R-z}\frac{x}{R} - \frac{R}{(R-z)^2}\frac{x}{R} - \frac{2x}{(R-z)^2} + \frac{2x^2}{(R-z)^3}\frac{x}{R}\right] \\ &= \frac{1+\mu}{ER}A_3\left[\frac{x}{R(R-z)} - \frac{x}{(R-z)^2} - \frac{2x}{(R-z)^2} + \frac{2x^3}{R(R-z)^3}\right] \\ &= \frac{1+\mu}{ER}A_3\left[\frac{x}{R(R-z)} - \frac{3x}{(R-z)^2} + \frac{2x^3}{R(R-z)^3}\right] \end{aligned}$$

$$\begin{aligned} \frac{\partial v}{\partial y} &= \frac{1+\mu}{ER}A_3\left[-\frac{x}{(R-z)^2} + \frac{2xy}{(R-z)^3}\frac{y}{R}\right] \\ &= \frac{1+\mu}{ER}A_3\left[-\frac{x}{(R-z)^2} + \frac{2xy^2}{R(R-z)^3}\right] \end{aligned}$$

$$\frac{\partial w}{\partial z} = \frac{1+\mu}{ER}A_3\left[-\frac{x}{(R-z)^2}\left(\frac{z}{R} - 1\right)\right] = \frac{1+\mu}{ER}A_3\left[\frac{x}{R(R-z)}\right]$$

于是,可得

$$\theta=\frac{\partial u}{\partial x}+\frac{\partial v}{\partial y}+\frac{\partial w}{\partial z}$$

$$=\frac{1+\mu}{ER}A_3\left[\frac{x}{R(R-z)}-\frac{3x}{(R-z)^2}+\frac{2x^3}{R(R-z)^3}-\frac{x}{(R-z)^2}+\frac{2xy^2}{R(R-z)^3}+\frac{x}{R(R-z)}\right]$$

由于

$$\frac{x}{R(R-z)}-\frac{3x}{(R-z)^2}+\frac{2x^3}{R(R-z)^3}-\frac{x}{(R-z)^2}+\frac{2xy^2}{R(R-z)^3}+\frac{x}{R(R-z)}=0$$

所以

$$\theta=0$$

得到验证。

答毕。

3. 用位移势函数表示的应力分量

由式(8.1.2),可得

$$\begin{cases}\dfrac{\partial u}{\partial x}=\dfrac{1}{2G}\dfrac{\partial^2\psi}{\partial x^2} & \dfrac{\partial u}{\partial y}=\dfrac{1}{2G}\dfrac{\partial^2\psi}{\partial x\partial y} & \dfrac{\partial u}{\partial z}=\dfrac{1}{2G}\dfrac{\partial^2\psi}{\partial z\partial x}\\ \dfrac{\partial v}{\partial x}=\dfrac{1}{2G}\dfrac{\partial^2\psi}{\partial x\partial y} & \dfrac{\partial v}{\partial y}=\dfrac{1}{2G}\dfrac{\partial^2\psi}{\partial y^2} & \dfrac{\partial v}{\partial z}=\dfrac{1}{2G}\dfrac{\partial^2\psi}{\partial y\partial z}\\ \dfrac{\partial w}{\partial x}=\dfrac{1}{2G}\dfrac{\partial^2\psi}{\partial z\partial x} & \dfrac{\partial w}{\partial y}=\dfrac{1}{2G}\dfrac{\partial^2\psi}{\partial x\partial y} & \dfrac{\partial w}{\partial z}=\dfrac{1}{2G}\dfrac{\partial^2\psi}{\partial z^2}\end{cases}$$

由弹性方程式(7.1.1)的第一式,可得

$$\sigma_x=\frac{E}{1+\mu}\left(\frac{\mu}{1-2\mu}\theta+\frac{\partial u}{\partial x}\right)=2G\left(\frac{1}{2G}\frac{\partial^2\psi}{\partial x^2}\right)=\frac{\partial^2\psi}{\partial x^2}$$

同理,可得关于 σ_y 和 σ_y 的表达式。

由弹性方程式(7.1.1)的第四式,可得

$$\tau_{xy}=\frac{E}{2(1+\mu)}\left(\frac{\partial v}{\partial x}+\frac{\partial u}{\partial y}\right)=G\left(\frac{1}{2G}\frac{\partial^2\psi}{\partial x\partial y}+\frac{1}{2G}\frac{\partial^2\psi}{\partial x\partial y}\right)=\frac{\partial^2\psi}{\partial x\partial y}$$

同理,可得关于 τ_{yz} 和 τ_{zx} 的表达式。

因此,应力分量也可由位移势函数表达如下:

$$\begin{cases}\sigma_x=\dfrac{\partial^2\psi}{\partial x^2}\\ \sigma_y=\dfrac{\partial^2\psi}{\partial y^2}\\ \sigma_z=\dfrac{\partial^2\psi}{\partial z^2}\end{cases},\begin{cases}\tau_{xy}=\dfrac{\partial^2\psi}{\partial x\partial y}\\ \tau_{yz}=\dfrac{\partial^2\psi}{\partial y\partial z}\\ \tau_{zx}=\dfrac{\partial^2\psi}{\partial z\partial x}\end{cases}\tag{8.1.12}$$

显然,有

$$\sigma_x+\sigma_y+\sigma_z=\frac{\partial^2\psi}{\partial x^2}+\frac{\partial^2\psi}{\partial y^2}+\frac{\partial^2\psi}{\partial z^2}=\nabla^2\psi=0$$

例题 8.1.5:给定调和函数为

$$\psi = A_3\left(\frac{x}{R - z}\right)$$

式中:A_3为一个任意常数。

完成下列问题:

(1)求出应力分量的表达式;

(2)验证:

$$\sigma_x + \sigma_y + \sigma_z = 0$$

解答:

(1)根据式(8.1.12),并利用例题 8.1.2 中的结果,可得

$$\begin{cases}\sigma_x = \dfrac{\partial^2\psi}{\partial x^2} = A_3\dfrac{x}{R^3(R - z)^2}\left(-3R^2 + x^2 + \dfrac{2Rx^2}{R - z}\right) = A_3\dfrac{x}{R^3}\left[\dfrac{1}{(R - z)^2}\left(-3R^2 + x^2 + \dfrac{2Rx^2}{R - z}\right)\right] \\ \sigma_y = \dfrac{\partial^2\psi}{\partial y^2} = A_3\dfrac{x}{R^3(R - z)^2}\left(-R^2 + y^2 + \dfrac{2Ry^2}{R - z}\right) = A_3\dfrac{x}{R^3}\left[\dfrac{1}{(R - z)^2}\left(-R^2 + y^2 + \dfrac{2Ry^2}{R - z}\right)\right] \\ \sigma_z = \dfrac{\partial^2\psi}{\partial y^2} = A_3\dfrac{x}{R^3}\end{cases}$$

利用例题 8.1.2 的结果:

$$\begin{cases}\dfrac{\partial\psi}{\partial y} = A_3\left[-\dfrac{xy}{R(R - z)^2}\right] \\ \dfrac{\partial\psi}{\partial z} = A_3\left[\dfrac{x}{R(R - z)}\right]\end{cases}$$

可得

$$\begin{aligned}\frac{\partial^2\psi}{\partial y\partial x} &= A_3\left[-\frac{y}{R(R - z)^2} + \frac{xy}{R^2(R - z)^2}\frac{x}{R} + \frac{2xy}{R(R - z)^3}\frac{x}{R}\right] \\ &= A_3\left[-\frac{y}{R(R - z)^2} + \frac{x^2y}{R^3(R - z)^2} + \frac{2x^2y}{R^2(R - z)^3}\right] \\ &= \frac{y}{R^3}\left[\frac{A_3}{(R - z)^2}\left(-R^2 + x^2 + \frac{2Rx^2}{R - z}\right)\right]\end{aligned}$$

$$\frac{\partial^2\psi}{\partial z\partial y} = A_3\left[-\frac{x}{R^2(R - z)}\frac{y}{R} - \frac{x}{R(R - z)^2}\frac{y}{R}\right] = -A_3\left[\frac{xy}{R^3(R - z)} + \frac{xy}{R^2(R - z)^2}\right]$$

$$\begin{aligned}\frac{\partial^2\psi}{\partial z\partial x} &= A_3\left[\frac{1}{R(R - z)} - \frac{x}{R^2(R - z)}\frac{x}{R} - \frac{x}{R(R - z)^2}\frac{x}{R}\right] \\ &= A_3\left[\frac{1}{R(R - z)} - \frac{x^2}{R^3(R - z)} - \frac{x^2}{R^2(R - z)^2}\right]\end{aligned}$$

由式(8.1.11),可得

$$
\begin{cases}
\tau_{xy} = \dfrac{\partial^2 \psi}{\partial y \partial x} = \dfrac{y}{R^3}\left[\dfrac{A_3}{(R-z)^2}\left(-R^2 + x^2 + \dfrac{2Rx^2}{R-z}\right)\right] \\
\tau_{yz} = \dfrac{\partial^2 \psi}{\partial z \partial y} = -A_3\left[\dfrac{xy}{R^3(R-z)} + \dfrac{xy}{R^2(R-z)^2}\right] \\
\tau_{zx} = \dfrac{\partial^2 \psi}{\partial z \partial x} = A_3\left[\dfrac{1}{R(R-z)} - \dfrac{x^2}{R^3(R-z)} - \dfrac{x^2}{R^2(R-z)^2}\right]
\end{cases}
$$

（2）利用解答（1）的结果，可得

$$
\begin{aligned}
&\sigma_x + \sigma_y + \sigma_z \\
&= A_3 \frac{x}{R^3}\left[\frac{1}{(R-z)^2}\left(-3R^2 + x^2 + \frac{2Rx^2}{R-z}\right) + \frac{1}{(R-z)^2}\left(-R^2 + y^2 + \frac{2Ry^2}{R-z}\right) + 1\right] \\
&= A_3 \frac{x}{R^3}\frac{1}{(R-z)^2}\left[\left(-3R^2 + x^2 + \frac{2Rx^2}{R-z}\right) + \left(-R^2 + y^2 + \frac{2Ry^2}{R-z}\right) + (R-z)^2\right]
\end{aligned}
$$

由于（证明过程参见附录 A）

$$
\left(-3R^2 + x^2 + \frac{2Rx^2}{R-z}\right) + \left(-R^2 + y^2 + \frac{2Ry^2}{R-z}\right) + (R-z)^2 = 0
$$

所以

$$
\sigma_x + \sigma_y + \sigma_z = 0
$$

得到验证。

因此，应力分量 σ_x 和 σ_y 也可表达为

$$
\begin{aligned}
\sigma_x &= A_3 \frac{x}{R^3}\left[\frac{1}{(R-z)^2}\left(-3R^2 + x^2 + \frac{2Rx^2}{R-z}\right)\right] \\
&= A_3 \frac{x}{R^3}\left[\frac{1}{(R-z)^2}\left(R^2 - y^2 - \frac{2Ry^2}{R-z}\right) - 1\right] \\
&= \frac{x}{R^3}\left[\frac{A_3}{(R-z)^2}\left(R^2 - y^2 - \frac{2Ry^2}{R-z}\right) - A_3\right] \\
\sigma_y &= A_3 \frac{x}{R^3}\left[\frac{1}{(R-z)^2}\left(-R^2 + y^2 + \frac{2Ry^2}{R-z}\right)\right] \\
&= A_3 \frac{x}{R^3}\left[\frac{1}{(R-z)^2}\left(3R^2 - x^2 - \frac{2Rx^2}{R-z}\right) - 1\right] \\
&= \frac{x}{R^3}\left[\frac{A_3}{(R-z)^2}\left(3R^2 - x^2 - \frac{2Rx^2}{R-z}\right) - A_3\right]
\end{aligned}
$$

综上所述，由所给定的位移势函数，可得正应力分量为

$$
\begin{cases}
\sigma_x = \dfrac{x}{R^3}\left[\dfrac{A_3}{(R-z)^2}\left(R^2 - y^2 - \dfrac{2Ry^2}{R-z}\right) - A_3\right] \\
\sigma_y = \dfrac{x}{R^3}\left[\dfrac{A_3}{(R-z)^2}\left(3R^2 - x^2 - \dfrac{2Rx^2}{R-z}\right) - A_3\right] \\
\sigma_z = \dfrac{x}{R^3}A_3
\end{cases}
\tag{8.1.13a}
$$

切应力分量为

$$\begin{cases}\tau_{xy} = \dfrac{y}{R^3}\left[\dfrac{A_3}{(R-z)^2}\left(-R^2 + x^2 + \dfrac{2Rx^2}{R-z}\right)\right] \\ \tau_{yz} = -A_3\left[\dfrac{xy}{R^3(R-z)} + \dfrac{xy}{R^2\ (R-z)^2}\right] \\ \tau_{zx} = A_3\left[\dfrac{1}{R(R-z)} - \dfrac{x^2}{R^3(R-z)} - \dfrac{x^2}{R^2\ (R-z)^2}\right]\end{cases} \tag{8.1.13b}$$

答毕。

4. 位移势函数法小结

对于一个直角坐标下的空间问题,如果找到适当的调和函数 $\psi(x, y, z)$,使得式(8.1.2)给出的位移分量和式(8.1.12)给出的应力分量能够满足边界条件,那就可得到该问题的解答。

应当指出:位移有势是一种特殊情况。实际上,假如位移势函数存在,则有

$$\theta = \nabla^2\psi = C$$

这表明体积应变在整个弹性体中是常量。显然,位移势函数并不是在所有一切问题中都存在的。因而,位移势函数所能解决的问题是有限的。

下面介绍一种位移函数,可用来解决相对较多的问题。有时,为减少运算工作量,位移函数也可以和位移势函数相结合使用。

二、伽辽金位移函数法

1. 伽辽金位移函数的引入

伽辽金引入了三个位移函数 ξ、η、ζ,把位移分量表示成为

$$\begin{cases}u = \dfrac{1}{2G}\left[2(1-\mu)\ \nabla^2\xi - \dfrac{\partial}{\partial x}\left(\dfrac{\partial\xi}{\partial x} + \dfrac{\partial\eta}{\partial y} + \dfrac{\partial\zeta}{\partial z}\right)\right] \\ v = \dfrac{1}{2G}\left[2(1-\mu)\ \nabla^2\eta - \dfrac{\partial}{\partial y}\left(\dfrac{\partial\xi}{\partial x} + \dfrac{\partial\eta}{\partial y} + \dfrac{\partial\zeta}{\partial z}\right)\right] \\ w = \dfrac{1}{2G}\left[2(1-\mu)\ \nabla^2\zeta - \dfrac{\partial}{\partial z}\left(\dfrac{\partial\xi}{\partial x} + \dfrac{\partial\eta}{\partial y} + \dfrac{\partial\zeta}{\partial z}\right)\right]\end{cases} \tag{8.1.14}$$

式中

$$\nabla^2 = \frac{\partial^2}{\partial x^2} + \frac{\partial^2}{\partial y^2} + \frac{\partial^2}{\partial z^2}$$

2. 伽辽金位移函数应当满足的基本微分方程

由式(8.1.14),可得

$$\begin{cases}\dfrac{\partial u}{\partial x} = \dfrac{1+\mu}{E}\left[2(1-\mu)\ \dfrac{\partial\ \nabla^2\xi}{\partial x} - \dfrac{\partial^2}{\partial x^2}\left(\dfrac{\partial\xi}{\partial x} + \dfrac{\partial\eta}{\partial y} + \dfrac{\partial\zeta}{\partial z}\right)\right] \\ \dfrac{\partial v}{\partial y} = \dfrac{1+\mu}{E}\left[2(1-\mu)\ \dfrac{\partial\ \nabla^2\eta}{\partial y} - \dfrac{\partial^2}{\partial y^2}\left(\dfrac{\partial\xi}{\partial x} + \dfrac{\partial\eta}{\partial y} + \dfrac{\partial\zeta}{\partial z}\right)\right] \\ \dfrac{\partial w}{\partial z} = \dfrac{1+\mu}{E}\left[2(1-\mu)\ \dfrac{\partial\ \nabla^2\zeta}{\partial z} - \dfrac{\partial^2}{\partial z^2}\left(\dfrac{\partial\xi}{\partial x} + \dfrac{\partial\eta}{\partial y} + \dfrac{\partial\zeta}{\partial z}\right)\right]\end{cases} \tag{8.1.14a}$$

进而,可得

$$\theta=\frac{\partial u}{\partial x}+\frac{\partial v}{\partial y}+\frac{\partial w}{\partial z}=\frac{1+\mu}{E}\left[(1-2\mu)\nabla^2\left(\frac{\partial \xi}{\partial x}+\frac{\partial \eta}{\partial y}+\frac{\partial \zeta}{\partial z}\right)\right] \tag{8.1.14b}$$

由式(8.1.14)的第一式,可得

$$\nabla^2 u=\frac{1+\mu}{E}\left[2(1-\mu)\nabla^4\xi-\frac{\partial}{\partial x}\nabla^2\left(\frac{\partial \xi}{\partial x}+\frac{\partial \eta}{\partial y}+\frac{\partial \zeta}{\partial z}\right)\right] \tag{8.1.14c}$$

由式(8.1.14b)和式(8.1.14c),可得

$$\begin{aligned}\frac{1}{1-2\mu}\frac{\partial \theta}{\partial x}+\nabla^2 u&=\frac{1}{1-2\mu}\frac{1+\mu}{E}\left[(1-2\mu)\frac{\partial}{\partial x}\nabla^2\left(\frac{\partial \xi}{\partial x}+\frac{\partial \eta}{\partial y}+\frac{\partial \zeta}{\partial z}\right)\right]+\\&\quad\frac{1+\mu}{E}\left[2(1-\mu)\nabla^4\xi-\frac{\partial}{\partial x}\nabla^2\left(\frac{\partial \xi}{\partial x}+\frac{\partial \eta}{\partial y}+\frac{\partial \zeta}{\partial z}\right)\right]\\&=\frac{2(1+\mu)(1-\mu)}{E}\nabla^4\xi\end{aligned}$$

于是微分方程式(8.1.1)的第一式变成

$$\frac{2(1+\mu)(1-\mu)}{E}\nabla^4\xi=0$$

即

$$\nabla^4\xi=0$$

同理,可得其他两个方程。故

$$\begin{cases}\nabla^4\xi=0\\\nabla^4\eta=0\\\nabla^4\zeta=0\end{cases} \tag{8.1.15}$$

这就是说,三个位移函数都应当是重调和函数。

以下给出两个常用的重调和函数:

$$\xi=R \tag{8.1.16a}$$

$$\zeta=x\ln(R-z) \tag{8.1.16b}$$

式中

$$R=\sqrt{x^2+y^2+z^2}$$

容易得到:

$$\frac{\partial R}{\partial x}=\frac{x}{R},\frac{\partial R}{\partial y}=\frac{y}{R},\frac{\partial R}{\partial z}=\frac{z}{R}$$

显然,这些重调和函数的线性组合仍然是重调和函数。当选取这些重调和函数作为伽辽金位移函数时,就可以利用式(8.1.14)求出直角坐标系下空间问题的位移分量表达式。

例题 8.1.6:证明函数

$$\xi=R$$

为重调和函数。

解答:

由于

$$\begin{cases}\dfrac{\partial \xi}{\partial x}=\dfrac{\partial R}{\partial x}=\dfrac{x}{R}\\ \dfrac{\partial^2 \xi}{\partial x^2}=\dfrac{1}{R}-\dfrac{x}{R^2}\dfrac{x}{R}=\dfrac{1}{R}-\dfrac{x^2}{R^3}\end{cases}$$

同理,可得

$$\frac{\partial^2 \xi}{\partial y^2}=\frac{1}{R}-\frac{y^2}{R^3}$$

$$\frac{\partial^2 \xi}{\partial z^2}=\frac{1}{R}-\frac{z^2}{R^3}$$

$$\nabla^2 \xi=\frac{\partial^2 \xi}{\partial x^2}+\frac{\partial^2 \xi}{\partial y^2}+\frac{\partial^2 \xi}{\partial z^2}=\frac{3}{R}-\frac{x^2+y^2+z^2}{R^3}=\frac{3}{R}-\frac{R^2}{R^3}=\frac{2}{R}$$

$$\nabla^4 \xi=\nabla^2 \nabla^2 \xi=\nabla^2\left(\frac{2}{R}\right)=2\nabla^2\left(\frac{1}{R}\right)$$

由例题 8.1.1 的结果可知

$$\nabla^2\left(\frac{1}{R}\right)=0$$

所以

$$\nabla^4 \xi=0$$

因此,所给形式的函数 ξ 是一个重调和函数。

答毕。

例题 8.1.7:证明函数

$$\zeta=x\ln(R-z)$$

为重调和函数。

解答:

由于

$$\frac{\partial \zeta}{\partial x}=\ln(R-z)+\frac{x}{R-z}\frac{x}{R}=\ln(R-z)+\frac{x^2}{R(R-z)}$$

$$\begin{aligned}\frac{\partial^2 \zeta}{\partial x^2}&=\frac{1}{R-z}\frac{x}{R}+\frac{2x}{R(R-z)}-\frac{x^2}{R^2(R-z)}\frac{x}{R}-\frac{x^2}{R(R-z)^2}\frac{x}{R}\\&=\frac{3x}{R(R-z)}-\frac{x^3}{R^3(R-z)}-\frac{x^3}{R^2(R-z)^2}\end{aligned}$$

$$\frac{\partial \zeta}{\partial y}=\frac{x}{R-z}\frac{y}{R}=\frac{xy}{R(R-z)}$$

$$\begin{aligned}\frac{\partial^2 \zeta}{\partial y^2}&=\frac{x}{R(R-z)}-\frac{xy}{R^2(R-z)}\frac{y}{R}-\frac{xy}{R(R-z)^2}\frac{y}{R}\\&=\frac{x}{R(R-z)}-\frac{xy^2}{R^3(R-z)}-\frac{xy^2}{R^2(R-z)^2}\end{aligned}$$

$$\frac{\partial \zeta}{\partial z}=\frac{x}{R-z}\left(\frac{z}{R}-1\right)=-\frac{x}{R}$$

$$\frac{\partial^2 \zeta}{\partial z^2} = \frac{x}{R^2}\frac{z}{R} = \frac{xz}{R^3}$$

所以

$$\begin{aligned}\nabla^2 \zeta &= \frac{\partial^2 \zeta}{\partial x^2} + \frac{\partial^2 \zeta}{\partial y^2} + \frac{\partial^2 \zeta}{\partial z^2} \\ &= \frac{4x}{R(R-z)} - \left[\frac{x^3}{R^3(R-z)} + \frac{xy^2}{R^3(R-z)}\right] - \left[\frac{x^3}{R^2(R-z)^2} + \frac{xy^2}{R^2(R-z)^2}\right] + \frac{xz}{R^3}\end{aligned}$$

由于

$$\frac{x^3}{R^3(R-z)} + \frac{xy^2}{R^3(R-z)} = \frac{x(x^2+y^2)}{R^3(R-z)} = \frac{x(R^2-z^2)}{R^3(R-z)} = \frac{x(R+z)}{R^3} = \frac{x}{R^2} + \frac{xz}{R^3}$$

$$\frac{x^3}{R^2(R-z)^2} + \frac{xy^2}{R^2(R-z)^2} = \frac{x(x^2+y^2)}{R^2(R-z)^2} = \frac{x(R^2-z^2)}{R^2(R-z)^2} = \frac{x(R+z)}{R^2(R-z)} = \frac{x}{R(R-z)} + \frac{xz}{R^2(R-z)}$$

所以

$$\begin{aligned}&\frac{4x}{R(R-z)} - \left[\frac{x}{R^2} + \frac{xz}{R^3}\right] - \left[\frac{x}{R(R-z)} + \frac{xz}{R^2(R-z)}\right] + \frac{xz}{R^3} \\ &= \frac{3x}{R(R-z)} - \left[\frac{x}{R^2} + \frac{xz}{R^2(R-z)}\right] = \frac{3x}{R(R-z)} - \frac{x}{R^2(R-z)}[(R-z)+z] \\ &= \frac{2x}{R(R-z)}\end{aligned}$$

即

$$\nabla^2 \zeta = \frac{2x}{R(R-z)}$$

于是,可得

$$\nabla^4 \zeta = \nabla^2 \nabla^2 \zeta = \nabla^2 \left[\frac{2x}{R(R-z)}\right] = 2\nabla^2 \left[\frac{x}{R(R-z)}\right]$$

由例题 8.1.3 的结果可知

$$\nabla^2 \left[\frac{x}{R(R-z)}\right] = 0$$

所以

$$\nabla^4 \zeta = 0$$

因此,所给形式的函数 ζ 是一个重调和函数。

答毕。

例题 8.1.8:给定重调和函数为

$$\begin{cases}\xi = A_1 R \\ \eta = 0 \\ \zeta = A_2 x \ln(R-z)\end{cases}$$

式中:A_1 和 A_2 为两个任意常数。

完成下列问题:

(1) 求出位移分量 u 的表达式;

（2）求出位移分量 v 的表达式；

（3）求出位移分量 w 的表达式。

解答：

（1）位移分量 u。

由例题 8.1.6 已知

$$\nabla^2 \xi = A_1 \frac{2}{R}, \frac{\partial^2 \xi}{\partial x^2} = A_1 \left(\frac{1}{R} - \frac{x^2}{R^3} \right)$$

显然，有

$$\frac{\partial^2 \eta}{\partial x \partial y} = 0$$

由例题 8.1.7 已知

$$\frac{\partial \zeta}{\partial z} = - A_2 \frac{x}{R}$$

则

$$\frac{\partial^2 \zeta}{\partial z \partial x} = A_2 \left(- \frac{1}{R} + \frac{x}{R^2} \frac{x}{R} \right) = A_2 \left(- \frac{1}{R} + \frac{x^2}{R^3} \right)$$

于是

$$\frac{\partial}{\partial x} \left(\frac{\partial \xi}{\partial x} + \frac{\partial \eta}{\partial y} + \frac{\partial \zeta}{\partial z} \right) = \frac{\partial^2 \xi}{\partial x^2} + \frac{\partial^2 \eta}{\partial y \partial x} + \frac{\partial^2 \zeta}{\partial z \partial x} = (A_1 - A_2) \left(\frac{1}{R} - \frac{x^2}{R^3} \right)$$

因此，得位移分量：

$$\begin{aligned} u &= \frac{1}{2G} \left[2(1 - \mu) \nabla^2 \xi - \frac{\partial}{\partial x} \left(\frac{\partial \xi}{\partial x} + \frac{\partial \eta}{\partial y} + \frac{\partial \zeta}{\partial z} \right) \right] \\ &= \frac{1 + \mu}{E} \left[2(1 - \mu) \left(A_1 \frac{2}{R} \right) - (A_1 - A_2) \left(\frac{1}{R} - \frac{x^2}{R^3} \right) \right] \\ &= \frac{1 + \mu}{ER} \left[(3 - 4\mu) A_1 + A_2 + (A_1 - A_2) \frac{x^2}{R^2} \right] \end{aligned}$$

（2）位移分量 v。

显然，有

$$\nabla^2 \eta = 0, \frac{\partial^2 \eta}{\partial y^2} = 0$$

由例题 8.1.6 已知

$$\frac{\partial \xi}{\partial x} = A_1 \frac{x}{R}$$

则

$$\frac{\partial^2 \xi}{\partial x \partial y} = A_1 \left(- \frac{x}{R^2} \frac{y}{R} \right) = - A_1 \frac{xy}{R^3}$$

由例题 8.1.7 已知

$$\frac{\partial \zeta}{\partial z} = - A_2 \frac{x}{R}$$

则

$$\frac{\partial^2 \zeta}{\partial z \partial y} = A_2\left(\frac{x}{R^2}\frac{y}{R}\right) = A_2\frac{xy}{R^3}$$

于是

$$\frac{\partial}{\partial y}\left(\frac{\partial \xi}{\partial x}+\frac{\partial \eta}{\partial y}+\frac{\partial \zeta}{\partial z}\right) = \frac{\partial^2 \xi}{\partial x \partial y}+\frac{\partial^2 \eta}{\partial y^2}+\frac{\partial^2 \zeta}{\partial z \partial y} = -A_1\frac{xy}{R^3}+A_2\frac{xy}{R^3} = -(A_1-A_2)\frac{xy}{R^3}$$

因此,得位移分量:

$$\begin{aligned} v &= \frac{1}{2G}\left[2(1-\mu)\nabla^2\eta - \frac{\partial}{\partial y}\left(\frac{\partial \xi}{\partial x}+\frac{\partial \eta}{\partial y}+\frac{\partial \zeta}{\partial z}\right)\right] \\ &= \frac{1+\mu}{E}\left[(A_1-A_2)\frac{xy}{R^3}\right] = \frac{1+\mu}{ER}\left[(A_1-A_2)\frac{xy}{R^2}\right] \end{aligned}$$

(3) 位移分量 w。

由例题 8.1.7 已知

$$\nabla^2\zeta = A_2\frac{2x}{R(R-z)}, \frac{\partial^2 \zeta}{\partial z^2} = A_2\frac{xz}{R^3}$$

由例题 8.1.6 已知

$$\frac{\partial \xi}{\partial x} = A_1\frac{x}{R}$$

则

$$\frac{\partial^2 \xi}{\partial x \partial z} = A_1\left(-\frac{x}{R^2}\frac{z}{R}\right) = -A_1\frac{xz}{R^3}$$

显然,有

$$\frac{\partial^2 \eta}{\partial y \partial z} = 0$$

于是

$$\frac{\partial}{\partial z}\left(\frac{\partial \xi}{\partial x}+\frac{\partial \eta}{\partial y}+\frac{\partial \zeta}{\partial z}\right) = \frac{\partial^2 \xi}{\partial z \partial x}+\frac{\partial^2 \eta}{\partial y \partial z}+\frac{\partial^2 \zeta}{\partial z^2} = -A_1\frac{xz}{R^3}+A_2\frac{xz}{R^3} = -(A_1-A_2)\frac{xz}{R^3}$$

$$\begin{aligned} w &= \frac{1}{2G}\left[2(1-\mu)\nabla^2\zeta - \frac{\partial}{\partial z}\left(\frac{\partial \xi}{\partial x}+\frac{\partial \eta}{\partial y}+\frac{\partial \zeta}{\partial z}\right)\right] \\ &= \frac{1+\mu}{ER}\left[2(1-\mu)A_2\frac{2x}{R-z}+(A_1-A_2)\frac{xz}{R^2}\right] \end{aligned}$$

综上所述,对于所给定的位移势函数,可得位移分量为

$$\begin{cases} u = \dfrac{1+\mu}{ER}\left[(3-4\mu)A_1+A_2+(A_1-A_2)\dfrac{x^2}{R^2}\right] \\ v = \dfrac{1+\mu}{ER}\left[(A_1-A_2)\dfrac{xy}{R^2}\right] \\ w = \dfrac{1+\mu}{ER}\left[2(1-\mu)A_2\dfrac{2x}{R-z}+(A_1-A_2)\dfrac{xz}{R^2}\right] \end{cases} \tag{8.1.17}$$

答毕。

3. 用伽辽金位移函数表示的应力分量

结合式(8.1.14a)和式(8.1.14b),利用弹性方程式(7.1.1)的第一式,可得

$$
\begin{aligned}
\sigma_x &= \frac{E}{1+\mu}\left(\frac{\mu}{1-2\mu}\theta + \frac{\partial u}{\partial x}\right) \\
&= \frac{\mu}{1-2\mu}\left[(1-2\mu)\nabla^2\left(\frac{\partial \xi}{\partial x}+\frac{\partial \eta}{\partial y}+\frac{\partial \zeta}{\partial z}\right)\right] + \left[2(1-\mu)\frac{\partial \nabla^2 \xi}{\partial x} - \frac{\partial^2}{\partial x^2}\left(\frac{\partial \xi}{\partial x}+\frac{\partial \eta}{\partial y}+\frac{\partial \zeta}{\partial z}\right)\right] \\
&= \mu\nabla^2\left(\frac{\partial \xi}{\partial x}+\frac{\partial \eta}{\partial y}+\frac{\partial \zeta}{\partial z}\right) + 2(1-\mu)\frac{\partial \nabla^2 \xi}{\partial x} - \frac{\partial^2}{\partial x^2}\left(\frac{\partial \xi}{\partial x}+\frac{\partial \eta}{\partial y}+\frac{\partial \zeta}{\partial z}\right) \\
&= 2(1-\mu)\frac{\partial \nabla^2 \xi}{\partial x} + \left(\mu\nabla^2 - \frac{\partial^2}{\partial x^2}\right)\left(\frac{\partial \xi}{\partial x}+\frac{\partial \eta}{\partial y}+\frac{\partial \zeta}{\partial z}\right)
\end{aligned}
$$

同理,可得其他两个正应力的表达式,则有

$$
\begin{cases}
\sigma_x = 2(1-\mu)\dfrac{\partial}{\partial x}\nabla^2\xi + \left(\mu\nabla^2 - \dfrac{\partial^2}{\partial x^2}\right)\left(\dfrac{\partial \xi}{\partial x}+\dfrac{\partial \eta}{\partial y}+\dfrac{\partial \zeta}{\partial z}\right) \\
\sigma_y = 2(1-\mu)\dfrac{\partial}{\partial y}\nabla^2\eta + \left(\mu\nabla^2 - \dfrac{\partial^2}{\partial y^2}\right)\left(\dfrac{\partial \xi}{\partial x}+\dfrac{\partial \eta}{\partial y}+\dfrac{\partial \zeta}{\partial z}\right) \\
\sigma_z = 2(1-\mu)\dfrac{\partial}{\partial z}\nabla^2\zeta + \left(\mu\nabla^2 - \dfrac{\partial^2}{\partial z^2}\right)\left(\dfrac{\partial \xi}{\partial x}+\dfrac{\partial \eta}{\partial y}+\dfrac{\partial \zeta}{\partial z}\right)
\end{cases}
\tag{8.1.18a}
$$

由式(8.1.14),可得

$$
\begin{cases}
\dfrac{\partial u}{\partial y} = \dfrac{1+\mu}{E}\left[2(1-\mu)\dfrac{\partial \nabla^2\xi}{\partial y} - \dfrac{\partial^2}{\partial x\partial y}\left(\dfrac{\partial \xi}{\partial x}+\dfrac{\partial \eta}{\partial y}+\dfrac{\partial \zeta}{\partial z}\right)\right] \\
\dfrac{\partial v}{\partial x} = \dfrac{1+\mu}{E}\left[2(1-\mu)\dfrac{\partial \nabla^2\eta}{\partial x} - \dfrac{\partial^2}{\partial y\partial x}\left(\dfrac{\partial \xi}{\partial x}+\dfrac{\partial \eta}{\partial y}+\dfrac{\partial \zeta}{\partial z}\right)\right]
\end{cases}
$$

代入弹性方程式(7.1.1)的第四式,可得

$$
\begin{aligned}
\tau_{xy} &= \frac{E}{2(1+\mu)}\left(\frac{\partial v}{\partial x}+\frac{\partial u}{\partial y}\right) \\
&= \frac{1}{2}\left[2(1-\mu)\frac{\partial \nabla^2\xi}{\partial y} - \frac{\partial^2}{\partial x\partial y}\left(\frac{\partial \xi}{\partial x}+\frac{\partial \eta}{\partial y}+\frac{\partial \zeta}{\partial z}\right) + 2(1-\mu)\frac{\partial \nabla^2\eta}{\partial x} - \frac{\partial^2}{\partial y\partial x}\left(\frac{\partial \xi}{\partial x}+\frac{\partial \eta}{\partial y}+\frac{\partial \zeta}{\partial z}\right)\right] \\
&= (1-\mu)\left(\frac{\partial \nabla^2\eta}{\partial x}+\frac{\partial \nabla^2\xi}{\partial y}\right) - \frac{\partial^2}{\partial x\partial y}\left(\frac{\partial \xi}{\partial x}+\frac{\partial \eta}{\partial y}+\frac{\partial \zeta}{\partial z}\right)
\end{aligned}
$$

同理,可得其他两个切应力的表达式,则有

$$
\begin{cases}
\tau_{yz} = (1-\mu)\left(\dfrac{\partial}{\partial y}\nabla^2\zeta + \dfrac{\partial}{\partial z}\nabla^2\eta\right) - \dfrac{\partial^2}{\partial y\partial z}\left(\dfrac{\partial \xi}{\partial x}+\dfrac{\partial \eta}{\partial y}+\dfrac{\partial \zeta}{\partial z}\right) \\
\tau_{zx} = (1-\mu)\left(\dfrac{\partial}{\partial z}\nabla^2\xi + \dfrac{\partial}{\partial x}\nabla^2\zeta\right) - \dfrac{\partial^2}{\partial z\partial x}\left(\dfrac{\partial \xi}{\partial x}+\dfrac{\partial \eta}{\partial y}+\dfrac{\partial \zeta}{\partial z}\right) \\
\tau_{xy} = (1-\mu)\left(\dfrac{\partial}{\partial x}\nabla^2\eta + \dfrac{\partial}{\partial y}\nabla^2\xi\right) - \dfrac{\partial^2}{\partial x\partial y}\left(\dfrac{\partial \xi}{\partial x}+\dfrac{\partial}{\partial y}+\dfrac{\partial \zeta}{\partial z}\right)
\end{cases}
\tag{8.1.18b}
$$

于是可见,对于一个直角坐标系下的空间问题,如果找到适当的重调和函数 ξ、η、ζ,使得式(8.1.14)给出的位移分量和式(8.1.18)给出的应力分量能够满足边界条件,就得到了该问题的解答。

例题 8.1.9:给定重调和函数

$$\begin{cases}\xi = A_1 R \\ \eta = 0 \\ \zeta = A_2 x \ln(R - z)\end{cases}$$

式中:A_1和A_2为两个任意常数。

完成下列问题:

(1) 求出正应力分量的表达式;

(2) 求出切应力分量的表达式。

解答:

(1) 正应力分量。

由例题 8.1.6 和例题 8.1.7 已知

$$\frac{\partial \xi}{\partial x} = A_1 \frac{x}{R}, \frac{\partial \eta}{\partial y} = 0, \frac{\partial \zeta}{\partial z} = - A_2 \frac{x}{R}$$

则

$$\frac{\partial \xi}{\partial x} + \frac{\partial \eta}{\partial y} + \frac{\partial \zeta}{\partial z} = A_1 \frac{x}{R} - A_2 \frac{x}{R} = (A_1 - A_2) \frac{x}{R}$$

$$\frac{\partial}{\partial x}\left(\frac{\partial \xi}{\partial x} + \frac{\partial \eta}{\partial y} + \frac{\partial \zeta}{\partial z}\right) = (A_1 - A_2)\left(\frac{1}{R} - \frac{x}{R^2}\frac{x}{R}\right) = (A_1 - A_2)\left(\frac{1}{R} - \frac{x^2}{R^3}\right)$$

$$\frac{\partial^2}{\partial x^2}\left(\frac{\partial \xi}{\partial x} + \frac{\partial \eta}{\partial y} + \frac{\partial \zeta}{\partial z}\right) = (A_1 - A_2)\left(-\frac{1}{R^2}\frac{x}{R} - \frac{2x}{R^3} + \frac{3x^2}{R^4}\frac{x}{R}\right) = (A_1 - A_2)\left(-\frac{3x}{R^3} + \frac{3x^3}{R^5}\right)$$

$$\frac{\partial}{\partial y}\left(\frac{\partial \xi}{\partial x} + \frac{\partial \eta}{\partial y} + \frac{\partial \zeta}{\partial z}\right) = (A_1 - A_2)\left(-\frac{x}{R^2}\frac{y}{R}\right) = (A_1 - A_2)\left(-\frac{xy}{R^3}\right)$$

$$\frac{\partial^2}{\partial y^2}\left(\frac{\partial \xi}{\partial x} + \frac{\partial \eta}{\partial y} + \frac{\partial \zeta}{\partial z}\right) = (A_1 - A_2)\left(-\frac{x}{R^3} + \frac{3xy}{R^4}\frac{y}{R}\right) = (A_1 - A_2)\left(-\frac{x}{R^3} + \frac{3xy^2}{R^5}\right)$$

$$\frac{\partial}{\partial z}\left(\frac{\partial \xi}{\partial x} + \frac{\partial \eta}{\partial y} + \frac{\partial \zeta}{\partial z}\right) = (A_1 - A_2)\left(-\frac{x}{R^2}\frac{z}{R}\right) = (A_1 - A_2)\left(-\frac{xz}{R^3}\right)$$

$$\frac{\partial^2}{\partial z^2}\left(\frac{\partial \xi}{\partial x} + \frac{\partial \eta}{\partial y} + \frac{\partial \zeta}{\partial z}\right) = (A_1 - A_2)\left(-\frac{x}{R^3} + \frac{3xz}{R^4}\frac{z}{R}\right) = (A_1 - A_2)\left(-\frac{x}{R^3} + \frac{3xz^2}{R^5}\right)$$

于是得到:

$$\begin{aligned}\nabla^2\left(\frac{\partial \xi}{\partial x} + \frac{\partial \eta}{\partial y} + \frac{\partial \zeta}{\partial z}\right) &= \left(\frac{\partial^2}{\partial x^2} + \frac{\partial^2}{\partial y^2} + \frac{\partial^2}{\partial z^2}\right)\left(\frac{\partial \xi}{\partial x} + \frac{\partial \eta}{\partial y} + \frac{\partial \zeta}{\partial z}\right) \\ &= (A_1 - A_2)\left[\left(-\frac{3x}{R^3} + \frac{3x^3}{R^5}\right) + \left(-\frac{x}{R^3} + \frac{3xy^2}{R^5}\right) + \left(-\frac{x}{R^3} + \frac{3xz^2}{R^5}\right)\right] \\ &= (A_1 - A_2)\left[-\frac{5x}{R^3} + \frac{3x(x^2 + y^2 + z^2)}{R^5}\right] = (A_1 - A_2)\left[-\frac{5x}{R^3} + \frac{3xR^2}{R^5}\right] \\ &= (A_1 - A_2)\left(-\frac{2x}{R^3}\right)\end{aligned}$$

由例题 8.1.6 已知

$$\nabla^2\xi = A_1 \frac{2}{R}$$

于是

$$\frac{\partial}{\partial x}\nabla^2\xi = A_1\left(-\frac{2x}{R^3}\right)$$

由式(8.1.18a)的第一式,可得

$$\begin{aligned}
\sigma_x &= 2(1-\mu)\frac{\partial}{\partial x}\nabla^2\xi + \left(\mu\nabla^2 - \frac{\partial^2}{\partial x^2}\right)\left(\frac{\partial\xi}{\partial x} + \frac{\partial\eta}{\partial y} + \frac{\partial\zeta}{\partial z}\right) \\
&= 2(1-\mu)A_1\left(-\frac{2x}{R^3}\right) + \mu(A_1 - A_2)\left(-\frac{2x}{R^3}\right) - (A_1 - A_2)\left(-\frac{3x}{R^3} + \frac{3x^3}{R^5}\right) \\
&= \frac{x}{R^3}\left[-4(1-\mu)A_1 - 2\mu(A_1 - A_2) + 3(A_1 - A_2) - (A_1 - A_2)\frac{3x^2}{R^2}\right]
\end{aligned}$$

由于

$$\eta = 0$$

于是

$$\frac{\partial}{\partial x}\nabla^2\eta = A_1\left(-\frac{2x}{R^3}\right)$$

由式(8.1.18a)的第二式,可得

$$\begin{aligned}
\sigma_y &= 2(1-\mu)\frac{\partial}{\partial y}\nabla^2\eta + \left(\mu\nabla^2 - \frac{\partial^2}{\partial y^2}\right)\left(\frac{\partial\xi}{\partial x} + \frac{\partial\eta}{\partial y} + \frac{\partial\zeta}{\partial z}\right) \\
&= \mu(A_1 - A_2)\left(-\frac{2x}{R^3}\right) - (A_1 - A_2)\left(-\frac{x}{R^3} + \frac{3xy^2}{R^5}\right) \\
&= \frac{x}{R^3}\left[(1-2\mu)(A_1 - A_2) - (A_1 - A_2)\left(\frac{3y^2}{R^2}\right)\right]
\end{aligned}$$

由例题 8.1.7 可得

$$\nabla^2\zeta = A_2\frac{2x}{R(R-z)}$$

则

$$\begin{aligned}
\frac{\partial}{\partial z}\nabla^2\zeta &= A_2\left[-\frac{2x}{R^2(R-z)}\frac{z}{R} - \frac{2x}{R(R-z)^2}\left(\frac{z}{R} - 1\right)\right] \\
&= A_2\left[-\frac{2xz}{R^3(R-z)} + \frac{2x}{R^2(R-z)}\right] \\
&= A_2\left[\frac{2x(R-z)}{R^3(R-z)}\right] = A_2\left(\frac{2x}{R^3}\right)
\end{aligned}$$

由式(8.1.18a)的第三式,可得

$$\begin{aligned}
\sigma_z &= 2(1-\mu)\frac{\partial}{\partial z}\nabla^2\zeta + \left(\mu\nabla^2 - \frac{\partial^2}{\partial z^2}\right)\left(\frac{\partial\xi}{\partial x} + \frac{\partial\eta}{\partial y} + \frac{\partial\zeta}{\partial z}\right) \\
&= 2(1-\mu)A_2\left(\frac{2x}{R^3}\right) + \mu(A_1 - A_2)\left(-\frac{2x}{R^3}\right) - \left[(A_1 - A_2)\left(-\frac{x}{R^3} + \frac{3xz^2}{R^5}\right)\right]
\end{aligned}$$

$$= \frac{x}{R^3}\left[4(1-\mu)A_2 + (1-2\mu)(A_1-A_2) - (A_1-A_2)\frac{3z^2}{R^2}\right]$$

(2) 切应力分量。

显然有

$$\nabla^2\eta = 0, \frac{\partial}{\partial x}\nabla^2\eta = 0$$

由例题 8.1.6 已知

$$\nabla^2\xi = A_1\frac{2}{R}$$

则

$$\frac{\partial}{\partial y}\nabla^2\xi = A_1\left(-\frac{2}{R^2}\frac{y}{R}\right) = A_1\left(-\frac{2y}{R^3}\right)$$

而

$$\frac{\partial^2}{\partial x\partial y}\left(\frac{\partial\xi}{\partial x}+\frac{\partial\eta}{\partial y}+\frac{\partial\zeta}{\partial z}\right) = \frac{\partial}{\partial x}\left[(A_1-A_2)\left(-\frac{xy}{R^3}\right)\right] = (A_1-A_2)\left(-\frac{y}{R^3}+\frac{3x^2y}{R^5}\right)$$

由式(8.1.18b)的第一式,可得

$$\begin{aligned}\tau_{xy} &= (1-\mu)\left(\frac{\partial}{\partial x}\nabla^2\eta + \frac{\partial}{\partial y}\nabla^2\xi\right) - \frac{\partial^2}{\partial x\partial y}\left(\frac{\partial\xi}{\partial x}+\frac{\partial}{\partial y}+\frac{\partial\zeta}{\partial z}\right)\\ &= (1-\mu)A_1\left(-\frac{2y}{R^3}\right) - (A_1-A_2)\left(-\frac{y}{R^3}+\frac{3x^2y}{R^5}\right)\\ &= \frac{y}{R^3}\left[-2(1-\mu)A_1 + (A_1-A_2) - (A_1-A_2)\frac{3x^2}{R^2}\right]\end{aligned}$$

显然,有

$$\nabla^2\eta = 0, \frac{\partial}{\partial z}\nabla^2\eta = 0$$

由例题 8.1.7 已知

$$\nabla^2\zeta = A_2\frac{2x}{R(R-z)}$$

则

$$\frac{\partial}{\partial y}\nabla^2\zeta = A_2\left[-\frac{2x}{R^2(R-z)}\frac{y}{R} - \frac{2x}{R(R-z)^2}\frac{y}{R}\right] = A_2\left[-\frac{2xy}{R^3(R-z)} - \frac{2xy}{R^2(R-z)^2}\right]$$

而

$$\frac{\partial}{\partial y}\left(\frac{\partial\xi}{\partial x}+\frac{\partial\eta}{\partial y}+\frac{\partial\zeta}{\partial z}\right) = (A_1-A_2)\left(-\frac{xy}{R^3}\right)$$

则

$$\frac{\partial^2}{\partial y\partial z}\left(\frac{\partial\xi}{\partial x}+\frac{\partial\eta}{\partial y}+\frac{\partial\zeta}{\partial z}\right) = \frac{\partial}{\partial z}\left[(A_1-A_2)\left(-\frac{xy}{R^3}\right)\right] = (A_1-A_2)\frac{3xyz}{R^5}$$

由式(8.1.18b)的第二式,可得

$$\tau_{yz} = (1-\mu)\left(\frac{\partial}{\partial y}\nabla^2\zeta + \frac{\partial}{\partial z}\nabla^2\eta\right) - \frac{\partial^2}{\partial y\partial z}\left(\frac{\partial\xi}{\partial x}+\frac{\partial\eta}{\partial y}+\frac{\partial\zeta}{\partial z}\right)$$

$$=-A_2(1-\mu)\left[\frac{2xy}{R^3(R-z)}+\frac{2xy}{R^2(R-z)^2}\right]-(A_1-A_2)\frac{3xyz}{R^5}$$

由例题 8.1.6 已知

$$\nabla^2\xi=A_1\frac{2}{R}$$

则

$$\frac{\partial}{\partial z}\nabla^2\xi=-A_1\frac{2}{R^2}\frac{z}{R}=-A_1\frac{2z}{R^3}$$

由例题 8.1.7 已知

$$\nabla^2\zeta=A_2\frac{2x}{R(R-z)}$$

则

$$\frac{\partial}{\partial x}\nabla^2\zeta=A_2\left[\frac{2}{R(R-z)}-\frac{2x}{R^2(R-z)}\frac{x}{R}-\frac{2x}{R(R-z)^2}\frac{x}{R}\right]$$
$$=A_2\left[\frac{2}{R(R-z)}-\frac{2x^2}{R^3(R-z)}-\frac{2x^2}{R^2(R-z)^2}\right]$$

而

$$\frac{\partial^2}{\partial z\partial x}\left(\frac{\partial\xi}{\partial x}+\frac{\partial\eta}{\partial y}+\frac{\partial\zeta}{\partial z}\right)=\frac{\partial}{\partial x}\left[(A_1-A_2)\left(-\frac{xz}{R^3}\right)\right]=(A_1-A_2)\left(-\frac{z}{R^3}+\frac{3x^2z}{R^5}\right)$$

由式(8.1.18b)的第三式,可得

$$\tau_{zx}=(1-\mu)\left(\frac{\partial}{\partial z}\nabla^2\xi+\frac{\partial}{\partial x}\nabla^2\zeta\right)-\frac{\partial^2}{\partial z\partial x}\left(\frac{\partial\xi}{\partial x}+\frac{\partial\eta}{\partial y}+\frac{\partial\zeta}{\partial z}\right)$$
$$=(1-\mu)A_1\left(-\frac{2z}{R^3}\right)+(1-\mu)A_2\left[\frac{2}{R(R-z)}-\frac{2x^2}{R^3(R-z)}-\frac{2x^2}{R^2(R-z)^2}\right]-$$
$$(A_1-A_2)\left(-\frac{z}{R^3}+\frac{3x^2z}{R^5}\right)$$
$$=(1-\mu)A_2\left[\frac{2}{R(R-z)}-\frac{2x^2}{R^3(R-z)}-\frac{2x^2}{R^2(R-z)^2}\right]+$$
$$[-2(1-\mu)A_1+(A_1-A_2)]\left(\frac{z}{R^3}\right)-(A_1-A_2)\left(\frac{3x^2z}{R^5}\right)$$

综上所述,由所给定的伽辽金位移函数,可得正应力分量为

$$\begin{cases}\sigma_x=\dfrac{x}{R^3}\left[-4(1-\mu)A_1-2\mu(A_1-A_2)+3(A_1-A_2)-(A_1-A_2)\dfrac{3x^2}{R^2}\right]\\ \sigma_y=\dfrac{x}{R^3}\left[(1-2\mu)(A_1-A_2)-(A_1-A_2)\left(\dfrac{3y^2}{R^2}\right)\right]\\ \sigma_z=\dfrac{x}{R^3}\left[4(1-\mu)A_2+(1-2\mu)(A_1-A_2)-(A_1-A_2)\dfrac{3z^2}{R^2}\right]\end{cases}\tag{8.1.19a}$$

切应力分量为

$$
\begin{cases}
\tau_{xy} = \dfrac{y}{R^3}\left[-2(1-\mu)A_1 + (A_1 - A_2) - (A_1 - A_2)\dfrac{3x^2}{R^2}\right] \\
\tau_{yz} = -A_2(1-\mu)\left[\dfrac{2xy}{R^3(R-z)} + \dfrac{2xy}{R^2(R-z)^2}\right] - (A_1 - A_2)\dfrac{3xyz}{R^5} \\
\tau_{zx} = (1-\mu)A_2\left[\dfrac{2}{R(R-z)} - \dfrac{2x^2}{R^3(R-z)} - \dfrac{2x^2}{R^2(R-z)^2}\right] + \\
\qquad [-2(1-\mu)A_1 + (A_1 - A_2)]\left(\dfrac{z}{R^3}\right) - (A_1 - A_2)\left(\dfrac{3x^2 z}{R^5}\right)
\end{cases}
\tag{8.1.19b}
$$

答毕。

三、边界平面上作用切向集中力的半空间体

1. 问题的描述

如图 8.1.1 所示，设有半空间体，不计体力。在其边界面上作用切向集中力 F。以集中力 F 的作用点为坐标原点，以半空间体边界平面为 xy 坐标平面，以边界平面的外法向为 z 轴，集中力 F 指向 x 轴的正方向，建立直角坐标系。

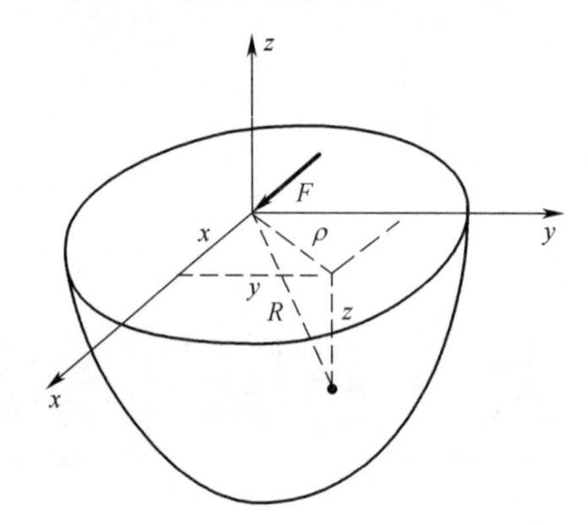

图 8.1.1　边界平面上作用切向集中力的半空间体

半空间体内部点的集合为

$$
\Omega = \{\boldsymbol{x} \mid z < 0\}
$$

半空间体边界平面上点的集合为

$$
\Gamma = \{\boldsymbol{x} \mid z = 0\}
$$

半空间体边界平面上除原点外点的集合为

$$
\Gamma_\sigma = \{\boldsymbol{x} \mid z = 0, R = \rho = \sqrt{x^2 + y^2} \neq 0\}
$$

2. 边界条件

在除原点以外的 Γ_σ 上，作用的面力为

$$
\bar{\boldsymbol{f}} = \begin{bmatrix} \bar{f}_x \\ \bar{f}_y \\ \bar{f}_z \end{bmatrix} = \begin{bmatrix} 0 \\ 0 \\ 0 \end{bmatrix}, \boldsymbol{x} \in \Gamma_\sigma \tag{8.1.20}
$$

在原点(集中力 F 的作用点)附近的边界平面上,面力的分布并不明确,但却应当与切向集中力 F 相平衡。根据力的平衡,得到等效的应力边界条件为

$$\int_{-\infty}^{\infty}\int_{-\infty}^{\infty}\bar{f}_x \mathrm{d}x\mathrm{d}y + F = 0 \tag{8.1.21}$$

基于圣维南原理,这样处理对远离原点的应力场没有显著影响。

3. 位移函数的选取

为了求解此问题,取如下形式的重调和函数作为伽辽金位移函数:

$$\begin{cases}\xi = A_1 R\\ \eta = 0\\ \zeta = A_2 x\ln(R - z)\end{cases}$$

以及如下形式的调和函数作为位移势函数:

$$\psi = A_3\left(\frac{x}{R - z}\right)$$

式中:A_1、A_2和 A_3为待定常数。

由式(8.1.17)和式(8.1.11),可得位移分量的表达式如下:

$$\begin{cases}u = \dfrac{1+\mu}{ER}\left[(3 - 4\mu)A_1 + A_2 + (A_1 - A_2)\dfrac{x^2}{R^2}\right] + \dfrac{1+\mu}{ER}A_3\left[\dfrac{R}{R - z} - \dfrac{x^2}{(R - z)^2}\right]\\ v = \dfrac{1+\mu}{ER}\left[(A_1 - A_2)\dfrac{xy}{R^2}\right] + \dfrac{1+\mu}{ER}A_3\left[-\dfrac{xy}{(R - z)^2}\right]\\ w = \dfrac{1+\mu}{ER}\left[2(1-\mu)A_2\dfrac{2x}{R - z} + (A_1 - A_2)\dfrac{xz}{R^2}\right] + \dfrac{1+\mu}{ER}A_3\left(\dfrac{x}{R - z}\right)\end{cases} \tag{8.1.22}$$

由式(8.1.19)和式(8.1.13),可得应力分量的表达式如下。其中,正应力分量为

$$\begin{cases}\sigma_x = \dfrac{x}{R^3}\left[-4(1-\mu)A_1 - 2\mu(A_1 - A_2) + 3(A_1 - A_2) - (A_1 - A_2)\dfrac{3x^2}{R^2}\right] +\\ \qquad \dfrac{x}{R^3}\left[\dfrac{A_3}{(R - z)^2}\left(R^2 - y^2 - \dfrac{2Ry^2}{R - z}\right) - A_3\right]\\ \sigma_y = \dfrac{x}{R^3}\left[(1 - 2\mu)(A_1 - A_2) - (A_1 - A_2)\left(\dfrac{3y^2}{R^2}\right)\right] +\\ \qquad \dfrac{x}{R^3}\left[\dfrac{A_3}{(R - z)^2}\left(3R^2 - x^2 - \dfrac{2Rx^2}{R + z}\right) - A_3\right]\\ \sigma_z = \dfrac{x}{R^3}\left[4(1-\mu)A_2 + (1 - 2\mu)(A_1 - A_2) - (A_1 - A_2)\dfrac{3z^2}{R^2}\right] + \dfrac{x}{R^3}A_3\end{cases} \tag{8.1.23a}$$

切应力分量为

$$
\begin{cases}
\tau_{xy} = \dfrac{y}{R^3}\left[-2(1-\mu)A_1 + (A_1 - A_2) - (A_1 - A_2)\dfrac{3x^2}{R^2}\right] + \\
\quad \dfrac{y}{R^3}\left[\dfrac{A_3}{(R-z)^2}\left(-R^2 + x^2 + \dfrac{2Rx^2}{R-z}\right)\right] \\
\tau_{yz} = -A_2(1-\mu)\left[\dfrac{2xy}{R^3(R-z)} + \dfrac{2xy}{R^2(R-z)^2}\right] - \\
\quad (A_1 - A_2)\dfrac{3xyz}{R^5} - A_3\left[\dfrac{xy}{R^3(R-z)} + \dfrac{xy}{R^2(R-z)^2}\right] \\
\tau_{zx} = (1-\mu)A_2\left[\dfrac{2}{R(R-z)} - \dfrac{2x^2}{R^3(R-z)} - \dfrac{2x^2}{R^2(R-z)^2}\right] + \\
\quad [-2(1-\mu)A_1 + (A_1 - A_2)]\left(\dfrac{z}{R^3}\right) - (A_1 - A_2)\left(\dfrac{3x^2 z}{R^5}\right) + \\
\quad A_3\left[\dfrac{1}{R(R-z)} - \dfrac{x^2}{R^3(R-z)} - \dfrac{x^2}{R^2(R-z)^2}\right]
\end{cases}
\tag{8.1.23b}
$$

4. 根据边界条件求出待定常数

半空间体边界平面的单位法向矢量为

$$
\boldsymbol{n} = \begin{bmatrix} n_x \\ n_y \\ n_z \end{bmatrix} = \begin{bmatrix} 0 \\ 0 \\ 1 \end{bmatrix}
$$

由其上原点除外的应力边界条件为

$$
\begin{cases}
(\sigma_x)_{z=0,R\neq 0} \times 0 + (\tau_{xy})_{z=0,R\neq 0} \times 0 + (\tau_{zx})_{z=0,R\neq 0} \times 1 = 0 \\
(\tau_{xy})_{z=0,R\neq 0} \times 0 + (\sigma_y)_{z=0,R\neq 0} \times 0 + (\tau_{yz})_{z=0,R\neq 0} \times 1 = 0 \\
(\tau_{zx})_{z=0,R\neq 0} \times 0 + (\tau_{yz})_{z=0,R\neq 0} \times 0 + (\sigma_z)_{z=0,R\neq 0} \times 1 = 0
\end{cases}
$$

可得

$$
\begin{cases}
(\tau_{zx})_{z=0,R\neq 0} = 0 \\
(\tau_{yz})_{z=0,R\neq 0} = 0 \\
(\sigma_z)_{z=0,R\neq 0} = 0
\end{cases}
$$

由

$$
(\sigma_z)_{z=0,R\neq 0} = \frac{x}{R^3}[4(1-\mu)A_2 + (1-2\mu)(A_1 - A_2) + A_3] = 0
$$

可得

$$
(1-2\mu)A_1 + (3-2\mu)A_2 + A_3 = 0 \tag{a}
$$

此时,应力分量 σ_z 可简化为

$$
\sigma_z = -(A_1 - A_2)\frac{3xz^2}{R^5} \tag{8.1.24}
$$

由

$$
(\tau_{yz})_{z=0,R\neq 0} = [-2A_2(1-\mu) - A_3]\left[\frac{xy}{R^3(R-z)} + \frac{xy}{R^2(R-z)^2}\right] = 0
$$

可得

$$2(1-\mu)A_2+A_3=0 \tag{b}$$

此时,应力分量 τ_{yz} 可简化为

$$\tau_{yz}=-(A_1-A_2)\frac{3xyz}{R^5} \tag{8.1.25}$$

由

$$(\tau_{zx})_{z=0,R\neq 0}=[2(1-\mu)A_2+A_3]\left[\frac{1}{R(R-z)}-\frac{x^2}{R^3(R-z)}-\frac{x^2}{R^2(R-z)^2}\right]=0$$

可得

$$2(1-\mu)A_2+A_3=0$$

这是与式(b)一样的结果。此时,应力分量 τ_{zx} 可简化为

$$\tau_{zx}=[-2(1-\mu)A_1+(A_1-A_2)]\left(\frac{z}{R^3}\right)-(A_1-A_2)\left(\frac{3x^2z}{R^5}\right)$$

由式(a)-式(b)可得

$$(1-2\mu)A_1+A_2=0$$

或

$$A_2=-(1-2\mu)A_1 \tag{c}$$

因此,有

$$-2(1-\mu)A_1+(A_1-A_2)=-2A_1+2\mu A_1+A_1+(1-2\mu)A_1=0$$

应力分量 τ_{zx} 可进一步简化为

$$\tau_{zx}=-(A_1-A_2)\frac{3x^2z}{R^5} \tag{8.1.26}$$

半空间体边界平面的单位法向矢量为

$$\boldsymbol{n}=\begin{bmatrix}n_x\\n_y\\n_z\end{bmatrix}=\begin{bmatrix}0\\0\\1\end{bmatrix}$$

其上原点附近的应力边界条件:

$$\begin{cases}(\sigma_x)_s\times 0+(\tau_{xy})_s\times 0+(\tau_{zx})_s\times 1=\bar{f}_x\\(\tau_{xy})_s\times 0+(\sigma_y)_s\times 0+(\tau_{yz})_s\times 1=\bar{f}_y\\(\tau_{zx})_s\times 0+(\tau_{yz})_s\times 0+(\sigma_z)_s\times 1=\bar{f}_z\end{cases}$$

可得

$$\bar{f}_x=(\tau_{zx})_s$$

边界面上等效的应力边界条件式(8.1.21)变为

$$\int_{-\infty}^{\infty}\int_{-\infty}^{\infty}\tau_{zx}\mathrm{d}x\mathrm{d}y+F=0$$

即

$$-3(A_1-A_2)\int_{-\infty}^{\infty}\int_{-\infty}^{\infty}\frac{x^2z}{R^5}\mathrm{d}x\mathrm{d}y+F=0$$

利用

$$x = \rho\cos\varphi, R^2 = \rho^2 + z^2$$

可得

$$\int_{-\infty}^{\infty}\int_{-\infty}^{\infty}\left[\frac{x^2 z}{R^5}\right]\mathrm{d}x\mathrm{d}y = \int_0^{2\pi}\int_0^{\infty}\left[\frac{(\rho^2\cos^2\varphi)z}{(\rho^2 + z^2)^{5/2}}\right]\rho\mathrm{d}\varphi\mathrm{d}\rho$$

利用

$$\cos^2\varphi = \frac{1}{2}(\cos 2\varphi + 1)$$

上式右边变为

$$\begin{aligned}&\int_0^{2\pi}\int_0^{\infty}\left[\frac{(\rho^2\cos^2\varphi)z}{(\rho^2 + z^2)^{5/2}}\right]\rho\mathrm{d}\varphi\mathrm{d}\rho\\ &= \left[\frac{1}{2}\int_0^{2\pi}(\cos 2\varphi + 1)\mathrm{d}\varphi\right]\left[\int_0^{\infty}\frac{\rho^3 z}{(\rho^2 + z^2)^{5/2}}\mathrm{d}\rho\right] = \pi\int_0^{\infty}\frac{\rho^3 z}{(\rho^2 + z^2)^{5/2}}\mathrm{d}\rho\end{aligned}$$

引入参变量 t,使得

$$\rho = zt$$

则

$$\begin{aligned}&\int_0^{\infty}\frac{\rho^3 z}{(\rho^2 + z^2)^{5/2}}\mathrm{d}\rho = \int_0^{\infty}\frac{z^3 t^3 z}{(z^2 t^2 + z^2)^{5/2}}z\mathrm{d}t = \int_0^{\infty}\frac{t^3}{(t^2 + 1)^{5/2}}\mathrm{d}t\\ &= \frac{1}{2}\int_0^{\infty}\frac{t^2}{(t^2 + 1)^{5/2}}\mathrm{d}(t^2 + 1) = \frac{1}{2}\int_0^{\infty}\frac{t^2 + 1 - 1}{(t^2 + 1)^{5/2}}\mathrm{d}(t^2 + 1)\\ &= \frac{1}{2}\left[\int_0^{\infty}\frac{1}{(t^2 + 1)^{3/2}}\mathrm{d}(t^2 + 1) - \int_0^{\infty}\frac{1}{(t^2 + 1)^{5/2}}\mathrm{d}(t^2 + 1)\right]\\ &= \frac{1}{2}\left[(-2)\times\frac{1}{(t^2 + 1)^{1/2}}\bigg|_0^{\infty} - \left(-\frac{2}{3}\right)\times\frac{1}{(t^2 + 1)^{3/2}}\bigg|_0^{\infty}\right]\\ &= \frac{1}{2}\left[(-2)\times(-1) - \left(-\frac{2}{3}\right)\times(-1)\right] = \frac{1}{2}\left[2 - \frac{2}{3}\right] = \frac{2}{3}\end{aligned}$$

因此

$$\int_{-\infty}^{\infty}\int_{-\infty}^{\infty}\left[\frac{x^2 z}{R^5}\right]\mathrm{d}x\mathrm{d}y = \frac{2}{3}\pi$$

即

$$-3(A_1 - A_2)\times\frac{2}{3}\pi + F = 0$$

得到:

$$A_1 - A_2 = \frac{F}{2\pi} \tag{d}$$

将式(c)代入式(d),可得

$$A_1 + (1 - 2\mu)A_1 = \frac{F}{2\pi}$$

解得

$$A_1 = \frac{F}{4\pi(1-\mu)}$$

利用式(c),解得

$$A_2 = -(1-2\mu)A_1 = -\frac{1-2\mu}{4\pi(1-\mu)}F$$

利用式(b),解得

$$A_3 = -2(1-\mu)A_2 = -2(1-\mu)\left[-\frac{1-2\mu}{4\pi(1-\mu)}F\right] = \frac{1-2\mu}{2\pi}F$$

综上所述,求出的待定常数为

$$A_1 = \frac{F}{4\pi(1-\mu)}, A_2 = -\frac{1-2\mu}{4\pi(1-\mu)}F, A_3 = \frac{1-2\mu}{2\pi}F$$

5. 求得位移分量的解答

由于

$$(3-4\mu)A_1 + A_2 = (3-4\mu)\frac{F}{4\pi(1-\mu)} - \frac{1-2\mu}{4\pi(1-\mu)}F = \frac{2-2\mu}{4\pi(1-\mu)}F = \frac{1}{2\pi}F$$

由式(8.1.22)的第一式,可得

$$\begin{aligned} u &= \frac{1+\mu}{ER}\left[(3-4\mu)A_1 + A_2 + (A_1 - A_2)\frac{x^2}{R^2}\right] + \frac{1+\mu}{ER}A_3\left[\frac{R}{R-z} - \frac{x^2}{(R-z)^2}\right] \\ &= \frac{1+\mu}{ER}\left[\frac{1}{2\pi}F + \frac{F}{2\pi}\frac{x^2}{R^2}\right] + \frac{1+\mu}{ER}\frac{1-2\mu}{2\pi}F\left[\frac{R}{R-z} - \frac{x^2}{(R-z)^2}\right] \\ &= \frac{(1+\mu)F}{2\pi ER}\left\{1 + \frac{x^2}{R^2} + (1-2\mu)\left[\frac{R}{R-z} - \frac{x^2}{(R-z)^2}\right]\right\} \end{aligned}$$

由式(8.1.22)的第二式,可得

$$\begin{aligned} v &= \frac{1+\mu}{ER}\left[(A_1 - A_2)\frac{xy}{R^2}\right] + \frac{1+\mu}{ER}A_3\left[-\frac{xy}{(R-z)^2}\right] \\ &= \frac{1+\mu}{ER}\left[\frac{F}{2\pi}\frac{xy}{R^2}\right] + \frac{1+\mu}{ER}\frac{1-2\mu}{2\pi}F\left[-\frac{xy}{(R-z)^2}\right] \\ &= \frac{(1+\mu)F}{2\pi ER}\left[\frac{xy}{R^2} - (1-2\mu)\frac{xy}{(R-z)^2}\right] \end{aligned}$$

由式(8.1.22)的第三式,可得

$$\begin{aligned} w &= \frac{1+\mu}{ER}\left[2(1-\mu)A_2\frac{2x}{R-z} + (A_1 - A_2)\frac{xz}{R^2}\right] + \frac{1+\mu}{ER}A_3\left(\frac{x}{R-z}\right) \\ &= \frac{1+\mu}{ER}\left\{2(1-\mu)\left[-\frac{1-2\mu}{4\pi(1-\mu)}F\right]\frac{2x}{R-z} + \frac{F}{2\pi}\frac{xz}{R^2}\right\} + \frac{1+\mu}{ER}\frac{1-2\mu}{2\pi}F\left(\frac{x}{R-z}\right) \\ &= \frac{1+\mu}{ER}\frac{F}{2\pi}\left[\frac{xz}{R^2} - (1-2\mu)\frac{x}{R-z}\right] \end{aligned}$$

综上所述,位移分量的解答为

$$\begin{cases}u=\dfrac{(1+\mu)F}{2\pi ER}\left\{1+\dfrac{x^2}{R^2}+(1-2\mu)\left[\dfrac{R}{R-z}-\dfrac{x^2}{(R-z)^2}\right]\right\}\\ v=\dfrac{(1+\mu)F}{2\pi ER}\left[\dfrac{xy}{R^2}-\dfrac{(1-2\mu)xy}{(R-z)^2}\right]\\ w=\dfrac{(1+\mu)F}{2\pi ER}\left[\dfrac{xz}{R^2}-\dfrac{(1-2\mu)x}{R-z}\right]\end{cases} \tag{8.1.27}$$

6. 求得应力分量的解答

由于

$$\begin{aligned}&-4(1-\mu)A_1-2\mu(A_1-A_2)+3(A_1-A_2)\\ =&-4(1-\mu)\frac{F}{4\pi(1-\mu)}-2\mu\frac{F}{2\pi}+3\frac{F}{2\pi}=\frac{F}{2\pi}(1-2\mu)\end{aligned}$$

由式(8.1.23a)的第一式,可得

$$\begin{aligned}\sigma_x=&\frac{x}{R^3}\left[-4(1-\mu)A_1-2\mu(A_1-A_2)+3(A_1-A_2)-(A_1-A_2)\frac{3x^2}{R^2}\right]+\\ &\frac{x}{R^3}\left[\frac{A_3}{(R-z)^2}\left(R^2-y^2-\frac{2Ry^2}{R-z}\right)-A_3\right]\\ =&\frac{x}{R^3}\left[\frac{F}{2\pi}(1-2\mu)-\frac{F}{2\pi}\frac{3x^2}{R^2}\right]+\\ &\frac{x}{R^3}\left[\frac{1-2\mu}{2\pi}F\frac{1}{(R-z)^2}\left(R^2-y^2-\frac{2Ry^2}{R-z}\right)-\frac{1-2\mu}{2\pi}F\right]\\ =&\frac{Fx}{2\pi R^3}\left[\frac{1-2\mu}{(R-z)^2}\left(R^2-y^2-\frac{2Ry^2}{R-z}\right)-\frac{3x^2}{R^2}\right]\end{aligned}$$

由式(8.1.23a)的第二式,可得

$$\begin{aligned}\sigma_y=&\frac{x}{R^3}\left[(1-2\mu)(A_1-A_2)-(A_1-A_2)\left(\frac{3y^2}{R^2}\right)\right]+\\ &\frac{x}{R^3}\left[\frac{A_3}{(R-z)^2}\left(3R^2-x^2-\frac{2Rx^2}{R+z}\right)-A_3\right]\\ =&\frac{x}{R^3}\left[(1-2\mu)\frac{F}{2\pi}-\frac{F}{2\pi}\left(\frac{3y^2}{R^2}\right)\right]+\\ &\frac{x}{R^3}\left[\frac{1-2\mu}{2\pi}F\frac{1}{(R-z)^2}\left(3R^2-x^2-\frac{2Rx^2}{R+z}\right)-\frac{1-2\mu}{2\pi}F\right]\\ =&\frac{Fx}{2\pi R^3}\left[\frac{1-2\mu}{(R-z)^2}\left(3R^2-x^2-\frac{2Rx^2}{R+z}\right)-\left(\frac{3y^2}{R^2}\right)\right]\end{aligned}$$

由式(8.1.24),可得

$$\sigma_z=-(A_1-A_2)\frac{3xz^2}{R^5}=-\frac{F}{2\pi}\frac{3xz^2}{R^5}=-\frac{3Fxz^2}{2\pi R^5}$$

由式(8.1.23b)的第一式,可得

$$\tau_{xy}=\frac{y}{R^3}\left[-2(1-\mu)A_1+(A_1-A_2)-(A_1-A_2)\frac{3x^2}{R^2}\right]+$$

$$\frac{y}{R^3}\left[\frac{A_3}{(R-z)^2}\left(-R^2+x^2+\frac{2Rx^2}{R-z}\right)\right]+$$

$$=\frac{y}{R^3}\left[-2(1-\mu)\frac{F}{4\pi(1-\mu)}+\frac{F}{2\pi}-\frac{F}{2\pi}\frac{3x^2}{R^2}\right]+$$

$$\frac{y}{R^3}\left[\frac{1-2\mu}{2\pi}F\frac{1}{(R-z)^2}\left(-R^2+x^2+\frac{2Rx^2}{R-z}\right)\right]$$

$$=\frac{Fy}{2\pi R^3}\left[\frac{1-2\mu}{(R-z)^2}\left(-R^2+x^2+\frac{2Rx^2}{R-z}\right)-\frac{3x^2}{R^2}\right]$$

由式(8.1.25),可得

$$\tau_{yz}=-(A_1-A_2)\frac{3xyz}{R^5}=-\frac{F}{2\pi}\frac{3xyz}{R^5}=-\frac{3Fxyz}{2\pi R^5}$$

由式(8.1.26),可得

$$\tau_{zx}=-(A_1-A_2)\frac{3x^2z}{R^5}=-\frac{F}{2\pi}\frac{3x^2z}{R^5}=-\frac{3Fx^2z}{2\pi R^5}$$

综上所述,应力分量的解答为

$$\begin{cases}\sigma_x=\dfrac{Fx}{2\pi R^3}\left[\dfrac{1-2\mu}{(R-z)^2}\left(R^2-y^2-\dfrac{2Ry^2}{R-z}\right)-\dfrac{3x^2}{R^2}\right]\\ \sigma_y=\dfrac{Fx}{2\pi R^3}\left[\dfrac{1-2\mu}{(R-z)^2}\left(3R^2-x^2-\dfrac{2Rx^2}{R+z}\right)-\dfrac{3y^2}{R^2}\right]\\ \sigma_z=-\dfrac{3Fxz^2}{2\pi R^5}\end{cases}\tag{8.1.28a}$$

$$\begin{cases}\tau_{xy}=\dfrac{Fy}{2\pi R^3}\left[\dfrac{1-2\mu}{(R-z)^2}\left(-R^2+x^2+\dfrac{2Rx^2}{R-z}\right)-\dfrac{3x^2}{R^2}\right]\\ \tau_{yz}=-\dfrac{3Fxyz}{2\pi R^5}\\ \tau_{zx}=-\dfrac{3Fx^2z}{2\pi R^5}\end{cases}\tag{8.1.28b}$$

上述关于边界平面上作用切向集中力的半空间体的解称为塞路蒂(V. Cerruti)解答。

8.2 圆柱坐标系下的空间轴对称问题

一、位移势函数法

1. 位移势函数的引入

当体力零时,用位移分量表达的基本微分方程式(7.3.3)为

$$\begin{cases}\dfrac{1}{1-2\mu}\dfrac{\partial\theta}{\partial\rho}+\nabla^2u_\rho-\dfrac{u_\rho}{\rho^2}=0\\ \dfrac{1}{1-2\mu}\dfrac{\partial\theta}{\partial z}+\nabla^2w=0\end{cases}\tag{8.2.1}$$

式中

$$\theta = \frac{\partial u_\rho}{\partial \rho} + \frac{u_\rho}{\rho} + \frac{\partial w}{\partial z}$$

$$\nabla^2 = \frac{\partial^2}{\partial \rho^2} + \frac{1}{\rho}\frac{\partial}{\partial \rho} + \frac{\partial^2}{\partial z^2}$$

假设位移是有势的:存在一个标量函数 ψ,使得位移分量在某个方向上的分量与该标量函数在此方向上的导数成正比,即

$$\begin{cases} u_\rho = \dfrac{1}{2G}\dfrac{\partial \psi}{\partial \rho} \\ w = \dfrac{1}{2G}\dfrac{\partial \psi}{\partial z} \end{cases} \tag{8.2.2}$$

式中:ψ 称为位移势函数。取比例常数为 $1/2G$ 的目的也是为了方便运算。

2. 位移势函数应当满足的基本微分方程

由式(8.2.2),可得

$$\begin{cases} \nabla^2 u_\rho - \dfrac{u_\rho}{\rho^2} = \dfrac{1}{2G}\left[\left(\dfrac{\partial^2}{\partial \rho^2} + \dfrac{1}{\rho}\dfrac{\partial}{\partial \rho} + \dfrac{\partial^2}{\partial z^2}\right)\dfrac{\partial \psi}{\partial \rho} - \dfrac{1}{\rho^2}\dfrac{\partial \psi}{\partial \rho}\right] \\ \qquad = \dfrac{1}{2G}\dfrac{\partial}{\partial \rho}\left(\dfrac{\partial^2 \psi}{\partial \rho^2} + \dfrac{1}{\rho}\dfrac{\partial \psi}{\partial \rho} + \dfrac{\partial^2 \psi}{\partial z^2}\right) = \dfrac{1}{2G}\dfrac{\partial}{\partial \rho}\nabla^2 \psi \\ \nabla^2 w = \dfrac{1}{2G}\nabla^2 \dfrac{\partial \psi}{\partial z} = \dfrac{1}{2G}\dfrac{\partial}{\partial z}\nabla^2 \psi \end{cases} \tag{8.2.3}$$

和

$$\theta = \frac{\partial u_\rho}{\partial \rho} + \frac{u_\rho}{\rho} + \frac{\partial w}{\partial z} = \frac{1}{2G}\nabla^2 \psi \tag{8.2.4}$$

进而,有

$$\begin{cases} \dfrac{\partial \theta}{\partial \rho} = \dfrac{1}{2G}\dfrac{\partial}{\partial \rho}\nabla^2 \psi \\ \dfrac{\partial \theta}{\partial z} = \dfrac{1}{2G}\dfrac{\partial}{\partial z}\nabla^2 \psi \end{cases} \tag{8.2.5}$$

将式(8.2.3)和式(8.2.5)代入微分方程式(8.2.1),可得

$$\begin{cases} \dfrac{\partial}{\partial \rho}\nabla^2 \psi = 0 \\ \dfrac{\partial}{\partial z}\nabla^2 \psi = 0 \end{cases} \tag{8.2.6}$$

即

$$\nabla^2 \psi = C \tag{8.2.7}$$

式中:C 为任意常数。

显然,任意一个满足式(8.2.7)的函数 ψ,按式(8.2.2)求出的位移分量都能满足基本微分方程式(8.2.1)。因而,这些位移分量都可以考虑作为圆柱坐标系下空间轴对称问题的解答。

特别地,如果取 $C=0$,即

$$\nabla^2\psi = 0 \tag{8.2.8}$$

此时,由式(8.2.4)可知

$$\theta = \frac{1}{2G}\nabla^2\psi = 0 \tag{8.2.9}$$

即体应变为零。这样的 ψ 是一种特殊形式的函数,称为调和函数。此时,按式(8.2.2)求出的位移分量,也可以考虑作为圆柱坐标系下空间轴对称问题的解答。

虽然选择调和函数作为位移势函数缩小了位移势函数的范围,但针对具体问题去寻求位移势函数就相对容易了。因为,调和函数已经在数学分析中得到了较为详尽的研究。

以下给出两个常用的调和函数:

$$\psi = \frac{1}{R} \tag{8.2.10a}$$

$$\psi = \ln(R - z) \tag{8.2.10b}$$

式中

$$R = \sqrt{\rho^2 + z^2}$$

容易得到:

$$\frac{\partial R}{\partial \rho} = \frac{\rho}{R}, \frac{\partial R}{\partial z} = \frac{z}{R}$$

显然,这些调和函数的线性组合仍然是调和函数。当选取这些调和函数作为位移势函数时,就可以利用式(8.2.2),求出圆柱坐标系下空间轴对称问题的位移分量的表达式。

例题 8.2.1:证明函数

$$\psi = \frac{1}{R}$$

为调和函数。

解答:

由于

$$\frac{\partial \psi}{\partial \rho} = -\frac{1}{R^2}\frac{\partial R}{\partial \rho} = -\frac{1}{R^2}\frac{\rho}{R} = -\frac{\rho}{R^3}$$

$$\frac{\partial^2 \psi}{\partial \rho^2} = -\frac{1}{R^3} + \frac{3\rho}{R^4}\frac{\rho}{R} = -\frac{1}{R^3} + \frac{3\rho^2}{R^5}$$

同理,可得

$$\frac{\partial^2 \psi}{\partial z^2} = -\frac{1}{R^3} + \frac{3z^2}{R^5}$$

于是

$$\begin{aligned}\nabla^2\psi &= \frac{\partial^2\psi}{\partial\rho^2} + \frac{1}{\rho}\frac{\partial\psi}{\partial\rho} + \frac{\partial^2\psi}{\partial z^2} \\ &= \left[-\frac{1}{R^3} + \frac{3\rho^2}{R^5}\right] + \frac{1}{\rho}\left[-\frac{\rho}{R^3}\right] + \left[-\frac{1}{R^3} + \frac{3z^2}{R^5}\right]\end{aligned}$$

$$=-\frac{3}{R^3}+\frac{3(\rho^2+z^2)}{R^5}=-\frac{3}{R^3}+\frac{3R^2}{R^5}=0$$

因此,所给形式的函数 ψ 是一个调和函数。

答毕。

例题 8.2.2:证明函数

$$\psi=\ln(R-z)$$

为调和函数。

证明:

由于

$$\frac{\partial\psi}{\partial\rho}=\frac{1}{R-z}\frac{\rho}{R}=\frac{\rho}{R(R-z)}$$

则

$$\frac{\partial^2\psi}{\partial\rho^2}=\frac{1}{R(R-z)}-\frac{\rho}{R^2(R-z)}\frac{\rho}{R}-\frac{\rho}{R(R-z)^2}\frac{\rho}{R}$$

$$=\frac{1}{R(R-z)}-\left[\frac{\rho^2}{R^3(R-z)}+\frac{\rho^2}{R^2(R-z)^2}\right]$$

由于

$$\frac{\partial\psi}{\partial z}=\frac{1}{R-z}\left(\frac{z}{R}-1\right)=-\frac{1}{R}$$

则

$$\frac{\partial^2\psi}{\partial z^2}=\frac{1}{R^2}\frac{z}{R}=\frac{z}{R^3}$$

于是

$$\nabla^2\psi=\frac{\partial^2\psi}{\partial\rho^2}+\frac{1}{\rho}\frac{\partial\psi}{\partial\rho}+\frac{\partial^2\psi}{\partial z^2}$$

$$=\frac{1}{R(R-z)}-\left[\frac{\rho^2}{R^3(R-z)}+\frac{\rho^2}{R^2(R-z)^2}\right]+\frac{1}{\rho}\left[\frac{\rho}{R(R-z)}\right]+\left[\frac{z}{R^3}\right]$$

$$=\frac{2}{R(R-z)}-\left[\frac{\rho^2}{R^3(R-z)}+\frac{\rho^2}{R^2(R-z)^2}\right]+\left[\frac{z}{R^3}\right]$$

由于

$$\frac{\rho^2}{R^3(R-z)}=\frac{R^2-z^2}{R^3(R-z)}=\frac{R+z}{R^3}=\frac{1}{R^2}+\frac{z}{R^3}$$

$$\frac{\rho^2}{R^2(R-z)^2}=\frac{R^2-z^2}{R^2(R-z)^2}=\frac{R+z}{R^2(R-z)}$$

于是

$$\frac{\rho^2}{R^3(R-z)}+\frac{\rho^2}{R^2(R-z)^2}$$

$$=\frac{1}{R^2}+\frac{z}{R^3}+\frac{R+z}{R^2(R-z)}$$

$$= \frac{(R - z)}{R^2(R - z)} + \frac{R + z}{R^2(R - z)} + \frac{z}{R^3}$$

$$= \frac{2}{R(R - z)} + \frac{z}{R^3}$$

所以

$$\nabla^2 \psi = \frac{2}{R(R - z)} - \left[\frac{2}{R(R - z)} + \frac{z}{R^3}\right] + \left[\frac{z}{R^3}\right] = 0$$

因此,所给形式的函数 ψ 是一个调和函数。

答毕。

例题 8.2.3:给定调和函数

$$\psi = A_2 \ln(R - z)$$

式中:A_2 为一个任意常数。

完成下列问题:

(1) 求出位移分量的表达式;

(2) 验证:

$$\theta = \frac{\partial u_\rho}{\partial \rho} + \frac{u_\rho}{\rho} + \frac{\partial w}{\partial z} = 0$$

解答:

(1) 根据式(8.2.2),并利用例题 8.2.2 的结果,可得

$$u_\rho = \frac{1}{2G} \frac{\partial \psi}{\partial \rho} = \frac{1 + \mu}{E} A_2 \frac{\rho}{R(R - z)} = \frac{1 + \mu}{ER}\left(A_2 \frac{\rho}{R - z}\right)$$

$$w = \frac{1}{2G} \frac{\partial \psi}{\partial z} = \frac{1 + \mu}{E} A_2 \left(-\frac{1}{R}\right) = \frac{1 + \mu}{ER}(-A_2)$$

综上所述,对于所给定的位移势函数,可得位移分量为

$$\begin{cases} u_\rho = \dfrac{1 + \mu}{ER}\left(A_2 \dfrac{\rho}{R - z}\right) \\ w = \dfrac{1 + \mu}{ER}(-A_2) \end{cases} \tag{8.2.11}$$

(2) 由于

$$\frac{\partial u_\rho}{\partial \rho} = -\frac{1 + \mu}{ER^2} \frac{\rho}{R}\left(A_2 \frac{\rho}{R - z}\right) + \frac{1 + \mu}{ER}\left[A_2 \frac{1}{R - z} - A_2 \frac{\rho}{(R - z)^2} \frac{\rho}{R}\right]$$

$$= A_2 \frac{1 + \mu}{ER}\left[-\frac{\rho^2}{R^2(R - z)} + \frac{1}{R - z} - \frac{\rho^2}{R(R - z)^2}\right]$$

$$\frac{u_\rho}{\rho} = \frac{1}{\rho} \frac{1 + \mu}{ER}\left(A_2 \frac{\rho}{R - z}\right) = A_2 \frac{1 + \mu}{ER}\left(\frac{1}{R - z}\right)$$

$$\frac{\partial w}{\partial z} = -\frac{1 + \mu}{ER^2} \frac{z}{R}(-A_2) = A_2 \frac{1 + \mu}{ER} \frac{z}{R^2}$$

$$\theta = \frac{\partial u_\rho}{\partial \rho} + \frac{u_\rho}{\rho} + \frac{\partial w}{\partial z} = A_2 \frac{1 + \mu}{ER}\left[-\frac{\rho^2}{R^2(R - z)} + \frac{1}{R - z} - \frac{\rho^2}{R(R - z)^2} + \frac{1}{R - z} + \frac{z}{R^2}\right]$$

由于

$$\begin{aligned}&\frac{\rho^2}{R^2(R-z)}+\frac{\rho^2}{R(R-z)^2}\\&=\frac{R^2-z^2}{R^2(R-z)}+\frac{R^2-z^2}{R(R-z)^2}=\frac{R+z}{R^2}+\frac{R+z}{R(R-z)}\\&=\frac{1}{R}+\frac{z}{R^2}+\frac{2}{R-z}-\frac{1}{R}=\frac{z}{R^2}+\frac{2}{R-z}\end{aligned}$$

所以

$$\theta=0$$

得到验证。

答毕。

3. 用位移势函数表示的应力分量

由式(8.2.2),可得

$$\frac{\partial u_\rho}{\partial\rho}=\frac{1}{2G}\frac{\partial^2\psi}{\partial\rho^2},\frac{u_\rho}{\rho}=\frac{1}{2G}\frac{1}{\rho}\frac{\partial\psi}{\partial\rho},\frac{\partial w}{\partial z}=\frac{1}{2G}\frac{\partial^2\psi}{\partial z^2}$$

$$\frac{\partial u_\rho}{\partial z}+\frac{\partial w}{\partial\rho}=\frac{1}{G}\frac{\partial^2\psi}{\partial z\partial\rho}$$

代入弹性方程式(7.3.1),可得

$$\begin{cases}\sigma_\rho=\dfrac{E}{1+\mu}\left(\dfrac{\mu}{1-2\mu}\theta+\dfrac{\partial u_\rho}{\partial\rho}\right)=2G\left(\dfrac{1}{2G}\dfrac{\partial^2\psi}{\partial\rho^2}\right)=\dfrac{\partial^2\psi}{\partial\rho^2}\\ \sigma_\varphi=\dfrac{E}{1+\mu}\left(\dfrac{\mu}{1-2\mu}\theta+\dfrac{u_\rho}{\rho}\right)=2G\left(\dfrac{1}{2G}\dfrac{1}{\rho}\dfrac{\partial\psi}{\partial\rho}\right)=\dfrac{1}{\rho}\dfrac{\partial\psi}{\partial\rho}\\ \sigma_z=\dfrac{E}{1+\mu}\left(\dfrac{\mu}{1-2\mu}\theta+\dfrac{\partial w}{\partial z}\right)=2G\left(\dfrac{1}{2G}\dfrac{\partial^2\psi}{\partial z^2}\right)=\dfrac{\partial^2\psi}{\partial z^2}\\ \tau_{z\rho}=\dfrac{E}{2(1+\mu)}\left(\dfrac{\partial u_\rho}{\partial z}+\dfrac{\partial w}{\partial\rho}\right)=G\left(\dfrac{1}{G}\dfrac{\partial^2\psi}{\partial z\partial\rho}\right)=\dfrac{\partial^2\psi}{\partial z\partial\rho}\end{cases}\tag{8.2.12}$$

显然,有

$$\sigma_\rho+\sigma_\varphi+\sigma_z=\frac{\partial^2\psi}{\partial\rho^2}+\frac{1}{\rho}\frac{\partial\psi}{\partial\rho}+\frac{\partial^2\psi}{\partial z^2}=\nabla^2\psi=0$$

例题 8.2.4:已知调和函数

$$\psi=A_2\ln(R-z)$$

式中:A_2为一个任意常数。

完成下列问题:

(1) 求出应力分量的表达式;

(2) 验证:

$$\sigma_\rho+\sigma_\varphi+\sigma_z=0$$

解答:

(1) 由例题 8.2.2 已知

$$\frac{\partial^2\psi}{\partial\rho^2}=A_2\left[-\frac{1}{R(R-z)}-\frac{z}{R^3}\right]$$

由式(8.2.12)的第一式,可得

$$\sigma_\rho=\frac{\partial^2\psi}{\partial\rho^2}=A_2\left[-\frac{1}{R(R-z)}-\frac{z}{R^3}\right]=\frac{1}{R^2}\left(-\frac{A_2R}{R-z}-A_2\frac{z}{R}\right)$$

由例题8.2.2已知

$$\frac{\partial\psi}{\partial\rho}=A_2\frac{\rho}{R(R-z)}$$

由式(8.2.12)的第二式,可得

$$\sigma_\varphi=\frac{1}{\rho}\frac{\partial\psi}{\partial\rho}=A_2\frac{1}{R(R-z)}=\frac{1}{R^2}\left(\frac{A_2R}{R-z}\right)$$

由例题8.2.2已知

$$\frac{\partial^2\psi}{\partial z^2}=A_2\frac{z}{R^3}$$

由式(8.2.12)的第三式,可得

$$\sigma_z=\frac{\partial^2\psi}{\partial z^2}=A_2\frac{z}{R^3}$$

由例题8.2.2已知

$$\frac{\partial\psi}{\partial z}=A_2\left(-\frac{1}{R}\right)$$

则

$$\frac{\partial^2\psi}{\partial z\partial\rho}=A_2\frac{1}{R^2}\frac{\rho}{R}=A_2\frac{\rho}{R^3}$$

由式(8.2.12)的第四式,可得

$$\tau_{z\rho}=\frac{\partial^2\psi}{\partial z\partial\rho}=A_2\frac{\rho}{R^3}$$

综上所述,对于所给定的位移势函数,可得应力分量为

$$\begin{cases}\sigma_\rho=\dfrac{1}{R^2}\left(-\dfrac{A_2R}{R-z}-A_2\dfrac{z}{R}\right)\\ \sigma_\varphi=\dfrac{1}{R^2}\left(\dfrac{A_2R}{R-z}\right)\\ \sigma_z=A_2\dfrac{z}{R^3}\\ \tau_{z\rho}=A_2\dfrac{\rho}{R^3}\end{cases}\tag{8.2.13}$$

(2) 利用解答(1)的结果,可得

$$\sigma_\rho+\sigma_\varphi+\sigma_z=\frac{1}{R^2}\left(-\frac{A_2R}{R-z}-A_2\frac{z}{R}\right)+\frac{1}{R^2}\left(\frac{A_2R}{R-z}\right)+A_2\frac{z}{R^3}=0$$

得到验证。

答毕。

4. 位移势函数法小结

对于一个圆柱坐标下的空间轴对称问题，如果找到适当的调和函数 $\psi(\rho, z)$，使得式(8.2.2)给出的位移分量和式(8.1.12)给出的应力分量能够满足边界条件，那就可得到该问题的解答。

应当指出，位移有势是一种特殊情况。实际上，假如位移势函数存在，则有

$$\theta = \nabla^2\psi = C$$

这表明体积应变在整个弹性体中是常量。显然，位移势函数并不是在所有一切问题中都存在的。因而，位移势函数所能解决的问题是有限的。

下面介绍一种位移函数，可用来解决相对较多的问题。有时，为减少运算工作量，位移函数也可以和位移势函数结合使用。

二、乐甫位移函数法

1. 乐甫位移函数的引入

乐甫引入了一个位移函数 ζ，把位移分量表示成为

$$\begin{cases} u_\rho = -\dfrac{1}{2G}\dfrac{\partial^2\zeta}{\partial\rho\,\partial z} \\ w = \dfrac{1}{2G}\left[2(1-\mu)\nabla^2\zeta - \dfrac{\partial^2\zeta}{\partial z^2}\right] \end{cases} \tag{8.2.14}$$

式中

$$\nabla^2 = \frac{\partial^2}{\partial\rho^2} + \frac{1}{\rho}\frac{\partial}{\partial\rho} + \frac{\partial^2}{\partial z^2}$$

2. 乐甫位移函数应当满足的基本微分方程

由式(8.2.14)，可得

$$\begin{aligned} \theta &= \frac{\partial u_\rho}{\partial\rho} + \frac{u_\rho}{\rho} + \frac{\partial w}{\partial z} \\ &= \frac{1}{2G}\left[-\frac{\partial^3\zeta}{\partial\rho^2\partial z} - \frac{1}{\rho}\frac{\partial^2\zeta}{\partial\rho\,\partial z} + 2(1-\mu)\frac{\partial}{\partial z}\nabla^2\zeta - \frac{\partial^3\zeta}{\partial z^3}\right] \\ &= \frac{1}{2G}\left[-\frac{\partial}{\partial z}\left(\frac{\partial^2\zeta}{\partial\rho^2} + \frac{1}{\rho}\frac{\partial\zeta}{\partial\rho} + \frac{\partial^2\zeta}{\partial z^2}\right) + 2(1-\mu)\frac{\partial}{\partial z}\nabla^2\zeta\right] \\ &= \frac{1}{2G}\left[-\frac{\partial}{\partial z}\nabla^2\zeta + 2(1-\mu)\frac{\partial}{\partial z}\nabla^2\zeta\right] \\ &= \frac{1}{2G}\left[(1-2\mu)\frac{\partial}{\partial z}\nabla^2\zeta\right] \end{aligned}$$

进而，可得

$$\begin{cases} \dfrac{\partial\theta}{\partial\rho} = \dfrac{1}{2G}\left[(1-2\mu)\dfrac{\partial^2}{\partial z\partial\rho}\nabla^2\zeta\right] \\ \dfrac{\partial\theta}{\partial z} = \dfrac{1}{2G}\left[(1-2\mu)\dfrac{\partial^2}{\partial z^2}\nabla^2\zeta\right] \end{cases}$$

由式(8.2.14)的第一式,可得

$$\begin{cases}\nabla^2 u_\rho = \dfrac{1}{2G}\nabla^2\left(-\dfrac{\partial^2\zeta}{\partial\rho\,\partial z}\right)\\ \dfrac{u_\rho}{\rho^2} = \dfrac{1}{2G}\left(-\dfrac{1}{\rho^2}\dfrac{\partial^2\zeta}{\partial\rho\,\partial z}\right)\end{cases}$$

于是

$$\begin{aligned}&\frac{1}{1-2\mu}\frac{\partial\theta}{\partial\rho}+\nabla^2 u_\rho-\frac{u_\rho}{\rho^2}\\ &=\frac{1}{1-2\mu}\frac{1}{2G}\left[(1-2\mu)\frac{\partial^2}{\partial z\partial\rho}\nabla^2\zeta\right]+\frac{1}{2G}\nabla^2\left(-\frac{\partial^2\zeta}{\partial\rho\,\partial z}\right)-\frac{1}{2G}\left(-\frac{1}{\rho^2}\frac{\partial^2\zeta}{\partial\rho\,\partial z}\right)\\ &=\frac{1}{2G}\left[\frac{\partial^2}{\partial z\partial\rho}\nabla^2\zeta-\nabla^2\left(\frac{\partial^2\zeta}{\partial\rho\,\partial z}\right)+\frac{1}{\rho^2}\frac{\partial^2\zeta}{\partial\rho\,\partial z}\right]\end{aligned}$$

又由于

$$\frac{\partial^2}{\partial z\partial\rho}\nabla^2\zeta=\frac{\partial}{\partial\rho}\nabla^2\frac{\partial\zeta}{\partial z}=\frac{\partial}{\partial\rho}\left(\frac{\partial^2}{\partial\rho^2}+\frac{1}{\rho}\frac{\partial}{\partial\rho}+\frac{\partial^2}{\partial z^2}\right)\frac{\partial\zeta}{\partial z}=\left(\frac{\partial^3}{\partial\rho^3}-\frac{1}{\rho^2}\frac{\partial}{\partial\rho}+\frac{1}{\rho}\frac{\partial^2}{\partial\rho^2}+\frac{\partial^3}{\partial z^2\partial\rho}\right)\frac{\partial\zeta}{\partial z}$$

$$\nabla^2\left(\frac{\partial^2\zeta}{\partial\rho\,\partial z}\right)=\nabla^2\frac{\partial}{\partial\rho}\left(\frac{\partial\zeta}{\partial z}\right)=\left(\frac{\partial^2}{\partial\rho^2}+\frac{1}{\rho}\frac{\partial}{\partial\rho}+\frac{\partial^2}{\partial z^2}\right)\frac{\partial}{\partial\rho}\left(\frac{\partial\zeta}{\partial z}\right)=\left(\frac{\partial^3}{\partial\rho^3}+\frac{1}{\rho}\frac{\partial^2}{\partial\rho^2}+\frac{\partial^3}{\partial z^2\partial\rho}\right)\frac{\partial\zeta}{\partial z}$$

$$\frac{\partial^2}{\partial z\partial\rho}\nabla^2\zeta-\nabla^2\left(\frac{\partial^2\zeta}{\partial\rho\,\partial z}\right)=-\frac{1}{\rho^2}\frac{\partial}{\partial\rho}\frac{\partial\zeta}{\partial z}=-\frac{1}{\rho^2}\frac{\partial^2\zeta}{\partial z\partial\rho}$$

所以,微分方程式(8.2.1)的第一式:

$$\frac{1}{1-2\mu}\frac{\partial\theta}{\partial\rho}+\nabla^2 u_\rho-\frac{u_\rho}{\rho^2}=0$$

得到自然满足。

由式(8.2.14)的第二式,可得

$$\nabla^2 w=\frac{1}{2G}\left[2(1-\mu)\nabla^4\zeta-\nabla^2\frac{\partial^2\zeta}{\partial z^2}\right]=\frac{1}{2G}\left[2(1-\mu)\nabla^4\zeta-\frac{\partial^2}{\partial z^2}\nabla^2\zeta\right]$$

于是

$$\begin{aligned}&\frac{1}{1-2\mu}\frac{\partial\theta}{\partial z}+\nabla^2 w\\ &=\frac{1}{1-2\mu}\frac{1}{2G}\left[(1-2\mu)\frac{\partial^2}{\partial z^2}\nabla^2\zeta\right]+\frac{1}{2G}\left[2(1-\mu)\nabla^4\zeta-\frac{\partial^2}{\partial z^2}\nabla^2\zeta\right]\\ &=\frac{1-\mu}{G}\nabla^4\zeta\end{aligned}$$

式(8.2.1)的第二式变成

$$\frac{1-\mu}{G}\nabla^4\zeta=0$$

即

$$\nabla^4\zeta=0 \tag{8.2.15}$$

可见,乐甫位移函数 ζ 是重调和函数。

以下给出一个常用的重调和函数：

$$\zeta = R \tag{8.2.16}$$

式中

$$R = \sqrt{\rho^2 + z^2}$$

容易得到：

$$\frac{\partial R}{\partial \rho} = \frac{\rho}{R}, \frac{\partial R}{\partial z} = \frac{z}{R}$$

显然,这些重调和函数的线性组合仍然是重调和函数。当选取这些重调和函数作为乐甫位移函数时,就可以利用式(8.2.14)求出圆柱坐标系下空间轴对称问题的位移分量表达式。

例题 8.2.5:证明函数

$$\zeta = R$$

为重调和函数。

解答:

由于

$$\frac{\partial \zeta}{\partial \rho} = \frac{\partial R}{\partial \rho} = \frac{\rho}{R}$$

则

$$\frac{\partial^2 \zeta}{\partial \rho^2} = \frac{1}{R} - \frac{\rho}{R^2}\frac{\rho}{R} = \frac{1}{R} - \frac{\rho^2}{R^3}$$

同理,可得

$$\frac{\partial^2 \zeta}{\partial z^2} = \frac{1}{R} - \frac{z^2}{R^3}$$

于是,有

$$\begin{aligned}
\nabla^2 \zeta &= \frac{\partial^2 \zeta}{\partial \rho^2} + \frac{1}{\rho}\frac{\partial \zeta}{\partial \rho} + \frac{\partial^2 \zeta}{\partial z^2} \\
&= \left(\frac{1}{R} - \frac{\rho^2}{R^3}\right) + \frac{1}{\rho}\left(\frac{\rho}{R}\right) + \left[\frac{1}{R} - \frac{z^2}{R^3}\right] \\
&= \frac{3}{R} - \frac{\rho^2 + z^2}{R^3} \\
&= \frac{3}{R} - \frac{R^2}{R^3} \\
&= \frac{2}{R}
\end{aligned}$$

由例题 8.2.1 的结果可知

$$\nabla^2\left(\frac{1}{R}\right) = 0$$

所以

$$\nabla^4 \zeta = \nabla^2 \nabla^2 \zeta = \nabla^2\left(\frac{2}{R}\right) = 2\,\nabla^2\left(\frac{1}{R}\right) = 0$$

因此,所给形式的函数 ζ 是一个重调和函数

答毕。

例题 8.2.6:给定重调和函数

$$\zeta = A_1 R$$

式中:A_1 为一个任意常数。

完成下列问题:

(1) 求出位移分量 u_ρ 的表达式;

(2) 求出位移分量 w 的表达式。

解答:

(1) 位移分量 u_ρ。

由例题 8.2.5 已得

$$\frac{\partial \zeta}{\partial \rho} = A_1 \frac{\rho}{R}$$

则

$$\frac{\partial^2 \zeta}{\partial \rho \partial z} = - A_1 \frac{\rho}{R^2} \frac{z}{R} = - A_1 \frac{\rho z}{R^3}$$

由式(8.2.14)的第一式,可得

$$u_\rho = - \frac{1}{2G} \frac{\partial^2 \zeta}{\partial \rho \partial z} = - \frac{1+\mu}{E}\left(- A_1 \frac{\rho z}{R^3}\right) = \frac{1+\mu}{ER}\left(A_1 \frac{\rho z}{R^2}\right)$$

(2) 位移分量 w。

由例题 8.2.5 已得

$$\nabla^2 \zeta = A_1 \frac{2}{R}, \frac{\partial^2 \zeta}{\partial z^2} = A_1\left(\frac{1}{R} - \frac{z^2}{R^3}\right)$$

由式(8.2.14)的第二式,可得

$$\begin{aligned} w &= \frac{1}{2G}\left[2(1-\mu)\nabla^2 \zeta - \frac{\partial^2 \zeta}{\partial z^2}\right] \\ &= \frac{1+\mu}{E}\left[2(1-\mu)\left(A_1 \frac{2}{R}\right) - A_1\left(\frac{1}{R} - \frac{z^2}{R^3}\right)\right] \\ &= \frac{1+\mu}{ER} A_1\left[(3-4\mu) + \frac{z^2}{R^2}\right] \end{aligned}$$

综上所述,对于所给定的乐甫位移函数,可得位移分量为

$$\begin{cases} u_\rho = \dfrac{1+\mu}{ER}\left(A_1 \dfrac{\rho z}{R^2}\right) \\ w = \dfrac{1+\mu}{ER} A_1\left[(3-4\mu) + \dfrac{z^2}{R^2}\right] \end{cases} \tag{8.2.17}$$

答毕。

3. 用乐甫位移函数表示的应力分量

前面已经得到:

$$\theta = \frac{1+\mu}{E}\left[(1-2\mu)\frac{\partial}{\partial z}\nabla^2\zeta\right]$$

由式(8.2.14)可得

$$\frac{\partial u_\rho}{\partial \rho} = -\frac{1+\mu}{E}\frac{\partial^3\zeta}{\partial\rho^2\partial z}$$

$$\frac{u_\rho}{\rho} = -\frac{1+\mu}{E}\frac{1}{\rho}\frac{\partial^2\zeta}{\partial\rho\partial z}$$

$$\frac{\partial w}{\partial z} = \frac{1+\mu}{E}\left[2(1-\mu)\frac{\partial}{\partial z}\nabla^2\zeta - \frac{\partial^3\zeta}{\partial z^3}\right]$$

$$\frac{\partial u_\rho}{\partial z} = -\frac{1+\mu}{E}\frac{\partial^3\zeta}{\partial\rho\partial z^2}$$

$$\frac{\partial w}{\partial \rho} = \frac{1+\mu}{E}\left[2(1-\mu)\frac{\partial}{\partial \rho}\nabla^2\zeta - \frac{\partial^3\zeta}{\partial z^2\partial\rho}\right]$$

$$\begin{aligned}\frac{\partial u_\rho}{\partial z} + \frac{\partial w}{\partial \rho} &= -\frac{1+\mu}{E}\frac{\partial^3\zeta}{\partial\rho\partial z^2} + \frac{1+\mu}{E}\left[2(1-\mu)\frac{\partial}{\partial \rho}\nabla^2\zeta - \frac{\partial^3\zeta}{\partial z^2\partial\rho}\right]\\ &= 2\frac{1+\mu}{E}\left[(1-\mu)\frac{\partial}{\partial \rho}\nabla^2\zeta - \frac{\partial^3\zeta}{\partial z^2\partial\rho}\right]\end{aligned}$$

代入弹性方程式(7.3.1),可得应力分量的表达式:

$$\begin{aligned}\sigma_\rho &= \frac{E}{1+\mu}\left(\frac{\mu}{1-2\mu}\theta + \frac{\partial u_\rho}{\partial \rho}\right)\\ &= \frac{E}{1+\mu}\frac{\mu}{1-2\mu}\frac{1+\mu}{E}\left[(1-2\mu)\frac{\partial}{\partial z}\nabla^2\zeta\right] + \frac{E}{1+\mu}\left[-\frac{1+\mu}{E}\frac{\partial^3\zeta}{\partial\rho^2\partial z}\right]\\ &= \mu\frac{\partial}{\partial z}\nabla^2\zeta - \frac{\partial^3\zeta}{\partial\rho^2\partial z}\\ &= \frac{\partial}{\partial z}\left(\mu\nabla^2\zeta - \frac{\partial^2\zeta}{\partial\rho^2}\right)\end{aligned}$$

$$\begin{aligned}\sigma_\varphi &= \frac{E}{1+\mu}\left(\frac{\mu}{1-2\mu}\theta + \frac{u_\rho}{\rho}\right)\\ &= \frac{E}{1+\mu}\frac{\mu}{1-2\mu}\frac{1+\mu}{E}\left[(1-2\mu)\frac{\partial}{\partial z}\nabla^2\zeta\right] + \frac{E}{1+\mu}\left[-\frac{1+\mu}{E}\frac{1}{\rho}\frac{\partial^2\zeta}{\partial\rho\partial z}\right]\\ &= \mu\frac{\partial}{\partial z}\nabla^2\zeta - \frac{1}{\rho}\frac{\partial^2\zeta}{\partial\rho\partial z}\\ &= \frac{\partial}{\partial z}\left(\mu\nabla^2\zeta - \frac{1}{\rho}\frac{\partial\zeta}{\partial\rho}\right)\end{aligned}$$

$$\begin{aligned}\sigma_z &= \frac{E}{1+\mu}\left(\frac{\mu}{1-2\mu}\theta + \frac{\partial w}{\partial z}\right)\\ &= \frac{E}{1+\mu}\frac{\mu}{1-2\mu}\frac{1+\mu}{E}\left[(1-2\mu)\frac{\partial}{\partial z}\nabla^2\zeta\right] + \frac{E}{1+\mu}\frac{1+\mu}{E}\left[2(1-\mu)\frac{\partial}{\partial z}\nabla^2\zeta - \frac{\partial^3\zeta}{\partial z^3}\right]\end{aligned}$$

$$=\mu \frac{\partial}{\partial z}\nabla^2\zeta+(2-2\mu)\frac{\partial}{\partial z}\nabla^2\zeta-\frac{\partial^3\zeta}{\partial z^3}$$

$$=(2-\mu)\frac{\partial}{\partial z}\nabla^2\zeta-\frac{\partial^3\zeta}{\partial z^3}$$

$$=\frac{\partial}{\partial z}\left[(2-\mu)\nabla^2\zeta-\frac{\partial^2\zeta}{\partial z^2}\right]$$

$$\begin{aligned}\tau_{z\rho}&=\frac{E}{2(1+\mu)}\left(\frac{\partial u_\rho}{\partial z}+\frac{\partial w}{\partial \rho}\right)\\&=\frac{E}{2(1+\mu)}2\frac{1+\mu}{E}\left[(1-\mu)\frac{\partial}{\partial \rho}\nabla^2\zeta-\frac{\partial^3\zeta}{\partial z^2\partial \rho}\right]\\&=\frac{\partial}{\partial \rho}\left[(1-\mu)\nabla^2\zeta-\frac{\partial^2\zeta}{\partial z^2}\right]\end{aligned}$$

即

$$\begin{cases}\sigma_\rho=\dfrac{\partial}{\partial z}\left(\mu\nabla^2\zeta-\dfrac{\partial^2\zeta}{\partial \rho^2}\right)\\ \sigma_\varphi=\dfrac{\partial}{\partial z}\left(\mu\nabla^2\zeta-\dfrac{1}{\rho}\dfrac{\partial\zeta}{\partial \rho}\right)\\ \sigma_z=\dfrac{\partial}{\partial z}\left[(2-\mu)\nabla^2\zeta-\dfrac{\partial^2\zeta}{\partial z^2}\right]\\ \tau_{z\rho}=\dfrac{\partial}{\partial \rho}\left[(1-\mu)\nabla^2\zeta-\dfrac{\partial^2\zeta}{\partial z^2}\right]\end{cases}\tag{8.2.18}$$

因此,对于一个圆柱坐标系下的空间轴对称问题,如果找到适当的重调和函数 ζ,使得式(8.2.14)给出的位移分量和式(8.2.18)给出的应力分量能够满足边界条件,就得到了该问题的解答。

例题 8.2.7:给定重调和函数

$$\zeta=A_1R$$

式中:A_1 为一个任意常数。

完成下列问题:

(1) 求出正应力分量的表达式;

(2) 求出切应力分量的表达式; $\nabla^4\zeta=0$, 求出应力分量的表达式。

解答:

(1) 正应力分量。

由例题 8.2.5 已得

$$\nabla^2\zeta=A_1\frac{2}{R},\frac{\partial^2\zeta}{\partial \rho^2}=A_1\left(\frac{1}{R}-\frac{\rho^2}{R^3}\right)$$

则

$$\frac{\partial}{\partial z}\nabla^2\zeta=-A_1\frac{2}{R^2}\frac{z}{R}=-A_1\frac{2z}{R^3}$$

$$\frac{\partial}{\partial z}\frac{\partial^2\zeta}{\partial\rho}=A_1\left(-\frac{1}{R^2}\frac{z}{R}+\frac{3\rho^2}{R^4}\frac{z}{R}\right)=A_1\left(-\frac{z}{R^3}+\frac{3\rho^2 z}{R^5}\right)$$

由式(8. 2. 14)的第一式,可得

$$\begin{aligned}\sigma_\rho&=\frac{\partial}{\partial z}\left(\mu\,\nabla^2\zeta-\frac{\partial^2\zeta}{\partial\rho^2}\right)\\&=-A_1\mu\frac{2z}{R^3}-A_1\left(-\frac{z}{R^3}+\frac{3\rho^2 z}{R^5}\right)\\&=\frac{1}{R^2}\left[(1-2\mu)A_1\frac{z}{R}-A_1\frac{3\rho^2 z}{R^3}\right]\end{aligned}$$

由例题 8. 2. 5 已知

$$\frac{\partial\zeta}{\partial\rho}=A_1\frac{\rho}{R}$$

则

$$\frac{1}{\rho}\frac{\partial\zeta}{\partial\rho}=A_1\frac{1}{R},\frac{\partial}{\partial z}\left(\frac{1}{\rho}\frac{\partial\zeta}{\partial\rho}\right)=A_1\left(-\frac{1}{R^2}\frac{z}{R}\right)=-A_1\frac{z}{R^3}$$

上面已知

$$\frac{\partial}{\partial z}\nabla^2\zeta=-A_1\frac{2z}{R^3}$$

由式(8. 2. 14)的第二式,可得

$$\begin{aligned}\sigma_\varphi&=\mu\frac{\partial}{\partial z}\nabla^2\zeta-\frac{\partial}{\partial z}\left(\frac{1}{\rho}\frac{\partial\zeta}{\partial\rho}\right)\\&=-A_1\mu\frac{2z}{R^3}+A_1\frac{z}{R^3}\\&=\frac{1}{R^2}\left[(1-2\mu)A_1\frac{z}{R}\right]\end{aligned}$$

由例题 8. 2. 5 已知

$$\frac{\partial^2\zeta}{\partial z^2}=A_1\left(\frac{1}{R}-\frac{z^2}{R^3}\right)$$

则

$$\frac{\partial}{\partial z}\left(\frac{\partial^2\zeta}{\partial z^2}\right)=A_1\left(-\frac{1}{R^2}\frac{z}{R}-\frac{2z}{R^3}+\frac{3z^2}{R^4}\frac{z}{R}\right)=A_1\left(-\frac{3z}{R^3}+\frac{3z^3}{R^5}\right)$$

上面已知

$$\frac{\partial}{\partial z}\nabla^2\zeta=-A_1\frac{2z}{R^3}$$

由式(8. 2. 14),可得

$$\begin{aligned}\sigma_z&=\frac{\partial}{\partial z}\left[(2-\mu)\,\nabla^2\zeta-\frac{\partial^2\zeta}{\partial z^2}\right]\\&=(2-\mu)\left[-A_1\frac{2z}{R^3}\right]-\left[A_1\left(-\frac{3z}{R^3}+\frac{3z^3}{R^5}\right)\right]\end{aligned}$$

$$= -(1-2\mu)A_1\frac{z}{R^3}-A_1\frac{3z^3}{R^5}$$

(2) 切应力分量。

由例题 8.2.5 已知

$$\nabla^2\zeta = A_1\frac{2}{R},\frac{\partial^2\zeta}{\partial z^2}=A_1\left(\frac{1}{R}-\frac{z^2}{R^3}\right)$$

则

$$\frac{\partial}{\partial\rho}\nabla^2\zeta = A_1\left(-\frac{2}{R^2}\frac{\rho}{R}\right) = -A_1\frac{2\rho}{R^3}$$

$$\frac{\partial}{\partial\rho}\left(\frac{\partial^2\zeta}{\partial z^2}\right) = A_1\left(-\frac{1}{R^2}\frac{\rho}{R}+\frac{3z^2}{R^4}\frac{\rho}{R}\right) = A_1\left(-\frac{\rho}{R^3}+\frac{3\rho z^2}{R^5}\right)$$

由式(8.2.14),可得

$$\begin{aligned}\tau_{z\rho} &= \frac{\partial}{\partial\rho}\left[(1-\mu)\nabla^2\zeta-\frac{\partial^2\zeta}{\partial z^2}\right]\\ &= (1-\mu)\left[-A_1\frac{2\rho}{R^3}\right]-\left[A_1\left(-\frac{\rho}{R^3}+\frac{3\rho z^2}{R^5}\right)\right]\\ &= -(1-2\mu)A_1\frac{\rho}{R^3}-A_1\frac{3\rho z^2}{R^5}\end{aligned}$$

综上所述,对于所给定的乐甫位移函数,可得应力分量为

$$\begin{cases}\sigma_\rho = \dfrac{1}{R^2}\left[(1-2\mu)A_1\dfrac{z}{R}-A_1\dfrac{3\rho^2 z}{R^3}\right]\\ \sigma_\varphi = \dfrac{1}{R^2}\left[(1-2\mu)A_1\dfrac{z}{R}\right]\\ \sigma_z = -(1-2\mu)A_1\dfrac{z}{R^3}-A_1\dfrac{3z^3}{R^5}\\ \tau_{z\rho} = -(1-2\mu)A_1\dfrac{\rho}{R^3}-A_1\dfrac{3\rho z^2}{R^5}\end{cases} \tag{8.2.19}$$

答毕。

三、边界平面上作用法向集中力的半空间体

1. 问题的描述

如图 8.2.1 所示,设有半空间体,不计体力,在其边界面上作用法向集中力 F。以集中力 F 的作用点为坐标原点,以半空间体边界平面为 $\rho\varphi$ 坐标平面,以边界平面的外法向为 z 轴,集中力 F 指向 z 轴的负方向,建立直角坐标系。

半空间体内部点的集合为

$$\Omega = \{\boldsymbol{x}\,|\,z<0\}$$

半空间体边界平面上点的集合为

$$\Gamma = \{\boldsymbol{x}\,|\,z=0\}$$

半空间体边界平面上除原点外点的集合为

$$\Gamma_\sigma = \{\boldsymbol{x} \mid z = 0, R = \rho \neq 0\}$$

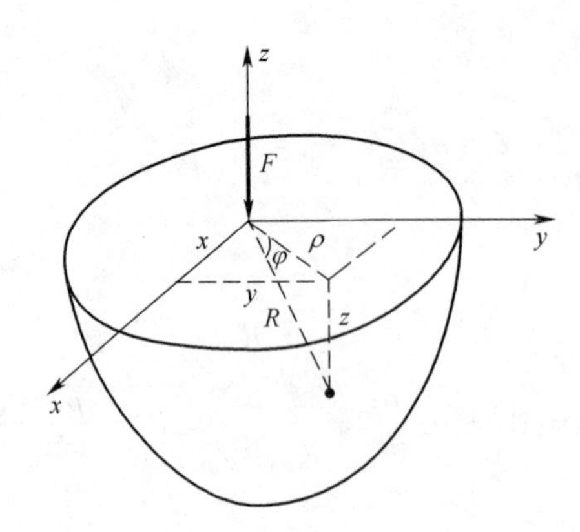

图 8.2.1　边界平面上作用法向集中力的半空间体

2. 边界条件

在除原点以外的 Γ_σ上，作用的面力为

$$\bar{\boldsymbol{f}} = \begin{bmatrix} \bar{f}_\rho \\ \bar{f}_\varphi \\ \bar{f}_z \end{bmatrix} = \begin{bmatrix} 0 \\ 0 \\ 0 \end{bmatrix}, \boldsymbol{x} \in \Gamma_\sigma \tag{8.2.20}$$

在原点(集中力 F 的作用点)附近的边界平面上，面力的分布并不明确，但却应当与切向集中力 F 相平衡。根据力的平衡，得到等效的应力边界条件为

$$\int_0^\infty \bar{f}_z(2\pi\rho\,\mathrm{d}\rho) + (-F) = 0 \tag{8.2.21}$$

基于圣维南原理，这样处理对远离原点的应力场没有显著。

3. 位移函数的选取

为了求解此问题，取如下形式的重调和函数作为乐甫位移函数：

$$\zeta = A_1 R$$

以及如下形式的调和函数作为位移势函数：

$$\psi = A_2 \ln(R - z)$$

式中：A_1和 A_2为两个待定常数。

由式(8.2.17)和式(8.2.11)，可得位移分量的表达式为

$$\begin{cases} u_\rho = \dfrac{1+\mu}{ER}\left[A_1 \dfrac{\rho z}{R^2} + A_2 \dfrac{\rho}{R - z}\right] \\ w = \dfrac{1+\mu}{ER}\left[(3 - 4\mu)A_1 - A_2 + A_1 \dfrac{z^2}{R^2}\right] \end{cases} \tag{8.2.22}$$

由式(8.2.19)和式(8.2.13)，可得位移分量的表达式为

$$\begin{cases}\sigma_\rho = \dfrac{1}{R^2}\left\{[(1-2\mu)A_1 - A_2]\dfrac{z}{R} - \dfrac{A_2 R}{R-z} - A_1\dfrac{3\rho^2 z}{R^3}\right\} \\ \sigma_\varphi = \dfrac{1}{R^2}\left[(1-2\mu)A_1\dfrac{z}{R} + \dfrac{A_2 R}{R-z}\right] \\ \sigma_z = [-(1-2\mu)A_1 + A_2]\dfrac{z}{R^3} - A_1\dfrac{3z^3}{R^5} \\ \tau_{z\rho} = [-(1-2\mu)A_1 + A_2]\dfrac{\rho}{R^3} - A_1\dfrac{3\rho z^2}{R^5}\end{cases} \tag{8.2.23}$$

4. 根据边界条件求出待定常数

半空间体边界平面的单位法向矢量为

$$\boldsymbol{n} = \begin{bmatrix} n_\rho \\ n_\varphi \\ n_z \end{bmatrix} = \begin{bmatrix} 0 \\ 0 \\ 1 \end{bmatrix}$$

由其上原点除外的应力边界条件为

$$\begin{cases}(\sigma_\rho)_{z=0,\rho\neq 0} \times 0 + 0 \times 0 + (\tau_{z\rho})_{z=0,\rho\neq 0} \times 1 = 0 \\ 0 \times 0 + (\sigma_\varphi)_{z=0,\rho\neq 0} \times 0 + 0 \times 1 = 0 \\ (\tau_{z\rho})_{z=0,\rho\neq 0} \times 0 + 0 \times 0 + (\sigma_z)_{z=0,\rho\neq 0} \times 1 = 0\end{cases}$$

可得

$$\begin{cases}(\tau_{z\rho})_{z=0,\rho\neq 0} = 0 \\ (\sigma_z)_{z=0,\rho\neq 0} = 0\end{cases}$$

由

$$(\tau_{zr})_{z=0,\rho\neq 0} = [-(1-2\mu)A_1 + A_2]\frac{\rho}{\rho^3} = 0$$

可得

$$-(1-2\mu)A_1 + A_2 = 0$$

即

$$A_2 = (1-2\mu)A_1 \tag{a}$$

$$(\sigma_z)_{z=0,\rho\neq 0} = \left[-(1-2\mu)A_1\frac{z}{\rho^3} - A_1\frac{3z^3}{\rho^5}\right]_{z=0,\rho\neq 0} = 0$$

得到自然满足。

此时,应力分量 σ_ρ、σ_z 和 $\tau_{z\rho}$ 可化简为

$$\sigma_\rho = \frac{1}{R^2}\left(-\frac{A_2 R}{R-z} - A_1\frac{3\rho^2 z}{R^3}\right) \tag{8.2.24}$$

$$\sigma_z = -A_1\frac{3z^3}{R^5} \tag{8.2.25}$$

$$\tau_{z\rho} = -A_1\frac{3\rho z^2}{R^5} \tag{8.2.26}$$

半空间体边界平面的单位法向矢量为

$$\boldsymbol{n}=\begin{bmatrix}n_\rho\\n_\varphi\\n_z\end{bmatrix}=\begin{bmatrix}0\\0\\1\end{bmatrix}$$

其上原点附近的应力边界条件：

$$\begin{cases}(\sigma_\rho)_s\times 0+0\times 0+(\tau_{z\rho})_s\times 1=\bar{f}_\rho\\0\times 0+(\sigma_\varphi)_s\times 0+0\times 1=\bar{f}_\varphi\\(\tau_{z\rho})_s\times 0+0\times 0+(\sigma_z)_s\times 1=\bar{f}_z\end{cases}$$

可得

$$\bar{f}_z=(\sigma_z)_s$$

边界面上等效的应力边界条件式(8.2.21)变为

$$\int_0^\infty \sigma_z(2\pi\rho\mathrm{d}\rho)-F=0$$

即

$$-6\pi A_1\int_0^\infty\left(\frac{\rho z^3}{R^5}\right)\mathrm{d}\rho-F=0$$

由于

$$\begin{aligned}\int_0^\infty\frac{\rho z^3}{R^5}\mathrm{d}\rho&=\frac{1}{2}\int_0^\infty\frac{z}{(\rho^2+z^2)^{5/2}}\mathrm{d}(\rho^2+z^2)\\&=\frac{1}{2}\times\left(-\frac{2}{3}\right)\left[\frac{z^3}{(\rho^2+z^2)^{3/2}}\right]_0^\infty\\&=-\frac{1}{3}\times[0-1]_0^\infty\\&=\frac{1}{3}\end{aligned}$$

可得

$$-6\pi A_1\times\frac{1}{3}-F=0 \tag{b}$$

解得

$$A_1=-\frac{F}{2\pi}$$

利用式(a)，解得

$$A_2=(1-2\mu)A_1=(1-2\mu)\left(-\frac{F}{2\pi}\right)=-\frac{(1-2\mu)F}{2\pi}$$

综上所述，求出的待定常数为

$$A_1=-\frac{F}{2\pi},A_2=-\frac{(1-2\mu)F}{2\pi}$$

5. 求得位移分量的解答

由式(8.2.22)的第一式,可得

$$u_\rho = \frac{1+\mu}{ER}\left(A_1 \frac{\rho z}{R^2} + A_2 \frac{\rho}{R-z}\right)$$

$$= \frac{1+\mu}{ER}\left[-\frac{F}{2\pi}\frac{\rho z}{R^2} - \frac{(1-2\mu)F}{2\pi}\frac{\rho}{R-z}\right]$$

$$= -\frac{(1+\mu)F}{2\pi ER}\left[\frac{\rho z}{R^2} + \frac{(1-2\mu)\rho}{R-z}\right]$$

由于

$$(3-4\mu)A_1 - A_2 = (3-4\mu)\left(-\frac{F}{2\pi}\right) + \frac{(1-2\mu)F}{2\pi} = -\frac{F}{2\pi}[2(1-\mu)]$$

由式(8.2.22)的第二式,可得

$$w = \frac{1+\mu}{ER}\left[(3-4\mu)A_1 - A_2 + A_1\frac{z^2}{R^2}\right]$$

$$= \frac{1+\mu}{ER}\left[-\frac{F}{2\pi}[2(1-\mu)] - \frac{F}{2\pi}\frac{z^2}{R^2}\right]$$

$$= -\frac{(1+\mu)F}{2\pi ER}\left[2(1-\mu) + \frac{z^2}{R^2}\right]$$

综上所述,位移分量的解答为

$$\begin{cases} u_\rho = -\dfrac{(1+\mu)F}{2\pi ER}\left[\dfrac{\rho z}{R^2} + \dfrac{(1-2\mu)\rho}{R-z}\right] \\ w = -\dfrac{(1+\mu)F}{2\pi ER}\left[2(1-\mu) + \dfrac{z^2}{R^2}\right] \end{cases} \tag{8.2.27}$$

可见,水平边界上任意一点的铅直位移(所谓沉陷)是

$$(w)_{z=0} = \frac{(1-\mu^2)F}{\pi E\rho}$$

它与力 F 作用点的距离 ρ 成反比。

6. 求得应力分量的解答

由式(8.2.24),可得

$$\sigma_\rho = \frac{1}{R^2}\left[\frac{(1-2\mu)F}{2\pi}\frac{R}{R-z} + \frac{F}{2\pi}\frac{3\rho^2 z}{R^3}\right] = \frac{F}{2\pi R^2}\left[\frac{(1-2\mu)R}{R-z} + \frac{3\rho^2 z}{R^3}\right]$$

由式(8.2.23)的第二式,可得

$$\sigma_\varphi = \frac{1}{R^2}\left[(1-2\mu)\left(-\frac{F}{2\pi}\right)\frac{z}{R} - \frac{(1-2\mu)F}{2\pi}\frac{R}{R-z}\right]$$

$$= -\frac{(1-2\mu)F}{2\pi R^2}\left(\frac{z}{R} + \frac{R}{R-z}\right)$$

由式(8.2.25),可得

$$\sigma_z = -A_1\frac{3z^3}{R^5} = \frac{F}{2\pi}\frac{3z^3}{R^5} = \frac{3Fz^3}{2\pi R^5}$$

由式(8.2.26),可得

$$\tau_{z\rho} = -A_1 \frac{3\rho z^2}{R^5} = \frac{F}{2\pi} \frac{3\rho z^2}{R^5} = \frac{3F\rho z^2}{2\pi R^5}$$

综上所述,应力分量的解答为

$$\begin{cases} \sigma_\rho = \dfrac{F}{2\pi R^2}\left[\dfrac{(1-2\mu)R}{R-z} + \dfrac{3\rho^2 z}{R^3}\right] \\ \sigma_\varphi = -\dfrac{(1-2\mu)F}{2\pi R^2}\left(\dfrac{z}{R} + \dfrac{R}{R-z}\right) \\ \sigma_z = \dfrac{3Fz^3}{2\pi R^5} \\ \tau_{z\rho} = \dfrac{3F\rho z^2}{2\pi R^5} \end{cases} \tag{8.2.28}$$

上述关于边界上受法向集中力作用的半空间体的解称为布西内斯克(J. Boussinesq)解答。

习　题

8-1　证明:函数

$$\psi = \frac{x}{R+z}$$

为调和函数。

8-2　证明:函数

$$\psi = \frac{x}{R(R+z)}$$

为调和函数。

8-3　证明:

$$\begin{cases} \sigma_y = \dfrac{\partial^2 \psi}{\partial y^2} \\ \sigma_z = \dfrac{\partial^2 \psi}{\partial z^2} \end{cases}, \begin{cases} \tau_{yz} = \dfrac{\partial^2 \psi}{\partial y \partial z} \\ \tau_{zx} = \dfrac{\partial^2 \psi}{\partial z \partial x} \end{cases}$$

式中:ψ 为直角坐标系下空间问题的位移势函数。

8-4　已知调和函数

$$\psi = A_3\left(\frac{x}{R+z}\right)$$

(1) 求出位移分量的表达式;

(2) 求出应力分量的表达式。

8-5　证明:

$$\begin{cases} \nabla^4 \eta = 0 \\ \nabla^4 \zeta = 0 \end{cases}$$

8-6　证明函数

$$\zeta = x\ln(R + z)$$

为重调和函数。

8-7　给定函数

$$\psi = \frac{1}{R}$$

证明：

$$\frac{\partial^2\psi}{\partial z^2} = -\frac{1}{R^3} + \frac{3z^2}{R^5}$$

8-8　证明函数

$$\psi = \ln(R - z)$$

为调和函数。

8-9　证明：

$$\begin{cases}\sigma_y = 2(1-\mu)\dfrac{\partial}{\partial y}\nabla^2\eta + \left(\mu\nabla^2 - \dfrac{\partial^2}{\partial y^2}\right)\left(\dfrac{\partial\xi}{\partial x} + \dfrac{\partial\eta}{\partial y} + \dfrac{\partial\zeta}{\partial z}\right)\\ \sigma_z = 2(1-\mu)\dfrac{\partial}{\partial z}\nabla^2\zeta + \left(\mu\nabla^2 - \dfrac{\partial^2}{\partial z^2}\right)\left(\dfrac{\partial\xi}{\partial x} + \dfrac{\partial\eta}{\partial y} + \dfrac{\partial\zeta}{\partial z}\right)\end{cases}$$

和

$$\begin{cases}\tau_{yz} = (1-\mu)\left(\dfrac{\partial}{\partial y}\nabla^2\zeta + \dfrac{\partial}{\partial z}\nabla^2\eta\right) - \dfrac{\partial^2}{\partial y\partial z}\left(\dfrac{\partial\xi}{\partial x} + \dfrac{\partial\eta}{\partial y} + \dfrac{\partial\zeta}{\partial z}\right)\\ \tau_{zx} = (1-\mu)\left(\dfrac{\partial}{\partial z}\nabla^2\xi + \dfrac{\partial}{\partial x}\nabla^2\zeta\right) - \dfrac{\partial^2}{\partial z\partial x}\left(\dfrac{\partial\xi}{\partial x} + \dfrac{\partial\eta}{\partial y} + \dfrac{\partial\zeta}{\partial z}\right)\end{cases}$$

第九章　基于应力的解析解法:直接解法

本章将讲解以应力为基本变量的解析求解方法。其具体也可分为直接解法和应力函数法。直接解法的基本思路:首先,将几何方程中的位移分量消去,得到用应变分量表示的相容方程;然后,利用物理方程将应变分量消去,得到用应力分量表示的相容方程;最后,利用平衡微分方程,对应力分量表示的相容方程进行化简。

9.1　直角坐标系下的空间问题

一、应变表示的相容方程

在几何方程式(6.1.8)中,将其第二式的两边对 x 求二阶偏导、第一式的两边对 y 求二阶偏导,相加可得

$$\frac{\partial^2 \varepsilon_y}{\partial x^2}+\frac{\partial^2 \varepsilon_x}{\partial y^2}=\frac{\partial^3 v}{\partial y \partial x^2}+\frac{\partial^3 u}{\partial x \partial y^2}=\frac{\partial^2}{\partial x \partial y}\left(\frac{\partial v}{\partial x}+\frac{\partial u}{\partial y}\right)$$

由几何方程式(6.1.8)中的第一式可见,上式右边括号中的项为 γ_{xy}。于是得到:

$$\frac{\partial^2 \varepsilon_y}{\partial x^2}+\frac{\partial^2 \varepsilon_x}{\partial y^2}=\frac{\partial^2 \gamma_{xy}}{\partial x \partial y}$$

同理,可得其他两个方程。于是,有

$$\begin{cases}\dfrac{\partial^2 \varepsilon_y}{\partial x^2}+\dfrac{\partial^2 \varepsilon_x}{\partial y^2}=\dfrac{\partial^2 \gamma_{xy}}{\partial x \partial y}\\[2ex]\dfrac{\partial^2 \varepsilon_z}{\partial y^2}+\dfrac{\partial^2 \varepsilon_y}{\partial z^2}=\dfrac{\partial^2 \gamma_{yz}}{\partial y \partial z}\\[2ex]\dfrac{\partial^2 \varepsilon_x}{\partial z^2}+\dfrac{\partial^2 \varepsilon_z}{\partial x^2}=\dfrac{\partial^2 \gamma_{zx}}{\partial z \partial x}\end{cases}\tag{9.1.1a}$$

在几何方程式(6.1.8)中,将三个式子的两边依次分别对 z、x 和 y 求一阶偏导,即

$$\begin{cases}\dfrac{\partial \gamma_{xy}}{\partial z}=\dfrac{\partial^2 v}{\partial x \partial z}+\dfrac{\partial^2 u}{\partial y \partial z}\\[2ex]\dfrac{\partial \gamma_{yz}}{\partial x}=\dfrac{\partial^2 w}{\partial y \partial x}+\dfrac{\partial^2 v}{\partial z \partial x}\\[2ex]\dfrac{\partial \gamma_{zx}}{\partial y}=\dfrac{\partial^2 u}{\partial z \partial y}+\dfrac{\partial^2 w}{\partial x \partial y}\end{cases}$$

为了消去上述方程组中的位移分量 v 和 w,将其第一式与第三式相加并减去第二式,可得

$$-\frac{\partial\gamma_{yz}}{\partial x}+\frac{\partial\gamma_{xy}}{\partial z}+\frac{\partial\gamma_{zx}}{\partial y}=2\frac{\partial^2 u}{\partial y\partial z}$$

将上式两边对 x 求一阶偏导,可得

$$\frac{\partial}{\partial x}\left(-\frac{\partial\gamma_{yz}}{\partial x}+\frac{\partial\gamma_{zx}}{\partial y}+\frac{\partial\gamma_{xy}}{\partial z}\right)=\frac{\partial}{\partial x}\left(2\frac{\partial^2 u}{\partial z\partial y}\right)=2\frac{\partial^2}{\partial y\partial z}\left(\frac{\partial u}{\partial x}\right)$$

由几何方程(6.1.8)中的第一式可见,上式右边括号中的项为 ε_x。于是得到:

$$\frac{\partial}{\partial x}\left(-\frac{\partial\gamma_{yz}}{\partial x}+\frac{\partial\gamma_{zx}}{\partial y}+\frac{\partial\gamma_{xy}}{\partial z}\right)=2\frac{\partial^2\varepsilon_x}{\partial y\partial z}$$

同理,可得其他两个方程。于是,有

$$\begin{cases}\dfrac{\partial}{\partial x}\left(-\dfrac{\partial\gamma_{yz}}{\partial x}+\dfrac{\partial\gamma_{zx}}{\partial y}+\dfrac{\partial\gamma_{xy}}{\partial z}\right)=2\dfrac{\partial^2\varepsilon_x}{\partial y\partial z}\\ \dfrac{\partial}{\partial y}\left(-\dfrac{\partial\gamma_{zx}}{\partial y}+\dfrac{\partial\gamma_{xy}}{\partial z}+\dfrac{\partial\gamma_{yz}}{\partial x}\right)=2\dfrac{\partial^2\varepsilon_y}{\partial z\partial x}\\ \dfrac{\partial}{\partial z}\left(-\dfrac{\partial\gamma_{xy}}{\partial z}+\dfrac{\partial\gamma_{yz}}{\partial x}+\dfrac{\partial\gamma_{zx}}{\partial y}\right)=2\dfrac{\partial^2\varepsilon_z}{\partial x\partial y}\end{cases}\tag{9.1.1b}$$

式(9.1.1)就是用应变分量表示的所谓的相容方程。应变分量表示的相容方程表明了形变的协调条件,因而也称为应变协调方程。

简言之,如果假定的应变分量不能满足相容方程式(9.1.1),则这个应变状态是不合理的、无法客观存在的。

例题 9.1.1:假设有如下的应变状态为

$$\begin{cases}\varepsilon_x=k(x^2+y^2)\\ \varepsilon_y=ky^2\\ \varepsilon_z=0\end{cases},\begin{cases}\gamma_{xy}=2kxy\\ \gamma_{yz}=0\\ \gamma_{zx}=0\end{cases}$$

判断该应变状态是否存在?

解答:

$$\frac{\partial^2\varepsilon_y}{\partial x^2}=0,\frac{\partial^2\varepsilon_x}{\partial y^2}=2k,\frac{\partial^2\gamma_{xy}}{\partial x\partial y}=2k$$

相容方程式(9.1.1a)的第一式得到满足。

$$\frac{\partial^2\varepsilon_z}{\partial y^2}=0,\frac{\partial^2\varepsilon_y}{\partial z^2}=0,\frac{\partial^2\gamma_{yz}}{\partial y\partial z}=0$$

相容方程式(9.1.1a)的第二式得到满足。

$$\frac{\partial^2\varepsilon_x}{\partial z^2}=0,\frac{\partial^2\varepsilon_z}{\partial x^2}=0,\frac{\partial^2\gamma_{zx}}{\partial z\partial x}=0$$

相容方程式(9.1.1a)的第三式得到满足。

$$-\frac{\partial\gamma_{yz}}{\partial x}+\frac{\partial\gamma_{zx}}{\partial y}+\frac{\partial\gamma_{xy}}{\partial z}=0,$$

$$\frac{\partial}{\partial x}\left(-\frac{\partial\gamma_{yz}}{\partial x}+\frac{\partial\gamma_{zx}}{\partial y}+\frac{\partial\gamma_{xy}}{\partial z}\right)=0,\frac{\partial^2\varepsilon_x}{\partial y\partial z}=0$$

相容方程式(9.1.1b)的第一式得到满足。

$$-\frac{\partial\gamma_{zx}}{\partial y}+\frac{\partial\gamma_{xy}}{\partial z}+\frac{\partial\gamma_{yz}}{\partial x}=0,$$

$$\frac{\partial}{\partial y}\left(-\frac{\partial\gamma_{zx}}{\partial y}+\frac{\partial\gamma_{xy}}{\partial z}+\frac{\partial\gamma_{yz}}{\partial x}\right)=0,\frac{\partial^2\varepsilon_y}{\partial z\partial x}=0$$

相容方程式(9.1.1b)的第二式得到满足。

$$-\frac{\partial\gamma_{xy}}{\partial z}+\frac{\partial\gamma_{yz}}{\partial x}+\frac{\partial\gamma_{zx}}{\partial y}=0,$$

$$\frac{\partial}{\partial z}\left(-\frac{\partial\gamma_{xy}}{\partial z}+\frac{\partial\gamma_{yz}}{\partial x}+\frac{\partial\gamma_{zx}}{\partial y}\right)=0,\frac{\partial^2\varepsilon_z}{\partial x\partial y}$$

相容方程式(9.1.1b)的第三式得到满足。

由于相容方程式(9.1.1)的所有式子均得到满足,因此该应变状态满足相容方程,可以存在。

答毕。

例题 9.1.2:假设应变状态为

$$\begin{cases}\varepsilon_x=A_0+A_1(x^2+y^2)+x^4+y^4\\ \varepsilon_y=B_0+B_1(x^2+y^2)+x^4+y^4\\ \varepsilon_z=(F_0+F_1x^2)z\end{cases},\begin{cases}\gamma_{xy}=C_0+C_1xy(x^2+y^2+C_2)\\ \gamma_{yz}=E_0+E_1z^2\\ \gamma_{zx}=(D_0+D_1z^2)x\end{cases}$$

如果该应变状态是物体变形时产生,试求系数之间应满足的关系。

解答:

$$\begin{cases}\dfrac{\partial^2\varepsilon_y}{\partial x^2}=2B_1+12x^2\\ \dfrac{\partial^2\varepsilon_x}{\partial y^2}=2A_1+12y^2\\ \dfrac{\partial^2\gamma_{xy}}{\partial x\partial y}=3C_1C_2x^2+3C_1C_2y^2+C_1C_2\end{cases}$$

由相容方程式(9.1.1a)的第一式,可得

$$2B_1+12x^2+2A_1+12y^2=3C_1C_2x^2+3C_1C_2y^2+C_1C_2$$

即

$$C_1C_2=4,2A_1+2B_1=C_1C_2,\frac{\partial^2\varepsilon_z}{\partial y^2}=0,\frac{\partial^2\varepsilon_y}{\partial z^2}=0,\frac{\partial^2\gamma_{yz}}{\partial y\partial z}=0$$

相容方程式(9.1.1a)的第二式,自然满足

$$\frac{\partial^2\varepsilon_x}{\partial z^2}=0,\frac{\partial^2\varepsilon_z}{\partial x^2}=2F_1z,\frac{\partial^2\gamma_{zx}}{\partial z\partial x}=2D_1z$$

由相容方程式(9.1.1a)的第三式,可得

$$2F_1z=2D_1z$$

即

$$F_1 = D_1,\ -\frac{\partial \gamma_{yz}}{\partial x} + \frac{\partial \gamma_{zx}}{\partial y} + \frac{\partial \gamma_{xy}}{\partial z} = 0, \frac{\partial}{\partial x}\left(-\frac{\partial \gamma_{yz}}{\partial x} + \frac{\partial \gamma_{zx}}{\partial y} + \frac{\partial \gamma_{xy}}{\partial z}\right) = 0, \frac{\partial^2 \varepsilon_x}{\partial y \partial z} = 0$$

相容方程式(9.1.1b)的第一式,自然满足。

$$-\frac{\partial \gamma_{zx}}{\partial y} + \frac{\partial \gamma_{xy}}{\partial z} + \frac{\partial \gamma_{yz}}{\partial x} = 0, \frac{\partial}{\partial y}\left(-\frac{\partial \gamma_{zx}}{\partial y} + \frac{\partial \gamma_{xy}}{\partial z} + \frac{\partial \gamma_{yz}}{\partial x}\right) = 0, \frac{\partial^2 \varepsilon_y}{\partial z \partial x} = 0$$

相容方程式(9.1.1b)的第二式,自然满足。

$$-\frac{\partial \gamma_{xy}}{\partial z} + \frac{\partial \gamma_{yz}}{\partial x} + \frac{\partial \gamma_{zx}}{\partial y} = 0, \frac{\partial}{\partial z}\left(-\frac{\partial \gamma_{xy}}{\partial z} + \frac{\partial \gamma_{yz}}{\partial x} + \frac{\partial \gamma_{zx}}{\partial y}\right) = 0, \frac{\partial^2 \varepsilon_z}{\partial x \partial y}$$

相容方程式(9.1.1b)的第三式,自然满足。

因此,系数之间应满足的关系为

$$A_1 + B_1 = 2, C_1 C_2 = 4, F_1 = D_1$$

答毕。

例题 9.1.3:假设有如下的应变状态为

$$\begin{cases} \varepsilon_x = \dfrac{1}{E}\left(\dfrac{\partial^2 \phi}{\partial y^2} - \mu \dfrac{\partial^2 \phi}{\partial x^2}\right) \\ \varepsilon_y = \dfrac{1}{E}\left(\dfrac{\partial^2 \phi}{\partial x^2} - \mu \dfrac{\partial^2 \phi}{\partial y^2}\right) \\ \varepsilon_z = 0 \end{cases}, \begin{cases} \gamma_{xy} = -\dfrac{2(1+\mu)}{E}\dfrac{\partial^2 \phi}{\partial x \partial y} \\ \gamma_{yz} = 0 \\ \gamma_{zx} = 0 \end{cases}$$

试确定函数 $\phi(x, y)$ 应满足的方程。

解答:

$$\begin{cases} \dfrac{\partial^2 \varepsilon_y}{\partial x^2} = \dfrac{1}{E}\left(\dfrac{\partial^4 \phi}{\partial x^4} - \mu \dfrac{\partial^4 \phi}{\partial x^2 \partial y^2}\right) \\ \dfrac{\partial^2 \varepsilon_x}{\partial y^2} = \dfrac{1}{E}\left(\dfrac{\partial^4 \phi}{\partial y^4} - \mu \dfrac{\partial^4 \phi}{\partial x^2 \partial y^2}\right) \\ \dfrac{\partial^2 \gamma_{xy}}{\partial x \partial y} = -\dfrac{2(1+\mu)}{E}\dfrac{\partial^4 \phi}{\partial x^2 \partial y^2} \end{cases}$$

由相容方程式(9.1.1a)的第一式,可得

$$\frac{1}{E}\left(\frac{\partial^4 \phi}{\partial x^4} - \mu \frac{\partial^4 \phi}{\partial x^2 \partial y^2}\right) + \frac{1}{E}\left(\frac{\partial^4 \phi}{\partial y^4} - \mu \frac{\partial^4 \phi}{\partial x^2 \partial y^2}\right) = -\frac{2(1+\mu)}{E}\frac{\partial^4 \phi}{\partial x^2 \partial y^2}$$

整理后,得

$$\frac{\partial^4 \phi}{\partial x^4} + 2\frac{\partial^4 \phi}{\partial x^2 \partial y^2} + \frac{\partial^4 \phi}{\partial y^4} = 0$$

即

$$\nabla^4 \phi = 0, \frac{\partial^2 \varepsilon_z}{\partial y^2} = 0, \frac{\partial^2 \varepsilon_y}{\partial z^2} = 0, \frac{\partial^2 \gamma_{yz}}{\partial y \partial z} = 0$$

相容方程式(9.1.1a)的第二式自然满足。

$$\frac{\partial^2 \varepsilon_x}{\partial z^2} = 0, \frac{\partial^2 \varepsilon_z}{\partial x^2} = 0, \frac{\partial^2 \gamma_{zx}}{\partial z \partial x} = 0$$

相容方程式(9.1.1a)的第三式自然满足。

$$-\frac{\partial \gamma_{yz}}{\partial x}+\frac{\partial \gamma_{zx}}{\partial y}+\frac{\partial \gamma_{xy}}{\partial z}=0$$

$$\frac{\partial}{\partial x}\left(-\frac{\partial \gamma_{yz}}{\partial x}+\frac{\partial \gamma_{zx}}{\partial y}+\frac{\partial \gamma_{xy}}{\partial z}\right)=0,\frac{\partial^2 \varepsilon_x}{\partial y \partial z}=0$$

相容方程式(9.1.1b)的第一式自然满足。

$$-\frac{\partial \gamma_{zx}}{\partial y}+\frac{\partial \gamma_{xy}}{\partial z}+\frac{\partial \gamma_{yz}}{\partial x}=0,\frac{\partial}{\partial y}\left(-\frac{\partial \gamma_{zx}}{\partial y}+\frac{\partial \gamma_{xy}}{\partial z}+\frac{\partial \gamma_{yz}}{\partial x}\right)=0,\frac{\partial^2 \varepsilon_y}{\partial z \partial x}=0$$

相容方程式(9.1.1b)的第二式自然满足。

$$-\frac{\partial \gamma_{xy}}{\partial z}+\frac{\partial \gamma_{yz}}{\partial x}+\frac{\partial \gamma_{zx}}{\partial y}=0,\frac{\partial}{\partial z}\left(-\frac{\partial \gamma_{xy}}{\partial z}+\frac{\partial \gamma_{yz}}{\partial x}+\frac{\partial \gamma_{zx}}{\partial y}\right)=0,\frac{\partial^2 \varepsilon_z}{\partial x \partial y}$$

相容方程式(9.1.1b)的第三式自然满足。

因此,函数 $\phi(x, y)$ 应满足的方程为

$$\nabla^4 \phi=\frac{\partial^4 \phi}{\partial x^4}+2\frac{\partial^4 \phi}{\partial x^2 \partial y^2}+\frac{\partial^4 \phi}{\partial y^4}=0$$

答毕。

二、应力表示的相容方程:引入物理方程

将物理方程式(6.1.10)中的 ε_x、ε_y 和 γ_{xy} 代入相容方程式(9.1.1a)中的第一式,可得

$$\frac{\partial^2}{\partial x^2}\left\{\frac{1}{E}[(1+\mu)\sigma_y-\mu\Theta]\right\}+\frac{\partial^2}{\partial y^2}\left\{\frac{1}{E}[(1+\mu)\sigma_x-\mu\Theta]\right\}=\frac{\partial^2}{\partial x \partial y}\left[\frac{2(1+\mu)}{E}\tau_{xy}\right]$$

式中

$$\Theta=\sigma_x+\sigma_y+\sigma_z$$

整理后,可得

$$(1+\mu)\left(\frac{\partial^2 \sigma_y}{\partial x}+\frac{\partial^2 \sigma_x}{\partial y^2}\right)-\mu\left(\frac{\partial^2 \Theta}{\partial x^2}+\frac{\partial^2 \Theta}{\partial y^2}\right)=2(1+\mu)\frac{\partial^2 \tau_{xy}}{\partial x \partial y}$$

同理,可得其他两个方程。于是,有

$$\begin{cases}(1+\mu)\left(\dfrac{\partial^2 \sigma_y}{\partial x^2}+\dfrac{\partial^2 \sigma_x}{\partial y^2}\right)-\mu\left(\dfrac{\partial^2 \Theta}{\partial x^2}+\dfrac{\partial^2 \Theta}{\partial y^2}\right)=2(1+\mu)\dfrac{\partial^2 \tau_{xy}}{\partial x \partial y}\\(1+\mu)\left(\dfrac{\partial^2 \sigma_z}{\partial y^2}+\dfrac{\partial^2 \sigma_y}{\partial z^2}\right)-\mu\left(\dfrac{\partial^2 \Theta}{\partial y^2}+\dfrac{\partial^2 \Theta}{\partial z^2}\right)=2(1+\mu)\dfrac{\partial^2 \tau_{yz}}{\partial y \partial z}\\(1+\mu)\left(\dfrac{\partial^2 \sigma_x}{\partial z^2}+\dfrac{\partial^2 \sigma_z}{\partial x^2}\right)-\mu\left(\dfrac{\partial^2 \Theta}{\partial z^2}+\dfrac{\partial^2 \Theta}{\partial x^2}\right)=2(1+\mu)\dfrac{\partial^2 \tau_{zx}}{\partial z \partial x}\end{cases}\tag{9.1.2a}$$

将物理方程式(6.1.10)中的 γ_{yz}、γ_{zx}、γ_{xy} 和 ε_x 代入相容方程式(9.1.1b)的第一式,可得

$$\frac{\partial}{\partial x}\left\{-\frac{\partial}{\partial x}\left[\frac{2(1+\mu)}{E}\tau_{yz}\right]+\frac{\partial}{\partial y}\left[\frac{2(1+\mu)}{E}\tau_{zx}\right]+\frac{\partial}{\partial z}\left[\frac{2(1+\mu)}{E}\tau_{xy}\right]\right\}$$

$$=2\frac{\partial^2}{\partial y\partial z}\left\{\frac{1}{E}[(1+\mu)\sigma_x-\mu\Theta]\right\}$$

整理后,可得

$$(1+\mu)\frac{\partial}{\partial x}\left(-\frac{\partial\tau_{yz}}{\partial x}+\frac{\partial\tau_{zx}}{\partial y}+\frac{\partial\tau_{xy}}{\partial z}\right)=\frac{\partial^2}{\partial y\partial z}[(1+\mu)\sigma_x-\mu\Theta]$$

同理,可得其他两个方程。于是,有

$$\begin{cases}(1+\mu)\dfrac{\partial}{\partial x}\left(-\dfrac{\partial\tau_{yz}}{\partial x}+\dfrac{\partial\tau_{zx}}{\partial y}+\dfrac{\partial\tau_{xy}}{\partial z}\right)=\dfrac{\partial^2}{\partial y\partial z}[(1+\mu)\sigma_x-\mu\Theta]\\(1+\mu)\dfrac{\partial}{\partial y}\left(-\dfrac{\partial\tau_{zx}}{\partial y}+\dfrac{\partial\tau_{xy}}{\partial z}+\dfrac{\partial\tau_{yz}}{\partial x}\right)=\dfrac{\partial^2}{\partial z\partial x}[(1+\mu)\sigma_y-\mu\Theta]\\(1+\mu)\dfrac{\partial}{\partial z}\left(-\dfrac{\partial\tau_{xy}}{\partial z}+\dfrac{\partial\tau_{yz}}{\partial x}+\dfrac{\partial\tau_{zx}}{\partial y}\right)=\dfrac{\partial^2}{\partial x\partial y}[(1+\mu)\sigma_z-\mu\Theta]\end{cases}\tag{9.1.2b}$$

式(9.1.2)即为用应力分量表示的相容方程。同理,如果假定的应力分量不能满足相容方程式(9.1.2),则这个应力状态是不合理的、无法客观存在的。

三、应力表示的相容方程:引入平衡微分方程

可以利用平衡微分方程式(6.1.9)对应力表示的相容方程式(9.1.2)进行简化,使得每一式中只包含一个应力分量和体积应力。

因此,首先将平衡微分方程式(6.1.9)中的三式分别对 x、y 和 z 求一阶偏导,即

$$\begin{cases}\dfrac{\partial^2\sigma_x}{\partial x^2}+\dfrac{\partial^2\tau_{yx}}{\partial x\partial y}+\dfrac{\partial^2\tau_{zx}}{\partial z\partial x}+\dfrac{\partial f_x}{\partial x}=0\\\dfrac{\partial^2\sigma_y}{\partial y^2}+\dfrac{\partial^2\tau_{zy}}{\partial y\partial z}+\dfrac{\partial^2\tau_{xy}}{\partial x\partial y}+\dfrac{\partial f_y}{\partial y}=0\\\dfrac{\partial^2\sigma_z}{\partial z^2}+\dfrac{\partial^2\tau_{xz}}{\partial z\partial x}+\dfrac{\partial^2\tau_{yz}}{\partial y\partial z}+\dfrac{\partial f_z}{\partial z}=0\end{cases}$$

将上面第二式与第三式相加并减去第一式,可得

$$\frac{\partial^2\sigma_y}{\partial y^2}+\frac{\partial^2\sigma_z}{\partial z^2}+2\frac{\partial^2\tau_{zy}}{\partial y\partial z}-\frac{\partial^2\sigma_x}{\partial x^2}-\frac{\partial f_x}{\partial x}+\frac{\partial f_y}{\partial y}+\frac{\partial f_z}{\partial z}=0$$

两边同乘以$(1+\mu)$,可得

$$(1+\mu)\frac{\partial^2\sigma_y}{\partial y^2}+(1+\mu)\frac{\partial^2\sigma_z}{\partial z^2}+2(1+\mu)\frac{\partial^2\tau_{zy}}{\partial y\partial z}-(1+\mu)\frac{\partial^2\sigma_x}{\partial x^2}-$$

$$(1+\mu)\frac{\partial f_x}{\partial x}+(1+\mu)\frac{\partial f_y}{\partial y}+(1+\mu)\frac{\partial f_z}{\partial z}=0$$

利用式(9.1.2a)的第一式将上式的 τ_{yz} 消去,可得

$$(1+\mu)\left(\frac{\partial^2\sigma_y}{\partial z^2}+\frac{\partial^2\sigma_z}{\partial y^2}\right)-\mu\left(\frac{\partial^2\Theta}{\partial z^2}+\frac{\partial^2\Theta}{\partial y^2}\right)+(1+\mu)\frac{\partial^2\sigma_y}{\partial y^2}+(1+\mu)\frac{\partial^2\sigma_z}{\partial z^2}-(1+\mu)\frac{\partial^2\sigma_x}{\partial x^2}$$

$$=(1+\mu)\frac{\partial f_x}{\partial x}-(1+\mu)\frac{\partial f_y}{\partial y}-(1+\mu)\frac{\partial f_z}{\partial z}$$

即

$$(1+\mu)\left(\frac{\partial^2\sigma_y}{\partial y^2}+\frac{\partial^2\sigma_z}{\partial y^2}\right)-\mu\left(\frac{\partial^2\Theta}{\partial z^2}+\frac{\partial^2\Theta}{\partial y^2}\right)+(1+\mu)\left(\frac{\partial^2\sigma_y}{\partial z^2}+\frac{\partial^2\sigma_z}{\partial z^2}\right)-(1+\mu)\frac{\partial^2\sigma_x}{\partial x^2}$$

$$=(1+\mu)\frac{\partial f_x}{\partial x}-(1+\mu)\frac{\partial f_y}{\partial y}-(1+\mu)\frac{\partial f_z}{\partial z} \tag{a}$$

由于

$$\begin{cases}\dfrac{\partial^2\sigma_y}{\partial y^2}+\dfrac{\partial^2\sigma_z}{\partial y^2}=\dfrac{\partial^2\Theta}{\partial y^2}-\dfrac{\partial^2\sigma_x}{\partial y^2}\\[2ex]\dfrac{\partial^2\sigma_y}{\partial z^2}+\dfrac{\partial^2\sigma_z}{\partial z^2}=\dfrac{\partial^2\Theta}{\partial z^2}-\dfrac{\partial^2\sigma_x}{\partial z^2}\end{cases}$$

于是式(a)变为

$$(1+\mu)\left(\frac{\partial^2\Theta}{\partial y^2}-\frac{\partial^2\sigma_x}{\partial y^2}\right)-\mu\left(\frac{\partial^2\Theta}{\partial z^2}+\frac{\partial^2\Theta}{\partial y^2}\right)+(1+\mu)\left(\frac{\partial^2\Theta}{\partial z^2}-\frac{\partial^2\sigma_x}{\partial z^2}\right)-(1+\mu)\frac{\partial^2\sigma_x}{\partial x^2}$$

$$=(1+\mu)\frac{\partial f_x}{\partial x}-(1+\mu)\frac{\partial f_y}{\partial y}-(1+\mu)\frac{\partial f_z}{\partial z}$$

即

$$-(1+\mu)\nabla^2\sigma_x+\frac{\partial^2\Theta}{\partial y^2}+\frac{\partial^2\Theta}{\partial z^2}=(1+\mu)\frac{\partial f_x}{\partial x}-(1+\mu)\frac{\partial f_y}{\partial y}-(1+\mu)\frac{\partial f_z}{\partial z} \tag{b}$$

同理,可得

$$-(1+\mu)\nabla^2\sigma_y+\frac{\partial^2\Theta}{\partial z^2}+\frac{\partial^2\Theta}{\partial x^2}=-(1+\mu)\frac{\partial f_x}{\partial x}+(1+\mu)\frac{\partial f_y}{\partial y}-(1+\mu)\frac{\partial f_z}{\partial z} \tag{c}$$

$$-(1+\mu)\nabla^2\sigma_z+\frac{\partial^2\Theta}{\partial x^2}+\frac{\partial^2\Theta}{\partial y^2}=-(1+\mu)\frac{\partial f_x}{\partial x}-(1+\mu)\frac{\partial f_y}{\partial y}+(1+\mu)\frac{\partial f_z}{\partial z} \tag{d}$$

上面三式相加,可得

$$-(1+\mu)\nabla^2\Theta+2\nabla^2\Theta=-(1+\mu)\frac{\partial f_x}{\partial x}-(1+\mu)\frac{\partial f_y}{\partial y}-(1+\mu)\frac{\partial f_z}{\partial z} \tag{e}$$

即

$$\nabla^2\Theta=-\frac{1+\mu}{1-\mu}\left(\frac{\partial f_x}{\partial x}+\frac{\partial f_y}{\partial y}+\frac{\partial f_z}{\partial z}\right) \tag{9.1.3}$$

式(a)也可写成

$$(1+\mu)\nabla^2\sigma_x-\frac{\partial^2\Theta}{\partial y^2}-\frac{\partial^2\Theta}{\partial z^2}=-\frac{1+\mu}{1-\mu}\left[(1-\mu)\frac{\partial f_x}{\partial x}-(1-\mu)\frac{\partial f_y}{\partial y}-(1-\mu)\frac{\partial f_z}{\partial z}\right] \tag{9.1.4}$$

将式(9.1.3)代入式(9.1.4),可得

$$(1+\mu)\nabla^2\sigma_x+\frac{\partial^2\Theta}{\partial x^2}=-\frac{1+\mu}{1-\mu}\left[(2-\mu)\frac{\partial f_x}{\partial x}+\mu\frac{\partial f_y}{\partial y}+\mu\frac{\partial f_z}{\partial z}\right]$$

同理,可得其他两个方程。于是,有

$$\begin{cases}(1+\mu)\nabla^2\sigma_x+\dfrac{\partial^2\Theta}{\partial x^2}=-\dfrac{1+\mu}{1-\mu}\left[(2-\mu)\dfrac{\partial f_x}{\partial x}+\mu\dfrac{\partial f_y}{\partial y}+\mu\dfrac{\partial f_z}{\partial z}\right]\\(1+\mu)\nabla^2\sigma_y+\dfrac{\partial^2\Theta}{\partial y^2}=-\dfrac{1+\mu}{1-\mu}\left[\mu\dfrac{\partial f_x}{\partial x}+(2-\mu)\dfrac{\partial f_y}{\partial y}+\mu\dfrac{\partial f_z}{\partial z}\right]\\(1+\mu)\nabla^2\sigma_z+\dfrac{\partial^2\Theta}{\partial z^2}=-\dfrac{1+\mu}{1-\mu}\left[\mu\dfrac{\partial f_x}{\partial x}+\mu\dfrac{\partial f_y}{\partial y}+(2-\mu)\dfrac{\partial f_z}{\partial z}\right]\end{cases}\tag{9.1.5a}$$

由于

$$\begin{aligned}&\frac{\partial}{\partial x}\left(-\frac{\partial\tau_{yz}}{\partial x}+\frac{\partial\tau_{zx}}{\partial y}+\frac{\partial\tau_{xy}}{\partial z}\right)\\&=-\frac{\partial^2\tau_{yz}}{\partial x^2}+\frac{\partial}{\partial x}\frac{\partial\tau_{zx}}{\partial y}+\frac{\partial}{\partial x}\frac{\partial\tau_{xy}}{\partial z}\\&=-\frac{\partial^2\tau_{yz}}{\partial x^2}+\frac{\partial}{\partial y}\frac{\partial\tau_{zx}}{\partial x}+\frac{\partial}{\partial z}\frac{\partial\tau_{xy}}{\partial x}\end{aligned}\tag{9.1.5b}$$

将平衡微分方程式(6.1.9)的第二式和第三式代入式(9.1.5b),即

$$\begin{aligned}&\frac{\partial}{\partial x}\left(-\frac{\partial\tau_{yz}}{\partial x}+\frac{\partial\tau_{zx}}{\partial y}+\frac{\partial\tau_{xy}}{\partial z}\right)\\&=-\frac{\partial^2\tau_{yz}}{\partial x^2}+\frac{\partial}{\partial y}\left(-\frac{\partial\sigma_z}{\partial z}-\frac{\partial\tau_{yz}}{\partial y}-f_z\right)+\frac{\partial}{\partial z}\left(-\frac{\partial\sigma_y}{\partial y}-\frac{\partial\tau_{zy}}{\partial z}-f_y\right)\\&=-\left(\frac{\partial^2\tau_{yz}}{\partial x^2}+\frac{\partial^2\tau_{yz}}{\partial y^2}+\frac{\partial^2\tau_{zy}}{\partial z^2}\right)-\left(\frac{\partial^2\sigma_y}{\partial y\partial z}+\frac{\partial^2\sigma_z}{\partial y\partial z}\right)-\left(\frac{\partial f_z}{\partial y}+\frac{\partial f_y}{\partial z}\right)\\&=-\nabla^2\tau_{yz}-\left(\frac{\partial^2\Theta}{\partial y\partial z}-\frac{\partial^2\sigma_x}{\partial y\partial z}\right)-\left(\frac{\partial f_z}{\partial y}+\frac{\partial f_y}{\partial z}\right)\end{aligned}$$

利用式(9.1.2c)的第一式,可得

$$-(1+\mu)\nabla^2\tau_{yz}-(1+\mu)\frac{\partial^2\Theta}{\partial y\partial z}+(1+\mu)\frac{\partial^2\sigma_x}{\partial y\partial z}-(1+\mu)\left(\frac{\partial f_z}{\partial y}+\frac{\partial f_y}{\partial z}\right)=(1+\mu)\frac{\partial^2\sigma_x}{\partial y\partial z}-\mu\frac{\partial^2\Theta}{\partial y\partial z}$$

即

$$(1+\mu)\nabla^2\tau_{yz}+\frac{\partial^2\Theta}{\partial y\partial z}=-(1+\mu)\left(\frac{\partial f_z}{\partial y}+\frac{\partial f_y}{\partial z}\right)$$

同理,可得其他两个方程。于是,有

$$\begin{cases}(1+\mu)\nabla^2\tau_{xy}+\dfrac{\partial^2\Theta}{\partial x\partial y}=-(1+\mu)\left(\dfrac{\partial f_y}{\partial x}+\dfrac{\partial f_x}{\partial y}\right)\\(1+\mu)\nabla^2\tau_{yz}+\dfrac{\partial^2\Theta}{\partial y\partial z}=-(1+\mu)\left(\dfrac{\partial f_z}{\partial y}+\dfrac{\partial f_y}{\partial z}\right)\\(1+\mu)\nabla^2\tau_{zx}+\dfrac{\partial^2\Theta}{\partial z\partial x}=-(1+\mu)\left(\dfrac{\partial f_x}{\partial z}+\dfrac{\partial f_z}{\partial x}\right)\end{cases}\tag{9.1.5c}$$

微分方程组式(9.1.5)中每个方程只包含体力分量、体积应力和一个应力分量,通常称为米歇尔(Micheu)相容方程。

特别地,当体力为零或常数时,相容方程式(9.1.5)可简化为

$$
\begin{cases}(1+\mu)\nabla^2\sigma_x+\dfrac{\partial^2\Theta}{\partial x^2}=0\\(1+\mu)\nabla^2\sigma_y+\dfrac{\partial^2\Theta}{\partial y^2}=0,\\(1+\mu)\nabla^2\sigma_z+\dfrac{\partial^2\Theta}{\partial z^2}=0\end{cases}\begin{cases}(1+\mu)\nabla^2\tau_{xy}+\dfrac{\partial^2\Theta}{\partial x\partial y}=0\\(1+\mu)\nabla^2\tau_{yz}+\dfrac{\partial^2\Theta}{\partial y\partial z}=0\\(1+\mu)\nabla^2\tau_{zx}+\dfrac{\partial^2\Theta}{\partial z\partial x}=0\end{cases}\tag{9.1.6}
$$

这就是贝尔特拉米(Beltrami)相容方程。由此可见,如果应力分量的表达式是坐标 x、y、z 的线性函数,则相容方程式(9.1.6)总能满足。

四、若干问题的解答

对于应力边界问题,除了满足平衡微分方程、相容方程和应力边界条件外,还要看所考察的物体是单连体还是多连体。

所谓单连体,就是在物体内所做的任何一根闭合曲线,都可以使它在物体内不断收缩而趋于一点。例如:一般的实体和空心圆球,就是单连体。

所谓多连体,就是不具有上述几何性质的物体。例如:圆环或圆筒,就是多连体。

在体力为零或常数时,对于单连体而言,满足平衡微分方程和边界条件的线性函数形式的应力分量表达式可以给出完全精确的应力解答。

例题 9.1.4:

如图 9.1.1 所示,设有等截面直杆,不计体力,在某一纵向主平面内受到大小相等、方向相反的弯矩 M。

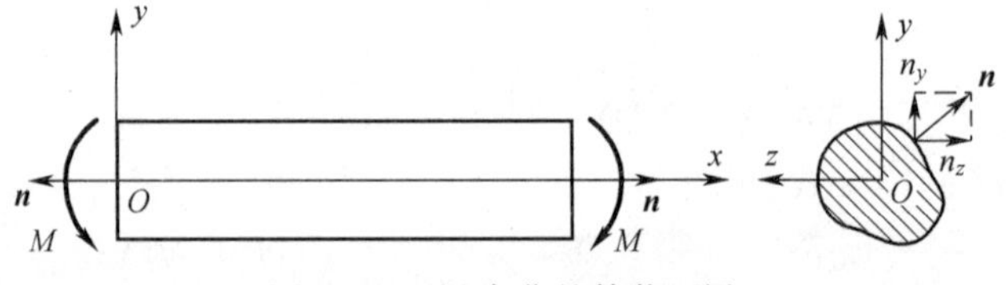

图 9.1.1 纯弯曲的等截面梁

梁的侧面上,作用的面力为

$$
\bar{\boldsymbol{f}}=\begin{bmatrix}\bar{f}_x\\\bar{f}_y\\\bar{f}_z\end{bmatrix}=\begin{bmatrix}0\\0\\0\end{bmatrix}
$$

梁的右端面上,面力合成只能为弯矩 M。于是得到等效的外力为

$$
\int\bar{f}_x\mathrm{d}A=0,\int_A(\bar{f}_x y\mathrm{d}A)=M\quad 和\quad \int_A(\bar{f}_x z\mathrm{d}A)=M
$$

梁左端面($x=0$)固定,约束的位移为

$$
\bar{u}=\bar{v}=\bar{w}=0
$$

$$\overline{\left(\frac{\partial v}{\partial x}\right)} = \overline{\left(\frac{\partial w}{\partial x}\right)} = \overline{\left(\frac{\partial v}{\partial z}\right)} = 0$$

采用逆解法。假设如下的应力状态：

$$\begin{cases} \sigma_x = Cy \\ \sigma_y = 0 \\ \sigma_z = 0 \end{cases}, \begin{cases} \tau_{xy} = 0 \\ \tau_{yz} = 0 \\ \tau_{zx} = 0 \end{cases}$$

式中：C 为待定常数。

完成下列问题：

（1）确定应力分量的解答；

（2）求出位移分量的函数表达式；

（3）确定位移分量的解答。

解答：

（1）梁的侧面的单位法向矢量为

$$\boldsymbol{n} = \begin{bmatrix} 0 \\ n_y \\ n_z \end{bmatrix}$$

其上的应力边界条件：

$$\begin{cases} (\sigma_x)_s \times 0 + 0 \times n_y + 0 \times n_z = 0 \\ 0 \times 0 + 0 \times n_y + 0 \times n_z = 0 \\ 0 \times 0 + 0 \times n_y + 0 \times n_z = 0 \end{cases}$$

得到自然满足。

梁的右端面，由应力边界条件式(6.1.13)可得

$$\begin{cases} (\sigma_x)_s \times 1 + 0 \times 0 + 0 \times 0 = \bar{f}_x \\ 0 \times 1 + 0 \times 0 + 0 \times 0 = \bar{f}_y \\ 0 \times 1 + 0 \times 0 + 0 \times 0 = \bar{f}_z \end{cases}$$

即

$$\bar{f}_x = (\sigma_x)_s = Cy$$

于是，由等效的外力可得

$$\int \bar{f}_x \mathrm{d}A = \int Cy\mathrm{d}y\mathrm{d}z = C\int y\mathrm{d}y\mathrm{d}z$$

$$\int (\bar{f}_x y\mathrm{d}A) = \int Cy^2\mathrm{d}A = C\int y^2\mathrm{d}A = M$$

$$\int (\bar{f}_x z\mathrm{d}A) = \int Cyz\mathrm{d}y\mathrm{d}z = C\int yz\mathrm{d}y\mathrm{d}z$$

当选取 z 轴为形心轴，且 xy 面和 xz 面为主平面时，可有

$$\int y\mathrm{d}y\mathrm{d}z = 0 \quad 和 \int yz\mathrm{d}y\mathrm{d}z = 0$$

此时

$$\int \bar{f}_x \mathrm{d}A = 0 \text{ 和 } \int (\bar{f}_x z \mathrm{d}A) = 0$$

得到满足。

若令

$$I = \int y^2 \mathrm{d}A$$

则

$$C = \frac{M}{I}$$

式中:I 称为横截面对于 z 轴的惯性矩。所以

$$\sigma_x = \frac{M}{I} y$$

(2) 由物理方程式(6.1.10)和几何方程式(6.1.8),可得

$$\begin{cases} \varepsilon_x = \dfrac{1}{E}[\sigma_x - \mu(\sigma_y + \sigma_z)] = \dfrac{M}{EI} y = \dfrac{\partial u}{\partial x} \\ \varepsilon_y = \dfrac{1}{E}[\sigma_y - \mu(\sigma_z + \sigma_x)] = -\dfrac{\mu M}{EI} y = \dfrac{\partial v}{\partial y} \\ \varepsilon_z = \dfrac{1}{E}[\sigma_z - \mu(\sigma_x + \sigma_y)] = -\dfrac{\mu M}{EI} y = \dfrac{\partial w}{\partial z} \end{cases}$$

$$\begin{cases} \gamma_{xy} = \dfrac{2(1+\mu)}{E} \tau_{xy} = 0 = \dfrac{\partial v}{\partial x} + \dfrac{\partial u}{\partial y} \\ \gamma_{yz} = \dfrac{2(1+\mu)}{E} \tau_{yz} = 0 = \dfrac{\partial w}{\partial y} + \dfrac{\partial v}{\partial z} \\ \gamma_{zx} = \dfrac{2(1+\mu)}{E} \tau_{zx} = 0 = \dfrac{\partial u}{\partial z} + \dfrac{\partial w}{\partial x} \end{cases}$$

由前三式可解得

$$\begin{cases} u = \dfrac{M}{EI} xy + f_1(y,z) \\ v = -\dfrac{M}{2EI} \mu y^2 + f_2(z,x) \\ w = -\dfrac{M}{EI} \mu yz + f_3(x,y) \end{cases}$$

将上述结果代入后三式,可得

$$\begin{cases} \dfrac{\partial f_2(z,x)}{\partial x} + \left[\dfrac{M}{EI} x + \dfrac{\partial f_1(y,z)}{\partial y}\right] = 0 \\ \left[-\dfrac{\mu M}{EI} z + \dfrac{\partial f_3(x,y)}{\partial y}\right] + \dfrac{\partial f_2(z,x)}{\partial z} = 0 \\ \dfrac{\partial f_1(y,z)}{\partial z} + \dfrac{\partial f_3(x,y)}{\partial x} = 0 \end{cases}$$

对上面第一式的两边对 y 求导、第三式的两边对 z 求导,分别可得

$$\frac{\partial^2 f_1(y,z)}{\partial y^2} = 0 \quad 和 \quad \frac{\partial^2 f_1(y,z)}{\partial z^2} = 0$$

由此可见

$$f_1(y,z) = u_0 - \omega_z y + \omega_y z + ayz$$

式中:u_0、ω_z、ω_y和 α 均为待定常数。由上面第一式,可得

$$\frac{\partial f_2(z,x)}{\partial x} = -\frac{M}{EI}x - \frac{\partial f_1(y,z)}{\partial y} = -\frac{M}{EI}x + \omega_z - az$$

积分,可得

$$f_2(z,x) = -\frac{M}{2EI}x^2 + \omega_z x - axz + g_2(z)$$

由上面第三式,可得

$$\frac{\partial f_3(x,y)}{\partial x} = -\frac{\partial f_1(y,z)}{\partial z} = -\omega_y - ay$$

积分,可得

$$f_3(x,y) = -\omega_y x - ayx + g_3(y)$$

将所得到的$f_2(z, x)$和$f_3(x, y)$代入上面第二式,可得

$$\left[-\frac{\mu M}{EI}z - ax + g_3'(y)\right] - ax + g_2'(z) = 0$$

即

$$-2ax + g_3'(y) + \left[g_2'(z) - \frac{\mu M}{EI}z\right] = 0$$

因此

$$a = 0 \quad 和 \quad g_3'(y) + \left[g_2'(z) - \frac{\mu M}{EI}z\right] = 0$$

令

$$g_3'(y) = -\left[g_2'(z) - \frac{\mu M}{EI}z\right] = \omega_x$$

则

$$g_3'(y) = \omega_x \ 和\ g_2'(z) - \frac{\mu M}{EI}z = -\omega_x$$

由此得到:

$$g_3(y) = \omega_x y + w_0$$

$$g_2(z) = \frac{M}{2EI}\mu z^2 - \omega_x z + v_0$$

式中:v_0、w_0和 ω_x 均为待定常数。

至此,得到了三个函数$f_1(y, z)$、$f_2(z, x)$和$f_3(x, y)$的具体表达式为

$$\begin{cases} f_1(y,z) = u_0 - \omega_z y + \omega_y z \\ f_2(z,x) = -\dfrac{M}{2EI}x^2 + \omega_z x + \dfrac{M}{2EI}\mu z^2 - \omega_x z + v_0 \\ f_3(x,y) = -\omega_y x + \omega_x y + w_0 \end{cases}$$

从而得到了位移分量的表达式为

$$\begin{cases} u = \dfrac{M}{EI}xy + \omega_y z - \omega_z y + u_0 \\ v = -\dfrac{M}{2EI}(x^2 + \mu y^2 - \mu z^2) + \omega_z x - \omega_x z + v_0 \\ w = -\dfrac{M}{EI}\mu yz + \omega_x y - \omega_y x + w_0 \end{cases} \tag{9.1.7}$$

(3) 由解答(1)所得的式(9.1.7)可得

$$\frac{\partial v}{\partial x} = -\frac{M}{EI}x + \omega_z, \frac{\partial w}{\partial x} = -\omega_y \quad 和 \quad \frac{\partial v}{\partial z} = \frac{\mu M}{EI}z - \omega_x$$

在梁的左端面上,由位移边界条件可得

$$\begin{cases} (u)_{x=0} = u_0 = \bar{u} = 0 \\ (v)_{x=0} = v_0 = \bar{v} = 0 \\ (w)_{x=0} = w_0 = \bar{w} = 0 \end{cases}$$

以及

$$\begin{cases} \left(\dfrac{\partial v}{\partial x}\right)_{x=0} = \omega_z = \overline{\left(\dfrac{\partial v}{\partial x}\right)} = 0 \\ \left(\dfrac{\partial w}{\partial x}\right)_{x=0} = -\omega_y = \overline{\left(\dfrac{\partial w}{\partial x}\right)} = 0 \\ \left(\dfrac{\partial v}{\partial z}\right)_{x=0} = -\omega_x = \overline{\left(\dfrac{\partial v}{\partial z}\right)} = 0 \end{cases}$$

因此,位移分量的解答为

$$\begin{cases} u = \dfrac{M}{EI}xy \\ v = -\dfrac{M}{2EI}(x^2 + \mu y^2 - \mu z^2) \\ w = -\dfrac{M}{EI}\mu yz \end{cases} \tag{9.1.8}$$

当 $y=z=0$ 时,即得到梁轴线的挠度:

$$v(x) = -\frac{M}{2EI}x^2$$

与材料力学中所得到的结果是相同的。

答毕。

例题 9.1.5:如图 9.1.2 所示,设有等截面柱体,其长度为 L。上端面刚性固定,承受重力作用。因此,柱体内部所作用的体力为

$$\boldsymbol{f} = \begin{bmatrix} f_x \\ f_y \\ f_z \end{bmatrix} = \begin{bmatrix} 0 \\ 0 \\ -\rho g \end{bmatrix}$$

式中:ρ 为柱体的物质密度;g 为重力加速度。

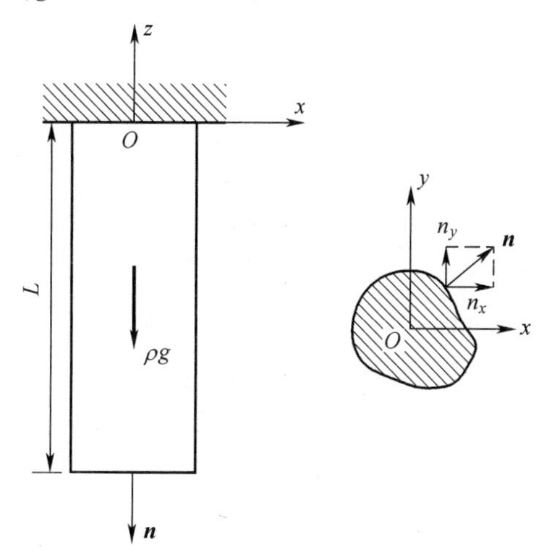

图 9.1.2　自重作用下的等截面柱体

在柱体的侧面上,作用的面力为

$$\bar{\boldsymbol{f}} = \begin{bmatrix} \bar{f}_x \\ \bar{f}_y \\ \bar{f}_z \end{bmatrix} = \begin{bmatrix} 0 \\ 0 \\ 0 \end{bmatrix}$$

在柱体的下端面上,作用的面力为

$$\bar{\boldsymbol{f}} = \begin{bmatrix} \bar{f}_x \\ \bar{f}_y \\ \bar{f}_z \end{bmatrix} = \begin{bmatrix} 0 \\ 0 \\ 0 \end{bmatrix}$$

在柱体的上端面上,约束的位移为

$$\bar{u} = \bar{v} = \bar{w} = 0$$

$$\overline{\left(\frac{\partial u}{\partial z}\right)} = \overline{\left(\frac{\partial v}{\partial z}\right)} = \overline{\left(\frac{\partial u}{\partial y}\right)} = 0$$

现采用逆解法。假设如下的应力状态:

$$\begin{cases} \sigma_x = 0 \\ \sigma_y = 0 \\ \sigma_z = C(z + L) \end{cases}, \begin{cases} \tau_{xy} = 0 \\ \tau_{yz} = 0 \\ \tau_{zx} = 0 \end{cases}$$

式中:C 为待定常数。

完成下列问题:

(1) 确定应力分量的解答;

(2) 求出位移分量的表达式;

(3) 确定位移分量的解答。

解答:

(1) 由于应力分量的表达式是坐标 z 的线性函数,则相容方程式(9.1.5)自然满足。

由平衡微分方程式(6.1.9),可知

$$\begin{cases}\dfrac{\partial\sigma_x}{\partial x}+\dfrac{\partial\tau_{xy}}{\partial y}+\dfrac{\partial\tau_{xz}}{\partial z}+f_x=0\\ \dfrac{\partial\tau_{xy}}{\partial x}+\dfrac{\partial\sigma_y}{\partial y}+\dfrac{\partial\tau_{yz}}{\partial z}+f_y=0\\ \dfrac{\partial\tau_{xz}}{\partial x}+\dfrac{\partial\tau_{yz}}{\partial y}+\dfrac{\partial\sigma_z}{\partial z}+f_z=0\end{cases}$$

前两式自然满足。由第三式,可得

$$C+(-\rho g)=0$$

即

$$C=\rho g$$

因此,应力状态为

$$\begin{cases}\sigma_x=0\\ \sigma_y=0\\ \sigma_z=\rho g(z+L)\end{cases},\begin{cases}\tau_{xy}=0\\ \tau_{yz}=0\\ \tau_{zx}=0\end{cases}\tag{9.1.9}$$

柱体的侧面的单位法向矢量为

$$\boldsymbol{n}=\begin{bmatrix}n_x\\ n_y\\ 0\end{bmatrix}$$

其上的应力边界条件为

$$\begin{cases}0\times n_x+0\times n_y+0\times 0=0\\ 0\times n_x+0\times n_y+0\times 0=0\\ 0\times n_x+0\times n_y+(\sigma_z)_s\times 0=0\end{cases}$$

得到了自然满足。

柱体的下端面的单位法向矢量为

$$\boldsymbol{n}=\begin{bmatrix}0\\ 0\\ -1\end{bmatrix}$$

其上的应力边界条件为

$$\begin{cases}0\times 0+0\times 0+0\times(-1)=0\\ 0\times 0+0\times 0+0\times(-1)=0\\ 0\times 0+0\times 0+[\rho g(-L+L)]\times(-1)=0\end{cases}$$

也得到了自然满足。

式(9.1.9)中的应力分量满足的相容方程、平衡微分方程,以及所有的应力边界条件,即问题的解答。

(2) 由物理方程式(6.1.10)和几何方程式(6.1.8),可得

$$\begin{cases}\varepsilon_x = \dfrac{1}{E}[\sigma_x - \mu(\sigma_y + \sigma_z)] = -\dfrac{\mu\rho g}{E}z - \dfrac{\mu\rho g L}{E} = \dfrac{\partial u}{\partial x} \\ \varepsilon_y = \dfrac{1}{E}[\sigma_y - \mu(\sigma_z + \sigma_x)] = -\dfrac{\mu\rho g}{E}z - \dfrac{\mu\rho g L}{E} = \dfrac{\partial v}{\partial y} \\ \varepsilon_z = \dfrac{1}{E}[\sigma_z - \mu(\sigma_x + \sigma_y)] = \dfrac{\rho g}{E}z + \dfrac{\rho g L}{E} = \dfrac{\partial w}{\partial z}\end{cases}$$

$$\begin{cases}\gamma_{xy} = \dfrac{2(1+\mu)}{E}\tau_{xy} = 0 = \dfrac{\partial v}{\partial x} + \dfrac{\partial u}{\partial y} \\ \gamma_{yz} = \dfrac{2(1+\mu)}{E}\tau_{yz} = 0 = \dfrac{\partial w}{\partial y} + \dfrac{\partial v}{\partial z} \\ \gamma_{zx} = \dfrac{2(1+\mu)}{E}\tau_{zx} = 0 = \dfrac{\partial u}{\partial z} + \dfrac{\partial w}{\partial x}\end{cases}$$

由前三式可解得

$$\begin{cases}u = -\dfrac{\mu\rho g}{E}zx - \dfrac{\mu\rho g L}{E}x + f_1(y,z) \\ v = -\dfrac{\mu\rho g}{E}zy - \dfrac{\mu\rho g L}{E}y + f_2(z,x) \\ w = \dfrac{\rho g}{2E}z^2 + \dfrac{\rho g L}{E}z + f_3(x,y)\end{cases}$$

将上面结果代入后三式,可得

$$\begin{cases}\dfrac{\partial f_2(z,x)}{\partial x} + \dfrac{\partial f_1(y,z)}{\partial y} = 0 \\ \dfrac{\partial f_3(x,y)}{\partial y} + \left[-\dfrac{\mu\rho g}{E}y + \dfrac{\partial f_2(z,x)}{\partial z}\right] = 0 \\ \left[-\dfrac{\mu\rho g}{E}x + \dfrac{\partial f_1(y,z)}{\partial z}\right] + \dfrac{\partial f_3(x,y)}{\partial x} = 0\end{cases}$$

对上面第一式的两边对 y 求导、第三式的两边对 z 求导,可得

$$\frac{\partial^2 f_1(y,z)}{\partial y^2} = 0 \quad 和 \quad \frac{\partial^2 f_1(y,z)}{\partial z^2} = 0$$

由此可见

$$f_1(y,z) = u_0 - \omega_z y + \omega_y z + ayz$$

式中:u_0、ω_z、ω_y和 α 均为待定常数。由上述第一式,可得

$$\frac{\partial f_2(z,x)}{\partial x} = -\frac{\partial f_1(y,z)}{\partial y} = \omega_z - az$$

经积分可得

$$f_2(z,x) = \omega_z x - axz + g_2(z)$$

由上面第三式,可得

$$\frac{\partial f_3(x,y)}{\partial x} = \frac{\mu\rho g}{E}x - \frac{\partial f_1(y,z)}{\partial z} = \frac{\mu\rho g}{E}x - \omega_y - ay$$

经积分可得

$$f_3(x,y)=\frac{\mu\rho g}{2E}x^2-\omega_y x-ayx+g_3(y)$$

将所得到的$f_2(z, x)$和$f_3(x, y)$代入上述第二式,可得

$$-ax+g_3'(y)+\left[-\frac{\mu\rho g}{E}y-ax+g_2'(z)\right]=0$$

即

$$-2ax+\left[g_3'(y)-\frac{\mu\rho g}{E}y\right]+g_2'(z)=0$$

因此

$$a=0 \quad 和 \quad \left[g_3'(y)-\frac{\mu\rho g}{E}y\right]+g_2'(z)=0$$

令

$$g_2'(z)=-g_3'(y)+\frac{\mu\rho g}{E}y=-\omega_x$$

则

$$g_2'(z)=-\omega_x \quad 和 \quad g_3'(y)=\frac{\mu\rho g}{E}y+\omega_x$$

由此得到:

$$g_2(z)=-\omega_x z+v_0$$

$$g_3(y)=\frac{\mu\rho g}{2E}y^2+\omega_x y+w_0$$

式中:v_0、w_0和ω_x均为待定常数。

至此,得到了三个函数$f_1(y, z)$、$f_2(z, x)$和$f_3(x, y)$的具体表达式为

$$\begin{cases}f_1(y,z)=-\omega_z y+\omega_y z+u_0\\ f_2(z,x)=-\omega_x z+\omega_z x+v_0\\ f_3(x,y)=\dfrac{\rho g}{2E}(\mu x^2+\mu y^2)-\omega_y x+\omega_x y+w_0\end{cases}$$

从而得到了位移分量的表达式为

$$\begin{cases}u=-\dfrac{\mu\rho g}{E}zx-\dfrac{\mu\rho gL}{E}x-\omega_z y+\omega_y z+u_0\\ v=-\dfrac{\mu\rho g}{E}zy-\dfrac{\mu\rho gL}{E}y-\omega_x z+\omega_z x+v_0\\ w=\dfrac{\rho g}{2E}(z^2+\mu x^2+\mu y^2)+\dfrac{\rho gL}{E}z-\omega_y x+\omega_x y+w_0\end{cases} \tag{9.1.10}$$

(3) 由解答(2)所得的式(9.1.10)可得

$$\frac{\partial u}{\partial z}=-\frac{\mu\rho g}{E}x+\omega_y,\frac{\partial v}{\partial z}=-\frac{\mu\rho g}{E}y-\omega_x \quad 和 \quad \frac{\partial u}{\partial y}=-\omega_z$$

在柱体的上端面上,由位移边界条件可得

$$\begin{cases}(u)_{x=0}=u_0=\bar{u}=0\\(v)_{x=0}=v_0=\bar{v}=0\\(w)_{x=0}=w_0=\bar{w}=0\end{cases}$$

以及

$$\begin{cases}\left(\dfrac{\partial u}{\partial z}\right)_{x=0}=\omega_y=\overline{\left(\dfrac{\partial u}{\partial z}\right)}=0\\\left(\dfrac{\partial v}{\partial z}\right)_{x=0}=-\omega_x=\overline{\left(\dfrac{\partial v}{\partial z}\right)}=0\\\left(\dfrac{\partial u}{\partial y}\right)_{x=0}=-\omega_z=\overline{\left(\dfrac{\partial u}{\partial y}\right)}=0\end{cases}$$

因此,位移分量的解答为

$$\begin{cases}u=-\dfrac{\mu\rho g}{E}zx-\dfrac{\mu\rho gL}{E}x\\v=-\dfrac{\mu\rho g}{E}zy-\dfrac{\mu\rho gL}{E}y\\w=\dfrac{\rho g}{2E}(z^2+\mu x^2+\mu y^2)+\dfrac{\rho gL}{E}z\end{cases}\tag{9.1.11}$$

特别地,当 $z=0$ 时,

$$\begin{cases}u=-\dfrac{\mu\rho gL}{E}x\\v=-\dfrac{\mu\rho gL}{E}y\\w=\dfrac{\mu\rho g}{2E}(x^2+y^2)\end{cases}$$

当 $z=-L$ 时,

$$\begin{cases}u=-\dfrac{\mu\rho g}{E}(-L)x-\dfrac{\mu\rho gL}{E}x=0\\v=-\dfrac{\mu\rho g}{E}(-L)y-\dfrac{\mu\rho gL}{E}y=0\\w=\dfrac{\rho g}{2E}(z^2+\mu x^2+\mu y^2)+\dfrac{\rho gL}{E}z=\dfrac{\rho g\mu}{E}(x^2+y^2)-\dfrac{\rho gL^2}{2E}\end{cases}$$

由 u 和 v 的表达式可以看出:变形后柱体的横截面越到下部收缩越小,且由平面变成抛物面。

答毕。

9.2 直角坐标系下的平面问题

一、应变表示的相容方程

在平面问题的几何方程式(6.4.25)中,将 ε_x 对 y 的二阶导数和 ε_y 对 x 的二阶导数相

加,可得

$$\frac{\partial^2 \varepsilon_x}{\partial y^2} + \frac{\partial^2 \varepsilon_y}{\partial x^2} = \frac{\partial^3 u}{\partial x \partial y^2} + \frac{\partial^3 v}{\partial y \partial x^2} = \frac{\partial^2 v}{\partial x \partial y}\left(\frac{\partial u}{\partial y} + \frac{\partial v}{\partial x}\right)$$

显然,这个等式右边括号中的表达式就等于 γ_{xy}。因此,可得

$$\frac{\partial^2 \varepsilon_x}{\partial y^2} + \frac{\partial^2 \varepsilon_y}{\partial x^2} = \frac{\partial^2 \gamma_{xy}}{\partial x \partial y} \tag{9.2.1}$$

即用应变分量表示的直角坐标系下平面问题的相容方程或形变协调方程。

应变分量 ε_x、ε_y 和 γ_{xy} 必须满足这个方程,才能保证位移分量 u 和 v 的存在。换言之,如果任意选取函数 ε_x、ε_y 和 γ_{xy} 而不能满足这个方程,那么由三个几何方程中的任何两个求出的位移分量,将与第三个几何方程不能相容,这时就不可能求得位移。

例题 9.2.1:现假设如下函数形式的应变分量为

$$\varepsilon_x = 0, \varepsilon_y = 0, \gamma_{xy} = Cxy$$

式中:C 为非零常数。

完成下列问题:

(1) 判断该应变状态是否满足相容方程;

(2) 如果不满足相容方程,如何不相容。

解答:

(1) 由于

$$\frac{\partial^2 \varepsilon_x}{\partial y^2} = \frac{\partial^2 \varepsilon_y}{\partial x^2} = 0 \quad \text{和} \quad \frac{\partial^2 \gamma_{xy}}{\partial x \partial y} = C$$

且 C 为非零常数,即

$$C \neq 0$$

则

$$\frac{\partial^2 \varepsilon_x}{\partial y^2} = \frac{\partial^2 \varepsilon_y}{\partial x^2} \neq \frac{\partial^2 \gamma_{xy}}{\partial x \partial y}$$

因此,不满足相容方程式(9.2.1)。

(2) 由

$$\varepsilon_x = \frac{\partial u}{\partial x} = 0 \quad \text{和} \quad \varepsilon_y = \frac{\partial v}{\partial y} = 0$$

分别积分,可得

$$u = f_1(y) \quad \text{和} \quad v = f_2(x)$$

据此可得

$$\gamma_{xy} = \frac{\partial u}{\partial y} + \frac{\partial v}{\partial x} = \frac{\mathrm{d}f_1(y)}{\mathrm{d}y} + \frac{\mathrm{d}f_2(x)}{\mathrm{d}x} \neq Cxy$$

这与所给定:

$$\gamma_{xy} = Cxy$$

相矛盾,即不相容。显然,就不可能求得位移的解答。

答毕。

二、应力表示的相容方程：引入物理方程

对于平面应力的情况，将物理方程式(6.4.28)代入式(9.2.1)，可得

$$\frac{\partial^2}{\partial y^2}\left[\frac{1}{E}(\sigma_x-\mu\sigma_y)\right]+\frac{\partial^2}{\partial x^2}\left[\frac{1}{E}(\sigma_y-\mu\sigma_x)\right]=\frac{\partial^2}{\partial x\partial y}\left[\frac{2(1+\mu)}{E}\tau_{xy}\right]$$

即

$$\frac{\partial^2}{\partial y^2}(\sigma_x-\mu\sigma_y)+\frac{\partial^2}{\partial x^2}(\sigma_y-\mu\sigma_x)=2(1+\mu)\frac{\partial^2\tau_{xy}}{\partial x\partial y}$$

由于

$$\begin{aligned}&\frac{\partial^2}{\partial y^2}(\sigma_x-\mu\sigma_y)+\frac{\partial^2}{\partial x^2}(\sigma_y-\mu\sigma_x)\\&=\frac{\partial^2\sigma_x}{\partial y^2}+\frac{\partial^2\sigma_y}{\partial x^2}-\mu\left(\frac{\partial^2\sigma_y}{\partial y^2}+\frac{\partial^2\sigma_x}{\partial x^2}\right)\\&=(1-\mu)\left(\frac{\partial^2\sigma_x}{\partial y^2}+\frac{\partial^2\sigma_y}{\partial x^2}\right)-\mu\left[\left(\frac{\partial^2\sigma_y}{\partial y^2}+\frac{\partial^2\sigma_x}{\partial y^2}\right)+\left(\frac{\partial^2\sigma_x}{\partial x^2}+\frac{\partial^2\sigma_y}{\partial x^2}\right)\right]\\&=(1-\mu)\left(\frac{\partial^2\sigma_x}{\partial y^2}+\frac{\partial^2\sigma_y}{\partial x^2}\right)-\mu\left(\frac{\partial^2\Theta}{\partial y^2}+\frac{\partial^2\Theta}{\partial x^2}\right)\end{aligned}$$

式中

$$\Theta=\sigma_x+\sigma_y$$

可得

$$\left(\frac{\partial^2\sigma_x}{\partial y^2}+\frac{\partial^2\sigma_y}{\partial x^2}\right)-\frac{\mu}{1+\mu}\left(\frac{\partial^2\Theta}{\partial y^2}+\frac{\partial^2\Theta}{\partial x^2}\right)=2\frac{\partial^2\tau_{xy}}{\partial x\partial y}\tag{9.2.2a}$$

即用应力分量表示的直角坐标系下平面应力问题的相容方程或形变协调方程。

对于平面应变的情况，进行同样的推导，可以导出一个与此相似的方程：

$$\left(\frac{\partial^2\sigma_x}{\partial y^2}+\frac{\partial^2\sigma_y}{\partial x^2}\right)-\mu\left(\frac{\partial^2\Theta}{\partial y^2}+\frac{\partial^2\Theta}{\partial x^2}\right)=2\frac{\partial^2\tau_{xy}}{\partial x\partial y}\tag{9.2.2b}$$

当然，也可以不必进行推导，把方程式(9.2.2a)中的 μ 换为 $\mu/(1-\mu)$ 即可得到式(9.2.2b)。

三、应力表示的相容方程：引入平衡微分方程

利用平衡微分方程式(6.4.26)对式(9.2.2)进行简化，使之只包含正应力而不包含切应力。

为此，将平衡微分方程式(6.4.26)改写为

$$\begin{cases}\dfrac{\partial\tau_{xy}}{\partial y}=-\dfrac{\partial\sigma_x}{\partial x}-f_x\\[2mm]\dfrac{\partial\tau_{xy}}{\partial x}=-\dfrac{\partial\sigma_y}{\partial y}-f_x\end{cases}$$

将第一式对 x 求导、第二式对 y 求导，然后相加得

$$2\frac{\partial^2\tau_{yx}}{\partial x\partial y}=-\frac{\partial^2\sigma_x}{\partial x^2}-\frac{\partial^2\sigma_y}{\partial y^2}-\frac{\partial f_x}{\partial x}-\frac{\partial f_y}{\partial y}$$

于是,式(9.2.2a)变成

$$\left(\frac{\partial^2\sigma_x}{\partial y^2}+\frac{\partial^2\sigma_y}{\partial x^2}\right)-\frac{\mu}{1+\mu}\left(\frac{\partial^2\Theta}{\partial y^2}+\frac{\partial^2\Theta}{\partial x^2}\right)=-\left(\frac{\partial^2\sigma_x}{\partial x^2}+\frac{\partial^2\sigma_y}{\partial y^2}\right)-\left(\frac{\partial f_x}{\partial x}+\frac{\partial f_y}{\partial y}\right)$$

即

$$\left(\frac{\partial^2\sigma_x}{\partial y^2}+\frac{\partial^2\sigma_y}{\partial x^2}+\frac{\partial^2\sigma_x}{\partial x^2}+\frac{\partial^2\sigma_y}{\partial y^2}\right)-\frac{\mu}{1+\mu}\left(\frac{\partial^2\Theta}{\partial x^2}+\frac{\partial^2\Theta}{\partial y^2}\right)=-\left(\frac{\partial f_x}{\partial x}+\frac{\partial f_y}{\partial y}\right)$$

$$\left(\frac{\partial^2\Theta}{\partial x^2}+\frac{\partial^2\Theta}{\partial y^2}\right)-\frac{\mu}{1+\mu}\left(\frac{\partial^2\Theta}{\partial x^2}+\frac{\partial^2\Theta}{\partial y^2}\right)=-\left(\frac{\partial f_x}{\partial x}+\frac{\partial f_y}{\partial y}\right)$$

由于

$$1-\frac{\mu}{1+\mu}=\frac{1}{1+\mu}$$

于是,可得

$$\frac{1}{1+\mu}\left(\frac{\partial^2\Theta}{\partial x^2}+\frac{\partial^2\Theta}{\partial y^2}\right)=-\left(\frac{\partial f_x}{\partial x}+\frac{\partial f_y}{\partial y}\right)$$

即

$$\left(\frac{\partial^2}{\partial x^2}+\frac{\partial^2}{\partial y^2}\right)\Theta=-(1+\mu)\left(\frac{\partial f_x}{\partial x}+\frac{\partial f_y}{\partial y}\right)$$

或

$$\left(\frac{\partial^2}{\partial x^2}+\frac{\partial^2}{\partial y^2}\right)(\sigma_x+\sigma_y)=-(1+\mu)\left(\frac{\partial f_x}{\partial x}+\frac{\partial f_y}{\partial y}\right)\tag{9.2.3a}$$

对于平面应变的情况,进行同样的推导,可以导出一个与此相似的方程

$$\left(\frac{\partial^2}{\partial x^2}+\frac{\partial^2}{\partial y^2}\right)(\sigma_x+\sigma_y)=-\frac{1}{1-\mu}\left(\frac{\partial f_x}{\partial x}+\frac{\partial f_y}{\partial y}\right)\tag{9.2.3b}$$

当然,也可以不必进行推导,把方程式(9.2.3a)中的 μ 换为 $\mu/(1-\mu)$,就得到式(9.2.3b)。

这就是按应力求解平面问题时,应力分量除应当满足平衡微分方程式(6.4.26)之外还应当满足的相容方程。

四、常体力情况(齐次方程)的讨论

当体力是常量时(例如:重力和平行移动时的惯性力就是常量的体力),体力分量 f_x 和 f_y 在整个弹性体内不随坐标而变,即

$$\frac{\partial f_x}{\partial x}+\frac{\partial f_y}{\partial y}=0$$

于是相容方程式(9.2.3)简化为

$$\left(\frac{\partial^2}{\partial x^2}+\frac{\partial^2}{\partial y^2}\right)(\sigma_x+\sigma_y)=0\tag{9.2.4a}$$

即相容方程式(9.2.3)所对应的齐次方程。

式(9.2.4a)也可写成

$$\nabla^2(\sigma_x + \sigma_y) = 0 \tag{9.2.4b}$$

式中

$$\nabla^2 = \frac{\partial^2}{\partial x^2} + \frac{\partial^2}{\partial y^2}$$

可见,在常体力的情况下,$\sigma_x+\sigma_y$应当满足拉普拉斯微分方程,即调和方程,也就是说$\sigma_x+\sigma_y$应当是调和函数。

在此种特殊情况下,有以下三个特性。这些特性构成了光测弹性力学实验应力分析的理论基础。

(1) 应力分量σ_x、σ_y和τ_{xy}与材料性质无关。

在常体力的情况下,平衡微分方程式(6.4.26)、相容方程式(9.2.4)和应力边界条件式(6.4.32)中都不包含弹性常数。

因此,如果两个单连通的弹性体具有相同的面内几何构型、相同的应力边界条件,那么就不管这两个弹性体的材料是否相同,应力分量σ_x、σ_y和τ_{xy}的分布则是相同的。但是,应力分量σ_z,以及位移和应变,则不一定相同。

(2) 应力分量σ_x、σ_y和τ_{xy}与平面状态无关。

在常体力的情况下,平衡微分方程式(6.4.26)、相容方程式(9.2.4)和应力边界条件式(6.4.32)对于平面应力问题和平面应变问题都是相同的。

因此,如果两个单连通的弹性体具有相同的面内几何构型、相同的应力边界条件,那么就不管这两个弹性体是在平面应力状态下或是在平面应变状态下,应力分量σ_x、σ_y和τ_{xy}的分布是相同的。但是,两种平面问题的应力分量σ_z,以及位移和应变,却不一定相同。

(3) 体力可以用面力来等效。

在常体力的情况下,对于单连体的应力边界问题,还可以把体力的作用改换为面力的作用。现说明如下:

设原问题承受的体力和面力为

$$\boldsymbol{f} = \begin{bmatrix} f_x \\ f_x \end{bmatrix}, \bar{\boldsymbol{f}} = \begin{bmatrix} \bar{f}_x \\ \bar{f}_x \end{bmatrix} \tag{9.2.5a}$$

可等效为不承受体力而仅承受面力的问题,即

$$\boldsymbol{f}^* = \begin{bmatrix} 0 \\ 0 \end{bmatrix}, \bar{\boldsymbol{f}}^* = \begin{bmatrix} \bar{f}_x + n_x f_x x \\ \bar{f}_x + n_y f_y y \end{bmatrix} \tag{9.2.5b}$$

令原问题中的应力分量为σ_x、σ_y和τ_{xy},则这些应力分量应当满足如下的平衡微分方程:

$$\begin{cases} \dfrac{\partial \sigma_x}{\partial x} + \dfrac{\partial \tau_{yx}}{\partial y} + f_x = 0 \\ \dfrac{\partial \tau_{xy}}{\partial x} + \dfrac{\partial \sigma_y}{\partial y} + f_x = 0 \end{cases}$$

和相容方程:

$$\left(\frac{\partial^2}{\partial x^2}+\frac{\partial^2}{\partial y^2}\right)(\sigma_x+\sigma_y)=0$$

以及应力边界条件：

$$\begin{cases}(\sigma_x)_s n_x+(\tau_{yx})_s n_y=\bar{f}_x\\(\tau_{xy})_s n_x+(\sigma_y)_s n_y=\bar{f}_y\end{cases}$$

现在，构造一个应力状态 σ_x^*、σ_y^* 和 τ_{xy}^*：

$$\begin{cases}\sigma_x^*=\sigma_x+f_x x\\\sigma_y^*=\sigma_y+f_y y\\\tau_{xy}^*=\tau_{xy}\end{cases}\tag{9.2.6a}$$

则

$$\begin{cases}\sigma_x=\sigma_x^*-f_x x\\\sigma_y=\sigma_y^*-f_y y\\\tau_{xy}=\tau_{xy}^*\end{cases}\tag{9.2.6b}$$

则有

$$\begin{cases}\dfrac{\partial(\sigma_x^*-f_x x)}{\partial x}+\dfrac{\partial\tau_{xy}^*}{\partial y}+f_x=0\\\dfrac{\partial\tau_{xy}^*}{\partial x}+\dfrac{\partial(\sigma_y^*-f_y y)}{\partial y}+f_x=0\end{cases}$$

和

$$\left(\frac{\partial^2}{\partial x^2}+\frac{\partial^2}{\partial y^2}\right)[(\sigma_x^*-f_x x)+(\sigma_y^*-f_y y)]=0$$

以及

$$\begin{cases}(\sigma_x^*-f_x x)_s n_x+(\tau_{xy}^*)_s n_y=\bar{f}_x\\(\tau_{xy}^*)_s n_x+(\sigma_y^*-f_y y)_s n_y=\bar{f}_y\end{cases}$$

即

$$\begin{cases}\dfrac{\partial\sigma_x^*}{\partial x}+\dfrac{\partial\tau_{xy}^*}{\partial y}=0\\\dfrac{\partial\tau_{xy}^*}{\partial x}+\dfrac{\partial\sigma_y^*}{\partial y}=0\end{cases}$$

和

$$\left(\frac{\partial^2}{\partial x^2}+\frac{\partial^2}{\partial y^2}\right)(\sigma_x^*+\sigma_y^*)=0$$

以及

$$\begin{cases}(\sigma_x^*)_s n_x+(\tau_{xy}^*)_s n_y=\bar{f}_x+n_x f_x x\\(\tau_{xy}^*)_s n_x+(\sigma_y^*)n_y=\bar{f}_y+n_y f_y y\end{cases}$$

即为问题：

$$\boldsymbol{f}^* = \begin{bmatrix} 0 \\ 0 \end{bmatrix}, \bar{\boldsymbol{f}}^* = \begin{bmatrix} \bar{f}_x + n_x f_x x \\ \bar{f}_x + n_y f_y y \end{bmatrix}$$

通过求解等效问题，得到应力分量 σ_x^* 、σ_y^* 和 τ_{xy}^* 后，利用式(9.2.6b)即可得到原问题的应力分量 σ_x、σ_y 和 τ_{xy}。

当然，所取的坐标系不同，则所代替体力的面力也将不同，应力分量 σ_x^* 、σ_y^* 和 τ_{xy}^* 也就不同。但是，最后得出的 σ_x、σ_y 和 τ_{xy} 总是一样的。

上面三个特性，具有工程上的实用价值。例如：在用实验方法量测结构或构件的应力分量时，可以用便于量测的材料来制造模型，以代替原来不便于量测的结构或构件材料；可以用平面应力情况下的薄板模型，来代替平面应变情况下的长柱形的结构或构件。又如：施加模拟的重力荷载要比施加面力荷载麻烦得多。利用上述原理，则可把需要模拟的体力荷载转化为面力荷载，便于实际操作和量测。

例题 9.2.2：

如图 9.2.1(a)所示的仅受重力作用的深梁，在图示的平面直角坐标系下，则体力和面力为

$$\boldsymbol{f} = \begin{bmatrix} f_x \\ f_y \end{bmatrix} = \begin{bmatrix} 0 \\ -\rho g \end{bmatrix}, \bar{\boldsymbol{f}} = \begin{bmatrix} \bar{f}_x \\ \bar{f}_x \end{bmatrix} = \begin{bmatrix} 0 \\ 0 \end{bmatrix}$$

式中：ρ 为深梁的密度；g 为重力加速度。

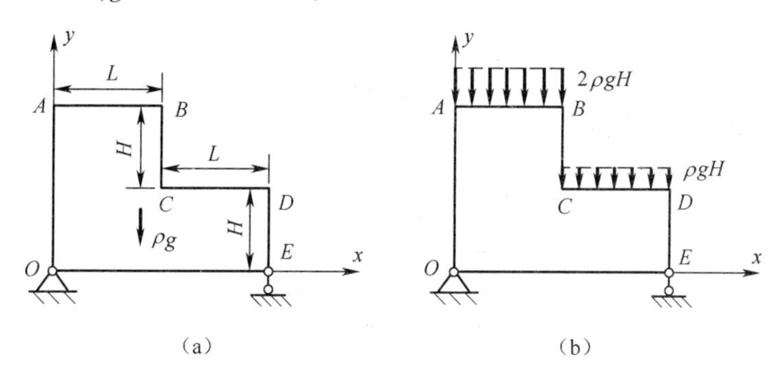

图 9.2.1　自重作用下的深梁及其等效面力

根据体力与面力的等效原理，可等效为

$$\boldsymbol{f}^* = \begin{bmatrix} 0 \\ 0 \end{bmatrix} \quad \bar{\boldsymbol{f}}^* = \begin{bmatrix} \bar{f}_x + n_x f_x x \\ \bar{f}_x + n_y f_y y \end{bmatrix}$$

确定等效面力。

解答：

由所给的体力，可得

$$\bar{\boldsymbol{f}}^* = \begin{bmatrix} \bar{f}_x + n_x f_x x \\ \bar{f}_x + n_y f_y y \end{bmatrix} = \begin{bmatrix} 0 \\ -n_y \rho g y \end{bmatrix}$$

对于 OA、BC 和 DE 边，其单位法向矢量为

$$\boldsymbol{n} = \begin{bmatrix} n_x \\ n_y \end{bmatrix} = \begin{bmatrix} \pm 1 \\ 0 \end{bmatrix}$$

于是,可得

$$\bar{\boldsymbol{f}}^* = \begin{bmatrix} 0 \\ 0 \end{bmatrix}$$

对于 $y=0$ 的 OE 边,显然有

$$\bar{\boldsymbol{f}}^* = \begin{bmatrix} 0 \\ 0 \end{bmatrix}$$

对于 $y=H$ 的 CD 边,其单位法向矢量为

$$\boldsymbol{n} = \begin{bmatrix} n_x \\ n_y \end{bmatrix} = \begin{bmatrix} 0 \\ 1 \end{bmatrix}$$

于是,可得

$$\bar{\boldsymbol{f}}^* = \begin{bmatrix} 0 \\ -\rho g H \end{bmatrix}$$

对于 $y=2H$ 的 AB 边,其单位法向矢量为

$$\boldsymbol{n} = \begin{bmatrix} n_x \\ n_y \end{bmatrix} = \begin{bmatrix} 0 \\ 1 \end{bmatrix}$$

于是,可得

$$\bar{\boldsymbol{f}}^* = \begin{bmatrix} 0 \\ -2\rho g H \end{bmatrix}$$

综上所述,等效面力的结果为

$$\begin{cases} \bar{\boldsymbol{f}}^* = \begin{bmatrix} 0 \\ -\rho g H \end{bmatrix} & CD\text{ 边上} \\ \bar{\boldsymbol{f}}^* = \begin{bmatrix} 0 \\ -2\rho g H \end{bmatrix} & AB\text{ 边上} \end{cases}$$

由图 9.2.1(b)所示。

答毕。

五、问题的解答

现假设应力分量 σ_y 仅为 y 的函数。即

$$\sigma_y = f(y) \tag{9.2.7}$$

不计体力时,由平衡微分方程式(6.4.26)和相容方程式(9.2.4),可得

$$\begin{cases} \dfrac{\partial \sigma_x}{\partial x} + \dfrac{\partial \tau_{xy}}{\partial y} = 0 \\ \dfrac{\partial \tau_{xy}}{\partial x} + f'(y) = 0 \end{cases}$$

和

$$\frac{\partial^2\sigma_x}{\partial x^2}+\frac{\partial^2\sigma_x}{\partial y^2}+f''(y)=0$$

由平衡方程的第二式,可得

$$\tau_{xy}=-xf'(y)+g_1(y) \tag{9.2.8}$$

将上式结果代入平衡方程第一式,可得

$$\frac{\partial\sigma_x}{\partial x}=-\frac{\partial}{\partial y}[-xf'(y)+g_1(y)]=xf''(y)-g_1'(y)$$

因此,可得

$$\sigma_x=\frac{x^2}{2}f''(y)-xg_1'(y)+g_2(y) \tag{9.2.9}$$

据此可得

$$\frac{\partial^2\sigma_x}{\partial x^2}=f''(y)$$

$$\frac{\partial^2\sigma_x}{\partial y^2}=\frac{x^2}{2}f^{(4)}(y)-xg_1^{(3)}(y)+g_2''(y)$$

将上式结果代入相容方程,可得

$$f''(y)+\frac{x^2}{2}f^{(4)}(y)-xg_1^{(3)}(y)+g''_2(y)+f''(y)=0$$

即

$$\frac{x^2}{2}f^{(4)}(y)-xg_1^{(3)}(y)+2f''(y)+g_2''(y)=0$$

显然,有

$$\begin{cases}f^{(4)}(y)=0\\ g_1^{(3)}(y)=0\\ 2f''(y)+g''_2(y)=0\end{cases}$$

由上述的第一式和第二式,易于求得

$$\begin{cases}f(y)=ay^3+by^2+cy+d\\ g_1(y)=ey^2+fy+g\end{cases}$$

式中:a、b、c、d、e、f 和 g 为任意常数。将所得到的 $f(y)$ 和 $g_1(y)$ 函数表达式代入上述第三式,可得

$$g_2''(y)=-2f''(y)=-12ay-4b$$

从而可得

$$g_2(y)=-2ay^3-2by^2+hy+k$$

式中:h 和 k 为任意常数。

至此,可将所得的 $f(y)$、$g_1(y)$ 和 $g_2(y)$ 函数表达式分别代入式(9.2.9)、式(9.2.7)和式(9.2.8),可得如下的应力分量表达式。

$$
\begin{cases}
\sigma_x = x^2(3ay + b) - x(2ey + f) - 2ay^3 - 2by^2 + hy + k \\
\sigma_y = ay^3 + by^2 + cy + d \\
\tau_{xy} = -x(3ay^2 + 2by + c) + ey^2 + fy + g
\end{cases}
\tag{9.2.10}
$$

例题 9.2.3:

如图 9.2.2 所示的矩形截面梁,长度为 $2L$,深度为 $2H$,单位宽度。体力不计,在上侧面受有均布载荷 q 作用。建立图示直角坐标系。

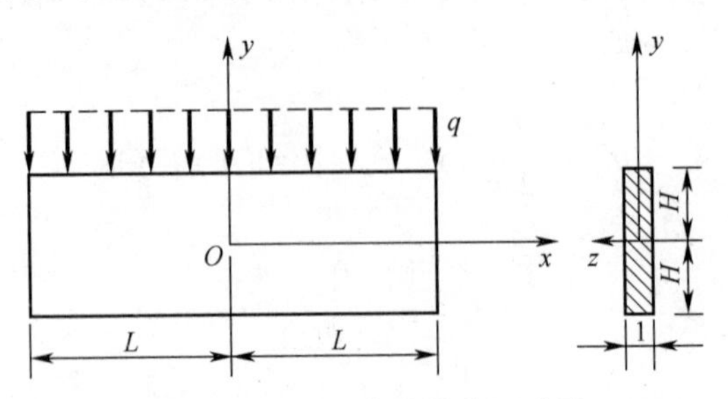

图 9.2.2　受均布载荷的矩形梁

梁的上表面($y=H$)上,作用的面力为

$$
\bar{\boldsymbol{f}} = \begin{bmatrix} f_x \\ f_x \end{bmatrix} = \begin{bmatrix} 0 \\ -q \end{bmatrix}
$$

梁的下表面($y=-H$)上,作用的面力为

$$
\bar{\boldsymbol{f}} = \begin{bmatrix} f_x \\ f_x \end{bmatrix} = \begin{bmatrix} 0 \\ 0 \end{bmatrix}
$$

梁的左、右端面($x=\pm L$)上,面力的合成应当没有轴向力和面内弯矩。于是得到等效的外力为

$$
\int_{-H}^{H} \bar{f}_x \mathrm{d}y = 0 \quad 和 \quad \int_{-H}^{H} \bar{f}_x y \mathrm{d}y = 0
$$

利用式(9.2.10),确定应力分量的解答。

解答:

梁的上表面的单位法向矢量为

$$
\boldsymbol{n} = \begin{bmatrix} n_x \\ n_x \end{bmatrix} = \begin{bmatrix} 0 \\ 1 \end{bmatrix}
$$

由其上的应力边界条件为

$$
\begin{cases}
(\sigma_x)_{y=H} \times 0 + (\tau_{xy})_{y=H} \times 1 = 0 \\
(\tau_{xy})_{y=H} \times 0 + (\sigma_y)_{y=H} \times 1 = -q
\end{cases}
$$

可得

$$
(\tau_{xy})_{y=H} = 0 \quad 和 \quad (\sigma_y)_{y=H} = -q
$$

即

$$
x(3aH^2 + 2bH + c) + eH^2 + fH + g = 0 \tag{a}
$$

$$
aH^3 + bH^2 + cH + d = -q \tag{b}
$$

由于 x 的任意性,式(a)变成

$$3aH^2 + 2bH + c = 0 \tag{c}$$

$$eH^2 + fH + g = 0 \tag{d}$$

梁的下表面的单位法向矢量为

$$\boldsymbol{n} = \begin{bmatrix} n_x \\ n_x \end{bmatrix} = \begin{bmatrix} 0 \\ -1 \end{bmatrix}$$

由其上的应力边界条件为

$$\begin{cases} (\sigma_x)_{y=-H} \times 0 + (\tau_{xy})_{y=-H} \times 1 = 0 \\ (\tau_{xy})_{y=-H} \times 0 + (\sigma_y)_{y=-H} \times 1 = 0 \end{cases}$$

可得

$$(\tau_{xy})_{y=-H} = 0 \quad 和 \quad (\sigma_y)_{y=-H} = 0$$

即

$$x(3aH^2 - 2bH + c) + eH^2 - fH + g = 0 \tag{e}$$

$$-aH^3 + bH^2 - cH + d = 0 \tag{f}$$

由于 x 的任意性,式(e)变成

$$3aH^2 - 2bH + c = 0 \tag{g}$$

$$eH^2 - fH + g = 0 \tag{h}$$

联立式(b)、式(c)、式(f)和式(g),解得

$$a = \frac{q}{4H^3}, b = 0, c = -\frac{3q}{4H}, d = -\frac{q}{2}$$

联立式(d)和式(h),解得

$$f = 0 \quad 和 \quad g = -eH^2$$

于是,可得应力状态为

$$\sigma_x = 3ax^2y - 2ay^3 - 2exy + hy + k = \frac{3q}{4H^3}x^2y - \frac{q}{2H^3}y^3 - 2exy + hy + k$$

$$\sigma_y = ay^3 + cy + d = \frac{q}{4H^3}y^3 - \frac{3q}{4H}y - \frac{q}{2}$$

$$\tau_{xy} = -3axy^2 - cx + ey^2 + g = -\frac{3q}{4H^3}xy^2 + \frac{3q}{4H}x + ey^2 - eH^2$$

现在来考虑左右两边的边界条件,如下:

对于梁的右、左两端面,其单位法向矢量为

$$\boldsymbol{n} = \begin{bmatrix} n_x \\ n_x \end{bmatrix} = \begin{bmatrix} \pm 1 \\ 0 \end{bmatrix}$$

由其上的应力边界条件为

$$\begin{cases} (\sigma_x)_{x=\pm L} \times (\pm 1) + (\tau_{xy})_{x=\pm L} \times 0 = \bar{f}_x \\ (\tau_{xy})_{x=\pm L} \times (\pm 1) + (\sigma_y)_{y=H} \times 0 = \bar{f}_y \end{cases}$$

可得

$$\bar{f}_x = \pm(\sigma_x)_{x=\pm L} \quad 和 \quad \bar{f}_y = \pm(\tau_{xy})_{x=\pm L}$$

于是,由等效的外力可得

$$\pm\int_{-H}^{H}(\sigma_x)_{x=\pm L}\mathrm{d}y = 0 \quad 和 \quad \pm\int_{-H}^{H}(\sigma_x)_{x=\pm L}y\mathrm{d}y = 0$$

由于

$$\int_{-H}^{H}(\sigma_x)_{x=L}\mathrm{d}y = \int_{-H}^{H}\left(\frac{3qL^2}{4H^3}y - \frac{q}{2H^3}y^3 - 2Ley + hy + k\right)\mathrm{d}y = 2kH$$

$$-\int_{-H}^{H}(\sigma_x)_{x=-L}\mathrm{d}y = -\int_{-H}^{H}\left(\frac{3qL^2}{4H^3}y - \frac{q}{2H^3}y^3 + 2Ley + hy + k\right)\mathrm{d}y = -2kH$$

由此解得

$$k = 0$$

由于

$$\int_{-H}^{H}(\sigma_x)_{x=L}y\mathrm{d}y = \int_{-H}^{H}\left(\frac{3qL^2}{4H^3}y^2 - \frac{q}{2H^3}y^4 - 2eLy^2 + hy^2\right)\mathrm{d}y$$

$$= \frac{qL^2}{2} - \frac{qH^2}{5} - \frac{4}{3}eLH^3 + \frac{2}{3}hH^3$$

$$-\int_{-H}^{H}(\sigma_x)_{x=-L}y\mathrm{d}y = \int_{-H}^{H}\left(\frac{3qL^2}{4H^3}y^2 - \frac{q}{2H^3}y^4 + 2eLy^2 + hy^2\right)\mathrm{d}y$$

$$= -\frac{qL^2}{2} + \frac{qH^2}{5} - \frac{4}{3}eLH^3 - \frac{2}{3}hH^3$$

因此,可得

$$\frac{qL^2}{2} - \frac{qH^2}{5} - \frac{4}{3}eLH^3 + \frac{2}{3}hH^3 = 0 \tag{i}$$

$$-\frac{qL^2}{2} + \frac{qH^2}{5} - \frac{4}{3}eLH^3 - \frac{2}{3}hH^3 = 0 \tag{j}$$

联立式(i)和式(j),解得

$$e = 0 \quad 和 \quad h = -\frac{3qL^2}{4H^3} + \frac{3q}{10H}$$

于是,可进一步得到应力状态为

$$\sigma_x = \frac{3q}{4H^3}x^2y - \frac{q}{2H^3}y^3 + \left(-\frac{3qL^2}{4H^3} + \frac{3q}{10H}\right)y = -\frac{3q}{4H^3}(L^2 - x^2)y - \frac{q}{2H}\left(\frac{y^2}{H^2} - \frac{3}{5}\right)y$$

$$\sigma_y = \frac{q}{4H^3}y^3 - \frac{3q}{4H}y - \frac{q}{2} = -\frac{q}{2}\left(-\frac{y^3}{2H^3} + \frac{3y}{2H} + 1\right) = -\frac{q}{2}\left(1 - \frac{y}{2H}\right)\left(1 + \frac{y}{H}\right)^2$$

$$\tau_{xy} = -\frac{3q}{4H^3}xy^2 + \frac{3q}{4H}x = \frac{3q}{4H^3}x(H^2 - y^2)$$

综上所述,得到应力分量的解答为

$$
\begin{cases}
\sigma_x = -\dfrac{3q}{4H^3}(L^2 - x^2)y - \dfrac{qy}{2H}\left(\dfrac{y^2}{H^2} - \dfrac{3}{5}\right) \\
\sigma_y = -\dfrac{q}{2}\left(1 - \dfrac{y}{2H}\right)\left(1 + \dfrac{y}{H}\right)^2 \\
\tau_{xy} = \dfrac{3q}{4H^3}x(H^2 - y^2)
\end{cases}
\tag{9.2.11}
$$

各应力分量沿铅直方向的变化大致如图 9.2.3 所示。

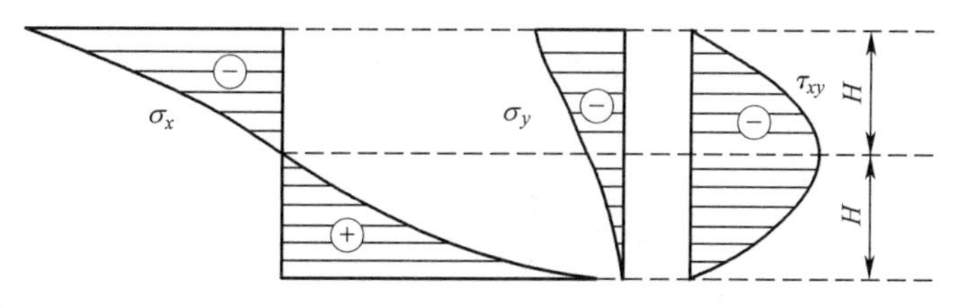

图 9.2.3　应力分量沿铅直方向分布示意图

对于梁的右、左两端面，有

$$
\bar{f}_y = (\tau_{xy})_{x=L} = \frac{3q}{4H^3}L(H^2 - y^2) = \frac{3qL}{4H^3}(H^2 - y^2)
$$

$$
\bar{f}_y = -(\tau_{xy})_{x=-L} = -\frac{3q}{4H^3}(-L)(H^2 - y^2) = \frac{3qL}{4H^3}(H^2 - y^2)
$$

因此，两端面上的切应力的合力均为

$$
Q = \int_{-H}^{H} \bar{f}_y \mathrm{d}y = \int_{-H}^{H} \frac{3qL}{4H^3}(H^2 - y^2)\mathrm{d}y = \frac{3qL}{4H^3}\left[H^2 y - \frac{y^3}{3}\right]_{-H}^{H} = \frac{3qL}{4H^3}\left[2H^3 - \frac{2}{3}H^3\right] = qL
$$

且方向向上(沿 y 轴方向)。

答毕。

9.3　极坐标系下的平面轴对称问题

假设弹性体的几何构型是轴对称的，且作用有轴对称的体力为

$$
\boldsymbol{f} = \begin{bmatrix} f_\rho \\ f_\varphi \end{bmatrix} = \begin{bmatrix} f_\rho(\rho) \\ 0 \end{bmatrix}
$$

和/或轴对称的面力为

$$
\bar{\boldsymbol{f}} = \begin{bmatrix} \bar{f}_\rho \\ \bar{f}_\varphi \end{bmatrix} = \begin{bmatrix} \bar{f}_\rho(\rho) \\ 0 \end{bmatrix}
$$

以及轴对称的约束为

$$
(u_\rho)_s = \bar{u}_\rho
$$

此时，位移是轴对称的，即

$$
\boldsymbol{u} = \begin{bmatrix} u_\rho \\ u_\varphi \end{bmatrix} = \begin{bmatrix} u_\rho(\rho) \\ 0 \end{bmatrix}
$$

于是,几何方程式(6.5.8)简化为

$$\begin{cases}\varepsilon_\rho = \dfrac{\mathrm{d}u_\rho}{\mathrm{d}\rho} \\ \varepsilon_\varphi = \dfrac{u_\rho}{\rho} \\ \gamma_{\rho\varphi} = 0\end{cases} \tag{9.3.1}$$

在平面应力情况下,物理方程式(6.5.17)和式(6.5.18)为

$$\begin{cases}\varepsilon_\rho = \dfrac{1}{E}(\sigma_\rho - \mu\sigma_\varphi) \\ \varepsilon_\varphi = \dfrac{1}{E}(\sigma_\varphi - \mu\sigma_\rho) \\ \gamma_{\rho\varphi} = 0\end{cases} \tag{9.3.2a}$$

$$\begin{cases}\sigma_\rho = \dfrac{E}{1-\mu^2}(\varepsilon_\rho + \mu\varepsilon_\varphi) \\ \sigma_\varphi = \dfrac{E}{1-\mu^2}(\varepsilon_\varphi + \mu\varepsilon_\rho) \\ \tau_{\rho\varphi} = 0\end{cases} \tag{9.3.2b}$$

由此可见,应力分量 σ_ρ 和 σ_φ 也仅为 ρ 的函数。据此,平衡微分方程的第一式变成

$$\frac{\mathrm{d}\sigma_\rho}{\mathrm{d}\rho} + \frac{\sigma_\rho - \sigma_\varphi}{\rho} + f_\rho(\rho) = 0 \tag{9.3.3}$$

第二式自然满足。

一、应变表示的相容方程

在几何方程式(9.3.1)中,消去位移分量 u_ρ,可得

$$\varepsilon_\rho = \frac{\mathrm{d}(\rho\varepsilon_\varphi)}{\mathrm{d}\rho} \tag{9.3.4}$$

即用应变分量表示的相容方程。

二、应力表示的相容方程:引入物理方程

将物理方程式(9.3.2a)中的 ε_ρ 和 ε_φ 代入相容方程式(9.3.4),可得

$$\frac{1}{E}(\sigma_\rho - \mu\sigma_\varphi) = \frac{\mathrm{d}}{\mathrm{d}\rho}\left[\rho\,\frac{1}{E}(\sigma_\varphi - \mu\sigma_\rho)\right]$$

于是,可得

$$\sigma_\rho - \mu\sigma_\varphi = \frac{\mathrm{d}}{\mathrm{d}\rho}(\rho\sigma_\varphi - \mu\rho\sigma_\rho)$$

$$\sigma_\rho - \mu\sigma_\varphi = \sigma_\varphi + \rho\frac{\mathrm{d}\sigma_\varphi}{\mathrm{d}\rho} - \mu\sigma_\rho - \mu\rho\frac{\mathrm{d}\sigma_\rho}{\mathrm{d}\rho}$$

$$\sigma_\rho + \mu\sigma_\rho + \mu\rho\frac{\mathrm{d}\sigma_\rho}{\mathrm{d}\rho} = \sigma_\varphi + \mu\sigma_\varphi + \rho\frac{\mathrm{d}\sigma_\varphi}{\mathrm{d}\rho}$$

简化后,可得

$$\mu \frac{d\sigma_\rho}{d\rho} - \frac{d\sigma_\varphi}{d\rho} + (1+\mu)\frac{\sigma_\rho - \sigma_\varphi}{\rho} = 0 \tag{9.3.5}$$

即用应力分量表示的相容方程。

三、应力表示的相容方程:引入平衡微分方程

由平衡微分方程式(9.3.3)可得

$$\sigma_\rho - \sigma_\varphi = -\rho \frac{d\sigma_\rho}{d\rho} - \rho f_\rho$$

和

$$\sigma_\varphi = \rho \frac{d\sigma_\rho}{d\rho} + \sigma_\rho + \rho f_\rho$$

对 ρ 求一阶导数,可得

$$\frac{d\sigma_\varphi}{d\rho} = \rho \frac{d^2\sigma_\rho}{d\rho^2} + \frac{d\sigma_\rho}{d\rho} + \frac{d\sigma_\rho}{d\rho} + f_\rho + \rho \frac{df_\rho}{d\rho} = \rho \frac{d^2\sigma_\rho}{d\rho^2} + 2\frac{d\sigma_\rho}{d\rho} + f_\rho + \rho \frac{df_\rho}{d\rho}$$

将上面两式代入用应力分量表示的相容方程式(9.3.5),可得

$$\mu \frac{d\sigma_\rho}{d\rho} - \left[\rho \frac{d^2\sigma_\rho}{d\rho^2} + 2\frac{d\sigma_\rho}{d\rho} + f_\rho + \rho \frac{df_\rho}{d\rho}\right] - (1+\mu)\left(\frac{d\sigma_\rho}{d\rho} + f_\rho\right) = 0$$

即

$$-\rho \frac{d^2\sigma_\rho}{d\rho^2} - 3\frac{d\sigma_\rho}{d\rho} - (2+\mu)f_\rho - \rho \frac{df_\rho}{d\rho} = 0$$

$$\rho \frac{d^2\sigma_\rho}{d\rho^2} + 3\frac{d\sigma_\rho}{d\rho} = -(2+\mu)f_\rho - \rho \frac{df_\rho}{d\rho}$$

由于

$$\frac{d}{d\rho}\left[\frac{1}{\rho}\frac{d(\rho^2\sigma_\rho)}{d\rho}\right] = \frac{d}{d\rho}\left[\frac{1}{\rho}(2\rho\sigma_\rho) + \frac{1}{\rho}\left(\rho^2 \frac{d\sigma_\rho}{d\rho}\right)\right]$$

$$= \frac{d}{d\rho}\left(2\sigma_\rho + \rho \frac{d\sigma_\rho}{d\rho}\right) = 2\frac{d\sigma_\rho}{d\rho} + \frac{d\sigma_\rho}{d\rho} + \rho \frac{d^2\sigma_\rho}{d\rho^2} = \rho \frac{d^2\sigma_\rho}{d\rho^2} + 3\frac{d\sigma_\rho}{d\rho}$$

所以

$$\frac{d}{d\rho}\left[\frac{1}{\rho}\frac{d(\rho^2\sigma_\rho)}{d\rho}\right] = -(2+\mu)f_\rho - \rho \frac{df_\rho}{d\rho} \tag{9.3.6}$$

即用应力分量表示的相容方程。

四、问题的解答

假设体力分量为

$$f_\rho = C\rho \tag{9.3.7}$$

则

$$-(2+\mu)f_{\rho}-\rho\frac{\mathrm{d}f_{\rho}}{\mathrm{d}\rho}=-(2+\mu)C\rho-\rho C=-(3+\mu)C\rho$$

于是式(9.3.6)成为

$$\frac{\mathrm{d}}{\mathrm{d}\rho}\left[\frac{1}{\rho}\frac{\mathrm{d}(\rho^{2}\sigma_{\rho})}{\mathrm{d}\rho}\right]=-(3+\mu)C\rho$$

求解上式,可得

$$\sigma_{\rho}=-\frac{3+\mu}{8}C\rho^{2}+\frac{A}{2}+\frac{B}{\rho^{2}} \tag{9.3.8a}$$

进而,得

$$\sigma_{\varphi}=-\frac{1+3\mu}{8}C\rho^{2}+\frac{A}{2}-\frac{B}{\rho^{2}} \tag{9.3.8b}$$

式中:A 和 B 是任意常数。

例题 9.3.1:

如图 9.3.1 所示,设有半径为 a 的等厚度圆盘,以 z 轴为回转轴。如果该圆盘绕其回转轴以均匀角速度 ω 旋转,则圆盘的任意一点都具有大小为 $\omega^2\rho$ 的向心加速度。因此,圆盘的每单位体积上均承受离心惯性力 $\rho_1\omega^2\rho$,其中:ρ_1 是圆盘的密度。

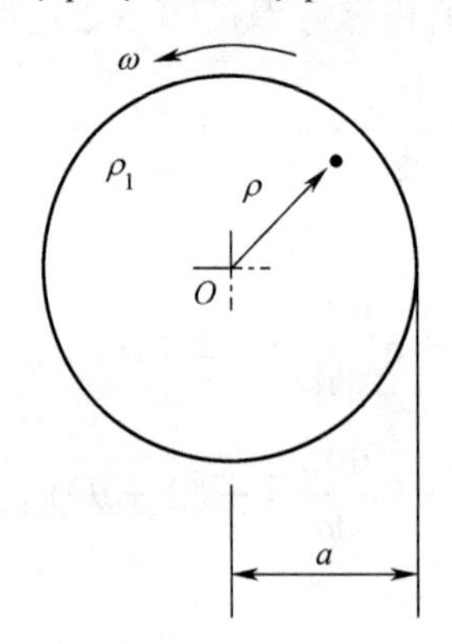

图 9.3.1　匀速转动的等厚度圆盘

该圆盘内部,作用的体力为

$$\boldsymbol{f}=\begin{bmatrix}f_{\rho}\\ f_{\varphi}\end{bmatrix}=\begin{bmatrix}\rho_{1}\omega^{2}\rho\\ 0\end{bmatrix}$$

其外边缘上($\rho=a$)作用的面力为

$$\bar{\boldsymbol{f}}=\begin{bmatrix}\bar{f}_{\rho}\\ \bar{f}_{\varphi}\end{bmatrix}=\begin{bmatrix}0\\ 0\end{bmatrix}$$

利用式(9.3.8),确定应力分量和位移分量的解答。

解答:

依据题意,有

$$C=\rho_{1}\omega^{2}$$

因此,应力分量式(9.3.8)的表达式变成

$$\sigma_\rho = -\frac{3+\mu}{8}\rho_1\omega^2\rho^2 + \frac{A}{2} + \frac{B}{\rho^2}$$

$$\sigma_\varphi = -\frac{1+3\mu}{8}\rho_1\omega^2\rho^2 + \frac{A}{2} - \frac{B}{\rho^2}$$

在圆盘中心处($\rho=0$),应力分量为有限值。据此,可得

$$B = 0$$

于是应力分量的表达式可简化为

$$\sigma_\rho = -\frac{3+\mu}{8}\rho_1\omega^2\rho^2 + \frac{A}{2}$$

$$\sigma_\varphi = -\frac{1+3\mu}{8}\rho_1\omega^2\rho^2 + \frac{A}{2}$$

圆盘外边缘处($\rho=a$)的单位法向矢量为

$$\boldsymbol{n} = \begin{bmatrix} n_\rho \\ n_\varphi \end{bmatrix} = \begin{bmatrix} 1 \\ 0 \end{bmatrix}$$

由其上的应力边界条件为

$$\begin{cases} (\sigma_\rho)_{\rho=a} \times 1 + 0 \times 0 = 0 \\ 0 \times 1 + (\sigma_\varphi)_{\rho=a} \times 0 = 0 \end{cases}$$

可得

$$(\sigma_\rho)_{\rho=a} = 0$$

即

$$-\frac{3+\mu}{8}\rho_1\omega^2a^2 + \frac{A}{2} = 0$$

解得

$$A = \frac{3+\mu}{4}\rho_1\omega^2a^2$$

应力分量为

$$\begin{cases} \sigma_\rho = \dfrac{3+\mu}{8}\rho_1\omega^2a^2\left(1 - \dfrac{\rho^2}{a^2}\right) \\ \sigma_\varphi = \dfrac{3+\mu}{8}\rho_1\omega^2a^2\left(1 - \dfrac{1+3\mu}{3+\mu}\dfrac{\rho^2}{a^2}\right) \end{cases} \tag{9.3.9}$$

最大应力是在圆盘中心处:

$$\sigma_{\max} = (\sigma_\rho)_{\rho=0} = (\sigma_\varphi)_{\rho=0} = \frac{3+\mu}{8}\rho_1\omega^2a^2$$

由式(9.3.1)的第二式和式(9.3.2a)的第二式,可得径向位移 u_ρ 为

$$u_\rho = \rho\varepsilon_\varphi = \frac{\rho}{E}(\sigma_\varphi - \mu\sigma_\rho) = \frac{\rho_1\omega^2a^3(1-\mu)}{8E}\left[(3+\mu)\frac{\rho}{a} - (1+\mu)\frac{\rho^3}{a^3}\right] \tag{9.3.10}$$

在圆盘中心处($\rho=0$):

$$u_\rho = 0$$

最大弹性位移发生在圆盘边缘处($\rho=a$):

$$(u_\rho)_{\max}=\frac{\rho_1\omega^2a^3(1-\mu)}{4E}$$

答毕。

习　题

9-1　证明:

$$\frac{\partial^2\varepsilon_z}{\partial y^2}+\frac{\partial^2\varepsilon_y}{\partial z^2}=\frac{\partial^2\gamma_{yz}}{\partial y\partial z}$$

或

$$\frac{\partial^2\varepsilon_x}{\partial z^2}+\frac{\partial^2\varepsilon_z}{\partial x^2}=\frac{\partial^2\gamma_{zx}}{\partial z\partial x}$$

9-2　证明:

$$\frac{\partial}{\partial y}\left(-\frac{\partial\gamma_{zx}}{\partial y}+\frac{\partial\gamma_{xy}}{\partial z}+\frac{\partial\gamma_{yz}}{\partial x}\right)=2\frac{\partial^2\varepsilon_y}{\partial z\partial x}$$

或

$$\frac{\partial}{\partial z}\left(-\frac{\partial\gamma_{xy}}{\partial z}+\frac{\partial\gamma_{yz}}{\partial x}+\frac{\partial\gamma_{zx}}{\partial y}\right)=2\frac{\partial^2\varepsilon_z}{\partial x\partial y}$$

9-3　判断下列应变状态是否存在?

$$\begin{cases}\varepsilon_x=k(x^2+y^2)z\\ \varepsilon_y=ky^2z\\ \varepsilon_z=0\end{cases},\quad\begin{cases}\gamma_{xy}=2kxyz\\ \gamma_{yz}=0\\ \gamma_{zx}=0\end{cases}$$

$$\varepsilon_x=k(x^2+y^2)z,\varepsilon_y=ky^2z,\varepsilon_z=0$$

$$\gamma_{xy}=2kxyz,\gamma_{yz}=0,\gamma_{zx}=0$$

提示:不存在。

9-4　判断下列应变状态是否存在?

$$\varepsilon_x=kxz,\varepsilon_y=kyz,\varepsilon_z=kzy$$

$$\gamma_{xy}=kx,\gamma_{yz}=ky,\gamma_{zx}=kz$$

提示:存在。

9-5　已知下列应变分量是物体变形时产生的:

$$\varepsilon_x=(A_0+A_1x^2)z,\varepsilon_y=0,\varepsilon_z=(B_0+B_1x^2)z+B_2z^3$$

$$\gamma_{xy}=0,\gamma_{yz}=0,\gamma_{zx}=x(C_1z^2+C_0)$$

求出系数之间应满足的关系。

提示:$C_1=B_1$。

9-6　已知椭圆截面杆件的截面方程为

$$\frac{x^2}{a^2}+\frac{y^2}{b^2}=1$$

在扭矩 T 作用下所产生的应变分量为

$$\varepsilon_x = \varepsilon_y = \varepsilon_z = 0,$$

$$\gamma_{xy} = 0, \gamma_{yz} = \frac{2T}{\pi a^3 bG}x, \gamma_{zx} = \frac{2T}{\pi ab^3 G}y$$

证明:上述应变分量满足应变协调方程。

9-7 物体被加热至温度为 $T(x, y, z)$ 时,应变分量为

$$\begin{cases}\varepsilon_x = \varepsilon_y = \varepsilon_z = \alpha T \\ \gamma_{xy} = \gamma_{yz} = \gamma_{zx} = 0\end{cases}$$

式中:α 为物体的线膨胀系数。

证明:只有当温度 T 为 x,y 和 z 的线性函数时,上述应变才可能产生。

提示:利用形变协调方程以及定常情况下三维物体的热传导方程

$$\frac{\partial^2 T}{\partial x^2} + \frac{\partial^2 T}{\partial y^2} + \frac{\partial^2 T}{\partial z^2} = 0$$

9-8 证明:

$$(1+\mu)\left(\frac{\partial^2 \sigma_z}{\partial y^2} + \frac{\partial^2 \sigma_y}{\partial z^2}\right) - \mu\left(\frac{\partial^2 \Theta}{\partial y^2} + \frac{\partial^2 \Theta}{\partial z^2}\right) = 2(1+\mu)\frac{\partial^2 \tau_{yz}}{\partial y \partial z}$$

或

$$(1+\mu)\left(\frac{\partial^2 \sigma_x}{\partial z^2} + \frac{\partial^2 \sigma_z}{\partial x^2}\right) - \mu\left(\frac{\partial^2 \Theta}{\partial z^2} + \frac{\partial^2 \Theta}{\partial x^2}\right) = 2(1+\mu)\frac{\partial^2 \tau_{zx}}{\partial z \partial x}$$

9-9 证明:

$$(1+\mu)\frac{\partial}{\partial y}\left(-\frac{\partial \tau_{zx}}{\partial y} + \frac{\partial \tau_{xy}}{\partial z} + \frac{\partial \tau_{yz}}{\partial x}\right) = \frac{\partial^2}{\partial z \partial x}[(1+\mu)\sigma_y - \mu\Theta]$$

或

$$(1+\mu)\frac{\partial}{\partial z}\left(-\frac{\partial \tau_{xy}}{\partial z} + \frac{\partial \tau_{yz}}{\partial x} + \frac{\partial \tau_{zx}}{\partial y}\right) = \frac{\partial^2}{\partial x \partial y}[(1+\mu)\sigma_z - \mu\Theta]$$

9-10 证明:

$$-(1+\mu)\nabla^2\sigma_y + \frac{\partial^2 \Theta}{\partial z^2} + \frac{\partial^2 \Theta}{\partial x^2} = -(1+\mu)\frac{\partial f_x}{\partial x} + (1+\mu)\frac{\partial f_y}{\partial y} - (1+\mu)\frac{\partial f_z}{\partial z}$$

或

$$-(1+\mu)\nabla^2\sigma_z + \frac{\partial^2 \Theta}{\partial x^2} + \frac{\partial^2 \Theta}{\partial y^2} = -(1+\mu)\frac{\partial f_x}{\partial x} - (1+\mu)\frac{\partial f_y}{\partial y} + (1+\mu)\frac{\partial f_z}{\partial z}$$

9-11 证明:

$$(1+\mu)\nabla^2\sigma_y + \frac{\partial^2 \Theta}{\partial y^2} = -\frac{1+\mu}{1-\mu}\left[\mu\frac{\partial f_x}{\partial x} + (2-\mu)\frac{\partial f_y}{\partial y} + \mu\frac{\partial f_z}{\partial z}\right]$$

或

$$(1+\mu)\nabla^2\sigma_z + \frac{\partial^2 \Theta}{\partial z^2} = -\frac{1+\mu}{1-\mu}\left[\mu\frac{\partial f_x}{\partial x} + \mu\frac{\partial f_y}{\partial y} + (2-\mu)\frac{\partial f_z}{\partial z}\right]$$

9-12 证明:

$$(1+\mu)\nabla^2\tau_{xy}+\frac{\partial^2\Theta}{\partial x\partial y}=-(1+\mu)\left(\frac{\partial f_y}{\partial x}+\frac{\partial f_x}{\partial y}\right)$$

或

$$(1+\mu)\nabla^2\tau_{zx}+\frac{\partial^2\Theta}{\partial z\partial x}=-(1+\mu)\left(\frac{\partial f_x}{\partial z}+\frac{\partial f_z}{\partial x}\right)$$

9-13　证明用应力分量表示的直角坐标系下平面应变问题的相容方程或形变协调方程为

$$\left(\frac{\partial^2\sigma_x}{\partial y^2}+\frac{\partial^2\sigma_y}{\partial x^2}\right)-\mu\left(\frac{\partial^2\Theta}{\partial y^2}+\frac{\partial^2\Theta}{\partial x^2}\right)=2\frac{\partial^2\tau_{xy}}{\partial x\partial y}$$

9-14　证明引入平衡微分方程后，用应力分量表示的直角坐标系下平面应变问题的相容方程或形变协调方程为

$$\left(\frac{\partial^2}{\partial x^2}+\frac{\partial^2}{\partial y^2}\right)(\sigma_x+\sigma_y)=-\frac{1}{1-\mu}\left(\frac{\partial f_x}{\partial x}+\frac{\partial f_y}{\partial y}\right)$$

9-15　如下图所示的深梁，仅仅受到重力的作用。建立如图所示的坐标系，则由重力产生的体力可表达为

$$\boldsymbol{f}=\begin{bmatrix}f_x\\f_y\end{bmatrix}=\begin{bmatrix}0\\-\rho g\end{bmatrix},\bar{\boldsymbol{f}}=\begin{bmatrix}\bar{f}_x\\\bar{f}_y\end{bmatrix}=\begin{bmatrix}0\\0\end{bmatrix}$$

式中：ρ 为材料的密度；g 为重力加速度。

确定体力为零时的等效面力为

$$\boldsymbol{f}^*=\begin{bmatrix}0\\0\end{bmatrix},\bar{\boldsymbol{f}}^*=\begin{bmatrix}\bar{f}_x^*\\\bar{f}_y^*\end{bmatrix}$$

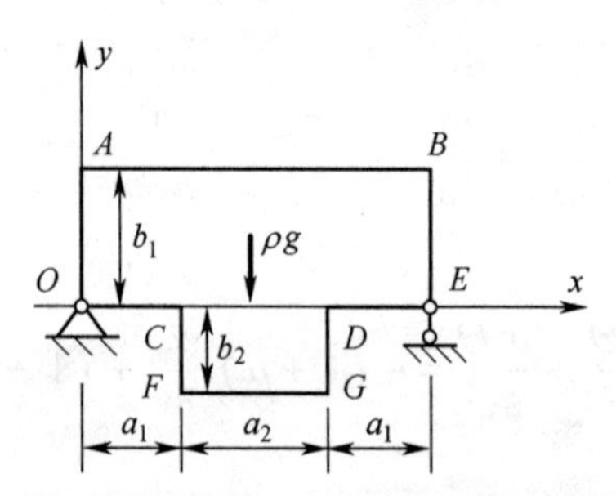

9-16　如下图所示的等厚度圆环，其内半径为 a 的，外半径为 b。以通过圆心的回转轴为 z 轴。如果该圆环绕其回转轴以均匀角速度 ω 旋转，则圆环的任意一点都具有大小为 $\omega^2\rho$ 的离心加速度。因此，圆环的每单位体积上均承受离心惯性力 $\rho_1\omega^2\rho$，其中：ρ_1 是圆盘的密度。

该圆环内部，作用的体力为

$$\boldsymbol{f}=\begin{bmatrix}f_\rho\\f_\varphi\end{bmatrix}=\begin{bmatrix}\rho_1\omega^2\rho\\0\end{bmatrix}$$

圆环的内、外边缘上($\rho=a,\rho=b$)，作用的面力均为

$$\bar{\boldsymbol{f}} = \begin{bmatrix} \bar{f}_{\rho} \\ \bar{f}_{\varphi} \end{bmatrix} = \begin{bmatrix} 0 \\ 0 \end{bmatrix}$$

利用式(9.3.8),确定圆环的应力分量和位移分量的解答。

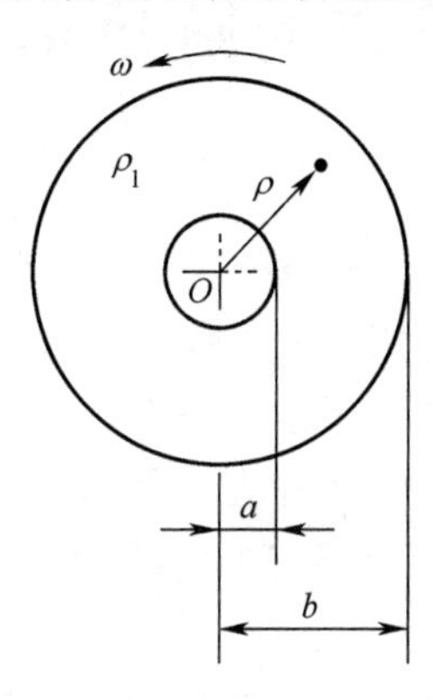

提示:

$$\sigma_{\rho} = -\frac{3+\mu}{8}\rho_1\omega^2\left[\rho^2 - (a^2 + b^2) + \frac{a^2b^2}{\rho^2}\right]$$

第十章　基于应力的解析解法:应力函数法

本章主要介绍利用应力函数的应力解法。

当采用应力函数法时,先把应力用应力函数来表达,再用应力函数来表达相容方程。当体力为线性函数时,应力函数为重调和函数。一般而言,它的解答不能直接求出。因此,在求解具体问题时,通常采用逆解法或半逆解法。

本章讲解的问题为直角坐标系下的平面问题和极坐标系下的平面问题。

10.1　直角坐标系下的平面问题

一、应力函数的引入

对于直角坐标系下的平面问题,平衡微分方程式(6.4.26)是一个非齐次微分方程组。

数学上,该微分方程的解由两部分组成,即下列非齐次微分方程组:

$$\begin{cases}\dfrac{\partial\sigma_x}{\partial x}+\dfrac{\partial\tau_{xy}}{\partial y}+f_x=0\\[2mm]\dfrac{\partial\tau_{xy}}{\partial x}+\dfrac{\partial\sigma_y}{\partial y}+f_y=0\end{cases}\tag{10.1.1}$$

的任意一个特解,以及下列齐次微分方程:

$$\begin{cases}\dfrac{\partial\sigma_x}{\partial x}+\dfrac{\partial\tau_{yx}}{\partial y}=0\\[2mm]\dfrac{\partial\tau_{xy}}{\partial x}+\dfrac{\partial\sigma_y}{\partial y}=0\end{cases}\tag{10.1.2}$$

的通解。

首先,考虑非齐次微分方程组式(10.1.1)的特解。

以下所给出的应力分量表达式:

$$\begin{cases}\sigma_x=-f_x x\\ \sigma_y=-f_y y\\ \tau_{xy}=0\end{cases}\tag{10.1.3a}$$

$$\begin{cases}\sigma_x=0\\ \sigma_y=0\\ \tau_{xy}=-f_x y-f_y x\end{cases}\tag{10.1.3b}$$

$$\begin{cases}\sigma_x = -f_x x - f_y y \\ \sigma_y = -f_x x - f_y y \\ \tau_{xy} = 0\end{cases} \tag{10.1.3c}$$

均为满足非齐次微分方程式(10.1.1)的特解。

其次,考虑齐次微分方程组式(10.1.2)的通解。

为此,将式(10.1.2)的第一式改写为

$$\frac{\partial\sigma_x}{\partial x} = \frac{\partial(-\tau_{yx})}{\partial y}$$

于是就一定存在某个函数 $A(x, y)$,使得

$$\begin{cases}\sigma_x = \dfrac{\partial A}{\partial y} \\ -\tau_{xy} = \dfrac{\partial A}{\partial x}\end{cases} \tag{10.1.4a}$$

同样,将式(10.1.2)的第二式改写为

$$\frac{\partial\sigma_y}{\partial y} = \frac{\partial(-\tau_{yx})}{\partial x}$$

于是也一定存在某个函数 $B(x, y)$,使得

$$\begin{cases}\sigma_y = \dfrac{\partial B}{\partial x} \\ -\tau_{xy} = \dfrac{\partial B}{\partial y}\end{cases} \tag{10.1.4b}$$

显然,式(10.1.4a)及式(10.1.4b)中的切应力应该相等。据此可得

$$-\tau_{xy} = \frac{\partial A}{\partial x} = \frac{\partial B}{\partial y}$$

于是,又一定存在某个函数 $\Phi(x, y)$,使得

$$\begin{cases}A = \dfrac{\partial\Phi}{\partial y} \\ B = \dfrac{\partial\Phi}{\partial x}\end{cases} \tag{10.1.5}$$

将式(10.1.5)代入式(10.1.4),得齐次微分方程式(10.1.2)的通解为

$$\begin{cases}\sigma_x = \dfrac{\partial^2\Phi}{\partial y^2} \\ \sigma_y = \dfrac{\partial^2\Phi}{\partial x^2} \\ \tau_{xy} = -\dfrac{\partial^2\Phi}{\partial x\partial y}\end{cases} \tag{10.1.6}$$

最后,将齐次微分方程的通解式(10.1.6)与非齐次微分方程的特解之一(10.1.3a)相加,即得平衡微分方程式(6.4.26)的全解,即

$$
\begin{cases}
\sigma_x = \dfrac{\partial^2 \Phi}{\partial y^2} - f_x x \\
\sigma_y = \dfrac{\partial^2 \Phi}{\partial x^2} - f_y y \\
\tau_{xy} = - \dfrac{\partial^2 \Phi}{\partial x \partial y}
\end{cases}
\tag{10.1.7}
$$

此时,不论 Φ 是什么样的函数,由式(10.1.7)所得到的应力分量总能满足平衡微分方程式(6.4.26)。因此,函数 Φ 称为平面问题的应力函数,也称为艾里(Airy)应力函数。

二、应力函数表示的相容方程(常体力时)

当体力为常量时,应力分量式(10.1.7)还必须满足相容方程式(9.2.4)。

为此,将式(10.1.7)中的正应力分量代入式(9.2.4),可得

$$
\left(\frac{\partial^2}{\partial x^2} + \frac{\partial^2}{\partial y^2}\right)\left[\left(\frac{\partial^2 \Phi}{\partial y^2} - f_x x\right) + \left(\frac{\partial^2 \Phi}{\partial x^2} - f_y y\right)\right] = 0
$$

即

$$
\left(\frac{\partial^2}{\partial x^2} + \frac{\partial^2}{\partial y^2}\right)\left(\frac{\partial^2 \Phi}{\partial x^2} + \frac{\partial^2 \Phi}{\partial y^2}\right) = \left(\frac{\partial^2}{\partial x^2} + \frac{\partial^2}{\partial y^2}\right)(f_x x + f_y y)
$$

当 f_x 及 f_y 为常量时,显然有

$$
\left(\frac{\partial^2}{\partial x^2} + \frac{\partial^2}{\partial y^2}\right)(f_x x + f_y y) = 0
$$

于是,可得

$$
\left(\frac{\partial^2}{\partial x^2} + \frac{\partial^2}{\partial y^2}\right)\left(\frac{\partial^2 \Phi}{\partial y^2} + \frac{\partial^2 \Phi}{\partial x^2}\right) = 0 \tag{10.1.8a}
$$

或

$$
\frac{\partial^4 \Phi}{\partial x^4} + 2\frac{\partial^4 \Phi}{\partial x^2 \partial y^2} + \frac{\partial^4 \Phi}{\partial y^4} = 0 \tag{10.1.8b}
$$

还可采用拉普拉斯算子写成

$$
\nabla^2 \nabla^2 \Phi = 0 \tag{10.1.9a}
$$

$$
\nabla^4 \Phi = 0 \tag{10.1.9b}
$$

这就是用应力函数表示的相容方程。由此可见,应力函数应当是重调和函数。

三、问题的解答

除非特别申明,下列问题的解答中均假设体力为零。

1. $\Phi=a+bx+cy$

首先,考虑如下线性形式的应力函数:

$$
\Phi(x,y) = a + bx + cy \tag{10.1.10}
$$

式中:a、b 和 c 为常数。

显然,相容方程式(10.1.8)能够得到满足。

由式(10.1.6),可得应力分量为

$$
\begin{cases}
\sigma_x = \dfrac{\partial^2 \Phi}{\partial y^2} = 0 \\
\sigma_y = \dfrac{\partial^2 \Phi}{\partial x^2} = 0 \\
\tau_{xy} = -\dfrac{\partial^2 \Phi}{\partial x \partial y} = 0
\end{cases}
\tag{10.1.11}
$$

由应力边界条件式(6.4.23),可得

$$
\begin{cases}
0 \times n_x + 0 \times n_y = \bar{f}_x \\
0 \times n_x + 0 \times n_y = \bar{f}_y
\end{cases}
$$

即

$$
\bar{\boldsymbol{f}} = \begin{bmatrix} \bar{f}_x \\ \bar{f}_y \end{bmatrix} = \begin{bmatrix} 0 \\ 0 \end{bmatrix}
$$

可见,线性的应力函数对应于无面力、无应力状态。因此,把任何平面问题的应力函数加上一个线性函数,并不影响应力状态。

2. $\Phi=ax^2+bxy+cy^2$

其次,考虑如下二次多项式形式的应力函数:

$$
\Phi(x,y) = ax^2 + bxy + cy^2 \tag{10.1.12}
$$

式中:a、b 和 c 为常数。

显然,相容方程式(10.1.8)能够得到满足。

由式(10.1.6),可得应力分量为

$$
\begin{cases}
\sigma_x = \dfrac{\partial^2 \Phi}{\partial y^2} = 2c \\
\sigma_y = \dfrac{\partial^2 \Phi}{\partial x^2} = 2a \\
\tau_{xy} = -\dfrac{\partial^2 \Phi}{\partial x \partial y} = -b
\end{cases}
\tag{10.1.13}
$$

可见,该应力函数对应于常应力(或均匀应力)状态,如图 10.1.1 所示。图中,x、y 方向的正应力分别为 $2c$ 和 $2a$,面内剪应力为 $-b$。

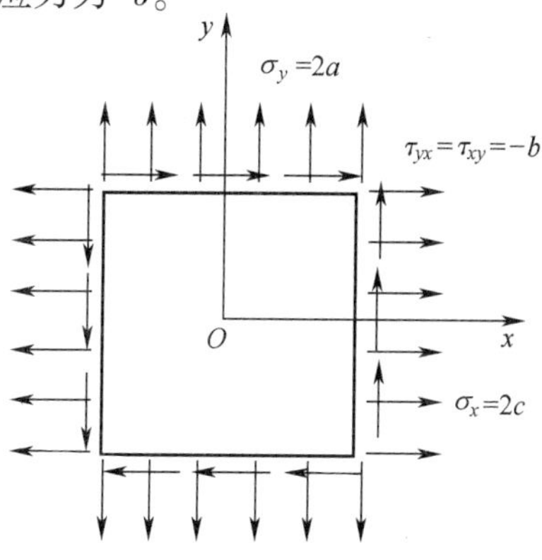

图 10.1.1　均匀分布的应力状态

3. $\boldsymbol{\Phi}=ay^3$

现在,考虑仅含有 y^3 项形式的应力函数:

$$\Phi(y) = ay^3 \tag{10.1.14}$$

式中:a 为常数。

显然,相容方程式(10.1.8)能够得到满足。

由式(10.1.6),可得应力分量为

$$\begin{cases}\sigma_x = \dfrac{\partial^2 \Phi}{\partial y^2} = 6ay \\ \sigma_y = \dfrac{\partial^2 \Phi}{\partial x^2} = 0 \\ \tau_{xy} = \tau_{yx} = -\dfrac{\partial^2 \Phi}{\partial x \partial y} = 0\end{cases} \tag{10.1.15}$$

该应力函数可用于求解梁的纯弯曲问题。

例题 10.1.1:

如图 10.1.2 所示的矩形截面梁,长度为 $2L$,深度为 $2H$,单位宽度。体力不计。受纯弯曲作用,单位宽度上的力矩为 M。

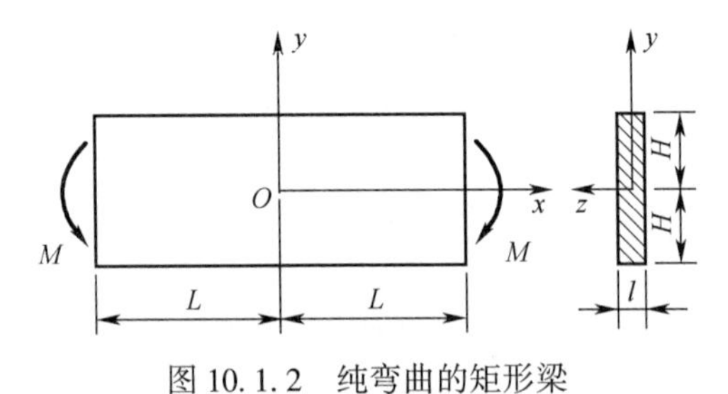

图 10.1.2 纯弯曲的矩形梁

梁的上、下两表面($y=\pm H$)上,作用的面力均为

$$\boldsymbol{f} = \begin{bmatrix}\bar{f}_x \\ \bar{f}_y\end{bmatrix} = \begin{bmatrix}0 \\ 0\end{bmatrix}$$

在梁的左、右两端面($x=-L, x=L$)上,水平面力的具体分布并不明确,但是面力的合成应当没有轴向力,且等于力矩 M。据此,等效的应力边界条件为

$$\int_{-H}^{H} \bar{f}_x \mathrm{d}y = 0 \quad 和 \quad \int_{-H}^{H} \bar{f}_x y \mathrm{d}y = M$$

依据圣维南原理,这样处理对远离梁端部的应力场没有显著影响。

利用式(10.1.15),确定应力分量的解答。

解答:

梁的上、下两表面的单位法向矢量为

$$\boldsymbol{n} = \begin{bmatrix}n_x \\ n_y\end{bmatrix} = \begin{bmatrix}0 \\ \pm 1\end{bmatrix}$$

其上的应力边界条件为

$$\begin{cases}(\sigma_x)_{y=\pm H}\times 0+0\times(\pm 1)=0\\0\times 0+0\times(\pm 1)=0\end{cases}$$

得到自然满足。

梁的左、右两端面的单位法向矢量为

$$\boldsymbol{n}=\begin{bmatrix}n_x\\n_y\end{bmatrix}=\begin{bmatrix}\mp 1\\0\end{bmatrix}$$

由其上的应力边界条件为

$$\begin{cases}(\sigma_x)_{x=\mp L}\times(\mp 1)+0\times 0=\bar{f}_x\\0\times(\mp 1)+0\times 0=\bar{f}_y\end{cases}$$

可得

$$\bar{f}_x=\mp(\sigma_x)_{x=\pm L}\quad 和\quad \bar{f}_y=0$$

于是等效的应力边界条件成为

$$\mp\int_{-H}^{H}(\sigma_x)_{x=\pm L}\mathrm{d}y=0\quad 和\quad \mp\int_{-H}^{H}(\sigma_x)_{y=\pm L}y\mathrm{d}y=\mp M$$

由于

$$\int_{-H}^{H}(\sigma_x)_{x=\pm L}\mathrm{d}y=\int_{-H}^{H}(6ay)\mathrm{d}y=0$$

得到自然满足。

由于

$$\int_{-H}^{H}(\sigma_x)_{x=\pm L}y\mathrm{d}y=\int_{-H}^{H}(6ay)y\mathrm{d}y=[2ay^3]_{-H}^{H}=4aH^3$$

于是,可得

$$4aH^3=M$$

解得

$$a=\frac{M}{4H^3}$$

应力分量为

$$\sigma_x=6ay=\frac{3M}{2H^3}y=\frac{M}{I}y$$

式中:梁截面的惯矩为

$$I=\frac{1}{12}\times 1\times(2H)^3=\frac{2}{3}H^3$$

这就是矩形梁纯弯曲时的应力分量,结果与材料力学完全相同。

答毕。

例题 10.1.2:

如图 10.1.3 所示的纯弯曲简支梁,其应力分量为

$$\sigma_x=\frac{M}{I}y,\sigma_y=0,\tau_{xy}=0$$

梁的左端面($x=0,y=0$)上,约束的位移为

$$\bar{u} = \bar{v} = 0$$

梁的右端面($x=L,y=0$)上,约束的位移为

$$\bar{v} = 0$$

假设平面应力状态,求出位移分量。

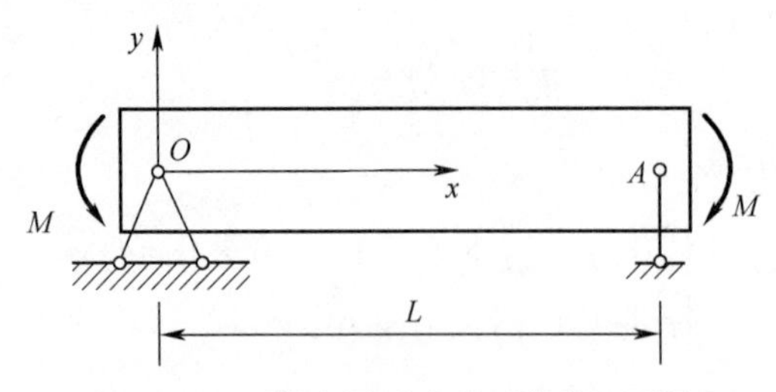

图 10.1.3　简支梁形式的纯弯曲矩形梁

解答:

结合几何方程式(6.4.25)和物理方程式(6.4.27),可得

$$\begin{cases} \varepsilon_x = \dfrac{\partial u}{\partial x} = \dfrac{M}{EI}y \\ \varepsilon_y = \dfrac{\partial v}{\partial y} = -\dfrac{\mu M}{EI}y \\ \gamma_{xy} = \dfrac{\partial v}{\partial x} + \dfrac{\partial u}{\partial y} = 0 \end{cases}$$

由前两式可以解得

$$\begin{cases} u = \dfrac{M}{EI}xy + f_1(y) \\ v = -\dfrac{\mu M}{2EI}y^2 + f_2(x) \end{cases}$$

将上式结果代入第三式,可得

$$f'_2(x) + \left[\frac{M}{EI}x + f'_1(y)\right] = 0$$

即

$$-f'_1(y) = f'_2(x) + \frac{M}{EI}x$$

令

$$-f'_1(y) = f'_2(x) + \frac{M}{EI}x = \omega$$

则

$$f'_1(y) = -\omega \quad 和 \quad f'_2(x) = -\frac{M}{EI}x + \omega$$

由此得到:

$$f_1(y) = -\omega y + u_0$$

$$f_2(x) = -\frac{M}{2EI}x^2 + \omega x + v_0$$

式中：u_0、v_0和 ω 均为待定常数。

至此，位移分量的表达式为

$$\begin{cases} u = \dfrac{M}{EI}xy - \omega y + u_0 \\ v = -\dfrac{\mu M}{2EI}y^2 - \dfrac{M}{2EI}x^2 + \omega x + v_0 \end{cases} \tag{10.1.16}$$

在简支梁的左端，由位移边界条件可得

$$\begin{cases} (u)_{x=0,y=0} = u_0 = \bar{u} = 0 \\ (v)_{x=0,y=0} = v_0 = \bar{v} = 0 \end{cases}$$

在简支梁的右端，由位移边界条件式(6.4.31)可得

$$(v)_{x=L,y=0} = -\frac{M}{2EI}L^2 + \omega L + v_0 = \bar{v} = 0$$

据此解得

$$u_0 = v_0 = 0 \quad 和 \quad \omega = \frac{ML}{2EI}$$

因此，位移分量的解答为

$$\begin{cases} u = \dfrac{M}{EI}\left(x - \dfrac{L}{2}\right)y \\ v = \dfrac{M}{2EI}(L - x)x - \dfrac{\mu M}{2EI}y^2 \end{cases} \tag{10.1.17}$$

事实上，u_0、v_0和 ω 均为刚体位移。位移边界条件就是用来消除弹性体的刚体位移的。

特别地，

$$(v)_{y=0} = \frac{M}{2EI}(L - x)x$$

即梁轴的挠度方程，和材料力学中的结果相同。

答毕。

4. $\Phi = ax^3 + bx^2y + cxy^2 + ey^3$

现在，考虑三次多项式形式的应力函数为

$$\Phi(x,y) = ax^3 + bx^2y + cxy^2 + ey^3 \tag{10.1.18}$$

式中：a、b、c、e 为常数。

显然，相容方程式(10.1.8)能够得到满足。

若假设体力为

$$\boldsymbol{f} = \begin{bmatrix} f_x \\ f_y \end{bmatrix} = \begin{bmatrix} 0 \\ -\rho g \end{bmatrix}$$

则由式(10.1.7)，可得应力分量为

$$
\begin{cases}
\sigma_x = \dfrac{\partial^2 \Phi}{\partial y^2} - f_x x = 2cx + 6ey \\
\sigma_y = \dfrac{\partial^2 \Phi}{\partial x^2} - f_y y = 6ax + 2by - \rho g y \\
\tau_{xy} = -\dfrac{\partial^2 \Phi}{\partial x \partial y} = -2bx - 2cy
\end{cases}
\tag{10.1.19}
$$

例题 10.1.3：

如图 10.1.4 所示的楔形体，左边铅直，右边与铅直面成角 α。下端作为无限长，承受重力及静水压力。楔形体的密度为 ρ，水的密度为 ρ'。

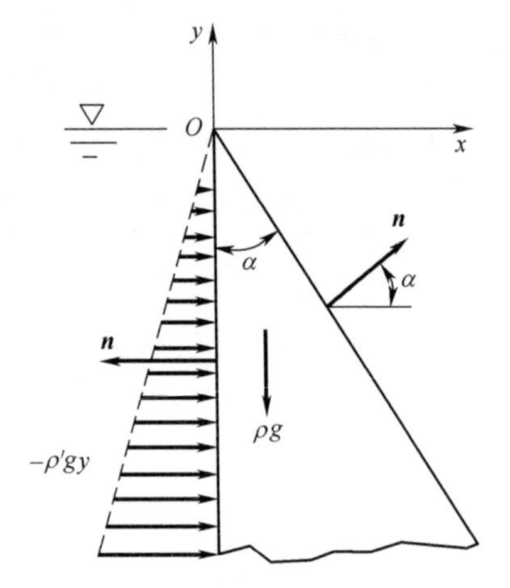

图 10.1.4　重力和静水压力作用下的楔形体

在楔形体铅直的左侧面上，作用的面力为

$$
\bar{\boldsymbol{f}} = \begin{bmatrix} \bar{f}_x \\ \bar{f}_y \end{bmatrix} = \begin{bmatrix} -\rho' g y \\ 0 \end{bmatrix}
$$

在楔形体倾斜的右侧面上，作用的面力为

$$
\bar{\boldsymbol{f}} = \begin{bmatrix} \bar{f}_x \\ \bar{f}_y \end{bmatrix} = \begin{bmatrix} 0 \\ 0 \end{bmatrix}
$$

利用式（10.1.19），确定应力分量的解答。

解答：

楔形体铅直左侧面的单位法向矢量为

$$
\boldsymbol{n} = \begin{bmatrix} n_x \\ n_y \end{bmatrix} = \begin{bmatrix} -1 \\ 0 \end{bmatrix}
$$

由其上的应力边界条件为

$$
\begin{cases}
(\sigma_x)_{x=0} \times (-1) + (\tau_{xy})_{x=0} \times 0 = -\rho' g y \\
(\tau_{xy})_{x=0} \times (-1) + (\sigma_y)_{x=0} \times 0 = 0
\end{cases}
$$

可得

$$(\sigma_x)_{x=0} = \rho' g y \quad 和 \quad (\tau_{xy})_{x=0} = 0$$

即

$$\begin{cases} 6ey = \rho' g y \\ -2cy = 0 \end{cases}$$

解得

$$c = 0 \quad 和 \quad e = \frac{1}{6}\rho' g$$

至此,由式(10.1.19)可得应力分量为

$$\begin{cases} \sigma_x = \rho' g y \\ \sigma_y = 6ax + 2by - \rho g y \\ \tau_{xy} = -2bx \end{cases} \tag{10.1.20}$$

楔形体倾斜右侧面的单位法向矢量为

$$\boldsymbol{n} = \begin{bmatrix} n_x \\ n_y \end{bmatrix} = \begin{bmatrix} \cos\alpha \\ \sin\alpha \end{bmatrix}$$

由其上的应力边界条件为

$$\begin{cases} (\sigma_x)_{x=-y\tan\alpha} \times \cos\alpha + (\tau_{xy})_{x=-y\tan\alpha} \times \sin\alpha = 0 \\ (\tau_{xy})_{x=y\tan\alpha} \times \cos\alpha + (\sigma_y)_{x=-y\tan\alpha} \times \sin\alpha = 0 \end{cases}$$

可得

$$\begin{cases} \rho' g y \times \cos\alpha + (-2b) \times (-y\tan\alpha) \times \sin\alpha = 0 \\ (-2b) \times (-y\tan\alpha) \times \cos\alpha + [6a(-y\tan\alpha) + 2by - \rho g y] \times \sin\alpha = 0 \end{cases}$$

即

$$\begin{cases} 2b\tan\alpha\sin\alpha = -\rho' g\cos\alpha \\ 6a\tan\alpha\sin\alpha = 4b\sin\alpha - \rho g\sin\alpha \end{cases}$$

解得

$$a = -\frac{\rho g}{6}\cot\alpha - \frac{\rho' g}{3}\cot^3\alpha \quad 和 \quad b = -\frac{\rho' g}{2}\cot^2\alpha$$

将上式结果代入式(10.1.20),可得

$$\begin{cases} \sigma_x = \rho' g y \\ \sigma_y = -(\rho g\cot\alpha + 2\rho' g\cot^3\alpha)x - (\rho' g\cot^2\alpha + \rho g)y \\ \tau_{xy} = (\rho' g\cot^2\alpha)x \end{cases} \tag{10.1.21}$$

上述关于重力和静水压力作用下的楔形体的解被称为莱维(M. Lévy)解答。

答毕。

10.2 极坐标系下的平面问题

一、应力函数的引入

如图 10.2.1 所示,平面中的任意一点 P,既可用直角坐标表示 $P(x, y)$,也可用极坐标

表示 $P(\rho, \varphi)$。显然有

$$\rho = \sqrt{x^2 + y^2} \quad 和 \tan\varphi = \frac{y}{x}$$

以及

$$x = \rho\cos\varphi \quad 和 y = \rho\sin\varphi$$

因此

$$\frac{\partial\rho}{\partial x} = \frac{x}{\rho} = \cos\varphi, \frac{\partial\rho}{\partial y} = \frac{y}{\rho} = \sin\varphi$$

$$\frac{\partial\varphi}{\partial x} = -\frac{y}{\rho^2} = -\frac{\sin\varphi}{\rho}, \frac{\partial\varphi}{\partial y} = \frac{x}{\rho^2} = \frac{\cos\varphi}{\rho}$$

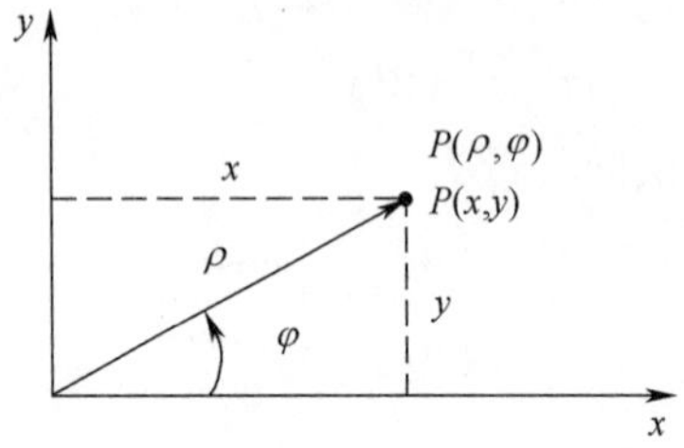

图 10.2.1　平面中的直角坐标系与极坐标系

Φ 既是 x 和 y 的函数,也是 ρ 和 φ 的函数。依据微分的链导法则,可得

$$\frac{\partial\Phi}{\partial x} = \frac{\partial\Phi}{\partial\rho}\frac{\partial\rho}{\partial x} + \frac{\partial\Phi}{\partial\varphi}\frac{\partial\varphi}{\partial x} = \cos\varphi\frac{\partial\Phi}{\partial\rho} - \frac{\sin\varphi}{\rho}\frac{\partial\Phi}{\partial\varphi} \tag{10.2.1a}$$

$$\frac{\partial\Phi}{\partial y} = \frac{\partial\Phi}{\partial\rho}\frac{\partial\rho}{\partial y} + \frac{\partial\Phi}{\partial\varphi}\frac{\partial\varphi}{\partial y} = \sin\varphi\frac{\partial\Phi}{\partial\rho} + \frac{\cos\varphi}{\rho}\frac{\partial\Phi}{\partial\varphi} \tag{10.2.1b}$$

重复以上的运算,可得

$$\frac{\partial^2\Phi}{\partial x^2} = \frac{\partial}{\partial x}\left(\frac{\partial\Phi}{\partial x}\right) = \left(\cos\varphi\frac{\partial}{\partial\rho} - \frac{\sin\varphi}{\rho}\frac{\partial}{\partial\varphi}\right)\left(\cos\varphi\frac{\partial\Phi}{\partial\rho} - \frac{\sin\varphi}{\rho}\frac{\partial\Phi}{\partial\varphi}\right) =$$

$$\cos^2\varphi\frac{\partial^2\Phi}{\partial\rho^2} - \frac{2\sin\varphi\cos\varphi}{\rho}\frac{\partial^2\Phi}{\partial\rho\partial\varphi} + \frac{\sin^2\varphi}{\rho}\frac{\partial\Phi}{\partial\rho} + \frac{2\sin\varphi\cos\varphi}{\rho^2}\frac{\partial\Phi}{\partial\varphi} + \frac{\sin^2\varphi}{\rho^2}\frac{\partial^2\Phi}{\partial\varphi^2} \tag{10.2.2a}$$

$$\frac{\partial^2\Phi}{\partial y^2} = \frac{\partial}{\partial y}\left(\frac{\partial\Phi}{\partial y}\right) = \left(\sin\varphi\frac{\partial}{\partial\rho} + \frac{\cos\varphi}{\rho}\frac{\partial}{\partial\varphi}\right)\left(\sin\varphi\frac{\partial\Phi}{\partial\rho} + \frac{\cos\varphi}{\rho}\frac{\partial\Phi}{\partial\varphi}\right) =$$

$$\sin^2\varphi\frac{\partial^2\Phi}{\partial\rho^2} + \frac{2\sin\varphi\cos\varphi}{\rho}\frac{\partial^2\Phi}{\partial\rho\partial\varphi} + \frac{\cos^2\varphi}{\rho}\frac{\partial\Phi}{\partial r} - \frac{2\sin\varphi\cos\varphi}{\rho^2}\frac{\partial\Phi}{\partial\varphi} + \frac{\cos^2\varphi}{\rho^2}\frac{\partial^2\Phi}{\partial\varphi^2} \tag{10.2.2b}$$

$$\frac{\partial^2\Phi}{\partial x\partial y} = \frac{\partial}{\partial x}\left(\frac{\partial\Phi}{\partial y}\right) = \left(\cos\varphi\frac{\partial}{\partial\rho} - \frac{\sin\varphi}{\rho}\frac{\partial}{\partial\varphi}\right)\left(\sin\varphi\frac{\partial\Phi}{\partial\rho} + \frac{\cos\varphi}{\rho}\frac{\partial\Phi}{\partial\varphi}\right) =$$

$$\sin\varphi\cos\varphi\frac{\partial^2\Phi}{\partial\rho^2} + \frac{\cos^2\varphi - \sin^2\varphi}{\rho}\frac{\partial^2\Phi}{\partial\rho\partial\varphi} - \frac{\sin\varphi\cos\varphi}{\rho}\frac{\partial\Phi}{\partial\rho} - \tag{10.2.2c}$$

$$\frac{\cos^2\varphi - \sin^2\varphi}{\rho^2}\frac{\partial\Phi}{\partial\varphi} - \frac{\sin\varphi\cos\varphi}{\rho^2}\frac{\partial^2\Phi}{\partial\varphi^2}$$

如图 10.2.2 所示,如果把 x 轴和 y 轴分别转到 ρ 和 φ 方向,使得 φ 成为零,则 σ_x、σ_y、τ_{xy} 分别成为 σ_ρ、σ_φ、$\tau_{\rho\varphi}$。于是利用式(10.2.2),可得

$$\begin{cases}\sigma_\rho=(\sigma_x)_{\varphi=0}=\left(\dfrac{\partial^2\Phi}{\partial y^2}\right)_{\varphi=0}=\dfrac{1}{\rho^2}\dfrac{\partial^2\Phi}{\partial\varphi^2}+\dfrac{1}{\rho}\dfrac{\partial\Phi}{\partial\rho}\\ \sigma_\varphi=(\sigma_y)_{\varphi=0}=\left(\dfrac{\partial^2\Phi}{\partial x^2}\right)_{\varphi=0}=\dfrac{\partial^2\Phi}{\partial\rho^2}\\ \tau_{\rho\varphi}=(\tau_{xy})_{\varphi=0}=\left(-\dfrac{\partial^2\Phi}{\partial x\partial y}\right)_{\varphi=0}=-\dfrac{1}{\rho}\dfrac{\partial^2\Phi}{\partial\rho\partial\varphi}+\dfrac{1}{\rho^2}\dfrac{\partial\Phi}{\partial\varphi}=-\dfrac{\partial}{\partial\rho}\left(\dfrac{1}{\rho}\dfrac{\partial\Phi}{\partial\varphi}\right)\end{cases}\tag{10.2.3}$$

这就将极坐标系下的应力分量用应力函数来表达。

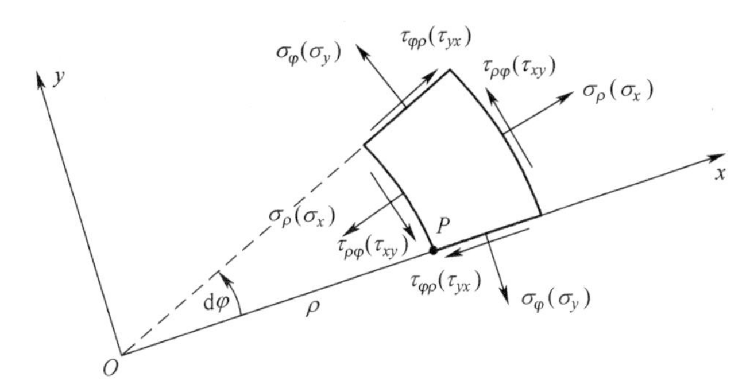

图 10.2.2　两种平面坐标系下,应力分量的等效关系

二、应力函数表示的相容方程(常体力时)

利用式(10.2.2a)和式(10.2.2b),可得

$$\frac{\partial^2\Phi}{\partial x^2}+\frac{\partial^2\Phi}{\partial y^2}=\frac{\partial^2\Phi}{\partial\rho^2}+\frac{1}{\rho}\frac{\partial\Phi}{\partial\rho}+\frac{1}{\rho^2}\frac{\partial^2\Phi}{\partial\varphi^2}$$

于是由直角坐标系下的相容方程式(10.1.8),可得

$$\left(\frac{\partial^2}{\partial\rho^2}+\frac{1}{\rho}\frac{\partial}{\partial\rho}+\frac{1}{\rho^2}\frac{\partial^2}{\partial\varphi^2}\right)\left(\frac{\partial^2\Phi}{\partial\rho^2}+\frac{1}{\rho}\frac{\partial\Phi}{\partial\rho}+\frac{1}{\rho^2}\frac{\partial^2\Phi}{\partial\varphi^2}\right)=0\tag{10.2.4}$$

这就是极坐标系下用应力函数表示的相容方程。

三、应力分量的坐标变换

平面问题,既可在直角坐标系中进行研究,也可在极坐标系中进行研究。为了能够充分利用直角坐标系中已有的结果解决极坐标系中的某些问题或反之,则需要认知一些应力分量在两个坐标系之间的变换关系。

首先,设已知直角坐标系中的应力分量 σ_x、σ_y 和 τ_{xy},求出极坐标系中的应力分量 σ_ρ、σ_φ 和 $\tau_{\rho\varphi}$。

因此,在弹性体取一个单位厚度的微小的直角三角形单元,如图 10.2.3 所示。若设边 BC 的长度为 $\mathrm{d}s$,则边 AB、边 AC 的长度分别为 $\mathrm{d}s\sin\varphi$ 及 $\mathrm{d}s\cos\varphi$。

利用图 10.2.3(a),根据力的径向平衡条件为

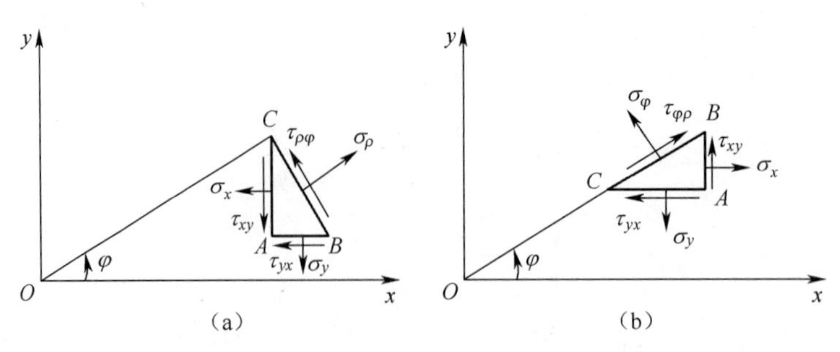

图 10.2.3　微小三角单元上,两种平面坐标系下的应力分量

$$\sum F_\rho = 0$$

可得

$$\sigma_\rho \mathrm{d}s - (\sigma_x \mathrm{d}s\cos\varphi)\cos\varphi - (\sigma_y \mathrm{d}s\sin\varphi)\sin\varphi - (\tau_{xy}\mathrm{d}s\cos\varphi)\sin\varphi - (\tau_{yx}\mathrm{d}s\sin\varphi)\cos\varphi = 0$$

简化后,可得

$$\sigma_\rho = \sigma_x \cos^2\varphi + \sigma_y \sin^2\varphi + 2\tau_{xy}\sin\varphi\cos\varphi$$

根据力的环向平衡条件为

$$\sum F_\varphi = 0$$

可得

$$\tau_{\rho\varphi}\mathrm{d}s + (\sigma_x \mathrm{d}s\cos\varphi)\sin\varphi - (\sigma_y \mathrm{d}s\sin\varphi)\cos\varphi - (\tau_{xy}\mathrm{d}s\cos\varphi)\cos\varphi + (\tau_{yx}\mathrm{d}s\sin\varphi)\sin\varphi = 0$$

简化后,可得

$$\tau_{\rho\varphi} = (\sigma_y - \sigma_x)\sin\varphi\cos\varphi + \tau_{xy}(\cos^2\varphi - \sin^2\varphi)$$

利用图 10.2.3(b),根据力的环向平衡条件为

$$\sum F_\varphi = 0$$

可得

$$\sigma_\varphi = \sigma_x \sin^2\varphi + \sigma_y \cos^2\varphi - 2\tau_{xy}\sin\varphi\cos\varphi$$

综合以上所得的结果,就得出应力分量由直角坐标向极坐标的变换式

$$\begin{cases} \sigma_\rho = \sigma_x\cos^2\varphi + \sigma_y\sin^2\varphi + 2\tau_{xy}\sin\varphi\cos\varphi \\ \sigma_\varphi = \sigma_x\sin^2\varphi + \sigma_y\cos^2\varphi - 2\tau_{xy}\sin\varphi\cos\varphi \\ \tau_{\rho\varphi} = (\sigma_y - \sigma_x)\sin\varphi\cos\varphi + \tau_{xy}(\cos^2\varphi - \sin^2\varphi) \end{cases} \tag{10.2.5a}$$

利用简单的三角公式,也可以将式(10.2.5a)改写为

$$\begin{cases} \sigma_\rho = \dfrac{\sigma_x + \sigma_y}{2} + \dfrac{\sigma_x - \sigma_y}{2}\cos2\varphi + \tau_{xy}\sin2\varphi \\ \sigma_\varphi = \dfrac{\sigma_x + \sigma_y}{2} - \dfrac{\sigma_x - \sigma_y}{2}\cos2\varphi - \tau_{xy}\sin2\varphi \\ \tau_{\rho\varphi} = \dfrac{\sigma_y - \sigma_x}{2}\sin2\varphi + \tau_{xy}\cos2\varphi \end{cases} \tag{10.2.5b}$$

用矩阵表示为

$$\boldsymbol{\sigma}(\rho,\varphi) = \boldsymbol{T}\boldsymbol{\sigma}(x,y)\boldsymbol{T}^{\mathrm{T}} \tag{10.2.5c}$$

式中

$$\boldsymbol{\sigma}(\rho,\varphi)=\begin{bmatrix}\sigma_\rho & \tau_{\rho\varphi}\\ \tau_{\rho\varphi} & \sigma_\varphi\end{bmatrix},\boldsymbol{T}=\begin{bmatrix}\cos\varphi & \sin\varphi\\ -\sin\varphi & \cos\varphi\end{bmatrix},\boldsymbol{\sigma}(x,y)=\begin{bmatrix}\sigma_x & \tau_{xy}\\ \tau_{xy} & \sigma_y\end{bmatrix}$$

由于

$$\boldsymbol{T}^{\mathrm{T}}\boldsymbol{T}=\boldsymbol{T}\boldsymbol{T}^{\mathrm{T}}=\begin{bmatrix}1 & 0\\ 0 & 1\end{bmatrix}$$

所以,T 为单位正交矩阵。

其次,设已知极坐标系中的应力分量 σ_ρ、σ_φ 和 $\tau_{\rho\varphi}$,求出直角坐标系中的应力分量 σ_x、σ_y 和 τ_{xy}。以此类推,可得

$$\begin{cases}\sigma_x=\sigma_\rho\cos^2\varphi+\sigma_\varphi\sin^2\varphi-2\tau_{\rho\varphi}\sin\varphi\cos\varphi\\ \sigma_y=\sigma_\rho\sin^2\varphi+\sigma_\varphi\cos^2\varphi+2\tau_{\rho\varphi}\sin\varphi\cos\varphi\\ \tau_{xy}=(\sigma_\rho-\sigma_\varphi)\sin\varphi\cos\varphi+\tau_{\rho\varphi}(\cos^2\varphi-\sin^2\varphi)\end{cases} \tag{10.2.6a}$$

或

$$\begin{cases}\sigma_x=\dfrac{\sigma_\rho+\sigma_\varphi}{2}+\dfrac{\sigma_\rho-\sigma_\varphi}{2}\cos2\varphi-\tau_{\rho\varphi}\sin2\varphi\\ \sigma_y=\dfrac{\sigma_\rho+\sigma_\varphi}{2}-\dfrac{\sigma_\rho-\sigma_\varphi}{2}\cos2\varphi+\tau_{\rho\varphi}\sin2\varphi\\ \tau_{xy}=\dfrac{\sigma_\rho-\sigma_\varphi}{2}\sin2\varphi+\tau_{\rho\varphi}\cos2\varphi\end{cases} \tag{10.2.6b}$$

或

$$\boldsymbol{\sigma}(x,y)=\boldsymbol{T}^{\mathrm{T}}\boldsymbol{\sigma}(\rho,\varphi)\boldsymbol{T} \tag{10.2.6c}$$

综上所述,在一定的应力状态下,如果已知直角坐标下的应力分量,就可以利用式(10.2.5)求得极坐标下的应力分量;反之,如果已知极坐标下的应力分量,也可以利用式(10.2.6)求得的直角坐标系中应力分量。表示两个坐标系中应力分量的关系式,就称为应力分量的坐标变换式。

四、问题的解答

除非特别声明,下列问题的解答中均假设体力不计。

1. $\boldsymbol{\Phi=\Phi(\rho)}$

考虑应力函数仅是径向坐标的函数,即

$$\Phi=\Phi(\rho) \tag{10.2.7}$$

则相容方程式(10.2.4)简化为

$$\left(\frac{\mathrm{d}^2}{\mathrm{d}\rho^2}+\frac{1}{\rho}\frac{\mathrm{d}}{\mathrm{d}\rho}\right)^2\Phi=0 \tag{10.2.8}$$

这是一个四阶的常微分方程,它的通解是

$$\Phi(\rho)=A\ln\rho+B\rho^2\ln\rho+C\rho^2+D \tag{10.2.9}$$

式中:A、B、C 和 D 是任意常数。

此时由式(10.2.3),可得应力分量为

$$
\begin{cases}
\sigma_{\rho} = \dfrac{1}{\rho}\dfrac{\mathrm{d}\Phi}{\mathrm{d}\rho} = \dfrac{A}{\rho^2} + B(1 + 2\ln\rho) + 2C \\
\sigma_{\varphi} = \dfrac{\mathrm{d}^2\Phi}{\mathrm{d}\rho^2} = -\dfrac{A}{\rho^2} + B(3 + 2\ln\rho) + 2C \\
\tau_{\rho\varphi} = 0
\end{cases}
\tag{10.2.10}
$$

由此可见,正应力分量只是径向坐标 ρ 的函数,不随环向坐标 φ 而变,而切应力分量又不存在。所以,应力状态是对称于通过 z 轴的任一平面的,也就是所谓绕 z 轴对称的。因此,这种应力称为平面轴对称。

下面考察相应的应变分量和位移分量。

由物理方程式(6.5.17),可得

$$
\begin{cases}
\varepsilon_{\rho} = \dfrac{1}{E}(\sigma_{\rho} - \mu\sigma_{\varphi}) = \dfrac{1}{E}\left[(1+\mu)\dfrac{A}{\rho^2} + (1-3\mu)B + 2(1-\mu)B\ln\rho + 2(1-\mu)C\right] \\
\varepsilon_{\varphi} = \dfrac{1}{E}(\sigma_{\varphi} - \mu\sigma_{\rho}) = \dfrac{1}{E}\left[-(1+\mu)\dfrac{A}{\rho^2} + (3-\mu)B + 2(1-\mu)B\ln\rho + 2(1-\mu)C\right] \\
\gamma_{\rho\varphi} = \dfrac{1}{G}\tau_{\rho\varphi} = \dfrac{2(1+\mu)}{E}\tau_{\rho\varphi} = 0
\end{cases}
$$

代入几何方程式(6.5.8),可得

$$
\begin{cases}
\varepsilon_{\rho} = \dfrac{\partial u_{\rho}}{\partial\rho} = \dfrac{1}{E}\left[(1+\mu)\dfrac{A}{\rho^2} + (1-3\mu)B + 2(1-\mu)B\ln\rho + 2(1-\mu)C\right] \\
\varepsilon_{\varphi} = \dfrac{u_{\rho}}{\rho} + \dfrac{1}{\rho}\dfrac{\partial u_{\varphi}}{\partial\varphi} = \dfrac{1}{E}\left[-(1+\mu)\dfrac{A}{\rho^2} + (3-\mu)B + 2(1-\mu)B\ln\rho + 2(1-\mu)C\right] \\
\gamma_{\rho\varphi} = \dfrac{1}{\rho}\dfrac{\partial u_{\rho}}{\partial\varphi} + \dfrac{\partial u_{\varphi}}{\partial\rho} - \dfrac{u_{\varphi}}{\rho} = 0
\end{cases}
$$

由几何方程第一式对 ρ 直接进行积分后,可得

$$
u_{\rho} = \frac{1}{E}\left[-(1+\mu)\frac{A}{\rho} + 2(1-\mu)B\rho(\ln\rho - 1) + (1-3\mu)B\rho + 2(1-\mu)C\rho\right] + f(\varphi)
$$

由几何方程第二式,可得

$$
\begin{aligned}
\frac{\partial u_{\varphi}}{\partial\varphi} &= \frac{\rho}{E}\left[-(1+\mu)\frac{A}{\rho^2} + 2(1-\mu)B\ln\rho + (3-\mu)B + 2(1-\mu)C\right] - \\
&\quad \frac{1}{E}\left[-(1+\mu)\frac{A}{\rho} + 2(1-\mu)B\rho(\ln\rho - 1) + (1-3\mu)B\rho + 2(1-\mu)C\rho\right] - f(\varphi) \\
&= \frac{4B\rho}{E} - f(\varphi)
\end{aligned}
$$

由上式对 φ 直接进行积分后,可得

$$
u_{\varphi} = \frac{4B\rho\varphi}{E} - \int f(\varphi)\mathrm{d}\varphi + g(\rho)
$$

将所得到的 u_{ρ} 和 u_{φ} 代入上述几何方程中,可得

$$
\frac{1}{\rho}f'(\varphi) + g'(\rho) + \frac{1}{\rho}\int f(\varphi)\mathrm{d}\varphi - \frac{g(\rho)}{\rho} = 0
$$

即

$$g(\rho)-\rho g'(\rho)=f'(\varphi)+\int f(\varphi)\mathrm{d}\varphi$$

显然,上述等式的左边只是 ρ 的函数,而右边只是 φ 的函数。因此,只可能两边都等于同一常数。若设此常数为 F,则

$$g(\rho)-\rho g'(\rho)=F$$

$$f'(\varphi)+\int f(\varphi)\mathrm{d}\varphi=F$$

这是两个常微分方程。

第一个常微分方程的解是

$$g(\rho)=H\rho+F$$

式中:H 是任意常数。第二个常微分对 φ 求导,则得到如下二阶常微分方程:

$$f''(\varphi)+f(\varphi)=0$$

其解为

$$f(\varphi)=I\cos\varphi+K\sin\varphi$$

式中:I 和 K 是任意常数。由此,可得

$$\int f(\varphi)\mathrm{d}\varphi=F-f'(\varphi)=F+I\sin\varphi-K\cos\varphi$$

将所得结果代入前述的 u_ρ 和 u_φ 表达式,可得如下位移分量表达式:

$$\begin{cases}u_\rho=\dfrac{1}{E}\left[-(1+\mu)\dfrac{A}{\rho}+2(1-\mu)B\rho(\ln\rho-1)+(1-3\mu)B\rho+2(1-\mu)C\rho\right]+\\ \quad I\cos\varphi+K\sin\varphi\\ u_\varphi=\dfrac{4B\rho\varphi}{E}+H\rho-I\sin\varphi+K\cos\varphi\end{cases}\tag{10.2.11}$$

式中:A、B、C、H、I、K 都是任意常数。

下面,考察位移的单值条件。

由式(10.2.11)可见,环向位移 u_φ 表达式中的 $\dfrac{4B\rho\varphi}{E}$ 项是多值的。显然,(ρ_1, φ_1) 与 $(\rho_1, \varphi_1+2\pi)$ 是同一个点。其对应的值分别为

$$\frac{4B\rho_1\varphi_1}{E}\quad 和\quad \frac{4B\rho_1(\varphi_1+2\pi)}{E}$$

两者相差 $\dfrac{8\pi B\rho_1}{E}$,然而,对于同一个点,不可能有不同的位移。于是

$$B=0$$

因此,应力分量和位移分量的表达式可进一步写成

$$\begin{cases}\sigma_\rho=\dfrac{A}{\rho^2}+2C\\ \sigma_\varphi=-\dfrac{A}{\rho^2}+2C\\ \tau_{\rho\varphi}=\tau_{\varphi\rho}=0\end{cases}\tag{10.2.12}$$

和

$$
\begin{cases} u_\rho = \dfrac{1}{E}\left[-(1+\mu)\dfrac{A}{\rho}+2(1-\mu)C\rho\right]+I\cos\varphi+K\sin\varphi \\ u_\varphi = H\rho - I\sin\varphi + K\cos\varphi \end{cases} \tag{10.2.13}
$$

以上关于应变和位移的公式,也可应用于平面应变问题,但须将 E 和 μ 分别用 $\dfrac{E}{1-\mu^2}$ 和 $\dfrac{\mu}{1-\mu}$ 替换即可。

例题 10.2.1:

如图 10.2.4 所示的矩形截面的圆轴曲梁,内半径为 a,外半径为 b,取单位宽度。在两端受大小相等而方向相反的弯矩 M。建立图示的坐标系。

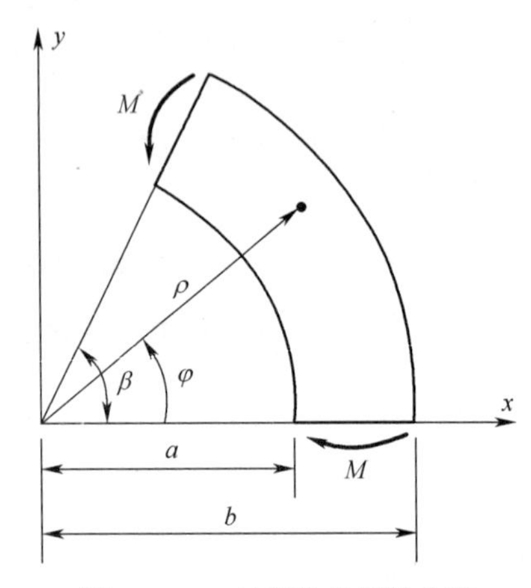

图 10.2.4 纯弯曲的圆轴曲梁

圆轴曲梁的内、外侧面($\rho=a,\rho=b$)上,所作用的面力均为

$$
\bar{\boldsymbol{f}} = \begin{bmatrix} \bar{f}_\rho \\ \bar{f}_\varphi \end{bmatrix} = \begin{bmatrix} 0 \\ 0 \end{bmatrix}
$$

圆轴曲梁的上、下端面($\varphi=\beta,\varphi=0$)上,面力分布的具体形式并不明确,但是面力的合成应当没有环向力,且等于力矩 M。据此,等效的应力边界条件为

$$
\int_a^b \bar{f}_\varphi \mathrm{d}\rho = 0 \quad 和 \quad \int_a^b \bar{f}_\varphi \rho \mathrm{d}\rho = M
$$

依据圣维南原理,这样处理对远离梁端部的应力场没有显著影响。

对于这个单连体问题,利用式(10.2.10),确定应力分量的解答。

解答:

圆轴曲梁内、外两侧面的单位法向矢量为

$$
\boldsymbol{n} = \begin{bmatrix} n_\rho \\ n_\varphi \end{bmatrix} = \begin{bmatrix} \mp 1 \\ 0 \end{bmatrix}
$$

由其上应力边界条件为

$$\begin{cases}(\sigma_\rho)_{\rho=a,b}\times(\mp 1)+0\times 0=0\\0\times(\mp 1)+(\sigma_\varphi)_{\rho=a,b}\times 0=0\end{cases}$$

可得

$$(\sigma_\rho)_{\rho=a,b}=0$$

即

$$\frac{A}{a^2}+B(1+2\ln a)+2C=0 \tag{a}$$

$$\frac{A}{b^2}+B(1+2\ln b)+2C=0 \tag{b}$$

圆轴曲梁上、下两端面的单位法向矢量为

$$\boldsymbol{n}=\begin{bmatrix}n_\rho\\n_\varphi\end{bmatrix}=\begin{bmatrix}0\\\pm 1\end{bmatrix}$$

由其上的应力边界条件为

$$\begin{cases}(\sigma_\rho)_{\varphi=\beta,0}\times 0+0\times(\pm 1)=\bar{f}_\rho\\0\times 0+(\sigma_\varphi)_{\varphi=\beta,0}\times(\pm 1)=\bar{f}_\varphi\end{cases}$$

可得

$$\bar{f}_\rho=0 \quad 和 \quad \bar{f}_\varphi=\pm(\sigma_\varphi)_{\varphi=\beta,0}$$

于是等效的应力边界条件成为

$$\int_a^b(\sigma_\varphi)_{\varphi=\beta,0}\mathrm{d}\rho=0 \quad 和 \quad \int_a^b(\sigma_\varphi)_{\varphi=\beta,0}\rho\mathrm{d}\rho=M$$

由于

$$\int_a^b(\sigma_\varphi)_{\varphi=\beta,0}\mathrm{d}\rho=\int_a^b\frac{\mathrm{d}^2\Phi}{\mathrm{d}\rho^2}\mathrm{d}\rho=\left(\frac{\mathrm{d}\Phi}{\mathrm{d}\rho}\right)_a^b=(\rho\sigma_\rho)_a^b=b(\sigma_\rho)_{\rho=b}-a(\sigma_\rho)_{\rho=a}=0$$

因此,环向力为零得到自然满足。

由于

$$\int_a^b(\sigma_\varphi)_{\varphi=\beta,0}\rho\mathrm{d}\rho=\int_a^b\frac{\mathrm{d}^2\Phi}{\mathrm{d}\rho^2}\rho\mathrm{d}\rho=\int_a^b\rho\mathrm{d}\left(\frac{\mathrm{d}\Phi}{\mathrm{d}\rho}\right)=\left(\rho\frac{\mathrm{d}\Phi}{\mathrm{d}\rho}\right)_a^b-\int_a^b\frac{\mathrm{d}\Phi}{\mathrm{d}\rho}\mathrm{d}\rho$$

$$=(\rho^2\sigma_\rho)_a^b-(\Phi)_a^b=b^2(\sigma_\rho)_{\rho=b}-a^2(\sigma_\rho)_{\rho=a}-(\Phi)_a^b=-(\Phi)_a^b$$

由此得到:

$$-(\Phi)_a^b=M$$

即

$$-(A\ln b+Bb^2\ln b+Cb^2+D)+(A\ln a+Ba^2\ln a+Ca^2+D)=M$$

整理后,得

$$A\ln\frac{b}{a}+B(b^2\ln b-a^2\ln a)+C(b^2-a^2)=-M \tag{c}$$

联立式(a)、式(b)和式(c)解得 A、B 和 C 之后,代入式(10.2.10)(见附录 B),可得

$$\begin{cases}\sigma_\rho=-\dfrac{4M}{Na^2}\left(\dfrac{b^2}{a^2}\ln\dfrac{b}{\rho}+\ln\dfrac{\rho}{a}-\dfrac{b^2}{\rho^2}\ln\dfrac{b}{a}\right)\\\sigma_\varphi=\dfrac{4M}{Na^2}\left(\dfrac{b^2}{a^2}-1-\dfrac{b^2}{a^2}\ln\dfrac{b}{\rho}-\ln\dfrac{\rho}{a}-\dfrac{b^2}{\rho^2}\ln\dfrac{b}{a}\right)\end{cases} \tag{10.2.14}$$

式中

$$N=\left(\frac{b^2}{a^2}-1\right)^2-\frac{b^2}{a^2}\left(\ln\frac{b}{a}\right)^2$$

上述关于纯弯曲圆轴曲梁的应力分量的解称为郭洛文(X. C. Головинн)解答。

应力的分布大致如图 10.2.5 所示。在 $\rho=a$ 处,弯曲应力 σ_φ 的绝对值最大。中和轴($\sigma_\varphi=0$ 的所在处)距离内纤维较近而距离外纤维较远。挤压应力 σ_ρ 的最大绝对值的所在处,比中和轴更接近内纤维。

答毕。

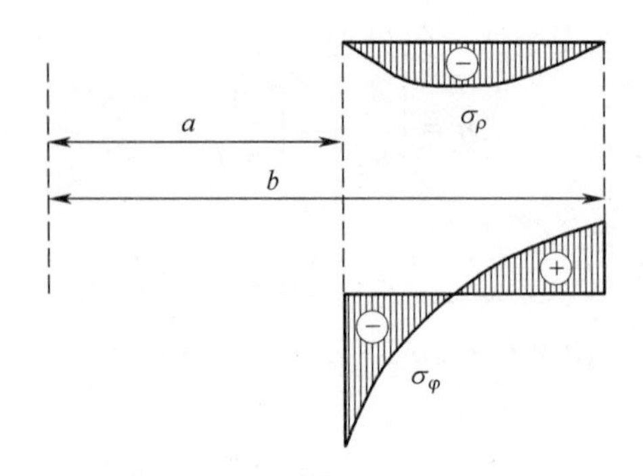

图 10.2.5　纯弯曲圆轴曲梁的应力分布示意图

应当指出,梁端面力的分布必须和式(10.2.14)中 σ_φ 分布相同,应力分量式(10.2.14)才完全满足边界条件,因而才是精确解答。如果弯矩 M 是由其他分布的面力所合成,则靠近梁端处的应力分布将和式(10.2.14)有显著的差别。但是,根据圣维南原理,在离开梁端较远之处,这个差别是无关紧要的。

例题 10.2.2:

如图 10.2.6 所示的圆环或圆筒,其内半径和外半径分别为 a 和 b,承受内压力 q_a 及外压力 q_b。此问题的应力分布应当是轴对称的。

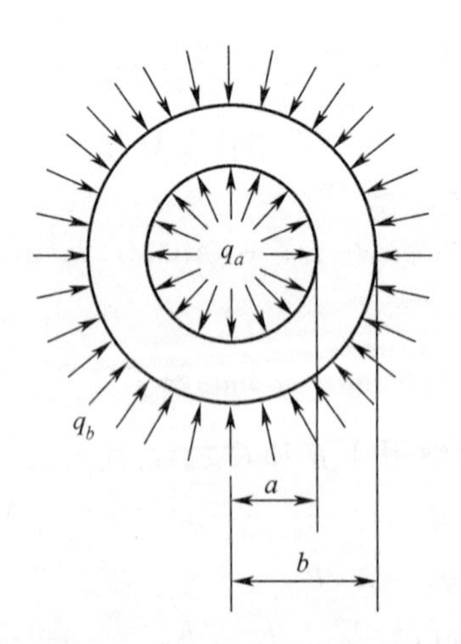

图 10.2.6　受均布压力的圆环或圆筒

圆环或圆筒的内表面($\rho=a$)上,所作用的面力为

$$\bar{\boldsymbol{f}}=\begin{bmatrix}\bar{f}_\rho\\ \bar{f}_\varphi\end{bmatrix}=\begin{bmatrix}q_a\\ 0\end{bmatrix}$$

圆环或圆筒的外表面($\rho=b$)上,所作用的面力为

$$\bar{\boldsymbol{f}}=\begin{bmatrix}\bar{f}_\rho\\ \bar{f}_\varphi\end{bmatrix}=\begin{bmatrix}-q_b\\ 0\end{bmatrix}$$

对于这个多连体问题,利用式(10.2.12)确定应力分量的解答。

解答:

圆环或圆筒内表面的单位法向矢量为

$$\boldsymbol{n}=\begin{bmatrix}n_\rho\\ n_\varphi\end{bmatrix}=\begin{bmatrix}-1\\ 0\end{bmatrix}$$

由其上的应力边界条件

$$\begin{cases}(\sigma_\rho)_{\rho=a}\times(-1)+0\times 0=q_a\\ 0\times(-1)+(\sigma_\varphi)_{\rho=a}\times 0=0\end{cases}$$

可得

$$(\sigma_\rho)_{\rho=a}=-q_a$$

即

$$\frac{A}{a^2}+2C=-q_a \tag{a}$$

圆环或圆筒外表面的单位法向矢量为

$$\boldsymbol{n}=\begin{bmatrix}n_\rho\\ n_\varphi\end{bmatrix}=\begin{bmatrix}1\\ 0\end{bmatrix}$$

由其上的应力边界条件为

$$\begin{cases}(\sigma_\rho)_{\rho=b}\times 1+0\times 0=-q_b\\ 0\times 1+(\sigma_\varphi)_{\rho=b}\times 0=0\end{cases}$$

可得

$$(\sigma_\rho)_{\rho=b}=-q_b$$

即

$$\frac{A}{b^2}+2C=-q_b \tag{b}$$

联立式(a)和式(b),解得

$$A=\frac{a^2b^2(q_b-q_a)}{b^2-a^2}\quad 和\quad 2C=\frac{q_a a^2-q_b b^2}{b^2-a^2}$$

代入式(10.2.10),可得

$$
\begin{cases}
\sigma_\rho = -\dfrac{\dfrac{b^2}{\rho^2}-1}{\dfrac{b^2}{a^2}-1}q_a - \dfrac{1-\dfrac{a^2}{\rho^2}}{1-\dfrac{a^2}{b^2}}q_b \\
\sigma_\varphi = \dfrac{\dfrac{b^2}{\rho^2}+1}{\dfrac{b^2}{a^2}-1}q_a - \dfrac{1+\dfrac{a^2}{\rho^2}}{1-\dfrac{a^2}{b^2}}q_b
\end{cases}
\tag{10.2.15}
$$

上述关于内外压作用下圆环或圆筒的应力分量的解被称为拉梅(G. Lamé)解答。

答毕。

当只作用内压力 q_a时,$q_b=0$,则

$$
\sigma_\rho = -\frac{\dfrac{b^2}{\rho^2}-1}{\dfrac{b^2}{a^2}-1}q_a \quad 和 \quad \sigma_\varphi = \frac{\dfrac{b^2}{\rho^2}+1}{\dfrac{b^2}{a^2}-1}q_a \tag{10.2.16}
$$

式中:σ_ρ作用总是压应力,σ_φ作用总是拉应力。应力分布大致如图 10.2.7 所示。特别地,当 $b\to\infty$ 时,

$$
\sigma_\rho = -\frac{a^2}{\rho^2}q_a \quad 和 \quad \sigma_\varphi = \frac{a^2}{\rho^2}q_a \tag{10.2.17}
$$

因此,在 ρ 远大于 a 之处(距圆孔或圆形孔道较远之处),应力是很小的,可以不计。这个示例证实了圣维南原理。

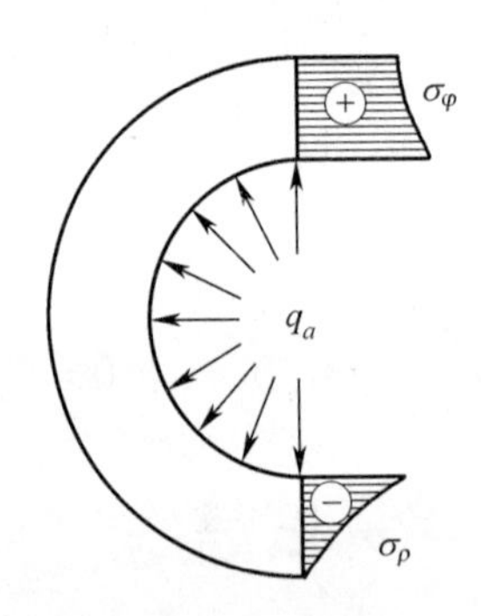

图 10.2.7　只承受内压力时的应力分布示意图

当只作用外压力 q_b时,$q_s=0$,则

$$
\sigma_\rho = -\frac{1-\dfrac{a^2}{\rho^2}}{1-\dfrac{a^2}{b^2}}q_b \quad 和 \quad \sigma_\varphi = -\frac{1+\dfrac{a^2}{\rho^2}}{1-\dfrac{a^2}{b^2}}q_b \tag{10.2.18}
$$

式中:σ_ρ和 σ_φ都总是压应力。应力分布大致如图 10.2.8 所示。

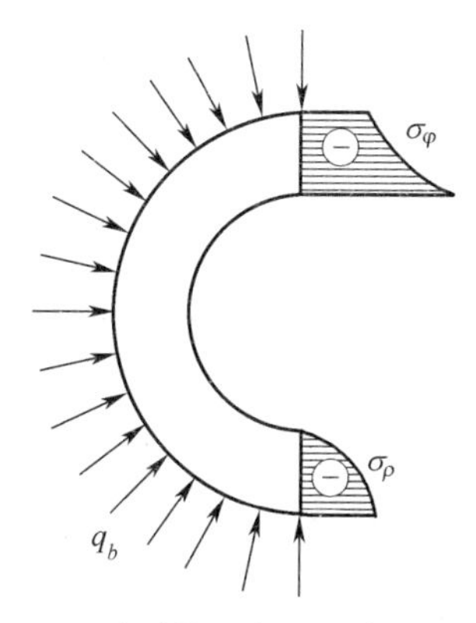

图 10.2.8　只承受外压力时的应力分布示意图

例题 10.2.3：

如图 10.2.9 所示的圆筒埋藏在无限大的弹性体中，圆筒的内半径为 a，承受内压力为 q；圆筒的外半径为 b，与无限大的弹性体接触。设圆筒的材料常数为 E 和 μ；无限大弹性体的材料常数为 E' 和 μ'。

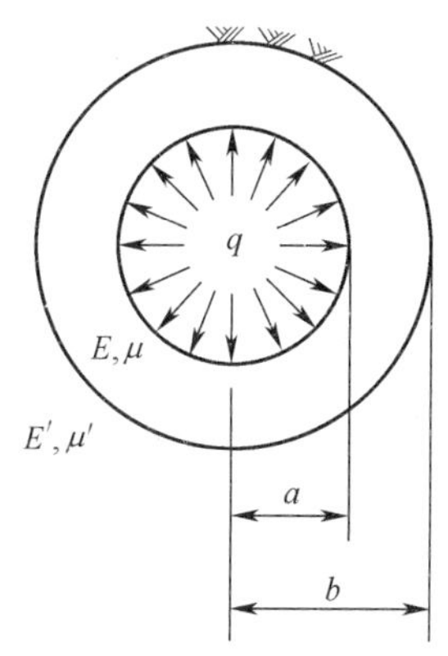

图 10.2.9　均布内压力作用下的压力隧洞

圆筒内表面($\rho=a$)上，作用的面力为

$$\bar{\boldsymbol{f}}=\begin{bmatrix}\bar{f}_\rho\\\bar{f}_\varphi\end{bmatrix}=\begin{bmatrix}q\\0\end{bmatrix}$$

在无限大弹性体的很远之处，按照圣维南原理，应当几乎没有应力，即

$$(\sigma'_\rho)_{\rho\to\infty}=0\quad 和\quad(\sigma'_\varphi)_{\rho\to\infty}=0$$

在圆筒和无限大弹性体的接触面($\rho=b$)上，具有径向应力和径向位移连续性，即

$$(\sigma_\rho)_{\rho=b}=(\sigma'_\rho)_{\rho=b}\quad 和\quad(u_\rho)_{\rho=b}=(u'_\rho)_{\rho=b}$$

对于这个多连体平面应变问题，利用式(10.2.12)，确定应力分量的解答。

解答：

依据式(10.2.12)，圆筒和无限大弹性体的应力表达式分别为

$$\begin{cases}\sigma_\rho=\dfrac{A}{\rho^2}+2C\\\sigma_\varphi=-\dfrac{A}{\rho^2}+2C\end{cases}\quad 和\quad\begin{cases}\sigma'_\rho=\dfrac{A'}{\rho^2}+2C'\\\sigma'_\varphi=-\dfrac{A'}{\rho^2}+2C'\end{cases}\tag{10.2.19}$$

依据平面应力问题时的式(10.2.13),平面应变问题时的圆筒和无限大弹性体的径向位移表达式分别为

$$u_{\rho} = \frac{1+\mu}{E}\left[-\frac{A}{\rho} + 2(1-2\mu)C\rho\right] + I\cos\varphi + K\sin\varphi \tag{10.2.20a}$$

和

$$u'_{\rho} = \frac{1+\mu'}{E'}\left[-\frac{A'}{\rho} + 2(1-2\mu')C'\rho\right] + I'\cos\varphi + K'\sin\varphi \tag{10.2.20b}$$

式中:A、C、I、K、A'、C'、I'和K'均为待定常数。

圆筒内表面($\rho=a$)的单位法向矢量为

$$\boldsymbol{n} = \begin{bmatrix} n_{\rho} \\ n_{\varphi} \end{bmatrix} = \begin{bmatrix} -1 \\ 0 \end{bmatrix}$$

由其上的应力边界条件为

$$\begin{cases} (\sigma_{\rho})_{\rho=a} \times (-1) + 0 \times 0 = q \\ 0 \times (-1) + (\sigma_{\varphi})_{\rho=a} \times 0 = 0 \end{cases}$$

可得

$$(\sigma_{\rho})_{\rho=a} = -q$$

即

$$\frac{A}{a^2} + 2C = -q \tag{a}$$

对于无限大弹性体的无穷远处($\rho\to\infty$处),应力为零,可得

$$(\sigma'_{\rho})_{\rho\to\infty} = 2C' = 0 \quad 和 \quad (\sigma'_{\varphi})_{\rho\to\infty} = 2C' = 0$$

解得

$$C' = 0$$

对于接触面$\rho=b$处的径向应力和径向位移连续条件,可得

$$\frac{A}{b^2} + 2C = \frac{A'}{b^2} + 2C'$$

$$\frac{1+\mu}{E}\left[2(1-2\mu)Cb - \frac{A}{b}\right] + I\cos\varphi + K\sin\varphi$$

$$= \frac{1+\mu'}{E'}\left[2(1-2\mu')C'b - \frac{A'}{b}\right] + I'\cos\varphi + K'\sin\varphi$$

即

$$\frac{A}{b^2} + 2C = \frac{A'}{b^2} \tag{b}$$

$$\frac{1+\mu}{E}\left[2(1-2\mu)Cb - \frac{A}{b}\right] = \frac{1+\mu'}{E'}\left(-\frac{A'}{b}\right) \tag{c}$$

联立式(a)、式(b)和式(c)解得A、B和C之后,代入公式(10.2.19)(见附录B),可得

$$
\begin{cases}
\sigma_\rho = -q \dfrac{[1+(1-2\mu)n]\dfrac{b^2}{\rho^2}-(1-n)}{[1+(1-2\mu)n]\dfrac{b^2}{a^2}-(1-n)} \\
\sigma_\varphi = q \dfrac{[1+(1-2\mu)n]\dfrac{b^2}{\rho^2}+(1-n)}{[1+(1-2\mu)n]\dfrac{b^2}{a^2}-(1-n)}
\end{cases}
\tag{10.2.21a}
$$

和

$$
\sigma_\rho' = \sigma_\varphi' = -q \frac{2(1-\mu)n\dfrac{b^2}{\rho^2}}{[1+(1-2\mu)n]\dfrac{b^2}{a^2}-(1-n)} \tag{10.2.21b}
$$

式中

$$
n = \frac{E'(1+\mu)}{E(1+\mu')}
$$

当 $n<1$ 时,应力分布大致如图 10.2.10 所示。

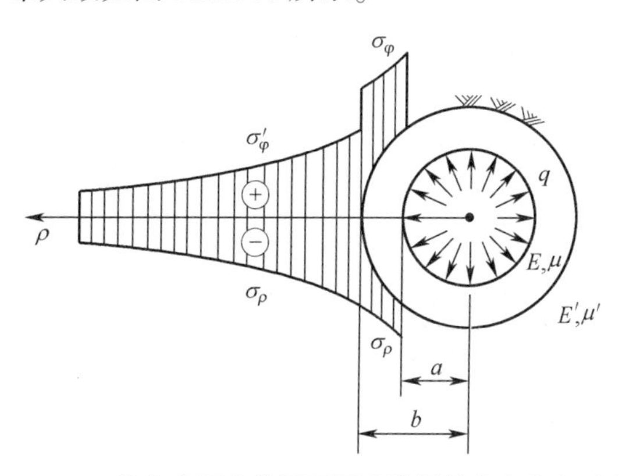

图 10.2.10　均布内压力作用下压力隧洞的应力分布示意图

答毕。

这是一个所谓的接触问题,即两个或两个以上不同弹性体互相接触的问题。

在接触问题中,通常假定各弹性体在接触面上保持“完全接触”,即既不相互脱离也不相互滑动。这样,在接触面上就有应力和位移两方面的接触条件。应力方面的接触条件是,两弹性体在接触面上的正应力相等,切应力也相等。位移方面的接触条件是,两弹性体在接触面上的法向位移相等,切向位移也相等。

光滑接触是“非完全接触”。在光滑接触面上,有四个接触条件:两个弹性体的切应力都等于零(这是两个条件);两个弹性体的正应力相等,法向位移也相等(由于有滑动,切向位移并不相等)。

2. $\boldsymbol{\Phi=\Phi(\varphi)}$

考虑应力函数仅是环向坐标 φ 的函数,即

$$\Phi = \Phi(\varphi) \tag{10.2.22}$$

则相容方程式(10.2.4)简化为

$$\frac{d^4\Phi}{d\varphi^4} + 4\frac{d^2\Phi}{d\varphi^2} = 0 \tag{10.2.23}$$

这是一个四阶的常微分方程,它的通解是

$$\Phi(\varphi) = A\cos 2\varphi + B\sin 2\varphi + C\varphi + D \tag{10.2.24}$$

式中:A、B、C 和 D 是任意常数。

特别地,当 $A=D=0$ 时

$$\Phi(\varphi) = B\sin 2\varphi + C\varphi \tag{10.2.25}$$

此时由式(10.2.3),可得应力分量为

$$\begin{cases} \sigma_\rho = \dfrac{1}{\rho^2}\dfrac{d^2\Phi}{d\varphi^2} = -\dfrac{4B\sin 2\varphi}{\rho^2} \\ \sigma_\varphi = 0 \\ \tau_{\rho\varphi} = \dfrac{1}{\rho^2}\dfrac{d\Phi}{d\varphi} = \dfrac{2B\cos 2\varphi + C}{\rho^2} \end{cases} \tag{10.2.26}$$

式中:正应力 σ_ρ 是 φ 的奇函数,切应力 $\tau_{\rho\varphi}$ 是 φ 的偶函数。

例题 10.2.4:

如图 10.2.11 所示的楔顶处作用有力矩的楔形体,每单位宽度上的力偶矩为 M。

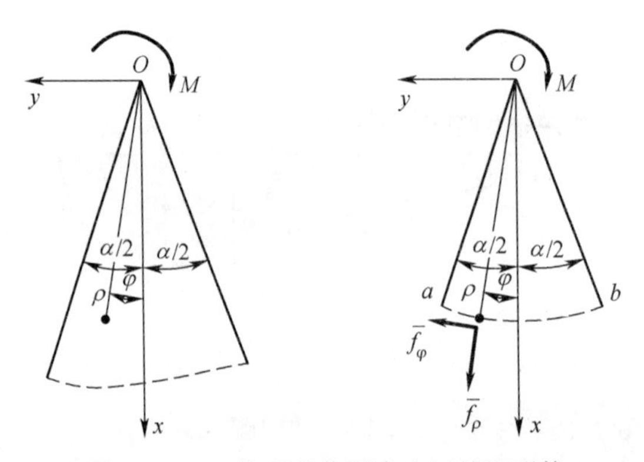

图 10.2.11 楔顶处作用有力矩的楔形体

在楔形体的左、右两侧面($\varphi=\pm\alpha/2$)上,作用的面力均为

$$\bar{\boldsymbol{f}} = \begin{bmatrix} \bar{f}_\rho \\ \bar{f}_\varphi \end{bmatrix} = \begin{bmatrix} 0 \\ 0 \end{bmatrix}$$

在楔形体根部(考虑 ab 以上部分),力矩平衡,可得等效的应力边界条件为

$$\int_{-\alpha/2}^{\alpha/2} (\bar{f}_\varphi \rho d\varphi)\rho + M = 0$$

利用式(10.2.26),确定应力分量的解答。

解答:

楔形体左、右两侧面的单位法向矢量为

$$\boldsymbol{n}=\begin{bmatrix}n_\rho\\ n_\varphi\end{bmatrix}=\begin{bmatrix}0\\ \pm 1\end{bmatrix}$$

由其上的应力边界条件为

$$\begin{cases}(\sigma_\rho)_{\varphi=\pm\alpha/2}\times 0+(\tau_{\rho\varphi})_{\varphi=\pm\alpha/2}\times(\pm 1)=0\\ (\tau_{\rho\varphi})_{\varphi=\pm\alpha/2}\times 0+0\times(\pm 1)=0\end{cases}$$

可得

$$(\tau_{\rho\varphi})_{\varphi=\pm\alpha/2}=0$$

即

$$2B\cos\alpha+C=0 \tag{a}$$

楔形体根部(虚线 ab 圆弧)的单位法向矢量为

$$\boldsymbol{n}=\begin{bmatrix}n_\rho\\ n_\varphi\end{bmatrix}=\begin{bmatrix}1\\ 0\end{bmatrix}$$

由其上的应力边界条件为

$$\begin{cases}(\sigma_\rho)_{ab}\times 1+(\tau_{\rho\varphi})_{ab}\times 0=\bar{f}_\rho\\ (\tau_{\rho\varphi})_{ab}\times 1+0\times 0=\bar{f}_\varphi\end{cases}$$

可得

$$\bar{f}_\rho=(\sigma_\rho)_{ab}\quad 和\quad \bar{f}_\varphi=(\tau_{\rho\varphi})_{ab}$$

于是,等效应力边界条件成为

$$\int_{-\alpha/2}^{\alpha/2}(\tau_{\rho\varphi})_{ab}\rho^2\mathrm{d}\varphi+M=0$$

由于

$$\begin{aligned}\int_{-\alpha/2}^{\alpha/2}(\tau_{\rho\varphi})_{ab}\rho^2\mathrm{d}\varphi&=\int_{-\alpha/2}^{\alpha/2}(2B\cos 2\varphi+C)\mathrm{d}\varphi=[B\sin 2\varphi+C\varphi]_{-\alpha/2}^{\alpha/2}\\ &=2B\sin\alpha+C\alpha\end{aligned}$$

由此可得

$$2B\sin\alpha+C\alpha=-M \tag{b}$$

联立式(a)和式(b),解得

$$2B=-\frac{M}{\sin\alpha-\alpha\cos\alpha}\quad 和\quad C=\frac{M\cos\alpha}{\sin\alpha-\alpha\cos\alpha}$$

将上述结果代入式(10.2.26),可得

$$\begin{cases}\sigma_\rho=\dfrac{2M\sin 2\varphi}{(\sin\alpha-\alpha\cos\alpha)\rho^2}\\ \sigma_\varphi=0\\ \tau_{\rho\varphi}=\tau_{\varphi\rho}=-\dfrac{M(\cos 2\varphi-\cos\alpha)}{(\sin\alpha-\alpha\cos\alpha)\rho^2}\end{cases} \tag{10.2.27}$$

上述关于楔顶处作用有力矩的楔形体的解称为英格里斯(C. E. Inglis)解答。

答毕。

3. $\Phi=\rho f(\varphi)$

现在,考虑如下形式的应力函数:

$$\Phi(\rho,\varphi)=\rho f(\varphi) \tag{10.2.28}$$

则相容方程式(10.2.4)简化为

$$\frac{\mathrm{d}^4 f(\varphi)}{\partial\varphi^4}+2\frac{\mathrm{d}^2 f(\varphi)}{\mathrm{d}\varphi^2}+f(\varphi)=0 \tag{10.2.29}$$

这是一个四阶的常微分方程,它的通解是

$$f(\varphi)=A\cos\varphi+B\sin\varphi+\varphi(C\cos\varphi+D\sin\varphi) \tag{10.2.30}$$

式中:A、B、C 和 D 是任意常数。由于

$$A\rho\cos\varphi+B\rho\sin\varphi=Ax+By$$

不影响应力,可以删去。因此,只需取

$$\Phi(\rho,\varphi)=\rho\varphi(C\cos\varphi+D\sin\varphi) \tag{10.2.31}$$

此时,由式(10.2.3),可得应力分量为

$$\begin{cases}\sigma_\rho=\dfrac{1}{\rho}\dfrac{\partial\Phi}{\partial\rho}+\dfrac{1}{\rho^2}\dfrac{\partial^2\Phi}{\partial\varphi^2}=\dfrac{2}{\rho}(D\cos\varphi-C\sin\varphi)\\ \sigma_\varphi=\dfrac{\partial^2\Phi}{\partial\rho^2}=0\\ \tau_{\rho\varphi}=-\dfrac{\partial}{\partial\rho}\left(\dfrac{1}{\rho}\dfrac{\partial\Phi}{\partial\varphi}\right)=0\end{cases} \tag{10.2.32}$$

例题 10.2.5:

如图 10.2.12 所示的楔顶处作用有集中力的楔形体,每单位宽度上的力为 F,且与楔形体的中心线成角 β。

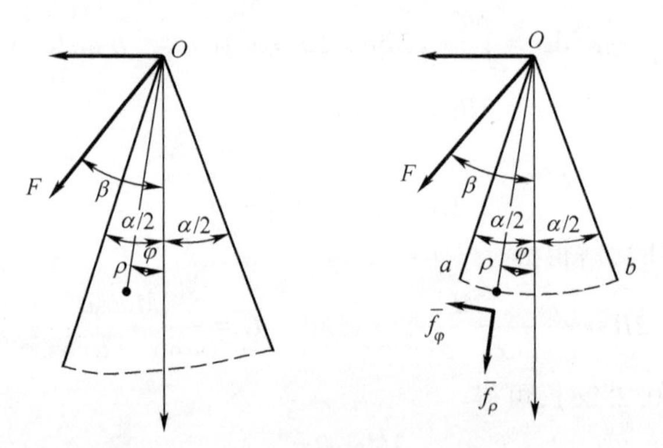

图 10.2.12 楔顶受集中力作用的楔形体

在楔形体的左、右两侧面($\varphi=\pm\alpha/2$)上,其单位法向矢量和所作用的面力分别为

$$\bar{\boldsymbol{f}}=\begin{bmatrix}\bar{f}_\rho\\ \bar{f}_\varphi\end{bmatrix}=\begin{bmatrix}0\\0\end{bmatrix}$$

在楔形体根部(考虑 ab 以上部分),力的平衡。可得等效的应力边界条件为

$$\begin{cases}\int_{-\alpha/2}^{\alpha/2}\bar{f}_\rho\rho\mathrm{d}\varphi\cos\varphi-\int_{-\alpha/2}^{\alpha/2}\bar{f}_\varphi\rho\mathrm{d}\varphi\sin\varphi+F\cos\beta=0\\\int_{-\alpha/2}^{\alpha/2}\bar{f}_\rho\rho\mathrm{d}\varphi\sin\varphi+\int_{-\alpha/2}^{\alpha/2}\bar{f}_\varphi\rho\mathrm{d}\varphi\cos\varphi+F\sin\beta=0\end{cases}$$

利用式(10.2.32),确定应力分量的解答。

解答:

楔形体左、右两侧面的单位法向矢量为

$$\boldsymbol{n}=\begin{bmatrix}n_\rho\\n_\varphi\end{bmatrix}=\begin{bmatrix}0\\\pm1\end{bmatrix}$$

其上的应力边界条件为

$$\begin{cases}(\sigma_\rho)_{\varphi=\pm\alpha/2}\times0+0\times(\pm1)=0\\0\times0+0\times(\pm1)=0\end{cases}$$

得到自然满足。

楔形体根部(虚线 ab 圆弧)的单位法向矢量为

$$\boldsymbol{n}=\begin{bmatrix}n_\rho\\n_\varphi\end{bmatrix}=\begin{bmatrix}1\\0\end{bmatrix}$$

由其上的应力边界条件为

$$\begin{cases}(\sigma_\rho)_{ab}\times1+0\times0=\bar{f}_\rho\\0\times1+0\times0=\bar{f}_\varphi\end{cases}$$

可得

$$\bar{f}_\rho=(\sigma_\rho)_{ab}\quad 和\quad \bar{f}_\varphi=0$$

于是,等效应力边界条件成为

$$\begin{cases}\int_{-\alpha/2}^{\alpha/2}(\sigma_\rho)_{ab}\rho\mathrm{d}\varphi\cos\varphi+F\cos\beta=0\\\int_{-\alpha/2}^{\alpha/2}(\sigma_\rho)_{ab}\rho\mathrm{d}\varphi\sin\varphi+F\sin\beta=0\end{cases}$$

由于

$$\int_{-\alpha/2}^{\alpha/2}2\cos^2\varphi\mathrm{d}\varphi=\left[\frac{1}{2}\sin2\varphi+\varphi\right]_{-\alpha/2}^{\alpha/2}=\sin\alpha+\alpha$$

$$\int_{-\alpha/2}^{\alpha/2}2\sin^2\varphi\mathrm{d}\varphi=\left[-\frac{1}{2}\sin2\varphi+\varphi\right]_{-\alpha/2}^{\alpha/2}=-\sin\alpha+\alpha$$

$$\int_{-\alpha/2}^{\alpha/2}2\sin\varphi\cos\varphi\mathrm{d}\varphi=\left[-\frac{1}{2}\cos2\varphi\right]_{-\alpha/2}^{\alpha/2}=0$$

所以

$$\begin{cases}\int_{-\alpha/2}^{\alpha/2}(\sigma_\rho)_{ab}\rho\mathrm{d}\varphi\cos\varphi=\int_{-\alpha/2}^{\alpha/2}2(D\cos\varphi-C\sin\varphi)\cos\varphi\mathrm{d}\varphi=D(\sin\alpha+\alpha)\\\int_{-\alpha/2}^{\alpha/2}(\sigma_\rho)_{ab}\rho\mathrm{d}\varphi\sin\varphi=\int_{-\alpha/2}^{\alpha/2}2(D\cos\varphi-C\sin\varphi)\sin\varphi\mathrm{d}\varphi=D(\sin\alpha-\alpha)\end{cases}$$

从而，得

$$\begin{cases} D(\sin\alpha + \alpha) + F\cos\beta = 0 \\ C(\sin\alpha - \alpha) + F\sin\beta = 0 \end{cases}$$

解得

$$C = \frac{F\sin\beta}{\alpha - \sin\alpha}, \quad D = -\frac{F\cos\beta}{\alpha + \sin\alpha}$$

将上述结果代入式(10.2.32)，可得

$$\begin{cases} \sigma_\rho = -\dfrac{2F}{\rho}\left(\dfrac{\cos\beta\cos\varphi}{\alpha + \sin\alpha} + \dfrac{\sin\beta\sin\varphi}{\alpha - \sin\alpha}\right) \\ \sigma_\varphi = 0 \\ \tau_{\rho\varphi} = \tau_{\varphi\rho} = 0 \end{cases} \tag{10.2.33}$$

上述关于楔顶处作用集中力的楔形体的解被称为密切尔(J. H. Michell)解答。

答毕。

在例题10.2.4和例题10.2.5中，曾假定楔形体在楔顶所受的力或力偶是集中作用的，因此在楔顶($\rho=0$)，应力成为无穷大。

实际上，集中在一点的力或力偶是不存在的，因此也就不会发生无限大应力。而且，只要面力的集度超过楔形体材料的比例极限，弹性力学的基本方程就不再适用，以上的解答也就不适用。

因此，应当这样来理解：楔形体在楔顶附近受有一定的面力，面力的最大集度不超过比例极限，而面力的合成是图10.2.11和图10.2.12所示的F或M。

当然，面力分布的方式不同，应力分布也就不同。但是按照圣维南原理，无论这个面力如何分布，在离开楔顶稍远之处，应力分布都相同，也就是和以上各公式所示的分布相同。

4. $\boldsymbol{\Phi=\rho^2 f(\varphi)}$

现在，考虑如下形式的应力函数：

$$\Phi(\rho,\varphi) = \rho^2 f(\varphi) \tag{10.2.34}$$

则相容方程式(10.2.4)简化为

$$\frac{\mathrm{d}^4 f(\varphi)}{\mathrm{d}\varphi^4} + 4\frac{\mathrm{d}^2 f(\varphi)}{\mathrm{d}\varphi^2} = 0 \tag{10.2.35}$$

这是一个四阶的常微分方程，它的通解是

$$f(\varphi) = A\cos2\varphi + B\sin2\varphi + C\varphi + D \tag{10.2.36}$$

因此

$$\Phi(\rho,\varphi) = \rho^2(A\cos2\varphi + B\sin2\varphi + C\varphi + D) \tag{10.2.37}$$

此时，由式(10.2.3)，可得应力分量为

$$\begin{cases} \sigma_\rho = \dfrac{1}{\rho}\dfrac{\partial\Phi}{\partial\rho} + \dfrac{1}{\rho^2}\dfrac{\partial^2\Phi}{\partial\varphi^2} = -2A\cos2\varphi - 2B\sin2\varphi + 2C\varphi + 2D \\ \sigma_\varphi = \dfrac{\partial^2\Phi}{\partial\rho^2} = 2A\cos2\varphi + 2B\sin2\varphi + 2C\varphi + 2D \\ \tau_{\rho\varphi} = -\dfrac{\partial}{\partial\rho}\left(\dfrac{1}{\rho}\dfrac{\partial\Phi}{\partial\varphi}\right) = 2A\sin2\varphi - 2B\cos2\varphi - C \end{cases} \tag{10.2.38}$$

例题 10.2.6：

如图 10.2.13 所示的楔形体，左边与铅直面成角 α，右边铅直且作用均布压力 q。

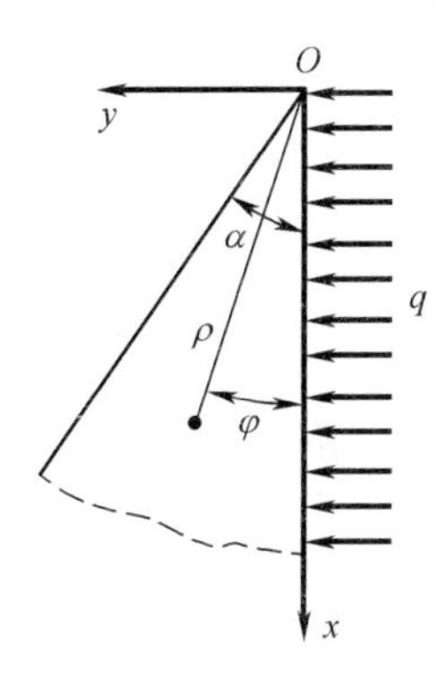

图 10.2.13　侧面作用均布压力的楔形体

在楔形体倾斜的左侧面上，作用的面力为

$$\bar{\boldsymbol{f}} = \begin{bmatrix} \bar{f}_\rho \\ \bar{f}_\varphi \end{bmatrix} = \begin{bmatrix} 0 \\ 0 \end{bmatrix}$$

在楔形体铅直的右侧面上，作用的面力为

$$\bar{\boldsymbol{f}} = \begin{bmatrix} \bar{f}_\rho \\ \bar{f}_\varphi \end{bmatrix} = \begin{bmatrix} 0 \\ q \end{bmatrix}$$

利用式（10.2.38），确定应力分量的解答。

解答：

楔形体倾斜左侧面的单位法向矢量为

$$\boldsymbol{n} = \begin{bmatrix} n_\rho \\ n_\varphi \end{bmatrix} = \begin{bmatrix} 0 \\ 1 \end{bmatrix}$$

由其上的应力边界条件：

$$\begin{cases} (\sigma_\rho)_{\varphi=\alpha} \times 0 + (\tau_{\rho\varphi})_{\varphi=\alpha} \times 1 = 0 \\ (\tau_{\rho\varphi})_{\varphi=\alpha} \times 0 + (\sigma_\varphi)_{\varphi=\alpha} \times 1 = 0 \end{cases}$$

可得

$$(\tau_{\rho\varphi})_{\varphi=\alpha} = 0 \quad 和 \quad (\sigma_\varphi)_{\varphi=\alpha} = 0$$

即

$$2A\sin 2\alpha - 2B\cos 2\alpha - C = 0 \tag{a}$$

$$2A\cos 2\alpha + 2B\sin 2\alpha + 2C\alpha + 2D = 0 \tag{b}$$

楔形体铅直右侧面的单位法向矢量为

$$\boldsymbol{n} = \begin{bmatrix} n_\rho \\ n_\varphi \end{bmatrix} = \begin{bmatrix} 0 \\ -1 \end{bmatrix}$$

由其上的应力边界条件：

$$\begin{cases}(\sigma_\rho)_{\varphi=0}\times 0+(\tau_{\rho\varphi})_{\varphi=0}\times(-1)=0\\(\tau_{\rho\varphi})_{\varphi=0}\times 0+(\sigma_\varphi)_{\varphi=0}\times(-1)=q\end{cases}$$

可得

$$(\tau_{\rho\varphi})_{\varphi=0}=0\quad 和\quad (\sigma_\varphi)_{\varphi=0}=-q$$

即

$$-2B-C=0 \tag{c}$$

$$2A+2D=-q \tag{d}$$

联立式(a)、式(b)、式(c)和式(d)解得 A、B、C 和 D 之后,代入式(10.2.38)(见附录B),可得

$$\begin{cases}\sigma_\rho=-q+\dfrac{\tan\alpha(1+\cos2\varphi)-(2\varphi+\sin2\varphi)}{2(\tan\alpha-\alpha)}q\\\sigma_\varphi=-q+\dfrac{\tan\alpha(1-\cos2\varphi)-(2\varphi-\sin2\varphi)}{2(\tan\alpha-\alpha)}q\\\tau_{\rho\varphi}=\tau_{\varphi\rho}=\dfrac{(1-\cos2\varphi)-\tan\alpha\sin2\varphi}{2(\tan\alpha-\alpha)}q\end{cases} \tag{10.2.39}$$

上述关于侧面作用均布压力的楔形体的解被称为莱维(M. Lévy)解答。

答毕。

5. $\Phi=f(\rho)\cos2\varphi$

现在,考虑如下形式的应力函数:

$$\Phi(\rho,\varphi)=f(\rho)\cos2\varphi \tag{10.2.40}$$

则相容方程(10.2.4)简化为

$$\frac{d^4f(\rho)}{d\rho^4}+\frac{2}{\rho}\frac{d^3f(\rho)}{d\rho^3}-\frac{9}{\rho^2}\frac{d^2f(\rho)}{d\rho^2}+\frac{9}{\rho^3}\frac{df(\rho)}{d\rho}=0 \tag{10.2.41}$$

这是一个四阶的常微分方程,它的通解是

$$f(\rho)=A\rho^4+B\rho^2+C+\frac{D}{\rho^2} \tag{10.2.42}$$

因此

$$\Phi(\rho,\varphi)=\left(A\rho^4+B\rho^2+C+\frac{D}{\rho^2}\right)\cos2\varphi \tag{10.2.43}$$

此时,由式(10.2.3),可得应力分量为

$$\begin{cases}\sigma_\rho=\dfrac{1}{\rho}\dfrac{\partial\Phi}{\partial\rho}+\dfrac{1}{\rho^2}\dfrac{\partial^2\Phi}{\partial\varphi^2}=-\left(2B+\dfrac{4C}{\rho^2}+\dfrac{6D}{\rho^4}\right)\cos2\varphi\\\sigma_\varphi=\dfrac{\partial^2\Phi}{\partial\rho^2}=\left(12A\rho^2+2B+\dfrac{6D}{\rho^4}\right)\cos2\varphi\\\tau_{\rho\varphi}=-\dfrac{\partial}{\partial\rho}\left(\dfrac{1}{\rho}\dfrac{\partial\Phi}{\partial\varphi}\right)=\left(6A\rho^2+2B-\dfrac{2C}{\rho^2}-\dfrac{6D}{\rho^4}\right)\sin2\varphi\end{cases} \tag{10.2.44}$$

例题 10.2.7:

如图 10.2.14 所示的圆环或圆筒,其内半径和外半径分别为 a 和 b。

在圆环或圆筒的内表面($\rho=a$)上,作用的面力为

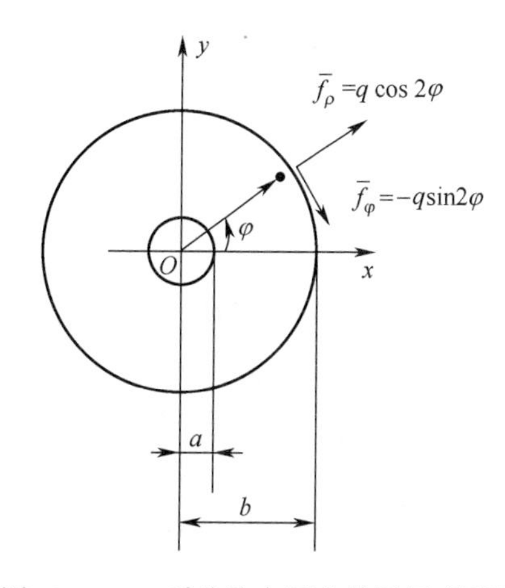

图 10.2.14 受非均布压力的圆环或圆筒

$$\bar{\boldsymbol{f}}=\begin{bmatrix}\bar{f}_\rho\\ \bar{f}_\varphi\end{bmatrix}=\begin{bmatrix}0\\ 0\end{bmatrix}$$

在圆环或圆筒的外表面($\rho=b$)上,作用的面力为

$$\bar{\boldsymbol{f}}=\begin{bmatrix}\bar{f}_\rho\\ \bar{f}_\varphi\end{bmatrix}=\begin{bmatrix}q\cos2\varphi\\ -q\sin2\varphi\end{bmatrix}$$

对于这个多连体问题,利用式(10.2.44),确定 $a/b\to0$ 时的应力分量的解答。

解答:

圆环或圆筒内表面的单位法向矢量为

$$\boldsymbol{n}=\begin{bmatrix}n_\rho\\ n_\varphi\end{bmatrix}=\begin{bmatrix}-1\\ 0\end{bmatrix}$$

由其上的应力边界条件:

$$\begin{cases}(\sigma_\rho)_{\rho=a}\times(-1)+(\tau_{\rho\varphi})_{\rho=a}\times0=0\\ (\tau_{\rho\varphi})_{\rho=a}\times(-1)+(\sigma_\varphi)_{\rho=a}\times0=0\end{cases}$$

可得

$$(\sigma_\rho)_{\rho=a}=0\quad 和\ (\tau_{\rho\varphi})_{\rho=a}=0$$

即

$$2B+\frac{4C}{a^2}+\frac{6D}{a^4}=0 \tag{a}$$

$$6Aa^2+2B-\frac{2C}{a^2}-\frac{6D}{a^4}=0 \tag{b}$$

圆环或圆筒的外表面的单位法向矢量为

$$\boldsymbol{n}=\begin{bmatrix}n_\rho\\ n_\varphi\end{bmatrix}=\begin{bmatrix}1\\ 0\end{bmatrix}$$

由其上的应力边界条件:

$$\begin{cases}(\sigma_\rho)_{\rho=b}\times 1+(\tau_{\rho\varphi})_{\rho=b}\times 0=q\cos2\varphi\\(\tau_{\rho\varphi})_{\rho=b}\times 1+(\sigma_\varphi)_{\rho=b}\times 0=-q\sin2\varphi\end{cases}$$

可得

$$(\sigma_\rho)_{\rho=b}=q\cos2\varphi \quad 和 \quad (\tau_{\rho\varphi})_{\rho=b}=-q\sin2\varphi$$

即

$$2B+\frac{4C}{b^2}+\frac{6D}{b^4}=-q \tag{c}$$

$$6Ab^2+2B-\frac{2C}{b^2}-\frac{6D}{b^4}=-q \tag{d}$$

联立式(a)、式(b)、式(c)和式(d)解得 A、B、C 和 D 之后,代入式(10.2.44)(见附录B),可得

$$\begin{cases}\sigma_\rho=q\left(1-\dfrac{a^2}{\rho^2}\right)\left(1-3\dfrac{a^2}{\rho^2}\right)\cos2\varphi\\\sigma_\varphi=-q\left(1+3\dfrac{a^4}{\rho^4}\right)\cos2\varphi\\\tau_{\rho\varphi}=-q\left(1-\dfrac{a^2}{\rho^2}\right)\left(1+3\dfrac{a^2}{\rho^2}\right)\sin2\varphi\end{cases} \tag{10.2.45}$$

答毕。

设受力的弹性体具有小孔,则孔边的应力将远大于无孔时的应力,也远大于距孔稍远处的应力。这种现象称为孔边应力集中。

如图 10.2.15 所示的矩形薄板(或长柱),在离开边界较远处有半径为 a 的小圆孔,在左右两边受均布拉力,其集度为 q。

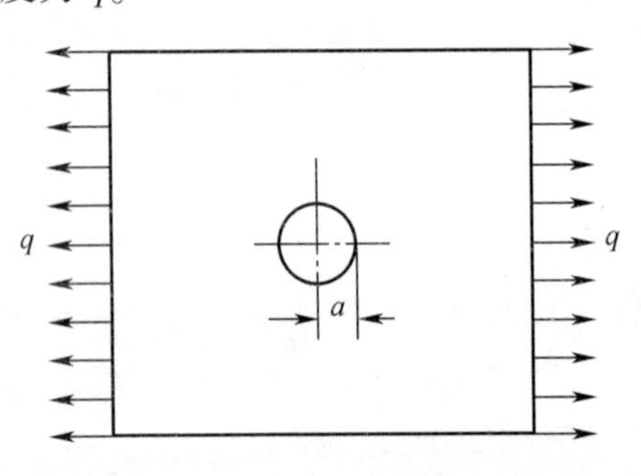

图 10.2.15　中心圆孔矩形板

就直边的边界条件而论,宜用直角坐标(坐标原点取在圆孔的中心,坐标轴平行于边界);就圆孔的边界条件而言,宜用极坐标。因为这里主要是考察圆孔附近的应力,所以用极坐标求解,而首先将直边变换为圆边。为此,以远大于 a 的某一长度 b 为半径,以坐标原点为圆心,作一个大圆,如图 10.2.16 所示的虚线。

由于应力集中的局部性,大圆周处的应力状态与无孔时相同,即

$$(\sigma_x)_{\rho=b}=q \quad 和\ (\sigma_y)_{\rho=b}=(\tau_{xy})_{\rho=b}=0$$

将上述直角坐标系下的应力分量代入式(10.2.5),可得该点处在极坐标系下的应力分量为

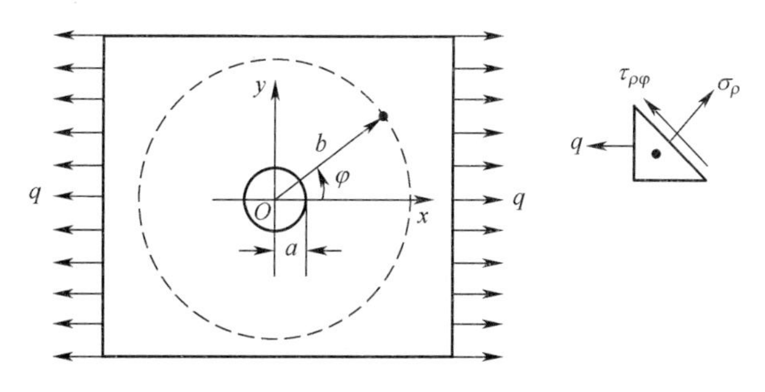

图 10.2.16　坐标系与远处应力

$$\begin{cases}(\sigma_\rho)_{\rho=b}=\dfrac{q}{2}+\dfrac{q}{2}\cos 2\varphi\\(\tau_{\rho\varphi})_{\rho=b}=-\dfrac{q}{2}\sin 2\varphi\end{cases}$$

于是,原来的问题变换成这样一个新问题:内半径为 a 而外半径为 b 的圆环或圆筒,在外边界上作用上述面力。

如图 10.2.17 所示,上述面力可以分解成两部分。

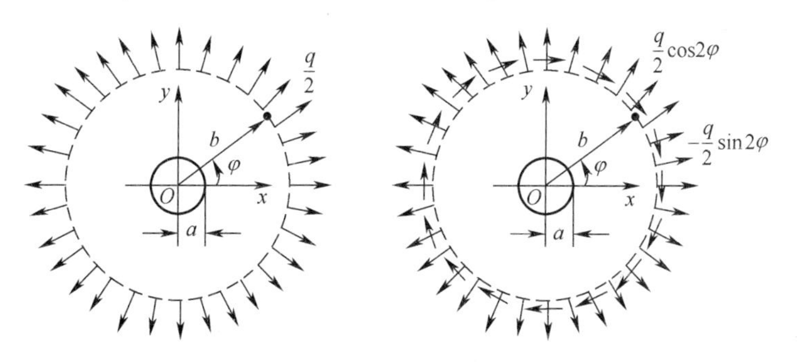

图 10.2.17　等效问题

第一部分是

$$\begin{cases}(\sigma_\rho)_{\rho=a}=0\\(\tau_{\rho\varphi})_{\rho=a}=0\end{cases}\quad 和 \quad\begin{cases}(\sigma_\rho)_{\rho=b}=\dfrac{q}{2}\\(\tau_{\rho\varphi})_{\rho=b}=0\end{cases}$$

第二部分是

$$\begin{cases}(\sigma_\rho)_{\rho=a}=0\\(\tau_{\rho\varphi})_{\rho=a}=0\end{cases}\quad 和 \quad\begin{cases}(\sigma_\rho)_{\rho=b}=\dfrac{q}{2}\cos 2\varphi\\(\tau_{\rho\varphi})_{\rho=b}=-\dfrac{q}{2}\sin 2\varphi\end{cases}$$

为了求得第一部分所引起的应力,只需应用例题 10.2.2 中的解答:

$$\sigma_\rho=-\frac{1-\dfrac{a^2}{\rho^2}}{1-\dfrac{a^2}{b^2}}q_b\quad,\quad\sigma_\varphi=-\frac{1+\dfrac{a^2}{\rho^2}}{1-\dfrac{a^2}{b^2}}q_b$$

而令其中的

$$q_b = -\frac{q}{2}$$

这样就得到：

$$\sigma_\rho = \frac{q}{2}\frac{1-\frac{a^2}{\rho^2}}{1-\frac{a^2}{b^2}}, \quad \sigma_\varphi = \frac{q}{2}\frac{1+\frac{a^2}{\rho^2}}{1-\frac{a^2}{b^2}}, \quad \tau_{\rho\varphi} = 0$$

既然 b 远大于 a，就可以近似地取 $a/b=0$，从而得到解答。

$$\begin{cases} \sigma_\rho = \frac{q}{2}\left(1-\frac{a^2}{\rho^2}\right) \\ \sigma_\varphi = \frac{q}{2}\left(1+\frac{a^2}{\rho^2}\right) \\ \tau_{\rho\varphi} = 0 \end{cases}$$

为了求得第二部分所引起的应力，只须应用例题 10.2.7 中的解答，而将其中的 q 用 $q/2$ 替代即可。于是，可得

$$\begin{cases} \sigma_\rho = \frac{q}{2}\left(1-\frac{a^2}{\rho^2}\right)\left(1-3\frac{a^2}{\rho^2}\right)\cos 2\varphi \\ \sigma_\varphi = -\frac{q}{2}\left(1+3\frac{a^4}{\rho^4}\right)\cos 2\varphi \\ \tau_{\rho\varphi} = -\frac{q}{2}\left(1-\frac{a^2}{\rho^2}\right)\left(1+3\frac{a^2}{\rho^2}\right)\sin 2\varphi \end{cases}$$

将两部分的解相叠加，即得 Kirsch 解答如下：

$$\begin{cases} \sigma_\rho = \frac{q}{2}\left(1-\frac{a^2}{\rho^2}\right) + \frac{q}{2}\left(1-\frac{a^2}{\rho^2}\right)\left(1-3\frac{a^2}{\rho^2}\right)\cos 2\varphi \\ \sigma_\varphi = \frac{q}{2}\left(1+\frac{a^2}{\rho^2}\right) - \frac{q}{2}\left(1+3\frac{a^4}{\rho^4}\right)\cos 2\varphi \\ \tau_{\rho\varphi} = -\frac{q}{2}\left(1-\frac{a^2}{\rho^2}\right)\left(1+3\frac{a^2}{\rho^2}\right)\sin 2\varphi \end{cases} \tag{10.2.46}$$

孔边应力集中绝不是由于截面面积减小了一些而应力有所增大。即使截面面积比无孔时只减小了百分之几或千分之几，应力也会集中到若干倍。而且，对于同样形状的孔说来，集中的倍数几乎与孔的大小无关。实际上是，由于孔的存在，孔附近的应力状态与形变状态完全改观。

孔边应力集中是局部现象。在几倍孔径以外，应力几乎不受孔的影响，应力的分布情况以及数值的大小都几乎与无孔时相同。一般说来。集中的程度越高，集中的现象越是局部性的，也就是应力随着距孔的距离增大而越快地趋近于无孔时的应力。

应力集中的程度，首先是与孔的形状有关。一般说来，圆孔孔边的集中程度最低。因此，如果有必要在构件中挖孔或留孔，应当尽可能地用圆孔代替其他形状的孔。

如果不能采用圆孔,也应当采用近似于圆形的孔(如椭圆孔),以代替具有尖角的孔。

习　题

10-1　纯弯曲的矩形梁-悬臂梁如下图所示。

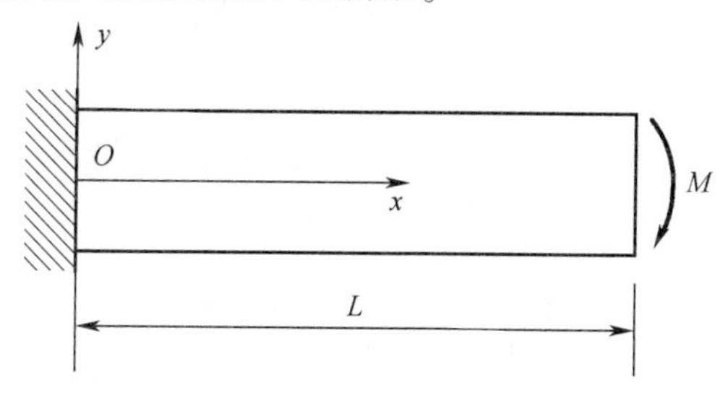

已知应力分量如下:

$$\sigma_x = \frac{M}{I}y \quad , \quad \sigma_y = 0 \quad , \quad \tau_{xy} = 0$$

在悬臂梁的左端($x=0,y=0$),约束的位移为

$$\begin{cases} \overline{u} = \overline{v} = 0 \\ \overline{\left(\dfrac{\partial v}{\partial x}\right)} = 0 \end{cases}$$

假设平面应力,求出位移分量。

提示:

$$u = -\frac{M}{EI}(l - x)y, \quad v = -\frac{M}{2EI}(l - x)^2 - \frac{\mu M}{2EI}y^2$$

10-2　试取如下图所示的微小三角板。

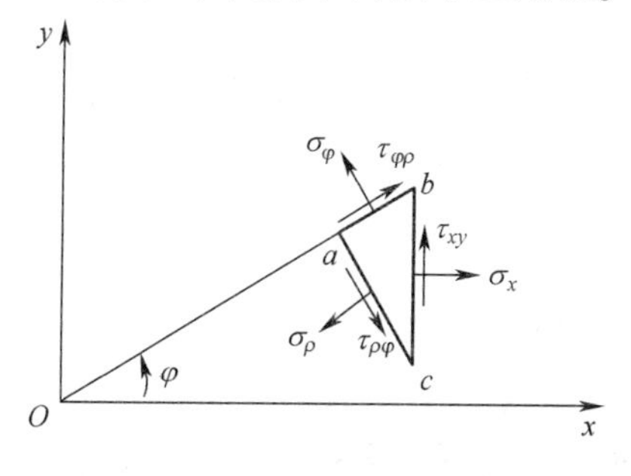

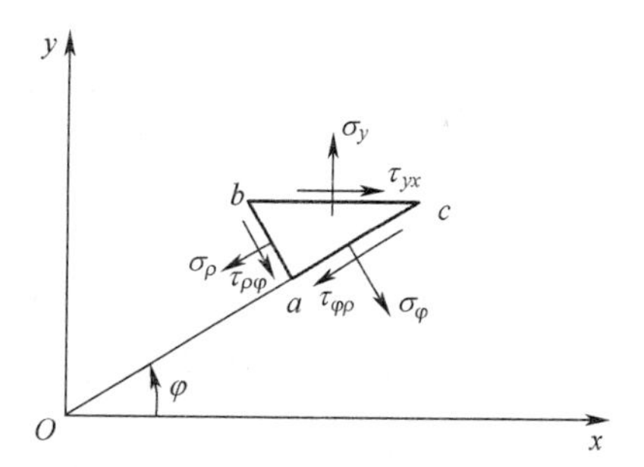

由它们的平衡条件导出应力分量由极坐标向直角坐标的变换式:

$$\begin{cases} \sigma_x = \sigma_\rho \cos^2\varphi + \sigma_\varphi \sin^2\varphi - 2\tau_{\rho\varphi} \sin\varphi\cos\varphi \\ \sigma_y = \sigma_\rho \sin^2\varphi + \sigma_\varphi \cos^2\varphi + 2\tau_{\rho\varphi} \sin\varphi\cos\varphi \\ \tau_{xy} = (\sigma_\rho - \sigma_\varphi)\sin\varphi\cos\varphi + \tau_{\rho\varphi}(\cos^2\varphi - \sin^2\varphi) \end{cases}$$

或

$$
\begin{cases}
\sigma_x = \dfrac{\sigma_\rho + \sigma_\varphi}{2} + \dfrac{\sigma_\rho - \sigma_\varphi}{2}\cos 2\varphi - \tau_{\rho\varphi}\sin 2\varphi \\
\sigma_y = \dfrac{\sigma_\rho + \sigma_\varphi}{2} - \dfrac{\sigma_\rho - \sigma_\varphi}{2}\cos 2\varphi + \tau_{\rho\varphi}\sin 2\varphi \\
\tau_{xy} = \dfrac{\sigma_\rho - \sigma_\varphi}{2}\sin 2\varphi + \tau_{\rho\varphi}\cos 2\varphi
\end{cases}
$$

10-3　证明：

$$\Phi(\rho) = A\ln\rho + B\rho^2\ln\rho + C\rho^2 + D$$

是四阶的常微分方程：

$$\left(\frac{\mathrm{d}^2}{\mathrm{d}\rho^2} + \frac{1}{\rho}\frac{\mathrm{d}}{\mathrm{d}\rho}\right)^2 \Phi = 0$$

的解。

10-4　给出

$$u_\rho = \frac{1}{E}\left[-(1+\mu)\frac{A}{\rho} + 2(1-\mu)B\rho(\ln\rho - 1) + (1-3\mu)B\rho + 2(1-\mu)C\rho\right] + f(\varphi)$$

$$u_\varphi = \frac{4B\rho\varphi}{E} - \int f(\varphi)\mathrm{d}\varphi + g(\rho)$$

证明:由

$$\gamma_{\rho\varphi} = \frac{1}{\rho}\frac{\partial u_\rho}{\partial \varphi} + \frac{\partial u_\varphi}{\partial \rho} - \frac{u_\varphi}{\rho} = 0$$

得

$$\frac{1}{\rho}f'(\varphi) + g'(\rho) + \frac{1}{\rho}\int f(\varphi)\mathrm{d}\varphi - \frac{g(\rho)}{\rho} = 0$$

10-5　对于单连通平面应力问题,其径向位移为

$$u_\rho = \frac{1}{E}\left[-(1+\mu)\frac{A}{\rho} + 2(1-\mu)C\rho\right] + I\cos\varphi + K\sin\varphi$$

证明将上式中的 E 和 μ 分别用

$$\frac{E}{1-\mu^2} \quad 和 \quad \frac{\mu}{1-\mu}$$

替换,可得到平面应变问题的径向位移为

$$u_\rho = \frac{1+\mu}{E}\left[-\frac{A}{\rho} + 2(1-2\mu)C\rho\right] + I\cos\varphi + K\sin\varphi$$

第十一章 应力分析与应变分析

物体中,任何一点处的应力分量和应变分量将随坐标系的变化而改变,同时通过该点处的不同截面上的内力矢量也不尽相同。因此,需要进行应力分析和应变分析,从而为建立结构强度判据提供理论依据,也为建立弹塑性应力应变关系提供理论基础。

本章首先讲解主应力与应力不变量、主应变与应变不变量、主应力偏量与偏应力不变量、主应变偏量与偏应变不变量,然后讲解最大应力与最小应力、八面体应力,最后引入主应力空间。

11.1 主应力与应力不变量

一、主应力、应力主面与应力主向

如果经过点 P 的某一斜面上的切应力等于零,则该斜面上的正应力称为点 P 的一个主应力。该斜面称为点 P 的一个应力主面,该斜面的法向称为 P 点的一个应力主向(主应力的方向)。

如图 11.1.1 所示,假设点 P 有一个应力主面存在。其单位法向矢量为

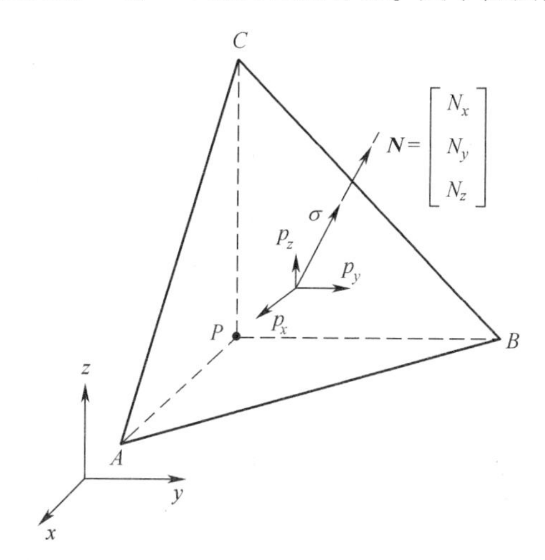

图 11.1.1 应力主面及其单位法向矢量示意图

$$\boldsymbol{N} = \begin{bmatrix} N_x \\ N_y \\ N_z \end{bmatrix}$$

则

$$N_x{}^2 + N_y{}^2 + N_z{}^2 = 1$$

式中：N_x、N_y 和 N_z 为单位法向矢量 $\boldsymbol{N}$ 的三个分量（三个方向余弦）。

此时，该平面上的切应力等于零。于是，该平面上的全应力矢量 $\boldsymbol{p}$ 就等于该面上的正应力矢量，即主应力矢量 $\boldsymbol{\sigma}$，则

$$\begin{cases} p_x = \sigma N_x \\ p_y = \sigma N_y \\ p_z = \sigma N_z \end{cases} \tag{11.1.1}$$

利用式（4.4.2），可得

$$\begin{cases} \sigma_x N_x + \tau_{xy} N_y + \tau_{zx} N_z = \sigma N_x \\ \tau_{xy} N_x + \sigma_y N_y + \tau_{yz} N_z = \sigma N_y \\ \tau_{zx} N_x + \tau_{yz} N_y + \sigma_z N_z = \sigma N_y \end{cases}$$

进一步变换，可得

$$\begin{cases} (\sigma_x - \sigma) N_x + \tau_{xy} N_y + \tau_{zx} N_z = 0 \\ \tau_{xy} N_x + (\sigma_y - \sigma) N_y + \tau_{yz} N_z = 0 \\ \tau_{zx} N_x + \tau_{yz} N_y + (\sigma_z - \sigma) N_z = 0 \end{cases} \tag{11.1.2a}$$

也可写成如下的矩阵形式：

$$\begin{bmatrix} \sigma_x - \sigma & \tau_{xy} & \tau_{zx} \\ \tau_{xy} & \sigma_y - \sigma & \tau_{yz} \\ \tau_{zx} & \tau_{yz} & \sigma_z - \sigma \end{bmatrix} \begin{bmatrix} N_x \\ N_y \\ N_z \end{bmatrix} = \begin{bmatrix} 0 \\ 0 \\ 0 \end{bmatrix} \tag{11.1.2b}$$

这是一个关于 N_x、N_y 和 N_z 的齐次方程，且 N_x、N_y 和 N_z 不可能同时为零。因此，系数行列式必须为零，即

$$\begin{vmatrix} \sigma_x - \sigma & \tau_{xy} & \tau_{zx} \\ \tau_{xy} & \sigma_y - \sigma & \tau_{yz} \\ \tau_{zx} & \tau_{yz} & \sigma_z - \sigma \end{vmatrix} = 0 \tag{11.1.3a}$$

这是一个关于 σ 的三次代数方程：

$$\sigma^3 - (\sigma_x + \sigma_y + \sigma_z)\sigma^2 + (\sigma_x\sigma_y + \sigma_y\sigma_z + \sigma_z\sigma_x - \tau_{xy}^2 - \tau_{yz}^2 - \tau_{zx}^2)\sigma + (\sigma_x\sigma_y\sigma_z - \sigma_x\tau_{yz}^2 - \sigma_y\tau_{zx}^2 - \sigma_z\tau_{xy}^2) = 0 \tag{11.1.3b}$$

如果求解这个代数方程能够得出三个实根 σ_1、σ_2 和 σ_3，那么这三个实根就是点 P 处的三个主应力；三个实根所对应的三个特征矢量 $\boldsymbol{N}_1$、$\boldsymbol{N}_2$ 和 $\boldsymbol{N}_3$，就是点 P 处的三个应力主面的单位法向矢量，即三个应力主向。

特别地，对应平面问题，则有

$$\begin{cases} (\sigma_x - \sigma) N_x + \tau_{xy} N_y = 0 \\ \tau_{xy} N_x + (\sigma_y - \sigma) N_y = 0 \end{cases} \tag{11.1.4a}$$

也可写成矩阵形式为

$$\begin{bmatrix} \sigma_x - \sigma & \tau_{xy} \\ \tau_{xy} & \sigma_y - \sigma \end{bmatrix} \begin{bmatrix} N_x \\ N_y \end{bmatrix} = \begin{bmatrix} 0 \\ 0 \end{bmatrix} \tag{11.1.4b}$$

这是一个关于 N_x 和 N_y 的齐次方程。但是,N_x 和 N_y 不能同时为零。因此,系数行列式必须为零,即

$$\begin{vmatrix} \sigma_x - \sigma & \tau_{xy} \\ \tau_{xy} & \sigma_y - \sigma \end{vmatrix} = 0 \tag{11.1.5a}$$

这是一个关于 σ 的二次代数方程,即

$$\sigma^2 - (\sigma_x + \sigma_y)\sigma + (\sigma_x\sigma_y - \tau_{xy}^2) = 0 \tag{11.1.5b}$$

可求得两个主应力为

$$\begin{cases} \sigma_1 = \dfrac{\sigma_x + \sigma_y}{2} + \sqrt{\left(\dfrac{\sigma_x - \sigma_y}{2}\right)^2 + \tau_{xy}^2} \\ \sigma_2 = \dfrac{\sigma_x + \sigma_y}{2} - \sqrt{\left(\dfrac{\sigma_x - \sigma_y}{2}\right)^2 + \tau_{xy}^2} \end{cases} \tag{11.1.6}$$

由于根号内的数值(两个数的平方之和)总是正的,所以 σ_1 和 σ_2 这两个根都是实根。

二、应力不变量

方程式(11.1.3b)也可写成

$$\sigma^3 - I_1\sigma^2 + I_2\sigma - I_3 = 0 \tag{11.1.7}$$

式中

$$\begin{cases} I_1 = \sigma_x + \sigma_y + \sigma_z \\ I_2 = \sigma_y\sigma_z + \sigma_z\sigma_x + \sigma_x\sigma_y - \tau_{yz}^2 - \tau_{zx}^2 - \tau_{xy}^2 \\ I_3 = \sigma_x\sigma_y\sigma_z - \sigma_x\tau_{yz}^2 - \sigma_y\tau_{zx}^2 - \sigma_z\tau_{xy}^2 + 2\tau_{yz}\tau_{zx}\tau_{xy} \end{cases} \tag{11.1.8}$$

由于 σ_1、σ_2 和 σ_3 是方程式(11.1.7)的三个实根,则

$$(\sigma - \sigma_1)(\sigma - \sigma_2)(\sigma - \sigma_3) = 0$$

展开以后,得

$$\sigma^3 - (\sigma_1 + \sigma_2 + \sigma_3)\sigma^2 + (\sigma_2\sigma_3 + \sigma_3\sigma_1 + \sigma_1\sigma_2)\sigma - \sigma_1\sigma_2\sigma_3 = 0$$

将这个方程与方程式(11.1.7)对比,可见 I_1、I_2 和 I_3 也应当满足下列关系式为

$$\begin{cases} I_1 = \sigma_1 + \sigma_2 + \sigma_3 \\ I_2 = \sigma_2\sigma_3 + \sigma_3\sigma_1 + \sigma_1\sigma_2 \\ I_3 = \sigma_1\sigma_2\sigma_3 \end{cases} \tag{11.1.9}$$

由于主应力 σ_1、σ_2 和 σ_3 是不随坐标系而改变的,因此 I_1、I_2 和 I_3 也不随坐标系而改变,故称为应力不变量。

特别地,对应平面问题,其两个应力不变量为

$$\begin{cases} I_1 = \sigma_x + \sigma_y = \sigma_1 + \sigma_2 \\ I_2 = \sigma_x\sigma_y - \tau_{xy}^2 = \sigma_1\sigma_2 \end{cases} \tag{11.1.10}$$

例题 11.1.1:

假设已经求得的应力矩阵为

$$\boldsymbol{\sigma}=\begin{bmatrix}\sigma_x & \tau_{xy} & \tau_{zx}\\ \tau_{xy} & \sigma_y & \tau_{yz}\\ \tau_{zx} & \tau_{yz} & \sigma_z\end{bmatrix}=\begin{bmatrix}100 & 40 & -20\\ 40 & 50 & 30\\ -20 & 30 & -10\end{bmatrix}$$

完成下列问题：

(1) 求出三个主应力及相应的三个应力主向；

(2) 通过应力分量，求出三个应力不变量；

(3) 通过主应力分量，求出三个应力不变量。

解答：

(1) 通过求解应力矩阵的特征值和特征向量，可解得三个主应力为

$$\sigma_1=122.2433\quad,\quad\sigma_2=49.4919\quad 和\ \sigma_3=-31.7352$$

对应的三个应力主向为

$$\boldsymbol{N}_1=\begin{bmatrix}-0.8789\\ -0.4763\\ 0.0249\end{bmatrix}\quad,\quad\boldsymbol{N}_2=\begin{bmatrix}-0.3968\\ 0.7591\\ 0.5162\end{bmatrix}\quad 和\quad\boldsymbol{N}_3=\begin{bmatrix}0.2647\\ -0.4438\\ 0.8561\end{bmatrix}$$

容易验证

$$\sigma_1+\sigma_2+\sigma_3=\mathrm{tr}(\boldsymbol{\sigma})$$

$$\sigma_1\boldsymbol{N}_1\boldsymbol{N}_1^{\mathrm{T}}+\sigma_2\boldsymbol{N}_2\boldsymbol{N}_2^{\mathrm{T}}+\sigma_3\boldsymbol{N}_3\boldsymbol{N}_3^{\mathrm{T}}=\boldsymbol{\sigma}$$

(2) 通过应力分量，求得的三个应力不变量为

$$I_1=\sigma_x+\sigma_y+\sigma_z=100+50-10=140$$

$$\begin{aligned}I_2&=\sigma_y\sigma_z+\sigma_z\sigma_x+\sigma_x\sigma_y-\tau_{xy}^2-\tau_{yz}^2-\tau_{zx}^2\\&=50\times(-10)+(-10)\times100+100\times50-40^2-30^2-(-20)^2\\&=-500-1000+5000-1600-900-400\\&=600\end{aligned}$$

$$\begin{aligned}I_3&=\sigma_x\sigma_y\sigma_z-\sigma_x\tau_{yz}^2-\sigma_y\tau_{zx}^2-\sigma_z\tau_{xy}^2+2\tau_{xy}\tau_{yz}\tau_{zx}\\&=100\times50\times(-10)-100\times30^2-50\times(-20)^2-\\&\quad(-10)\times40^2+2\times40\times30\times(-20)\\&=-50000-90000-20000+16000-48000\\&=-192000\end{aligned}$$

(3) 通过主应力分量，求得的三个应力不变量为

$$I_1=\sigma_1+\sigma_2+\sigma_3=140$$

$$I_2=\sigma_2\sigma_3+\sigma_3\sigma_1+\sigma_1\sigma_2=600$$

$$I_3=\sigma_1\sigma_2\sigma_3=-192000$$

答毕。

例题 11.1.2：

对于一个平面问题，假设在原坐标系 xy 下求得的应力分量为

$$\boldsymbol{\sigma}=\begin{bmatrix}\sigma_x & \tau_{xy}\\ \tau_{xy} & \sigma_y\end{bmatrix}=\begin{bmatrix}25 & 75\\ 75 & 200\end{bmatrix}$$

若通过如下坐标系变换为

$$T=\begin{bmatrix} n_{x'x} & n_{x'y} \\ n_{y'x} & n_{y'y} \end{bmatrix}=\begin{bmatrix} 0.8 & 0.6 \\ -0.6 & 0.8 \end{bmatrix}$$

则得新坐标系 $x'y'$ 下的应力分量为

$$\boldsymbol{\sigma}'=\begin{bmatrix} \sigma_{x'} & \tau_{x'y'} \\ \tau_{x'y'} & \sigma_{y'} \end{bmatrix}=\boldsymbol{T\sigma T}^{\mathrm{T}}=\begin{bmatrix} 160 & 105 \\ 105 & 65 \end{bmatrix}$$

显然两个坐标系下的应力分量不同。

完成下列问题:

(1) 在原坐标系中,求出两个主应力及相应的两个应力主向;

(2) 在新坐标系中,求出两个主应力及相应的两个应力主向;

(3) 对问题(1)、(2)的结果进行简要讨论。

解答:

(1) 在原坐标系下:

$$\begin{cases} I_1=\sigma_x+\sigma_y=25+200=225 \\ I_2=\sigma_x\sigma_y-\tau_{xy}^2=25\times200-75^2=-625 \end{cases}$$

因此,特征方程为

$$\sigma^2-225\sigma-625=0$$

解得的两个主应力为

$$\begin{cases} \sigma_1=112.5+115.2443=227.7443 \\ \sigma_2=112.5-115.2443=-2.7443 \end{cases}$$

对于主应力 σ_1,由式(11.1.4a)可得

$$\frac{N_y}{N_x}=\frac{\sigma_1-\sigma_x}{\tau_{yx}}=\frac{\tau_{yx}}{\sigma_1-\sigma_y}=\frac{227.7443-25}{75}=\frac{75}{227.7443-200}=2.7033$$

即

$$N_y=2.7033N_x$$

代入

$$N_x{}^2+N_y{}^2=1$$

解得

$$N_x=\pm\frac{1}{\sqrt{1+2.7033^2}}=\pm0.3469$$

$$N_y=2.7033\times(\pm0.3469)=\pm0.9378$$

于是,可得

$$\boldsymbol{N}_1=\begin{bmatrix} 0.3469 \\ 0.9378 \end{bmatrix}\quad 或\quad \boldsymbol{N}_1=\begin{bmatrix} -0.3469 \\ -0.9378 \end{bmatrix}$$

对于主应力 σ_2,由式(11.1.4a)可得

$$\frac{N_y}{N_x}=\frac{\sigma_2-\sigma_x}{\tau_{yx}}=\frac{\tau_{yx}}{\sigma_2-\sigma_y}=\frac{-2.7443-25}{75}=\frac{75}{-2.7443-200}=-0.3699$$

即

$$N_y = -0.3699 N_x$$

代入

$$N_x^2 + N_y^2 = 1$$

解得

$$\begin{cases} N_x = \pm \dfrac{1}{\sqrt{1 + (-0.3699)^2}} = \pm 0.9379 \\ N_y = -0.3699 \times (\pm 0.9379) = \mp 0.3469 \end{cases}$$

于是,可得

$$\boldsymbol{N}_2 = \begin{bmatrix} 0.9379 \\ -0.3469 \end{bmatrix} \quad 或 \quad \boldsymbol{N}_2 = \begin{bmatrix} -0.9379 \\ 0.3469 \end{bmatrix}$$

解得的两个应力主向分别为

$$\boldsymbol{N}_1 = \begin{bmatrix} 0.3469 \\ 0.9378 \end{bmatrix} \quad 和 \quad \boldsymbol{N}_2 = \begin{bmatrix} 0.9379 \\ -0.3469 \end{bmatrix}$$

或

$$\boldsymbol{N}_1 = \begin{bmatrix} -0.3469 \\ -0.9378 \end{bmatrix} \quad 和 \quad \boldsymbol{N}_2 = \begin{bmatrix} -0.9379 \\ 0.3469 \end{bmatrix}$$

(2) 在新坐标系下:

$$\begin{cases} I_1 = \sigma_{x'} + \sigma_{y'} = 160 + 65 = 225 \\ I_2 = \sigma_{x'}\sigma_{y'} - \tau_{x'y'}^2 = 160 \times 65 - 105^2 = -625 \end{cases}$$

因此,特征方程为

$$\sigma^2 - 225\sigma - 625 = 0$$

解得的两个主应力为

$$\sigma_1 = 112.5 + 115.2 = 227.7443$$
$$\sigma_2 = 112.5 - 115.2 = -2.7443$$

对于主应力 σ_1,由式(11.1.4a)可得

$$\frac{N_{y'}}{N_{x'}} = \frac{\sigma_1 - \sigma_{x'}}{\tau_{y'x'}} = \frac{\tau_{y'x'}}{\sigma_1 - \sigma_{y'}} = \frac{227.7443 - 160}{105} = \frac{105}{227.7443 - 65} = 0.6452$$

即

$$N_{y'} = 0.6452 N_{x'}$$

代入

$$N_{x'}{}^2 + N_{y'}{}^2 = 1$$

解得

$$N_{x'} = \pm \frac{1}{\sqrt{1 + 0.6452^2}} = \pm 0.8403$$

$$N_{y'} = 0.6452 \times (\pm 0.8403) = \pm 0.5422$$

于是,可得

$$\boldsymbol{N}'_1 = \begin{bmatrix} 0.8403 \\ 0.5422 \end{bmatrix} \quad 或 \quad \boldsymbol{N}'_1 = \begin{bmatrix} -0.8403 \\ -0.5422 \end{bmatrix}$$

对于主应力 σ_2，由式(11.1.4a)可得

$$\frac{N_{y'}}{N_{x'}}=\frac{\sigma_1-\sigma_{x'}}{\tau_{y'x'}}=\frac{\tau_{y'x'}}{\sigma_1-\sigma_{y'}}=\frac{-2.7443-160}{105}=\frac{105}{-2.7443-65}=-1.5499$$

即

$$N_{y'}=-1.5499N_{x'}$$

代入

$$N_{x'}{}^2+N_{y'}{}^2=1$$

解得

$$N_{x'}=\pm\frac{1}{\sqrt{1+(-1.5499)^2}}=\pm 0.5422$$

$$N_{y'}=-1.5499\times(\pm 0.5422)=\mp 0.8403$$

$$\boldsymbol{N}'_2=\begin{bmatrix}0.5422\\-0.8403\end{bmatrix}\quad 和\quad \boldsymbol{N}'_2=\begin{bmatrix}-0.5422\\0.8403\end{bmatrix}$$

解得两个应力主向为

$$\boldsymbol{N}'_1=\begin{bmatrix}0.8403\\0.5422\end{bmatrix}\quad 和\quad \boldsymbol{N}'_2=\begin{bmatrix}0.5422\\-0.8403\end{bmatrix}$$

或

$$\boldsymbol{N}'_1=\begin{bmatrix}-0.8403\\-0.5422\end{bmatrix}\quad 和\quad \boldsymbol{N}'_2=\begin{bmatrix}-0.5422\\0.8403\end{bmatrix}$$

(3) 关于主应力，在两个坐标下得到相同的结果，即

$$\sigma_1=227.7443\quad 和\quad \sigma_2=-2.7443$$

关于应力不变量，在两个坐标系下得到相同的结果，即

$$I_1=225\quad 和\quad I_2=-625$$

关于应力主向，在两个坐标系下得到不同的结果。但是，都满足

$$\sigma_1\boldsymbol{N}_1\boldsymbol{N}_1^{\mathrm{T}}+\sigma_2N_2N_2^{\mathrm{T}}=\begin{bmatrix}24.9913 & 74.9798\\74.9798 & 199.9542\end{bmatrix}=\sigma$$

$$\sigma_1N'_1N'^{\mathrm{T}}_1+\sigma_2N'_2N'^{\mathrm{T}}_2=\begin{bmatrix}160.0044 & 105.0131\\105.0131 & 65.0147\end{bmatrix}=\sigma'$$

答毕。

11.2 主应变与应变不变量

在物体中的任意一点处，一定存在三个互相垂直的应变主向，它们所成的三个直角在变形之后保持为直角(切应变等于零)。沿着这三个应变主向的线应变称为主应变。

三个主应变 ε_1、ε_2 和 ε_3 是下列三次代数方程的三个实根：

$$\varepsilon^3-I'_1\varepsilon^2+I'_2\varepsilon-I'_3=0 \qquad (11.2.1)$$

式中

$$\begin{cases} I'_1 = \varepsilon_x + \varepsilon_y + \varepsilon_z \\ I'_2 = \varepsilon_y\varepsilon_z + \varepsilon_z\varepsilon_x + \varepsilon_x\varepsilon_y - \varepsilon_{yz}^2 - \varepsilon_{zx}^2 - \varepsilon_{xy}^2 \\ I'_3 = \varepsilon_x\varepsilon_y\varepsilon_z - \varepsilon_x\varepsilon_{yz}^2 - \varepsilon_y\varepsilon_{zx}^2 - \varepsilon_z\varepsilon_{xy}^2 + 2\varepsilon_{yz}\varepsilon_{zx}\varepsilon_{xy} \end{cases} \tag{11.2.2}$$

称为应变不变量。

数学上,式(11.2.1)即应变矩阵:

$$\boldsymbol{\varepsilon} = \begin{bmatrix} \varepsilon_x & \varepsilon_{xy} & \varepsilon_{zx} \\ \varepsilon_{xy} & \varepsilon_y & \varepsilon_{yz} \\ \varepsilon_{zx} & \varepsilon_{yz} & \varepsilon_z \end{bmatrix}$$

的特征方程。主应变和应变主向即为应变矩阵的特征值和特征矢量。

由于 ε_1、ε_2 和 ε_3 是关于 ε 的三个实根,于是

$$(\varepsilon - \varepsilon_1)(\varepsilon - \varepsilon_2)(\varepsilon - \varepsilon_3) = 0$$

展开以后,得到:

$$\varepsilon^3 - (\varepsilon_1 + \varepsilon_2 + \varepsilon_3)\varepsilon^2 + (\varepsilon_2\varepsilon_3 + \varepsilon_3\varepsilon_1 + \varepsilon_1\varepsilon_2)\varepsilon - \varepsilon_1\varepsilon_2\varepsilon_3 = 0$$

将这个方程与方程式(11.2.1)对比,可见有关系式为

$$\begin{cases} I'_1 = \varepsilon_1 + \varepsilon_2 + \varepsilon_3 \\ I'_2 = \varepsilon_1\varepsilon_2 + \varepsilon_2\varepsilon_3 + \varepsilon_3\varepsilon_1 \\ I'_3 = \varepsilon_1\varepsilon_2\varepsilon_3 \end{cases} \tag{11.2.3}$$

式中:I'_1、I'_2 和 I'_3 为应变不变量。

特别地,对平面问题而言,应变矩阵为

$$\boldsymbol{\varepsilon} = \begin{bmatrix} \varepsilon_x & \varepsilon_{xy} \\ \varepsilon_{xy} & \varepsilon_y \end{bmatrix}$$

其特征方程为

$$\varepsilon^2 - I'_1\varepsilon + I'_2 = 0 \tag{11.2.4}$$

式中

$$\begin{cases} I'_1 = \varepsilon_x + \varepsilon_y = \varepsilon_1 + \varepsilon_2 \\ I'_2 = \varepsilon_x\varepsilon_y - \varepsilon_{xy}^2 = \varepsilon_1\varepsilon_2 \end{cases} \tag{11.2.5}$$

称为平面问题的应变不变量。

例题 11.2.1:

已知应力分量为

$$\boldsymbol{\sigma} = \begin{bmatrix} \sigma_x & \tau_{xy} \\ \tau_{xy} & \sigma_y \end{bmatrix} = \begin{bmatrix} 25 & 75 \\ 75 & 200 \end{bmatrix}$$

若假设为平面应力问题,且

$$E = 100 \quad 和 \mu = 0.25$$

则由物理方程式(6.4.27)可得

$$\begin{cases}\varepsilon_x = \dfrac{1}{E}(\sigma_x - \mu\sigma_y) = \dfrac{1}{100} \times (25 - 0.25 \times 200) = -0.25 \\ \varepsilon_y = \dfrac{1}{E}(\sigma_y - \mu\sigma_x) = \dfrac{1}{100} \times (200 - 0.25 \times 25) = 1.9375 \\ \varepsilon_{xy} = \dfrac{1}{2}\gamma_{xy} = \dfrac{1+\mu}{E}\tau_{xy} = \dfrac{1 + 0.25}{100} \times 75 = 1.875 \end{cases}$$

于是,应变矩阵为

$$\boldsymbol{\varepsilon} = \begin{bmatrix} -0.25 & 0.9375 \\ 0.9375 & 1.9375 \end{bmatrix}$$

完成下列问题:

(1) 求出应变不变量;

(2) 求出主应变,并利用主应变求出应变不变量;

(3) 求出应变主向;

(4) 对上述所得的结果进行简要讨论。

解答:

(1) 应变不变量为

$$\begin{cases} I'_1 = \varepsilon_x + \varepsilon_y = 1.9375 + (-0.25) = 1.6875 \\ I'_2 = \varepsilon_x\varepsilon_y - \varepsilon_{xy}^2 = 1.9375 \times (-0.25) - 0.9375^2 = -1.3633 \end{cases}$$

(2) 特征方程为

$$\varepsilon^2 - 1.6875\varepsilon - 1.3633 = 0$$

解得两个主应变为

$$\begin{cases} \varepsilon_1 = 0.8438 + 1.4406 = 2.2843 \\ \varepsilon_2 = 0.8438 - 1.4406 = -0.5968 \end{cases}$$

据此可得应变不变量为

$$\begin{cases} I'_1 = \varepsilon_1 + \varepsilon_2 = 1.6875 \\ I'_2 = \varepsilon_1\varepsilon_2 = -1.3633 \end{cases}$$

(3) 对于主应变 ε_1,由

$$\frac{N_y}{N_x} = \frac{\varepsilon_1 - \varepsilon_x}{\varepsilon_{yx}} = \frac{\varepsilon_{yx}}{\varepsilon_1 - \varepsilon_y} = \frac{2.2843 - (-0.25)}{0.9375} = \frac{0.9375}{2.2843 - 1.9375} = 2.7033$$

可得

$$N_y = 2.7033N_x$$

代入

$$N_x^2 + N_y^2 = 1$$

解得

$$\begin{cases} N_x = \pm\dfrac{1}{\sqrt{1 + 2.7033^2}} = \pm 0.3469 \\ N_y = 2.7033 \times (\pm 0.3469) = \pm 0.9378 \end{cases}$$

于是,可得

$$\boldsymbol{N}_1=\begin{bmatrix}0.3469\\0.9378\end{bmatrix}\quad 或\quad \boldsymbol{N}_1=\begin{bmatrix}-0.3469\\-0.9378\end{bmatrix}$$

对于主应变 ε_2，由

$$\frac{N_y}{N_x}=\frac{\varepsilon_2-\varepsilon_x}{\varepsilon_{yx}}=\frac{\varepsilon_{yx}}{\varepsilon_2-\varepsilon_y}=\frac{-0.5968-(-0.25)}{0.9375}=\frac{0.9375}{-0.5968-1.9375}=-0.3699$$

可得

$$N_y=-0.3699N_x$$

代入

$$N_x{}^2+N_y{}^2=1$$

解得

$$N_x=\pm\frac{1}{\sqrt{1+(-0.3699)^2}}=\pm 0.9379$$

$$N_y=-0.3699\times(\pm 0.9379)=\mp 0.3469$$

于是，可得

$$\boldsymbol{N}_2=\begin{bmatrix}0.9379\\-0.3469\end{bmatrix}\quad 或\quad \boldsymbol{N}_2=\begin{bmatrix}-0.9379\\0.3469\end{bmatrix}$$

解得两个应力主向为

$$\boldsymbol{N}_1=\begin{bmatrix}0.3469\\0.9378\end{bmatrix}\quad 和\quad \boldsymbol{N}_2=\begin{bmatrix}0.9379\\-0.3469\end{bmatrix}$$

或

$$\boldsymbol{N}_1=\begin{bmatrix}-0.3469\\-0.9378\end{bmatrix}\quad 和\quad \boldsymbol{N}_2=\begin{bmatrix}-0.9379\\0.3469\end{bmatrix}$$

(4) 关于应变不变量，基于应变分量和基于主应变分量，得到相同的结果，即

$$I'_1=1.6875\quad 和\quad I'_2=-1.3633$$

关于主应变和应变主向，满足

$$\varepsilon_1+\varepsilon_2=1.6875=\mathrm{tr}(\varepsilon)$$

$$\varepsilon_1\boldsymbol{N}_1\boldsymbol{N}_1^{\mathrm{T}}+\varepsilon_2\boldsymbol{N}_2\boldsymbol{N}_2^{\mathrm{T}}=\begin{bmatrix}-0.2501 & 0.9373\\0.9373 & 1.9372\end{bmatrix}=\varepsilon$$

关于应力主向与应变主向，它们是重合的，即

$$\boldsymbol{N}_1=\begin{bmatrix}0.3469\\0.9378\end{bmatrix}\quad 和\quad \boldsymbol{N}_2=\begin{bmatrix}0.9379\\-0.3469\end{bmatrix}$$

或

$$\boldsymbol{N}_1=\begin{bmatrix}-0.3469\\-0.9378\end{bmatrix}\quad 和\quad \boldsymbol{N}_2=\begin{bmatrix}-0.9379\\0.3469\end{bmatrix}$$

因此，主应变也可利用物理方程式(6.4.27)通过主应力直接求得，即

$$\begin{cases}\varepsilon_1=\dfrac{1}{E}(\sigma_1-\mu\sigma_2)=\dfrac{1}{100}\times[227.7443-0.25\times(-2.7443)]=2.2843\\[2ex]\varepsilon_2=\dfrac{1}{E}(\sigma_2-\mu\sigma_1)=\dfrac{1}{100}\times[(-2.7443)-0.25\times 227.7443]=-0.5968\end{cases}$$

而不必去求应变矩阵的特征值和特征向量。

答毕。

11.3 主应力偏量与偏应力不变量

一、主应力偏量与偏应力不变量概述

由式(5.4.12)可知,偏应力(应力偏量)矩阵为

$$\boldsymbol{s} = \boldsymbol{\sigma} - \sigma_m \boldsymbol{I} \tag{11.3.1a}$$

即

$$\boldsymbol{s} = \begin{bmatrix} s_x & s_{xy} & s_{zx} \\ s_{xy} & s_y & s_{yz} \\ s_{zx} & s_{yz} & s_z \end{bmatrix} = \begin{bmatrix} \sigma_x - \sigma_m & \tau_{xy} & \tau_{zx} \\ \tau_{xy} & \sigma_y - \sigma_m & \tau_{yz} \\ \tau_{zx} & \tau_{yz} & \sigma_z - \sigma_m \end{bmatrix} \tag{11.3.1b}$$

式中

$$\sigma_m = \frac{1}{3}(\sigma_x + \sigma_y + \sigma_z)$$

称为平均应力。

偏应力矩阵的特征方程为

$$s^3 - J_1 s^2 - J_2 s - J_3 = 0 \tag{11.3.2}$$

式中

$$\begin{cases} J_1 = s_x + s_y + s_z \\ J_2 = - s_x s_y - s_y s_z - s_z s_x + s_{xy}^2 + s_{yz}^2 + s_{zx}^2 \\ J_3 = s_x s_y s_z - s_x s_{yz}^2 - s_y s_{zx}^2 - s_z s_{xy}^2 + 2 s_{xy} s_{yz} s_{zx} \end{cases} \tag{11.3.3}$$

称为偏应力不变量。

由于

$$J_1 = s_x + s_y + s_z = \sigma_x - \sigma_m + \sigma_y - \sigma_m + \sigma_z - \sigma_m = \sigma_x + \sigma_y + \sigma_z - 3\sigma_m = 0$$

因此,偏应力矩阵的特征方程式(11.3.2)可简化为

$$s^3 - J_2 s - J_3 = 0 \tag{11.3.4}$$

通过求解偏应力矩阵的特征值和特征向量,即可求得主应力偏量和应力偏量主方向。

偏应力不变量也可用主应力偏量表示成

$$\begin{cases} J_2 = - s_1 s_2 - s_2 s_3 - s_3 s_1 \\ J_3 = s_1 s_2 s_3 \end{cases} \tag{11.3.5}$$

例题 11.3.1:

同例题 11.1.1,假设已经求得的应力矩阵为

$$\boldsymbol{\sigma} = \begin{bmatrix} \sigma_x & \tau_{xy} & \tau_{zx} \\ \tau_{xy} & \sigma_y & \tau_{yz} \\ \tau_{zx} & \tau_{yz} & \sigma_z \end{bmatrix} = \begin{bmatrix} 100 & 40 & -20 \\ 40 & 50 & 30 \\ -20 & 30 & -10 \end{bmatrix}$$

由例题 11.1.1 解得其三个主应力为

$$\sigma_1 = 122.2433 \quad , \quad \sigma_2 = 49.4919 \quad 和\ \sigma_3 = -31.7352$$

对应的三个应力主向为

$$N_1 = \begin{bmatrix} -0.8789 \\ -0.4763 \\ 0.0249 \end{bmatrix}, \quad N_2 = \begin{bmatrix} -0.3968 \\ 0.7591 \\ 0.5162 \end{bmatrix} \quad 和 \quad N_3 = \begin{bmatrix} 0.2647 \\ -0.4438 \\ 0.8561 \end{bmatrix}$$

此时,平均应力为

$$\sigma_m = \frac{1}{3}(\sigma_x + \sigma_y + \sigma_z) = \frac{1}{3}I_1 = \frac{1}{3} \times 140 = 46.7$$

因此,偏应力矩阵为

$$\boldsymbol{s} = \boldsymbol{\sigma} - \boldsymbol{\sigma}_m = \begin{bmatrix} 100 & 40 & -20 \\ 40 & 50 & 30 \\ -20 & 30 & -10 \end{bmatrix} - \begin{bmatrix} 46.7 & 0 & 0 \\ 0 & 46.7 & 0 \\ 0 & 0 & 46.7 \end{bmatrix} = \begin{bmatrix} 53.3 & 40 & -20 \\ 40 & 3.3 & 30 \\ -20 & 30 & -56.7 \end{bmatrix}$$

完成下列问题:

(1) 求出主应力偏量、应力偏量主方向;

(2) 求出 $\sigma_1-\sigma_m$、$\sigma_2-\sigma_m$ 和 $\sigma_3-\sigma_m$;

(3) 求出偏应力不变量。

解答:

(1) 通过求解偏应力矩阵 s 的特征值和特征向量,可解得三个主应力为

$$s_1 = 75.5940 \quad , \quad s_2 = 2.7918 \quad 和 \quad s_3 = -78.3859$$

对应的三个应力偏量主方向为

$$N_1 = \begin{bmatrix} -0.8789 \\ -0.4763 \\ 0.0249 \end{bmatrix}, N_2 = \begin{bmatrix} -0.3968 \\ 0.7591 \\ 0.5162 \end{bmatrix} \quad 和 \quad N_3 = \begin{bmatrix} 0.2647 \\ -0.4438 \\ 0.8561 \end{bmatrix}$$

与三个应力主向是一致的。

容易验证

$$s_1 + s_2 + s_3 = \mathrm{tr}(\boldsymbol{s})$$

$$s_1 \boldsymbol{N}_1 \boldsymbol{N}_1^{\mathrm{T}} + s_2 \boldsymbol{N}_2 \boldsymbol{N}_2^{\mathrm{T}} + s_3 \boldsymbol{N}_3 \boldsymbol{N}_3^{\mathrm{T}} = \boldsymbol{s}$$

(2) 由于

$$\sigma_1 - \sigma_m = 122.2940 - 46.7 = 75.5940$$

$$\sigma_2 - \sigma_m = 49.4918 - 46.7 = 2.7918$$

$$\sigma_3 - \sigma_m = -31.5869 - 46.7 = -78.3859$$

可见

$$s_1 = \sigma_1 - \sigma_m$$

$$s_2 = \sigma_2 - \sigma_m$$

$$s_3 = \sigma_3 - \sigma_m$$

即主应力偏量也可直接通过主应力减去平均应力求得。

(3) 偏应力不变量可由偏应力分量求得

$$J_1 = s_x + s_y + s_z = 53.3 + 3.3 - 56.7 = 0$$

$$J_2 = -s_y s_z - s_z s_x - s_x s_y + s_{yz}^2 + s_{zx}^2 + s_{xy}^2$$
$$= -3.3 \times (-56.7) - (-56.7) \times 53.3 - 53.3 \times 3.3 + 40^2 + 30^2 + (-20)^2$$
$$= 187.11 + 3022.1 - 175.89 + 1600 + 900 + 400$$
$$= 5933.3$$

$$J_3 = s_x s_y s_z - s_x s_{yz}^2 - s_y s_{zx}^2 - s_z s_{xy}^2 + 2 s_{yz} s_{zx} s_{xy}$$
$$= 53.3 \times 3.3 \times (-56.7) - 53.3 \times 30^2 - 3.3 \times (-20)^2 - (-56.7) \times 40^2 + 2 \times 40 \times 30 \times (-20)$$
$$= -9973 - 47970 - 1320 + 90720 - 48000$$
$$= -16543$$

也可由主应力偏量求得

$$J_1 = s_1 + s_2 + s_3 = 75.5940 + 2.7918 - 78.3859 = 0$$

$$J_2 = -s_1 s_2 - s_2 s_3 - s_3 s_1$$
$$= -75.5940 \times 2.7918 - 2.7918 \times (-78.3859) - (-78.3859) \times 75.5940$$
$$= 5933.3$$

$$J_3 = s_1 s_2 s_3 = 75.5940 \times 2.7918 \times (-78.3859) = -16543$$

答毕。

二、偏应力不变量的若干性质

1. J_2 的若干性质

$$J_2 = \frac{1}{2}(s_x^2 + s_y^2 + s_z^2) + s_{yz}^2 + s_{zx}^2 + s_{xy}^2 = \frac{1}{2}(s_1^2 + s_2^2 + s_3^2) \tag{11.3.6}$$

证明如下:

由于

$$(s_x + s_y + s_z)^2 = s_x^2 + s_y^2 + s_z^2 + 2s_x s_y + 2s_y s_z + 2s_z s_x = 0$$

所以

$$-s_x s_y - s_y s_z - s_z s_x = \frac{1}{2}(s_x^2 + s_y^2 + s_z^2)$$

于是,由式(11.3.5)可得

$$J_2 = -s_y s_z - s_z s_x - s_x s_y + s_{yz}^2 + s_{zx}^2 + s_{xy}^2 = \frac{1}{2}(s_x^2 + s_y^2 + s_z^2) + s_{yz}^2 + s_{zx}^2 + s_{xy}^2$$

即式(11.3.6)。

$$\begin{aligned} J_2 &= \frac{1}{6}[(s_x - s_y)^2 + (s_y - s_z)^2 + (s_z - s_x)^2 + 6(s_{yz}^2 + s_{zx}^2 + s_{xy}^2)] \\ &= \frac{1}{6}[(s_1 - s_2)^2 + (s_2 - s_3)^2 + (s_3 - s_1)^2] \end{aligned} \tag{11.3.7a}$$

$$\begin{aligned} J_2 &= \frac{1}{6}[(\sigma_x - \sigma_y)^2 + (\sigma_y - \sigma_z)^2 + (\sigma_z - \sigma_x)^2 + 6(\tau_{yz}^2 + \tau_{zx}^2 + \tau_{xy}^2)] \\ &= \frac{1}{6}[(\sigma_1 - \sigma_2)^2 + (\sigma_2 - \sigma_3)^2 + (\sigma_3 - \sigma_1)^2] \end{aligned} \tag{11.3.7b}$$

证明如下：

由于

$$-s_x s_y - s_y s_z - s_z s_x = \frac{1}{2}(s_x^2 + s_y^2 + s_z^2)$$

所以

$$3s_x^2 + 3s_y^2 + 3s_z^2 = 2s_x^2 + 2s_y^2 + 2s_z^2 - 2s_x s_y - 2s_y s_z - 2s_z s_x$$
$$= (s_x - s_y)^2 + (s_y - s_z)^2 + (s_z - s_x)^2$$

即

$$s_x^2 + s_y^2 + s_z^2 = \frac{1}{3}[(s_x - s_y)^2 + (s_y - s_z)^2 + (s_z - s_x)^2]$$

于是,由式(11.3.6)可得

$$J_2 = \frac{1}{2}(s_x^2 + s_y^2 + s_z^2) + s_{yz}^2 + s_{zx}^2 + s_{xy}^2$$
$$= \frac{1}{6}[(s_x - s_y)^2 + (s_y - s_z)^2 + (s_z - s_x)^2 + 6(s_{yz}^2 + s_{zx}^2 + s_{xy}^2)]$$

即式(11.3.7a)。

由于

$$s_x - s_y = (\sigma_x - \sigma_m) - (\sigma_y - \sigma_m) = \sigma_x - \sigma_y$$
$$s_y - s_z = (\sigma_y - \sigma_m) - (\sigma_z - \sigma_m) = \sigma_y - \sigma_z$$
$$s_z - s_x = (\sigma_z - \sigma_m) - (\sigma_x - \sigma_m) = \sigma_z - \sigma_x$$
$$s_{xy} = \tau_{xy}\quad,\quad s_{yz} = \tau_{yz}\quad,\quad s_{zx} = \tau_{zx}$$

于是,由式(11.3.7a)进一步化简,可得

$$J_2 = \frac{1}{6}[(\sigma_x - \sigma_y)^2 + (\sigma_y - \sigma_z)^2 + (\sigma_z - \sigma_x)^2 + 6(\tau_{yz}^2 + \tau_{zx}^2 + \tau_{xy}^2)]$$

即式(11.3.7b)。

$$J_2 = \frac{1}{3}(s_1^2 + s_2^2 + s_3^2 - s_1 s_2 - s_2 s_3 - s_3 s_1) \tag{11.3.8}$$

证明如下：

由式(11.3.6)可得

$$2J_2 = s_1^2 + s_2^2 + s_3^2$$

由式(11.3.5)已知

$$J_2 = -s_1 s_2 - s_2 s_3 - s_3 s_1$$

两者相加,可得

$$3J_2 = s_1^2 + s_2^2 + s_3^2 - s_1 s_2 - s_2 s_3 - s_3 s_1$$

所以

$$J_2 = \frac{1}{3}(s_1^2 + s_2^2 + s_3^2 - s_1 s_2 - s_2 s_3 - s_3 s_1)$$

即式(11.3.8)。

2. J_2 与 I_1 和 I_2 之间的关系

$$J_2 = \frac{1}{3}(I_1^{\ 2} - 3I_2) \tag{11.3.9}$$

证明如下：

由于

$$\begin{aligned}
&(\sigma_1 - \sigma_2)^2 + (\sigma_2 - \sigma_3)^2 + (\sigma_3 - \sigma_1)^2 \\
&= 2\sigma_1^2 + 2\sigma_2^2 + 2\sigma_3^2 - 2\sigma_1\sigma_2 - 2\sigma_2\sigma_3 - 2\sigma_3\sigma_1 \\
&= 2(\sigma_1 + \sigma_2 + \sigma_3)^2 - 6\sigma_1\sigma_2 - 6\sigma_2\sigma_3 - 6\sigma_3\sigma_1 \\
&= 2[(\sigma_1 + \sigma_2 + \sigma_3)^2 - 3(\sigma_1\sigma_2 + \sigma_2\sigma_3 + \sigma_3\sigma_1)] \\
&= 2(I_1^{\ 2} - 3I_2)
\end{aligned}$$

于是，由式(11.3.7b)可得

$$J_2 = \frac{1}{6}[(\sigma_1 - \sigma_2)^2 + (\sigma_2 - \sigma_3)^2 + (\sigma_3 - \sigma_1)^2] = \frac{1}{3}(I_1^{\ 2} - 3I_2)$$

即式(11.3.9)。

3. J_3 的性质

$$J_3 = \frac{1}{3}(s_1^3 + s_2^3 + s_3^3) \tag{11.3.10}$$

证明如下：

由于

$$(s_1 + s_2 + s_3)^3 = s_1^3 + s_2^3 + s_3^3 + 3s_1^2s_2 + 3s_1s_2^2 + 3s_2^2s_3 + 3s_3s_2^2 + 3s_3^2s_1 + 3s_3s_1^2 + 6s_1s_2s_3$$

$$s_1^2s_2 + s_1s_2^2 = s_1s_2(s_1 + s_2) = -s_1s_2s_3$$

$$s_2^2s_3 + s_2s_3^2 = s_2s_3(s_2 + s_3) = -s_1s_2s_3$$

$$s_3^2s_1 + s_3s_1^2 = s_3s_1(s_3 + s_1) = -s_1s_2s_3$$

所以

$$(s_1 + s_2 + s_3)^3 = s_1^3 + s_2^3 + s_3^3 - 3s_1s_2s_3 = 0$$

可得

$$s_1^3 + s_2^3 + s_3^3 = 3s_1s_2s_3$$

于是，由式(11.3.5)可得

$$J_3 = s_1s_2s_3 = \frac{1}{3}(s_1^3 + s_2^3 + s_3^3)$$

即式(11.3.10)。

三、等效应力

定义等效正应力为

$$\bar{\sigma} = \sqrt{3J_2} \tag{11.3.11}$$

单纯拉伸时，其应力状态为

$$\sigma_x = \sigma \quad , \quad \sigma_y = \sigma_z = 0 \quad , \quad \tau_{xy} = \tau_{yz} = \tau_{zx} = 0$$

此时,由式(11.3.7b)可得

$$J_2 = \frac{1}{3}\sigma^2$$

于是得到:

$$\bar{\sigma} = \sqrt{3 \times \frac{1}{3}\sigma^2} = \sigma$$

定义等效切应力为

$$\bar{\tau} = \sqrt{J_2} \tag{11.3.12}$$

单纯拉伸剪切时,其应力状态为

$$\sigma_x = \sigma_y = \sigma_z = 0, \tau_{xy} = \tau > 0, \tau_{yz} = \tau_{zx} = 0$$

此时,由式(11.3.7b)可得

$$J_2 = \tau^2$$

于是得到:

$$\bar{\tau} = \sqrt{\tau^2} = \tau$$

11.4 主应变偏量与偏应变不变量

一、主应变偏量与偏应变不变量概述

由式(5.4.13)可知,偏应变(应变偏量)矩阵为

$$\boldsymbol{e} = \varepsilon - \varepsilon_m \boldsymbol{I} \tag{11.4.1a}$$

即

$$\boldsymbol{e} = \begin{bmatrix} e_x & e_{xy} & e_{zx} \\ e_{xy} & e_y & e_{yz} \\ e_{zx} & e_{yz} & e_z \end{bmatrix} = \begin{bmatrix} \varepsilon_x - \varepsilon_m & \varepsilon_{xy} & \varepsilon_{zx} \\ \varepsilon_{xy} & \varepsilon_y - \varepsilon_m & \varepsilon_{yz} \\ \varepsilon_{zx} & \varepsilon_{yz} & \varepsilon_z - \varepsilon_m \end{bmatrix} \tag{11.4.1b}$$

式中

$$\varepsilon_m = \frac{1}{3}(\varepsilon_x + \varepsilon_y + \varepsilon_z)$$

称为平均应变。

偏应变矩阵的特征方程为 $e^3 - J'_1 e^2 - J'_2 e - J'_3 = 0$ (11.4.2)

式中

$$\begin{cases} J'_1 = e_x + e_y + e_z = 0 \\ J'_2 = -e_y e_z - e_z e_x - e_x e_y + e_{yz}^2 + e_{zx}^2 + e_{xy}^2 \\ J'_3 = e_x e_y e_z - e_x e_{yz}^2 - e_y e_{zx}^2 - e_z e_{xy}^2 + 2e_{yz} e_{zx} e_{xy} \end{cases} \tag{11.4.3}$$

称为偏应变不变量。

由于

$$J'_1 = e_x + e_y + e_z = (\varepsilon_x - \varepsilon_m) + (\varepsilon_y - \varepsilon_m) + (\varepsilon_z - \varepsilon_m) = \varepsilon_x + \varepsilon_y + \varepsilon_z - 3\varepsilon_m = 0$$

因此,偏应变矩阵的特征方程式(11.4.2)可简化为

$$e^3 - J'_2 e - J'_3 = 0 \tag{11.4.4}$$

通过求解偏应变矩阵的特征值和特征向量,即可求得主应变偏量和应变偏量主方向。偏应变不变量也可用主应变偏量表示成

$$\begin{cases} J'_2 = -e_1e_2 - e_2e_3 - e_3e_1 \\ J'_3 = e_1e_2e_3 \end{cases} \tag{11.4.5}$$

二、偏应变不变量的若干性质

1. J'_2 的若干性质

$$J'_2 = \frac{1}{2}(e_x^2 + e_y^2 + e_z^2) + e_{yz}^2 + e_{zx}^2 + e_{xy}^2 = \frac{1}{2}(e_1^2 + e_2^2 + e_3^2) \tag{11.4.6}$$

$$\begin{aligned} J'_2 &= \frac{1}{6}[(e_x - e_y)^2 + (e_y - e_z)^2 + (e_z - e_x)^2 + 6(e_{yz}^2 + e_{zx}^2 + e_{xy}^2)] \\ &= \frac{1}{6}[(e_1 - e_2)^2 + (e_2 - e_3)^2 + (e_3 - e_1)^2] \end{aligned} \tag{11.4.7a}$$

$$\begin{aligned} J'_2 &= \frac{1}{6}[(\varepsilon_x - \varepsilon_y)^2 + (\varepsilon_y - \varepsilon_z)^2 + (\varepsilon_z - \varepsilon_x)^2 + 6(\varepsilon_{yz}^2 + \varepsilon_{zx}^2 + \varepsilon_{xy}^2)] \\ &= \frac{1}{6}[(\varepsilon_1 - \varepsilon_2)^2 + (\varepsilon_2 - \varepsilon_3)^2 + (\varepsilon_3 - \varepsilon_1)^2] \end{aligned} \tag{11.4.7b}$$

$$J'_2 = \frac{1}{3}(e_1^2 + e_2^2 + e_3^2 - e_1e_2 - e_2e_3 - e_3e_1) \tag{11.4.8}$$

2. J'_2与 I'_1和 I'_2 之间的关系

$$J'_2 = \frac{1}{3}(I'^2_1 - 3I'_2) \tag{11.4.9}$$

3. J'_3 的性质

$$J'_3 = \frac{1}{3}(e_1^3 + e_2^3 + e_3^3) \tag{11.4.10}$$

三、等效应变

定义等效线应变为

$$\bar{\varepsilon} = \sqrt{\frac{4}{3}J'_2} \tag{11.4.11}$$

单纯拉伸时,其应变状态为

$$\varepsilon_x = \varepsilon \quad \varepsilon_y = \varepsilon_z = -\frac{1}{2}\varepsilon \quad \varepsilon_{xy} = \varepsilon_{yz} = \varepsilon_{zx} = 0$$

此时,由式(11.4.7b)可得

$$J'_2 = \frac{1}{6}\left[\left(\varepsilon + \frac{1}{2}\varepsilon\right)^2 + \left(-\frac{1}{2}\varepsilon + \frac{1}{2}\varepsilon\right)^2 + \left(-\frac{1}{2}\varepsilon - \varepsilon\right)^2\right] = \frac{1}{6} \times \frac{9}{2}\varepsilon^2 = \frac{3}{4}\varepsilon^2$$

于是得到:

$$\overline{\varepsilon} = \sqrt{\frac{4}{3} \times \frac{3}{4}\varepsilon^2} = \varepsilon$$

定义等效切应变为

$$\overline{\gamma} = 2\sqrt{J_2'} \tag{11.4.12}$$

单纯拉伸剪切时,其应变状态为

$$\varepsilon_x = \varepsilon_y = \varepsilon_z = 0 \quad , \quad \varepsilon_{xy} = \frac{1}{2}\gamma > 0 \quad , \quad \varepsilon_{yz} = \varepsilon_{zx} = 0$$

此时,由式(11.4.7b)可得

$$J_2 = \frac{1}{4}\gamma^2$$

于是得到:

$$\overline{\gamma} = 2\sqrt{\frac{1}{4}\gamma^2} = \gamma$$

11.5 最大应力与最小应力

若物体中一点处的三个主应力 σ_1、σ_2 和 σ_3,以及其相应的三个应力主向 $\boldsymbol{N}_1$、$\boldsymbol{N}_2$ 和 $\boldsymbol{N}_3$ 已经求得,就可利用它们来求出该点处的最大应力与最小应力。

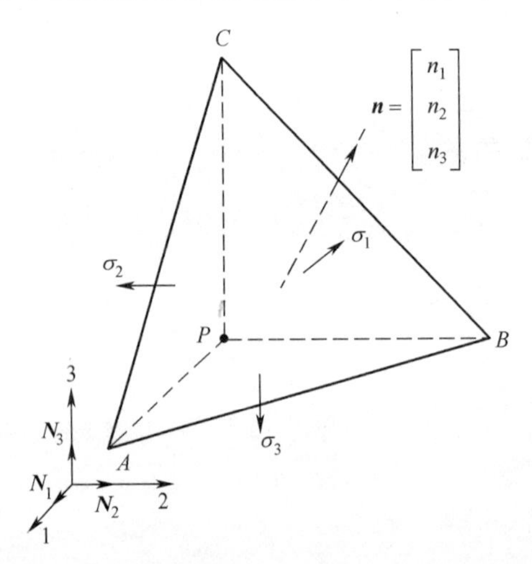

图 11.5.1 以三个主方向为基矢量建立的直角坐标系

为此,以三个主方向为基矢量建立直角坐标系(图 11.5.1)。在此直角坐标系下,应力矩阵为

$$\boldsymbol{\sigma} = \begin{bmatrix} \sigma_1 & 0 & 0 \\ 0 & \sigma_2 & 0 \\ 0 & 0 & \sigma_3 \end{bmatrix}$$

设任一斜面的单位法向矢量为

$$\boldsymbol{n}=\begin{bmatrix} n_1 \\ n_2 \\ n_3 \end{bmatrix}$$

式中

$$n_1^2+n_2^2+n_3^2=1$$

则该斜面上的内力矢量为

$$\boldsymbol{p}=\boldsymbol{\sigma n}=\begin{bmatrix} \sigma_1 & 0 & 0 \\ 0 & \sigma_2 & 0 \\ 0 & 0 & \sigma_3 \end{bmatrix}\begin{bmatrix} n_1 \\ n_2 \\ n_3 \end{bmatrix}=\begin{bmatrix} \sigma_1 n_1 \\ \sigma_2 n_2 \\ \sigma_3 n_3 \end{bmatrix}$$

该斜面上的正应力的数值为

$$\sigma_n=\boldsymbol{p}^{\mathrm{T}}\boldsymbol{n}=[\sigma_1 n_1 \quad \sigma_2 n_2 \quad \sigma_3 n_3]\begin{bmatrix} n_1 \\ n_2 \\ n_3 \end{bmatrix}=\sigma_1 n_1^2+\sigma_2 n_2^2+\sigma_3 n_3^2$$

在上式中消去 n_1，可得

$$\sigma_n=\sigma_1(1-n_2^2-n_3^2)+\sigma_2 n_2^2+\sigma_3 n_3^2$$

对上式中的 n_2 和 n_3 分别求一阶导数，可得

$$\begin{cases} \dfrac{\partial \sigma_n}{\partial n_2}=-2\sigma_1 n_2+2\sigma_2 n_2=2(-\sigma_1+\sigma_2)n_2=0 \\ \dfrac{\partial \sigma_n}{\partial n_3}=-2\sigma_1 n_3+2\sigma_3 n_3=2(-\sigma_1+\sigma_3)n_3=0 \end{cases}$$

解得

$$n_2=n_3=0 \quad , \quad n_1=\pm 1$$

此时

$$\sigma_n=\sigma_1$$

于是，得到了 σ_n 的一个极值为 σ_1。

依次消去 n_2 和 n_3，又可得出 σ_n 的另外两个极值，分别等于 σ_2 和 σ_3。这就是说，σ_n 的极值不外乎 σ_1、σ_2 和 σ_3。

由此可见，物体中任意一点处，最大正应力就是该点处三个主应力中的最大者，而最小正应力就是其中的最小者。

特别地，当三个主应力相等时（如静水压力），所有各斜面上应力都相等，且都等于主应力。

该斜面上的切应力的大小数值为

$$\begin{aligned} \tau_n^2 &= p^2-\sigma_n^2=(\sigma_1 n_1)^2+(\sigma_2 n_2)^2+(\sigma_3 n_3)^2-(\sigma_1 n_1^2+\sigma_2 n_2^2+\sigma_3 n_3^2)^2 \\ &= \sigma_1^2 n_1^2+\sigma_2^2 n_2^2+\sigma_3^2 n_3^2-(\sigma_1 n_1^2+\sigma_2 n_2^2+\sigma_3 n_3^2)^2 \end{aligned}$$

在上式中消去 n_1，可得

$$\tau_n^2=\sigma_1^2(1-n_2^2-n_3^2)+\sigma_2^2 n_2^2+\sigma_3^2 n_3^2-[\sigma_1(1-n_2^2-n_3^2)+\sigma_2 n_2^2+\sigma_3 n_3^2]^2$$

对上式中的 n_2 和 n_3 分别求一阶导数，可得

$$
\begin{cases}
\dfrac{\partial \tau_n^2}{\partial n_2} = -2(\sigma_1 + \sigma_2)n_2\left[(\sigma_2 - \sigma_1)n_2^2 + (\sigma_3 - \sigma_1)n_3^2 - \dfrac{1}{2}(\sigma_2 - \sigma_1)\right] = 0 \\
\dfrac{\partial \tau_n^2}{\partial n_3} = -2(\sigma_3 + \sigma_1)n_3\left[(\sigma_2 - \sigma_1)n_2^2 + (\sigma_3 - \sigma_1)n_3^2 - \dfrac{1}{2}(\sigma_3 - \sigma_1)\right] = 0
\end{cases}
$$

当 $n_2=0, n_3=0$ 时，$n_1=1$，可得

$$\tau_n = 0$$

当 $n_2=0, n_3=\pm 1/\sqrt{2}$ 时，$n_1=\pm 1/\sqrt{2}$，可得

$$\tau_n^2 = \frac{\sigma_1^2 + \sigma_3^2}{2} - \left(\frac{\sigma_1 + \sigma_3}{2}\right)^2 = \left(\frac{\sigma_3 - \sigma_1}{2}\right)^2$$

此时，

$$\tau_n = \pm \frac{1}{2}(\sigma_3 - \sigma_1)$$

于是，得到了 τ_n 的一组极值。

依次消去 n_2 和 n_3，又可得出 τ_n 的另外两组极值，分别为

$$\tau_n = \pm \frac{1}{2}(\sigma_1 - \sigma_2) \quad 和 \quad \tau_n = \pm \frac{1}{2}(\sigma_2 - \sigma_3)$$

由此可见，物体中任意一点处，最大切应力等于最大主应力与最小主应力之差的一半，而最小切应力等于最小主应力与最小大主应力之差的一半。

例题 11.5.1：

假设已经求得的应力矩阵为

$$\boldsymbol{\sigma} = \begin{bmatrix} \sigma_x & \tau_{xy} & \tau_{zx} \\ \tau_{xy} & \sigma_y & \tau_{yz} \\ \tau_{zx} & \tau_{yz} & \sigma_z \end{bmatrix} = \begin{bmatrix} 100 & 40 & -20 \\ 40 & 50 & 30 \\ -20 & 30 & -10 \end{bmatrix}$$

在例题 11.1.1 中，已经求得了三个主应力为

$$\sigma_1 = 122.2433 \quad , \quad \sigma_2 = 49.4919 \quad 和 \quad \sigma_3 = -31.7352$$

完成下列问题：

(1) 求出最大正应力与最小正应力；

(2) 求出最大切应力与最小切应力。

解答：

(1) 最大正应力为

$$\sigma_{\max} = \sigma_1 = 122.2433$$

最小正应力为

$$\sigma_{\min} = \sigma_3 = -31.7352$$

(2) 最大切应力为

$$\tau_{\max} = \frac{\sigma_1 - \sigma_3}{2} = \frac{122.2433 - (-31.7352)}{2} = 76.99$$

最小切应力为

$$\tau_{\min} = -\frac{\sigma_1 - \sigma_3}{2} = -76.99$$

答毕。

特别地,对于平面问题,在求得任一点处的两个主应力 σ_1 和 σ_2,以及相应的应力主向 $\boldsymbol{N}_1$ 和 $\boldsymbol{N}_2$ 之后,同样可以求得该点处的最大应力与最小应力。

为此,以 $\boldsymbol{N}_1$ 和 $\boldsymbol{N}_2$ 为基矢量建立平面直角坐标系。在此直角坐标系下,应力矩阵为

$$\boldsymbol{\sigma} = \begin{bmatrix} \sigma_1 & 0 \\ 0 & \sigma_2 \end{bmatrix}$$

式中:σ_1 和 σ_2 为主应力,且 $\sigma_1 > \sigma_2$。

设任一斜面的单位法向矢量为

$$\boldsymbol{n} = \begin{bmatrix} n_1 \\ n_2 \end{bmatrix}$$

式中

$$n_1^2 + n_2^2 = 1$$

则该斜面上的内力矢量为

$$\boldsymbol{p} = \boldsymbol{\sigma n} = \begin{bmatrix} \sigma_1 & 0 \\ 0 & \sigma_2 \end{bmatrix} \begin{bmatrix} n_1 \\ n_2 \end{bmatrix} = \begin{bmatrix} \sigma_1 n_1 \\ \sigma_2 n_2 \end{bmatrix}$$

该斜面上的正应力的数值为

$$\begin{aligned} \sigma_n = \boldsymbol{p}^{\mathrm{T}} \boldsymbol{n} &= [\sigma_1 n_1 \quad \sigma_2 n_2] \begin{bmatrix} n_1 \\ n_2 \end{bmatrix} = \sigma_1 n_1^2 + \sigma_2 n_2^2 \\ &= (\sigma_1 - \sigma_2) n_1^2 + \sigma_2 \end{aligned}$$

由于 n_1^2 最大值为 1 而最小值为 0,可见 σ_n 的最大值为 σ_1 而最小值为 σ_2。这就是说,最大正应力与最小正应力分别为两个主应力中的大者和小者。

该斜面上的切应力的数值为

$$\begin{aligned} \tau_n^2 = p^2 - \sigma_n^2 &= (\sigma_1 n_1)^2 + (\sigma_2 n_2)^2 - (\sigma_1 n_1^2 + \sigma_2 n_2^2)^2 \\ &= (\sigma_1 n_1)^2 (1 - n_1^2) + (\sigma_2 n_2)^2 (1 - n_2^2) - 2\sigma_1 \sigma_2 n_1^2 n_2^2 \\ &= n_1^2 n_2^2 (\sigma_1^2 + \sigma_2^2 - 2\sigma_1 \sigma_2) \\ &= n_1^2 n_2^2 (\sigma_1 - \sigma_2)^2 \end{aligned}$$

也可写成

$$\begin{aligned} \tau_n^2 = n_1^2 (1 - n_1^2)(\sigma_1 - \sigma_2)^2 &= (-n_1^4 + n_1^2)(\sigma_1 - \sigma_2)^2 \\ &= \left[-\left(n_1^2 - \frac{1}{2} \right)^2 + \frac{1}{4} \right] (\sigma_1 - \sigma_2)^2 \end{aligned}$$

由此可见,当

$$n_1 = \pm \sqrt{\frac{1}{2}}$$

时,τ_n 的最大值或最小值为

$$\pm\frac{\sigma_1-\sigma_2}{2}$$

发生在与坐标轴(应力主向)成45°的斜面上。

11.6 八面体应力

如图11.6.1所示,以三个主方向为基矢量建立直角坐标系。在此直角坐标系下,应力矩阵为

$$\boldsymbol{\sigma}=\begin{bmatrix}\sigma_1 & 0 & 0\\0 & \sigma_2 & 0\\0 & 0 & \sigma_3\end{bmatrix}$$

在点 P 处作与三个坐标轴等倾的斜截面。这样的平面共有八个,围成一个正八面体。

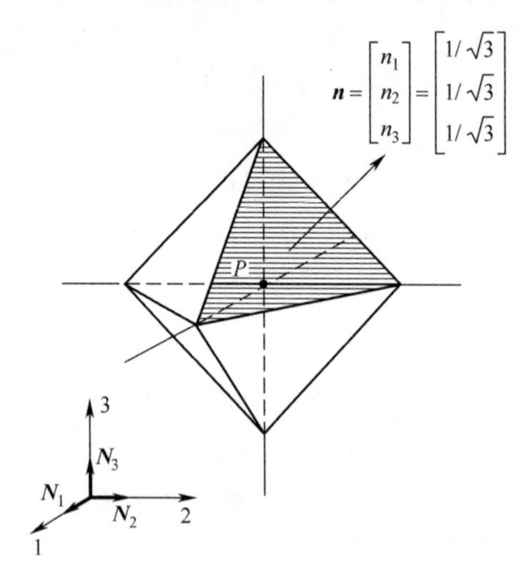

图11.6.1 以三个主方向为基矢量建立的直角坐标系

第一象限中的斜面,其单位法向矢量为

$$\boldsymbol{n}=\begin{bmatrix}n_1\\n_2\\n_3\end{bmatrix}=\begin{bmatrix}1/\sqrt{3}\\1/\sqrt{3}\\1/\sqrt{3}\end{bmatrix}$$

则此斜面上的内力矢量为

$$\boldsymbol{p}=\boldsymbol{\sigma n}=\begin{bmatrix}\sigma_1 & 0 & 0\\0 & \sigma_2 & 0\\0 & 0 & \sigma_3\end{bmatrix}\begin{bmatrix}1/\sqrt{3}\\1/\sqrt{3}\\1/\sqrt{3}\end{bmatrix}=\begin{bmatrix}1/\sqrt{3}\sigma_1\\1/\sqrt{3}\sigma_2\\1/\sqrt{3}\sigma_3\end{bmatrix}\tag{11.6.1}$$

该斜面上的正应力为

$$\sigma_8 = \boldsymbol{n}^{\mathrm{T}}\boldsymbol{p} = \boldsymbol{\sigma} = \begin{bmatrix} 1/\sqrt{3} & 1/\sqrt{3} & 1/\sqrt{3} \end{bmatrix} \begin{bmatrix} 1/\sqrt{3}\sigma_1 \\ 1/\sqrt{3}\sigma_2 \\ 1/\sqrt{3}\sigma_3 \end{bmatrix} \tag{11.6.2}$$

$$= \frac{1}{3}(\sigma_1 + \sigma_2 + \sigma_3) = \sigma_m = \frac{1}{3}I_1$$

该斜面上的切应力为

$$\begin{aligned}
\tau_8^2 &= p^2 - \sigma_8^2 \\
&= \frac{1}{3}(\sigma_1^2 + \sigma_2^2 + \sigma_3^2) - \frac{1}{9}(\sigma_1 + \sigma_2 + \sigma_3)^2 \\
&= \frac{1}{9}(3\sigma_1^2 + 3\sigma_2^2 + 3\sigma_3^2 - \sigma_1^2 - \sigma_2^2 - \sigma_3^2 - 2\sigma_1\sigma_2 - 2\sigma_2\sigma_3 - 2\sigma_3\sigma_2) \\
&= \frac{1}{9}[(\sigma_1^2 - 2\sigma_1\sigma_2 + \sigma_2^2) + (\sigma_2^2 - 2\sigma_2\sigma_3 + \sigma_3^2) + (\sigma_3^2 - 2\sigma_3\sigma_1 + \sigma_1^2)] \\
&= \frac{1}{9}[(\sigma_1 - \sigma_2)^2 + (\sigma_2 - \sigma_3)^2 + (\sigma_3 - \sigma_1)^2]
\end{aligned}$$

即

$$\tau_8 = \frac{1}{3}\sqrt{(\sigma_1 - \sigma_2)^2 + (\sigma_2 - \sigma_3)^2 + (\sigma_3 - \sigma_1)^2} = \frac{1}{3}\sqrt{6J_2} = \sqrt{\frac{2}{3}J_2} \tag{11.6.3}$$

11.7 主应力空间

一、主应力空间

如图 11.7.1 所示,以三个主应力 σ_1、σ_2 和 σ_3 为直角坐标建立直角坐标系。

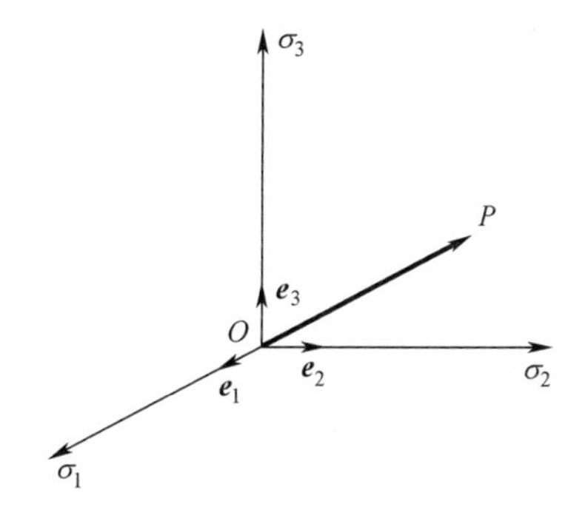

图 11.7.1 主应力空间

此直角坐标系中任意一“点”P 的“位置矢量”可用三个主应力表示成

$$\boldsymbol{OP} = \sigma_1\boldsymbol{e}_1 + \sigma_2\boldsymbol{e}_2 + \sigma_3\boldsymbol{e}_3 = \begin{bmatrix} \sigma_1 \\ \sigma_2 \\ \sigma_3 \end{bmatrix} \tag{11.7.1}$$

式中:$\boldsymbol{e}_1$、$\boldsymbol{e}_2$ 和 $\boldsymbol{e}_3$ 为该直角坐标系的三个基矢量。

因此,此直角坐标系中的一个“点”对应于一个“主应力状态”。这个直角坐标系所构成的空间,称为主应力空间。

需要特别指出的是,这个主应力空间不是前述章节所指的几何空间,而是一个抽象的数学空间。

物体上任意一点处的主应力状态对应于主应力空间中的一个点。因此,物体上所有各点处的主应力状态可以看作是主应力空间中点的集合。

二、π 平面

如图 11.6.3 所示,在主应力空间中过原点的平面

$$\sigma_1 + \sigma_2 + \sigma_3 = 0 \tag{11.7.2}$$

称为 π 平面。

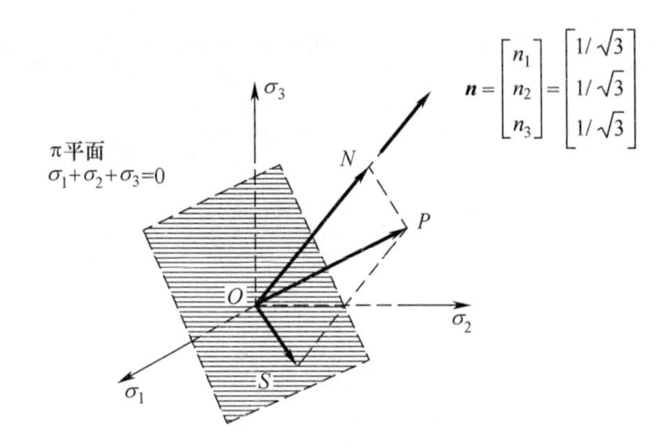

图 11.7.2　主应力空间中的 π 平面

在该平面上:

$$\sigma_m = \frac{1}{3}(\sigma_1 + \sigma_2 + \sigma_3) = 0 \tag{11.7.3}$$

于是,在该平面上:

$$s_1 = \sigma_1, s_2 = \sigma_2, s_3 = \sigma_3$$

有

$$s_1 + s_2 + s_3 = 0 \tag{11.7.4}$$

显然,该平面的单位法向矢量为

$$\boldsymbol{n} = \begin{bmatrix} n_1 \\ n_2 \\ n_3 \end{bmatrix} = \begin{bmatrix} 1/\sqrt{3} \\ 1/\sqrt{3} \\ 1/\sqrt{3} \end{bmatrix}$$

因此,在法线方向上任意一点处,有

$$\sigma_1 = \sigma_2 = \sigma_3 = \sigma_m$$

即静水压力作用下的应力状态。

主应力空间中任意一点 P 的“位置矢量”在 π 平面法向上的投影的数量为

$$|\overrightarrow{ON}| = \overrightarrow{OP} \cdot \boldsymbol{n} = [\sigma_1 \quad \sigma_2 \quad \sigma_3]\begin{bmatrix} 1/\sqrt{3} \\ 1/\sqrt{3} \\ 1/\sqrt{3} \end{bmatrix} = \frac{1}{\sqrt{3}}(\sigma_1 + \sigma_2 + \sigma_3) = \sqrt{3}\sigma_m$$

于是,可得主应力空间中任意一点 P 的“位置矢量”在该平面法向上的投影矢量为

$$\overrightarrow{ON} = |\overrightarrow{ON}|\boldsymbol{n} = \sqrt{3}\sigma_m \begin{bmatrix} 1/\sqrt{3} \\ 1/\sqrt{3} \\ 1/\sqrt{3} \end{bmatrix} = \begin{bmatrix} \sigma_m \\ \sigma_m \\ \sigma_m \end{bmatrix} \tag{11.7.5}$$

进而可得主应力空间中任意一点 P 的“位置矢量”在该平面上的投影为

$$\overrightarrow{OS} = \overrightarrow{OP} - \overrightarrow{ON} = \begin{bmatrix} \sigma_1 \\ \sigma_2 \\ \sigma_3 \end{bmatrix} - \begin{bmatrix} \sigma_m \\ \sigma_m \\ \sigma_m \end{bmatrix} = \begin{bmatrix} \sigma_1 - \sigma_m \\ \sigma_2 - \sigma_m \\ \sigma_3 - \sigma_m \end{bmatrix} = \begin{bmatrix} s_1 \\ s_2 \\ s_3 \end{bmatrix} \tag{11.7.6}$$

由此可见,应力空间中任意一点处的位置矢量(表示一个主应力状态)可以分解为垂直于 π 平面和位于 π 平面上两部分。其中,垂直部分仅与静水压力有关、位于平面上的部分仅与主应力偏量有关。

三、π 平面上的局部平面坐标系

式(11.7.2)和式(11.7.4)表明,在 π 平面上,主应力 σ_1、σ_2 和 σ_3 中,或主偏应力 s_1、s_2 和 s_3 中,都只有两个独立的变量。因此,可以考虑在 π 平面上建立一个二维的局部平面坐标系。

1. 120°坐标系

如图 11.7.3(a)所示,主应力空间中的基矢量 $\boldsymbol{e}_1$ 在 π 平面法向上的投影的数量为

$$\boldsymbol{e}_1 \cdot \boldsymbol{n} = [1 \quad 0 \quad 0]\begin{bmatrix} 1/\sqrt{3} \\ 1/\sqrt{3} \\ 1/\sqrt{3} \end{bmatrix} = \frac{1}{\sqrt{3}}$$

于是根据勾股定理,其在 π 平面上的投影的数量为

$$|OA| = \sqrt{1 - \frac{1}{3}} = \sqrt{\frac{2}{3}}$$

同理可得其他两个基矢量在 π 平面法向上的投影的数量为

$$|OB| = |OC| = \sqrt{\frac{2}{3}}$$

如图 11.7.3(b)所示,主应力空间中三个基矢量为 $\boldsymbol{e}_1$、$\boldsymbol{e}_2$ 和 $\boldsymbol{e}_3$ 在 π 平面上的投影为

$$\sqrt{\frac{2}{3}}\boldsymbol{e}_0 \quad , \quad \sqrt{\frac{2}{3}}\boldsymbol{e}_{120} \quad 和 \quad \sqrt{\frac{2}{3}}\boldsymbol{e}_{240}$$

式中:$\boldsymbol{e}_0$、$\boldsymbol{e}_{120}$ 和 $\boldsymbol{e}_{240}$ 为 π 平面上 120°坐标系的三个基矢量。

由式(11.7.1)可得,主应力中任意一个主应力状态的位置矢量在 π 平面上的投影可用 120 坐标系表示成

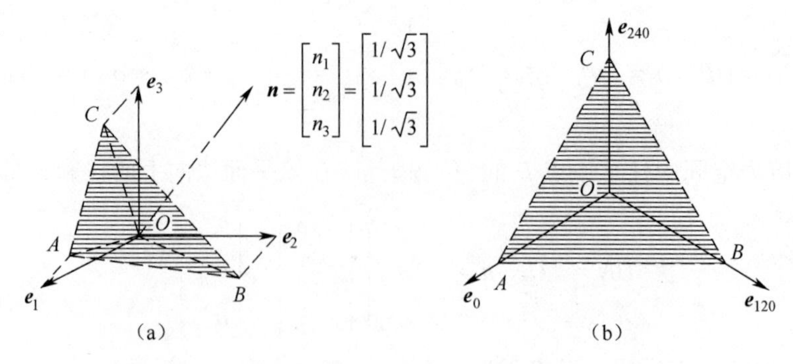

图 11.7.3 主应力空间中的基矢量在 π 平面上的投影

$$\overrightarrow{OS}=\sigma_1\sqrt{\frac{2}{3}}\boldsymbol{e}_0+\sigma_2\sqrt{\frac{2}{3}}\boldsymbol{e}_{120}+\sigma_3\sqrt{\frac{2}{3}}\boldsymbol{e}_{240}=\sqrt{\frac{2}{3}}(\sigma_1\boldsymbol{e}_0+\sigma_2\boldsymbol{e}_{120}+\sigma_3\boldsymbol{e}_{240})\tag{11.7.7}$$

2. 直角坐标系

如图 11.7.4 所示,在该平面上建立平面直角坐标系。120°坐标系的三个基矢量 $\boldsymbol{e}_0$、$\boldsymbol{e}_{120}$ 和 $\boldsymbol{e}_{240}$ 可用平面直角坐标系的两个基矢量 $\boldsymbol{e}_x$ 和 $\boldsymbol{e}_y$ 表示成

$$\begin{cases}\boldsymbol{e}_0=\dfrac{\sqrt{3}}{2}\boldsymbol{e}_x-\dfrac{1}{2}\boldsymbol{e}_y\\ \boldsymbol{e}_{120}=\boldsymbol{e}_y\\ \boldsymbol{e}_{240}=-\dfrac{\sqrt{3}}{2}\boldsymbol{e}_x-\dfrac{1}{2}\boldsymbol{e}_y\end{cases}$$

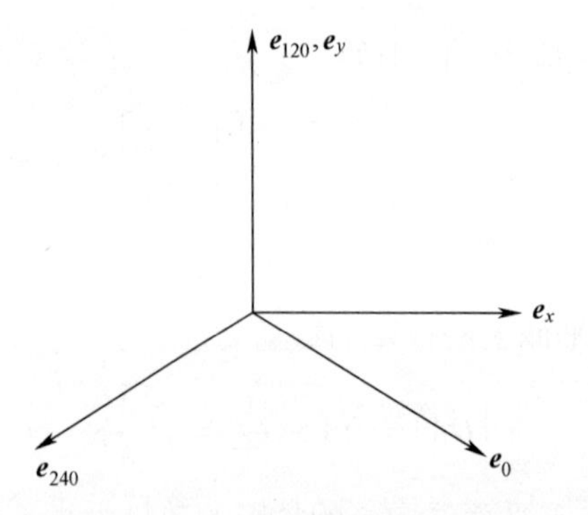

图 11.7.4 π 平面上的直角坐标系

由式(11.7.7)可得,主应力中任意一个主应力状态的位置矢量在 π 平面上的投影可用直角坐标系表示成

$$\begin{aligned}\overrightarrow{OS}&=\sqrt{\frac{2}{3}}\sigma_1\left(\frac{\sqrt{3}}{2}\boldsymbol{e}_x-\frac{1}{2}\boldsymbol{e}_y\right)+\sqrt{\frac{2}{3}}\sigma_2\boldsymbol{e}_y+\sqrt{\frac{2}{3}}\sigma_3\left(-\frac{\sqrt{3}}{2}\boldsymbol{e}_x-\frac{1}{2}\boldsymbol{e}_y\right)\\&=\frac{\sqrt{2}}{2}(\sigma_1-\sigma_3)\boldsymbol{e}_x+\frac{1}{\sqrt{6}}(2\sigma_2-\sigma_1-\sigma_3)\boldsymbol{e}_y\end{aligned}\tag{11.7.8}$$

据此可得其在局部平面直角坐标系下的坐标为

$$\begin{cases} x = \dfrac{\sqrt{2}}{2}(\sigma_1 - \sigma_3) \\ y = \dfrac{1}{\sqrt{6}}(2\sigma_2 - \sigma_1 - \sigma_3) \end{cases} \tag{11.7.9a}$$

由于

$$\begin{cases} \sigma_1 - \sigma_3 = s_1 - s_3 \\ 2\sigma_2 - \sigma_1 - \sigma_3 = 2s_2 - s_1 - s_3 \end{cases}$$

式(11.7.9a)也可用主应力偏量表示成

$$\begin{cases} x = \dfrac{\sqrt{2}}{2}(s_1 - s_3) \\ y = \dfrac{1}{\sqrt{6}}(2s_2 - s_1 - s_3) \end{cases} \tag{11.7.9b}$$

因此,物体上任意一点处的主应力状态可用主应力空间中的局部平面直角坐标下的一个点来表示。其坐标由式(11.7.9)确定。

3. 极坐标系

如图 11.7.5 所示,当采用局部极坐标时,由式(11.7.9a)可得

$$\rho_\sigma = \sqrt{x^2 + y^2} = \sqrt{\frac{1}{2}(\sigma_1 - \sigma_3)^2 + \frac{1}{6}(2\sigma_2 - \sigma_1 - \sigma_3)^2} \tag{11.7.10a}$$

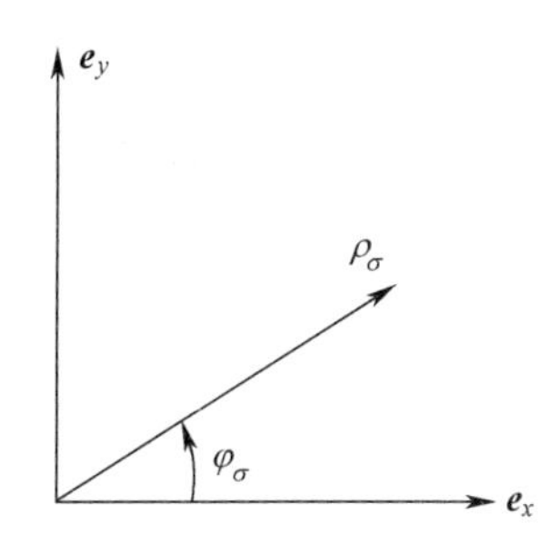

图 11.7.5　主 π 平面上的极坐标系

由于

$$\begin{aligned} &\frac{1}{2}(\sigma_1 - \sigma_3)^2 + \frac{1}{6}(2\sigma_2 - \sigma_1 - \sigma_3)^2 \\ &= \frac{1}{2}\sigma_1^2 - \sigma_1\sigma_3 + \frac{1}{2}\sigma_3^2 + \frac{1}{6}(4\sigma_2^2 + \sigma_1^2 + \sigma_3^2 - 4\sigma_1\sigma_2 - 4\sigma_2\sigma_3 + 2\sigma_3\sigma_1) \\ &= \frac{2}{3}(\sigma_1^2 + \sigma_2^2 + \sigma_3^2 - \sigma_1\sigma_2 - \sigma_2\sigma_3 - \sigma_3\sigma_1) \\ &= \frac{1}{3}[(\sigma_1 - \sigma_2)^2 + (\sigma_2 - \sigma_3)^2 + (\sigma_3 - \sigma_1)^2] \\ &= 2J_2 \end{aligned}$$

所以

$$\rho_\sigma = \sqrt{2J_2} \tag{11.7.10b}$$

由式(11.7.9a)还可得

$$\tan\varphi_{\sigma}=\frac{y}{x}=\frac{1}{\sqrt{3}}\left(\frac{2\sigma_{2}-\sigma_{1}-\sigma_{3}}{\sigma_{1}-\sigma_{3}}\right)=\frac{1}{\sqrt{3}}\mu_{\sigma} \tag{11.7.11}$$

式中

$$\mu_{\sigma}=\frac{2\sigma_{2}-\sigma_{1}-\sigma_{3}}{\sigma_{1}-\sigma_{3}} \tag{11.7.12}$$

称为罗地参数。

罗地参数表示主应力之间的相对比值。如规定$\sigma_1\geqslant\sigma_2\geqslant\sigma_3$,则$\mu_\sigma$的变化范围为$-1\leqslant\mu_\sigma\leqslant1$或$-30°\leqslant\varphi_\sigma\leqslant30°$。

例如:纯拉伸($\sigma_1=\sigma,\sigma_2=\sigma_3=0$),对应于$\mu_\sigma=-1$;纯剪切($\sigma_1=-\sigma_3=\sigma,\sigma_2=0$),对应于$\mu_\sigma=0$;纯压缩($\sigma_1=\sigma_2=0,\sigma_3=-\sigma$),对应于$\mu_\sigma=1$。

如图 11.7.5 所示,局部直角坐标可用局部极坐标表示成

$$\begin{cases}x=\rho_{\sigma}\cos\varphi_{\sigma}\\ y=\rho_{\sigma}\sin\varphi_{\sigma}\end{cases} \tag{11.7.13}$$

当位于 π 平面上时,由式(11.7.4)可得

$$s_2=-s_1-s_3$$

进而可得

$$2s_2-s_1-s_3=-3(s_1+s_3)$$

于是,式(11.7.9b)变成

$$\begin{cases}x=\dfrac{\sqrt{2}}{2}(s_1-s_3)\\ y=\dfrac{1}{\sqrt{6}}\times[-3(s_1+s_3)]=-\sqrt{\dfrac{3}{2}}(s_1+s_3)\end{cases} \tag{11.7.14}$$

利用式(11.7.13),则式(11.7.14)成为

$$\begin{cases}s_1-s_3=\sqrt{2}x=\sqrt{2}\rho_{\sigma}\cos\varphi_{\sigma}\\ s_1+s_3=-\sqrt{\dfrac{2}{3}}y=-\sqrt{\dfrac{2}{3}}\rho_{\sigma}\sin\varphi_{\sigma}\end{cases} \tag{11.7.15}$$

由式(11.7.15)可得解得s_1和s_3,进而求得s_2。具体表达式如下:

$$\begin{cases}s_1=\dfrac{1}{\sqrt{2}}x-\dfrac{1}{\sqrt{6}}y=\sqrt{\dfrac{2}{3}}\rho_{\sigma}\sin\left(\varphi_{\sigma}+\dfrac{2}{3}\pi\right)\\ s_2=\sqrt{\dfrac{2}{3}}y=\sqrt{\dfrac{2}{3}}\rho_{\sigma}\sin\varphi_{\sigma}\\ s_3=-\dfrac{1}{\sqrt{2}}x-\dfrac{1}{\sqrt{6}}y=\sqrt{\dfrac{2}{3}}\rho_{\sigma}\sin\left(\varphi_{\sigma}-\dfrac{2}{3}\pi\right)\end{cases} \tag{11.7.16}$$

由式(11.7.16)可得

$$J_3=s_1s_2s_3=\frac{2}{3}\sqrt{\frac{2}{3}}\rho_{\sigma}^{3}\sin\left(\varphi_{\sigma}+\frac{2}{3}\pi\right)\sin\varphi_{\sigma}\sin\left(\rho_{\sigma}-\frac{2}{3}\pi\right)$$

由式(11. 7. 10b),可得

$$\begin{cases} \rho_\sigma^3 = 2\sqrt{2}J_2^{3/2} \\ \sin\left(\varphi_\sigma + \dfrac{2}{3}\pi\right)\sin\varphi_\sigma\sin\left(\varphi_\sigma - \dfrac{2}{3}\pi\right) = -\dfrac{1}{4}\sin3\varphi_\sigma \end{cases}$$

所以

$$J_3 = \frac{2}{3}\sqrt{\frac{2}{3}} \times (2\sqrt{2}J_2^{3/2}) \times \left(-\frac{1}{4}\sin3\varphi_\sigma\right) = -\frac{2}{3\sqrt{3}}J_2^{3/2}\sin3\varphi_\sigma \qquad (11.7.17)$$

例题 11. 7. 1:

假设已经求得的应力矩阵为

$$\boldsymbol{\sigma} = \begin{bmatrix} \sigma_x & \tau_{xy} & \tau_{zx} \\ \tau_{xy} & \sigma_y & \tau_{yz} \\ \tau_{zx} & \tau_{yz} & \sigma_z \end{bmatrix} = \begin{bmatrix} 100 & 40 & -20 \\ 40 & 50 & 30 \\ -20 & 30 & -10 \end{bmatrix}$$

由例题 11. 1. 1 解得三个主应力为

$$\sigma_1 = 122.2433, \sigma_2 = 49.4919, \sigma_3 = -31.7352$$

由例题 11. 3. 1 解得

$$J_2 = 5933.3$$

计算三个主应力偏量及 J_3。

解答:

由式(11. 7. 10b)可得

$$\rho_\sigma = \sqrt{2J_2} = \sqrt{2 \times 5933.3} = 108.9339$$

由式(11. 7. 12)可得

$$\mu_\sigma = \frac{2\sigma_2 - \sigma_1 - \sigma_3}{\sigma_1 - \sigma_3} = \frac{2 \times 49.4919 - 122.2433 - (-31.7352)}{122.2433 - (-31.7352)} = 0.0550$$

由式(11. 7. 11)可得

$$\tan\varphi_\sigma = \frac{1}{\sqrt{3}}\mu_\sigma = \frac{1}{\sqrt{3}} \times 0.0550 = 0.0318$$

由此可得

$$\varphi_\sigma = 0.0318$$

由式(11. 7. 16)解得

$$s_1 = \sqrt{\frac{2}{3}}\rho_\sigma\sin\left(\varphi_\sigma + \frac{2}{3}\pi\right) = \sqrt{\frac{2}{3}} \times 108.9339 \times \sin\left(0.0318 + \frac{2}{3}\pi\right) = 75.5750$$

$$s_2 = \sqrt{\frac{2}{3}}\rho_\sigma\sin\varphi_\sigma = \sqrt{\frac{2}{3}} \times 108.9339 \times \sin(0.0318) = 2.8279$$

$$s_3 = \sqrt{\frac{2}{3}}\rho_\sigma\sin\left(\varphi_\sigma - \frac{2}{3}\pi\right) = \sqrt{\frac{2}{3}} \times 108.9339 \times \sin\left(0.0318 - \frac{2}{3}\pi\right) = -78.4029$$

由式(11. 7. 17)解得

$$J_3 = -\frac{2}{3\sqrt{3}}J_2^{3/2}\sin3\varphi_\sigma = -\frac{2}{3\sqrt{3}} \times (5933.3)^{3/2} \times \sin(3 \times 0.0318) = -16756$$

答毕。

习 题

11-1

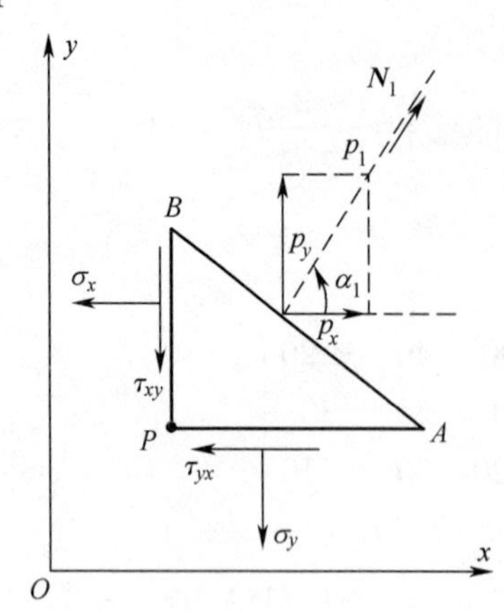

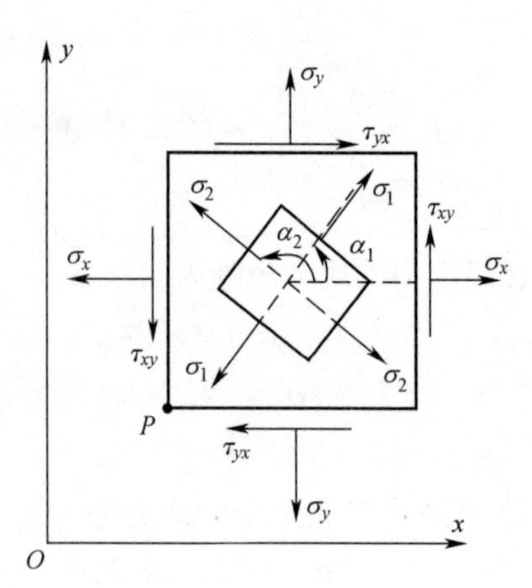

对于平面问题,有

$$\begin{cases}(\sigma_x - \sigma)N_x + N_y\tau_{xy} = 0\\ \tau_{xy}N_x + N_y(\sigma_y - \sigma) = 0\end{cases}$$

由上式可得

$$\frac{N_y}{N_x} = \frac{\sigma - \sigma_x}{\tau_{yx}} = \frac{\tau_{yx}}{\sigma - \sigma_y}$$

即得关于 σ 的二次方程为

$$\sigma^2 - (\sigma_x + \sigma_y)\sigma + (\sigma_x\sigma_y - \tau_{xy}^2) = 0$$

从而求得两个主应力为

$$\begin{cases}\sigma_1 = \dfrac{\sigma_x + \sigma_y}{2} + \sqrt{\left(\dfrac{\sigma_x - \sigma_y}{2}\right)^2 + \tau_{xy}^2}\\ \sigma_2 = \dfrac{\sigma_x + \sigma_y}{2} - \sqrt{\left(\dfrac{\sigma_x - \sigma_y}{2}\right)^2 + \tau_{xy}^2}\end{cases}$$

由于根号内的数值(两个数的平方之和)总是正的,所以 σ_1 和 σ_2 这两个根都是实根。

证明:两个应力主向互相垂直。

提示:

设 σ_1 与 x 轴的夹角为 α_1,则

$$\tan\alpha_1 = \frac{\sin\alpha_1}{\cos\alpha_1} = \frac{\cos(90° - \alpha_1)}{\cos\alpha_1} = \frac{N_{y1}}{N_{x1}} = \frac{\sigma_1 - \sigma_x}{\tau_{yx}}$$

同理可得

$$\tan\alpha_2 = \frac{\tau_{zy}}{\sigma_2 - \sigma_y}$$

进一步

$$\tan\alpha_2 = \frac{\tau_{zy}}{\sigma_2 - \sigma_y} = -\frac{\tau_{zy}}{\sigma_1 - \sigma_x}$$

可见

$$\tan\alpha_1\tan\alpha_2 = -1$$

表示 σ_1 与 σ_2 互相垂直。

11-2　给定应力矩阵：

$$\boldsymbol{\sigma} = \begin{bmatrix} \sigma_x & \tau_{xy} & \tau_{zx} \\ \tau_{xy} & \sigma_y & \tau_{yz} \\ \tau_{zx} & \tau_{yz} & \sigma_z \end{bmatrix} = \begin{bmatrix} 50 & -20 & 0 \\ -20 & 80 & 60 \\ 0 & 60 & -70 \end{bmatrix}$$

求解主应力、应力主向、最大切应力。

11-3　给定应力矩阵：

$$\boldsymbol{\sigma} = \begin{bmatrix} \sigma_x & \tau_{xy} & \tau_{zx} \\ \tau_{xy} & \sigma_y & \tau_{yz} \\ \tau_{zx} & \tau_{yz} & \sigma_z \end{bmatrix} = \begin{bmatrix} 50 & 50 & 80 \\ 50 & 0 & -75 \\ 80 & -75 & 30 \end{bmatrix}$$

求解主应力、最大切应力、八面体正应力、八面体切应力。

第十二章　弹塑性应力应变关系

与第五章所讲解的线弹性应力应变关系相比,弹塑性应力应变关系将变得复杂。

弹塑性应力应变关系是非线性的,且与加载历程有关。因此,通常以应力增量(或偏应力增量)与应变增量(或偏应变增量)的形式建立起应力应变之间的关系,称为增量理论。

为了建立这种增量关系,引入屈服条件用来判断何时开始进入塑性,引入加载条件用来刻画进入塑性后加载过程中屈服条件是如何变化的(因此,加载条件有时也称为后继屈服条件、继生屈服条件等),引入流动法则用来描述两个塑性加载状态之间是如何演化的。

本章主要讲解不可压缩条件下的弹塑性应力应变关系,即金属弹塑性。首先,讲解真应力与真应变、应变的分解;然后,讲解屈服条件、加载条件和流动法则,以及它们在主应力空间中的几何表征;最后,讲解增量理论中描述应力增量与应变增量之间关系的一些典型方程。

12.1　真应力与真应变

如图 12.1.1 所示,拉伸试样中部测试段的应力和形变可以看作是均匀的,故可定义工程应力(名义应力)为

$$\sigma = \frac{P}{A_0} \tag{12.1.1a}$$

定义工程应变(名义应变)为

$$\varepsilon = \frac{\Delta L}{L_0} = \frac{L - L_0}{L_0} \tag{12.1.1b}$$

式中:A_0 和 L_0 分别为试样测试段的原始横截面积和原始长度;L 为加载过程中试样测试段的当前长度。

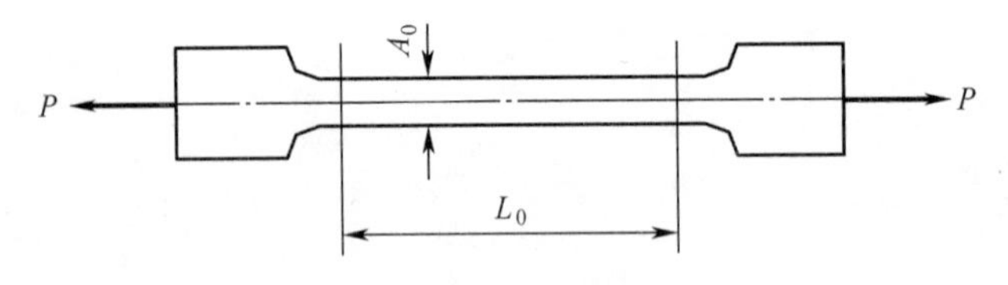

图 12.1.1　拉伸试样示意图

事实上,试样的横截面积将在拉伸过程中不断减小,特别是出现颈缩后,试样的横截面积将显著减小。此时,用名义应力和名义应变来描述材料的拉伸特性并不适当。因此,引入真应力和真应变。

真应力定义为

$$\tilde{\sigma} = \frac{P}{A} \tag{12.1.2a}$$

式中:A 为加载过程中试样测试段的当前横截面积。

真应变定义为

$$\mathrm{d}\tilde{\varepsilon} = \frac{\mathrm{d}L}{L}$$

积分,可得

$$\tilde{\varepsilon} = \int_{L_0}^{L} \frac{\mathrm{d}L}{L} = \ln\left(\frac{L}{L_0}\right) \tag{12.1.2b}$$

因此,真应变时常也称为对数应变。

真应变与名义应变有以下关系:

$$\tilde{\varepsilon} = \ln\left(\frac{L}{L_0}\right) = \ln\left(1 + \frac{L - L_0}{L_0}\right) = \ln(1 + \varepsilon) \tag{12.1.3a}$$

不可压缩时,测试段的体积保持不变,即

$$A_0 L_0 = AL$$

于是,真应力与名义应力、名义应变之间的关系为

$$\tilde{\sigma} = \frac{P}{A} = \frac{P}{A_0}\frac{A_0}{A} = \sigma\frac{L}{L_0} = \sigma\left(1 + \frac{L - L_0}{L_0}\right) = \sigma(1 + \varepsilon) = \sigma\exp(\tilde{\varepsilon}) \tag{12.1.3b}$$

显然,当形变微小时,即当 $\varepsilon \to 0$ 时,

$$\begin{cases} \tilde{\varepsilon} = \ln(1 + \varepsilon) \to \varepsilon \\ \tilde{\sigma} = \sigma(1 + \varepsilon) \to \sigma \end{cases}$$

此时,真应力趋近名义应力、真应变趋近名义应变。

例题 12.1.1:

图 12.1.2 给出了工程应力-工程应变曲线,其中六个数据点的具体数值为表 12.1.1 的第二列和第三列。

表 12.1.1　工程应力、工程应变、真应力、真应变数据表

数据点	工程应力/MPa	工程应变	真应力/MPa	真应变
1	200.0	0.0009524	200.2	0.00095195
2	240.0	0.025	246.0	0.0247
3	280.0	0.050	294.0	0.0488
4	340.0	0.100	374.0	0.0953
5	380.0	0.150	437.0	0.1398
6	400.0	0.200	480.0	0.1823

计算真应力和真应变。

解答:

对于数据点 1:

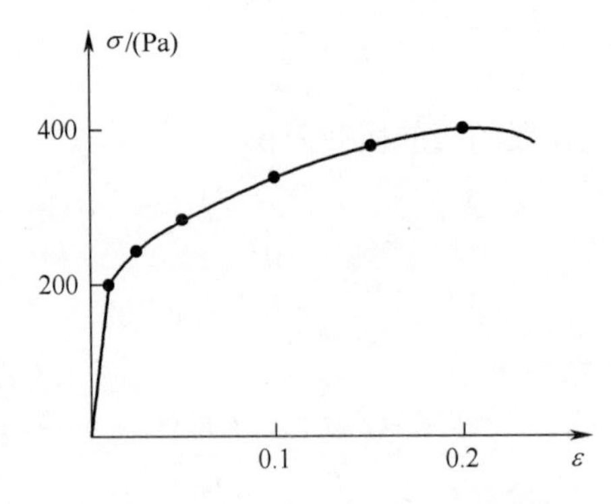

图 12.1.2　工程应力-工程应变曲线

$$\begin{cases}\tilde{\sigma}=\sigma(1+\varepsilon)=200\times(1+0.0009524)=200.2\\ \tilde{\varepsilon}=\ln(1+\varepsilon)=\ln(1+0.0009524)=0.00095195\end{cases}$$

对于数据点 2：

$$\begin{cases}\tilde{\sigma}=\sigma(1+\varepsilon)=240\times(1+0.025)=246.0\\ \tilde{\varepsilon}=\ln(1+\varepsilon)=\ln(1+0.025)=0.0247\end{cases}$$

对于数据点 3：

$$\begin{cases}\tilde{\sigma}=\sigma(1+\varepsilon)=280\times(1+0.050)=294.0\\ \tilde{\varepsilon}=\ln(1+\varepsilon)=\ln(1+0.050)=0.0488\end{cases}$$

对于数据点 4：

$$\begin{cases}\tilde{\sigma}=\sigma(1+\varepsilon)=340.0\times(1+0.100)=374.0\\ \tilde{\varepsilon}=\ln(1+\varepsilon)=\ln(1+0.100)=0.0953\end{cases}$$

对于数据点 5：

$$\begin{cases}\tilde{\sigma}=\sigma(1+\varepsilon)=380.0\times(1+0.150)=437.0\\ \tilde{\varepsilon}=\ln(1+\varepsilon)=\ln(1+0.150)=0.1398\end{cases}$$

对于数据点 6：

$$\begin{cases}\tilde{\sigma}=\sigma(1+\varepsilon)=400.0\times(1+0.200)=480.0\\ \tilde{\varepsilon}=\ln(1+\varepsilon)=\ln(1+0.200)=0.1823\end{cases}$$

所得到的真应力、真应变数据在表 12.1.1 的后两列列出。

答毕。

12.2　弹性应变与塑性应变

如图 12.2.1 所示，根据 1.1 节的假设，若在进入塑性阶段（图中点 A 以后，点 A 称为屈服点）后去除外力，则物体将残留永久变形（图中线段 OC 长度），且卸载（图中线段 BC）、再加载（图中线段 CB）时的材料特性与其线弹性阶段一致（线段 BC、线段 CB 均与线段 OA 平行）。

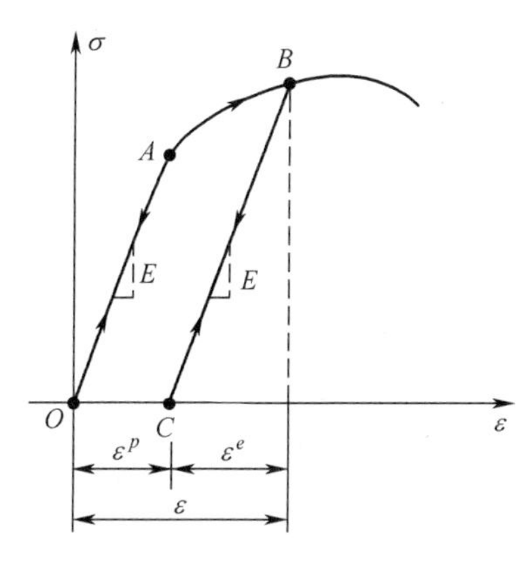

图 12.2.1 弹性应变与塑性应变

为此,将应变 ε 可以分解为两个部分。其中,一部分用来表征永久变形的塑性部分,记为 ε^p;而剩余的部分恰好等于应力除以弹性模量,相当于弹性部分,记为 ε^e。因此

$$\varepsilon = \varepsilon^e + \varepsilon^p \tag{12.2.1}$$

式中:ε^p 称为塑性应变;ε^e 称为弹性应变。其中

$$\varepsilon^e = \frac{\sigma}{E} \tag{12.2.2}$$

因此,塑性应变可由应力、应变和弹性模量求出,即

$$\varepsilon^p = \varepsilon - \varepsilon^e = \varepsilon - \frac{\sigma}{E} \tag{12.2.3}$$

如图 12.2.2 所示,可将所得的塑性应变与应力绘制成曲线。

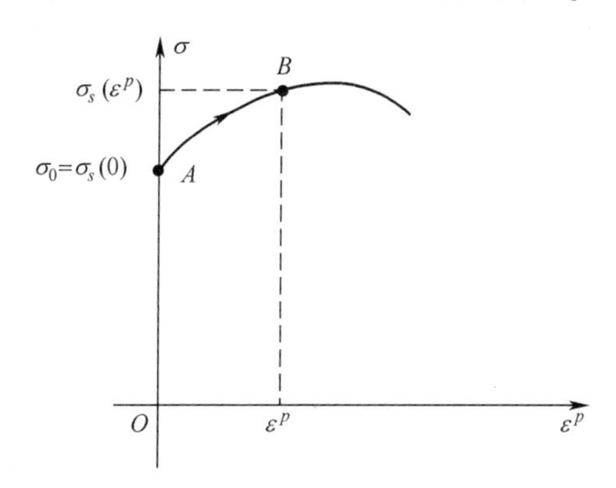

图 12.2.2 应力-塑性应变曲线

在弹塑性阶段,应力与应变之间已不再具有单一的对应关系。同一个应力可对应于不同的应变;反之,同一个应变可对应于不同的应力。

但是,应力与塑性应变之间具有单一的对应关系,且塑性应变给定时,应力与应变之间也具有单一的对应关系。因此,塑性应变也常称为“内变量”,应力与塑性应变之间的关系也是研究弹塑性问题的最基本关系。

事实上,图 12.2.1 中的点 B 可以看作是再加载时重新进入塑性的屈服点。因此,图 12.2.2 中的应力可以看作不同塑性阶段的屈服点。为了清晰起见,记任意一个塑性应变 ε^p

所对应的应力 σ 为 $\sigma_s(\varepsilon^p)$。特别地,记塑性应变为零时的应力为 σ_0,即

$$\sigma_0 = \sigma_s(0)$$

对于真应变,也可以分解为弹性真应变和塑性真应变,且具有下列关系:

$$\tilde{\varepsilon}^p = \tilde{\varepsilon} - \tilde{\varepsilon}^e = \tilde{\varepsilon} - \frac{\tilde{\sigma}}{E} \tag{12.2.4}$$

式中:$\tilde{\varepsilon}^p$ 为塑性真应变;$\tilde{\varepsilon}^e$ 为弹性真应变。

例题 12.2.1:

在例题 12.1.1 中,已经由工程应力、工程应变得到了真应力、真应变。表 12.2.1 列出了六个数据点处的真应力和真应变。已知材料的弹性模量为 $E = 210 \times 10^3\text{MPa}$。

表 12.2.1 真应力、真应变、塑性真应变数据表

数据点	真应力/MPa	真应变	塑性真应变
1	200.2	0.00095195	0.0
2	246.0	0.0247	0.0235
3	294.0	0.0488	0.0474
4	374.0	0.0953	0.0935
5	437.0	0.1398	0.1377
6	480.0	0.1823	0.1800

计算塑性真应变。

解答:

对于数据点 1:

$$\tilde{\varepsilon}^p = \tilde{\varepsilon} - \frac{\tilde{\sigma}}{E} = 0.00095195 - \frac{200.2}{210.0 \times 10^3} = 0.0$$

对于数据点 2:

$$\tilde{\varepsilon}^p = \tilde{\varepsilon} - \frac{\tilde{\sigma}}{E} = 0.0247 - \frac{246.0}{210.0 \times 10^3} = 0.0235$$

对于数据点 3:

$$\tilde{\varepsilon}^p = \tilde{\varepsilon} - \frac{\tilde{\sigma}}{E} = 0.0488 - \frac{294.0}{210.0 \times 10^3} = 0.0474$$

对于数据点 4:

$$\tilde{\varepsilon}^p = \tilde{\varepsilon} - \frac{\tilde{\sigma}}{E} = 0.0953 - \frac{374.0}{210.0 \times 10^3} = 0.0935$$

对于数据点 5:

$$\tilde{\varepsilon}^p = \tilde{\varepsilon} - \frac{\tilde{\sigma}}{E} = 0.0953 - \frac{374.0}{210.0 \times 10^3} = 0.1377$$

对于数据点 6:

$$\tilde{\varepsilon}^p = \tilde{\varepsilon} - \frac{\tilde{\sigma}}{E} = 0.1823 - \frac{480.0}{210.0 \times 10^3} = 0.1800$$

所得到的塑性真应变数据在表 12.2.1 的最后一列列出。基于这些数据,容易绘制出真应力-塑性真应变曲线。

答毕。

12.3 屈服条件及其几何表征

一、屈服条件的一般形式及其几何表征

假设作用在物体上的外力是逐渐增加的,物体不断变形并产生内力以抵抗外力。初始阶段,物体处于弹性状态,即应力和应变之间为线性关系。随着外力不断增加,物体内的应力不断增大。当达到某个限界时,物体进入塑性状态。

所谓屈服条件,就是对这个限界的数学描述。屈服条件可用应力状态的函数来表达成

$$f_0(\boldsymbol{\sigma}) = 0 \tag{12.3.1}$$

简言之,当

$$f_0(\boldsymbol{\sigma}) < 0 \tag{12.3.2}$$

时,物体处于弹性阶段;当

$$f_0(\boldsymbol{\sigma}) = 0$$

时,物体开始进入塑性阶段。

本质上讲,屈服条件是一种材料的特性,是有一种客观存在。所以,屈服条件应当与依据主观所建立的坐标系无关。因此,屈服条件也可以表示成三个主应力的函数:

$$f_0(\sigma_1, \sigma_2, \sigma_3) = 0 \tag{12.3.3a}$$

或表示为应力不变量的函数:

$$f_0(I_1, I_2, I_3) = 0 \tag{12.3.3b}$$

特别地,当静水压力不影响材料的塑性性质时,屈服只与主应力偏量有关,即

$$f_0(s_1, s_2, s_3) = 0 \tag{12.3.4a}$$

或表示成应力偏量不变量的函数,即

$$f_0(J_1, J_2, J_3) = 0$$

由于 $J_1 = 0$,屈服条件可进一步简化为

$$f_0(J_2, J_3) = 0 \tag{12.3.4b}$$

实验表明,在静水压力不太大的情况下,这个假设对许多金属和饱和土质是适用的。但是,对于岩土一类材料,这个假设并不适用。

为了直观起见,可以用主应力空间中的曲面来描述屈服条件。这个曲面称为屈服曲面,简称为屈服面。屈服曲面与 π 平面的交线,称为屈服曲线,简称为屈服线。

如图 12.3.1 所示,在主应力空间中,其 π 平面的单位法向矢量为

$$\boldsymbol{n} = \begin{bmatrix} n_1 \\ n_2 \\ n_3 \end{bmatrix} = \begin{bmatrix} 1/\sqrt{3} \\ 1/\sqrt{3} \\ 1/\sqrt{3} \end{bmatrix}$$

任意一个主应力状态的“位置矢量”为

$$\overrightarrow{OP} = \begin{bmatrix} \sigma_1 \\ \sigma_2 \\ \sigma_3 \end{bmatrix}$$

由式(11.7.5)和式(11.7.6)可知,该“位置矢量”在 π 平面法向上和 π 平面上的分别分量为

$$\overrightarrow{ON} = \begin{bmatrix} \sigma_m \\ \sigma_m \\ \sigma_m \end{bmatrix} \quad 和 \ \overrightarrow{OS} = \begin{bmatrix} s_1 \\ s_2 \\ s_3 \end{bmatrix}$$

其中:前者仅与静水压力有关,后者仅与主应力偏量有关。

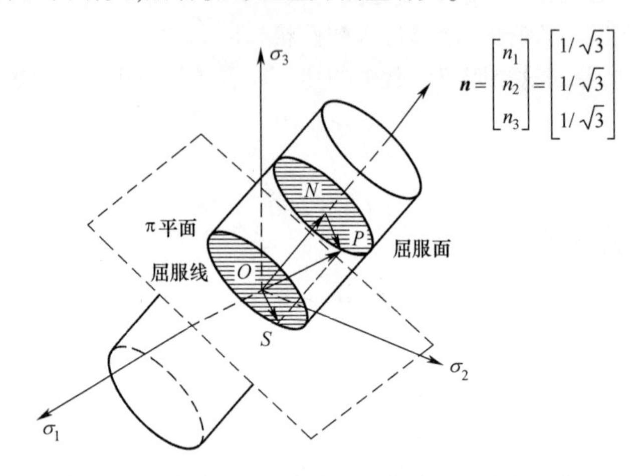

图 12.3.1　主应力空间中的屈服曲面、屈服曲线示意图

当屈服条件不受静水压力影响时,则其仅受主应力偏量影响。此时,任何一个平行 π 平面的平面上的屈服曲线都应当相同。因为,在这些平行的平面上,虽然 σ_m 不同,但是主应力偏量是相同的(例如:图 12.3.1 中的 $\overrightarrow{NP} = \overrightarrow{OS}$)。这样,屈服曲面就是主应力空间中以 π 平面为轴线、以 π 平面上的屈服线为母线所形成的柱面(图 12.3.1)。

因此,如果对 π 平面上的屈服曲线的形状有了充分的认知,则对主应力空间中的屈服曲面的形状也就自然比较清晰了。

在各项同性的条件下,如果(s_1, s_2, s_3)是屈服曲线上的一点,则(s_1, s_3, s_2)也一定是该屈服曲线上的一点。这表明:在 π 平面上屈服曲线关于 $\boldsymbol{e}_0$ 轴是对称的(图 12.3.2 中的直线 AA')。同理,屈服曲线关于 $\boldsymbol{e}_{120}$ 轴和 $\boldsymbol{e}_{240}$ 轴也是对称的。由此可见,在 π 平面上屈服曲线有三条对称轴(AA'、BB' 和 CC')。如能通过实验确定在 60°范围内的屈服曲线,那么就可由对称性确定整个平面上的屈服曲线(图 12.3.2)。

如果进一步假设拉伸和压缩时的屈服极限相等(对许多金属材料而言,这个假设近似成立),当(s_1, s_2, s_3)是屈服曲线上的一点时,则($-s_1$, $-s_2$, $-s_3$)也一定是该屈服曲线的另外一点。这时,在 π 平面上的屈服曲线关于 $\perp AA'$、$\perp BB'$ 和 $\perp CC'$ 也是对称的。在这种情况下,π 平面的屈服曲线有六条对称轴。只需要在 30°范围内进行实验就可以完全确定屈服曲线的形状了。

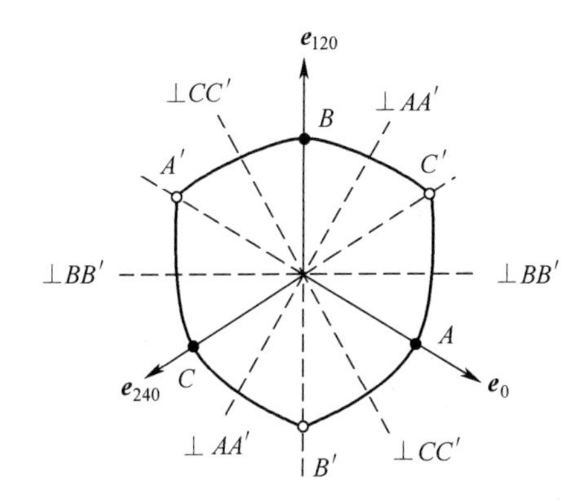

图 12.3.2　π 平面上的屈服曲线

二、特雷斯卡屈服条件

1. 屈服条件及其几何表征

特雷斯卡屈服条件(Tresca yield criteria)(材料力学中的第三强度理论):当最大切应力达到某一限值 k 时,材料开始产生屈服。

如规定 $\sigma_1 \geqslant \sigma_2 \geqslant \sigma_3$,则特雷斯卡屈服条件可表示为

$$\tau_{\max} = \frac{\sigma_1 - \sigma_3}{2} = k \tag{12.3.5}$$

如不规定 $\sigma_1 \geqslant \sigma_2 \geqslant \sigma_3$,则式(12.3.5)应写为

$$\begin{cases} \sigma_1 - \sigma_2 = \pm 2k & (\sigma_1 \geqslant \sigma_3 \geqslant \sigma_2) \\ \sigma_2 - \sigma_3 = \pm 2k & (\sigma_2 \geqslant \sigma_1 \geqslant \sigma_3) \\ \sigma_3 - \sigma_1 = \pm 2k & (\sigma_3 \geqslant \sigma_2 \geqslant \sigma_1) \end{cases} \tag{12.3.6}$$

式中:k 值为材料常数,应由实验确定。

当采用单纯拉伸实验时,此时

$$\sigma_1 = \sigma_0, \quad \sigma_2 = \sigma_3 = 0$$

可得

$$k = \frac{1}{2}\sigma_0$$

若采用单纯剪切实验时,此时

$$\sigma_1 = -\sigma_3 = \tau_0, \quad \sigma_2 = 0$$

可得

$$k = \tau_0$$

这表明:若基于特雷斯卡屈服条件,拉伸屈服应力 σ_0 和剪切屈服应力 τ_0 之间应有关系式

$$\sigma_0 = 2\tau_0$$

对于多数材料来说,上述关系只能近似成立。

由于单纯拉伸实验比较容易进行,故通常采用单纯拉伸试验时的屈服应力 σ_0。此时,特雷斯卡屈服条件可进一步表示为

$$\sigma_1 - \sigma_3 = \sigma_0 \tag{12.3.7}$$

或

$$
\begin{cases}
\sigma_1 - \sigma_2 = \pm\sigma_0 & (\sigma_1 \geqslant \sigma_3 \geqslant \sigma_2) \\
\sigma_2 - \sigma_3 = \pm\sigma_0 & (\sigma_2 \geqslant \sigma_1 \geqslant \sigma_3) \\
\sigma_3 - \sigma_1 = \pm\sigma_0 & (\sigma_3 \geqslant \sigma_2 \geqslant \sigma_1)
\end{cases}
\tag{12.3.8}
$$

由式(11.7.9a)可得

$$
\begin{cases}
|OA| = x = \dfrac{\sqrt{2}}{2}(\sigma_1 - \sigma_3) = \dfrac{\sqrt{2}}{2}\sigma_0 \\
|OB| = \dfrac{2}{\sqrt{3}}|OA| = \dfrac{2}{\sqrt{3}} \times \dfrac{\sqrt{2}}{2}\sigma_0 = \sqrt{\dfrac{2}{3}}\sigma_0
\end{cases}
$$

在 π 平面上,上式相当于与 y 轴平行的直线段($-30° \leqslant \varphi_\sigma \leqslant 30°$)。根据对称性将其拓展后,就得到了一个正六边形的屈服线(图 12.3.3(a))。主应力空间中,这个正六边形的边线就是六个平面,由它们构成一个正六面体柱面的屈服面。柱面的母线方向与轴线相平行(图 12.3.3(b))。

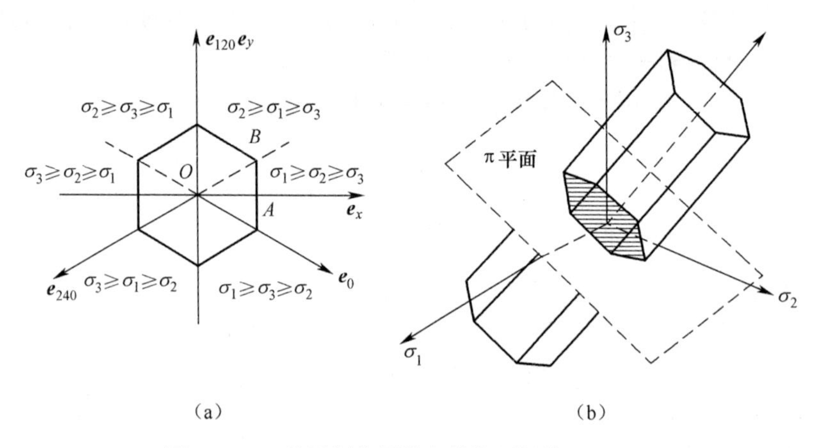

图 12.3.3 特雷斯卡屈服条件的屈服线和屈服面

特殊地,对于平面应力问题,即

$$\sigma_3 = 0$$

此时式(12.3.8)变成

$$
\begin{cases}
\sigma_1 - \sigma_2 = \pm\sigma_0 & (\sigma_1 \geqslant 0 \geqslant \sigma_2) \\
\sigma_2 = \pm\sigma_0 & (\sigma_2 \geqslant \sigma_1 \geqslant 0) \\
-\sigma_1 = \pm\sigma_0 & (0 \geqslant \sigma_2 \geqslant \sigma_1)
\end{cases}
\tag{12.3.9}
$$

在 σ_1-σ_2 应力平面上,相当于由六条直线所构成的六边形(图 12.3.4)。此六边形是图 12.3.3 中的六棱柱面(屈服面)与 $\sigma_3=0$ 平面相截所得到的交线。

特雷斯卡屈服条件还可用主应力偏量或应力偏量不变量来表示。

由于

$$s_1 = \sigma_1 - \sigma_m \quad \text{和} \quad s_2 = \sigma_2 - \sigma_m$$

所以

$$s_1 - s_3 = \sigma_1 - \sigma_3$$

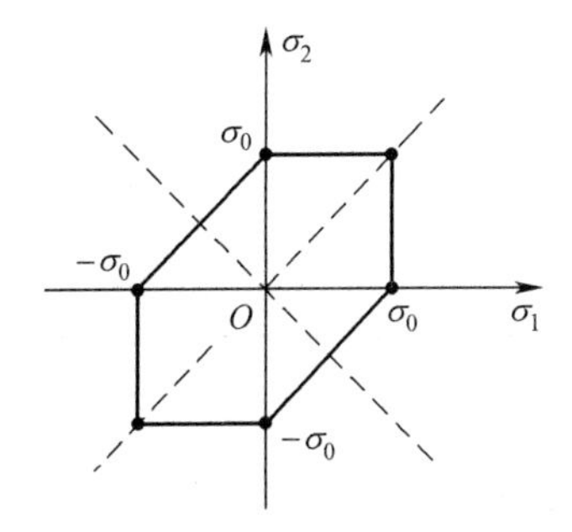

图 12.3.4 平面应力状态下,主应力平面上的特雷斯卡屈服线

因此,式(12.3.7)也可写成

$$s_1 - s_3 = \sigma_0 \tag{12.3.10}$$

这就是用主应力偏量表示的特雷斯卡屈服条件。

由式(11.7.15),可得

$$s_1 - s_3 = 2\sqrt{J_2}\cos\varphi_\sigma$$

于是,式(12.3.10)可进一步表示成

$$2\sqrt{J_2}\cos\varphi_\sigma - \sigma_0 = 0 \tag{12.3.11}$$

又由式(11.7.17),可得

$$\varphi_\sigma = \frac{1}{3}\arcsin\left[=-\frac{3\sqrt{3}J_3}{2J_2^{3/2}}\right], |\varphi_\sigma| \leqslant \frac{\pi}{6}$$

于是,式(12.3.11)还可进一步写成

$$f_0(J_2, J_3) = 2\sqrt{J_2}\cos\left\{\frac{1}{3}\arcsin\left[=-\frac{3\sqrt{3}J_3}{2J_2^{3/2}}\right]\right\} - \sigma_0 = 0 \tag{12.3.12}$$

这就是用应力偏量不变量表示的特雷斯卡屈服条件。

2. 实验验证

屈服条件的可靠性需要由实验来加以验证。

通常采用薄壁圆管作为试件,采用拉伸和内压或拉伸和扭转的联合作用来实现双向应力状态。通过调整应力分量间的比值便可得到 π 平面上不同的 φ_σ 值(或洛德应力参数(Lode stress parameter)μ_σ)。

下面介绍两个主要的实验结果。

如图 12.3.5 所示,设薄壁圆管的平均半径为 R,壁厚为 $h(h<<R)$,在轴向拉力 N 和均匀内压 p 的联合作用下,薄壁圆管近似地处于如下均匀应力状态:

$$\sigma_r \approx 0 \quad , \quad \sigma_\varphi = \frac{pR}{h} \quad , \quad \sigma_z = \frac{N}{2\pi Rh}, \tau_{\theta z} = 0$$

如果 $\sigma_\varphi \geqslant \sigma_z \geqslant \sigma_r$,则可取 $\sigma_1 = \sigma_\varphi, \sigma_2 = \sigma_z, \sigma_3 = \sigma_r = 0$,故有

$$\mu_\sigma = \frac{2\sigma_2 - \sigma_1 - \sigma_3}{\sigma_1 - \sigma_3} = \frac{2\sigma_z - \sigma_\varphi}{\sigma_\theta} = \frac{N - \pi R^2 p}{\pi R^2 p}$$

当 $N=0$ 时，$\mu_\sigma=-1(\varphi_\sigma=-30°)$；当 $N=\pi R^2 p$ 时，$\mu_\sigma=0(\varphi_\sigma=0°)$；当 $N=2\pi R^2 p$ 时，$\mu_\sigma=1(\varphi_\sigma=30°)$。

于是，在 $0\leqslant N\leqslant 2\pi R^2 p$ 时的范围内改变 N 和 p 的比值时，就可以得到各种不同的 μ_σ 值 $(-1\leqslant\mu_\sigma\leqslant 1)$。

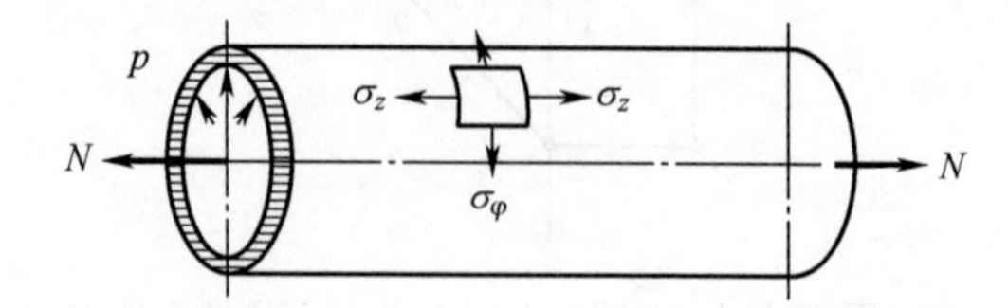

图 12.3.5　拉伸和内压联合作用下的薄壁圆管

如图 12.3.6 所示，将实验结果绘制在以 $\mu_\sigma(-1\leqslant\mu_\sigma\leqslant 1)$ 为横坐标、以 $(\sigma_1-\sigma_3)/\sigma_0$ 为纵坐标的图上。对于特雷斯卡屈服条件：

$$\frac{\sigma_1-\sigma_3}{\sigma_0}=1$$

在该图上应为一水平直线。铁、铜、镍等材质的薄壁圆管的实验结果表明，$(\sigma_1-\sigma_3)/\sigma_0$ 并不是一条水平直线。对于这个实验而言，特雷斯卡屈服条件并不能很好地吻合。

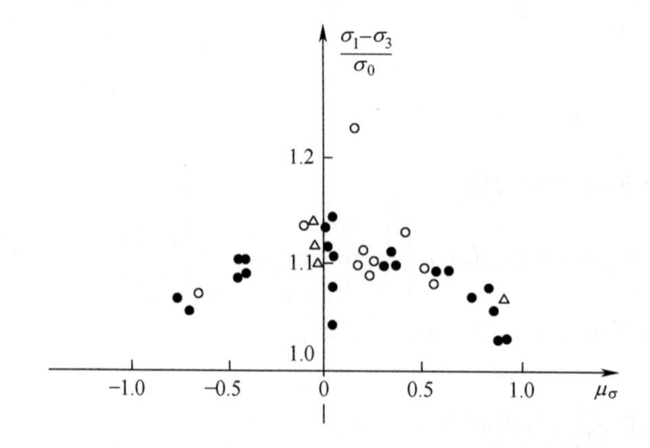

图 12.3.6　实验结果与特雷斯卡屈服条件的比较(薄壁圆管，拉伸+内压)

如图 12.3.7 所示，设薄壁圆管在轴向拉力 N 和扭矩 T 的联合作用下，薄壁圆管近似地处于如下均匀应力状态：

$$\sigma_\rho\approx 0\quad,\quad\sigma_\varphi=0\quad,\quad\sigma_z=\frac{N}{2\pi Rh}\quad,\quad\tau_{\rho z}=\frac{T}{2\pi R^2 h}$$

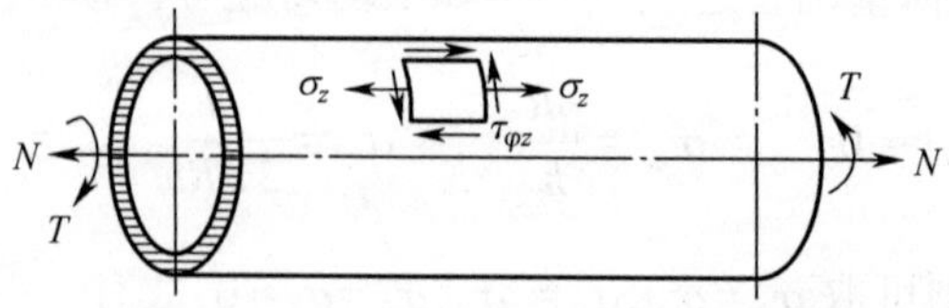

图 12.3.7　拉伸和扭转联合作用下的薄壁圆管

相应的主应力为

$$
\begin{cases}
\sigma_1 = \dfrac{\sigma_z}{2} + \dfrac{1}{2}\sqrt{\sigma_z^2 + 4\tau_{\rho z}^2} \\
\sigma_2 = \sigma_\rho \approx 0 \\
\sigma_3 = \dfrac{\sigma_z}{2} - \dfrac{1}{2}\sqrt{\sigma_z^2 + 4\tau_{\rho z}^2}
\end{cases}
$$

主应力偏量为

$$
\begin{cases}
s_1 = \dfrac{1}{6}\left[\sigma_z + 3\sqrt{\sigma_z^2 + 4\tau_{\varphi z}^2}\right] \\
s_2 = -\dfrac{1}{3}\sigma_z \\
s_3 = \dfrac{1}{6}\left[\sigma_z - 3\sqrt{\sigma_z^2 + 4\tau_{\varphi z}^2}\right]
\end{cases}
$$

故有

$$
\mu_\sigma = \frac{2\sigma_2 - \sigma_1 - \sigma_3}{\sigma_1 - \sigma_3} = \frac{-N}{\sqrt{N^2 + 4T^2/R^2}}
$$

当 $T=0, N>0$ 时，$\mu_\sigma=-1$；当 $N=0, T\neq 0$ 时，$\mu_\sigma=0$。

改变 N 和 T 的比值时，便得 $-1\leqslant\mu_\sigma\leqslant 1$ 的各种应力状态。

如图 12.3.8 所示，将实验结果绘制在以 σ_z/σ_0 为横坐标、以 $\tau_{\varphi z}/\sigma_0$ 为纵坐标的图上。对于特雷斯卡屈服条件：

$$
\tau_{\max} = \frac{\sigma_1 - \sigma_3}{2} = \frac{1}{2}\sqrt{\sigma_z^2 + 4\tau_{\varphi z}^2} = \frac{1}{2}\sigma_0
$$

即

$$
\left(\frac{\sigma_z}{\sigma_0}\right)^2 + 4\left(\frac{\tau_{\varphi z}}{\sigma_0}\right)^2 = 1
$$

在该图上为一椭圆。软钢、铜、铝等材质的薄壁圆筒的实验结果表明，特雷斯卡屈服条件能较好地吻合。在纯剪切($\mu_\sigma=0$)时，误差较大。

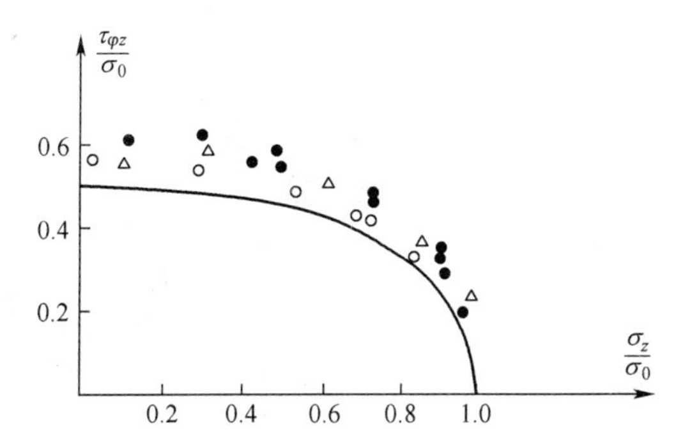

图 12.3.8　实验结果与特雷斯卡屈服条件的比较(薄壁圆管，拉伸+扭转)

三、米泽斯屈服条件

1. 屈服条件及其几何表征

米泽斯屈服条件(Mises yield criterion)认为：当应力偏量不变量 J_2 达到某一限值 k 时，

材料开始产生屈服。

据此，米泽斯屈服条件可表示为

$$f_0(J_2) = J_2 - k = 0 \tag{12.3.13}$$

式中：k 值为材料常数，应由实验确定。

当采用单纯拉伸实验时：

$$\sigma_1 = \sigma_0, \sigma_2 = \sigma_3 = 0$$

可得

$$J_2 = \frac{1}{3}\sigma_0^2 = k$$

当采用单纯剪切实验时：

$$\sigma_1 = -\sigma_3 = \tau_0, \sigma_2 = 0$$

可得

$$J_2 = \tau_0^2 = k$$

这表明：若基于米泽斯屈服条件，则拉伸屈服应力 σ_0 和剪切屈服应力 τ_0 之间应有关系式：

$$\sigma_0 = \sqrt{3}\tau_0$$

对于多数材料来说，上式符合较好。

由于单向拉伸实验比较容易进行，故通常采用单向拉伸试验时的屈服应力 σ_0。因此，米泽斯屈服条件可进一步表示为

$$f_0(J_2) = J_2 - \frac{1}{3}\sigma_0^2 = 0 \tag{12.3.14}$$

由式(11.7.10b)可知

$$\rho_\sigma = \sqrt{2J_2} = \sqrt{2} \times \frac{1}{\sqrt{3}}\sigma_0 = \sqrt{\frac{2}{3}}\sigma_0 = |OB|$$

在 π 平面上，上式可用一个特雷斯卡六边形的外接圆来表示(图 12.3.9(a))。主应力空间中，这个圆的圆周构成圆柱面形的屈服面。圆柱面的轴线与通过原点的 π 平面的法线相重合(图 12.3.9(b))。

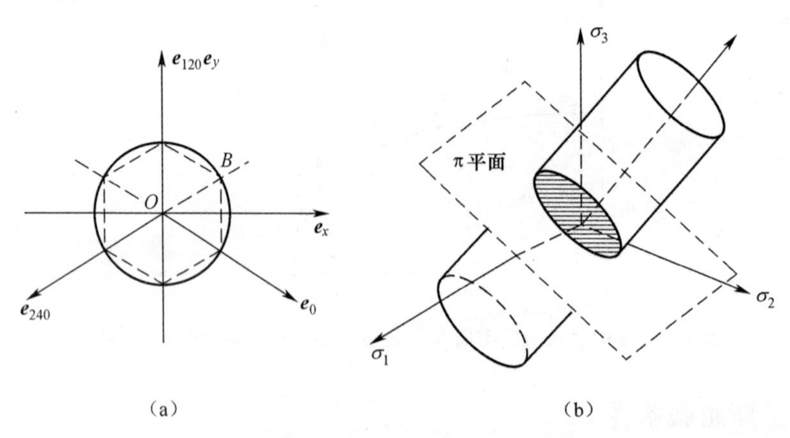

图 12.3.9　米泽斯屈服条件的屈服线和屈服面

特殊地，对于平面应力问题，此时

$$\sigma_3 = 0$$

$$J_2 = \frac{1}{6}[(\sigma_1 - \sigma_2)^2 + \sigma_2^2 + \sigma_1^2] = \frac{1}{3}(\sigma_1^2 + \sigma_2^2 - \sigma_1\sigma_2)$$

式(12.3.14)变成

$$f_0(J_2) = \frac{1}{3}(\sigma_1^2 + \sigma_2^2 - \sigma_1\sigma_2 - \sigma_0^2) = 0 \tag{12.3.15}$$

在 σ_1-σ_2 应力平面上,是一个椭圆(图 12.3.10)。此椭圆是图 12.3.9 中的圆柱面(屈服面)与 $\sigma_3=0$ 平面相截所得到的交线。

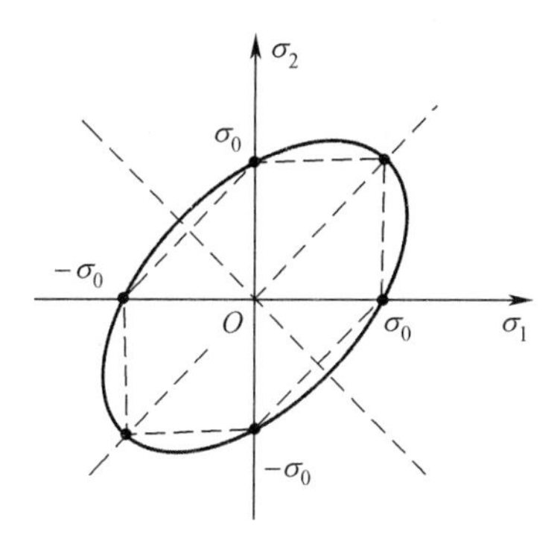

图 12.3.10　平面应力状态下,主应力平面上的米泽斯屈服线

米泽斯屈服条件还可用等效应力来表示。

由式(11.3.11)可得

$$J_2 = \frac{1}{3}\bar{\sigma}^2$$

于是,式(12.3.14)也可写成

$$f_0(J_2) = \frac{1}{3}\bar{\sigma}^2 - \frac{1}{3}\sigma_0^2 = 0$$

即

$$f_0(\boldsymbol{\sigma}) = \bar{\sigma}(\boldsymbol{\sigma}) - \sigma_0 = 0 \tag{12.3.16}$$

这就是用等效应力表示的米泽斯屈服条件。

2. 实验验证

图 12.3.11 给出了薄壁圆管在拉伸和内压联合作用下得出实验结果与米泽斯屈服条件的比较。和图 12.3.8 一样,实验结果绘制在以 $\mu_\sigma(-1 \leqslant \mu_\sigma \leqslant 1)$ 为横坐标、以 $(\sigma_1 - \sigma_3)/\sigma_0$ 为纵坐标的图上。

对于米泽斯屈服条件而言,由

$$\rho_\sigma = \sqrt{2J_2} = \sqrt{\frac{2}{3}}\sigma_0$$

及式(11.7.10a),可得

$$\sigma_0 = \sqrt{\frac{3}{2}}\rho_\sigma = \sqrt{\frac{3}{2}}x\frac{\rho_\sigma}{x} = \sqrt{\frac{3}{2}}x\frac{\sqrt{x^2+y^2}}{x} = \sqrt{\frac{3}{2}}x\sqrt{1+\left(\frac{y}{x}\right)^2}$$

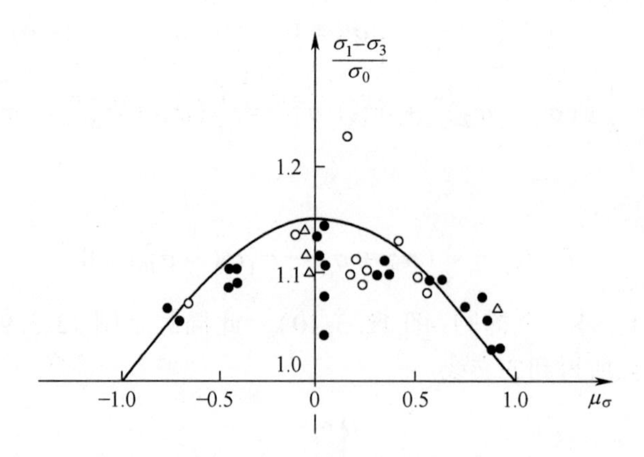

图 12.3.11　实验结果与米泽斯屈服条件的比较
（薄壁圆管，拉伸+内压）

由式(11.7.9a)及式(11.7.11)，可得

$$\sigma_0=\sqrt{\frac{3}{2}}x\sqrt{1+\left(\frac{y}{x}\right)^2}=\sqrt{\frac{3}{2}}\frac{\sqrt{2}}{2}(\sigma_1-\sigma_3)\sqrt{1+\frac{1}{3}\mu_\sigma^2}=\frac{\sqrt{3}}{2}(\sigma_1-\sigma_3)\sqrt{1+\frac{1}{3}\mu_\sigma^2}$$

因此，米泽斯屈服条件可写为

$$\frac{\sigma_1-\sigma_3}{\sigma_0}=\frac{2}{\sqrt{3+\mu_\sigma^2}}$$

铁、铜、镍等材质的薄壁圆筒的实验结果表明，对于这个实验而言，米泽斯屈服条件能很好地吻合。

图 12.3.12 给出了薄壁圆管在拉伸和扭转联合作用下得出实验结果与米泽斯屈服条件的比较。和图 12.3.8 所示一样，该实验结果绘制在以 σ_z/σ_0 为横坐标、以 $\tau_{\varphi z}/\sigma_0$ 为纵坐标的图上。

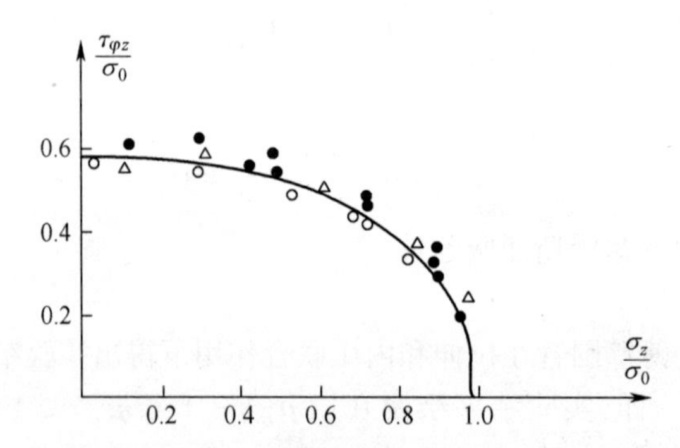

图 12.3.12　实验结果与米泽斯屈服准则的比较
（薄壁圆管，拉伸+扭转）

对于米泽斯屈服条件而言，由

$$J_2=\frac{1}{6}(2\sigma_z^2+6\tau_{\varphi z}^2)=\frac{1}{3}\sigma_0^2$$

即

$$\left(\frac{\sigma_z}{\sigma_0}\right)^2 + 3\left(\frac{\tau_{\varphi z}}{\sigma_0}\right)^2 = 1$$

在该图上为一椭圆。软钢、铜、铝等材质的薄壁圆管的实验结果表明，对于这个实验而言，米泽斯屈服条件也能很好地吻合。

四、屈服条件的应用

事实上，屈服条件就是在外力作用下物体中某点开始产生塑性变形时，应力所必须满足的条件。

因此，应用屈服条件，可以确定物体开始产生塑性变形时的临界外力，即外力的弹性极限；其也可以用来确定给定外力时塑性区的范围。

下面，通过两个例题来加以说明。

例题 12.3.1：

如图 12.3.13 所示的薄圆环，其内半径为 a，外半径为 b，受均匀内压 p 的作用。由于是薄圆环，可按平面应力问题处理。

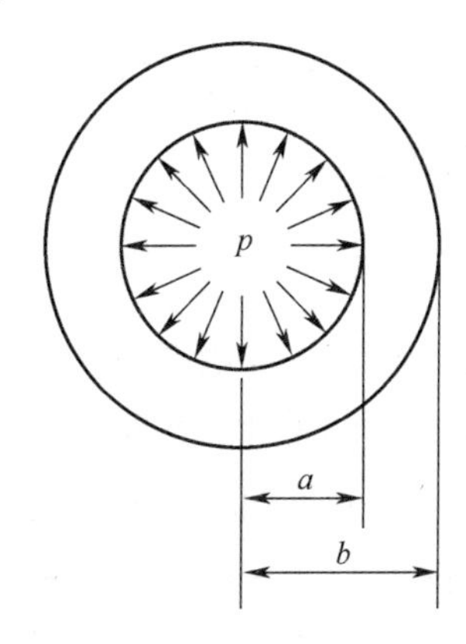

图 12.3.13　均匀内压作用下的薄圆环

由例题 10.2.2，已经求得了其弹性力学的应力分量解答为

$$\sigma_\rho = -\frac{b^2/\rho^2 - 1}{b^2/a^2 - 1}p \quad , \quad \sigma_\varphi = \frac{b^2/\rho^2 + 1}{b^2/a^2 - 1}p \quad 和 \quad \sigma_z = 0$$

所有切应力分量均为零。

应用特雷斯卡屈服条件，确定内压 p 的弹性极限 p_0。

解答：

由于

$$a < \rho < b$$

则

$$b^2/a^2 - 1 > 0 \quad 和 \quad \frac{b^2}{\rho^2} - 1 > 0$$

因此

$$\sigma_\rho < 0 \quad 和 \quad \sigma_\varphi > 0$$

则

$$\sigma_{\varphi} > \sigma_z > \sigma_{\rho}$$

因此

$$\sigma_1 = \sigma_{\varphi} = \frac{b^2/\rho^2 + 1}{b^2/a^2 - 1} p \quad 和 \quad \sigma_3 = \sigma_{\rho} = -\frac{b^2/\rho^2 - 1}{b^2/a^2 - 1} p$$

由于

$$\sigma_1 - \sigma_3 = \frac{2b^2/\rho^2}{b^2/a^2 - 1} p$$

可见,在 $\rho=a$ 处,$\sigma_1-\sigma_3$ 取得最大值。因此,薄圆环内侧面首先开始进入塑性阶段。此时,由特雷斯卡屈服条件式(12.3.7)

$$\sigma_1 - \sigma_3 = \sigma_0$$

可得

$$\frac{2b^2/a^2}{b^2/a^2 - 1} p_0 = \sigma_0$$

即

$$p_0 = \frac{b^2 - a^2}{2b^2} \sigma_0$$

这就是薄圆环开始屈服时的弹性极限载荷。

答毕。

例题 12.3.2:

如图 12.3.14 所示的无穷大薄板,其中含有长度为 $2a$ 的穿透裂纹,受均匀拉伸作用。这是一个 I 型(张开型)裂纹问题。由于是薄板,可按平面应力问题处理。

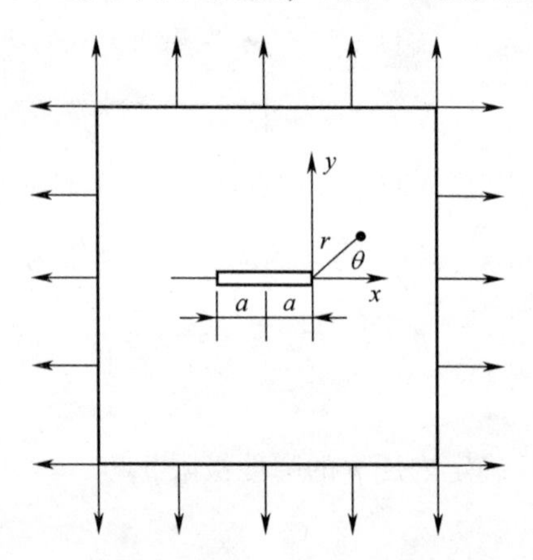

图 12.3.14　均匀拉伸作用下的含裂纹薄板

由线弹性断裂力学,已经求得了其裂纹尖端附近的应力分量解答为

$$\sigma_x = \frac{K_I}{\sqrt{2\pi r}} \cos\frac{\theta}{2}\left(1 - \sin\frac{\theta}{2}\sin\frac{3\theta}{2}\right)$$

$$\sigma_y = \frac{K_I}{\sqrt{2\pi r}} \cos\frac{\theta}{2}\left(1 + \sin\frac{\theta}{2}\sin\frac{3\theta}{2}\right)$$

$$\tau_{xy} = \frac{K_I}{\sqrt{2\pi r}}\sin\frac{\theta}{2}\cos\frac{\theta}{2}\cos\frac{3\theta}{2}$$

其他应力分量均为零,即

$$\sigma_z = \tau_{yz} = \tau_{zx} = 0$$

式中:K_I 称为 I 型应力强度因子。

应用米泽斯屈服条件,确定裂纹尖端附近塑性区,即 r 和 θ 之间的关系式。

解答:

由于

$$(\sigma_x - \sigma_y)^2 = \frac{{K_I}^2}{2\pi r}\cos^2\frac{\theta}{2}\left(4\sin^2\frac{\theta}{2}\sin^2\frac{3\theta}{2}\right)$$

$$\sigma_x^2 + \sigma_y^2 = \frac{{K_I}^2}{2\pi r}\left[\cos^2\frac{\theta}{2}\left(2 + 2\sin^2\frac{\theta}{2}\sin^2\frac{3\theta}{2}\right)\right]$$

$$\tau_{xy}^2 = \frac{{K_I}^2}{2\pi r}\cos^2\frac{\theta}{2}\left(\sin^2\frac{\theta}{2}\cos^2\frac{3\theta}{2}\right)$$

于是,可得

$$\begin{aligned}
&\frac{1}{6}[(\sigma_x - \sigma_y)2 + \sigma_y^2 + \sigma_x^2] + \tau_{xy}^2 \\
&= \frac{{K_I}^2}{2\pi r}\cos^2\frac{\theta}{2}\left(\frac{1}{3} + \sin^2\frac{\theta}{2}\sin^2\frac{3\theta}{2} + \sin^2\frac{\theta}{2}\cos^2\frac{3\theta}{2}\right) \\
&= \frac{{K_I}^2}{2\pi r}\cos^2\frac{\theta}{2}\left(\frac{1}{3} + \sin^2\frac{\theta}{2}\right)
\end{aligned}$$

进一步,由式(11.3.7b),可得

$$\begin{aligned}
J_2 &= \frac{1}{6}[(\sigma_x - \sigma_y)2 + (\sigma_y - \sigma_z)2 + (\sigma_z - \sigma_x)2] + \tau_{xy}^2 + \tau_{yz}^2 + \tau_{zx}^2 \\
&= \frac{1}{6}[(\sigma_x - \sigma_y)2 + \sigma_y^2 + \sigma_x^2] + \tau_{xy}^2 \\
&= \frac{{K_I}^2}{2\pi r}\cos^2\frac{\theta}{2}\left(\frac{1}{3} + \sin^2\frac{\theta}{2}\right)
\end{aligned}$$

由米泽斯屈服条件式(12.3.14),即

$$f_0(J_2) = J_2 - \frac{1}{3}\sigma_0^2 = 0$$

可得

$$\frac{{K_I}^2}{2\pi r}\cos^2\frac{\theta}{2}\left(\frac{1}{3} + \sin^2\frac{\theta}{2}\right) - \frac{1}{3}\sigma_0^2 = 0$$

由此解得

$$r=\frac{K_I{}^2}{2\pi\sigma_0^2}\cos^2\frac{\theta}{2}\left(1+3\sin^2\frac{\theta}{2}\right)$$

若定义 $\theta=0$ 时的 r 值为 r_0,则

$$r_0=\frac{K_I{}^2}{2\pi\sigma_0^2}$$

于是,可得

$$\frac{r}{r_0}=\cos^2\frac{\theta}{2}\left(1+3\sin^2\frac{\theta}{2}\right)$$

这就平面应力情况下,裂纹尖端弹塑区交界线方程(塑性区的边界方程)。

特别地,当 $\theta=0°$ 时,$r/r_0=1$;当 $\theta=90°$ 时,$r/r_0=1.25$;当 $\theta=100°$ 时,$r/r_0=0$。用极坐标画出的曲线如图 12.3.15 所示。该图中的阴影部分为裂纹尖端的塑性区。

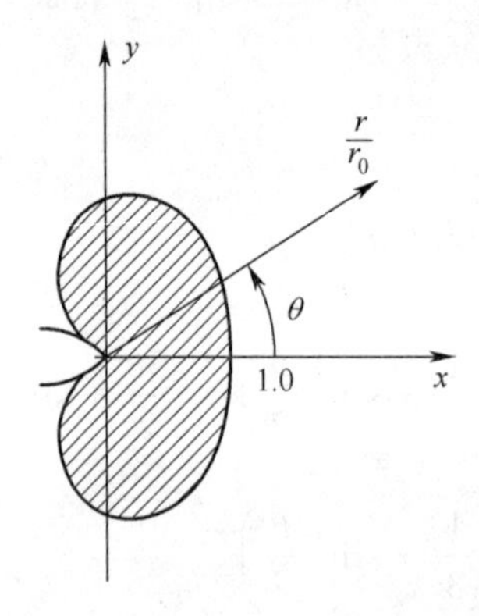

图 12.3.15　裂纹尖端附近的塑性区

答毕。

12.4　加载条件及其几何表征

一、加载历程的基本特征

1. 单调加载

图 12.4.1 所示的单调加载,在点 A_0 以前属于线弹性阶段,应力和应变之间成线性比例关系。因此,点 A_0 所对应的应力通常称为比例极限。

继续加载至点 A_0 附近的点 A_1,应力和应变之间将不再呈线性比例关系。但若此时卸载,则应变沿原加载路径下降至零。材料的力学行为表现为非线性弹性。因此,点 A_1 所对应的应力通常称为弹性极限。

继续加载至点 A_0 附近的点 A_2,材料进入屈服阶段。材料的力学行为有两种主要的表现方式:第一种是没有明显的屈服阶段,第二种是有明显的屈服阶段(图 12.4.1)。对于第

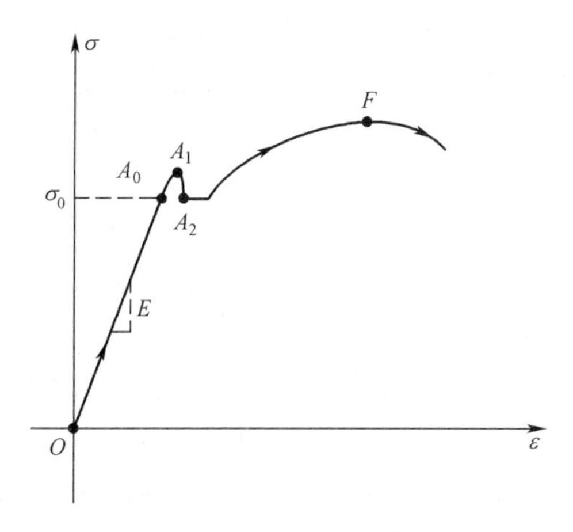

图 12.4.1　单调加载

二种而言,在屈服阶段即使应力保持不变,应变仍然可以有很大的增长。基于此现象,通常定义上屈服点(A_1)和下屈服点(A_2)。屈服阶段所对应的应力,称为屈服应力。

由于一般材料的比例极限、弹性极限和初始屈服应力相差不大,工程上通常不加区分(以后,将用点 A 代替点 A_0、A_1 和 A_2),统称为屈服应力,记为 σ_0。

在应力达到最高点(F)以前,增加应变时应力也增加,即通常称这时的材料是稳定的。而在最高点以后,增加应变时应力反而下降,这在通常意义下称材料是不稳定的。通常在最高点处,试件开始出现颈缩现象。

弹塑性力学只研究应力达到最高点之前的力学行为。

2. 卸载-再加载

如图 12.4.2(a)所示,在屈服之后颈缩之前的点 B 卸载至点 C,则应力和应变之间的变化规律基本上是一条直线,且其斜率与线弹性阶段的斜率大致相同(图中的 BC 平行于 OA)。这种力学行为被称为弹性-塑性,即弹塑性。此时残余的应变 ε^p,称为塑性应变。

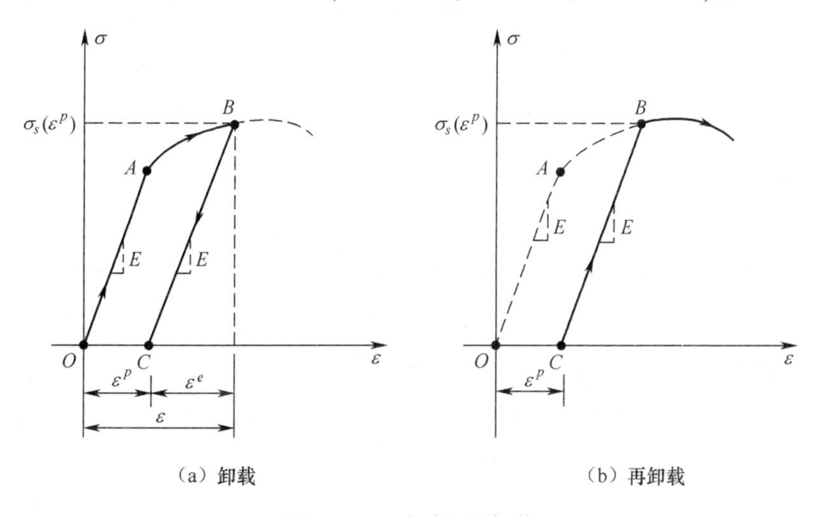

图 12.4.2　卸载-再加载

如图 12.4.2(b)所示,从卸载后的点 C 再加载至点 B,则应力和应变之间仍按卸载时的比例关系作线性变化,仅在点 B 附近才稍有可以忽略的改变。此后,曲线将沿 OAB 的延长线延伸,即与点 B 处没有发生卸载-再加载时的单调加载一致。

一般地,把屈服后的应力记为 σ_s。显然,它是塑性应变 ε^p 的函数,即

$$\sigma_s = \sigma_s(\varepsilon^p)$$

特别地,$\varepsilon^p = 0$ 时(点 A 处)的 σ_s 记为 σ_0,即

$$\sigma_0 = \sigma_s(0)$$

σ_s 与 ε^p 之间是单值对应关系。

如果把再加载看作一个新的单调加载,则其屈服应力可以看作是 $\sigma_s(\varepsilon^p)$。由于

$$\sigma_s(\varepsilon_B^p) > \sigma_s(0) = \sigma_0$$

即相当于把屈服应力从 σ_0 提高 $\sigma_s(\varepsilon^p)$。这表明,经过塑性变形后,材料的屈服应力得到了提高,这种现象称为强化或硬化。此时的屈服应力 $\sigma_s(\varepsilon^p)$,通常称为强化屈服应力;而开始时的屈服应力 σ_0,通常称为初始屈服应力。

3. 反向加载

如图 12.4.3(a)所示,金属单纯压缩时的屈服应力的大小与单纯拉伸时的屈服应力的大小大致相当,即

$$|OA| = |OA'| = \sigma_0$$

则

$$|AA'| = 2\sigma_0$$

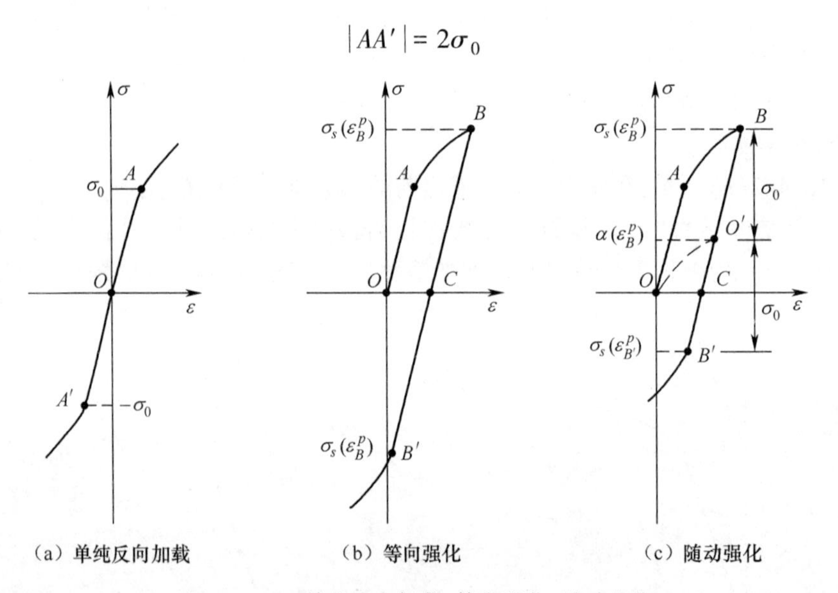

图 12.4.3 单纯反向加载、等向强化、随动强化

但是,卸载后的反向加载较为复杂。

如图 12.4.3(b)所示,当从点 B 卸载后进行反向加载至点 B' 时,压缩时的屈服应力和拉伸时的屈服应力有相似的提高(图中 $|BC| \approx |CB'|$),即

$$|BC| = |CB'| > \sigma_0$$

称为等向强化模型。这种强化模型保持了单纯反向加载时拉、压屈服应力大致相当的特性。单晶材料通常具有这样的特性。

如图 12.4.3(c)所示,当从点 B 卸载后进行反向加载至点 B'时,其压缩屈服应力要低于单纯压缩时的屈服应力。这种拉伸时强化、压缩时弱化的现象称为包辛格效应(Bauschinger effect)。但是,拉伸时的强化屈服应力和压缩时的强化屈服应力之差始终不变,即

$$|BB'| = 2\sigma_0$$

若同时有

$$|O'B| = |O'B'| = \sigma_0$$

则称为随动强化模型。这种强化模型保持了单纯反向加载时拉、压屈服应力的差值。多晶材料通常具有这样的特性。

二、加载条件的一般形式及其几何表征

在上述分析了弹塑性加载历程的基础上,介绍加载条件。

对于等向强化,加载条件为

$$f(\boldsymbol{\sigma}, \bar{\varepsilon}^p) = \bar{\sigma}(\boldsymbol{\sigma}) - \sigma_s(\bar{\varepsilon}^p) = 0 \tag{12.4.1a}$$

或

$$f(\boldsymbol{s}, \bar{e}^p) = \bar{\sigma}(\boldsymbol{s}) - \sigma_s(\bar{e}^p) = 0 \tag{12.4.1b}$$

式中:$\bar{\varepsilon}^p$ 为等效塑性应变;$\bar{e}^p$ 为等效塑性偏应变。

对于随动强化,加载条件为

$$f(\boldsymbol{\sigma} - \boldsymbol{\alpha}) = \bar{\sigma}(\boldsymbol{\sigma} - \boldsymbol{\alpha}) - \sigma_0 = 0 \tag{12.4.2a}$$

或

$$f(\boldsymbol{s} - \boldsymbol{\alpha}) = \bar{\sigma}(\boldsymbol{s} - \boldsymbol{\alpha}) - \sigma_0 = 0 \tag{12.4.2b}$$

式中:$\boldsymbol{\alpha}$ 是一个对称的二阶张量,称为移动张量或背应力。

对于组合强化,加载条件为

$$f(\boldsymbol{\sigma} - \boldsymbol{\alpha}, \bar{\varepsilon}^p) = \bar{\sigma}(\boldsymbol{\sigma} - \boldsymbol{\alpha}) - \sigma_s(\bar{\varepsilon}^p) = 0 \tag{12.4.3a}$$

或

$$f(\boldsymbol{s} - \boldsymbol{\alpha}, \bar{e}^p) = \bar{\sigma}(\boldsymbol{s} - \boldsymbol{\alpha}) - \sigma_s(\bar{e}^p) = 0 \tag{12.4.3b}$$

显然,组合强化是等向强化和随动强化的某种组合。

在确定加载条件时,应当依据所采用的屈服条件,并结合一定的实验观测结果。只有这样,才能使得所选择的加载条件具有较为可靠的理论基础和实际验证。

图 12.4.4 给出了加载条件的几何表征示意图。对于等效强化模型,加载曲面可以看作是加载过程中屈服曲面在应力空间中的相似扩大,见图 12.4.4(a);对于随动强化模型,加载曲面可以看作加载过程中是屈服曲面在应力空间中的刚性移动(屈服曲面的几何形心发生了改变,但大小和形状都不变),见图 12.4.4(b);而组合强化模型,可以看作是等效强化模型与随动强化模型的某种组合,是加载过程中屈服曲面在应力空间中的变形移动(不仅屈服曲面的几何形心发生了改变,而且其大小和/或形状都发生了改变),见图 12.4.4(c)。

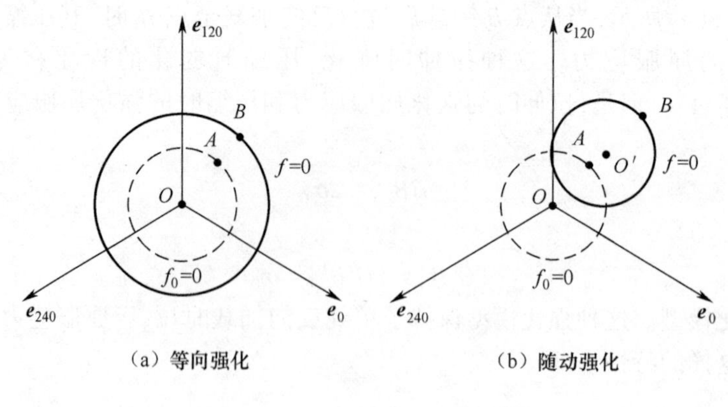

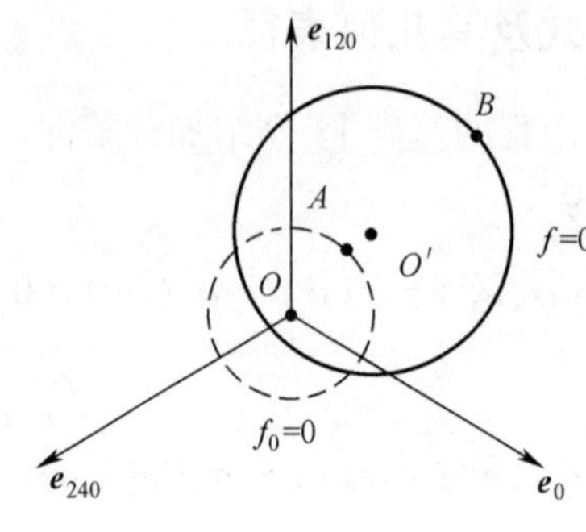

(c) 组合强化

图 12.4.4　加载条件几何表征示意图

12.5　流动法则及其几何表征

一、材料稳定假设

当应力的单调变化会引起应变的同号的单调变化,或反之,应变的单调变化会引起应力的同号的单调变化时,就称材料是稳定的。

如图 12.5.1 所示的简单应力状态,图中的 OA、AF 和 FB 段,有

$$\Delta\sigma\Delta\varepsilon > 0$$

材料是稳定的,图中的 FC 和 FD 段,有

$$\Delta\sigma\Delta\varepsilon < 0$$

则材料是不稳定的。因此,对于简单应力状态,稳定材料的应力应变曲线的斜率应该是非负的。

一般地,稳定材料的数学表达式为

$$\Delta\boldsymbol{\sigma}^{\mathrm{T}}\Delta\boldsymbol{\varepsilon} \geqslant 0 \tag{12.5.1}$$

式中

$$\Delta\boldsymbol{\sigma}=\begin{bmatrix}\Delta\sigma_x\\ \Delta\sigma_y\\ \Delta\sigma_z\\ \Delta\tau_{xy}\\ \Delta\tau_{yz}\\ \Delta\tau_{zx}\end{bmatrix},\Delta\boldsymbol{\varepsilon}=\begin{bmatrix}\Delta\varepsilon_x\\ \Delta\varepsilon_y\\ \Delta\varepsilon_z\\ \Delta\gamma_{xy}\\ \Delta\gamma_{yz}\\ \Delta\gamma_{zx}\end{bmatrix}$$

如果式中的等号仅当

$$\Delta\boldsymbol{\sigma}=\mathbf{0}\quad 或\quad \Delta\boldsymbol{\varepsilon}=\mathbf{0}$$

时才成立,则称该材料是在严格意义下稳定的。

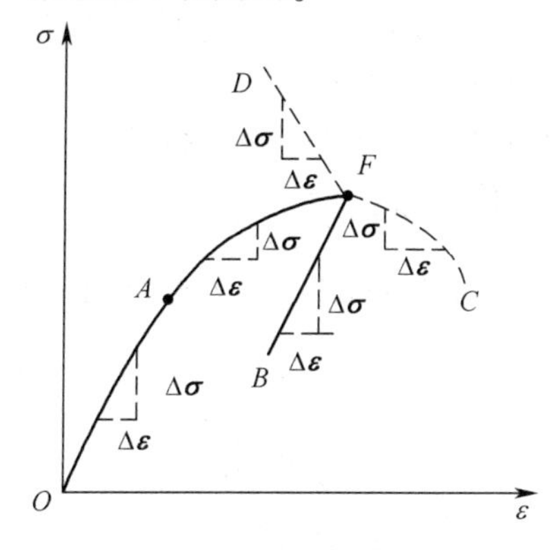

图 12.5.1　材料稳定性示意图

材料稳定假设表明,对于任意两个状态:状态(1)和状态(2),当 $\boldsymbol{\sigma}$ 在应力空间中沿直线路径由状态(1)单调地变化到状态(2)时,或当 $\boldsymbol{\varepsilon}$ 应变空间中沿直线路径由状态(1)单调地变化到状态(2)时,必然有

$$(\boldsymbol{\sigma}^{(2)}-\boldsymbol{\sigma}^{(1)})(\boldsymbol{\varepsilon}^{(2)}-\boldsymbol{\varepsilon}^{(1)})\geqslant 0$$

二、基本公设

对于简单应力状态,图 12.5.2(a)所示的回路积分为

$$\oint\varepsilon\mathrm{d}\sigma=\int_{\sigma^{(1)}}^{\sigma^{(2)}}\varepsilon\mathrm{d}\sigma+\int_{\sigma^{(2)}}^{\sigma^{(1)}}\varepsilon\mathrm{d}\sigma=S_1-S_2\leqslant 0$$

式中:S_1 为图 12.5.2(b)阴影所示面积;S_2 为图 12.5.2(c)阴影所示面积。

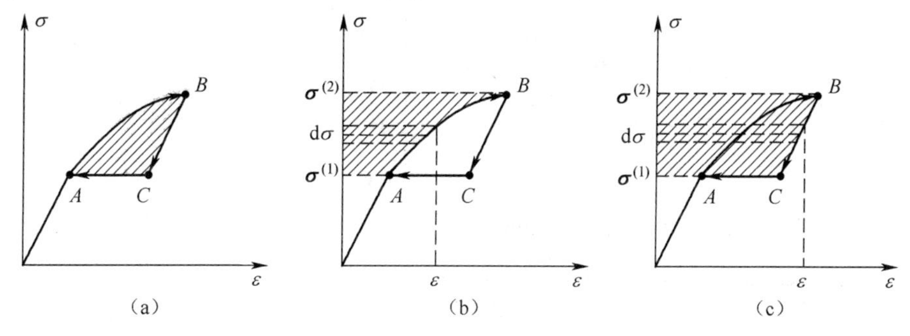

图 12.5.2　简单应力状态下余功的示意图

对于一般应力状态,当材料的物质微元在应力空间的任意应力闭循环中的余功非正时,

$$\oint \boldsymbol{\varepsilon}^{\mathrm{T}} \mathrm{d}\boldsymbol{\sigma} \leqslant 0 \tag{12.5.2}$$

式中

$$\boldsymbol{\varepsilon} = \begin{bmatrix} \varepsilon_x \\ \varepsilon_y \\ \varepsilon_z \\ \gamma_{xy} \\ \gamma_{yz} \\ \gamma_{zx} \end{bmatrix}, \mathrm{d}\boldsymbol{\sigma} = \begin{bmatrix} \mathrm{d}\sigma_x \\ \mathrm{d}\sigma_y \\ \mathrm{d}\sigma_z \\ \mathrm{d}\tau_{xy} \\ \mathrm{d}\tau_{yz} \\ \mathrm{d}\tau_{zx} \end{bmatrix}$$

则称材料满足德鲁克公设(Drucker postulate)。

对于简单应力状态,图 12.5.3(a)所示的回路积分为

$$\oint \sigma \mathrm{d}\varepsilon = \int_{\varepsilon^{(1)}}^{\varepsilon^{(2)}} \sigma \mathrm{d}\varepsilon + \int_{\varepsilon^{(2)}}^{\varepsilon^{(1)}} \sigma \mathrm{d}\varepsilon = S_1 - S_2 \geqslant 0$$

式中:S_1 为图 12.5.3(b)阴影所示面积;S_2 为图 12.5.3(c)阴影所示面积。

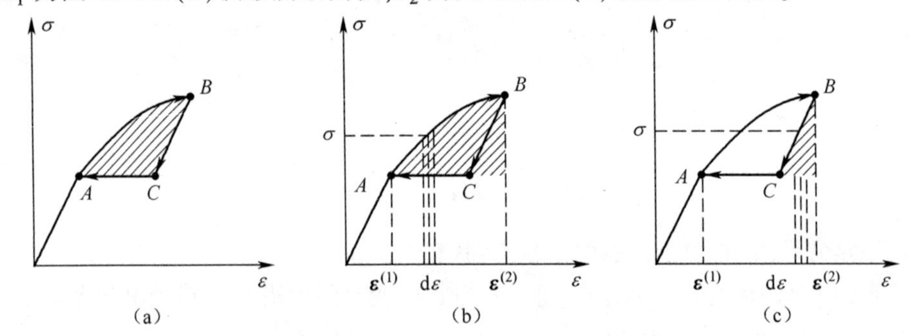

图 12.5.3　简单应力状态下功的示意图

对于一般应力状态,当材料的物质微元在应变空间的任意应变闭循环中的功非负时,

$$\oint \boldsymbol{\sigma}^{\mathrm{T}} \mathrm{d}\boldsymbol{\varepsilon} \geqslant 0 \tag{12.5.3}$$

式中

$$\boldsymbol{\sigma} = \begin{bmatrix} \sigma_x \\ \sigma_y \\ \sigma_z \\ \tau_{xy} \\ \tau_{yz} \\ \tau_{zx} \end{bmatrix}, \mathrm{d}\boldsymbol{\varepsilon} = \begin{bmatrix} \mathrm{d}\varepsilon_x \\ \mathrm{d}\varepsilon_y \\ \mathrm{d}\varepsilon_z \\ \mathrm{d}\gamma_{xy} \\ \mathrm{d}\gamma_{yz} \\ \mathrm{d}\gamma_{zx} \end{bmatrix}$$

就称材料满足依留申公设(Ilyushin Postulate)。

三、流动法则的一般形式及其几何表征

依据德鲁克公设或依留申公设,可以得到下列推论。

推论 1：如果把应力的起始点取在加载面上，而且仍能构造出应力闭循环的话，则由杜拉格公设可知材料一定是稳定的。

推论 2：加载面 $f=0$ 是外凸的。

推论 3：如果加载面在某应力点处是光滑的，则相应的塑性应变增量必指向加载面在该点的外法向，即

$$\Delta \boldsymbol{\varepsilon}^p = \mathrm{d}\lambda \frac{\partial f}{\partial \boldsymbol{\sigma}} \quad (\mathrm{d}\lambda \geqslant 0) \tag{12.5.4}$$

式中

$$\Delta \boldsymbol{\varepsilon}^p = \begin{bmatrix} \Delta \varepsilon_x^p \\ \Delta \varepsilon_y^p \\ \Delta \varepsilon_z^p \\ \Delta \gamma_{xy}^p \\ \Delta \gamma_{yz}^p \\ \Delta \gamma_{zx}^p \end{bmatrix}, \frac{\partial f}{\partial \boldsymbol{\sigma}} = \begin{bmatrix} \partial f/\partial \sigma_x \\ \partial f/\partial \sigma_y \\ \partial f/\partial \sigma_z \\ \partial f/\partial \tau_{xy} \\ \partial f/\partial \tau_{yz} \\ \partial f/\partial \tau_{zx} \end{bmatrix}$$

这个推论也称为正交流动法则。

如图 12.5.4 所示，加载曲面为应力空间中的一个超曲面。如果该超曲面上某点处是光滑的，则该点处的外法向矢量为

$$\frac{\partial f}{\partial \boldsymbol{\sigma}}$$

因此

$$\mathrm{d}\lambda \frac{\partial f}{\partial \boldsymbol{\sigma}} \quad (\mathrm{d}\lambda \geqslant 0)$$

在该点处与加载曲面正交。由式(12.5.4)可知，塑性应力增量也与加载曲面正交。因而，式(12.5.4)称为正交流动法则。

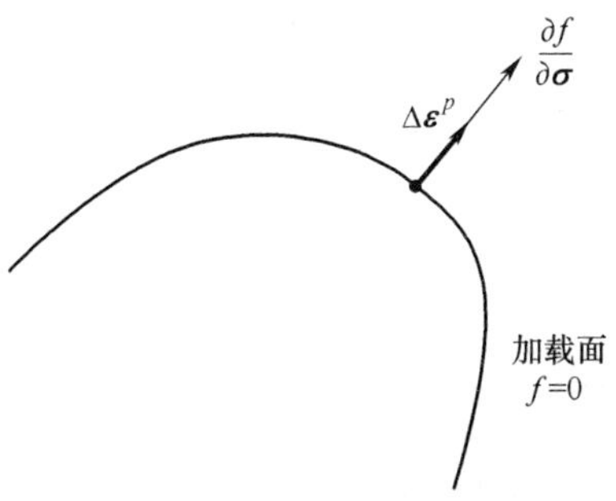

图 12.5.4　正交流动法则几何表征示意图

12.6　弹塑性应力应变关系

一、应力增量与应变增量

应力增量和应变增量分别记为

$$\Delta\boldsymbol{\sigma} = \begin{bmatrix} \Delta\sigma_x \\ \Delta\sigma_y \\ \Delta\sigma_z \\ \Delta\tau_{xy} \\ \Delta\tau_{yz} \\ \Delta\tau_{zx} \end{bmatrix} \quad 和 \quad \Delta\boldsymbol{\varepsilon} = \begin{bmatrix} \Delta\varepsilon_x \\ \Delta\varepsilon_y \\ \Delta\varepsilon_z \\ \Delta\varepsilon_{xy} \\ \Delta\varepsilon_{yz} \\ \Delta\varepsilon_{zx} \end{bmatrix} \tag{12.6.1}$$

应变增量可以分解为弹性应变增量和塑性应变增量两部分,即

$$\Delta\boldsymbol{\varepsilon} = \Delta\boldsymbol{\varepsilon}^e + \Delta\boldsymbol{\varepsilon}^p \tag{12.6.2a}$$

或写成向量形式:

$$\begin{bmatrix} \Delta\varepsilon_x \\ \Delta\varepsilon_y \\ \Delta\varepsilon_z \\ \Delta\varepsilon_{xy} \\ \Delta\varepsilon_{yz} \\ \Delta\varepsilon_{zx} \end{bmatrix} = \begin{bmatrix} \Delta\varepsilon_x^e \\ \Delta\varepsilon_y^e \\ \Delta\varepsilon_z^e \\ \Delta\varepsilon_{xy}^e \\ \Delta\varepsilon_{yz}^e \\ \Delta\varepsilon_{zx}^e \end{bmatrix} + \begin{bmatrix} \Delta\varepsilon_x^p \\ \Delta\varepsilon_y^p \\ \Delta\varepsilon_z^p \\ \Delta\varepsilon_{xy}^p \\ \Delta\varepsilon_{yz}^p \\ \Delta\varepsilon_{zx}^p \end{bmatrix} \tag{12.6.2b}$$

式中

$$\Delta\boldsymbol{\varepsilon}^e = \begin{bmatrix} \Delta\varepsilon_x^e \\ \Delta\varepsilon_y^e \\ \Delta\varepsilon_z^e \\ \Delta\varepsilon_{xy}^e \\ \Delta\varepsilon_{yz}^e \\ \Delta\varepsilon_{zx}^e \end{bmatrix} \quad 和 \quad \Delta\boldsymbol{\varepsilon}^p = \begin{bmatrix} \Delta\varepsilon_x^p \\ \Delta\varepsilon_y^p \\ \Delta\varepsilon_z^p \\ \Delta\varepsilon_{xy}^p \\ \Delta\varepsilon_{yz}^p \\ \Delta\varepsilon_{zx}^p \end{bmatrix}$$

分别为弹性应变增量和塑性应变增量。

应力偏量增量和应变偏量增量分别记为

$$\Delta\boldsymbol{s} = \begin{bmatrix} \Delta s_x \\ \Delta s_y \\ \Delta s_z \\ \Delta s_{xy} \\ \Delta s_{yz} \\ \Delta s_{zx} \end{bmatrix} \quad 和 \quad \Delta\boldsymbol{e} = \begin{bmatrix} \Delta e_x \\ \Delta e_y \\ \Delta e_z \\ \Delta e_{xy} \\ \Delta e_{yz} \\ \Delta e_{zx} \end{bmatrix} \tag{12.6.3}$$

应变偏增量也可以分解为弹性应变偏增量和塑性应变偏增量两部分,即

$$\Delta\boldsymbol{e} = \Delta\boldsymbol{e}^e + \Delta\boldsymbol{e}^p \tag{12.6.4a}$$

或写成向量形式:

$$\begin{bmatrix} \Delta e_x \\ \Delta e_y \\ \Delta e_z \\ \Delta e_{xy} \\ \Delta e_{yz} \\ \Delta e_{zx} \end{bmatrix} = \begin{bmatrix} \Delta e_x^e \\ \Delta e_y^e \\ \Delta e_z^e \\ \Delta e_{xy}^e \\ \Delta e_{yz}^e \\ \Delta e_{zx}^e \end{bmatrix} + \begin{bmatrix} \Delta e_x^p \\ \Delta e_y^p \\ \Delta e_z^p \\ \Delta e_{xy}^p \\ \Delta e_{yz}^p \\ \Delta e_{zx}^p \end{bmatrix} \tag{12.6.4b}$$

式中

$$\Delta \boldsymbol{e}^e = \begin{bmatrix} \Delta e_x^e \\ \Delta e_y^e \\ \Delta e_z^e \\ \Delta e_{xy}^e \\ \Delta e_{yz}^e \\ \Delta e_{zx}^e \end{bmatrix} \quad 和 \quad \Delta \boldsymbol{e}^p = \begin{bmatrix} \Delta e_x^p \\ \Delta e_y^p \\ \Delta e_z^p \\ \Delta e_{xy}^p \\ \Delta e_{yz}^p \\ \Delta e_{zx}^p \end{bmatrix}$$

分别为弹性应变偏量增量和塑性应变偏量增量。

二、线弹性应力增量与应变增量关系

由式(5.3.1)、式(5.3.2)和式(5.3.5)可得

$$\boldsymbol{\varepsilon}^e = \boldsymbol{C}^e \boldsymbol{\sigma} \tag{12.6.5a}$$

和

$$\boldsymbol{\sigma} = \boldsymbol{D}^e \boldsymbol{\varepsilon}^e \tag{12.6.5b}$$

式中

$$\boldsymbol{C}^e = \frac{1}{E}\begin{bmatrix} 1 & -\mu & -\mu & 0 & 0 & 0 \\ -\mu & 1 & -\mu & 0 & 0 & 0 \\ -\mu & -\mu & 1 & 0 & 0 & 0 \\ 0 & 0 & 0 & 1+\mu & 0 & 0 \\ 0 & 0 & 0 & 0 & 1+\mu & 0 \\ 0 & 0 & 0 & 0 & 0 & 1+\mu \end{bmatrix}$$

$$\boldsymbol{D}^e = \frac{E(1-\mu)}{(1+\mu)(1-2\mu)}\begin{bmatrix} 1 & \frac{\mu}{1-\mu} & \frac{\mu}{1-\mu} & 0 & 0 & 0 \\ \frac{\mu}{1-\mu} & 1 & \frac{\mu}{1-\mu} & 0 & 0 & 0 \\ \frac{\mu}{1-\mu} & \frac{\mu}{1-\mu} & 1 & 0 & 0 & 0 \\ 0 & 0 & 0 & \frac{1-2\mu}{1-\mu} & 0 & 0 \\ 0 & 0 & 0 & 0 & \frac{1-2\mu}{1-\mu} & 0 \\ 0 & 0 & 0 & 0 & 0 & \frac{1-2\mu}{1-\mu} \end{bmatrix}$$

显然有

$$\Delta \varepsilon^{e} = \boldsymbol{C}^{e} \Delta \boldsymbol{\sigma} \tag{12.6.6a}$$

和

$$\Delta \sigma = \boldsymbol{D}^{e} \Delta \boldsymbol{\varepsilon}^{e} \tag{12.6.6b}$$

由式(5.4.14),可得

$$\boldsymbol{\varepsilon}^{e} = \frac{1}{2G} \boldsymbol{I} \boldsymbol{s} \tag{12.6.7a}$$

和

$$\boldsymbol{s} = 2G \boldsymbol{I} \boldsymbol{\varepsilon}^{e} \tag{12.6.7b}$$

式中：$\boldsymbol{I}$ 为单位矩阵

$$\boldsymbol{I} = \begin{bmatrix} 1 & 0 & 0 & 0 & 0 & 0 \\ 0 & 1 & 0 & 0 & 0 & 0 \\ 0 & 0 & 1 & 0 & 0 & 0 \\ 0 & 0 & 0 & 1 & 0 & 0 \\ 0 & 0 & 0 & 0 & 1 & 0 \\ 0 & 0 & 0 & 0 & 0 & 1 \end{bmatrix}$$

显然有

$$\Delta \varepsilon^{e} = \frac{1}{2G} \boldsymbol{I} \Delta \boldsymbol{s} \tag{12.6.8a}$$

和

$$\Delta \boldsymbol{s} = 2G \boldsymbol{I} \Delta \boldsymbol{\varepsilon}^{e} \tag{12.6.8b}$$

三、弹塑性应力增量与应变增量关系

1. 理想刚塑性的莱维-米泽斯(Levy-Mises)方程

如图12.6.1所示,不计弹性应变、不计强化影响的简化模型,称为理想刚塑性。因此,对于理想刚塑性,有

$$\Delta \boldsymbol{\varepsilon} = \Delta \boldsymbol{\varepsilon}^{e} + \Delta \boldsymbol{\varepsilon}^{p} = \Delta \boldsymbol{\varepsilon}^{p}$$

$$\sigma_{s}(\varepsilon^{p}) = \sigma_{0}$$

其屈服条件为

$$f_{0}(\boldsymbol{\sigma}) = \bar{\sigma}(\boldsymbol{\sigma}) - \sigma_{0} = 0$$

加载准则为等向强化,加载条件为

$$f(\boldsymbol{\sigma}) = \bar{\sigma}(\boldsymbol{\sigma}) - \sigma_{0} = 0$$

若应用米泽斯形式的屈服条件作为加载条件,则

$$\bar{\sigma}(\boldsymbol{\sigma}) = \sqrt{3J_{2}} = \sqrt{\frac{1}{2}[(\sigma_{x} - \sigma_{y})^{2} + (\sigma_{y} - \sigma_{z})^{2} + (\sigma_{z} - \sigma_{x})^{2} + 6(\tau_{xy}^{2} + \tau_{yz}^{2} + \tau_{zx}^{2})]}$$

此时有

$$\frac{\partial \bar{\sigma}}{\partial \sigma_{x}} = \frac{1}{2\bar{\sigma}} \left[\frac{1}{2} [2(\sigma_{x} - \sigma_{y}) + 2(\sigma_{x} - \sigma_{z})] \right] = \frac{1}{2\bar{\sigma}} (2\sigma_{x} - \sigma_{y} - \sigma_{z})$$

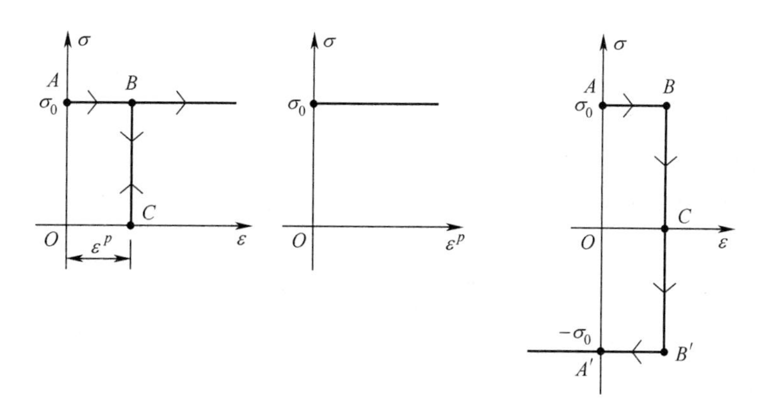

图 12.6.1　理想刚塑性

$$\frac{\partial \bar{\sigma}}{\partial \tau_{xy}} = \frac{1}{2\bar{\sigma}}\left[\frac{1}{2} \times (6 \times 2\tau_{xy})\right] = \frac{3}{2\bar{\sigma}}(2\tau_{xy}) = \frac{3}{2\bar{\sigma}}(2s_{xy})$$

由于

$$2\sigma_x - \sigma_y - \sigma_z = 3\sigma_x - (\sigma_x + \sigma_y + \sigma_z) = 3s_x + 3\sigma_m - 3\sigma_m = 3s_x$$

$$\frac{\partial \bar{\sigma}}{\partial \sigma_x} = \frac{1}{2\bar{\sigma}}(3s_x) = \frac{3}{2\bar{\sigma}}s_x$$

根据流动法则,可得

$$\Delta\varepsilon_x^p = \mathrm{d}\lambda \frac{\partial f}{\partial \sigma_x} = \mathrm{d}\lambda \frac{\partial f}{\partial \bar{\sigma}}\frac{\partial \bar{\sigma}}{\partial \sigma_x} = \mathrm{d}\lambda \frac{\partial \bar{\sigma}}{\partial \sigma_x} = \mathrm{d}\lambda \frac{3}{2\bar{\sigma}}s_x$$

同理可得其他两式,于是

$$\begin{cases} \Delta\varepsilon_x^p = \mathrm{d}\lambda \dfrac{3}{2\bar{\sigma}}s_x \\ \Delta\varepsilon_y^p = \mathrm{d}\lambda \dfrac{3}{2\bar{\sigma}}s_y \\ \Delta\varepsilon_z^p = \mathrm{d}\lambda \dfrac{3}{2\bar{\sigma}}s_z \end{cases}$$

根据流动法则,可得

$$\Delta\gamma_{xy}^p = \mathrm{d}\lambda \frac{\partial f}{\partial \tau_{xy}} = \mathrm{d}\lambda \frac{\partial f}{\partial \bar{\sigma}}\frac{\partial \bar{\sigma}}{\partial \tau_{xy}} = \mathrm{d}\lambda \frac{\partial \bar{\sigma}}{\partial \tau_{xy}} = \mathrm{d}\lambda \frac{3}{2\bar{\sigma}}(2s_{xy})$$

同理可得其他两式,于是

$$\begin{cases} \Delta\gamma_{xy}^p = \mathrm{d}\lambda \dfrac{3}{2\bar{\sigma}}(2s_{xy}) \\ \Delta\gamma_{yz}^p = \mathrm{d}\lambda \dfrac{3}{2\bar{\sigma}}(2s_{yz}) \\ \Delta\gamma_{zx}^p = \mathrm{d}\lambda \dfrac{3}{2\bar{\sigma}}(2s_{zx}) \end{cases}$$

等效塑性应变增量 $\Delta\overline{\varepsilon}^p$ 为

$$
\begin{aligned}
\Delta\overline{\varepsilon}^p &= \sqrt{\frac{4}{3}\times\frac{1}{6}\{(\Delta\varepsilon_x^p-\Delta\varepsilon_y^p)^2+(\Delta\varepsilon_y^p-\Delta\varepsilon_z^p)^2+(\Delta\varepsilon_z^p-\Delta\varepsilon_x^p)^2+6[(\Delta\varepsilon_{xy}^p)^2+(\Delta\varepsilon_{yz}^p)^2+(\Delta\varepsilon_{zx}^p)^2]\}} \\
&= \frac{\sqrt{2}}{3}\sqrt{(\Delta\varepsilon_x^p-\Delta\varepsilon_y^p)^2+(\Delta\varepsilon_y^p-\Delta\varepsilon_z^p)^2+(\Delta\varepsilon_z^p-\Delta\varepsilon_x^p)^2+\frac{3}{2}[(\Delta\gamma_{xy}^p)^2+(\Delta\gamma_{yz}^p)^2+(\Delta\gamma_{zx}^p)^2]} \\
&= \frac{\sqrt{2}}{3}\left[\mathrm{d}\lambda\frac{3}{2\overline{\sigma}}\sqrt{(s_x-s_y)^2+(s_y-s_z)^2+(s_z-s_x)^2+6(s_{xy}^2+s_{yz}^2+s_{zx}^2)}\right] \\
&= \frac{\sqrt{2}}{2}\mathrm{d}\lambda\frac{1}{\overline{\sigma}}\sqrt{2}\overline{\sigma} = \mathrm{d}\lambda
\end{aligned}
$$

故

$$\mathrm{d}\lambda = \Delta\overline{\varepsilon}^p$$

因此,得到:

$$
\begin{cases}
\Delta\varepsilon_x = \Delta\varepsilon_x^p = \dfrac{3\Delta\overline{\varepsilon}^p}{2\overline{\sigma}}s_x \\
\Delta\varepsilon_y = \Delta\varepsilon_y^p = \dfrac{3\Delta\overline{\varepsilon}^p}{2\overline{\sigma}}s_y \\
\Delta\varepsilon_z = \Delta\varepsilon_z^p = \dfrac{3\Delta\overline{\varepsilon}^p}{2\overline{\sigma}}s_z
\end{cases}
\quad 和 \quad
\begin{cases}
\Delta\gamma_{xy} = \Delta\gamma_{xy}^p = \dfrac{3\Delta\overline{\varepsilon}^p}{\overline{\sigma}}s_{xy} \\
\Delta\gamma_{yz} = \Delta\gamma_{yz}^p = \dfrac{3\Delta\overline{\varepsilon}^p}{\overline{\sigma}}s_{yz} \\
\Delta\gamma_{zx} = \Delta\gamma_{zx}^p = \dfrac{3\Delta\overline{\varepsilon}^p}{\overline{\sigma}}s_{zx}
\end{cases}
\tag{12.6.9}
$$

这就是理想刚塑性应变增量与偏应力之间的关系,也称为莱维-米泽斯方程。

2. 理想弹塑性的普朗特-路埃斯(Prant-Reuss)方程

如图 12.6.2 所示,仅不计强化影响的简化模型,称为理想弹塑性。因此,对于理想弹塑性有

$$\Delta\boldsymbol{e} = \Delta\boldsymbol{e}^e + \Delta\boldsymbol{e}^p$$
$$\sigma_s(\varepsilon^p) = \sigma_0$$

其屈服条件为

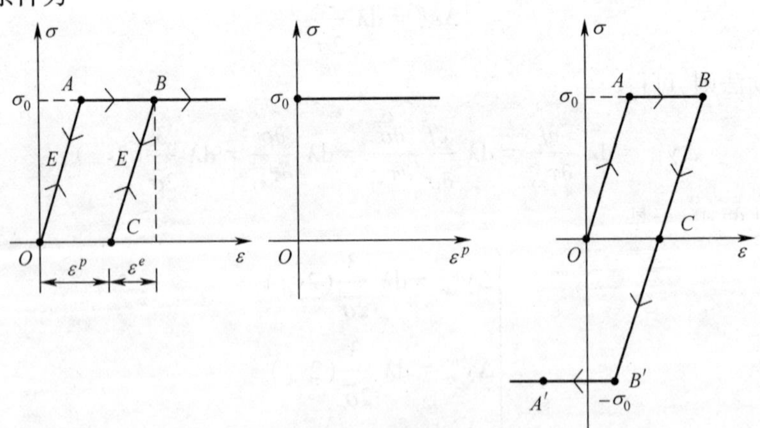

图 12.6.2　理想弹塑性

$$f_0(\boldsymbol{s}) = \bar{\sigma}(\boldsymbol{s}) - \sigma_0 = 0$$

加载准则为等向强化,加载条件为

$$f(\boldsymbol{s}) = \bar{\sigma}(\boldsymbol{s}) - \sigma_0 = 0$$

若应用米泽斯形式的屈服条件作为加载条件,则

$$\bar{\sigma}(\boldsymbol{s}) = \sqrt{3J_2} = \sqrt{\frac{1}{2}[(s_x - s_y)^2 + (s_y - s_z)^2 + (s_z - s_x)^2 + 6(s_{xy}^2 + s_{yz}^2 + s_{zx}^2)]}$$

此时有

$$\frac{\partial\bar{\sigma}}{\partial s_x} = \frac{1}{2\bar{\sigma}}\left[\frac{1}{2}[2(s_x - s_y) + 2(s_x - s_z)]\right] = \frac{1}{2\bar{\sigma}}(2s_x - s_y - s_z) = \frac{1}{2\bar{\sigma}}(3s_x)$$

$$\frac{\partial\bar{\sigma}}{\partial s_{xy}} = \frac{1}{2\bar{\sigma}}\left[\frac{1}{2} \times (6 \times 2s_{xy})\right] = \frac{3}{2\bar{\sigma}}(2s_{xy})$$

根据流动法则,可得

$$\Delta e_x^p = \mathrm{d}\lambda\, \frac{\partial f}{\partial s_x} = \mathrm{d}\lambda\, \frac{\partial f}{\partial\bar{\sigma}}\frac{\partial\bar{\sigma}}{\partial s_x} = \mathrm{d}\lambda\, \frac{\partial\bar{\sigma}}{\partial s_x} = \mathrm{d}\lambda\, \frac{1}{2\bar{\sigma}}(3s_x)$$

同理可得其他两式,于是

$$\begin{cases} \Delta e_x^p = \mathrm{d}\lambda\, \dfrac{3}{2\bar{\sigma}}s_x \\ \Delta e_y^p = \mathrm{d}\lambda\, \dfrac{3}{2\bar{\sigma}}s_y \\ \Delta e_x^p = \mathrm{d}\lambda\, \dfrac{3}{2\bar{\sigma}}s_x \end{cases}$$

根据流动法则,可得

$$2\Delta e_x^p = \mathrm{d}\lambda\, \frac{\partial f}{\partial s_{xy}} = \mathrm{d}\lambda\, \frac{\partial f}{\partial\bar{\sigma}}\frac{\partial\bar{\sigma}}{\partial s_{xy}} = \mathrm{d}\lambda\, \frac{\partial\bar{\sigma}}{\partial s_{xy}} = \mathrm{d}\lambda\, \frac{3}{2\bar{\sigma}}(2s_{xy})$$

同理可得其他两式,于是

$$\begin{cases} \Delta e_{xy}^p = \mathrm{d}\lambda\, \dfrac{3}{2\bar{\sigma}}s_{xy} \\ \Delta e_{yz}^p = \mathrm{d}\lambda\, \dfrac{3}{2\bar{\sigma}}s_{yz} \\ \Delta e_{zx}^p = \mathrm{d}\lambda\, \dfrac{3}{2\bar{\sigma}}s_{zx} \end{cases}$$

等效塑性偏应变增量 $\Delta\overline{e}^p$ 为

$$\Delta\overline{e}^p = \sqrt{\frac{4}{3}\times\frac{1}{6}\{(\Delta e_x^p - e\varepsilon_y^p)^2 + (\Delta e_y^p - \Delta e_z^p)^2 + (\Delta e_z^p - \Delta e_x^p)^2 + 6[(\Delta e_{xy}^p)^2 + (\Delta e_{yz}^p)^2 + (\Delta e_{zx}^p)^2]\}}$$

$$= \frac{\sqrt{2}}{3}\sqrt{(\Delta e_x^p - \Delta e_y^p)^2 + (\Delta e_y^p - \Delta e_z^p)^2 + (\Delta e_z^p - \Delta e_x^p)^2 + 6[(\Delta e_{xy}^p)^2 + (\Delta e_{yz}^p)^2 + (\Delta e_{zx}^p)^2]}$$

$$= \frac{\sqrt{2}}{3}\mathrm{d}\lambda\frac{3}{2\overline{\sigma}}\sqrt{(s_x - s_y)^2 + (s_y - s_z)^2 + (s_z - s_x)^2 + 6(s_{xy}^2 + s_{yz}^2 + s_{zx}^2)}$$

$$= \frac{\sqrt{2}}{2}\mathrm{d}\lambda\frac{1}{\overline{\sigma}}\sqrt{2}\overline{\sigma} = \mathrm{d}\lambda$$

因此,得到:

$$\begin{cases}\Delta e_x^p = \dfrac{3\Delta\overline{e}^p}{2\overline{\sigma}}s_x \\ \Delta e_y^p = \dfrac{3\Delta\overline{e}^p}{2\overline{\sigma}}s_y \\ \Delta e_z^p = \dfrac{3\Delta\overline{e}^p}{2\overline{\sigma}}s_z\end{cases} \quad 和 \quad \begin{cases}\Delta e_{xy}^p = \dfrac{3\Delta\overline{e}^p}{2\overline{\sigma}}s_{xy} \\ \Delta e_{yz}^p = \dfrac{3\Delta\overline{e}^p}{2\overline{\sigma}}s_{yz} \\ \Delta e_{zx}^p = \dfrac{3\Delta\overline{e}^p}{2\overline{\sigma}}s_{zx}\end{cases}$$

所以

$$\begin{cases}\Delta e_x = \Delta e_x^e + \Delta e_x^p = \dfrac{1}{2G}\Delta s_x + \dfrac{3\Delta\overline{e}^p}{2\overline{\sigma}}s_x \\ \Delta e_y = \Delta e_y^e + \Delta e_y^p = \dfrac{1}{2G}\Delta s_y + \dfrac{3\Delta\overline{e}^p}{2\overline{\sigma}}s_y \\ \Delta e_z = \Delta e_z^e + \Delta e_z^p = \dfrac{1}{2G}\Delta s_z + \dfrac{3\Delta\overline{e}^p}{2\overline{\sigma}}s_z\end{cases} \tag{12.6.10a}$$

$$\begin{cases}\Delta e_{xy} = \Delta e_{xy}^e + \Delta e_{xy}^p = \dfrac{1}{2G}\Delta s_{xy} + \dfrac{3\Delta\overline{e}^p}{2\overline{\sigma}}s_{xy} \\ \Delta e_{yz} = \Delta e_{yz}^e + \Delta e_{yz}^p = \dfrac{1}{2G}\Delta s_{yz} + \dfrac{3\Delta\overline{e}^p}{2\overline{\sigma}}s_{yz} \\ \Delta e_{zx} = \Delta e_{zx}^e + \Delta e_{zx}^p = \dfrac{1}{2G}\Delta s_{zx} + \dfrac{3\Delta\overline{e}^p}{2\overline{\sigma}}s_{zx}\end{cases} \tag{12.6.10b}$$

这就是理想弹塑性偏应变增量与偏应力增量、偏应力之间的关系,也称为普朗特-路埃斯方程。

3. 线性强化刚塑性的莱维-米泽斯方程

如图 12.6.3 所示,不计弹性应变、线性强化的简化模型,称为线性强化刚塑性。因此,对于线性强化刚塑性有

$$\Delta\boldsymbol{\varepsilon} = \Delta\boldsymbol{\varepsilon}^e + \Delta\boldsymbol{\varepsilon}^p$$

$$\sigma_s(\varepsilon^p)=\sigma_0+H\varepsilon^p$$

其中

$$H=E_T$$

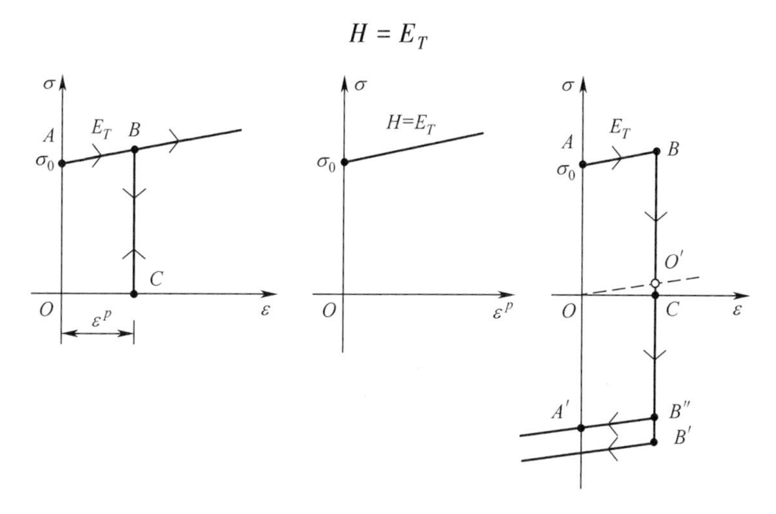

图 12.6.3　线性强化刚塑性

屈服条件仍然为

$$f_0(\boldsymbol{\sigma})=\bar{\sigma}(\boldsymbol{\sigma})-\sigma_0=0$$

若其加载准则,则可以为等向强化、随动强化和组合强化,加载条件为

$$f(\boldsymbol{\sigma}-\boldsymbol{\alpha},\varepsilon^p)=\bar{\sigma}(\boldsymbol{\sigma}-\boldsymbol{\alpha})-\sigma_s(\varepsilon^p)=0$$

若应用等向强化,则加载条件为

$$f(\boldsymbol{\sigma},\varepsilon^p)=\bar{\sigma}(\boldsymbol{\sigma})-\sigma_s(\varepsilon^p)=0$$

若应用米泽斯形式的屈服条件作为加载条件,则

$$\bar{\sigma}(\boldsymbol{\sigma})=\sqrt{3J_2}=\sqrt{\frac{1}{2}[(\sigma_x-\sigma_y)^2+(\sigma_y-\sigma_z)^2+(\sigma_z-\sigma_x)^2+6(\tau_{xy}^2+\tau_{yz}^2+\tau_{zx}^2)]}$$

由流动法则,可得

$$\begin{cases}\Delta\varepsilon_x^p=\mathrm{d}\lambda\ \dfrac{3}{2\bar{\sigma}}s_x\\ \Delta\varepsilon_y^p=\mathrm{d}\lambda\ \dfrac{3}{2\bar{\sigma}}s_y\\ \Delta\varepsilon_z^p=\mathrm{d}\lambda\ \dfrac{3}{2\bar{\sigma}}s_z\end{cases}\quad 和\quad \begin{cases}\Delta\gamma_{xy}^p=\mathrm{d}\lambda\ \dfrac{3}{2\bar{\sigma}}(2s_{xy})\\ \Delta\gamma_{yz}^p=\mathrm{d}\lambda\ \dfrac{3}{2\bar{\sigma}}(2s_{yz})\\ \Delta\gamma_{zx}^p=\mathrm{d}\lambda\ \dfrac{3}{2\bar{\sigma}}(2s_{zx})\end{cases}$$

以及

$$\Delta\bar{\varepsilon}^p=\mathrm{d}\lambda$$

一致性条件要求为

$$\Delta f = \frac{\partial f}{\partial \bar{\sigma}}\Delta \bar{\sigma} + \frac{\partial f}{\partial \varepsilon^p}\Delta \varepsilon^p = 0$$

由于

$$\frac{\partial f}{\partial \bar{\sigma}} = 1$$

$$\frac{\partial f}{\partial \varepsilon^p} = \frac{\partial f}{\partial \sigma_s}\frac{\partial \sigma_s}{\partial \varepsilon^p} = -\frac{\partial \sigma_s}{\partial \varepsilon^p} = -H = -E_T$$

于是得到：

$$\Delta \bar{\sigma} - H\Delta \varepsilon^p = 0$$

由于

$$\Delta \varepsilon^p = \Delta \bar{\varepsilon}^p = \mathrm{d}\lambda$$

于是得到：

$$\mathrm{d}\lambda = \frac{\Delta \bar{\sigma}}{H}$$

所以

$$\begin{cases} \Delta \varepsilon_x = \Delta \varepsilon_x^p = \dfrac{3\Delta \bar{\sigma}}{2\bar{\sigma} H}s_x \\ \Delta \varepsilon_y = \Delta \varepsilon_y^p = \dfrac{3\Delta \bar{\sigma}}{2\bar{\sigma} H}s_y \\ \Delta \varepsilon_z = \Delta \varepsilon_z^p = \dfrac{3\Delta \bar{\sigma}}{2\bar{\sigma} H}s_z \end{cases} \quad 和 \quad \begin{cases} \Delta \gamma_{xy} = \Delta \gamma_{xy}^p = \dfrac{3\Delta \bar{\sigma}}{\bar{\sigma} H}s_{xy} \\ \Delta \gamma_{yz} = \Delta \gamma_{yz}^p = \dfrac{3\Delta \bar{\sigma}}{\bar{\sigma} H}s_{yz} \\ \Delta \gamma_{zx} = \Delta \gamma_{zx}^p = \dfrac{3\Delta \bar{\sigma}}{\bar{\sigma} H}s_{zx} \end{cases} \tag{12.6.11}$$

这就是线性强化刚塑性应变增量与偏应力之间的关系，也称为莱维–米泽斯方程。

4. 线性强化弹塑性的普朗特–路埃斯方程

如图 12.6.4 所示，线性强化的简化模型，称为线性强化弹塑性。因此，对于线性强化弹塑性有

$$\Delta \boldsymbol{e} = \Delta \boldsymbol{e}^e + \Delta \boldsymbol{e}^p$$
$$\sigma_s(\varepsilon^p) = \sigma_0 + H\varepsilon^p$$

其中

$$H = \frac{E_T E}{E - E_T}$$

证明如下：

由于

$$E_T = \frac{\sigma_s(\varepsilon^p) - \sigma_0}{\varepsilon^e + \varepsilon^p - \dfrac{\sigma_0}{E}} = \frac{\sigma_s(\varepsilon^p) - \sigma_0}{\dfrac{\sigma_s(\varepsilon^p)}{E} + \varepsilon^p - \dfrac{\sigma_0}{E}}$$

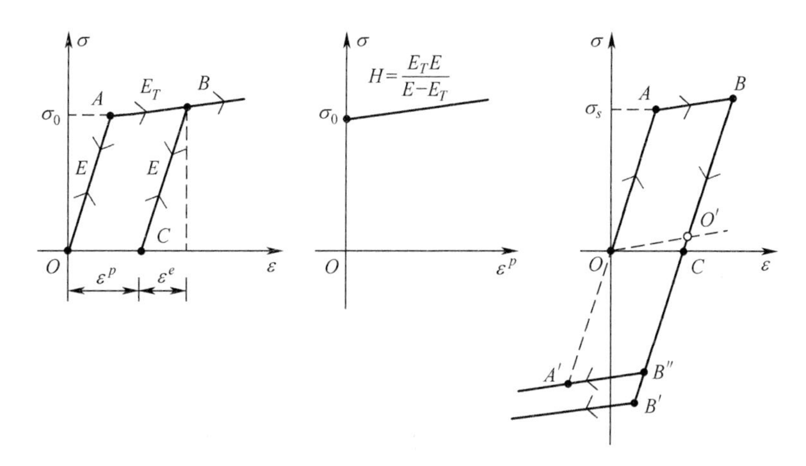

图 12.6.4　线性强化弹塑性

可得

$$\sigma_s(\varepsilon^p) - \sigma_0 = \frac{E_T}{E}[\sigma_s(\varepsilon^p) - \sigma_0] + E_T\varepsilon^p$$

$$\left(1 - \frac{E_T}{E}\right)[\sigma_s(\varepsilon^p) - \sigma_0] = E_T\varepsilon^p$$

$$\sigma_s(\varepsilon^p) = \sigma_0 + \frac{E_T E}{E - E_T}\varepsilon^p$$

于是得到:

$$H = \frac{E_T E}{E - E_T}$$

屈服条件仍然为

$$f_0(\boldsymbol{s}) = \bar{\sigma}(\boldsymbol{s}) - \sigma_0 = 0$$

若其加载准则,则可以为等向强化、随动强化和组合强化,加载条件为

$$f(\boldsymbol{s} - \boldsymbol{\alpha}, \varepsilon^p) = \bar{\sigma}(\boldsymbol{s} - \boldsymbol{\alpha}) - \sigma_s(\varepsilon^p) = 0$$

若应用等向强化,则加载条件为

$$f(\boldsymbol{s}, \varepsilon^p) = \bar{\sigma}(\boldsymbol{s}) - \sigma_s(\varepsilon^p) = 0$$

若应用米泽斯形式的屈服条件作为加载条件,则

$$\bar{\sigma}(\boldsymbol{s}) = \sqrt{3J_2} = \sqrt{\frac{1}{2}[(s_x - s_y)^2 + (s_y - s_z)^2 + (s_z - s_x)^2 + 6(s_{xy}^2 + s_{yz}^2 + s_{zx}^2)]}$$

由流动法则,可得

$$\begin{cases} \Delta e_x^p = \mathrm{d}\lambda \dfrac{3}{2\bar{\sigma}} s_x \\ \Delta e_y^p = \mathrm{d}\lambda \dfrac{3}{2\bar{\sigma}} s_y \\ \Delta e_x^p = \mathrm{d}\lambda \dfrac{3}{2\bar{\sigma}} s_x \end{cases} \quad 和 \quad \begin{cases} \Delta e_{xy}^p = \mathrm{d}\lambda \dfrac{3}{2\bar{\sigma}} s_{xy} \\ \Delta e_{yz}^p = \mathrm{d}\lambda \dfrac{3}{2\bar{\sigma}} s_{yz} \\ \Delta e_{zx}^p = \mathrm{d}\lambda \dfrac{3}{2\bar{\sigma}} s_{zx} \end{cases}$$

以及

$$\Delta \overline{e}^{p} = \mathrm{d}\lambda$$

一致性条件为

$$\Delta f = \frac{\partial f}{\partial \overline{\sigma}}\Delta \overline{\sigma} + \frac{\partial f}{\partial e^{p}}\Delta e^{p} = 0$$

由于

$$\frac{\partial f}{\partial \overline{\sigma}} = 1$$

$$\frac{\partial f}{\partial e^{p}} = \frac{\partial f}{\partial \sigma_{s}}\frac{\partial \sigma_{s}}{\partial e^{p}} = -\frac{\partial \sigma_{s}}{\partial e^{p}} = -H = -\frac{E_{T}E}{E - E_{T}}$$

于是得到:

$$\Delta \overline{\sigma} - H\Delta e^{p} = 0$$

由于

$$\Delta e^{p} = \Delta \overline{e}^{p} = \mathrm{d}\lambda$$

因此得到:

$$\begin{cases} \Delta e_{x}^{p} = \dfrac{3\Delta \overline{\sigma}}{2\overline{\sigma}H}s_{x} \\ \Delta e_{y}^{p} = \dfrac{3\Delta \overline{\sigma}}{2\overline{\sigma}H}s_{y} \\ \Delta e_{x}^{p} = \dfrac{3\Delta \overline{\sigma}}{2\overline{\sigma}H}s_{x} \end{cases} \quad 和 \quad \begin{cases} \Delta e_{xy}^{p} = \dfrac{3\Delta \overline{\sigma}}{\overline{\sigma}H}s_{xy} \\ \Delta e_{yz}^{p} = \dfrac{3\Delta \overline{\sigma}}{\overline{\sigma}H}s_{yz} \\ \Delta e_{zx}^{p} = \dfrac{3\Delta \overline{\sigma}}{\overline{\sigma}H}s_{zx} \end{cases}$$

所以

$$\begin{cases} \Delta e_{x} = \Delta e_{x}^{e} + \Delta e_{x}^{p} = \dfrac{1}{2G}\Delta s_{x} + \dfrac{3\Delta \overline{\sigma}}{2\overline{\sigma}H}s_{x} \\ \Delta e_{y} = \Delta e_{y}^{e} + \Delta e_{y}^{p} = \dfrac{1}{2G}\Delta s_{y} + \dfrac{3\Delta \overline{\sigma}}{2\overline{\sigma}H}s_{y} \\ \Delta e_{z} = \Delta e_{z}^{e} + \Delta e_{z}^{p} = \dfrac{1}{2G}\Delta s_{z} + \dfrac{3\Delta \overline{\sigma}}{2\overline{\sigma}H}s_{z} \end{cases} \tag{12.6.12a}$$

$$\begin{cases} \Delta e_{xy} = \Delta e_{xy}^{e} + \Delta e_{xy}^{p} = \dfrac{1}{2G}\Delta s_{xy} + \dfrac{3\Delta \overline{\sigma}}{\overline{\sigma}H}s_{xy} \\ \Delta e_{yz} = \Delta e_{yz}^{e} + \Delta e_{yz}^{p} = \dfrac{1}{2G}\Delta s_{yz} + \dfrac{3\Delta \overline{\sigma}}{\overline{\sigma}H}s_{yz} \\ \Delta e_{zx} = \Delta e_{zx}^{e} + \Delta e_{zx}^{p} = \dfrac{1}{2G}\Delta s_{zx} + \dfrac{3\Delta \overline{\sigma}}{\overline{\sigma}H}s_{zx} \end{cases} \tag{12.6.12b}$$

这就是线性强化弹塑性偏应变增量与偏应力增量、偏应力之间的关系,也称为普朗特–路埃斯方程。

5. 一般形式

一致性条件要求：

$$\Delta f = \frac{\partial f}{\partial \boldsymbol{\sigma}} \Delta \boldsymbol{\sigma} - \frac{\partial f}{\partial \sigma_s} \frac{\partial \sigma_s}{\partial \varepsilon^p} \Delta \varepsilon^p = \boldsymbol{a}^{\mathrm{T}} \Delta \boldsymbol{\sigma} - H \mathrm{d}\lambda = 0$$

由于

$$\Delta \boldsymbol{\sigma} = \boldsymbol{D}^e (\Delta \varepsilon - \mathrm{d}\lambda \boldsymbol{a}) = \boldsymbol{D}^e \Delta \boldsymbol{\varepsilon} - \mathrm{d}\lambda \boldsymbol{D}^e \boldsymbol{a}$$

可得

$$\boldsymbol{a}^{\mathrm{T}} (\boldsymbol{D}^e \Delta \boldsymbol{\varepsilon} - \mathrm{d}\lambda \boldsymbol{D}^e \boldsymbol{a}) - H \mathrm{d}\lambda = 0$$

即

$$\boldsymbol{a}^{\mathrm{T}} \boldsymbol{D}^e \Delta \varepsilon - \mathrm{d}\lambda \boldsymbol{a}^{\mathrm{T}} \boldsymbol{D}^e \boldsymbol{a} - H \mathrm{d}\lambda = 0$$

解得

$$\mathrm{d}\lambda = \frac{\boldsymbol{a}^{\mathrm{T}} \boldsymbol{D}^e \Delta \boldsymbol{\varepsilon}}{\boldsymbol{a}^{\mathrm{T}} \boldsymbol{D}^e \boldsymbol{a} + H}$$

从而得到塑性应变增量为

$$\Delta \boldsymbol{\varepsilon}^p = \mathrm{d}\lambda \boldsymbol{a} = \frac{\boldsymbol{a}\boldsymbol{a}^{\mathrm{T}} \boldsymbol{D}^e \Delta \boldsymbol{\varepsilon}}{\boldsymbol{a}^{\mathrm{T}} \boldsymbol{D}^e \boldsymbol{a} + H}$$

最后得到应力增量与应变增量的关系,即弹塑性物理方程为

$$\Delta \boldsymbol{\sigma} = \boldsymbol{D}^e \left(\Delta \boldsymbol{\varepsilon} - \frac{\boldsymbol{a}\boldsymbol{a}^{\mathrm{T}} \boldsymbol{D}^e \Delta \varepsilon}{\boldsymbol{a}^{\mathrm{T}} \boldsymbol{D}^e \boldsymbol{a} + H} \right) = \boldsymbol{D}^e \left(\boldsymbol{I} - \frac{\boldsymbol{a}\boldsymbol{a}^{\mathrm{T}} \boldsymbol{D}^e}{\boldsymbol{a}^{\mathrm{T}} \boldsymbol{D}^e \boldsymbol{a} + H} \right) \Delta \boldsymbol{\varepsilon} = \boldsymbol{D}^{ep} \Delta \boldsymbol{\varepsilon}$$

式中

$$\boldsymbol{D}^{ep} = \boldsymbol{D}^e \left(\boldsymbol{I} - \frac{\boldsymbol{a}\boldsymbol{a}^{\mathrm{T}} \boldsymbol{D}^e}{\boldsymbol{a}^{\mathrm{T}} \boldsymbol{D}^e \boldsymbol{a} + H} \right)$$

称为弹塑性刚度矩阵。

习　　题

12-1　在平面问题中,弹性应变增量和应力增量为

$$\Delta \boldsymbol{\varepsilon}^e = \begin{bmatrix} \Delta \varepsilon_x^e \\ \Delta \varepsilon_y^e \\ \Delta \varepsilon_{xy}^e \end{bmatrix} \quad \Delta \boldsymbol{\sigma} = \begin{bmatrix} \Delta \sigma_x \\ \Delta \sigma_y \\ \Delta \tau_{xy} \end{bmatrix}$$

平面应力时,物理方程为

$$\boldsymbol{C}^e = \frac{1}{E} \begin{bmatrix} 1 & -\mu & 0 \\ -\mu & 1 & 0 \\ 0 & 0 & 1+\mu \end{bmatrix} \quad \text{和} \quad \boldsymbol{D}^e = \frac{E}{1-\mu^2} \begin{bmatrix} 1 & \mu & 0 \\ \mu & 1 & 0 \\ 0 & 0 & 1-\mu \end{bmatrix}$$

平面应变时,物理方程为

$$
\boldsymbol{C}^e = \frac{1-\mu^2}{E}\begin{bmatrix} 1 & -\dfrac{\mu}{1-\mu} & 0 \\ -\dfrac{\mu}{1-\mu} & 1 & 0 \\ 0 & 0 & \dfrac{1}{1-\mu} \end{bmatrix}
$$

和

$$
\boldsymbol{D}^e = \frac{E(1-\mu)}{(1+\mu)(1-2\mu)}\begin{bmatrix} 1 & \dfrac{\mu}{1-\mu} & 0 \\ \dfrac{\mu}{1-\mu} & 1 & 0 \\ 0 & 0 & \dfrac{1-2\mu}{1-\mu} \end{bmatrix}
$$

基于米泽斯形式的屈服条件,推导出下列方程:

(1) 理想刚塑性的应力增量与应变增量之间的关系;

(2) 理想弹塑性的应力增量与应变增量之间的关系;

(3) 线性强化刚塑性的应力增量与应变增量之间的关系;

(4) 线性强化弹塑性的应力增量与应变增量之间的关系。

12-2　当 $E \to \infty$ 时,

$$
H = \frac{E_T E}{E - E_T} \to E_T
$$

即线性强化刚塑性时的 H。

提示:

$$
H = \frac{E_T}{1 - E_T/E}
$$

第十三章　弹塑性力学边值问题的解析解法

数学上,弹塑性力学问题可以归结为微分方程的边值问题,即弹塑性力学边值问题。

在求解弹塑性力学边值问题时,第三章引入的几何方程和位移边界条件,以及第四章引入的平衡微分方程和应力边界条件仍然适用;但是,第五章引入的线弹性应力应变关系却仅适用于卸载过程,加载过程则应遵循第十二章引入的屈服条件、加载条件和流动法则。

与弹性力学边值问题相比,弹塑性力学边值问题的求解具有两个不同的特点:一是弹塑性力学的解答是一个过程的解答,这是因为弹塑性应力应变关系与加载路径有关;二是弹性力学的解答通常以外力的形式给出,这是因为弹塑性中各点处进入塑性的状态是不同的。因此,弹塑性力学边值问题的求解更为复杂,需要借助简化方法(例如:比拟法、极限分析法、滑移线法等)或数值方法(例如:有限元法等)。

本章主要讲解直角坐标系下和极坐标系下弹塑性平面问题的解析解法。虽然解析解法所能得到的解答是极其有限的,但是这些解答是有意义的。它们不仅可以用来解决一些实际问题,还可以用于验证其他解法的解答。

13.1　直角坐标系下的平面问题

由式(6.4.25)已知,直角坐标系下平面问题的几何方程为

$$\begin{cases}\varepsilon_x = \dfrac{\partial u}{\partial x}\\[2mm] \varepsilon_y = \dfrac{\partial v}{\partial y}\\[2mm] \gamma_{xy} = \dfrac{\partial v}{\partial x} + \dfrac{\partial u}{\partial y}\end{cases} \tag{13.1.1}$$

由式(6.4.26)已知,直角坐标系下平面问题的平衡微分方程为

$$\begin{cases}\dfrac{\partial \sigma_x}{\partial x} + \dfrac{\partial \tau_{xy}}{\partial y} + f_x = 0\\[2mm] \dfrac{\partial \tau_{xy}}{\partial x} + \dfrac{\partial \sigma_y}{\partial y} + f_y = 0\end{cases} \tag{13.1.2}$$

上面几何方程式(13.1.1)和平衡微分方程式(13.1.2)不仅适用于弹塑性力学边值问题的弹性阶段,也适用于塑性阶段。

由式(6.4.27)、式(6.4.28)已知,直角坐标系下平面应力问题的物理方程为

$$
\begin{cases}
\varepsilon_x = \dfrac{1}{E}(\sigma_x - \mu\sigma_y) \\
\varepsilon_y = \dfrac{1}{E}(\sigma_y - \mu\sigma_x) \\
\gamma_{xy} = \dfrac{2(1+\mu)}{E}\tau_{xy} = \dfrac{1}{G}\tau_{xy}
\end{cases}
\tag{13.1.3a}
$$

或

$$
\begin{cases}
\sigma_x = \dfrac{E}{1-\mu^2}(\varepsilon_x + \mu\varepsilon_y) \\
\sigma_y = \dfrac{E}{1-\mu^2}(\varepsilon_y + \mu\varepsilon_x) \\
\tau_{xy} = \dfrac{E}{2(1+\mu)}\gamma_{xy} = G\gamma_{xy}
\end{cases}
\tag{13.1.3b}
$$

上面物理方程式(13.1.3)适用于弹塑性力学边值问题的弹性阶段。

由式(12.3.9)、式(12.3.15)可知,直角坐标系下平面应力问题的特雷斯卡屈服条件为

$$
\begin{cases}
\sigma_1 - \sigma_2 = \pm\sigma_0 \quad (\sigma_1 \geqslant 0 \geqslant \sigma_2) \\
\sigma_2 = \pm\sigma_0 \quad (\sigma_2 \geqslant \sigma_1 \geqslant 0) \\
-\sigma_1 = \pm\sigma_0 \quad (0 \geqslant \sigma_2 \geqslant \sigma_1)
\end{cases}
\tag{13.1.4}
$$

米泽斯屈服条件为

$$
f_0(J_2) = J_2 - \frac{1}{3}\sigma_0^2 = 0 \tag{13.1.5}
$$

式中

$$
J_2 = \frac{1}{6}[(\sigma_x - \sigma_y)^2 + \sigma_y^2 + \sigma_x^2 + 6\tau_{xy}^2]
$$

上面屈服条件适用于弹塑性力学边值问题的塑性阶段。

由式(6.4.31)、式(6.4.32)已知,直角坐标系下平面问题的位移边界条件为

$$
\begin{cases}
u_s = \overline{u} \\
v_s = \overline{v}
\end{cases}
\tag{13.1.6}
$$

应力边界条件为

$$
\begin{cases}
(\sigma_x)_s n_x + (\tau_{xy})_s n_y = \overline{f}_x \\
(\tau_{xy})_s n_x + (\sigma_y)_s n_y = \overline{f}_y
\end{cases}
\tag{13.1.7}
$$

上面边界条件不仅适用于弹塑性力学边值问题的弹性阶段,也适用于塑性阶段。

例题 13.1.1:

如图 13.1.1 所示的纯弯曲梁,其高度为 $2H$,厚度为 B,受弯矩 M 作用。其横截面的惯性矩为

$$
I = \frac{1}{12} \times B \times (2H)^3 = \frac{2}{3}BH^3
$$

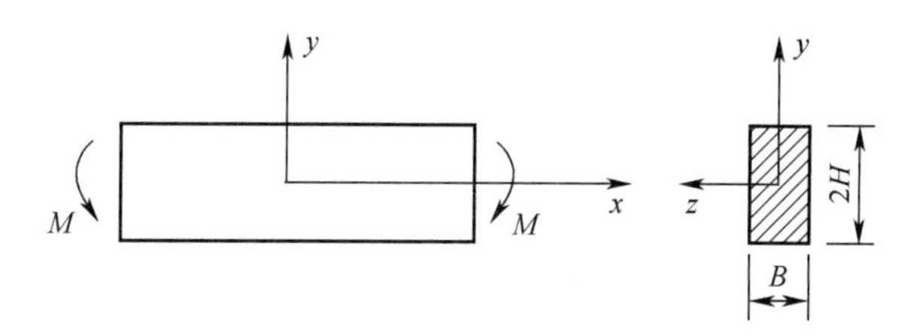

图 13.1.1　纯弯曲作用下的矩形截面梁

由例题 9.1.4 已经求得应力分量为

$$\sigma_x = \frac{M}{I}y, \sigma_y = \sigma_z = \tau_{xy} = \tau_{yz} = \tau_{zx} = 0$$

位移分量 v 为

$$v = -\frac{M}{2EI}(x^2 + \mu y^2 - \mu z^2) + \omega_z x - \omega_x z + v_0$$

据此可得应变分量 ε_x 为

$$\varepsilon_x = \frac{1}{E}\sigma_x = \frac{M}{EI}y$$

曲率 κ 为

$$\kappa = \frac{1}{\rho} = \frac{\mathrm{d}\theta}{\mathrm{d}x} = -\frac{\mathrm{d}^2 v}{\mathrm{d}x^2} = \frac{M}{EI}$$

完成下列问题：

（1）应用特雷斯卡屈服条件，确定弯矩 M 的弹性极限 M_0；

（2）应用米泽斯屈服条件，确定弯矩 M 的弹性极限 M_0；

（3）确定开始屈服时的应力分量、应变分量、曲率，以及 M/M_0 与 κ/κ_0 之间的关系。

解答：

（1）当 $y>0$ 时

$$\sigma_1 = \sigma_x = \frac{M}{I}y > 0, \sigma_2 = \sigma_3 = \sigma_y = \sigma_z = 0$$

于是

$$\sigma_1 - \sigma_3 = \frac{M}{I}y$$

当 $y<0$ 时

$$\sigma_1 = \sigma_2 = \sigma_y = \sigma_z = 0, \sigma_3 = \sigma_x = \frac{M}{I}y < 0$$

于是

$$\sigma_1 - \sigma_3 = -\frac{M}{I}y$$

因此

$$\sigma_1 - \sigma_3 = \pm\frac{M}{I}y$$

可见，在 $y=\pm H$ 处，$\sigma_1-\sigma_3$ 取得最大值。所以，梁上、下侧面首先开始同时塑性变形。此时，

由特雷斯卡屈服条件为

$$\sigma_1 - \sigma_3 = \sigma_0$$

可得

$$\pm\frac{M_0}{I}\times(\pm H) = \sigma_0$$

即

$$M_0 = \frac{I}{H}\sigma_0 = \frac{2}{3}BH^2\sigma_0$$

(2) 由

$$J_2 = \frac{1}{6}[(\sigma_x - \sigma_y)^2 + \sigma_y^2 + \sigma_x^2 + 6\tau_{xy}^2] = \frac{1}{3}\sigma_x^2 = \frac{M^2}{3I^2}y^2$$

可见,在 $y=\pm H$ 处,J_2 取得最大值。因此,梁上、下侧面首先开始同时塑性变形。此时,由米泽斯屈服条件为

$$f_0(J_2) = J_2 - \frac{1}{3}\sigma_0^2 = 0$$

可得

$$\frac{M_0^2}{3I^2}\times(\pm H)^2 - \frac{1}{3}\sigma_0^2 = 0$$

即

$$M_0 = \frac{I}{H}\sigma_0 = \frac{2}{3}BH^2\sigma_0$$

可见,对于此问题,两种屈服条件得到了相同的结果。

(3) 开始屈服时应力分量为

$$(\sigma_x)_0 = \frac{M_0}{I}y = \frac{\sigma_0}{H}y$$

应变分量为

$$(\varepsilon_x)_0 = \frac{1}{E}(\sigma_x)_0 = \frac{\sigma_0}{EH}y$$

曲率分量为

$$\kappa_0 = \frac{M_0}{EI} = \frac{\sigma_0}{EH}$$

在 $y=\pm H$ 处,即梁上、下侧面处应力分量为

$$(\sigma_x)_0 = \frac{\sigma_0}{H}\times(\pm H) = \pm\sigma_0$$

因此,应力在横截面上按线性分布,且在上、下两侧面处屈服(等于 $\pm\sigma_0$),如图 13.1.2(a)所示。

由于

$$\frac{M_0}{\kappa_0} = \frac{M}{\kappa} = EI$$

所以

$$\frac{M}{M_0}=\frac{\kappa}{\kappa_0} \tag{13.1.8}$$

因此，M/M_0 与 κ/κ_0 之间的关系如图 13.1.2(b)所示。

答毕。

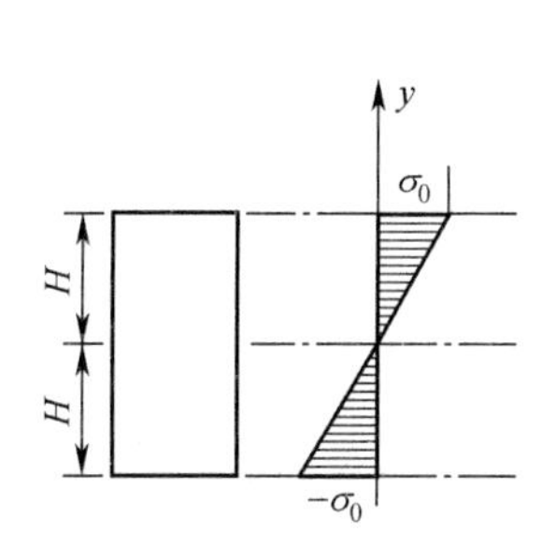

（a）开始屈服时，横梁截面上的应力分布

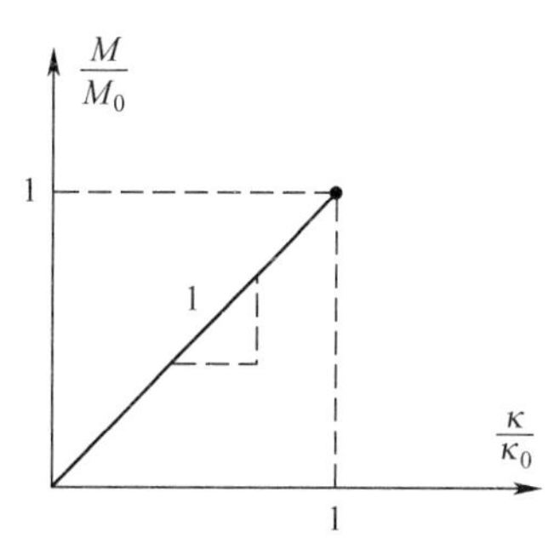

（b）M/M_0 与 κ/κ_0 关系曲线

图 13.1.2　开始屈服时梁横截面上的应力分布，以及 M/M_0 与 κ/κ_0 关系曲线

例题 13.1.2：

如图 13.1.2(a)所示的纯弯曲梁，在 $-\xi < y < \xi$ 范围内仍然为弹性区。此时，其横截面上的弯曲正应力分布为

$$\sigma_x=\begin{cases}-\sigma_0 & (-H\leqslant y\leqslant -\xi)\\ \dfrac{y}{\xi}\sigma_0 & (-\xi\leqslant y\leqslant \xi)\\ \sigma_0 & (\xi\leqslant y\leqslant H)\end{cases}$$

当 $\xi=H$ 时，

$$\sigma_x=\frac{y}{H}\sigma_0$$

即例题 13.1.1 的结果。当 $\xi\to 0$ 时，

$$\sigma_x=\begin{cases}-\sigma_0 & (-H\leqslant y<0)\\ \sigma_0 & (0<y\leqslant H)\end{cases}$$

σ0　H　ξ　ξ　H　−σ0

σ0　H　H　−σ0

（a）部分屈服时　　（b）全部屈服时

图 13.1.3　梁横截面上的应力分布

即全部屈服时的结果。此时弯曲正应力在 $y=0$ 处出现不连续的突变，如图 13.1.3(b) 所示。

完成下列问题：

(1) 计算弯矩 $M(\xi)$；

(2) 计算曲率 $\kappa(\xi)$；

(3) 利用解答(1)、(2)的结果，建立 $M(\xi)/M_0$ 与 $\kappa(\xi)/\kappa_0$ 之间的关系。

解答：

(1) 纯弯曲梁横截面上的弯矩为

$$\begin{aligned}M(\xi) &= \int_{-H}^{H}\sigma_x yB\mathrm{d}y\\&= \int_{-H}^{-\xi}(-\sigma_0)yB\mathrm{d}y + \int_{-\xi}^{\xi}\left(\frac{y}{\xi}\sigma_0\right)yB\mathrm{d}y + \int_{\xi}^{H}\sigma_0 yB\mathrm{d}y\\&= -B\sigma_0\int_{-H}^{-\xi}y\mathrm{d}y + \frac{B}{\xi}\sigma_0\int_{-\xi}^{\xi}y^2\mathrm{d}y + B\sigma_0\int_{\xi}^{H}y\mathrm{d}y\end{aligned}$$

$$M(\xi) = M^p(\xi) + M^e(\xi)$$

$$M^p(\xi) = -B\sigma_0\int_{-H}^{-\xi}y\mathrm{d}y + B\sigma_0\int_{\xi}^{H}y\mathrm{d}y$$

$$M^e(\xi) = \frac{B}{\xi}\sigma_0\int_{-\xi}^{\xi}y^2\mathrm{d}y$$

由于

$$\int_{-H}^{-\xi}y\mathrm{d}y = \left[\frac{1}{2}y^2\right]_{-H}^{-\xi} = \frac{1}{2}(\xi^2 - H^2)$$

$$\int_{-\xi}^{\xi}y^2\mathrm{d}y = \left[\frac{1}{3}y^3\right]_{-\xi}^{\xi} = \frac{1}{3}[\xi^3 - (-\xi)^3] = \frac{2}{3}\xi^3$$

$$\int_{\xi}^{H}y\mathrm{d}y = \left[\frac{1}{2}y^2\right]_{\xi}^{h} = \frac{1}{2}(H^2 - \xi^2)$$

$$\begin{aligned}M^p(\xi) &= -B\sigma_0\left[\frac{1}{2}(\xi^2 - H^2)\right] + B\sigma_0\left[\frac{1}{2}(H^2 - \xi^2)\right]\\&= B\sigma_0(H^2 - \xi^2) = BH^2\sigma_0\left[1 - \left(\frac{\xi}{H}\right)^2\right]\end{aligned}$$

$$M^e(\xi) = \frac{B}{\xi}\sigma_0\left(\frac{2}{3}\xi^3\right) = BH^2\sigma_0\left[\frac{2}{3}\left(\frac{\xi}{H}\right)^2\right]$$

$$M(\xi) = M^p(\xi) + M^e(\xi) = BH^2\sigma_0\left[1 - \frac{1}{3}\left(\frac{\xi}{H}\right)^2\right] \tag{a}$$

(2) 曲率只与弹性区有关，即

$$\kappa(\xi) = \frac{M^e(\xi)}{EI^e}$$

由于

$$I^e = \frac{1}{12}\times B\times(2\xi)^3 = \frac{2}{3}B\xi^3$$

可得

$$\kappa(\xi)=\frac{BH^2\sigma_0\left[\frac{2}{3}\left(\frac{\xi}{H}\right)^2\right]}{E\frac{2}{3}B\xi^3}=\frac{\sigma_0}{E\xi} \tag{b}$$

(3) 由式(a)可得

$$\frac{M(\xi)}{M_0}=\frac{BH^2\sigma_0\left[1-\frac{1}{3}\left(\frac{\xi}{H}\right)^2\right]}{\frac{2}{3}BH^2\sigma_0}=\frac{3}{2}\left[1-\frac{1}{3}\left(\frac{\xi}{H}\right)^2\right]=\frac{1}{2}\left[3-\left(\frac{\xi}{H}\right)^2\right]$$

由式(b)可得

$$\frac{\kappa(\xi)}{\kappa_0}=\frac{\sigma_0}{E\xi}\frac{EH}{\sigma_0}=\frac{H}{\xi}$$

于是可得 $M(\xi)/M_0$ 与 $\kappa(\xi)/\kappa_0$ 关系式,如下:

$$\frac{M(\xi)}{M_0}=\frac{1}{2}\left\{3-\left[\frac{\kappa(\xi)}{\kappa_0}\right]^{-2}\right\} \tag{13.1.9}$$

$M(\xi)/M_0$ 与 $\kappa(\xi)/\kappa_0$ 关系曲线如图 13.1.4 所示。

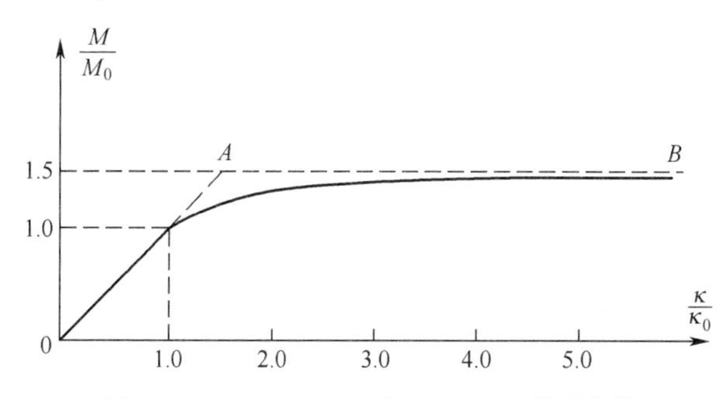

图 13.1.4 $M(\xi)/M_0$ 与 $\kappa(\xi)/\kappa_0$ 关系曲线

特别地,当 $\kappa(\xi)/\kappa_0=1$ 时

$$\frac{M(\xi)}{M_0}=\frac{1}{2}\times(3-1)=1.0$$

当 $\kappa(\xi)/\kappa_0=5$ 时

$$\frac{M(\xi)}{M_0}=\frac{1}{2}\times\left(3-\frac{1}{5^2}\right)=1.48$$

当 $\kappa(\xi)/\kappa_0\to\infty$ 时

$$\frac{M(\xi)}{M_0}\to\frac{1}{2}\times 3=1.5$$

答毕。

13.2 极坐标系下的平面问题

由式(6.5.8)已知,极坐标系下平面问题的几何方程为

$$\begin{cases}\varepsilon_\rho = \dfrac{\partial u_\rho}{\partial \rho} \\ \varepsilon_\varphi = \dfrac{u_\rho}{\rho} + \dfrac{1}{\rho}\dfrac{\partial u_\varphi}{\partial \varphi} \\ \gamma_{\rho\varphi} = \dfrac{1}{\rho}\dfrac{\partial u_\rho}{\partial \varphi} + \dfrac{\partial u_\varphi}{\partial \rho} - \dfrac{u_\varphi}{\rho}\end{cases} \tag{13.2.1}$$

由式(6.5.15)已知,极坐标系下平面问题的平衡微分方程为

$$\begin{cases}\dfrac{\partial \sigma_\rho}{\partial \rho} + \dfrac{1}{\rho}\dfrac{\partial \tau_{\rho\varphi}}{\partial \varphi} + \dfrac{\sigma_\rho - \sigma_\varphi}{\rho} + f_\rho = 0 \\ \dfrac{1}{\rho}\dfrac{\partial \sigma_\varphi}{\partial \varphi} + \dfrac{\partial \tau_{\rho\varphi}}{\partial \rho} + \dfrac{2\tau_{\rho\varphi}}{\rho} + f_\varphi = 0\end{cases} \tag{13.2.2}$$

上述几何方程和平衡微分方程不仅适用于弹塑性力学边值问题的弹性阶段,也适用于塑性阶段。

由式(6.5.17)、式(6.5.18)可知,极坐标系下平面应力问题的物理方程为

$$\begin{cases}\varepsilon_\rho = \dfrac{1}{E}(\sigma_\rho - \mu\sigma_\varphi) \\ \varepsilon_\varphi = \dfrac{1}{E}(\sigma_\varphi - \mu\sigma_\rho) \\ \gamma_{\rho\varphi} = \dfrac{2(1+\mu)}{E}\tau_{\rho\varphi} = \dfrac{1}{G}\tau_{\rho\varphi}\end{cases} \tag{13.2.3a}$$

或

$$\begin{cases}\sigma_\rho = \dfrac{E}{1-\mu^2}(\varepsilon_\rho + \mu\varepsilon_\varphi) \\ \sigma_\varphi = \dfrac{E}{1-\mu^2}(\varepsilon_\varphi + \mu\varepsilon_\rho) \\ \tau_{\rho\varphi} = \dfrac{E}{2(1+\mu)}\gamma_{\rho\varphi} = G\gamma_{\rho\varphi}\end{cases} \tag{13.2.3b}$$

上述物理方程适用于弹塑性力学边值问题的弹性阶段。

由式(12.3.9)、式(12.3.15)可知,极坐标系下平面应力问题的特雷斯卡屈服条件为

$$\begin{cases}\sigma_1 - \sigma_2 = \pm\sigma_0 \quad (\sigma_1 \geqslant 0 \geqslant \sigma_2) \\ \sigma_2 = \pm\sigma_0 \quad (\sigma_2 \geqslant \sigma_1 \geqslant 0) \\ -\sigma_1 = \pm\sigma_0 \quad (0 \geqslant \sigma_2 \geqslant \sigma_1)\end{cases} \tag{13.2.4}$$

米泽斯屈服条件为

$$f_0(J_2) = J_2 - \frac{1}{3}\sigma_0^2 = 0 \tag{13.2.5}$$

式中

$$J_2 = \frac{1}{6}[(\sigma_\rho - \sigma_\varphi)^2 + \sigma_\rho^2 + \sigma_\varphi^2 + 6\tau_{\rho\varphi}^2]$$

上述屈服条件适用于弹塑性力学边值问题的塑性阶段。

由式(6.4.21)、式(6.4.22)可知,极坐标系下平面问题的位移边界条件为

$$\begin{cases} u_\rho = \overline{u}_\rho \\ u_\varphi = \overline{u}_\varphi \end{cases} \tag{13.2.6}$$

应力边界条件为

$$\begin{cases} (\sigma_\rho)_s n_\rho + (\tau_{\rho\varphi})_s n_\varphi = \overline{f}_\rho \\ (\tau_{\rho\varphi})_s n_\rho + (\sigma_\varphi)_s n_\varphi = \overline{f}_\varphi \end{cases} \tag{13.2.7}$$

上述边界条件不仅适用于弹塑性力学边值问题的弹性阶段,也适用于塑性阶段。

特别地,对于极坐标下的平面轴对称问题,其位移分量为

$$\begin{cases} u_\rho = u_\rho(\rho) \\ u_\varphi = 0 \end{cases} \tag{13.2.8}$$

其几何方程和平衡微分方程可相应地简化为

$$\varepsilon_\rho = \frac{\mathrm{d}u_\rho}{\mathrm{d}\rho}\quad,\quad \varepsilon_\varphi = \frac{u_\rho}{\rho}\quad \text{和}\quad \gamma_{\rho\varphi} = 0 \tag{13.2.9}$$

以及

$$\frac{\mathrm{d}\sigma_\rho}{\mathrm{d}\rho} + \frac{\sigma_\rho - \sigma_\varphi}{\rho} + f_\rho(\rho) = 0 \tag{13.2.10}$$

例题 13.2.1:

如图 13.2.1(a)所示的薄圆环,其内半径为 a,外半径为 b,受均匀内压 p 作用。材料的弹性模量为 E,屈服强度为 σ_0。由于是薄圆环,因此可按平面应力问题处理。

由例题 10.2.2,已经求得了其弹性力学的应力分量解答为

$$\begin{cases} \sigma_\rho = \dfrac{a^2}{b^2 - a^2}\left(1 - \dfrac{b^2}{\rho^2}\right)p \\ \sigma_\varphi = \dfrac{a^2}{b^2 - a^2}\left(1 + \dfrac{b^2}{\rho^2}\right)p \end{cases}$$

和

$$\sigma_z = \tau_{\rho\varphi} = \tau_{\varphi z} = \tau_{z\rho} = 0$$

由例题 12.3.1,已经求得了基于特雷斯卡屈服条件的内压弹性极限为

$$p_0 = \frac{b^2 - a^2}{2b^2}\sigma_0$$

如图 13.2.1(b)所示,薄圆环部分屈服。若设其塑性区半径为 c,则 $a<c<b$。求出薄圆环的应力分量。

解答:

如图 13.2.2 所示,在弹性区中 $(c \leqslant \rho \leqslant b)$

$$p_c = \frac{b^2 - c^2}{2b^2}\sigma_0$$

则其应力分量为

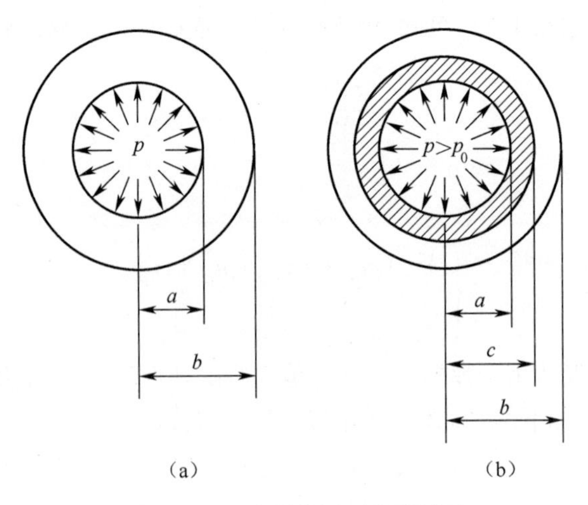

图 13.2.1　内压作用下的薄圆环

$$\sigma_\rho = \frac{c^2}{b^2 - c^2}\left(1 - \frac{b^2}{\rho^2}\right)p_c = \frac{c^2}{b^2 - c^2}\left(1 - \frac{b^2}{\rho^2}\right)\frac{b^2 - c^2}{2b^2}\sigma_0 = \frac{c^2}{2b^2}\left(1 - \frac{b^2}{\rho^2}\right)\sigma_0$$

$$\sigma_\varphi = \frac{c^2}{b^2 - c^2}\left(1 + \frac{b^2}{\rho^2}\right)p_c = \frac{c^2}{b^2 - c^2}\left(1 + \frac{b^2}{\rho^2}\right)\frac{b^2 - c^2}{2b^2}\sigma_0 = \frac{c^2}{2b^2}\left(1 + \frac{b^2}{\rho^2}\right)\sigma_0$$

即弹性区的应力分量。

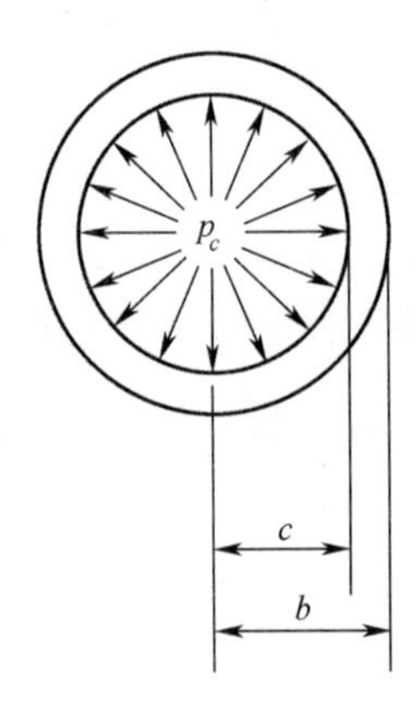

图 13.2.2　薄圆环的弹性区

如图 13.2.3 所示,在塑性区中 ($a \leqslant \rho \leqslant c$), 由式(13.2.10)可得

$$\frac{\mathrm{d}\sigma_\rho}{\mathrm{d}\rho} - \frac{\sigma_0}{\rho} = 0$$

即

$$\mathrm{d}\sigma_\rho = \sigma_0 \frac{1}{\rho}\mathrm{d}\rho$$

积分可得

$$\sigma_\rho = \sigma_0 \ln\rho + C$$

并可得

$$\sigma_\varphi = \sigma_0 + \sigma_\rho = \sigma_0 + \sigma_0 \ln\rho + C$$

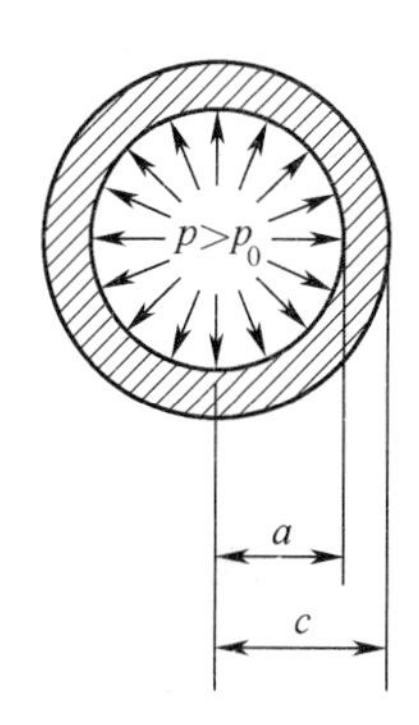

图 13.2.3　薄圆环的塑性区

由内侧面上的应力边界条件,可得

$$(\sigma_\rho)_{\rho=a}=-p$$

即

$$\sigma_0\ln a+C=-p$$

解得

$$C=-p-\sigma_0\ln a$$

于是得到:

$$\sigma_\rho=\sigma_0\ln\rho+C=\sigma_0\ln\rho-p-\sigma_0\ln a=-p+\sigma_0\ln\frac{\rho}{a}$$

$$\sigma_\varphi=\sigma_0+\sigma_0\ln\rho+C=\sigma_0+\sigma_0\ln\rho-p-\sigma_0\ln a=-p+\sigma_0\left(1+\ln\frac{\rho}{a}\right)$$

由弹性区与塑性区交界处($\rho=c$)径向应力连续,可得

$$-p+\sigma_0\ln\frac{c}{a}=\frac{c^2\sigma_0}{2b^2}\left(1-\frac{b^2}{c^2}\right)$$

解得

$$p=\left[\ln\frac{c}{a}+\frac{1}{2}\left(1-\frac{c^2}{b^2}\right)\right]\sigma_0 \tag{13.2.11}$$

特别地,当 $c=a$ 时,就得到了弹性极限压力 p_0,即

$$p_0=\frac{1}{2}\left(1-\frac{a^2}{b^2}\right)\sigma_0=\frac{b^2-a^2}{2b^2}\sigma_0$$

当 $c=b$ 时,就得到了塑性极限压力 p_s,即

$$p_s=\sigma_0\ln\frac{b}{a} \tag{13.2.12}$$

其应力分量为

$$\begin{aligned}\sigma_\rho&=-p+\sigma_0\ln\frac{\rho}{a}\\&=-\sigma_0\left[\ln\frac{c}{a}+\frac{1}{2}\left(1-\frac{c^2}{b^2}\right)\right]+\sigma_0\ln\frac{\rho}{a}\\&=\sigma_0\left[\ln\frac{\rho}{b}-\ln\frac{c}{b}-\frac{1}{2}\left(1-\frac{c^2}{b^2}\right)\right]\end{aligned}$$

$$\begin{aligned}\sigma_\varphi &= -p + \sigma_0\left(1 + \ln\frac{\rho}{a}\right)\\&= -\sigma_0\left[\ln\frac{c}{a} + \frac{1}{2}\left(1 - \frac{c^2}{b^2}\right)\right] + \sigma_0\left(1 + \ln\frac{\rho}{a}\right)\\&= \sigma_0\left[\ln\frac{\rho}{b} - \ln\frac{c}{b} + \frac{1}{2}\left(1 + \frac{c^2}{b^2}\right)\right]\end{aligned}$$

综上所述,部分屈服时薄圆环的应力分量为

$$\frac{\sigma_\rho}{\sigma_0} = \begin{cases}\ln\dfrac{\rho}{b} - \ln\dfrac{c}{b} - \dfrac{1}{2}\left(1 - \dfrac{c^2}{b^2}\right) & (a \leqslant \rho \leqslant c)\\ \dfrac{c^2}{2b^2}\left(1 - \dfrac{b^2}{\rho^2}\right) & (c \leqslant \rho \leqslant b)\end{cases}$$

$$\frac{\sigma_\varphi}{\sigma_0} = \begin{cases}\ln\dfrac{\rho}{b} - \ln\dfrac{c}{b} + \dfrac{1}{2}\left(1 - \dfrac{c^2}{b^2}\right) & (a \leqslant \rho \leqslant c)\\ \dfrac{c^2}{2b^2}\left(1 + \dfrac{b^2}{\rho^2}\right) & (c \leqslant \rho \leqslant b)\end{cases}$$

图 13. 2. 4 是其应力分布图。

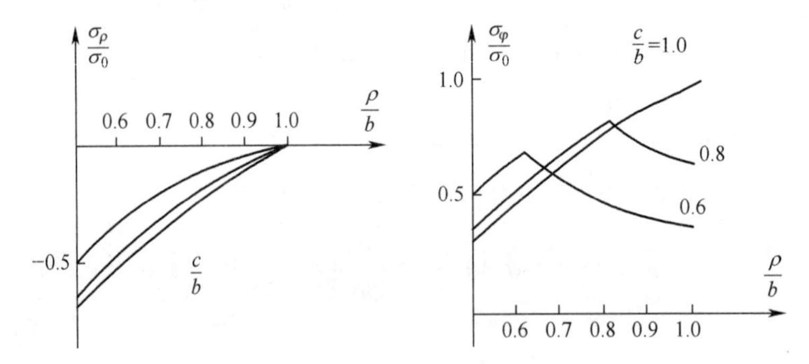

图 13. 2. 4　薄圆环的应力分布图

答毕。

13. 3　球面坐标系下的空间球对称问题

由式(6. 7. 3)已知,球面坐标系下空间球对称问题的几何方程为

$$\begin{cases}\varepsilon_r = \dfrac{\mathrm{d}u_r}{\mathrm{d}r}\\ \varepsilon_\varphi = \varepsilon_\theta = \varepsilon_T = \dfrac{u_r}{r}\end{cases} \tag{13.3.1}$$

由式(6. 7. 6)可知,球面坐标系下空间球对称问题的平衡微分方程为

$$\frac{\mathrm{d}\sigma_r}{\mathrm{d}r} + \frac{2}{r}(\sigma_r - \sigma_T) + f_r(r) = 0 \tag{13.3.2}$$

上述几何方程和平衡微分方程不仅适用于弹塑性力学边值问题的弹性阶段,也适用于塑性阶段。

由式(6.7.4)、式(6.7.5)已知,球面坐标系下空间球对称问题的物理方程为

$$\begin{cases}\varepsilon_r = \dfrac{1}{E}(\sigma_r - 2\mu\sigma_T) \\ \varepsilon_T = \dfrac{1}{E}[(1-\mu)\sigma_T - \mu\sigma_r]\end{cases} \tag{13.3.3a}$$

或

$$\begin{cases}\sigma_\rho = \dfrac{E}{(1+\mu)(1-2\mu)}[(1-\mu)\varepsilon_r + 2\mu\varepsilon_T] \\ \sigma_T = \dfrac{E}{(1+\mu)(1-2\mu)}(\varepsilon_r + \mu\varepsilon_T)\end{cases} \tag{13.3.3b}$$

上述物理方程适用于弹塑性力学边值问题的弹性阶段。

由式(12.3.9)、式(12.3.15)可知,球面坐标系下空间球对称问题的特雷斯卡屈服条件为

$$\sigma_1 - \sigma_3 = \pm\sigma_0 \tag{13.3.4}$$

米泽斯屈服条件为

$$f_0(J_2) = J_2 - \frac{1}{3}\sigma_0^2 = 0 \tag{13.3.5}$$

式中

$$J_2 = \frac{1}{3}(\sigma_r - \sigma_T)^2$$

上述屈服条件适用于弹塑性力学边值问题的塑性阶段。

由式(6.7.2)、式(6.7.7)可知,球面坐标系下空间球对称问题的位移边界条件为

$$u_r = \overline{u}_r \tag{13.3.6}$$

应力边界条件为

$$(\sigma_r)_s = \overline{f}_r \tag{13.3.7}$$

上述边界条件不仅适用于弹塑性力学边值问题的弹性阶段,也适用于塑性阶段。

例题 13.3.1:

如图 13.3.1 所示的厚壁球壳,其内半径为 a,外半径为 b,受均匀内压 p 的作用。

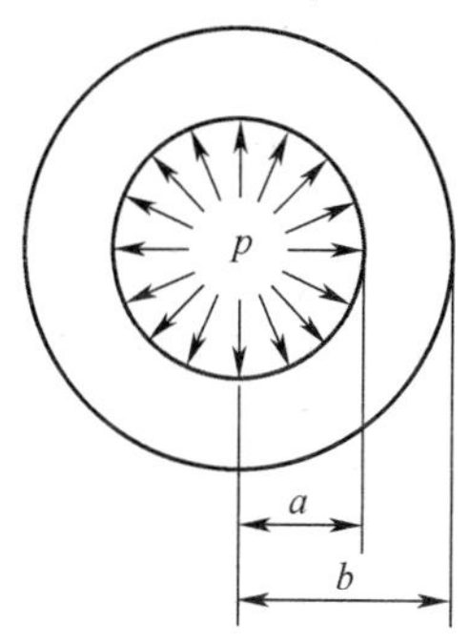

图 13.3.1 均匀内压作用下的厚壁球壳

由例题 7.4.1,已经求得了其弹性力学的应力分量解答为

$$\sigma_r = \frac{a^3}{b^3 - a^3}\left(1 - \frac{b^3}{r^3}\right)p \quad 和 \quad \sigma_T = \frac{a^3}{b^3 - a^3}\left(1 + \frac{b^3}{2r^3}\right)p$$

所有切应力分量均为零。

应用特雷斯卡屈服条件,确定内压 p 的弹性极限 p_0。

解答:

由于

$$\sigma_T > \sigma_r$$

因此

$$\sigma_1 = \sigma_2 = \sigma_T = \frac{a^3}{b^3 - a^3}\left(1 + \frac{b^3}{2r^3}\right)p$$

$$\sigma_3 = \frac{a^3}{b^3 - a^3}\left(1 - \frac{b^3}{r^3}\right)p$$

由于

$$\sigma_1 - \sigma_3 = \frac{a^3}{b^3 - a^3}\frac{3b^3}{2r^3}p$$

可见,在 $\rho = a$ 处,$\sigma_1 - \sigma_3$ 取得最大值。因此,厚壁球壳内侧面首先开始进入塑性阶段。此时,由特雷斯卡屈服条件式(13.3.4)

$$\sigma_1 - \sigma_3 = \pm\sigma_0$$

可得

$$\frac{a^3}{b^3 - a^3}\frac{3b^3}{2a^3}p_0 = \sigma_0$$

即

$$p_0 = \frac{2}{3}\frac{b^3 - a^3}{b^3}\sigma_0 \tag{13.3.8}$$

这就是薄圆环开始屈服时的弹性极限载荷。

答毕。

例题 13.3.2:

如图 13.3.2(a)所示的厚壁球壳,其内半径为 a,外半径为 b,受均匀内压 p 作用。材料的弹性模量为 E,屈服强度为 σ_0。

由例题 7.4.1,已经求得了其弹性力学的应力分量解答为

$$\sigma_r = \frac{a^3}{b^3 - a^3}\left(1 - \frac{b^3}{r^3}\right)p \quad 和 \quad \sigma_T = \frac{a^3}{b^3 - a^3}\left(1 + \frac{b^3}{2r^3}\right)p$$

所有切应力分量均为零。

由例题 13.3.1,已经求得了基于特雷斯卡屈服条件的内压弹性极限为

$$p_0 = \frac{2}{3}\frac{b^3 - a^3}{b^3}\sigma_0$$

如图 13.3.2(b)所示,厚壁球壳部分屈服。若设其塑性区半径为 c,则 $a<c<b$。

求出厚壁球壳的应力分量。

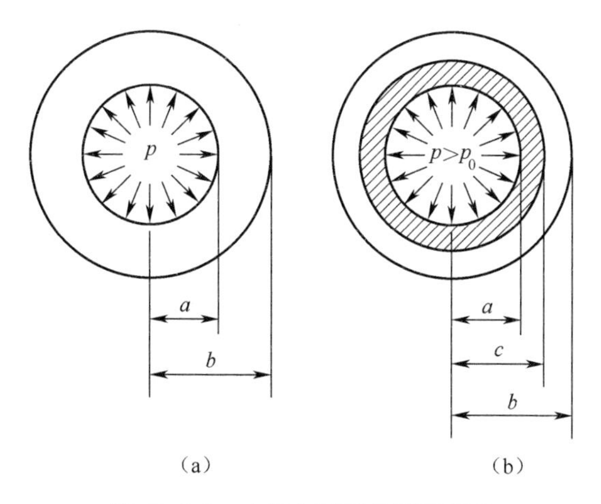

图 13.3.2　内压作用下的厚壁球壳

解答：

如图 13.3.3 所示，在弹性区中（$c \leqslant r \leqslant b$）：

$$p_c = \frac{2}{3}\frac{b^3 - c^3}{b^3}\sigma_0$$

则其应力分量为

$$\sigma_r = \frac{c^3}{b^3 - c^3}\left(1 - \frac{b^3}{r^3}\right)p_c = \frac{c^3}{b^3 - c^3}\left(1 - \frac{b^3}{r^3}\right)\left[\frac{2}{3}\frac{b^3 - c^3}{b^3}\right] = \frac{2c^3}{3b^3}\left(1 - \frac{b^3}{r^3}\right)\sigma_0$$

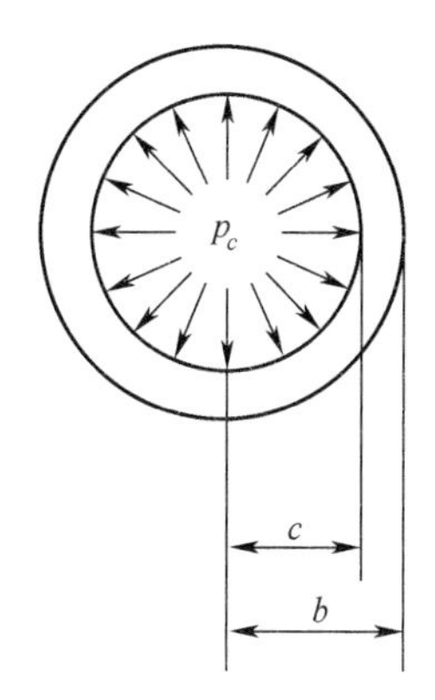

图 13.3.3　厚壁球壳的弹性区

$$\sigma_T = \frac{c^3}{b^3 - c^3}\left(1 + \frac{b^3}{2r^3}\right)p_c = \frac{c^3}{b^3 - c^3}\left(1 + \frac{b^3}{2r^3}\right)\left[\frac{2}{3}\frac{b^3 - c^3}{b^3}\right] = \frac{2c^3}{3b^3}\left(1 + \frac{b^3}{2r^3}\right)\sigma_0$$

即弹性区的应力分量。

如图 13.3.4 所示，在塑性区中（$a \leqslant r \leqslant c$），由式（13.3.2）可得

$$\frac{d\sigma_r}{dr} - \frac{2\sigma_0}{r} = 0$$

即

$$d\sigma_r = 2\sigma_0\frac{1}{r}dr$$

积分可得

$$\sigma_r = 2\sigma_0 \ln r + C$$

并可得

$$\sigma_T = \sigma_0 + \sigma_r = \sigma_0 + 2\sigma_0 \ln r + C$$

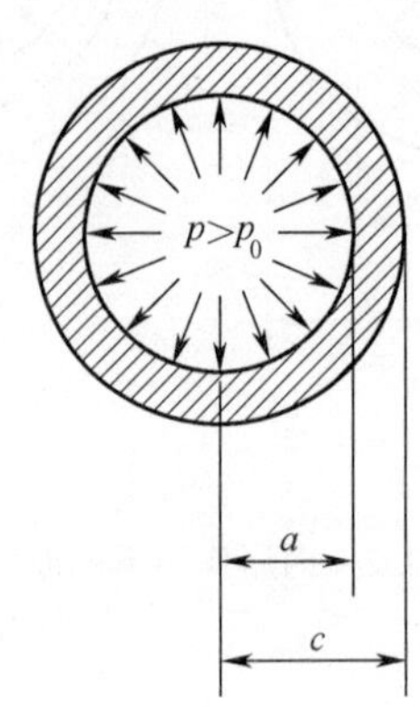

图 13.3.4　厚壁球壳的塑性区

由内侧面上的应力边界条件,可得

$$(\sigma_r)_{r=a} = -p$$

即

$$2\sigma_0 \ln a + C = -p$$

解得

$$C = -p - 2\sigma_0 \ln a$$

于是得到:

$$\sigma_r = 2\sigma_0 \ln r + C = 2\sigma_0 \ln r - p - 2\sigma_0 \ln a = -p + 2\sigma_0 \ln \frac{r}{a}$$

$$\sigma_T = \sigma_0 + 2\sigma_0 \ln r + C = \sigma_0 + 2\sigma_0 \ln r - p - 2\sigma_0 \ln a = -p + 2\sigma_0 \left(\frac{1}{2} + \ln \frac{r}{a} \right)$$

由弹性区与塑性区交界处($r=c$)径向应力连续,可得

$$-p + 2\sigma_0 \ln \frac{c}{a} = \frac{2}{3} \frac{b^3 - c^3}{b^3} \sigma_0$$

解得

$$p = \left[2\ln \frac{c}{a} + \frac{2}{3} \left(1 - \frac{c^3}{b^3} \right) \right] \sigma_0 \tag{13.3.9}$$

特别地,当 $c=a$ 时,就得到了弹性极限压力 p_0,即

$$p_0 = \frac{2}{3} \left(1 - \frac{a^3}{b^3} \right) \sigma_0 = \frac{2}{3} \frac{b^3 - a^3}{b^3} \sigma_0$$

当 $c=b$ 时,就得到了塑性极限压力 p_s,即

$$p_s = 2\sigma_0 \ln \frac{b}{a} \tag{13.3.10}$$

其应力分量为

$$
\begin{aligned}
\sigma_r &= -p + 2\sigma_0 \ln \frac{r}{a} \\
&= -\sigma_0 \left[2\ln \frac{c}{a} + \frac{2}{3}\left(1 - \frac{c^3}{b^3}\right) \right] + 2\sigma_0 \ln \frac{r}{a} \\
&= \sigma_0 \left[2\ln \frac{r}{b} - 2\ln \frac{c}{b} - \frac{2}{3}\left(1 - \frac{c^3}{b^3}\right) \right]
\end{aligned}
$$

$$
\begin{aligned}
\sigma_T &= -p + 2\sigma_0 \left(1 + \ln \frac{r}{a}\right) \\
&= -\sigma_0 \left[2\ln \frac{c}{a} + \frac{2}{3}\left(1 - \frac{c^3}{b^3}\right) \right] + 2\sigma_0 \left(\frac{1}{2} + \ln \frac{r}{a}\right) \\
&= \sigma_0 \left[2\ln \frac{r}{b} - 2\ln \frac{c}{b} + \frac{2}{3}\left(\frac{1}{2} + \frac{c^3}{b^3}\right) \right]
\end{aligned}
$$

综上所述,部分屈服时厚壁球壳的应力分量为

$$
\frac{\sigma_r}{\sigma_0} = \begin{cases} 2\ln \dfrac{r}{b} - 2\ln \dfrac{c}{b} - \dfrac{2}{3}\left(1 - \dfrac{c^3}{b^3}\right) & (a \leqslant r \leqslant c) \\ \dfrac{2c^3}{3b^3}\left(1 - \dfrac{b^3}{r^3}\right) & (c \leqslant r \leqslant b) \end{cases}
$$

$$
\frac{\sigma_T}{\sigma_0} = \begin{cases} 2\ln \dfrac{r}{b} - 2\ln \dfrac{c}{b} + \dfrac{2}{3}\left(\dfrac{1}{2} + \dfrac{c^3}{b^3}\right) & (a \leqslant r \leqslant c) \\ \dfrac{2c^3}{3b^3}\left(1 + \dfrac{b^3}{2r^3}\right) & (c \leqslant r \leqslant b) \end{cases}
$$

答毕。

习　题

13-1　薄圆环的内半径为 a,外半径为 b,受均匀内压 p 作用,材料的屈服强度为 σ_0。求出其完全塑性时的应力分量。

提示:

$$
\sigma_\rho = \sigma_\varphi = \sigma_0 \ln \frac{\rho}{b}
$$

13-2　厚壁球壳的内半径为 a,外半径为 b,受均匀内压 p 作用,材料的屈服强度为 σ_0。求出其完全塑性时的应力分量。

提示:

$$
\sigma_r = 2\sigma_0 \ln \frac{r}{b}, \sigma_T = -\sigma_0 \left(1 + 2\ln \frac{r}{b}\right)
$$

附录 A　第八章中若干等式的证明

等式 1：

$$\left(-3R^2+x^2+\frac{2Rx^2}{R-z}\right)+\left(-R^2+y^2+\frac{2Ry^2}{R-z}\right)+(R-z)^2=0$$

式中

$$R^2=x^2+y^2+z^2$$

证明：

$$\begin{aligned}
&\left(-3R^2+x^2+\frac{2Rx^2}{R-z}\right)+\left(-R^2+y^2+\frac{2Ry^2}{R-z}\right)+(R-z)^2\\
&=-4R^2+x^2+y^2+\frac{2R(x^2+y^2)}{R-z}+R^2-2Rz+z^2\\
&=-3R^2+(x^2+y^2+z^2)+\frac{2R(R^2-z^2)}{R-z}-2Rz\\
&=-2R^2+2R(R+z)-2Rz\\
&=0
\end{aligned}$$

证毕。

等式 2：

$$-\frac{x}{R^3(R-z)}-\frac{2x}{R^2(R-z)^2}+\frac{3x}{R^4}+\frac{3xz}{R^4(R-z)}+\frac{2xz}{R^3(R-z)^2}=0$$

式中

$$R^2=x^2+y^2+z^2$$

证明：

$$\begin{aligned}
&-\frac{x}{R^3(R-z)}-\frac{2x}{R^2(R-z)^2}+\frac{3x}{R^4}+\frac{3xz}{R^4(R-z)}+\frac{2xz}{R^3(R-z)^2}\\
&=-\frac{x}{R^3(R-z)}-\left[\frac{2x}{R^2(R-z)^2}-\frac{2xz}{R^3(R-z)^2}\right]+\left[\frac{3x}{R^4}+\frac{3xz}{R^4(R-z)}\right]\\
&=-\frac{x}{R^3(R-z)}-\frac{2x(R-z)}{R^3(R-z)^2}+\frac{3x(R-z)+3xz}{R^4(R+z)}\\
&=-\frac{x}{R^3(R+z)}-\frac{2x}{R^3(R+z)}+\frac{3x}{R^3(R+z)}\\
&=0
\end{aligned}$$

证毕。

等式 3：

$$
-\frac{4x}{R^3(R-z)}-\frac{4x}{R^2\ (R-z)^2}+\frac{3x^3}{R^5(R-z)}+\frac{3xy^2}{R^5(R-z)}+
$$

$$
\frac{3x^3}{R^4\ (R-z)^2}+\frac{3xy^2}{R^4\ (R-z)^2}+\frac{2x^3}{R^3\ (R-z)^3}+\frac{2xy^2}{R^3\ (R-z)^3}-\frac{3xz}{R^5}
$$

$$
=0
$$

式中

$$
R^2=x^2+y^2+z^2
$$

证明:

由于

$$
\frac{3x^3}{R^5(R-z)}+\frac{3xy^2}{R^5(R-z)}=\frac{3x(x^2+y^2)}{R^5(R-z)}=\frac{3x(R^2-z^2)}{R^5(R-z)}=\frac{3x(R+z)}{R^5}=\frac{3x}{R^4}+\frac{3xz}{R^5}
$$

$$
\frac{3x^3}{R^4\ (R-z)^2}+\frac{3xy^2}{R^4\ (R-z)^2}=\frac{3x(x^2+y^2)}{R^4\ (R-z)^2}=\frac{3x(R^2-z^2)}{R^4\ (R-z)^2}
$$

$$
=\frac{3x(R+z)}{R^4(R-z)}=\frac{3x}{R^3(R-z)}+\frac{3xz}{R^4(R-z)}
$$

$$
\frac{2x^3}{R^3\ (R-z)^3}+\frac{2xy^2}{R^3\ (R-z)^3}=\frac{2x(x^2+y^2)}{R^3\ (R-z)^3}=\frac{2x(R^2-z^2)}{R^3\ (R-z)^3}
$$

$$
=\frac{2x(R+z)}{R^3\ (R-z)^2}=\frac{2x}{R^2\ (R-z)^2}+\frac{2xz}{R^3\ (R-z)^2}
$$

所以

$$
-\frac{4x}{R^3(R-z)}-\frac{4x}{R^2\ (R-z)^2}+\left[\frac{3x}{R^4}+\frac{3xz}{R^5}\right]+\left[\frac{3x}{R^3(R-z)}+\frac{3xz}{R^4(R-z)}\right]+
$$

$$
\left[\frac{2x}{R^2\ (R-z)^2}+\frac{2xz}{R^3\ (R-z)^2}\right]-\frac{3xz}{R^5}
$$

$$
=-\frac{x}{R^3(R-z)}-\frac{2x}{R^2\ (R-z)^2}+\frac{3x}{R^4}+\frac{3xz}{R^4(R-z)}+\frac{2xz}{R^3\ (R-z)^2}
$$

$$
=0
$$

证毕。

等式 4:

$$
\frac{x}{R(R-z)}-\frac{3x}{(R-z)^2}+\frac{2x^3}{R\ (R-z)^3}-\frac{x}{(R-z)^2}+\frac{2xy^2}{R\ (R-z)^3}+\frac{x}{R(R-z)}=0
$$

式中

$$
R^2=x^2+y^2+z^2
$$

证明:

$$\frac{x}{R(R-z)} - \frac{3x}{(R-z)^2} + \frac{2x^3}{R(R-z)^3} - \frac{x}{(R-z)^2} + \frac{2xy^2}{R(R-z)^3} + \frac{x}{R(R-z)}$$

$$= \frac{2x}{R(R-z)} - \frac{4x}{(R-z)^2} + \frac{2x(x^2+y^2)}{R(R-z)^3}$$

$$= \frac{2x}{R(R-z)} - \frac{4x}{(R-z)^2} + \frac{2x(R^2-z^2)}{R(R-z)^3}$$

$$= \frac{2x}{R(R-z)} - \frac{4x}{(R-z)^2} + \frac{2x(R+z)}{R(R-z)^2}$$

$$= \frac{2x}{R(R-z)} - \frac{4x}{(R-z)^2} + \frac{2x}{(R-z)^2} + \frac{2xz}{R(R-z)^2}$$

$$= \frac{2x}{R(R-z)} - \frac{2x}{(R-z)^2} + \frac{2xz}{R(R-z)^2}$$

$$= \frac{2x(R-z+z)}{R(R-z)^2} - \frac{2x}{(R-z)^2}$$

$$= 0$$

证毕。

附录 B　第十章中若干代数方程组的求解

对于例题 10. 2. 1,有

$$\frac{A}{a^2} + B(1 + 2\ln a) + 2C = 0 \tag{a}$$

$$\frac{A}{b^2} + B(1 + 2\ln b) + 2C = 0 \tag{b}$$

$$A\ln\frac{b}{a} + B(b^2\ln b - a^2\ln a) + C(b^2 - a^2) = -M \tag{c}$$

求解 A、B 和 C,以及应力分量表达式。

解答:

由式(a)-式(b),可得

$$\frac{b^2 - a^2}{a^2 b^2}A + 2(\ln a - \ln b)B = 0$$

由此可得

$$B = \frac{b^2 - a^2}{2a^2b^2(\ln b - \ln a)}A$$

$$\begin{aligned} 2C &= -\frac{A}{a^2} - (1 + 2\ln a)\frac{b^2 - a^2}{2a^2b^2(\ln b - \ln a)}A \\ &= -\frac{2b^2(\ln b - \ln a) + (b^2 - a^2)(1 + 2\ln a)}{2a^2b^2(\ln b - \ln a)}A \\ &= -\frac{b^2 - a^2 + 2b^2\ln b - 2a^2\ln a}{2a^2b^2(\ln b - \ln a)}A \end{aligned}$$

$$A(\ln b - \ln a) + (b^2\ln b - a^2\ln a)\frac{b^2 - a^2}{2a^2b^2(\ln b - \ln a)}A +$$

$$(b^2 - a^2)\left[-\frac{b^2 - a^2 + 2b^2\ln b - 2a^2\ln a}{4a^2b^2(\ln b - \ln a)}A\right] = -M$$

由于

$$\begin{aligned} &(\ln b - \ln a)4a^2b^2(\ln b - \ln a) + 2(b^2\ln b - a^2\ln a)(b^2 - a^2) - \\ &(b^2 - a^2)(b^2 - a^2 + 2b^2\ln b - 2a^2\ln a) \\ &= -(b^2 - a^2)2 + a^2b^2(\ln b - \ln a)^2 \end{aligned}$$

所以

$$A = \frac{4a^2b^2M(\ln b - \ln a)}{(b^2 - a^2)^2 - a^2b^2(\ln b - \ln a)^2} = \frac{4M}{\left(\dfrac{b^2}{a^2} - 1\right)^2 - \dfrac{b^2}{a^2}\left(\ln\dfrac{b}{a}\right)^2}\frac{b^2}{a^2}\ln\frac{b}{a}$$

令

$$N=\left(\frac{b^2}{a^2}-1\right)^2-\frac{b^2}{a^2}\left(\ln\frac{b}{a}\right)^2$$

则

$$A=\frac{4M}{N}\frac{b^2}{a^2}\ln\frac{b}{a}$$

$$B=\frac{b^2-a^2}{2a^2b^2(\ln b-\ln a)}\frac{4M}{N}\frac{b^2}{a^2}\ln\frac{b}{a}=\frac{2M}{Na^2}\left(\frac{b^2}{a^2}-1\right)$$

$$\begin{aligned}2C&=-\frac{b^2-a^2+2b^2\ln b-2a^2\ln a}{2a^2b^2(\ln b-\ln a)}\frac{4M}{N}\frac{b^2}{a^2}\ln\frac{b}{a}\\&=-\frac{2M}{Na^2}\left[\left(\frac{b^2}{a^2}-1\right)+2\left(\frac{b^2}{a^2}\ln b-\ln a\right)\right]\\&=-\frac{4M}{Na^2}\left(\frac{b^2}{a^2}\ln b-\ln a\right)-\frac{2M}{Na^2}\left(\frac{b^2}{a^2}-1\right)\end{aligned}$$

将上述结果代入式(10.2.10),可得

$$\begin{aligned}\sigma_\rho&=\frac{A}{\rho^2}+B(1+2\ln\rho)+2C\\&=\frac{1}{\rho^2}\left[\frac{4M}{N}\frac{b^2}{a^2}\ln\frac{b}{a}\right]+(1+2\ln\rho)\left[\frac{2M}{Na^2}\left(\frac{b^2}{a^2}-1\right)\right]+\\&\quad\left[-\frac{4M}{Na^2}\left(\frac{b^2}{a^2}\ln b-\ln a\right)-\frac{2M}{Na^2}\left(\frac{b^2}{a^2}-1\right)\right]\\&=-\frac{4M}{Na^2}\left[-\frac{b^2}{\rho^2}\ln\frac{b}{a}+\frac{b^2}{a^2}\ln b-\ln a-\frac{b^2}{a^2}\ln\rho+\ln\rho\right]\\&=-\frac{4M}{Na^2}\left(\frac{b^2}{a^2}\ln\frac{b}{\rho}+\ln\frac{\rho}{a}-\frac{b^2}{\rho^2}\ln\frac{b}{a}\right)\end{aligned}$$

$$\begin{aligned}\sigma_\varphi&=-\frac{A}{\rho^2}+B(3+2\ln\rho)+2C\\&=-\frac{1}{\rho^2}\left[\frac{4M}{N}\frac{b^2}{a^2}\ln\frac{b}{a}\right]+(3+2\ln\rho)\left[\frac{2M}{Na^2}\left(\frac{b^2}{a^2}-1\right)\right]+\\&\quad\left[-\frac{4M}{Na^2}\left(\frac{b^2}{a^2}\ln b-\ln a\right)-\frac{2M}{Na^2}\left(\frac{b^2}{a^2}-1\right)\right]\\&=\frac{4M}{Na^2}\left[-\frac{b^2}{\rho^2}\ln\frac{b}{a}-\frac{b^2}{a^2}\ln b+\ln a+\frac{b^2}{a^2}-1+\frac{b^2}{a^2}\ln\rho-\ln\rho\right]\\&=\frac{4M}{Na^2}\left(\frac{b^2}{a^2}-1-\frac{b^2}{a^2}\ln\frac{b}{\rho}-\ln\frac{\rho}{A}-\frac{b^2}{\rho^2}\ln\frac{b}{a}\right)\end{aligned}$$

答毕。

对于例题 10.2.3,有

$$\frac{A}{a^2}+2C=-q \tag{a}$$

$$\frac{A}{b^2}+2C=\frac{A'}{b^2} \tag{b}$$

$$n\left[2(1-2\mu)Cb-\frac{A}{b}\right]=-\frac{A'}{b} \tag{c}$$

式中

$$n=\frac{E'(1+\mu)}{E(1+\mu')}$$

求解 A、A'和 C,以及应力分量表达式。

解答

由式(a),可得

$$A=-2a^2C-qa^2$$

由式(b),可得

$$A'=A+2Cb^2=2(b^2-a^2)C-qa^2$$

由式(c),可得

$$2(1-2\mu)nb^2C=nA-A'=n(-2a^2C-qa^2)-[2(b^2-a^2)C-qa^2]$$

即

$$2\{[1+(1-2\mu)n]b^2-(1-n)a^2\}C=q(1-n)a^2$$

解得

$$2C=q\frac{(1-n)}{[1+(1-2\mu)n]\dfrac{b^2}{a^2}-(1-n)}$$

进而解得

$$A=-2a^2C-qa^2=-\left[q\frac{(1-n)}{[1+(1-2\mu)n]\dfrac{b^2}{a^2}-(1-n)}\right]a^2-qa^2$$

$$=-q\frac{[1+(1-2\mu)n]b^2}{[1+(1-2\mu)n]\dfrac{b^2}{a^2}-(1-n)}$$

$$A'=2(b^2-a^2)C-qa^2=\left[q\frac{(1-n)}{[1+(1-2\mu)n]\dfrac{b^2}{a^2}-(1-n)}\right](b^2-a^2)-qa^2$$

$$=-q\frac{2(1-\mu)nb^2}{[1+(1-2\mu)n]\dfrac{b^2}{a^2}-(1-n)}$$

将上述结果代入式(10.2.21),可得

$$\sigma_\rho = \frac{A}{\rho^2} + 2C$$

$$= -q \frac{[1+(1-2\mu)n]b^2}{[1+(1-2\mu)n]\frac{b^2}{a^2}-(1-n)} \frac{1}{\rho^2} + q \frac{(1-n)}{[1+(1-2\mu)n]\frac{b^2}{a^2}-(1-n)}$$

$$= -q \frac{[1+(1-2\mu)n]\frac{b^2}{\rho^2}-(1-n)}{[1+(1-2\mu)n]\frac{b^2}{a^2}-(1-n)}$$

$$\sigma_\varphi = -\frac{A}{\rho^2} + 2C$$

$$= q \frac{[1+(1-2\mu)n]b^2}{[1+(1-2\mu)n]\frac{b^2}{a^2}-(1-n)} \frac{1}{\rho^2} + q \frac{(1-n)}{[1+(1-2\mu)n]\frac{b^2}{a^2}-(1-n)}$$

$$= q \frac{[1+(1-2\mu)n]\frac{b^2}{\rho^2}+(1-n)}{[1+(1-2\mu)n]\frac{b^2}{a^2}-(1-n)}$$

$$\sigma'_\rho = -\sigma'_\varphi = \frac{A'}{\rho^2} = -q \frac{2(1-\mu)nb^2}{[1+(1-2\mu)n]\frac{b^2}{a^2}-(1-n)} \frac{1}{\rho^2}$$

$$= -q \frac{2(1-\mu)n\frac{b^2}{\rho^2}}{[1+(1-2\mu)n]\frac{b^2}{a^2}-(1-n)}$$

答毕。

对于例题 10.2.6,有

$$2A\sin2\alpha - 2B\cos2\alpha - C = 0 \tag{a}$$

$$2A\cos2\alpha + 2B\sin2\alpha + 2C\alpha + 2D = 0 \tag{b}$$

$$-2B - C = 0 \tag{c}$$

$$2A + 2D = -q \tag{d}$$

求解 A、B、C 和 D,以及应力分量表达式。

解答:

由式(c),可得

$$C = -2B$$

代入式(a),可得

$$B = -A\cot\alpha$$

进而

$$C = 2A\cot\alpha$$

由式(d),可得

$$D=-A-\frac{q}{2}$$

将上述结果代入式(b),可得

$$2A(\cos 2\alpha-\cot\alpha\sin 2\alpha+2\cot\alpha\alpha-1)=q$$

由于

$$\begin{aligned}&\cos 2\alpha-\cot\alpha\sin 2\alpha+2\cot\alpha\alpha-1\\=&\cos^2\alpha-\sin^2\alpha-2\cot\alpha\sin\alpha\cos\alpha+2\cot\alpha\alpha-1\\=&\cos^2\alpha-\sin^2\alpha-2\cos^2\alpha+2\cot\alpha\alpha-1\\=&2(\cot\alpha\alpha-1)\end{aligned}$$

则

$$4A(\cot\alpha\alpha-1)=q$$

解得

$$2A=\frac{-\tan\alpha}{2(\tan\alpha-\alpha)}q$$

进而解得

$$2B=-2A\cot\alpha=-\left[\frac{-\tan\alpha}{2(\tan\alpha-\alpha)}q\right]\cot\alpha=\frac{1}{2(\tan\alpha-\alpha)}q$$

$$2C=-4B=-\frac{2}{2(\tan\alpha-\alpha)}q$$

$$2D=-2A-q=\frac{\tan\alpha}{2(\tan\alpha-\alpha)}q-q$$

将上述结果代入式(10.2.42),可得

$$\begin{aligned}\sigma_\rho=&-2A\cos 2\varphi-2B\sin 2\varphi+2C\varphi+2D\\=&\left[\frac{\tan\alpha}{2(\tan\alpha-\alpha)}\right]q\cos 2\varphi-\left[\frac{1}{2(\tan\alpha-\alpha)}q\right]\sin 2\varphi+\\&\left[-\frac{2}{2(\tan\alpha-\alpha)}q\right]\varphi+\frac{\tan\alpha}{2(\tan\alpha-\alpha)}q-q\\=&-q+\frac{\tan\alpha(1+\cos 2\varphi)-(2\varphi+\sin 2\varphi)}{2(\tan\alpha-\alpha)}q\end{aligned}$$

$$\begin{aligned}\sigma_\varphi=&2A\cos 2\varphi+2B\sin 2\varphi+2C\varphi+2D\\=&\left[-\frac{\tan\alpha}{2(\tan\alpha-\alpha)}\right]q\cos 2\varphi+\left[\frac{1}{2(\tan\alpha-\alpha)}q\right]\sin 2\varphi+\\&\left[-\frac{2}{2(\tan\alpha-\alpha)}q\right]\varphi+\frac{\tan\alpha}{2(\tan\alpha-\alpha)}q-q\\=&-q+\frac{\tan\alpha(1-\cos 2\varphi)-(2\varphi-\sin 2\varphi)}{2(\tan\alpha-\alpha)}q\end{aligned}$$

$$\tau_{\rho\varphi} = 2A\sin 2\varphi - 2B\cos 2\varphi - C$$
$$= \left[\frac{-\tan\alpha}{2(\tan\alpha - \alpha)}q\right]\sin 2\varphi - \left[\frac{1}{2(\tan\alpha - \alpha)}q\right]\cos 2\varphi - \left[-\frac{1}{2(\tan\alpha - \alpha)}q\right]$$
$$= \frac{(1 - \cos 2\varphi) - \tan\alpha\sin 2\varphi}{2(\tan\alpha - \alpha)}q$$

答毕。

对于例题 10.2.7,有

$$2B + \frac{4C}{a^2} + \frac{6D}{a^4} = 0 \tag{a}$$

$$6Aa^2 + 2B - \frac{2C}{a^2} - \frac{6D}{a^4} = 0 \tag{b}$$

$$2B + \frac{4C}{b^2} + \frac{6D}{b^4} = -q \tag{c}$$

$$6Ab^2 + 2B - \frac{2C}{b^2} - \frac{6D}{b^4} = -q \tag{d}$$

求解 $a/b \to 0$ 时的 A、B、C 和 D,以及应力分量表达式。

解答:

由式(a)-式(c),可得

$$4C\left(\frac{1}{a^2} - \frac{1}{b^2}\right)C + 6D\left(\frac{1}{a^4} - \frac{1}{b^4}\right) = q$$
$$4Ca^2\left(1 - \frac{a^2}{b^2}\right) + 6D\left(1 - \frac{a^4}{b^4}\right) = qa^4$$
$$4Ca^2 + 6D = qa^4$$

由式(b)-式(d),可得

$$6A(a^2 - b^2) - 2C\left(\frac{1}{a^2} - \frac{1}{b^2}\right) - 6D\left(\frac{1}{a^4} - \frac{1}{b^4}\right) = q$$
$$6Aa^4b^2\left(\frac{a^2}{b^2} - 1\right) - 2Ca^2\left(1 - \frac{a^2}{b^2}\right) - 6D\left(1 - \frac{a^4}{b^4}\right) = qa^4$$
$$-6Aa^4b^2 - 2Ca^2 - 6D = qa^4$$
$$-6Aa^4b^2 + 2Ca^2 = 2qa^4$$
$$C = 3Aa^2b^2 + qa^2$$
$$6D = -4[3Aa^2b^2 + qa^2]a^2 + qa^4 = -12Aa^4b^2 - 3qa^4$$
$$D = -2Aa^4b^2 - \frac{1}{2}qa^4$$

代入式(a)

$$B = -\frac{2}{a^2}[3Aa^2b^2 + qa^2] - \frac{3}{a^4}\left[-2Aa^4b^2 - \frac{1}{2}qa^4\right] = -2q + \frac{3}{2}q = -\frac{1}{2}q$$

代入式(b)

$$6Aa^2 + 2[B] - \frac{2}{a^2}[C] - \frac{6}{a^4}[D] = 0$$

$$6Aa^2 - q - \frac{2}{a^2}[3Aa^2b^2 + qa^2] - \frac{6}{a^4}\left[-2Aa^4b^2 - \frac{1}{2}qa^4\right]$$

$$= 6Aa^2 - q - 6Ab^2 - 2q + 12Ab^2 + 3q = 6(a^2 + b^2)A = 0$$

$$A = 0$$

进而

$$C = qa^2 \quad 和\ D = -\frac{1}{2}qa^4$$

将上述结果代入式(10.2.44),可得

$$\sigma_\rho = -\left(2B + \frac{4C}{\rho^2} + \frac{6D}{\rho^4}\right)\cos2\varphi$$

$$= q\left(1 - 4\frac{a^2}{\rho^2} + 3\frac{a^4}{\rho^4}\right)\cos2\varphi$$

$$= q\left(1 - \frac{a^2}{\rho^2}\right)\left(1 - 3\frac{a^2}{\rho^2}\right)\cos2\varphi$$

$$\sigma_\varphi = \left(12A\rho^2 + 2B + \frac{6D}{\rho^4}\right)\cos2\varphi$$

$$= -q\left(1 + 3\frac{a^4}{\rho^4}\right)\cos2\varphi$$

$$\tau_{\rho\varphi} = \left(6A\rho^2 + 2B - \frac{2C}{\rho^2} - \frac{6D}{\rho^4}\right)\sin2\varphi$$

$$= -q\left(1 + 2\frac{a^2}{\rho^2} - 3\frac{a^4}{\rho^4}\right)\sin2\varphi$$

$$= -q\left(1 - \frac{a^2}{\rho^2}\right)\left(1 + 3\frac{a^2}{\rho^2}\right)\sin2\varphi$$

答毕。

参考文献

[1] 钱伟长,叶开沅.弹性力学[M]. 北京:科学出版社,1956.
[2] 徐芝纶. 弹性力学:上册[M]. 5 版. 北京:高等教育出版社,2016.
[3] 王仁,黄文彬,黄筑平. 塑性力学引论(修订版)[M]. 北京:北京大学出版社,1992.
[4] 蒋咏秋,穆霞英. 塑性力学基础[M]. 北京:机械工业出版社,1981.
[5] 王光远. 弹性及塑性理论[M]. 北京:中国建筑工业出版社,1959.
[6] 杨桂通. 弹塑性力学[M]. 北京:高等教育出版社,1980.
[7] 徐秉业,黄炎,刘信声,等. 弹塑性力学及其应用[M]. 北京:机械工业出版社,1984.
[8] 姚希梦,邱棣华,陈安. 弹塑性力学[M]. 北京:机械工业出版社,1987.
[9] 蒋国宾. 弹性与塑性力学基础教程[M]. 成都:成都科技大学出版社,1989.
[10] 殷绥域. 弹塑性力学[M]. 武汉:中国地质大学出版社,1990.
[11] 傅衣铭,罗松南,熊慧而. 弹塑性理论[M]. 长沙:湖南大学出版社,1996.
[12] 孙炳楠,洪滔,杨骊先. 工程弹塑性力学[M]. 杭州:浙江大学出版社,1998.
[13] 李同林. 应用弹塑性力学[M]. 武汉:中国地质大学出版社,2002.
[14] 卓卫东. 应用弹塑性力学[M]. 北京:科学出版社,2005.
[15] 薛守义. 弹塑性力学[M]. 北京:中国建材工业出版社,2005.
[16] 原方,梁斌,乐金朝. 弹塑性力学[M]. 郑州:黄河水利出版社,2006.
[17] 陈明祥. 弹塑性力学[M]. 北京:科学出版社,2007.
[18] 王仲仁,苑世剑,胡连喜,等. 弹性与塑性力学基础[M]. 2 版. 哈尔滨:哈尔滨工业大学出版社,2007.
[19] 毕继红,王晖. 工程弹塑性力学[M]. 2 版. 天津:天津大学出版社,2008.
[20] 刘土光,张涛. 弹塑性力学基础理论[M]. 武汉:华中科技大学大学出版社,2008.
[21] 金英玉、杨兆华. 弹塑性力学[M]. 北京:地质出版社,2010.
[22] 徐秉业. 简明弹塑性力学[M]. 北京:高等教育出版社,2011.
[23] 蒋建平,刘文白. 弹塑性力学理论基础及工程应用[M]. 北京:人民交通出版社,2011.
[24] 张宏. 应用弹塑性力学[M]. 西安:西北工业大学出版社,2011.
[25] 杨伯源,张义同. 工程弹塑性力学[M]. 北京:机械工业出版社,2011.
[26] 秦飞,吴斌. 弹性与塑性理论基础[M]. 北京:科学出版社,2011.
[27] 曾祥国,陈华燕,胡益平. 工程弹塑性力学[M]. 成都:四川大学出版社,2013.
[28] 丁建国. 弹塑性力学基础:双语教学版[M]. 武汉:武汉大学出版社,2014.
[29] 谢根全. 弹塑性力学[M]. 长沙:中南大学出版社,2015.
[30] 李同林,殷绥域,李田军. 弹塑性力学[M]. 2 版. 武汉:中国地质大学出版社,2016.
[31] 戴宏亮. 弹塑性力学[M]. 长沙:湖南大学出版社,2016.
[32] 张靖华. 弹塑性力学基础[M]. 北京:航空工业出版社,2016.
[33] 丁勇. 弹性与塑性力学引论[M]. 北京:中国水利水电出版社,2016.
[34] 徐秉业,刘信声,沈新普. 应用弹塑性力学[M]. 2 版. 北京:清华大学出版社,2017.
[35] 张鹏. 弹塑性力学基础理论与解析应用[M]. 2 版. 哈尔滨:哈尔滨工业大学出版社,2018.
[36] 武亮. 弹塑性力学基础及解析计算[M]. 北京:科学出版社,2020.
[37] 张鹏,王传杰,朱强. 弹塑性力学基础理论与解析应用[M]. 3 版. 哈尔滨:哈尔滨工业大学出版社,2020.
[38] 盛冬发,李明宝,朱德滨. 弹塑性力学[M]. 北京:科学出版社,2021.
[39] 陈严飞. 弹塑性力学基础理论及工程应用[M]. 北京:石油工业出版社,2021.
[40] 经来旺,卢小雨. 工程弹塑性力学[M]. 合肥:中国科学技术大学出版社,2022.